AF569784

Hering/Steinhart (Hrsg.)
Taschenbuch der Mechatronik

Herausbegeber:

Prof. Dr. rer. nat. Dr. rer. pol. Dr. h. c. Ekbert Hering
Prof. Dr.-Ing. Heinrich Steinhart
Hochschule Aalen

Autoren:

Prof. Dr.-Ing. Heinz-Peter Bürkle (Kapitel 3)
Hochschule Aalen

Prof. Dr. Walter Götzmann (Kapitel 2)
Hochschule Mannheim

Prof. Dr. rer. nat. Dr. rer. pol. Dr. h. c. Ekbert Hering (Kapitel 1, 14)
Hochschule Aalen

Prof. Dr.-Ing. Gerald Kell (Kapitel 4)
Fachhochschule Brandenburg

Prof. Dr. sc. techn. Harald Loose (Kapitel 6,12)
Fachhochschule Brandenburg

Prof. Dipl.-Ing. Wilfried Mrha (Kapitel 10, 11)
Hochschule Mannheim

Dipl. Ing. (FH) Kai-Uwe Mrkor (Kapitel 13)
Fachhochschule Brandenburg

Dipl.-Ing. Karl Müller (Kapitel 14)
Marquardt GmbH Rietheim-Weilheim

Prof. Dr.-Ing. Heinrich Steinhart (Kapitel 1, 5, 9, 14)
Hochschule Aalen

Dipl.-Phys. Thomas Vetter (Kapitel 14)
ARADEX AG Lorch

Prof. Dr.-Ing. Gerd Wöstenkühler (Kapitel 8)
Hochschule Harz Wernigerode

Univ.-Prof. Dr.-Ing. habil. Klaus Zimmermann (Kapitel 7)
Technische Universität Ilmenau

Taschenbuch der Mechatronik

herausgegeben von

Prof. Dr. mult. Dr. h. c. Ekbert Hering
Prof. Dr. Heinrich Steinhart

2., neu bearbeitete Auflage

Mit zahlreichen Bildern und Tabellen

fv
Fachbuchverlag Leipzig
im Carl Hanser Verlag

Bibliografische Information der Deutschen Nationalbibliothek
Die Deutsche Nationalbibliothek verzeichnet diese Publikation in der Deutschen Nationalbibliografie; detaillierte bibliografische Daten sind im Internet über http://dnb.d-nb.de abrufbar.

ISBN: 978-3-446-43857-6
E-Book-ISBN: 978-3-446-43817-0

Einbandbild: Rosetta und Philae © ESA–C.Carreau/ATG medialab

Dieses Werk ist urheberrechtlich geschützt.
Alle Rechte, auch die der Übersetzung, des Nachdruckes und der Vervielfältigung des Buches oder Teilen daraus, vorbehalten. Kein Teil des Werkes darf ohne schriftliche Genehmigung des Verlages in irgendeiner Form (Fotokopie, Mikrofilm oder ein anderes Verfahren), auch nicht für Zwecke der Unterrichtsgestaltung – mit Ausnahme der in den §§ 53, 54 URG genannten Sonderfälle –, reproduziert oder unter Verwendung elektronischer Systeme verarbeitet, vervielfältigt oder verbreitet werden.

Fachbuchverlag Leipzig im Carl Hanser Verlag
© 2015 Carl Hanser Verlag München
http://www.hanser-fachbuch.de
Lektorat: Dipl.-Min. Ute Eckardt
Herstellung: Katrin Wulst
Satz: Kösel Media, Krugzell
Druck und Bindung: Friedrich Pustet, Regensburg

Printed in Germany

Vorwort zur 1. Auflage

Die Mechatronik beschreibt die **funktionale** und **räumliche Integration** von Komponenten aus den Bereichen **Mechanik, Elektronik** und **Informationsverarbeitung**. Sie ist zu einem wichtigen Innovationstreiber in Technik und Wirtschaft geworden. Im vorliegenden Taschenbuch sind die wichtigsten Themenbereiche der Mechatronik zusammengestellt.

Nach einer **Einführung** werden im ersten Kapitel die **mathematischen Grundlagen** vermittelt, die für das Verständnis der weiteren Kapitel notwendig sind. Die **Regelungstechnik** wird im zweiten Kapitel dargestellt. Sie ist eines der wichtigsten Teilgebiete der Mechatronik und beschäftigt sich mit der Analyse und Synthese von dynamischen Systemen. Das dritte Kapitel befasst sich mit der **Analogtechnik**, das vierte mit der **Digitaltechnik**. Die **Leistungselektronik** im fünften Kapitel beschreibt, wie mit Hilfe von elektronischen Ventilen das Steuern und Umformen von elektrischer Energie erfolgt. Für alle mechatronischen Systeme ist wichtig, das entscheidende Modell zu finden, das durch eine Computersimulation verifiziert werden kann. Die Schritte zur **Modellbildung** werden im sechsten Kapitel erläutert. Das siebte Kapitel behandelt die **mechanischen Teilsysteme**. Die Erfassung physikalischer und chemischer Größen durch elektrisch verarbeitbare Signale geschieht durch **Sensoren**. Sie werden im achten Kapitel vorgestellt. Den **Aktoren** sind drei Kapitel (9 bis 11) gewidmet, und zwar über **elektrische, hydraulische** und **pneumatische Aktoren**. Im Kapitel 12 sind die **Grundlagen** der **Informatik**, im Kapitel 13 die Arbeitsweise von **Mikrorechnern** behandelt. Kapitel 14 schließlich zeigt Anwendungsbeispiele für **mechatronische Systeme** aus vielen Bereichen.

Das vorliegende Taschenbuch ist als Nachschlagewerk für Studierende und Praktiker geschrieben. Für die sachkundige und konstruktive Mitarbeit möchten wir uns bei allen Autoren ganz herzlich bedanken. Unser Dank gilt aber auch Herrn Dipl.-Phys. Jochen Horn vom Fachbuchverlag Leipzig im Carl Hanser Verlag, der uns in allen Phasen der Entstehung des Werkes stets freundlich und erfolgreich mit Rat und Tat unterstützt hat.

Allen Lesern wünschen wir, dass sie mit dem Wissen und den Informationen dieses Taschenbuches ihre Aufgaben schnell, effizient und erfolgreich lösen können. Unsere Leser mögen aber auch beim Lesen des Werkes die Faszination spüren, welche das Gebiet der Mechatronik als Innovationsgeber ausübt. Gerne sind wir für Hinweise und Verbesserungen dankbar.

Aalen, im September 2004

Ekbert Hering
Heinrich Steinhart

Vorwort zur 2., verbesserten Auflage

Das Taschenbuch der Mechatronik hat sich seit vielen Jahren als ein erfolgreiches Lehrbuch und Nachschlagewerk für Studierende und Praktiker erwiesen. Nach nunmehr 10 Jahren war es notwendig geworden, den Innovationen auf dem Gebiet der Mechatronik Rechnung zu tragen und alle Kapitel des vorliegenden Buches grundlegend neu zu bearbeiten und unsere Leser auf die neueste Literatur aufmerksam zu machen. Viele Leser haben uns zu sinnvollen Korrekturen veranlasst und dafür möchten wir ihnen an dieser Stelle herzlich danken.

Für die sachkundige und konstruktive Mitarbeit möchten wir uns bei allen Autoren ganz herzlich bedanken. Unser Dank gilt aber in besonderer Weise Frau Dipl.-Min. Ute Eckardt vom Fachbuchverlag Leipzig im Hanser-Verlag, der uns in allen Phasen des Werkes mit Rat und Tat stets freundlich und erfolgreich unterstützt hat.

Allen unseren Lesern wünschen wir, dass sie mit dem Wissen und den Informationen dieses Taschenbuches ihre Aufgaben schnell, effizient und erfolgreich lösen können. Unsere Leser mögen aber auch beim Lesen des Werkes die Faszination spüren, welche das Gebiet der Mechatronik als Innovationsgeber ausübt. Gerne sind wir für Hinweise und Verbesserungen aus der Leserschaft dankbar.

Aalen, im März 2015

Ekbert Hering
Heinrich Steinhart

Inhaltsverzeichnis

4 Digitaltechnik ... 132

1 Mathematik

In diesem Kapitel werden ausgewählte Teile der Mathematik behandelt, die für die Mechatronik besonders wichtig sind.

1.1 Komplexe Zahlen

Komplexe Zahlen werden durch unterstrichenen Kleinbuchstaben dargestellt, zum Beispiel $\underline{z}$.

1.1.1 Definition komplexer Zahlen

Komplexe Zahlen stellen eine Erweiterung der reellen Zahlen R dar. Durch diese Erweiterung lassen sich algebraische Gleichungen der Form $x^2 + 1 = 0$ lösen. Die Menge der komplexen Zahlen wird mit C angegeben.

$$\mathrm{C} = \{\underline{z} \mid \underline{z} = a + i \cdot b \; mit \; a, b \in \mathrm{R}\} \tag{1.1}$$

Zur Darstellung einer komplexen Zahl $\underline{z}$ wird die **imaginäre Einheit i** eingeführt. Diese besitzt folgende Eigenschaft:

$$i = \sqrt{-1} \tag{1.2}$$

Für die Potenzen von i gilt:

$$i^{-1} = -i; \quad i^2 = -1; \quad i^3 = -i; \quad i^4 = 1; \quad i^5 = i \tag{1.3}$$

In der Elektrotechnik wird häufig **j** als imaginäre Einheit verwendet, da der Buchstabe i für Ströme Verwendung findet.

1.1.2 Darstellungsformen

1.1.2.1 Komplexe Zahlenebene

Eine komplexe Zahl $\underline{z}$ wird in der **komplexen Zahlenebene** (auch *Gauß*'sche Zahlenebene genannt) wie folgt dargestellt

$$\underline{z} = a + i \cdot b \tag{1.4}$$

Hierbei stellt **a** den **Realteil, b** den **Imaginärteil** und **i** die **imaginäre Einheit** der komplexen Zahl dar.

Die grafische Darstellung erfolgt in der „*Gauß*'schen“ oder auch komplexen Zahlenebene (Bild 1.1). Dabei kann $\underline{z}$ als Punkt P oder als Zeiger $\underline{z}$ in der Ebene interpretiert werden.

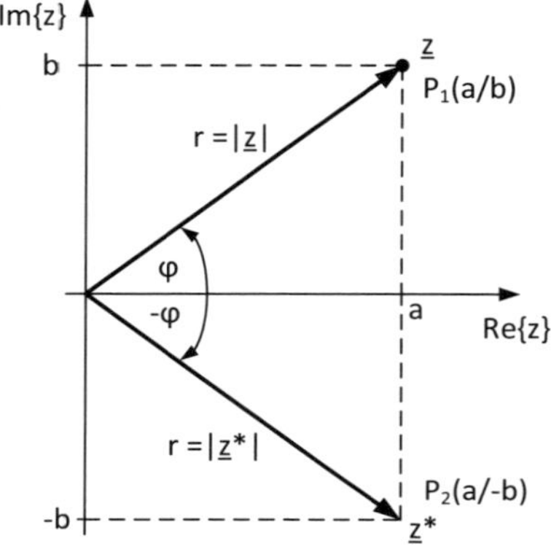

Bild 1.1
Komplexe Zahlenebene

Spiegelt man eine komplexe Zahl $\underline{z}$ an der reellen Achse, dann erhält man die zu $\underline{z}$ **konjugiert komplexe Zahl z*.**

$$\underline{z} = a + i \cdot b \xrightarrow{\text{konjugiert}} \underline{z}^* = a - i \cdot b \tag{1.5}$$

1.1.2.2 Polarformen

Eine komplexe Zahl $\underline{z}$ kann auch in **Polarkoordinaten** (Bild 1.1) dargestellt werden. Dabei wird der **Betrag** der komplexen Zahl $\underline{z}$ mit **r** und der **Winkel** mit $\boldsymbol{\varphi}$ bezeichnet.

Der Betrag r der komplexen Zahl $\underline{z}$ berechnet sich zu

$$|\underline{z}| = r = \sqrt{a^2 + b^2} \tag{1.6}$$

Hierbei beschreibt φ den Winkel, den die komplexe Zahl $\underline{z}$ mit der reellen Achse einschließt.

Im technischen Bereich wird der Winkel φ im Intervall $[-\pi, \pi]$ angegeben.

Berücksichtigt man die Vieldeutigkeit des Arkustangens, so gilt:

$$\varphi = \begin{cases} \arctan\left(\dfrac{b}{a}\right) & \text{für} \quad x > 0 \\ \arctan\left(\dfrac{b}{a}\right) + \pi & \text{für} \quad x < 0 \quad y \geq 0 \\ \arctan\left(\dfrac{b}{a}\right) - \pi & \textit{für} \quad x < 0 \quad y < 0 \end{cases} \tag{1.7}$$

Mit der ***Euler*'schen Formel**

$$e^{i\cdot\varphi} = \cos\varphi + i\cdot\sin\varphi \tag{1.8}$$

kann eine komplexe Zahl $\underline{z}$ wie folgt in Polarkoordinaten dargestellt werden:

$$\underline{z} = r\cdot e^{i\cdot\varphi} \tag{1.9}$$

1.1.3 Rechenoperation mit komplexen Zahlen

Für den komplexen Zahlenkörper sind folgende Rechenoperationen definiert.

1.1.3.1 Addition und Subtraktion

$$\underline{z}_1 \pm \underline{z}_2 = (a_1 + \mathrm{i}\cdot b_1) \pm (a_2 + \mathrm{i}\cdot b_2) = (a_1 \pm a_2) + \mathrm{i}\cdot(b_1 \pm b_2) \tag{1.10}$$

Beispiel:

$$\begin{aligned}\underline{z}_1 \pm \underline{z}_2 &= (2 - \mathrm{i}\cdot 3) \pm (3 + \mathrm{i}\cdot 4) = (2 \pm 3) + \mathrm{i}\cdot((-3) \pm 4)\\ &= 5 + \mathrm{i}\cdot 1 \quad \text{(Addition)}\\ &= -1 - \mathrm{i}\cdot 7 \quad \text{(Subtraktion)}\end{aligned}$$

1.1.3.2 Multiplikation

$$\begin{aligned}\underline{z}_1 \cdot \underline{z}_2 &= (a_1 + \mathrm{i}\cdot b_1)\cdot(a_2 + \mathrm{i}\cdot b_2)\\ &= (a_1\cdot a_2 - b_1\cdot b_2) + \mathrm{i}\cdot(a_1\cdot b_2 + a_2\cdot b_1)\end{aligned} \tag{1.11}$$

Beispiel:

$$\begin{aligned}\underline{z}_1 \cdot \underline{z}_2 &= (2 - \mathrm{i}\cdot 3)\cdot(3 + \mathrm{i}\cdot 4)\\ &= (2\cdot 3 - (-3)\cdot 4) + \mathrm{i}\cdot(2\cdot 4 + 3\cdot(-3))\\ &= 18 - \mathrm{i}\cdot 1\end{aligned}$$

1.1.3.3 Division

Die Division zweier komplexer Zahlen wird ausgeführt, indem man den Bruch mit dem konjugiert komplexen Nenner erweitert.

$$\begin{aligned}\frac{\underline{z}_1}{\underline{z}_2} &= \frac{\underline{z}_1\cdot\underline{z}_2^*}{\underline{z}_2\cdot\underline{z}_2^*} = \frac{(a_1 + \mathrm{i}\cdot b_1)}{(a_2 + \mathrm{i}\cdot b_2)} = \frac{(a_1 + \mathrm{i}\cdot b_1)\cdot(a_2 - \mathrm{i}\cdot b_2)}{(a_2 + \mathrm{i}\cdot b_2)\cdot(a_2 - \mathrm{i}\cdot b_2)}\\ &= \frac{(a_1\cdot a_2 + b_1\cdot b_2)}{(a_2^2 + b_2^2)} + \mathrm{i}\cdot\frac{(a_2\cdot b_1 - a_1\cdot b_2)}{(a_2^2 + b_2^2)}\end{aligned} \tag{1.12}$$

Beispiel:

$$\frac{\underline{z}_1}{\underline{z}_2}=\frac{(2-i\cdot 3)}{(3+i\cdot 4)}=\frac{(2-i\cdot 3)\cdot(3-i\cdot 4)}{(3+i\cdot 4)\cdot(3-i\cdot 4)}$$

$$=\frac{(2\cdot 3+(-3)\cdot 4)}{(3^2+4^2)}+i\cdot\frac{(3\cdot(-3)-2\cdot 4)}{(3^2+4^2)}$$

$$=-\frac{6}{25}-i\cdot\frac{17}{25}=-0{,}24-i\cdot 0{,}68$$

1.2 Matrizen

Matrizen werden durch fette kursive Großbuchstaben dargestellt, Vektoren mit fetten kursiven Kleinbuchstaben.

Definitionen von Matrizenarten

Eine (m, n)-Matrix ***A***, bestehend aus *m* **Zeilen** und *n* **Spalten**, hat die Form

$$\mathrm{A}=\begin{bmatrix} a_{11} & a_{12} & a_{13} & \cdots & a_{1n} \\ a_{21} & a_{22} & a_{23} & \cdots & a_{2n} \\ \cdots & \cdots & \cdots & \cdots & \cdots \\ a_{m1} & a_{m2} & a_{m3} & \cdots & a_{mn} \end{bmatrix} \tag{1.13}$$

Nachfolgend ist exemplarisch eine (2, 3)-Matrix dargestellt.

$$\mathrm{A}=\begin{bmatrix} a_{11} & a_{12} & a_{13} \\ a_{21} & a_{22} & a_{23} \end{bmatrix} \tag{1.14}$$

1.2.1 Quadratische Matrix

Bei einer quadratischen Matrix ist die **Zeilenanzahl** *m* und die **Spaltenanzahl** *n* identisch ($n = m$). Die **Hauptdiagonale** einer **quadratischen Matrix** wird durch die **Matrixelemente** $\boldsymbol{a}_{nm}$ gebildet, für die gilt $n = m$.

1.2.2 Symmetrische Matrix

Eine **symmetrische Matrix** ist eine spezielle Form der quadratischen Matrix. Alle Matrixelemente, die **symmetrisch** zur **Hauptdiagonalen** stehen, sind **identisch**.

1.2.3 Transponierte Matrix

Vertauscht man in einer Matrix die **Zeilen** mit den **Spalten**, so erhält man die **transponierte Matrix** A^T. Die nachfolgende Matrix ist die Transponierte zu (1.14).

$$\mathbf{A}^{\mathrm{T}} = \begin{bmatrix} a_{11} & a_{21} \\ a_{12} & a_{22} \\ a_{13} & a_{23} \end{bmatrix} \tag{1.15}$$

Beachte : Eine symmetrische Matrix bleibt beim Transponieren stets unverändert.

1.2.4 Spaltenvektor

Die Elemente einer **Spalte** einer Matrix A stellen einen **Spaltenvektor** a dar. Definitionsgemäß ist ein Spaltenvektor eine 1-spaltige Matrix.

$$\mathbf{a} = \begin{bmatrix} a_{11} \\ a_{21} \end{bmatrix} \tag{1.16}$$

1.2.5 Zeilenvektor

Die Elemente einer **Zeile** einer Matrix stellen einen **Zeilenvektor** $\mathbf{a}^{\mathrm{T}}$ dar.

$$\mathbf{a}^{\mathrm{T}} = \begin{bmatrix} a_{11} & a_{12} & a_{13} \end{bmatrix} \tag{1.17}$$

Unter a (ohne hochgestelltes T) wird immer ein Spaltenvektor und unter a^T (mit hochgestelltem T) immer ein Zeilenvektor verstanden.

1.2.6 Nullvektor *0*

Sind alle Elemente eines Vektors null, so spricht man von einem **Nullvektor** ***0***.

1.2.7 Einheitsmatrix *I*

Eine **Einheitsmatrix** ist stets eine quadratische Matrix ($m = n$). In der Hauptdiagonalen stehen die Elemente 1; alle anderen Elemente sind null.

$$\mathbf{I} = \begin{bmatrix} 1 & 0 & \dots & 0 \\ 0 & 1 & \dots & 0 \\ \dots & \dots & \dots & \dots \\ 0 & 0 & \dots & 1 \end{bmatrix} \tag{1.18}$$

1.3 Rechenregeln für Matrizen

Nachfolgend sind die **wichtigsten Rechenregeln** der Matrizenrechnung zusammengefasst.

1.3.1 Addition von Matrizen

Die **Addition** von Matrizen

$$\mathbf{C} = \mathbf{A} + \mathbf{B} \tag{1.19}$$

erfolgt durch die **Addition** ihrer Elemente mit den gleichen Indizes. Es gilt:

$$c_{ik} = a_{ik} + b_{ik} \tag{1.20}$$

für i = 1 … m und k = 1 … n.

Die beiden Matrizen müssen in ihrer **Zeilen**- und **Spaltenanzahl übereinstimmen**.

1.3.2 Vektorrechnung

In Bild 1.2 stellt ***r*** einen Vektor dar. Die mathematische Beziehung des Vektors lautet $\mathbf{r} = x_1 \cdot \mathbf{e}_x + y_1 \cdot \mathbf{e}_y + z_1 \cdot \mathbf{e}_z$. Dabei bezeichnet ***e*** den Einheitsvektor und x_1, x_2, x_3 die Komponenten des Vektors ***r***.

Der Vektor ***r*** kann als Zeilenvektor $\mathbf{r} = (x_1, y_1, z_1)$ oder als Spaltenvektor $\mathbf{r} = \begin{pmatrix} x_1 \\ y_1 \\ z_1 \end{pmatrix}$ geschrieben werden. Der Betrag des Vektors ***r*** ist durch $|\mathbf{r}| = \sqrt{x_1^2 + y_1^2 + z_1^2}$ definiert. Die Winkel des Vektors ***r*** zwischen den Achsen *x*, *y* und *z* sind durch $\cos(\boldsymbol{r}, x) = \frac{x_1}{|\boldsymbol{r}|}$, $\cos(\boldsymbol{r}, y) = \frac{y_1}{|\boldsymbol{r}|}$ und $\cos(\boldsymbol{r}, z) = \frac{z_1}{|\boldsymbol{r}|}$ festgelegt.

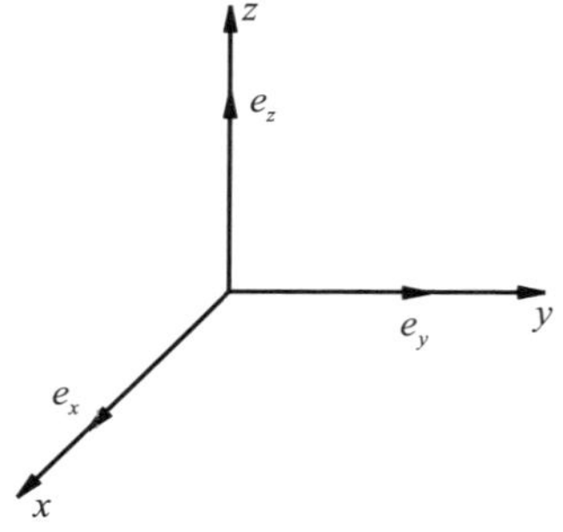

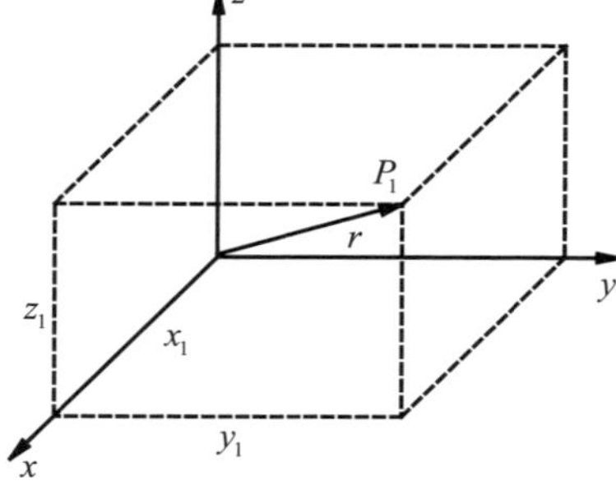

Bild 1.2 Vektordarstellung und Gerade

1.3.3 Skalares Produkt

Das skalare Produkt zweier Vektoren (Bild 1.3) ist wie folgt definiert:

$$\mathbf{r}_1\mathbf{r}_2 = |\mathbf{r}_1||\mathbf{r}_2| \cdot \cos(\varphi) \tag{1.21}$$

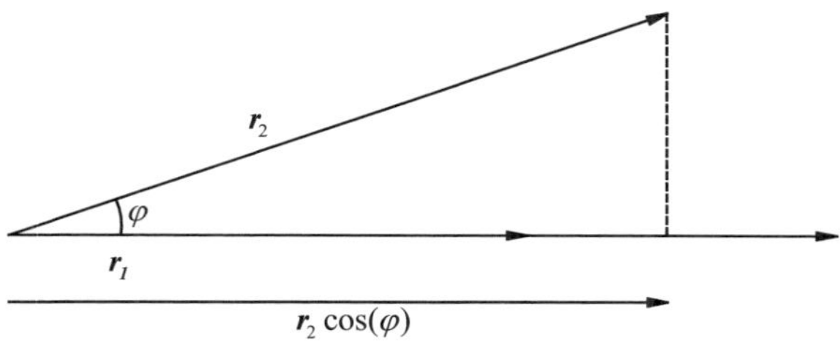

Bild 1.3 Skalarprodukt

Das Skalarprodukt ist null, wenn die Vektoren $\boldsymbol{r}_1$ und $\boldsymbol{r}_2$ orthogonal zueinander sind.

1.3.4 Vektorprodukt

Das Vektorprodukt ist nur im dreidimensionalen Raum definiert.

Das Vektorprodukt zweier Vektoren $\boldsymbol{r}_1$ und $\boldsymbol{r}_2$ lautet

$$(\mathbf{r}_1 \times \mathbf{r}_2) = \mathbf{c} \tag{1.22}$$

$\boldsymbol{c}$ ist dabei ein Vektor der senkrecht auf den Vektoren $\boldsymbol{r}_1$ und $\boldsymbol{r}_2$ steht. $\boldsymbol{c}$ steht also senkrecht zur von $\boldsymbol{r}_1$ und $\boldsymbol{r}_2$ aufgespannten Ebene (Bild 1.4).

Der Betrag des Vektors $\boldsymbol{c}$ ist gleich dem Zahlenwert der Fläche des aus $\boldsymbol{r}_1$ und $\boldsymbol{r}_2$ gebildeten Parallelogramms und berechnet sich zu

$$|\mathbf{r}_1 \times \mathbf{r}_2| = |\mathbf{r}_1| \cdot |\mathbf{r}_2| \cdot |\sin(\varphi)| \tag{1.23}$$

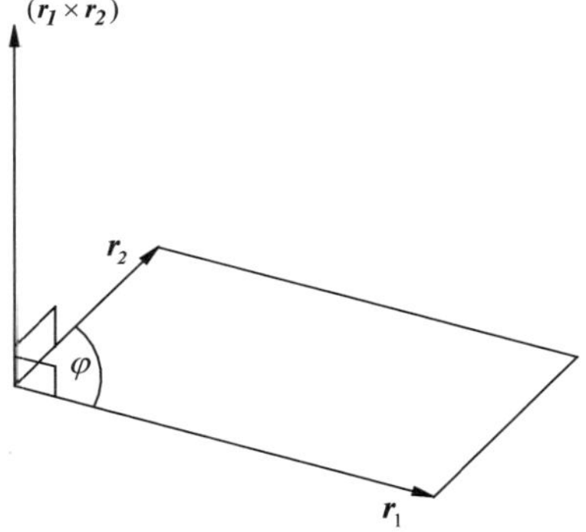

Bild 1.4 Vektorprodukt

1.3.5 Multiplikation einer Matrix mit einem Skalar

Die **Multiplikation** einer Matrix mit einem **Skalar** k

$$\mathbf{B}=k\cdot\mathbf{A} \tag{1.24}$$

erfolgt durch **Multiplikation** jedes a_{ij} Elementes mit dem Faktor k.

$$b_{ij}=k\cdot a_{ij} \tag{1.25}$$

1.3.6 Matrizenmultiplikation

Eine wichtige Voraussetzung für das **Matrizenprodukt** ist das Übereinstimmen der **Anzahl der Spalten** der 1. Matrix **A** und **der Anzahl der Zeilen** der 2. Matrix ***B.***

Unter dem Produkt

$$\mathbf{P}=\mathbf{A}\cdot\mathbf{B} \tag{1.26}$$

einer (m, s)-Matrix $\boldsymbol{A}$ und einer (s, n)-Matrix $\boldsymbol{B}$ versteht man die (m, n)-Matrix $\boldsymbol{P}$ mit den Elementen

$$p_{ij}=\sum_{k=1}^{n}a_{ik}\cdot b_{kj}=a_{ik}b_{kj} \tag{1.27}$$

Dabei bezeichnet a_i den i-ten **Zeilenvektor** von $\boldsymbol{A}$ und b_j den j-ten **Spaltenvektor** von $\boldsymbol{B}$. Das Element p_{ik} ist also das **skalare Produkt** des i-ten Zeilenvektors von $\boldsymbol{A}$ mit dem k-ten Spaltenvektor von $\boldsymbol{B}$.

1.3.7 Wichtige Gesetze für Matrizen

$$\mathbf{A}\cdot\mathbf{B}\neq\mathbf{B}\cdot\mathbf{A} \quad \text{(das heißt, das Kommutativgesetz gilt nicht)} \tag{1.28}$$

$$\mathbf{A}\cdot(\mathbf{B}+\mathbf{C})=\mathbf{A}\cdot\mathbf{B}+\mathbf{A}\cdot\mathbf{C} \tag{1.29}$$

$$(\mathbf{A}\cdot\mathbf{B})\cdot\mathbf{C}=\mathbf{A}\cdot(\mathbf{B}\cdot\mathbf{C}) \tag{1.30}$$

$$(\mathbf{A}\cdot\mathbf{B})^{\mathrm{T}}=\mathbf{B}^{\mathrm{T}}\cdot\mathbf{A}^{\mathrm{T}} \tag{1.31}$$

$$\mathbf{B}=\mathbf{A}^{\mathrm{T}}\cdot\mathbf{A}=\mathbf{A}\cdot\mathbf{A}^{\mathrm{T}} \tag{1.32}$$

1.3.8 Determinante

Determinanten von $(n \times n)$-Matrizen lassen sich durch den **Entwicklungssatz** nach Laplace rekursiv berechnen.

Entwicklung nach der k-ten Spalte bzw. i-ten Zeile:

$$\det(\boldsymbol{A})=\sum_{i=1}^{n}a_{ik}\cdot(-1)^{i+k}\left|\boldsymbol{S}_{ik}\right|=\sum_{k=1}^{n}a_{ik}\cdot(-1)^{i+k}\left|\boldsymbol{S}_{ik}\right| \tag{1.33}$$

S_{ik} ist die $((n-1) \times (n-1))$-Matrix, die man erhält, wenn die i-te Zeile und k-te Spalte gestrichen wird.

Es ist dabei völlig egal, nach welcher Zeile oder Spalte entwickelt wird. In der Regel wählt man eine Zeile oder eine Spalte, die möglichst viele Nullen enthält. Dadurch vereinfacht sich die Rechnung. Die Determinante wird durch senkrechte Striche gekennzeichnet.

$$\det(A)=|A| \tag{1.34}$$

Beispiel: Die Determinante einer (3 × 3)-Matrix.

$$\begin{aligned}
\begin{vmatrix} 1 & 2 & 3 \\ 4 & 5 & 6 \\ 7 & 8 & 9 \end{vmatrix} &= 1\cdot(-1)^{1+1}\cdot\begin{vmatrix} 5 & 6 \\ 8 & 9 \end{vmatrix} \\
&+ 2\cdot(-1)^{1+2}\cdot\begin{vmatrix} 4 & 6 \\ 7 & 9 \end{vmatrix} \\
&+ 3\cdot(-1)^{1+3}\cdot\begin{vmatrix} 4 & 5 \\ 7 & 8 \end{vmatrix} \\
&= 1\cdot(5\cdot 9-8\cdot 6)-2\cdot(4\cdot 9-7\cdot 6)+3\cdot(4\cdot 8-7\cdot 5) \\
&= 1\cdot(-3)-2\cdot(-6)+3\cdot(-3) \\
&= 0
\end{aligned}$$

Produktsatz für Determinanten:

$$\det(\mathbf{A}\cdot\mathbf{B})=\det\mathbf{A}\cdot\det\mathbf{B} \tag{1.35}$$

Die Determinante einer Inversen Matrix ist wie folgt definiert:

$$\det\mathbf{A}^{-1}=\frac{1}{\det\mathbf{A}} \tag{1.36}$$

1.3.9 Inverse Matrix

Eine quadratische Matrix A ist regulär, wenn ihre **Determinante** det(A) **verschieden von Null** ist. Man spricht in diesem Falle auch von einer nicht singulären Matrix.

Für eine **quadratische, reguläre** Matrix $\boldsymbol{A}$ kann die **inverse Matrix** $\boldsymbol{A}^{-1}$ gebildet werden. Die Multiplikation einer Matrix $\boldsymbol{A}$ mit einer inversen Matrix $\boldsymbol{A}^{-1}$ ergibt die **Einheitsmatrix** $\boldsymbol{I}$. Damit können lineare Gleichungssysteme gelöst werden (vgl. Abschnitt 1.3.10).

Damit ergeben sich weitere Rechenregeln für Matrizen:

$$\mathbf{A}\cdot\mathbf{A}^{-1}=\mathbf{A}^{-1}\cdot\mathbf{A}=\mathbf{I} \tag{1.37}$$

$$\left(\mathbf{A}^{-1}\right)^{\mathrm{T}}=\left(\mathbf{A}^{\mathrm{T}}\right)^{-1} \tag{1.38}$$

$$\left(\mathbf{A}\cdot\mathbf{B}\right)^{-1}=\mathbf{B}^{-1}\cdot\mathbf{A}^{-1} \tag{1.39}$$

Für die quadratische, reguläre Matrix $\boldsymbol{A}$ ergibt sich die inverse Matrix $\boldsymbol{A}^{-1}$ nach der folgenden Beziehung:

$$\mathbf{A}^{-1}=\frac{adj(\mathbf{A})}{\det(\mathbf{A})} \tag{1.40}$$

Dabei stellt adj($\boldsymbol{A}$) die **Adjunkte** und det($\boldsymbol{A}$) = $|\mathbf{A}|$ die **Determinante** der Matrix $\boldsymbol{A}$ dar.

Zur Bildung der Adjunkten adj($\boldsymbol{A}$) der Matrix $\boldsymbol{A}$ wird jedes Element a_{ij} durch den Kofaktor A_{ij} ersetzt und die entsprechende Matrix transponiert. Der Kofaktor A_{ij} ist definiert durch

$$A_{ij}=(-1)^{i+j}\cdot D_{ij} \tag{1.41}$$

wobei D_{ij} die Determinante derjenigen Matrix ist, die aus $\boldsymbol{A}$ durch Streichen der i-ten Zeile und der j-ten Spalte entsteht.

1.3.10 Darstellung von linearen Gleichungssystemen mithilfe von Matrizen

Ein **lineares Gleichungssystem** der Form

$$\begin{array}{ll} a_{11}\cdot x_1+a_{12}\cdot x_2+\ldots.+a_{1n}\cdot x_n & =y_1 \\ a_{21}\cdot x_1+a_{22}\cdot x_2+\ldots.+a_{2n}\cdot x_n & =y_2 \\ \cdots\cdots\cdots\cdots\cdots\cdots\cdots\cdots & \\ a_{m1}\cdot x_m+a_{m2}\cdot x_2+\ldots.+a_{mn}\cdot x_n & =y_m \end{array} \tag{1.42}$$

kann in der **Matrizendarstellung**

$$\mathbf{A}\cdot\mathbf{x}=\mathbf{y} \tag{1.43}$$

geschrieben werden mit

$$\mathbf{A}=\begin{bmatrix} a_{11} & a_{12} & a_{13} & \ldots. & a_{1n} \\ a_{21} & a_{22} & a_{23} & \ldots. & a_{2n} \\ \ldots. & \ldots. & \ldots. & \ldots. & \ldots. \\ a_{m1} & a_{m2} & a_{m3} & \ldots. & a_{mn} \end{bmatrix} \tag{1.44}$$

und

$$\mathbf{x}=\begin{bmatrix} x_1 \\ x_2 \\ \ldots \\ x_n \end{bmatrix};\ y=\begin{bmatrix} y_1 \\ y_2 \\ \ldots \\ y_m \end{bmatrix} \tag{1.45}$$

Der **Lösungsvektor** $\boldsymbol{x}$ des Gleichungssystems ergibt sich unmittelbar durch Multiplizieren von links mit der Inversen Matrix $\boldsymbol{A}^{-1}$ zu

$$\mathbf{x} = \mathbf{A}^{-1} \cdot \mathbf{y} \tag{1.46}$$

1.3.11 Eigenwerte und Eigenvektoren

Eine Zahl λ heißt **Eigenwert** der Matrix $\boldsymbol{A}$, wenn es einen **Eigenvektor** $\boldsymbol{x}$ gibt, der die Eigenwertgleichung erfüllt.

Die **Eigenwerte** der quadratischen Matrix $\boldsymbol{A}_{n,n}$ sind die Lösungen bzw. die Nullstellen der **charakteristischen Gleichung** (Algebraische Gleichung n-ten Grades)

$$ch_A(\lambda) = \det(\mathbf{A} - \lambda\mathbf{E}) = 0 \tag{1.47}$$

$$ch_A(\lambda) = \begin{vmatrix} a_{11} - \lambda & a_{12} & \dots & a_{1n} \\ a_{21} & a_{22} - \lambda & \dots & a_{2n} \\ \dots & \dots & \ddots & \dots \\ a_{n1} & a_{n2} & \dots & a_{nn} - \lambda \end{vmatrix} \tag{1.48}$$

$$ch_A(\lambda) = a_0 + a_1 \cdot \lambda + \dots + a_n \cdot \lambda^n \tag{1.49}$$

Die zu den Eigenwerten λ_i gehörenden Eigenvektoren $\boldsymbol{x}_i$ von $\boldsymbol{A}_{n,n}$ sind die **Lösungsvektoren** des homogenen linearen Gleichungssystems:

$$(\mathbf{A} - \lambda_i\mathbf{E})\mathbf{x}_i = 0 \qquad \mathbf{x}_i \in C, \mathbf{x}_i \neq 0, i = 1,2,\dots,n \tag{1.50}$$

Ist $\boldsymbol{x}$ ein Eigenvektor, dann ist $a \cdot \mathbf{x}$ mit $a \in C$ gleichfalls ein Eigenvektor. Jede Linearkombination von zwei Eigenvektoren zum gleichen Eigenwert ist ebenfalls ein Eigenvektor.

Die Lösungsmenge $\{\mathbf{x}_i\}$ bildet einen Vektorraum, nämlich den zu λ_i gehörenden Eigenraum von $\boldsymbol{A}$: E(λ, $\boldsymbol{A}$). (λ, $\boldsymbol{x}$) heißt **Eigenpaar**.

Bei paarweise verschiedenen Eigenwerten gehört zu jedem Eigenwert genau ein Eigenvektor. Die Eigenvektoren sind dann linear unabhängig.

Beispiel: Eigenwerte der Matrix $\boldsymbol{G} = \begin{pmatrix} 2 & 3 \\ 5 & 4 \end{pmatrix}$

$$\begin{aligned} ch_G(\lambda) = \det(\mathbf{G} - \lambda\mathbf{E}) = \det\left(\begin{pmatrix} 2 & 3 \\ 5 & 4 \end{pmatrix} - \lambda\begin{pmatrix} 1 & 0 \\ 0 & 1 \end{pmatrix}\right) &= \det\begin{pmatrix} 2-\lambda & 3 \\ 5 & 4-\lambda \end{pmatrix} \\ &= (2-\lambda)(4-\lambda) - 3 \cdot 5 \\ &= \lambda^2 - 6\lambda - 7 \\ &= (1-\lambda)(7+\lambda) \\ &= (1-\lambda_1)(7+\lambda_2) = 0 \end{aligned}$$

Damit ergeben sich die Eigenwerte $\lambda_1 = 1$ und $\lambda_2 = -7$.

1.4 Numerische Integration

Für jede auf $[a,b]$ stetige Funktion f gilt

$$\int_a^b f(x)\mathrm{d}x = F(b) - F(a) \tag{1.51}$$

wobei F Stammfunktion von f auf $[a,b]$ ist. In der Praxis tritt häufig der Fall auf, dass von $\int_a^b f(x)\mathrm{d}x$ nur ein Näherungswert berechnet werden kann. Dies ist beispielsweise der Fall, wenn f keine elementare Stammfunktion besitzt. Selbst wenn f eine elementare Stammfunktion besitzt, so kann ihre Bestimmung recht aufwändig sein. In vielen Fällen ist f nur tabellarisch gegeben. Für diese Fälle bietet sich die **numerische Integration** an.

1.4.1 Simpson'sche Formel

Ist f auf $[a,b]$ integrierbar, so ist

$$Q_S = \frac{b-a}{6}\left(f(a) + 4f\left(\frac{a+b}{2}\right) + f(b)\right) \tag{1.52}$$

ein Näherungswert von $\int_a^b f(x)\mathrm{d}x$.

Bild 1.5 verdeutlicht die **geometrische Interpretation** der ***Simpson*'schen Formel**. Man kann den Graph von f in $[a,b]$ durch die Parabel $y=p(x)$ durch die Punkte $A(a,f(a))$, $B(b,f(b))$ und $H\left(\frac{a+b}{2}, f\left(\frac{a+b}{2}\right)\right)$ ersetzen. Wird nun über die **ganzrationale Funktion** $p(x)$ **2. Ordnung** integriert, so erhält man, falls $f(x)\geq 0$ für alle $x\in[a,b]$ ist, einen Näherungswert für den Flächeninhalt unter dem Grafen von f.

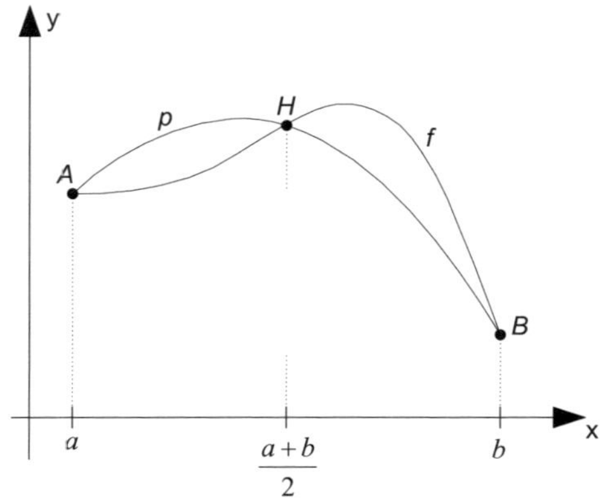

Bild 1.5
Aufführung der *Simpson*'schen Formel

1.4.2 Summierende Simpson'sche Formel

f sei auf dem Intervall $[a,b]$ integrierbar. Wird das Intervall $[a,b]$ durch $x_k = a + kh,\ k = 0, 1, 2, \ldots, 2n$ in $2n$ Teilintervalle der gleichen Länge $h = \dfrac{b-a}{2n}$ zerlegt, so ist

$$Q_S = \frac{h}{3}\left(f(a) + 2\sum_{k=1}^{n-1} f(x_{2k}) + 4\sum_{k=1}^{n} f(x_{2k-1}) + f(b)\right) \tag{1.53}$$

ein **Näherungswert** für $\int\limits_a^b f(x)\mathrm{d}x$.

1.5 Laplace-Transformation

Die ***Laplace*-Transformation** ist eine Integraltransformation. Durch sie wird einer Funktion $x(t)$ im **Zeitbereich** über einen **Transformationsoperator** eine andere Funktion $X(s)$ im **Bildbereich** zugeordnet.

Die Transformationsvorschrift für die Laplace-Transformation lautet:

$$L\{x(t)\} = X(s) = \int\limits_0^\infty x(t)\mathrm{e}^{-st}\mathrm{d}t \tag{1.54}$$

$$L^{-1}\{X(s)\} = x(t) = \frac{1}{2\pi\mathrm{j}} \cdot \int\limits_{\delta-\mathrm{j}\infty}^{\delta+\mathrm{j}\infty} X(s)\mathrm{e}^{st}\mathrm{d}s \tag{1.55}$$

mit der komplexen Variablen $s = \delta + \mathrm{j}\omega$. Unter der Voraussetzung, dass das uneigentliche Integral in Gleichung (1.54) existiert,

$$\int\limits_0^{+\infty} \left|x(t)\mathrm{e}^{-\delta t}\right|\mathrm{d}t < \infty \tag{1.56}$$

heißt $X(s)$ die ***Laplace*-Transformierte** von $x(t)$. Sie wird mit einem **großen Buchstaben** dargestellt und ist eine Funktion einer komplexen Veränderlichen. Daraus ergeben sich die **Sätze der *Laplace*-Transformation**.

1.5.1 Linearitätssatz

Die Laplace-Transformation ist eine **lineare Integraltransformation**.

$$\begin{aligned} L\{a_1\, x_1(t) + a_2\, x_2(t)\} &= a_1 L\{x_1(t)\} + a_2 L\{x_2(t)\} \\ &= a_1\, X_1(s) + a_2\, X_2(s) \end{aligned} \tag{1.57}$$

1.5.2 Verschiebungssatz

Wird eine Zeitfunktion um $\tau(\tau > 0)$ **verschoben**, dann bedeutet dies eine Multiplikation von $X(s)$ mit e^{-st} im Bildbereich.

$$L\{x(t-\tau)\} = e^{-s\tau} X(s) \tag{1.58}$$

1.5.3 Dämpfungssatz

$$L\{e^{-\alpha t} \cdot x(t)\} = X(s+\alpha) \tag{1.59}$$

1.5.4 Integrationssatz

Die Laplace-Transformierte eines Integrals lässt sich durch **einfache Multiplikation** von $X(s)$ mit $1/s$ berechnen.

$$L\left\{\int_0^t x(\tau)\mathrm{d}\tau\right\} = \frac{1}{s} L\{x(t)\} = \frac{X(s)}{s} \tag{1.60}$$

1.5.5 Differenziationssatz

Der **Differenziation im Zeitbereich** entspricht damit einer **Multiplikation mit s im Bildbereich**. Dabei müssen **immer** die **Anfangsbedingungen** berücksichtigt werden.

Für die zweite Ableitung gilt:

$$L\{\dot{x}(t)\} = s \cdot L\{x(t)\} - L\{x(0)\} = s \cdot X(s) - x(0) \tag{1.61}$$

$$L\{\ddot{x}(t)\} = s^2 \cdot X(s) - s \cdot x(0) - \dot{x}(0) \tag{1.62}$$

1.5.6 Faltungssatz

Die **Faltung zweier Funktionen** $x(t)$ und $g(t)$ ist im Zeitbereich durch

$$x(t) * g(t) = \int_0^t x(\tau) g(t-\tau)\mathrm{d}\tau \tag{1.63}$$

definiert. Im Bildbereich gilt der folgende Zusammenhang

$$L\{x(t) * g(t)\} = X(s) \cdot G(s) \tag{1.64}$$

Dabei wurden die **Anfangsbedingungen** $x(0)=0$ und $g(0)=0$ vorausgesetzt.

1.5.7 Inverse Laplace-Transformation (Rücktransformation in den Zeitbereich)

Die Rücktransformation stellt eine Schwierigkeit bei der Anwendung der Laplace-Transformation dar. Grundsätzlich kann durch die Verwendung der Gleichung (1.55) die Rücktransformation erfolgen. Es gibt jedoch noch elegantere Methoden, die eine recht einfache **Rücktransformation** ermöglichen. Dies sind beispielsweise **Reihenentwicklung**, **Parzialbruchzerlegung** oder die Anwendung von **Korrespondenzen**.

Sehr empfehlenswert ist aber die **Verwendung von Tabellen**. Nachfolgend sind die **wichtigsten Korrespondenzen** tabellarisch aufgeführt. Dabei wurden nur die am häufigsten benötigten Korrespondenzen berücksichtigt. Hierbei ist $F(s)$ die Funktion im Bildbereich, $f(t)$ die Funktion im Zeitbereich.

Tabelle 1.1 Korrespondenzen für die Laplace-Transformation

	$F(s)$	$f(t)$
(1)	1	$\delta(t)$ Dirac-Impuls
(2)	$\frac{1}{s}$	$\varepsilon(t)=\begin{cases}0 & f\ddot{u}r\, t<0\\ 1 & f\ddot{u}r\, t>0\end{cases}$ Sprungfunktion
(3)	$\frac{1}{s-a}$	e^{at}
(4)	$\frac{1}{s-\ln\lvert a\rvert}$	a^{t}, $\mathrm{Re}\, a>0$
(5)	$\frac{1}{s^2}$	t
(6)	$\frac{1}{s(s-a)}$	$\frac{1}{a}(\mathrm{e}^{at}-1)$
(7)	$\frac{1}{(s-a)(s-b)}$	$\frac{\mathrm{e}^{bt}-\mathrm{e}^{at}}{b-a}$, $a\neq b$
(8)	$\frac{1}{(s^2-a^2)}$	$\frac{1}{a}\sinh(at)$
(9)	$\frac{1}{(s^2+a^2)}$	$\frac{1}{a}\sin(at)$

Tabelle 1.1 Korrespondenzen für die Laplace-Transformation *(Fortsetzung)*

	$F(s)$	$f(t)$
(10)	$\frac{1}{(s+a)^2}$	te^{at}
(11)	$\frac{1}{s(as+1)}$	$1-e^{-\frac{t}{a}}$
(12)	$\frac{s}{(s-a)(s-b)}$	$\frac{ae^{at}-be^{bt}}{(a-b)}$
(13)	$\frac{s}{(s^2-a^2)}$	$\cosh(at)$
(14)	$\frac{s}{(s^2+a^2)}$	$\cos(at)$
(15)	$\frac{s}{(s-a)^2}$	$(1+at)e^{at}$
(16)	$\frac{a}{a^2+(s-b)^2}$	$e^{bt}\sin(at)$
(17)	$\frac{a}{(s-b)^2-a^2}$	$e^{bt}\sinh(at)$
(18)	$\frac{s-b}{(s-b)^2+a^2}$	$e^{bt}\cos(at)$
(19)	$\frac{s-b}{(s-b)^2-a^2}$	$e^{bt}\cosh(at)$
(20)	$\frac{1}{s^3}$	$\frac{1}{2}t^2$
(21)	$\frac{1}{s^2(s-a)}$	$\frac{1}{a^2}(e^{at}-at-1)$
(22)	$\frac{1}{s(s-a)^2}$	$\frac{(at-1)e^{at}+1}{a^2}$

Tabelle 1.1 Korrespondenzen für die Laplace-Transformation *(Fortsetzung)*

	$F(s)$	$f(t)$
(23)	$\dfrac{1}{(s-a)^3}$	$\dfrac{t^2}{2}\mathrm{e}^{at}$
(24)	$\dfrac{(s-a)^2}{s(s^2+a^2)}$	$1-2\sin(at)$
(25)	$\dfrac{s^2-2a^2}{s(s^2-4a^2)}$	$\cosh^2(at)$
(26)	$\dfrac{s^2-2a^2}{s(s^2-4a^2)}$	$\cos^2(at)$
(27)	$\dfrac{1}{s(s^2-4a^2)}$	$\dfrac{\sin^2(at)}{2a^2}$
(28)	$\dfrac{s}{(s-a)^3}$	$\left(\dfrac{1}{2}at^2+t\right)\mathrm{e}^{at}$
(29)	$\dfrac{s^2}{(s-a)^3}$	$\left(\dfrac{1}{2}a^2t^2+2at+1\right)\mathrm{e}^{at}$
(30)	$\dfrac{1}{s(s-a)(s-b)}$	$\dfrac{b\mathrm{e}^{at}-a\mathrm{e}^{bt}+a-b}{ab(a-b)}$
(31)	$\dfrac{1}{(s-a)(s-b)(s-c)}$ $a\neq b,\ b\neq c,\ c\neq a$	$\dfrac{(c-b)\mathrm{e}^{at}+(a-c)\mathrm{e}^{bt}+(b-a)\mathrm{e}^{ct}}{(a-b)(b-c)(c-a)}$
(32)	$\dfrac{(s-a)(s-b)}{s(s+a)(s+b)}$	$1+2\dfrac{a+b}{a-b}\left(\mathrm{e}^{-at}-\mathrm{e}^{-bt}\right)$
(33)	$\dfrac{1}{(s^2-a^2)(s^2-b^2)}$	$\dfrac{b\sinh(at)-a\sinh(bt)}{ab(a^2-b^2)}$
(34)	$\dfrac{s}{(s^2-a^2)(s^2-b^2)}$	$\dfrac{\cosh(bt)-\cosh(at)}{(b^2-a^2)}$

Tabelle 1.1 Korrespondenzen für die Laplace-Transformation *(Fortsetzung)*

	$F(s)$	$f(t)$
(35)	$\dfrac{s^2}{(s^2-a^2)(s^2-b^2)}$	$\dfrac{a\sinh(at)-b\sinh(bt)}{(a^2-b^2)}$
(36)	$\dfrac{s^3}{(s^2-a^2)(s^2-b^2)}$	$\dfrac{a^2\cosh(at)-b^2\cosh(bt)}{(a^2-b^2)}$
(37)	$\dfrac{1}{(s^2-a^2)^2}$	$\dfrac{t\cosh(at)}{2a^2}-\dfrac{\sinh(at)}{2a^3}$
(38)	$\dfrac{a^2 s}{(s^4+a^4)}$	$\sin\left(\dfrac{at}{\sqrt{2}}\right)\sinh\left(\dfrac{at}{\sqrt{2}}\right)$
(39)	$\dfrac{s^3}{(s^4+a^4)}$	$\cos\left(\dfrac{at}{\sqrt{2}}\right)\cosh\left(\dfrac{at}{\sqrt{2}}\right)$
(40)	$\dfrac{s^2-2a^2}{(s^4+4a^4)}$	$\dfrac{\cos(at)\sinh(at)}{a}$
(41)	$\dfrac{s}{(s^2+a^2)^3}$	$\dfrac{t^2\cosh(at)}{8a^2}-\dfrac{t\sinh(at)}{8a^3}$
(42)	$\dfrac{s^2}{(s^2+a^2)^3}$	$\dfrac{t\cosh(at)}{8a^2}-\dfrac{1-a^2t^2}{8a^3}\sinh(at)$
(43)	$\dfrac{1}{s^n},\ n>0$	$\dfrac{t^{n-1}}{(n-1)!}$
(44)	$\dfrac{n!}{s^{n+1}},\ n>0$	t^n
(45)	$\dfrac{1}{(s+a)^n},\ n>0$	$\dfrac{t^{n-1}\mathrm{e}^{-at}}{(n-1)!}$

1.6 Fourier-Transformation

Ist $x(t)$ im Intervall $(-\infty,\infty)$ absolut integrierbar so heißt X(jω) die Fouriertransformierte F von x(t).

$$F\{x(t)\}=X(j\omega)=\int_{-\infty}^{+\infty} x(t)\cdot e^{-j\omega t}dt \tag{1.65}$$

$$F^{-1}\{X(j\omega)\}=x(t)=\frac{1}{2\pi}\int_{-\infty}^{+\infty} X(j\omega)\cdot e^{j\omega t}d\omega \tag{1.66}$$

Die Funktion $X(j\omega)$ wird auch als ***Fourier*-Spektrum** bezeichnet.

In **technischen Anwendungen** wird oft die Frequenz f anstelle der **Kreisfrequenz** $\omega=2\pi f$ verwendet. Die Gleichungen (1.65) und (1.66) lauten dann wie folgt:

$$X(jf)=\int_{-\infty}^{+\infty} x(t)\cdot e^{-j2\pi ft}dt \tag{1.67}$$

$$x(t)=\int_{-\infty}^{+\infty} X(jf)\cdot e^{j2\pi ft}df \tag{1.68}$$

Die **Fourier-Transformierte** $X(j\omega)$ ist eine **komplexe Funktion**. Sie kann deshalb in kartesischen Koordinaten

$$X(j\omega)=C(\omega)-jS(\omega) \tag{1.69}$$

oder in Polarkoordinaten dargestellt werden:

$$X(j\omega)=X(\omega)\cdot e^{j\varphi(\omega)} \tag{1.70}$$

mit den Abkürzungen

$$\begin{aligned} C(\omega)&=\int_{-\infty}^{+\infty} x(t)\cos(\omega t)dt,\\ S(\omega)&=\int_{-\infty}^{+\infty} x(t)\sin(\omega t)dt, \end{aligned} \tag{1.71}$$

und

$$\begin{aligned} F(\omega)&=|X(j\omega)|\\ \varphi(\omega)&=\arctan\left(\frac{S(\omega)}{C(\omega)}\right) \end{aligned} \tag{1.72}$$

Der **Betrag** $X(\omega)$ wird auch als **Frequenzgang** bezeichnet. Die Funktion $\varphi(\omega)$ heißt **Phasenfrequenzgang**.

Ist $x(t)$ **gerade**, d. h. $x(t)=x(-t)$, so gilt:

$$X(j\omega)=C(\omega) \tag{1.73}$$

Ist $x(t)$ **ungerade**, d. h. $x(t) = -x(-t)$, so gilt:

$$X(\mathrm{j}\omega) = -\mathrm{j}\,S(\omega) \tag{1.74}$$

Ist $x(t)$ nur für $t \geq 0$ definiert und ungleich null, so erhält man die **einseitige *Fourier*-Transformierte** zu

$$X_\mathrm{E}(\mathrm{j}\omega) = \int_0^\infty x(t) \cdot \mathrm{e}^{-\mathrm{j}\omega t}\,\mathrm{d}t \tag{1.75}$$

Durch die **Spiegelung an der Ordinate** kann man die **zweiseitige *Fourier*-Transformierte** konstruieren. Wegen $x(t) = x(-t)$ gilt deshalb

$$X(\mathrm{j}\omega) = 2\int_0^\infty x(t) \cdot \mathrm{e}^{-\mathrm{j}\omega t}\,\mathrm{d}t = 2 \cdot X_\mathrm{E}(\mathrm{j}\omega) \tag{1.76}$$

1.7 Fourier-Reihen

Unter einer ***Fourier*-Reihe** versteht man die Entwicklung von 2π-periodischer, stückweise monotoner und stetiger Funktionen $f(t)$ durch eine Reihe trigonometrischer Funktionen $s(t)$:

$$f(t) = s(t) = \frac{a_0}{2} + \sum_{n=1}^{\infty} \left(a_n \cos(nt) + b_n \sin(nt)\right) \tag{1.77}$$

mit den **Fourier-Koeffizienten**

$$a_n = \frac{2}{T}\int_0^T f(t)\cos(n\omega t)\,\mathrm{d}t \qquad n = 0, 1, 2, ... \tag{1.78}$$

$$b_n = \frac{2}{T}\int_0^T f(t)\sin(n\omega t)\,\mathrm{d}t \qquad n = 0, 1, 2, ... \tag{1.79}$$

Praktisch bricht man die Fourier-Reihe nach einer endlichen Anzahl von $n = k$ Gliedern ab, was einer Approximation von f durch ein trigonometrisches Polynom n-ten Grades entspricht.

Bei **geraden Funktionen** $f(-t) = f(t)$ enthält die Fourierreihe **nur Kosinusanteile.**

$$f(t) = \frac{a_0}{2} + \sum_{n=1}^{\infty} a_n \cos(n\omega t) \tag{1.80}$$

mit den Koeffizienten

$$a_n = \frac{4}{T}\int_0^{\frac{T}{2}} f(t)\cos(n\omega t)\,\mathrm{d}t \qquad n = 0,1,2,..... \tag{1.81}$$

Die Koeffizienten b_n verschwinden wegen der Symmetrie von $f(t)$.

Ungerade Funktionen $f(-t)=-f(t)$ werden ausschließlich nach der **Sinusfunktion** entwickelt:

$$f(t)=\frac{a_0}{2}+\sum_{n=1}^{\infty} b_n \sin(n\omega t) \tag{1.82}$$

mit den Koeffizienten

$$b_n=\frac{4}{T}\int_0^{\frac{T}{2}} f(t)\sin(n\omega t)\mathrm{d}t \qquad n=0,1,2,..... \tag{1.83}$$

Sowohl bei der Fourier-Reihe für gerade Funktionen, als auch bei der für ungerade Funktionen, ist der Integrand der zu den entsprechenden Fourier-Koeffizienten gehörigen Integrale eine gerade Funktion. Deshalb braucht nicht über das **ganze Intervall** $\left[-\frac{T}{2},\frac{T}{2}\right]$ integriert zu werden. Es genügt die Integration über: $\left[0,\frac{T}{2}\right]$

$$\frac{2}{T}\int_{-\frac{T}{2}}^{\frac{T}{2}} ......\,\mathrm{d}t=\frac{4}{T}\int_0^{\frac{T}{2}} ......\,\mathrm{d}t \tag{1.84}$$

Ausgewählte Fourier-Reihen

Rechteckkurven

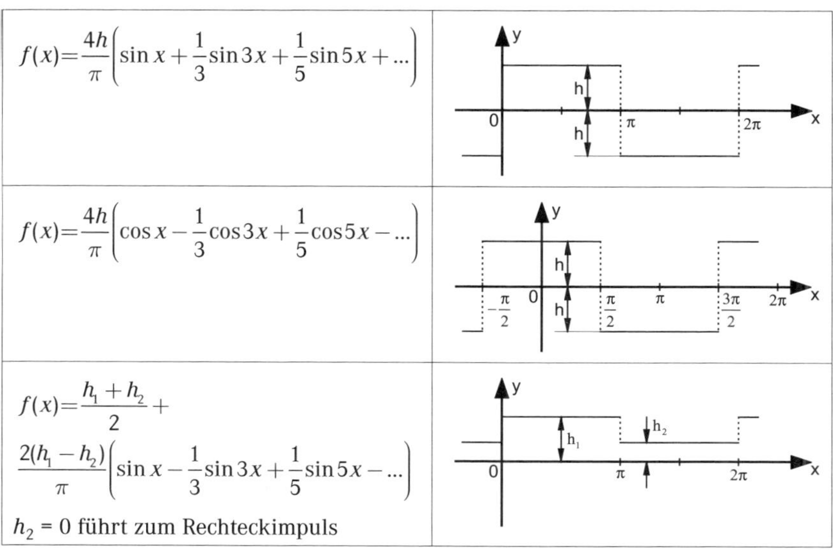

$f(x)=\frac{4h}{\pi}\left(\sin x+\frac{1}{3}\sin 3x+\frac{1}{5}\sin 5x+...\right)$
$f(x)=\frac{4h}{\pi}\left(\cos x-\frac{1}{3}\cos 3x+\frac{1}{5}\cos 5x-...\right)$
$f(x)=\frac{h_1+h_2}{2}+\frac{2(h_1-h_2)}{\pi}\left(\sin x-\frac{1}{3}\sin 3x+\frac{1}{5}\sin 5x-...\right)$ $h_2=0$ führt zum Rechteckimpuls

$f(x)=\frac{h_1+h_2}{2}+$ $\frac{2(h_1-h_2)}{\pi}\left(\cos x-\frac{1}{3}\cos 3x+\frac{1}{5}\cos 5x-...\right)$ h_2 = 0 führt zum Rechteckimpuls	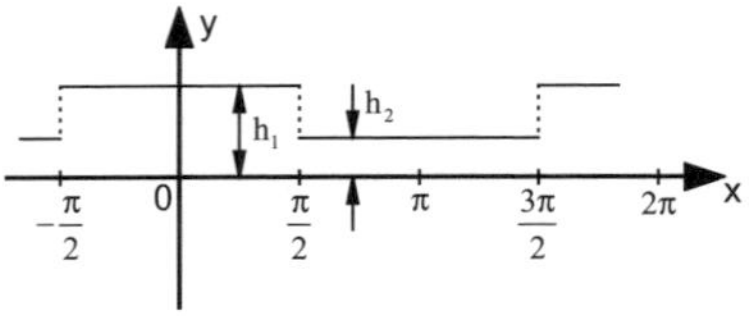
$f(x)=\frac{2h}{\pi}\left(\frac{\varphi}{2}+\frac{\sin\varphi}{1\cos x}+\frac{\sin 2\varphi}{2\cos 2x}+...\right)$ Rechteckformation: $\mathrm{rect}(x)=\begin{cases}1 \text{ für } \lvert x\rvert<0{,}5\\0 \text{ für } \lvert x\rvert>0{,}5\end{cases}$	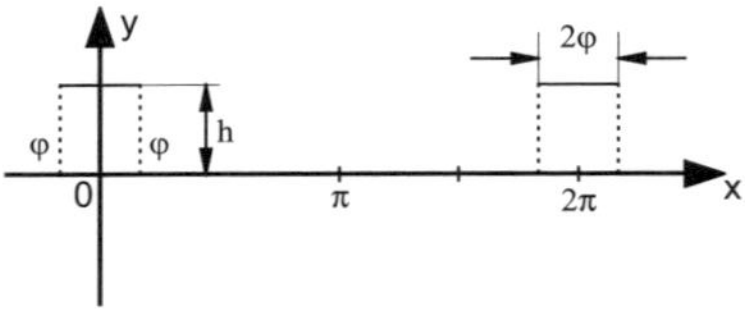
$f(x)=\frac{4h}{\pi}\left(\frac{\cos\varphi}{1\sin x}+\frac{\cos 3\varphi}{3\sin 3\varphi}+...\right)$	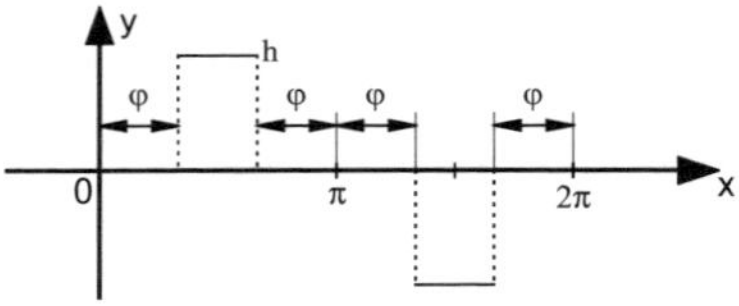
$f(x)=\frac{8}{\pi^2}\sum_{n=1,3,5,...}\frac{(-1)^{\frac{n-1}{2}}}{n^2}\sin\left(\frac{2n\pi t}{T}\right)$	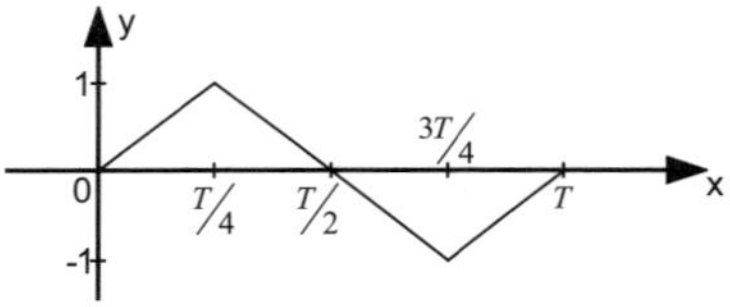
$f(x)=\frac{8}{\pi^2}\sum_{n=1,3,5,...}\frac{1}{n^2}\cos\left(\frac{2n\pi t}{T}\right)$	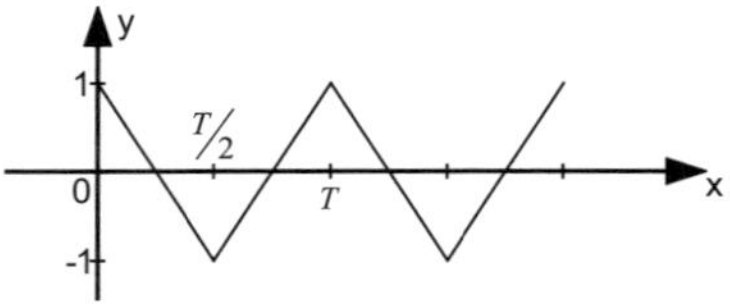

2 Regelungstechnik

Die Regelungstechnik ist neben der Steuerungstechnik das wichtigste Teilgebiet der Automatisierungstechnik. Ihre Aufgabe ist es, **Größen eines Systems** (z. B. Position, Geschwindigkeit) auf **vorgegebene Werte einzuregeln** und dort gegen den Einfluss von Störungen zu halten. Dazu werden Methoden der **Systemtheorie** verwendet.

Das Regelverhalten zeigt sich in der zeitlichen Reaktion der Systemgrößen bei Anregungen des Regelsystems durch äußere Größen. Für das Gebiet der Mechatronik ist nicht nur die Regelung an sich von Interesse, sondern auch das mit der Methodik ermöglichte **vertiefte Verständnis** des **dynamischen Verhaltens von Systemen**. Der folgende Abschnitt gibt eine Übersicht über wesentliche Begriffe und Methoden der Regelungstechnik. Die gezeigten Simulationen wurden mit dem Programmsystem **Matlab/Simulink** erstellt.

2.1 Regelsysteme

Dieser Abschnitt zeigt die **prinzipielle Struktur** und **Wirkung** von **Regelsystemen** und benennt die **Anforderungen** an Regelungen.

2.1.1 Gegenkopplung, ein universelles Prinzip

Bei genauer Betrachtung finden sich in der Natur viele Beispiele von Regelvorgängen, ohne die unsere Welt nicht existieren könnte. So kann das Weltklima nur durch Mechanismen der Regelung einigermaßen stabil bleiben. Betrachten wir aber ein einfacheres Beispiel, die so genannte „Räuber-Beute-Beziehung“:

Gibt es in einem Wald zu viele Füchse, werden die Hasen dezimiert. Damit aber fehlt den Füchsen die Nahrung, ihre Population schrumpft und die der Hasen erholt sich wieder. Keiner rottet den anderen aus, ein Gleichgewicht entsteht. Dieser Effekt entsteht durch eine **entgegengesetzt wirkende Rückkopplung (Gegenkopplung)**. Steigt die Größe „Fuchsbestand“, sinkt in Folge die Größe „Nahrungsmittelangebot“. Dies wirkt dezimierend auf den Fuchsbestand zurück und verhindert unbegrenztes Anwachsen.

Beispiele für geregelte Größen im menschlichen Organismus sind Körpertemperatur, Herzschlag, Blutzuckergehalt und viele andere mehr. Auch in der Welt der Wirtschaft und der Politik gibt es solche Regelvorgänge. So versuchen Volkwirtschaftler, die umlaufende Geldmenge durch gegenläufige Mittel wie etwa das Zinsniveau stabil zu halten.

Die Universalität des Prinzips der Gegenkopplung wurde 1948 von *Norbert Wiener*, einem bedeutenden Systemtheoretiker, erkannt und unter dem Begriff **Kybernetik** (Kunstwort von griech. „cybernetes": Steuermann) bekannt gemacht.

Die Anwendung des Prinzips der Gegenkopplung auf technische Probleme wird **Technische Kybernetik** oder etwas bescheidener **Regelungstechnik** genannt. Eine der frühesten „selbsttätigen Regelungen" (ein Automatismus ersetzt den Eingriff des Menschen) ist die weithin bekannte Drehzahlregelung einer Dampfmaschine durch den Fliehkraftregler nach *James Watt* (Bild 2.1).

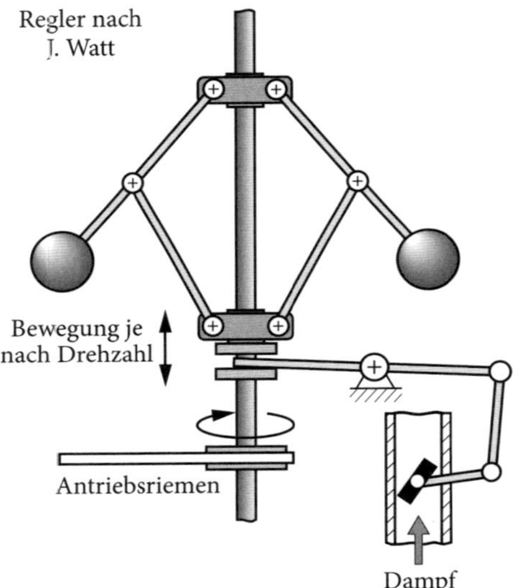

Bild 2.1
Fliehkraftregler nach James Watt (1784)

Dabei führt die Rotation der Kugeln zur Aufspreizung der Hebelarme. Die Position der angekoppelten Schiebemuffe repräsentiert die Drehzahl. Sie ist über ein Gestänge verbunden mit dem Dampfventil. Bei einer Drehzahlerhöhung bewegt sich die Schiebemuffe nach oben, und die Ventilklappe schließt. Durch die verringerte Dampfzufuhr sinkt die Maschinenleistung, und die Drehzahl fällt wieder ab.

Ein aktuelleres Beispiel soll etwas näher an die Struktur einer Regelung heranführen. Die Wirkungsweise eines **Tempomaten** im Kraftfahrzeug kann mit der Prinzipskizze in Bild 2.2 verdeutlicht werden. Diese nimmt bereits teilweise die im nächsten Unterkapitel zu behandelnde Darstellung im **Wirkungsplan** vorweg. Die Fahrgeschwindigkeit wird durch Verstellen des Drosselklappenwinkels φ_{DK} eingeregelt. Hier wird die **Stellgröße** φ_{DK} mit einem Steller (z. B. elektrischer Schrittmotor) betätigt. Damit wird das Antriebsmoment des Verbrennungsmotors verändert mit entsprechender Wirkung auf die Fahrgeschwindigkeit v_{Ist}. Der Regler bildet die Differenz zwischen Soll- und gemessener Istgeschwindigkeit und bildet nach einem Regelgesetz die Vorgabe φ_{Soll} für den Steller in der Art, dass das Kraftfahrzeug die vorgewählte Geschwindigkeit annimmt.

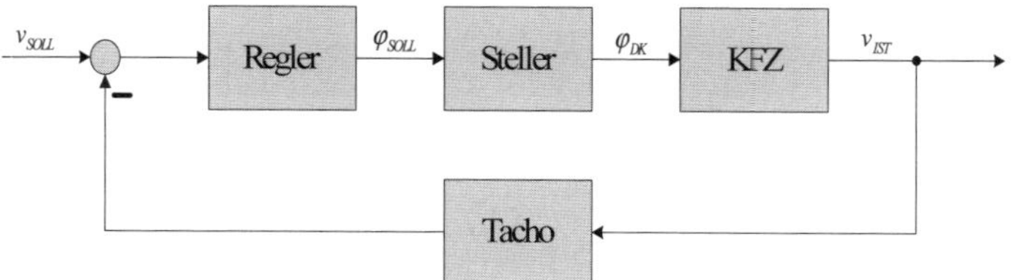

Bild 2.2 Prinzipskizze des Wirkungskreislaufs einer Tempomat-Regelung

2.1.2 Struktur einer Regelung

Die Strukturen von Regelsystemen werden durch den **Wirkungsplan** (auch **Strukturbild** oder **Blockschaltbild** genannt) dargestellt.

Dieser Wirkungsplan enthält zwei Grundelemente:

- Gerichtete Wirkungslinien, die anzeigen, wie eine Ausgangsgröße eines Teilsystems auf weitere Teilsysteme einwirkt.
- Blöcke, die das Übertragungsverhalten von Teilsystemen symbolisieren.

Daneben gibt es noch **Verzweigungen** und **Kreise**. Der Kreis ist eine Sonderform des Blockes, der Additionen oder Subtraktionen darstellt. Eine zu subtrahierende Wirkungslinie wird mit einem Minuszeichen in Pfeilrichtung rechts gekennzeichnet. Das Pluszeichen bei einer Addition kann entfallen.

Die Darstellung eines typischen **Regelkreises** mit realisierungsnahen Funktionseinheiten nach **DIN 19226 „Regelungs- und Steuerungstechnik“** zeigt Bild 2.3. Die dazugehörigen Begriffe sind, nach dem Vorkommen geordnet, in Tabelle 2.1 aufgeführt.

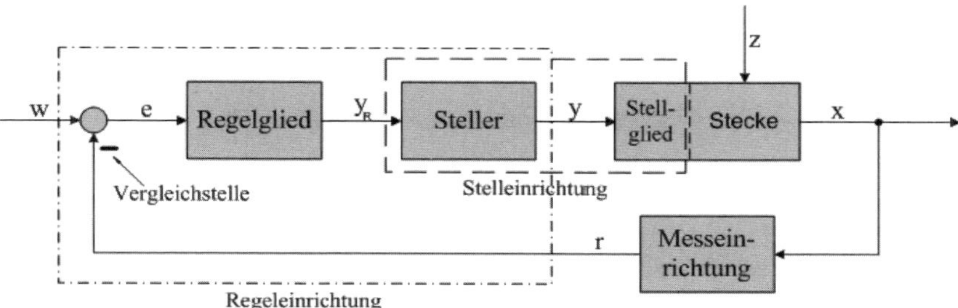

Bild 2.3 Wirkungsplan einer Regelung nach DIN 19226

Tabelle 2.1 Begriffe nach DIN 19226

Begriff	Erläuterung
Vergleichsstelle	Bildet die Regeldifferenz zwischen Soll- und Istwert.
Regelglied	Erzeugt nach einem Regelgesetz aus der Regeldifferenz die Größe zur Ansteuerung des Stellers.
Steller	Erzeugt entsprechend seinem Eingangssignal die physikalische Größe zur Ansteuerung des Stellgliedes.
Stellglied	Funktionseinheit, die in den Massenstrom oder Energiefluss des Prozesses eingreift (z. B. Ventil, Motor).
Strecke	Der aufgabengemäß zu beeinflussende Teil des Systems (enthält die für die Bildung der zu regelnden Größe maßgeblichen Systemteile).
Messeinrichtung	Erzeugt eine Messgröße für die zu regelnde Größe.

Für prinzipielle Betrachtungen kann der Wirkungsplan vereinfacht werden:

- Störungen greifen konzentriert am Eingang der Strecke an (reale Störungen werden entsprechend umgerechnet).
- Das Stellglied wird zur Strecke hinzugenommen.
- Der Steller bildet zusammen mit dem Regelglied den Regler.
- Die Messeinrichtung wird als ideal angesehen und kann daher entfallen (oder eine nichtideale Messeinrichtung wird zur Strecke hinzugenommen, dann ist der Streckenausgang die gemessene Größe).

Mit den genannten Vereinfachungen entsteht der in Bild 2.4 gezeigte **Standardregelkreis**, der als Grundlage aller theoretischen Untersuchungen verwendet wird.

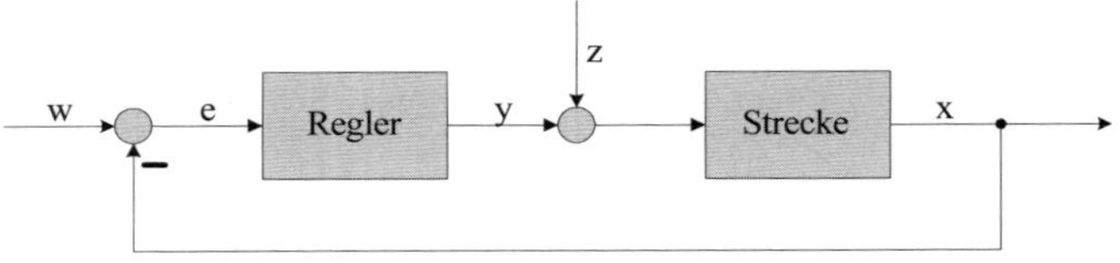

Bild 2.4 Standardregelkreis

Tabelle 2.2 benennt die wichtigsten Größen im Regelkreis.

Tabelle 2.2 Größen im Regelkreis nach DIN 19226

Symbol	Begriff
w	Führungsgröße, Sollwert für Regelgröße
x	Regelgröße, Istwert der zu regelnden Größe
e	Regeldifferenz
y	Stellgröße
z	Störgröße

Die obigen Größen können Skalare sein, dann handelt es sich um ein **Eingrößen-** oder **SISO-System** (single input, single output). Gibt es mehrere Stell- oder Regelgrößen, spricht man von einem **Mehrgrößensystem** (**MIMO**: multiple input, multiple output).

Verwandt mit der Regelung ist die **Steuerung**. Im systemtheoretischen Verständnis verfügt sie über **keine Rückführung der Ausgangsgröße** (offener Wirkungsweg, Bild 2.5), demzufolge fehlt auch ein Soll-Ist-Vergleich.

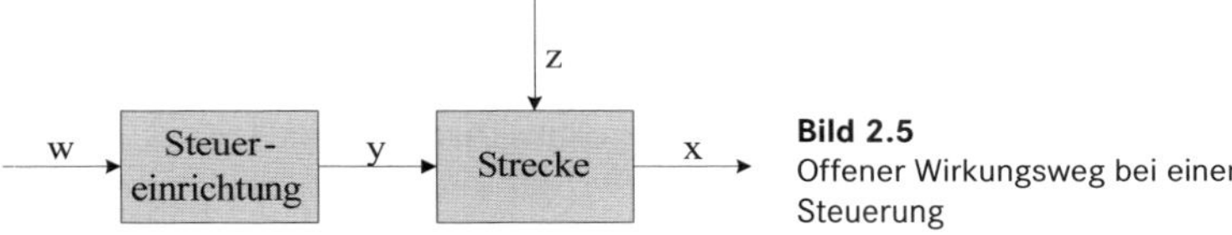

Bild 2.5
Offener Wirkungsweg bei einer Steuerung

Die Bezeichnungen in englischer Sprache verdeutlichen diesen Strukturunterschied:

feed**back** control	- Regelung
feed**forward** control	- Steuerung

Steuerungen in diesem engen Sinne können nur verwendet werden, wenn keine unbekannten Störungen wirken und die Strecke hinreichend exakt bekannt ist.

Reale Steuerungen hingegen verfügen über **vielfältige Rückmeldungen des Prozesszustandes**, meist in Form von binären Größen, die beim Auftreten eines Ereignisses ihre Werte ändern (Grenzsignalgeber). So bricht zum Beispiel eine Garagentorsteuerung den Bewegungsvorgang ab, sobald eine Lichtschranke das Signal gibt, dass sich etwas im Wege befindet. Um dem gerecht zu werden, muss in einer erweiterten Definition der Steuerung die **Rückwirkung binärer Größen zugelassen** werden (Bild 2.6).

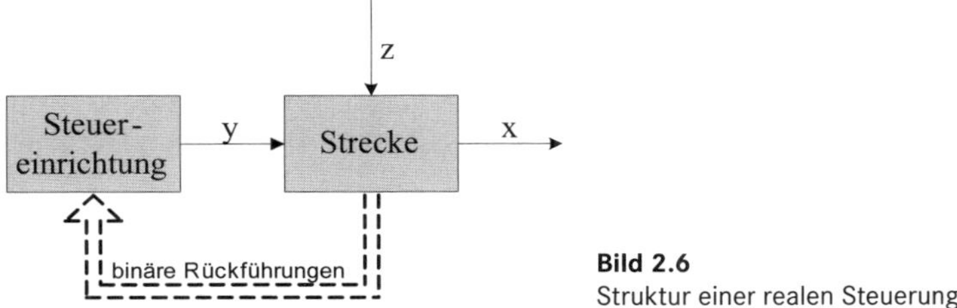

Bild 2.6
Struktur einer realen Steuerung

Im Gegensatz zur Regelung gibt es meist viele solcher Rückführungen. Die Steuerung versucht einen Sollablauf oder ein Sollverhalten zu gewährleisten, Sollwerte für Regelgrößen gibt es meist nicht mehr. Mit eigenen theoretischen Ansätzen, der **Theorie ereignisdiskreter Systeme**, wird versucht, das Verhalten komplexer Steuerungen zu beschreiben und einen systematischen Entwurf zu ermöglichen.

Aus gerätetechnischer Sicht ist eine Steuerung ein Automatisierungsgerät (z. B. SPS), das neben steuern häufig auch regeln kann.

2.1.3 Anforderungen an eine Regelung

Ziel jeder Regelung ist, die Regelgröße x der Führungsgröße w anzugleichen. Dabei gibt es zwei Szenarien:

- Die Führungsgröße ändert sich, und Aufgabe der Regelung ist es, die Regelgröße nachzuführen. Man spricht dann von einer **Folgeregelung**. Von Interesse ist das **Führungsverhalten** des Regelkreises.
- Die Führungsgröße ist konstant, aber Störgrößen beginnen zu wirken. Aufgabe der **Festwertregelung** ist nun, entgegen der Wirkung der Störungen die Regelgröße auf dem Führungswert zu halten bzw. sie wieder auf diesen Wert zu bringen (**Störverhalten**).

Das Verhalten der Regelung wird beurteilt nach der Reaktion der Regelgröße auf das Aufschalten von Testfunktionen an den Eingängen. Besonders geeignet sind **Sprungfunktionen**. Der Verlauf der Ausgangsgröße eines Systems bei dieser Anregung wird **Sprungantwort** genannt. Eine normierte Sprungantwort, die **Übergangsfunktion**, entsteht durch Aufschalten des **Einheitssprunges** $\sigma(t)$ nach Bild 2.7:

Übergangsfunktion $h(t)$: Sprungantwort bei Sprunghöhe 1

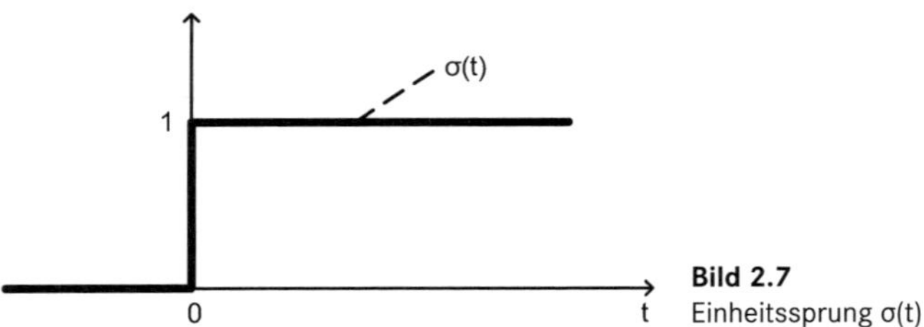

Bild 2.7
Einheitssprung σ(t)

Beim Regelkreis nach Bild 2.4 gibt es die beiden Eingänge Führungsgröße w und Störgröße z. Der betrachtete Ausgang ist die Regelgröße x. Das Führungsverhalten des Regelkreises wird erkennbar am Verlauf der

Führungsübergangsfunktion $h_w(t)$: Reaktion von x auf $w=\sigma(t)$

und das Störverhalten wird charakterisiert durch

Störübergangsfunktion $h_z(t)$: Reaktion von x auf $z=\sigma(t)$

Das typische Verhalten einer Regelung bei sprungartiger Änderung des Sollwertes und Auftreten einer sprungartigen Störung zeigt Bild 2.8.

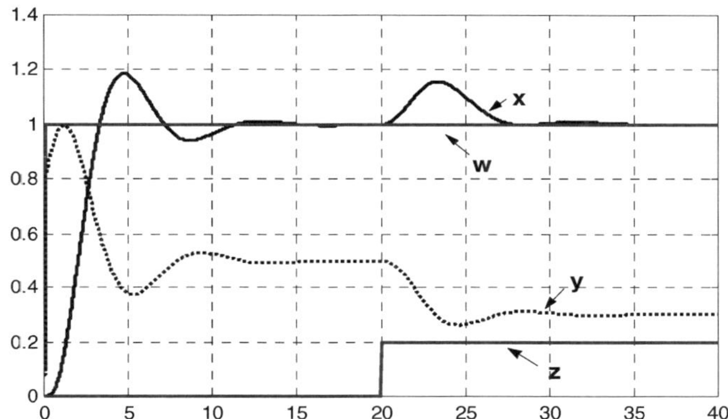

Bild 2.8 Regelgrößenverlauf bei Führungs- und Störgrößensprung

Worauf kommt es nun an? Hierzu sind in Bild 2.9 typische Verläufe der Führungsübergangsfunktion $h_w(t)$ dargestellt. Grundlegend sind die folgenden, nach Priorität geordneten Forderungen an das Regelkreisverhalten.

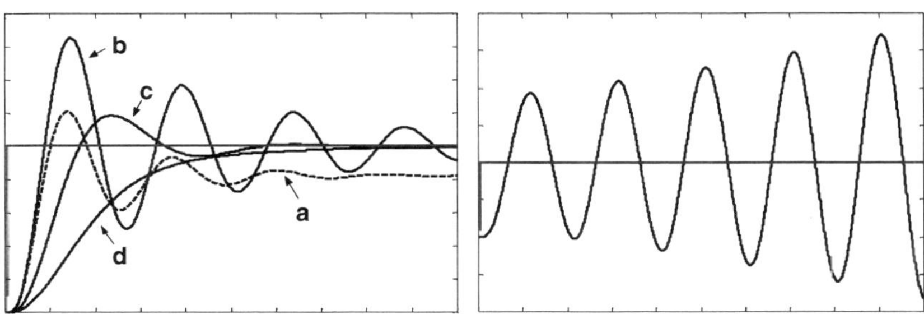

Bild 2.9 Typische Verläufe der Führungsübergangsfunktion $h_w(t)$

1. Stabilität: Die Regelgröße *x* muss auf einen festen Endwert einschwingen. Das rechte Diagramm in Bild 2.9 zeigt ein unzulässiges instabiles Verhalten.

2. Bleibende Regeldifferenz e_∞. Die bleibende Regeldifferenz $e_\infty = w - x_\infty$ soll möglichst gering sein. Geht die Regelgröße auf den Sollwert, nennt man den Regelkreis **stationär genau**. Kurve *a* im linken Diagramm in Bild 2.9 zeigt eine Regelung mit bleibender Regeldifferenz.

3. Dynamik: Die Regelung soll möglichst schnell einschwingen. Auftretende Schwingungen sollen rasch abklingen. In Bild 2.9 zeigt Kurve *b* ein Regelverhalten mit zu schlechter Dämpfung. Angestrebt wird meist ein Verhalten, das zwischen den Verläufen der Kurven *c* und *d* liegt.

Es gibt kein bestes Regelverhalten. Die jeweilige Einstellung ist **applikationsspezifisch** vorzunehmen. Bei der Tempomat-Regelung wäre ein Verlauf nach Kurve *c* höchst unpassend, weil dies als unangenehmes „Sägen" der Fahrgeschwindigkeit empfunden würde. Hier ist ein Verhalten nach Kurve *d* zu bevorzugen. Soll aber beispielsweise die Temperatur in einem Trockenofen geregelt werden, so wäre ein Verlauf nach Kurve *c* günstiger. Der schnellere Hochlauf der Temperatur könnte die Verweilzeit im Ofen verkürzen, ohne dass das Überschwingen der Temperatur dem Trockengut schaden würde.

Die **Regelgüte** kann durch Kennzahlen beschrieben werden (Tabelle 2.3 und Bild 2.10) oder mit Hilfe von **Gütekriterien**, die den Verlauf der Regeldifferenz bewerten. Ein häufig benutztes Kriterium ist die quadratische Regelfläche

$$J = \int_0^\infty e^2(\tau)\,\mathrm{d}\tau$$

Durch Optimierung lassen sich Regler bestimmen, die solche Gütekriterien minimieren.

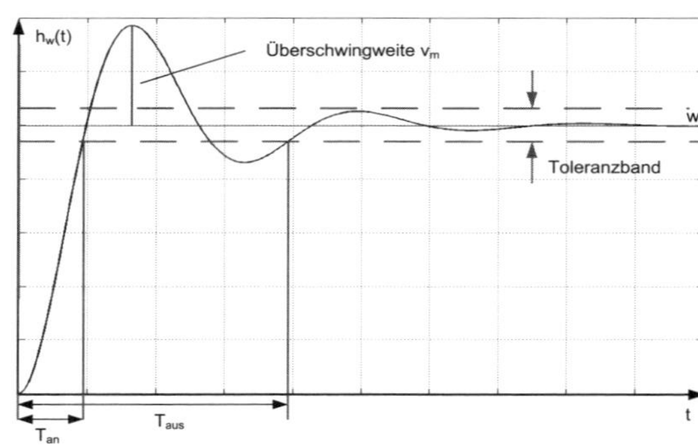

Bild 2.10 Kennzahlen der Führungsübergangsfunktion

Tabelle 2.3 Kennzahlen der Führungsübergangsfunktion h(t)

Kennzahl	Erklärung
Überschwingweite v_m	Maximales Überschwingen über den Beharrungswert (in Prozent vom Beharrungswert).
Anregelzeit T_{an}	Zeit, bis die Regelgröße erstmalig die untere Grenze eines zu vereinbarenden Toleranzbandes (ca. 1 % bis 5 %) um den Beharrungswert erreicht.
Ausregelzeit T_{aus}	Zeit, bis die Regelgröße dauerhaft innerhalb des Toleranzbandes verbleibt.

2.2 Regelstrecke

Die Regelstrecke (oder kurz: Strecke) ist der für die **Bildung der Regelgröße** verantwortliche Systemteil. Kenntnisse über das **Verhalten der Strecke** sind für jeden Reglerentwurf unverzichtbar. Für einen methodischen Reglerentwurf und zur Simulation des Regelsystems wird ein Modell der Strecke benötigt. Das **Streckenmodell** beschreibt den **dynamischen Zusammenhang** zwischen den **Stell-** und **Störgrößen** und der von ihnen **beeinflussten Regelgröße**. In diesem Abschnitt wird gezeigt, wie ein Modell entsteht und wie es dargestellt werden kann.

2.2.1 Modellbildung

Ein **Modell** ist die Abbildung eines Systems, das im Sinne einer zu Grunde liegenden Fragestellung das Verhalten des originalen Systems hinreichend genau wiedergibt.

In der Regelungstechnik werden vorwiegend **mathematische Modelle** benutzt, d. h. das Modell wird durch mathematische Beziehungen beschrieben.

2.2.1.1 Experimentelle Modellbildung

Wenn eine Strecke durch die Eingangsgröße genügend angeregt wird, kann durch Beobachtung der Ausgangsgröße das relevante Systemverhalten erfasst werden. Eine solche Anregung kann ein Sprung sein oder spezielle breitbandige Signale. Eine experimentelle Modellbildung vermag nicht die innere Struktur eines Systems zu erkennen, sie liefert lediglich eine **„Black-Box-Beschreibung“** des Ein-/Ausgangsverhaltens.

Das prinzipielle Vorgehen wird im Folgenden kurz beschrieben.

1. **Wahl eines Modellansatzes**

   In diese Wahl fließen alle **Vorkenntnisse über den Prozess** ein. Es gibt sehr viele unterschiedliche Arten mathematischer Modelle. Praktisch verwendet werden meist nur **lineare kontinuierliche** oder **diskrete Modelle** (Beschreibung mittels linearer Differenzial- bzw. Differenzengleichungen). Die **Modellordnung** (Ordnung der Differenzialgleichung) kann abgeschätzt werden aus dem Verlauf der Sprungantworten und aus physikalischen Überlegungen (Bild 2.11). Als Energiespeicher wirken die beiden Massen sowie die elastische Kopplung (Feder). Es wird als Modellansatz eine lineare Differenzialgleichung 3. Ordnung gewählt. Ihre allgemeine Form entspricht der Systemordnung.

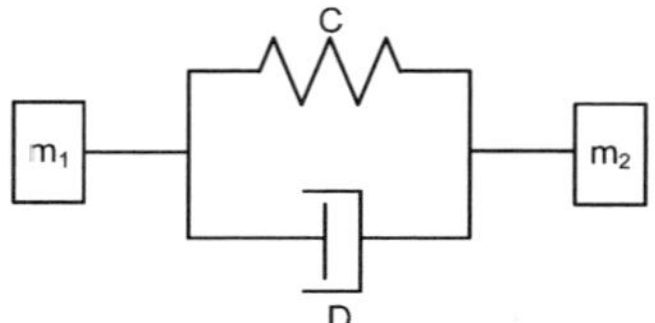

Bild 2.11
Prinzipskizze Zweimassenschwinger

2. **Bestimmung der Modellparameter**

   Der Modellansatz enthält **unbekannte Parameter**. Diese müssen so bestimmt werden, dass sich eine möglichst gute Übereinstimmung im Verhalten von Strecke und Modell zeigt. Dies kann für spezielle Modelltypen mit Hilfe von Sprungantworten erfolgen oder allgemein mittels numerischer Schätzverfahren (**Parameteridentifikation**).

   Beispiel:

   Eine Strecke besteht aus zwei elastisch gekoppelten Massen (Bild 2.11):

   $$\dddot{v}(t) + a_2\ddot{v}(t) + a_1\dot{v}(t) + a_0 v(t) = b_3\dddot{u}(t) + b_2\ddot{u}(t) + b_1\dot{u}(t) + b_0 u(t)$$

   Zu bestimmen sind die sieben unbekannten Parameter $a_0 \dots a_2$ und $b_0 \dots b_3$. Dazu werden zu den Zeitpunkten t_1 bis t_7 die Werte der Eingangsgröße u und der Ausgangsgröße v erfasst. Falls die zeitlichen Ableitungen nicht direkt messbar sind, können sie näherungsweise durch numerische Differenziation (Bildung von Differenzenquotienten) bestimmt werden. Durch Einsetzen dieser Messwerte ergibt sich ein **lineares Gleichungssystem** (7 Gleichungen mit 7 Unbekannten), das nach den gesuchten Parametern aufgelöst werden kann.

   Der größeren Sicherheit wegen werden jedoch meist sehr viel mehr Messpunkte benutzt, sodass sich ein überbestimmtes Gleichungssystem ergibt. Zur Lösung kann beispielsweise die **Methode der kleinsten Fehlerquadrate** benutzt werden.

2.2.1.2 Theoretische Modellbildung

Die theoretische Modellbildung versucht die **relevante Physik einer Regelstrecke** zu erfassen. Sie ist sehr aufwändig und wird deshalb nicht für einfache Regelaufgaben angewendet. Bei komplexen Systemen (z. B. Fahrdynamikregelungen im KFZ) ist sie jedoch unverzichtbar. Das gewonnene theoretische Modell ermöglicht tiefe Einsichten in die inneren Wirkungsmechanismen. Dieses Prozessverständnis ist von großem Nutzen für die Systementwicklung, auch über regelungstechnische Belange hinaus. Das prinzipielle Vorgehen ist wie folgt:

1. **Erstellen eines physikalischen Ersatzmodells**

   Die Physik der realen Strecke muss auf das Wesentliche reduziert werden. Dabei wird vernachlässigt – **Weglassen unbedeutender Einflüsse** – und vereinfacht (z. B. konzentrierte Massen und ideale Federn).

2. **Aufstellen der Funktionalbeziehungen**

   Zu dem Ersatzmodell werden die **physikalischen Gesetzmäßigkeiten** aufgestellt. Die resultierenden Beziehungen können grafisch im **Wirkungsplan** dargestellt werden.

3. **Ermittlung der physikalischen Parameter**

   Abschließend müssen die physikalischen Parameter (z.B. Massenträgheitsmoment und Reibbeiwerte) ermittelt werden.

4. **Modellabgleich**

   Das Modell muss auf Übereinstimmung mit dem beobachteten Prozessverhalten geprüft **(Modellverifikation)** und in einem iterativen Vorgang so lange angepasst werden, bis eine hinreichende Modellqualität erreicht ist.

Beispiel:

Die Prinzipskizze des mechanischen Teils eines Beschleunigungssensors zeigt der linke Teil von Bild 2.12. Der gesamte Sensor erfährt die Beschleunigung a. Unter Einfluss der Trägheitskräfte bewegt sich ein federgefesseltes Massestück mit viskoser Reibung in einer Rohrhülse. Dessen Position x ist ein Maß für die wirkende Beschleunigung.

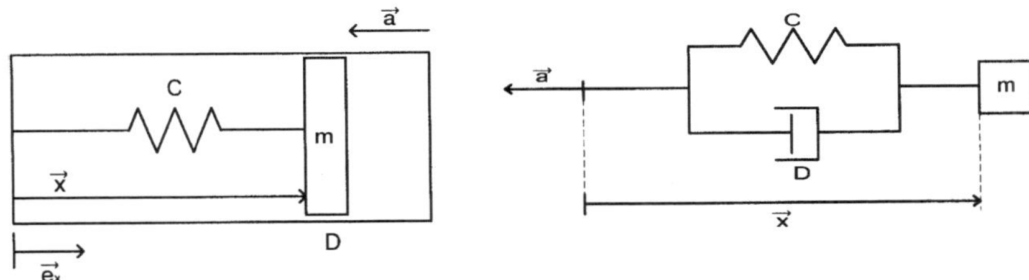

Bild 2.12 Prinzipskizze und physikalisches Ersatzmodell

Bild 2.12 zeigt rechts das physikalische Ersatzmodell. Beginnend mit der Ausgangsgröße x werden die physikalischen Gleichungen aufgestellt:

$$x(t) = \int_0^t \dot{x}(\tau)\mathrm{d}\tau + x_0; \quad x_0: \textit{Anfangswert und ungespannte Länge}$$

$$\dot{x}(t) = \int_0^t \ddot{x}(\tau)\mathrm{d}\tau + v_0; \quad v_0: \textit{Anfangswert der Geschwindigkeit}$$

$$\ddot{x}(t) - a(t) = \frac{1}{m}\left(F_\mathrm{F}(t) + F_\mathrm{R}(t)\right)$$

$$F_\mathrm{F}(t) = -C\left(x(t) - x_0\right)$$

$$F_\mathrm{R}(t) = -D\dot{x}(t)$$

Daraus lässt sich sehr einfach der **Wirkungsplan** des Systems erstellen. Dies geschieht, indem einfach die einzelnen Gleichungen in der gegebenen Reihenfolge umgesetzt werden. Dabei symbolisiert der Block mit der **diagonalen Linie** die **Integration** und der Block mit der **horizontalen Linie** eine **proportionale Verstärkung** mit dem angegebenen Faktor.

Damit ist das System vollständig beschrieben. Aus dem Wirkungsplan nach Bild 2.13 können alle gängigen Systemdarstellungen (Abschn. 2.2.4) abgeleitet werden.

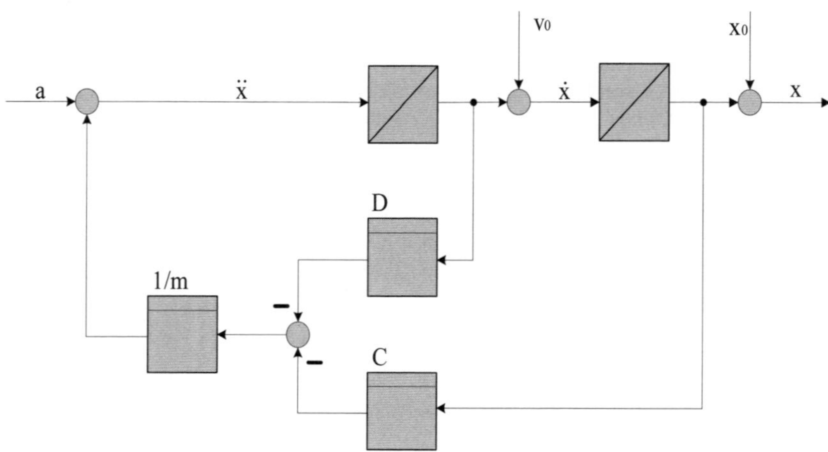

Bild 2.13 Wirkungsplan Beschleunigungssensor

2.2.2 Klassifikation des Übertragungsverhaltens

Das **Übertragungsverhalten** der Strecke oder einzelner Teile der Strecke kann als **Funktionalbeziehung in Operatorschreibweise** formuliert werden. Der Vektor *v* steht allgemein für die Ausgangsgrößen, und *u* ist der Vektor der Eingangsgrößen.

$$\boldsymbol{v}(t) = \varphi\left\{\boldsymbol{u}(t)\right\}$$

Es sollen nun einige Merkmale erläutert werden:

- **Eingrößensystem**

  Hat man nur eine Eingangs- und Ausgangsgröße, handelt es sich um ein **Eingrößensystem** (SISO-System: single input – single output). Andernfalls spricht man von einem **Mehrgrößensystem** (MIMO-System: multiple input – multiple output).

- **Dynamik**

  Ein **dynamisches System** verfügt über **eigene Energiespeicher**. Das dynamische Übertragungsverhalten macht sich dadurch bemerkbar, dass der Momentanwert des Ausgangs nicht mehr eindeutig durch den Momentanwert des Eingangs bestimmt wird, sondern beispielsweise von der Vorgeschichte abhängt.

- **Zeitinvarianz**

  Ein System heißt zeitinvariant, wenn das Übertragungsverhalten sich **nicht mit der Zeit ändert**, also das System sich immer gleich verhält:

Mit $v(t) = \varphi\{\boldsymbol{u}(t)\}$ gilt $v(t-T) = \varphi\{\boldsymbol{u}(t-T)\}$

Wie oben ersichtlich, heißt Zeitinvarianz nicht, dass Ein- und Ausgangsgrößen keine Funktionen der Zeit wären; sie hängen jedoch nicht vom Absolutzeitpunkt des Experiments ab. **Zeitvariantes Verhalten** tritt häufig durch **Alterung** und **Verschleiß** auf. Da diese Effekte deutlich langsamer ablaufen als ein Regelvorgang, kann die Zeitvarianz für regelungstechnische Betrachtungen meist vernachlässigt werden.

- **Linearität**

  Lineare Systeme haben lineares Übertragungsverhalten. Folgende Bedingung muss erfüllt sein:

  $$\varphi\{(c_1\boldsymbol{u}_1(t) + c_2\boldsymbol{u}_2(t))\} = c_1\varphi\{\boldsymbol{u}_1(t)\} + c_2\varphi\{\boldsymbol{u}_2(t)\}$$

Darin sind zwei Merkmale kombiniert, die

Homogenität (Verstärkungsprinzip):

Bei Änderung der Eingangsgröße um einen Faktor ändert sich der Ausgang um den gleichen Faktor

und das

Superpositionsprinzip (Überlagerungsprinzip):

Bei **additiver Überlagerung** mehrerer Eingangsgrößen überlagern sich auch deren **Wirkungen additiv**.

Nichtlineare Systeme sind in ihrem Verhalten schwer zu überblicken, da sie beispielsweise je nach Amplitude der Anregung ganz unterschiedlich reagieren können. Auch ihre mathematische Beschreibung und Behandlung ist wesentlich schwieriger als bei linearen Systemen. Einen Ausweg zeigt der folgende Abschnitt.

2.2.3 Linearisierung um den Arbeitspunkt

In der Realität sind fast alle Systeme nichtlinear, zumindest wenn das System in einem weiten Betriebsbereich betrachtet werden muss.

Aufgabe der Regelung ist aber gerade, das System in einem vorgegebenen **Arbeitspunkt** zu halten. In diesem eng begrenzten Gebiet um den Arbeitspunkt lässt sich das Verhalten des nichtlinearen Systems meist gut durch ein **lineares Näherungsmodell** approximieren. Dieses linearisierte Modell wird dann mit Hilfe der einfachen Theorie linearer Systeme zur Systemanalyse und zum Reglerentwurf benutzt.

Das Prinzip lässt sich an einer nichtlinearen Kennlinie verdeutlichen, beispielsweise der Wurzelfunktion aus Bild 2.14.

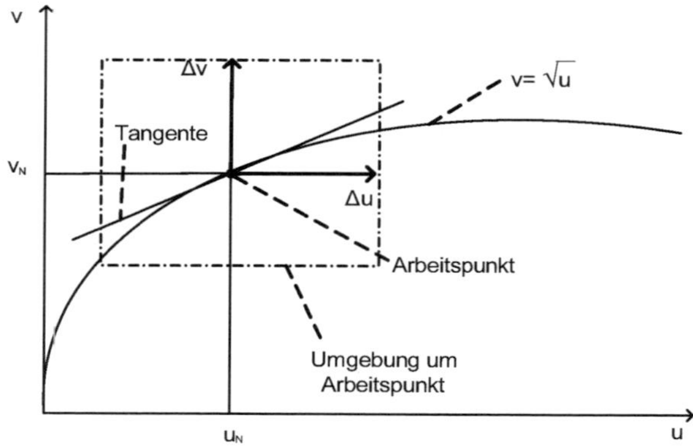

Bild 2.14 Linearisierung der Wurzelfunktion

An den Arbeitspunkt ($v_{N,}$ u_N) wird die Tangente gelegt. Die resultierende Gerade dient als Näherung der Wurzelfunktion. Ihre Steigung m entspricht der Ableitung der Wurzelfunktion im Arbeitspunkt.

$$m = \left.\frac{\mathrm{d}\sqrt{u}}{\mathrm{d}u}\right|_{u_N}$$

Die Approximation ist umso besser, je näher man sich am Arbeitspunkt befindet. In einer gewissen Umgebung bleibt sie genügend genau.

Die Gerade wird zur Ursprungsgeraden und damit zur linearen Funktion, wenn zu einem neuen Koordinatensystem, den **Abweichungen vom Arbeitspunkt** mit den Koordinaten

$$\Delta u = u - u_N$$
$$\Delta v = v - v_N$$

übergegangen wird. Die linearisierte Funktion im neuen Koordinatensystem lautet damit

$$\Delta v = \left.\frac{\mathrm{d}\sqrt{u}}{\mathrm{d}u}\right|_{u_N} \Delta u$$

Das Prinzip lässt sich verallgemeinern. Eine nichtlineare Funktionalbeziehung

$$v(t) = \varphi\{u(t)\}$$

die im Arbeitspunkt

$$v_N = \varphi\{u_N\}$$

stetig und differenzierbar ist, kann in eine **Taylor-Reihe** um den Arbeitspunkt entwickelt werden:

$$v(t) = \varphi\{u_\mathrm{N}\} + \left.\frac{\mathrm{d}\varphi\{u\}}{\mathrm{d}u}\right|_{u_\mathrm{N}} \cdot \frac{\Delta u(t)}{1!} + \left.\frac{\mathrm{d}^2\varphi\{u\}}{\mathrm{d}u^2}\right|_{u_\mathrm{N}} \cdot \frac{\Delta u^2(t)}{2!} + \cdots$$

mit $\Delta u(t) = u(t) - u_\mathrm{N}$

Die Näherung erfolgt durch Abbruch nach dem linearen Glied der Entwicklung. Dies ist nachvollziehbar, da für $\Delta u(t)$ <<1, also für kleine Abweichungen vom Arbeitspunkt, die höheren Potenzen sehr klein werden. Die genäherte Funktion lautet damit

$$v(t) = \varphi\{u_\mathrm{N}\} + \left.\frac{\mathrm{d}\varphi\{u\}}{\mathrm{d}u}\right|_{u_\mathrm{N}} \cdot \Delta u(t)$$

Mit

$$v(t) = \Delta v(t) + v_\mathrm{N} = \Delta v(t) + \varphi\{u_\mathrm{N}\}$$

ergibt sich die **linearisierte Funktionalbeziehung** in den neuen Koordinaten zu

$$\Delta v(t) = \left.\frac{\mathrm{d}\varphi\{u\}}{\mathrm{d}u}\right|_{u_\mathrm{N}} \cdot \Delta u(t)$$

Dies entspricht dem Ergebnis, das man auch bei der Linearisierung der Wurzelfunktion erhält, stellt aber nun den methodischen Rahmen zur Verfügung.

Auch Funktionale in mehreren Variablen können so linearisiert werden. Dabei müssen lediglich die partiellen Ableitungen nach allen Variablen eingesetzt werden. Dies wird an einer recht häufigen Nichtlinearität, der Multiplikation zweier Variablen, dargestellt:

$$v(t) = \varphi\{u_1(t), u_2(t)\} = u_1(t) \cdot u_2(t)$$

Die Linearisierung ergibt sich durch Bilden des totalen Differenzials:

$$\Delta v(t) = \left.\frac{\partial\varphi\{u_1,u_2\}}{\partial u_1}\right|_{u_{1\mathrm{N}},u_{2\mathrm{N}}} \cdot \Delta u_1(t) + \left.\frac{\partial\varphi\{u_1,u_2\}}{\partial u_2}\right|_{u_{1\mathrm{N}},u_{2\mathrm{N}}} \cdot \Delta u_2(t)$$

Wird diese allgemeine Form auf die Multiplikation angewendet, folgt

$$\Delta v(t) = u_{2\mathrm{N}} \cdot \Delta u_1(t) + u_{1\mathrm{N}} \cdot \Delta u_2(t)$$

Die Linearisierung einer Strecke erfolgt am besten anhand des **Wirkungsplans**. Das Vorgehen wird im Folgenden exemplarisch an einem Beispiel gezeigt. Dazu erinnern wir uns an das Modell des Beschleunigungssensors (Bild 2.12), gehen jetzt aber davon aus, dass die Feder eine quadratische Kraft-Weg-Kennlinie hat:

$$F_\mathrm{F}(t) = -C\left(x(t) - x_0\right)^2$$

Durch diese **nichtlineare Kennung** wird das **gesamte Systemverhalten nichtlinear**. Der Wirkungsplan nach Bild 2.15 enthält nun einen nichtlinearen Block, der durch doppelte Umrandung kenntlich gemacht wird.

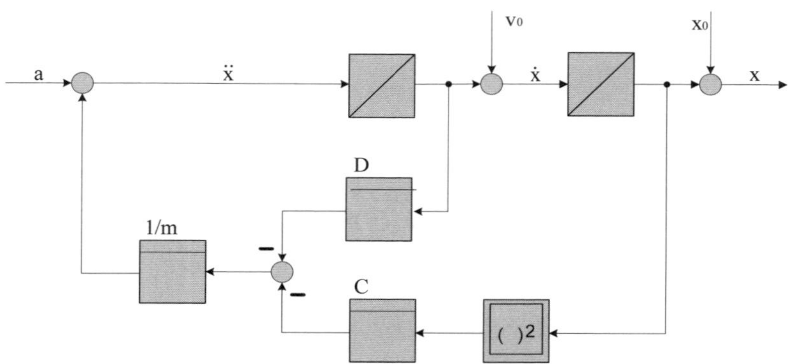

Bild 2.15 Wirkungsplan nichtlinearer Beschleunigungssensor

1. **Arbeitspunkt bestimmen**

   Zur Linearisierung müssen die Arbeitspunktwerte aller Systemgrößen bestimmt werden. Dies gelingt mit der Überlegung, dass im Arbeitspunkt alle Größen konstant und damit die Ableitungen null sein müssen (Ableitungen treten im Wirkungsplan als Eingänge der Integrierer auf). Bei gegebenem Arbeitspunkt der Eingangsgröße „Beschleunigung a_N" gilt dann:

   $$\dot{x}_N = 0$$

   $$\ddot{x}_N = 0 = a_N + \frac{1}{m}\left(-C(x_N - x_0)^2 - 0\right)$$

   Die untere Gleichung kann nach dem gesuchten x_N aufgelöst werden.

2. **Nichtlineare Blöcke linearisieren**

   Die Linearisierung der Funktionalbeziehung des nichtlinearen Blockes ergibt

   $$\Delta F_F(t) = \left.\frac{\mathrm{d}\left(-C(x - x_0)^2\right)}{\mathrm{d}x}\right|_{x_N} \cdot \Delta x(t) = -2C(x_N - x_0) \cdot \Delta x(t)$$

3. **Übergang zu den Abweichungen vom Arbeitspunkt**

   Beschreibt man das System mit Größen relativ zum gewählten Arbeitspunkt, ergeben sich weitere Vereinfachungen, denn die konstanten Eingänge (Anfangswerte etc.) entfallen: Sie wirken sich nur auf den Arbeitspunkt aus. Damit entsteht der Wirkungsplan des linearisierten Systems nach Bild 2.16.

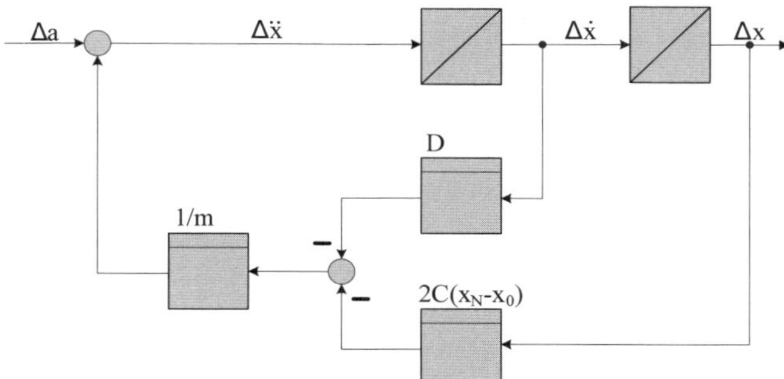

Bild 2.16 Linearisierter Wirkungsplan des Beschleunigungssensors

2.2.4 Darstellung von LZI-Systemen

Nach Modellbildung und eventuell erforderlicher Linearisierung liegt ein **lineares** und **zeitinvariantes** System (**LZI-System**) als Modell für die Regelstrecke vor. Es wird beschrieben durch einen Satz von Gleichungen. Daraus lassen sich die folgenden Darstellungsformen entwickeln.

2.2.4.1 Differenzialgleichung

Ein lineares System mit n Energiespeichern lässt sich durch eine lineare Differenzialgleichung (DGL) n-ter Ordnung beschreiben. Sie entsteht durch Elimination aller Zwischengrößen aus den Gleichungen. Ihre allgemeine Form lautet:

$$a_n \overset{(n)}{v}(t) + \ldots + a_1 \dot{v}(t) + a_0 v(t) = b_n \overset{(n)}{u}(t) + \ldots + b_1 \dot{u}(t) + b_0 u(t)$$

Der Umgang mit DGLn hoher Ordnung ist jedoch unhandlich. Deshalb werden in der Regelungstechnik andere Darstellungsformen bevorzugt.

2.2.4.2 Übertragungsfunktion

Die klassische Methode zur Behandlung kontinuierlicher dynamischer Systeme ist die Transformation vom Zeitbereich in den **Bildbereich** mit Hilfe der **Laplace-Transformation**. Mit ihrer Hilfe werden Integral- und Differenzialausdrücke in einfache algebraische Ausdrücke umgewandelt. Die Laplace-Transformation ist eine lineare Abbildung und definiert durch die Transformationsvorschrift

$$F(s) = \int_0^\infty f(t) e^{-st} dt$$

Dabei ist $f(t)$ eine **Zeitfunktion (Originalfunktion)** und $F(s)$ die zugehörige **Laplace-Transformierte (Bildfunktion)**. Die Bildfunktionen werden zur besseren Unterscheidung mit Großbuchstaben geschrieben.

$$F(s) = \mathcal{L}\{f(t)\}$$

Das Argument s ist die **komplexe Variable** der Laplace-Transformation

$$s = \alpha + \mathrm{j}\omega$$

Tabelle 2.4 enthält die wichtigsten Korrespondenzen.

Tabelle 2.4 Korrespondenzen der Laplace-Transformation

$f(t)$	$F(s)$
$\delta(t)$	1
$\sigma(t)$	$\frac{1}{s}$
$\mathrm{e}^{\alpha t}$	$\frac{1}{s-\alpha}$
$\frac{1}{\omega}\mathrm{e}^{\alpha t}\sin\omega t$	$\frac{1}{s^2-2\alpha s+\alpha^2+\omega^2}$

Mit Hilfe der **Differenziationsregel** der Laplace-Transformation können Differenzialgleichungen in den Bildbereich transformiert werden. Für die prinzipiellen Betrachtungen zum dynamischen Verhalten eines Systems werden die „zufälligen" Anfangswerte der Ableitungen zu null gesetzt. Die Differenziationsregel lautet für verschwindende Anfangswerte

$$\mathcal{L}\left\{\dot{f}(t)\right\} = sF(s)\,; \quad \cdots \quad ; \quad \mathcal{L}\left\{\overset{(n)}{f}(t)\right\} = s^n F(s)$$

Damit ergibt die Transformation der allgemeinen DGL

$$\mathcal{L}\left\{a_n \overset{(n)}{v}(t)\right\} + \ldots + \mathcal{L}\left\{a_1\dot{v}(t)\right\} + \mathcal{L}\left\{a_0 v(t)\right\} =$$

$$\mathcal{L}\left\{b_n \overset{(n)}{u}(t)\right\} + \ldots + \mathcal{L}\left\{b_1\dot{u}(t)\right\} + \mathcal{L}\left\{b_0 u(t)\right\}$$

und unter Anwendung der Differenziationsregel ergibt sich

$$a_n s^n V(s) + \ldots + a_1 s V(s) + a_0 V(s) = b_n s^n U(s) + \ldots + b_1 s U(s) + b_0 U(s)$$

Auflösen nach der transformierten Ausgangsgröße ergibt

$$(a_n s^n + \ldots + a_1 s + a_0)V(s) = (b_n s^n + \ldots + b_1 s + b_0)U(s)$$

$$V(s) = \frac{b_n s^n + \ldots + b_1 s + b_0}{a_n s^n + \ldots + a_1 s + a_0} U(s)$$

$$V(s) = G(s)U(s)$$

Im Bildbereich wird somit der Ausgang gebildet durch Multiplikation der Eingangsgröße mit der **Übertragungsfunktion *G*(*s*)**:

$$G(s)=\frac{b_n s^n + b_{n-1}s^{n-1}+\ldots+b_1 s+b_0}{a_n s^n + a_{n-1}s^{n-1}+\ldots+a_1 s+a_0}$$

Durch **Rücktransformation** entsteht aus $G(s)$ wieder die Differenzialgleichung. Es handelt sich also um eine **vollwertige Repräsentation** des Systems. Durch Analyse der Eigenschaften von $G(s)$ kann das Systemverhalten gut abgeschätzt werden (Abschnitt 2.3.2).

Die Darstellung lässt sich auf **Mehrgrößensysteme** übertragen. Dabei werden aus den **Ein-** und **Ausgangsgrößen Vektoren**, und aus der **Übertragungsfunktion** wird eine **Übertragungsmatrix**, deren Elemente die Einzelübertragungsfunktionen von jedem Ein- zu jedem Ausgang sind:

$$\boldsymbol{V}(s)=\boldsymbol{G}(s)\boldsymbol{U}(s)$$

Ein Zweigrößensystem wird folglich beschrieben durch

$$\begin{bmatrix} V_1(s) \\ V_2(s) \end{bmatrix} = \begin{bmatrix} G_{11}(s) & G_{12}(s) \\ G_{21}(s) & G_{22}(s) \end{bmatrix} \cdot \begin{bmatrix} U_1(s) \\ U_2(s) \end{bmatrix}$$

Allerdings wird die Darstellung im Mehrgrößenfall auf Grund der komplizierten Übertragungsmatrix recht unhandlich.

2.2.4.3 Zustandsraumdarstellung

Die Grundidee der Zustandsraumdarstellung ist, dass statt der Differenzialgleichung n-ter Ordnung n Differenzialgleichungen 1. Ordnung verwendet werden. Dabei beschreibt jede DGL einen Zustand, d. h. einen **dynamischen Freiheitsgrad** (Energiespeicher) des Systems. Die Zustände spannen den n-dimensionalen **Zustandsraum** auf. Allerdings müssen die gewählten Zustände nicht notwendig eine physikalische Bedeutung besitzen. Die Zustandsraumdarstellung hat Vorteile bei Systemen hoher Ordnung oder bei Mehrgrößensystemen und erlaubt tiefere Einblicke in die Systemeigenschaften. Anzumerken ist, dass eine Zustandsraumdarstellung nur bei totzeitfreien Systemen möglich ist.

Besonders einfach gelangt man zur Zustandsraumdarstellung, wenn in einem Wirkungsplan die **Ausgänge der Integrierer** (einschließlich der Anfangswerte) als **Zustände** definiert werden. Dies wird am Wirkungsplan des Beschleunigungssensors nach Bild 2.13 gezeigt. Als Zustand 1 wird die Position x und als Zustand 2 die Geschwindigkeit $v = \dot{x}$ gewählt. Damit gilt $\dot{v} = \ddot{x}$. Die Anfangswerte x_0 und v_0 seien null. Es kann nun abgelesen werden:

$$\dot{x}(t)=v(t)$$

$$\dot{v}(t)=-\frac{D}{m}v(t)-\frac{C}{m}x(t)+a(t)$$

In einer Matrix-Vektor-Schreibweise lautet die **Zustandsdifferenzialgleichung:**

$$\begin{bmatrix} \dot{x}(t) \\ \dot{v}(t) \end{bmatrix} = \begin{bmatrix} 0 & 1 \\ -C/m & -D/m \end{bmatrix} \cdot \begin{bmatrix} x(t) \\ v(t) \end{bmatrix} + \begin{bmatrix} 0 \\ 1 \end{bmatrix} \cdot a(t) \qquad \text{mit} \begin{bmatrix} x(0) \\ v(0) \end{bmatrix} = \begin{bmatrix} x_0 \\ v_0 \end{bmatrix}$$

Hinzu kommt noch eine Ausgangsgleichung, die hier trivial ist, da der Systemausgang der Zustand x selbst ist:

$$x(t) = \begin{bmatrix} 1 & 0 \end{bmatrix} \cdot \begin{bmatrix} x(t) \\ v(t) \end{bmatrix} + \begin{bmatrix} 0 & 0 \end{bmatrix} \cdot a(t)$$

Allgemein lauten die **Zustandsgleichungen:**

$\dot{\boldsymbol{x}}(t) = \boldsymbol{Ax}(t) + \boldsymbol{Bu}(\mathrm{t})$; $\boldsymbol{x}(0) = \boldsymbol{x}_0$ Zustandsdifferenzialgleichung
$\boldsymbol{v}(t) = \boldsymbol{Cx}(t) + \boldsymbol{Du}(\mathrm{t})$ Ausgangsgleichung

mit den Bezeichnungen nach Tabelle 2.5.

Tabelle 2.5 Bezeichnungen der Zustandsraumdarstellung

Symbol	Name
$\boldsymbol{x}$	Vektor der n Zustandsgrößen, Zustandsvektor
$\boldsymbol{u}$	Vektor der p Eingangsgrößen, Eingangsvektor
$\boldsymbol{v}$	Vektor der q Ausgangsgrößen, Ausgangsvektor
$\boldsymbol{A}$	Systemmatrix
$\boldsymbol{B}$	Eingangsmatrix
$\boldsymbol{C}$	Ausgangsmatrix
$\boldsymbol{D}$	Durchgangsmatrix

Bemerkenswert ist, dass beim Hinzukommen weiterer Ein- und Ausgänge lediglich die $\boldsymbol{B}$- und $\boldsymbol{D}$-Matrizen durch eine Spalte bzw. die $\boldsymbol{C}$-Matrix um eine Zeile erweitert werden müssen, der Rest bleibt unverändert. Dadurch ist der Übergang vom Ein- zum Mehrgrößensystem völlig problemlos.

Mit Hilfe von Zustandstransformationen können Zustandsraumdarstellungen verändert werden. Dazu werden die **transformierten Zustände**

$$\tilde{\boldsymbol{x}}(t) = \boldsymbol{Tx}(t)\,; \; \boldsymbol{T} : \text{reguläre Transformationsmatrix}$$

eingeführt, und nach Einsetzen in die Zustandsgleichungen und Umformen ergibt sich das transformierte System:

$$\dot{\tilde{\boldsymbol{x}}}(t) = \boldsymbol{TAT}^{-1}\tilde{\boldsymbol{x}}(t) + \boldsymbol{TBu}(t) = \tilde{\boldsymbol{A}}\tilde{\boldsymbol{x}}(t) + \tilde{\boldsymbol{B}}\boldsymbol{u}(t)$$
$$\boldsymbol{v}(t) = \boldsymbol{CT}^{-1}\tilde{\boldsymbol{x}}(t) + \boldsymbol{Du}(t) = \tilde{\boldsymbol{C}}\tilde{\boldsymbol{x}}(t) + \boldsymbol{Du}(t)$$

mit dem gleichen Ein-/Ausgangsverhalten, jedoch mit anderen inneren Zuständen.

Bedingt durch die Möglichkeit zur Zustandstransformation gibt es Normalformen mit besonderen Eigenschaften:

- **Regelungsnormalform (RNF) beim Eingrößensystem**

  Ein Eingrößensystem, das durch die Übertragungsfunktion

$$G(s)=\frac{b_{n-1}s^{n-1}+\ldots+b_1s+b_0}{s^n+a_{n-1}s^{n-1}+\ldots+a_1s+a_0}$$

  gegeben ist, kann mittels seiner Polynomkoeffizienten unmittelbar in RNF angegeben werden (zur Vereinfachung ist hier gegenüber der allgemeinen Form aus Abschn. 2.2.4 der meist vorliegende Fall mit $b_n = 0$ und $a_n = 1$ zu Grunde gelegt):

$$\dot{\boldsymbol{x}}(t)=\begin{bmatrix}0 & 1 & 0 & \cdots & 0\\ 0 & 0 & 1 & \ddots & \vdots\\ \vdots & \ddots & \ddots & \ddots & 0\\ 0 & \cdots & 0 & 0 & 1\\ -a_0 & -a_1 & -a_2 & \cdots & -a_{n-1}\end{bmatrix}\boldsymbol{x}(t)+\begin{bmatrix}0\\0\\ \vdots\\0\\1\end{bmatrix}\boldsymbol{u}(t)$$

$$\boldsymbol{v}(t)=\begin{bmatrix}b_0 & b_1 & b_2 & \cdots & b_{n-1}\end{bmatrix}\boldsymbol{x}(t)$$

- **Beobachtungsnormalform (BNF) beim Eingrößensystem**

  Sehr ähnlich zur RNF ist die Beobachtungsnormalform, sie ergibt sich aus den obigen Polynomkoeffizienten zu

$$\dot{\boldsymbol{x}}(t)=\begin{bmatrix}0 & 0 & 0 & \cdots & -a_0\\ 1 & 0 & 0 & \ddots & -a_1\\ 0 & \ddots & \ddots & \ddots & -a_2\\ \vdots & \ddots & 1 & 0 & \vdots\\ 0 & \cdots & 0 & 1 & -a_{n-1}\end{bmatrix}\boldsymbol{x}(t)+\begin{bmatrix}b_0\\b_1\\b_2\\ \vdots\\b_{n-1}\end{bmatrix}\boldsymbol{u}(t)$$

$$\boldsymbol{v}(t)=\begin{bmatrix}0 & 0 & 0 & \cdots & 1\end{bmatrix}\boldsymbol{x}(t)$$

- ***Jordan*'sche Normalform (JNF)**

  Hat die Übertragungsfunktion eines Eingrößensystems nur einfache Pole, ergibt sich durch Partialbruchzerlegung.

$$G(s)=\frac{b_{n-1}s^{n-1}+\ldots+b_1s+b_0}{s^n+a_{n-1}s^{n-1}+\ldots+a_1s+a_0}=\frac{r_1}{s-\lambda_1}+\frac{r_2}{s-\lambda_2}+\cdots+\frac{r_n}{s-\lambda_n}$$

Dabei sind λ die **Pole** der Übertragungsfunktion und r die **Residuen**. Daraus lässt sich die ***Jordan'*sche Normalform** erzeugen:

$$\dot{\boldsymbol{x}}(t) = \begin{bmatrix} \lambda_1 & 0 & 0 & \cdots & 0 \\ 0 & \lambda_2 & 0 & \ddots & \vdots \\ \vdots & \ddots & \ddots & \ddots & 0 \\ 0 & \cdots & 0 & \lambda_{n-1} & 0 \\ 0 & 0 & \cdots & 0 & \lambda_n \end{bmatrix} \boldsymbol{x}(t) + \begin{bmatrix} 1 \\ 1 \\ 1 \\ \vdots \\ 1 \end{bmatrix} \boldsymbol{u}(t)$$

$$\boldsymbol{v}(t) = \begin{bmatrix} r_1 & r_2 & r_3 & \cdots & r_n \end{bmatrix} \boldsymbol{x}(t)$$

Ihre Besonderheit ist die **Diagonalform der Systemmatrix**. Dadurch sind die **Differenzialgleichungen entkoppelt**, was besonders günstig für die Systemanalyse ist. Auch für Mehrgrößensysteme kann eine solche Diagonalform hergestellt werden. Dazu ist eine Zustandstransformation mit der Transformationsmatrix

$$\boldsymbol{T} = \boldsymbol{V}_{\mathrm{E}}^{-1} = \begin{bmatrix} \boldsymbol{v}_{\mathrm{E}1} & \boldsymbol{v}_{\mathrm{E}2} & \cdots & \boldsymbol{v}_{\mathrm{E}n} \end{bmatrix}^{-1}$$

vorzunehmen, wobei $\boldsymbol{v}_{\mathrm{E}1}$ bis $\boldsymbol{v}_{\mathrm{E}n}$ die **Eigenvektoren** (Abschn. 2.3.3) der originalen Zustandsraumdarstellung sind.

2.2.4.4 Umformung des Wirkungsplans

Bisher ist man über die Gleichungen zu der DGL und von da zur Übertragungsfunktion gekommen. Es ist jedoch bei umfangreichen Systemen viel einfacher, durch Umformungen des Wirkungsplans die Übertragungsfunktion bzw. die Übertragungsmatrix zu bestimmen.

Jedes beliebige LZI-System lässt sich aus nur vier Typen **linearer Elementarglieder** aufbauen Diese Elementarglieder werden in Tabelle 2.6 erläutert. Besonders wichtig sind ihre Übertragungsfunktionen. Nicht enthalten in dieser Liste ist das Summationsglied, das ebenfalls als lineares Grundglied angesehen werden kann, aber ebenso gut auch als nicht erklärungsbedürftiges Strukturelement des Wirkungsplans.

Die Blocksymbole sollen an die Sprungantworten der Glieder erinnern. Hier wird eine gegenüber der Norm vereinfachte Darstellung benutzt. Mit den nachfolgend aufgeführten Regeln lassen sich Blöcke zusammenfassen. Dabei werden die LZI-Blöcke durch eine allgemeine Übertragungsfunktion $G(s)$ charakterisiert.

Tabelle 2.6 Die vier linearen Elementarglieder

Name	Erklärung	Zeitbereich	$G(s)$	Blocksymbol
P-Glied	Proportionale Verstärkung	$v(t) = K_P u(t)$ K_P : Proportional-beiwert	K_P	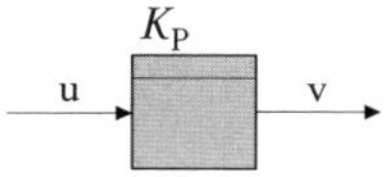 K_P u v
I-Glied	Integrierer	$v(t) = K_I \int_0^t u(\tau) d\tau$ K_I : Integrier-beiwert	$\frac{K_I}{s}$	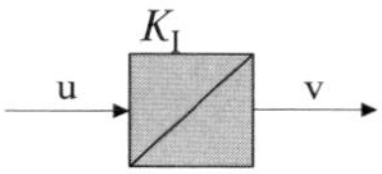 K_I u v
D-Glied	Differenzierer	$v(t) = K_D \dot{u}(t)$ K_D : Differenzier-beiwert	$K_D s$	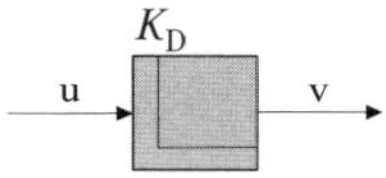 K_D u v
T_t-Glied	Totzeit	$v(t) = u(t - T_t)$ T_t : Totzeit	$e^{-T_t s}$	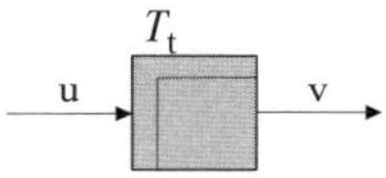 T_t u v

- **Serienschaltung**

Bei der Serienschaltung (Bild 2.17) **multiplizieren** sich die Übertragungsfunktionen. Lineare Blöcke lassen sich in der Reihenfolge vertauschen.

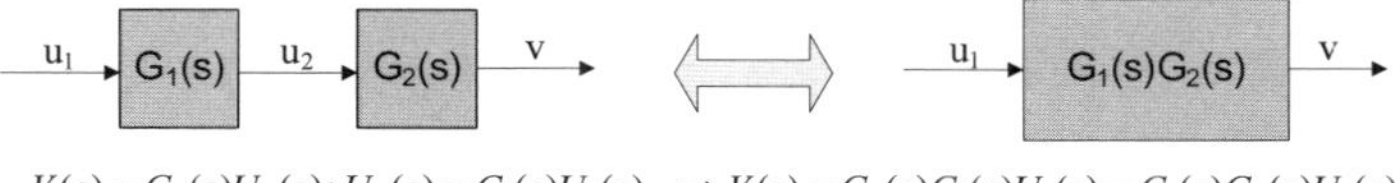

$$V(s) = G_2(s)U_2(s);\, U_2(s) = G_1(s)U_1(s) \quad \Rightarrow V(s) = G_2(s)G_1(s)U_1(s) = G_1(s)G_2(s)U_1(s)$$

Bild 2.17 Serienschaltung von Übertragungsfunktionen

- **Parallelschaltung**

Bei der in Bild 2.18 dargestellten Parallelschaltung **addieren** sich die Übertragungsfunktionen.

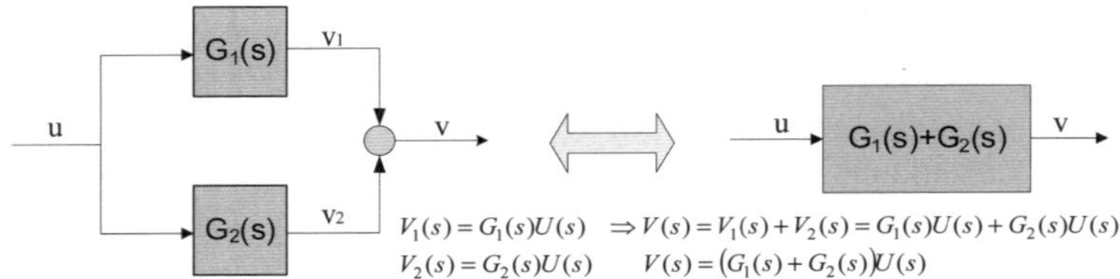

Bild 2.18 Parallelschaltung von Übertragungsfunktionen

- **Mitkopplung**

Bei der in Bild 2.19 dargestellten Mitkopplung ergibt sich die Übertragungsfunktion zu:

$$G(s) = \frac{G_1(s)}{1 - G_1(s)G_2(s)}$$

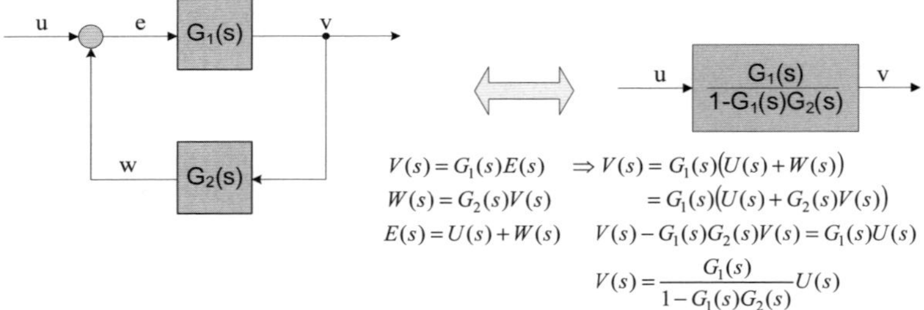

Bild 2.19 Mitkopplung

- **Gegenkopplung**

Bei der in Bild 2.20 dargestellten Gegenkopplung ergibt sich die Übertragungsfunktion zu:

$$G(s) = \frac{G_1(s)}{1 + G_1(s)G_2(s)}$$

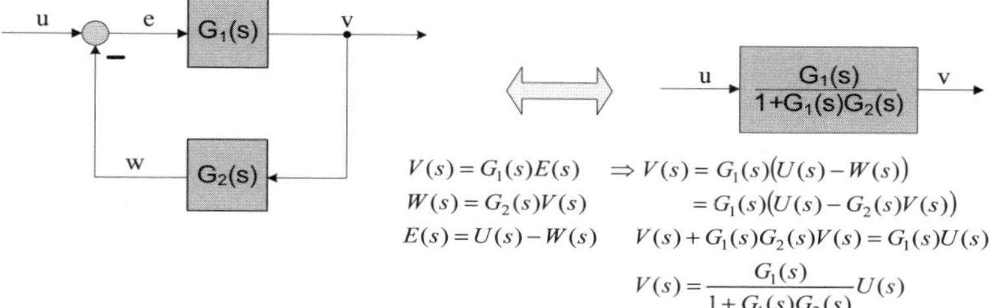

Bild 2.20 Gegenkopplung

- **Äquivalenzumformungen**

  Bei einer Äquivalenzumformung bleibt die **Gesamtübertragungsfunktion** entlang des Pfades vom Eingang zum Ausgang **unverändert**. Tabelle 2.7 zeigt die wichtigsten Regeln.

  Es muss darauf hingewiesen werden, dass eine Vertauschung von Summation und Verzweigung nicht möglich ist.

Beispiel:

Die Anwendung der Regeln soll am Wirkungsplan nach Bild 2.21 gezeigt werden, der das Verhalten zweier über eine Feder verbundener Massen wiedergibt (Bild 2.11).

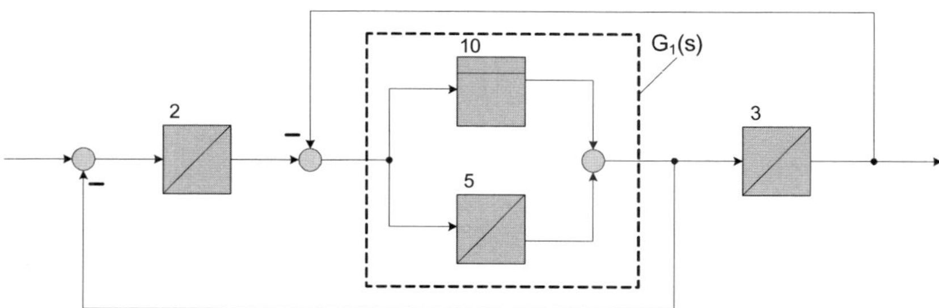

Bild 2.21 Wirkungsplan eines Zweimassenschwingers

Hier kann zunächst die Parallelschaltung von P- und I-Glied zu einem Block mit der Übertragungsfunktion $G_1(s)$ zusammengefasst werden:

$$G_1(s) = 10 + \frac{5}{s} = \frac{10s + 5}{s}$$

Ohne Äquivalenzumformung sind nun aber keine weiteren Vereinfachungen mehr möglich, da die Rückführungen ineinandergreifen, also „vermascht" sind. So kann der in Bild 2.22 gestrichelt eingezeichnete „Makroblock" nicht mit der Gegenkopplungsregel vereinfacht werden, da er einen zweiten Ausgang besitzt.

Tabelle 2.7 Äquivalenzumformungen

Typ	Wirkungsplan	Übertragungspfad
Verschiebung über Verzweigungsstelle	Typ 1 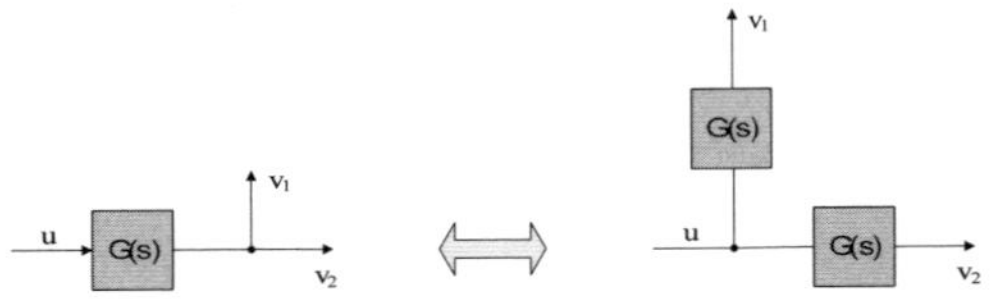	$V_1(s) = G(s)U(s)$ $V_2(s) = G(s)U(s)$
	Typ 2 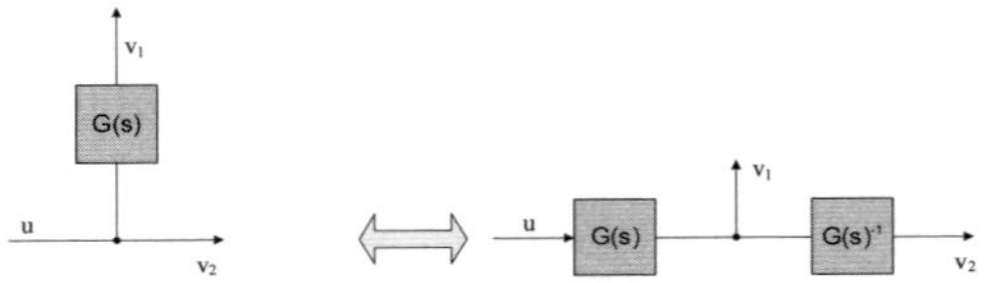	$V_1(s) = G(s)U(s)$ $V_2(s) = G(s)U(s)$
Verschiebung über Summationsstelle	Typ 1 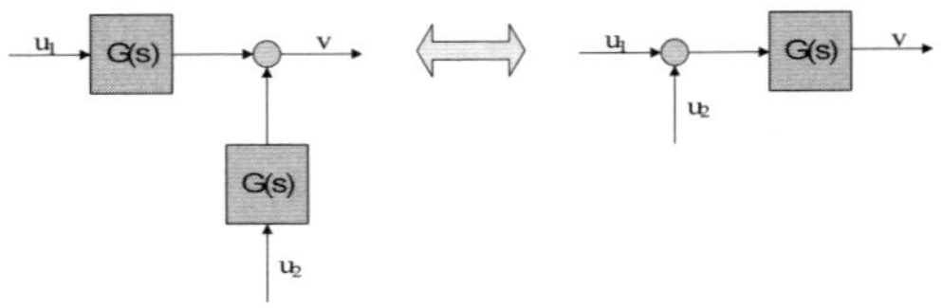	$V(s) = G(s)U_1(s)$ $+ G(s)U_2(s)$ $= G(s)(U_1(s)$ $+ U_2(s))$
	Typ 2 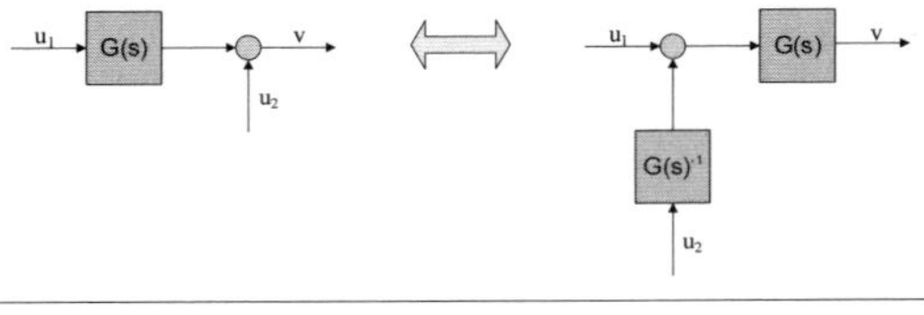	$V(s) = G(s)U_1(s)$ $+ U_2(s)$ $= G(s)U_1(s)$ $+ G(s)^{-1}G(s)$ $U_2(s)$
Vertauschung von Verzweigungen	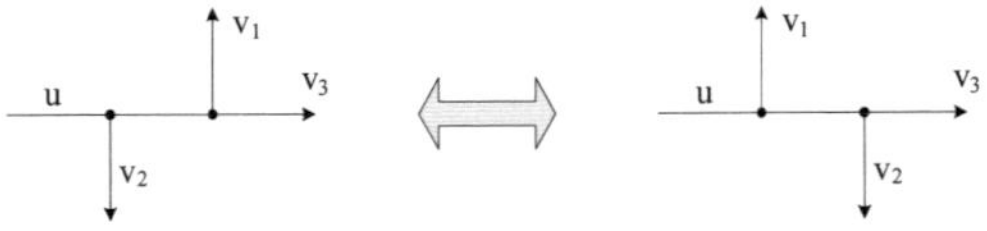	$V_1(s) = V_2(s)$ $= V_3(s)$ $= U(s)$
Vertauschung von Summationsstellen	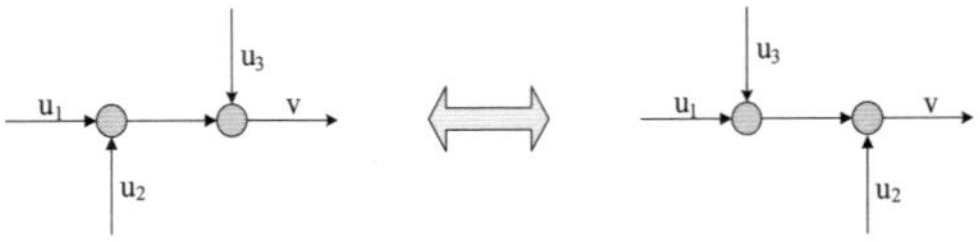	$V_1(s) =$ $U_1(s) + U_2(s)$ $+ U_3(s)$

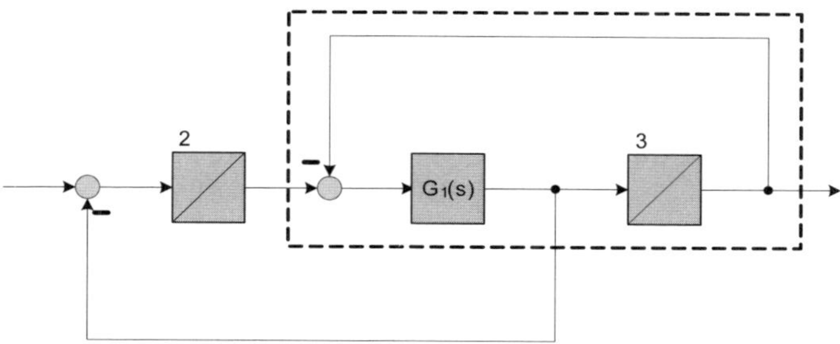

Bild 2.22 Wirkungsplan des Zweimassenschwingers, 1. Umformung

Wird jedoch der hintere Integrierer über die Verzweigungsstelle verschoben und werden die Verzweigungsstellen anschließend vertauscht, ergibt sich die Struktur nach Bild 2.23, bei der die **Rückführungen entkoppelt** sind.

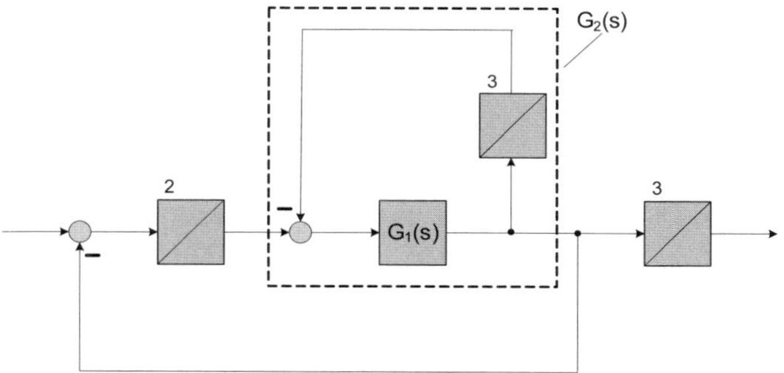

Bild 2.23 Wirkungsplan des Zweimassenschwingers, 2. Umformung

Mit der Gegenkopplungsregel kann die Übertragungsfunktion $G_2(s)$ des skizzierten Makroblocks berechnet werden:

$$G_2(s) = \frac{G_1(s)}{1 + G_1(s) \cdot \frac{3}{s}} = \frac{\frac{10s+5}{s}}{1 + \frac{3(10s+5)}{s^2}} = \frac{s(10s+5)}{s^2 + 30s + 15}$$

Nach Einsetzen ergibt sich der Wirkungsplan nach Bild 2.24, dessen Gesamtübertragungsfunktion $G(s)$ durch Berechnung von $G_3(s)$ mit der Gegenkopplungsregel und anschließender Anwendung der Serienschaltungsregel bestimmt werden kann.

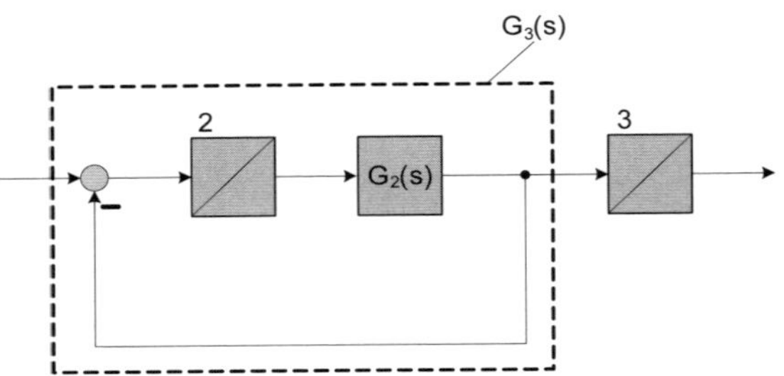

Bild 2.24 Wirkungsplan des Zweimassenschwingers, 3. Umformung

$$G_3(s)=\frac{\frac{2}{s}G_2(s)}{1+\frac{2}{s}G_2(s)}=\frac{\frac{2}{s}\cdot\frac{s(10s+5)}{s^2+30s+15}}{1+\frac{2}{s}\cdot\frac{s(10s+5)}{s^2+30s+15}}$$

$$G_3(s)=\frac{2(10s+5)}{s^2+30s+15+2(10s+5)}$$

$$G(s)=G_3(s)\cdot\frac{3}{s}=\frac{20(s+0,5)}{s^2+50s+25}\cdot\frac{3}{s}$$

$$G(s)=\frac{60(s+0,5)}{s(s^2+50s+25)}$$

Liegt ein **Mehrgrößensystem** vor, wird ähnlich vorgegangen. Dabei muss jede Einzelübertragungsfunktion vom jeweils betrachteten Eingang zum betrachteten Ausgang bestimmt werden. Dies geschieht, indem **alle anderen Eingänge zu null** gesetzt werden (möglich auf Grund der Gültigkeit des Superpositionsprinzips bei LZI-Systemen) und **alle anderen Ausgänge ignoriert** werden.

Damit liegt nun ein aus dem Wirkungsplan gewonnenes **linearisiertes mathematisches Modell** der Regelstrecke in Zustandsraumdarstellung oder als Übertragungsfunktion/-matrix vor. Würde diese Abstraktionsstufe erreicht, können allgemeine Methoden der Streckenanalyse und des Reglerentwurfs verwendet werden.

2.3 Analyse der Regelstrecke

In diesem Abschnitt werden zunächst im Zeitbereich einige Streckeneigenschaften benannt und typisches dynamisches Grundverhalten vorgestellt. Danach wird gezeigt, wie aus der Übertragungsfunktion bzw. aus der Zustandsraumdarstellung Informationen über die Strecke gewonnen werden.

2.3.1 Dynamisches Grundverhalten

Viele dynamische Systeme zeigen ein Verhalten, das näherungsweise durch wenige Grundmuster beschrieben werden kann. Nach Einführung einiger Kennwerte und Begriffe werden diese vorgestellt.

2.3.1.1 Beschreibung des Zeitverhaltens

Neben den bereits aus Bild 2.10 und Tabelle 2.3 bekannten Kennwerten T_{an}, T_{aus} und v_m zur Charakterisierung der Übergangsfunktion $h(t)$ entstehen aus der **Konstruktion der Wendetangente** (Bild 2.25) die **Verzugszeit T_u** und die **Ausgleichzeit T_g** nach Tabelle 2.8. Der Quotient dieser Zeiten ist ein Maß für die Regelbarkeit: Je kleiner T_u gegenüber T_g ist, umso einfacher ist die Strecke zu regeln. T_{Ein} ist die **Einschwingzeit.**

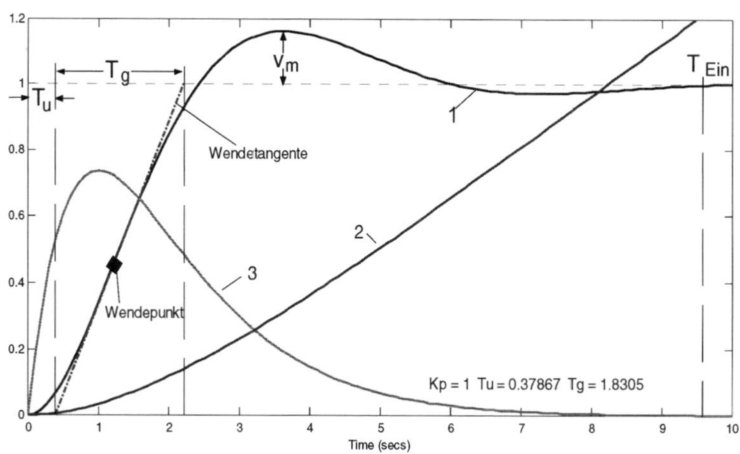

Bild 2.25 Grundverhalten und Kennwerte der Übergangsfunktion

Tabelle 2.8 Weitere Kennwerte der Übergangsfunktion

Name	Erläuterung
Verzugszeit T_u	Zeit zwischen dem Nullpunkt und dem Fußpunkt der Wendetangente. Diese Zeit benötigt das System, bis eine deutliche Reaktion einsetzt.
Ausgleichzeit T_g	Zeit zwischen dem Fußpunkt der Wendetangente und deren Schnittpunkt mit dem Endwert. In dieser Zeit erfolgt im Wesentlichen der Anstieg von $h(t)$ auf den Endwert.
Einschwingzeit T_{Ein}	Subjektiv empfundene Einschwingzeit.

Ein dynamisches System nähert sich für $t \to \infty$ asymptotisch seinem Endwert. Um exakt eine endliche Einschwingzeit zu definieren, müsste eine **Restabweichung** von beispielsweise 1 % vom Endwert (ähnlich wie bei der Definition von T_{aus}) zu Grunde gelegt werden. Dies ist jedoch unpraktikabel, es genügt eine „weiche" Definition: Das System ist eingeschwungen, wenn es der Betrachter so empfindet.

Tabelle 2.9 nennt einige Begriffe zur Charakterisierung des Streckenübergangsverhaltens, wie es aus den Übergangsfunktionen 1 - 3 in Bild 2.25 zu erkennen ist.

Tabelle 2.9 Begriffe zum Verhalten der Übergangsfunktion

Name	Erläuterung
Strecke mit Ausgleich (stabil) ▪ proportionales Verhalten ▪ differenzierendes Verhalten	**$h(t)$ hat einen festen endlichen Endwert** ▪ Endwert ≠ 0 (Kurve 1) ▪ Endwert = 0 (Kurve 3)
Strecke ohne Ausgleich (instabil) ▪ integrierendes Verhalten	**$h(t)$ hat keinen festen endlichen Endwert** ▪ geht in Rampe über (Kurve 2)
Reversierende Strecke	**Strecke hat negative Verstärkung**

2.3.1.2 P-T_1-Verhalten

P-T_1-Verhalten oder Verzögerungsverhalten 1. Ordnung entsteht, wenn ein **Integrierer proportional rückgekoppelt** wird. Ein typisches Beispiel ist der Spannungsverlauf an einem Kondensator, der über einen Widerstand geladen wird (RC-Kreis). Bild 2.26 zeigt die Übergangsfunktion eines P-T_1-Gliedes und sein Blocksymbol. Der Verlauf ist gekennzeichnet durch einen **überschwingungsfreien Anstieg** auf den Endwert. Die Steigung ist zu Beginn maximal und sinkt monoton auf null. Die allgemeine Form der Differenzialgleichung und der Übertragungsfunktion lauten:

$$T\dot{v}(t)+v(t)=Ku(t); \quad G(s)=\frac{K}{Ts+1}$$

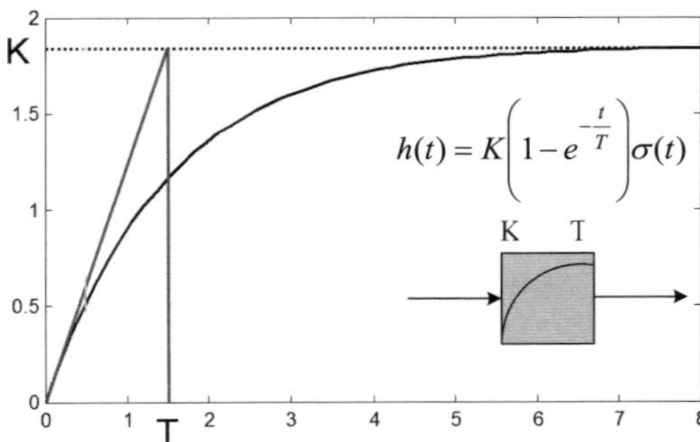

Bild 2.26 Übergangsfunktion und Blocksymbol des P-T_1-Gliedes

Dabei ist ***K* die stationäre Verstärkung** (Verstärkung nach Abklingen des Übergangvorgangs) und ***T* die Zeitkonstante**. Sie bestimmt die Anstiegsgeschwindigkeit. Das P-T_1-Glied ist nach dem 3- bis 5-fachen der Zeitkonstante eingeschwungen:

$$t=T:\ v(t)\approx 0{,}63K; \quad t=3T:\ v(t)\approx 0{,}95K; \quad t=5T:\ v(t)\approx 0{,}99K$$

Die Parameter eines P-T_1-Gliedes können anhand einer aufgenommenen Sprungantwort sehr leicht ermittelt werden. K ergibt sich aus der beobachteten stationären Verstärkung, und T kann aus dem Schnittpunkt der Tangente an $t = 0$ mit dem Endwert h ermittelt werden (Bild 2.26).

2.3.1.3 P-T_2-Verhalten

P-T_2-Verhalten oder Verzögerungsverhalten 2. Ordnung entsteht, wenn **zwei Integrierer proportional rückgekoppelt** werden. Ein typisches Beispiel ist ein Schwingkreis, bestehend aus Widerstand, Spule und Kondensator (RLC-Kreis). Das wesentlich Neue ist die **Schwingungsfähigkeit** dieses Systems. Die allgemeine Form der Differenzialgleichung und der Übertragungsfunktion lauten:

$$\frac{1}{\omega_0^2}\ddot{v}(t)+\frac{2\vartheta}{\omega_0}\dot{v}(t)+v(t)=Ku(t);\quad G(s)=\frac{K}{\frac{1}{\omega_0^2}s^2+\frac{2\vartheta}{\omega_0}s+1}$$

mit den Parametern

K: Verstärkung; ω_0: Kennkreisfrequenz; δ: Dämpfungsgrad

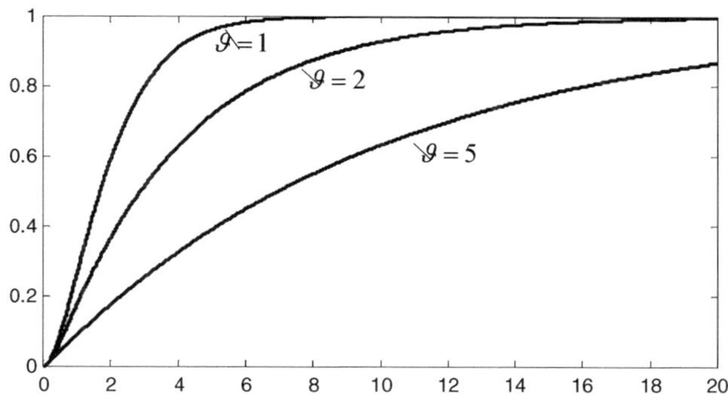

Bild 2.27 Übergangsfunktion eines P-T_2-Gliedes im aperiodischen Fall

Das Verhalten des P-T_2-Gliedes hängt stark vom Dämpfungsgrad ab. Für $\vartheta \geq 1$ ist das Verhalten **aperiodisch** (Bild 2.27). Es entspricht dem Verhalten zweier in Serie geschalteter P-T_1-Glieder. In der Übertragungsfunktion treten reellwertige Pole auf. Der Verlauf zeigt einen s-förmigen Anstieg, die Steigung beginnt bei Null. Mit wachsendem ϑ wird die Systemreaktion träger und immer P-T_1-ähnlicher. Der Fall $\vartheta = 1$ heißt auch **aperiodischer Grenzfall**.

Für $0 < \vartheta < 1$ ist das Verhalten **periodisch** (Bild 2.28), d. h., es treten **Schwingungen** auf. Die Dämpfung dieser Schwingung wird immer schlechter, je kleiner der Dämpfungsgrad wird. Für $\vartheta = 0$ entsteht eine Dauerschwingung mit der Kreisfrequenz ω_0.

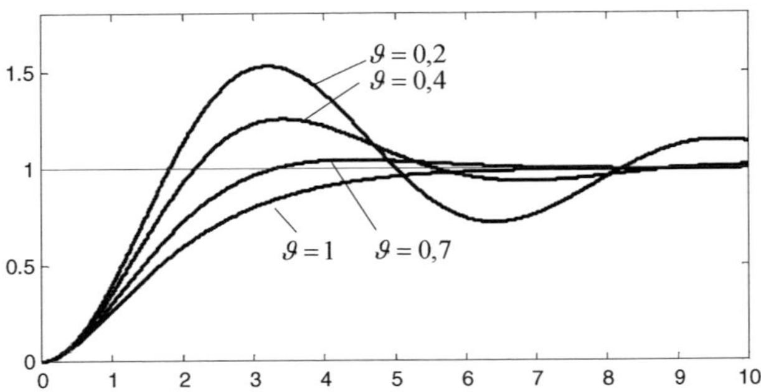

Bild 2.28 Übergangsfunktion eines P-T_2-Gliedes im periodischen Fall

Die **Kennkreisfrequenz** ω_0 ist die Kreisfrequenz des ungedämpften Schwingers. Die gedämpfte Schwingung hat eine etwas kleinere Kreisfrequenz, die **Eigenkreisfrequenz** ω_e. Wie die Berechnung der zeitlichen Antwort mittels der Laplace-Transformation zeigt, ist ω_e **gleich dem Imaginärteil** des nun in der Übertragungsfunktion auftretenden konjugiert komplexen Polpaars. Es gilt der Zusammenhang

$$\omega_e = \omega_0 \sqrt{1-\vartheta^2}$$

Für $\vartheta \leq 0$ tritt **instabiles Verhalten** auf. Im Bereich $-1 < \vartheta < 0$ entsteht eine **aufklingende Schwingung**, für $\vartheta \leq -1$ zeigt sich ein **exponentieller Anstieg**.

Die Parameter eines P-T_2-Gliedes im periodischen Fall können in einfacher Weise experimentell durch Aufnahme einer Übergangsfunktion bestimmt werden. Bild 2.29 zeigt die Vorgehensweise.

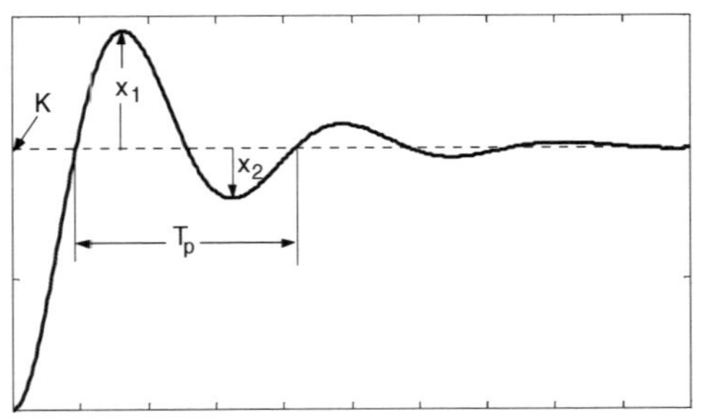

$$K = h(t \to \infty)$$

$$\vartheta = \frac{\ln \frac{x_1}{x_2}}{\sqrt{\left(\ln \frac{x_1}{x_2}\right)^2 + \pi^2}}$$

$$\omega_0 = \frac{2\pi}{T_p \sqrt{1-\vartheta^2}}$$

Bild 2.29 Bestimmung der Parameter für den periodischen Fall

2.3.1.4 P-T_n-Verhalten

P-T_n-Verhalten oder Verzögerungsverhalten n-ter Ordnung bezeichnet das Verhalten bei Hintereinanderschaltung von n P-T_1-Gliedern mit gleicher Zeitkonstante. Das P-T_n-Glied mit der Übertragungsfunktion

$$G(s) = \frac{K}{(Ts+1)^n}$$

hat den in Bild 2.30 gezeigten typischen Verlauf der Übergangsfunktion. Es zeigt sich eine ausgeprägte, mit n wachsende Anfangsverzögerung.

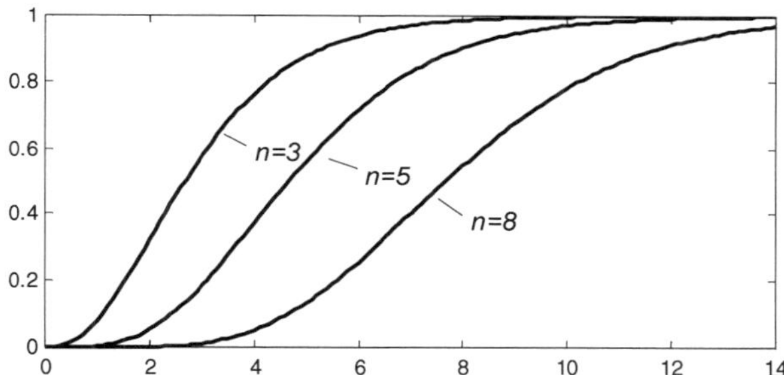

Bild 2.30 Übergangsfunktionen von P-T_n-Gliedern mit n = 3, 5 und 8

2.3.1.5 Kurzkennzeichnungen

In einfachen Fällen kann der Typ einer Strecke mit einer Kombination aus den Buchstaben der Grundglieder eindeutig angegeben werden. Solche Bezeichnungen sind beispielsweise D-T_1-T_t, I_2-T_1 oder PI. Als T_1-Glied wird dabei ein P-T_1-Glied mit der Verstärkung K = 1 bezeichnet. Dabei gelten folgende syntaktische Regeln:

Ohne Bindestrich: Parallelschaltung, beispielsweise PI (Bild 2.31).

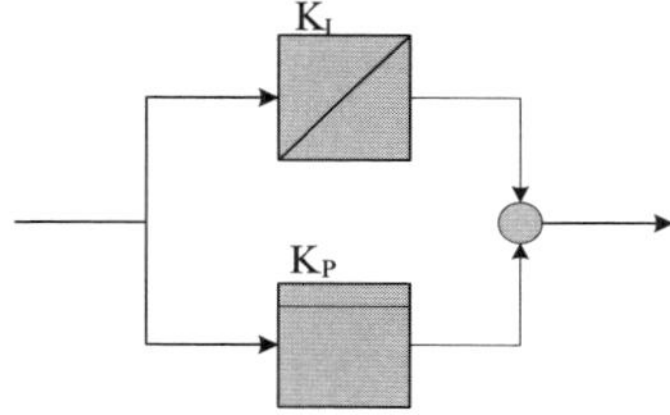

Bild 2.31
Wirkungsplan eines PI-Gliedes

Mit Bindestrich: Serienschaltung, beispielsweise D-T_1-T_t (Bild 2.32).

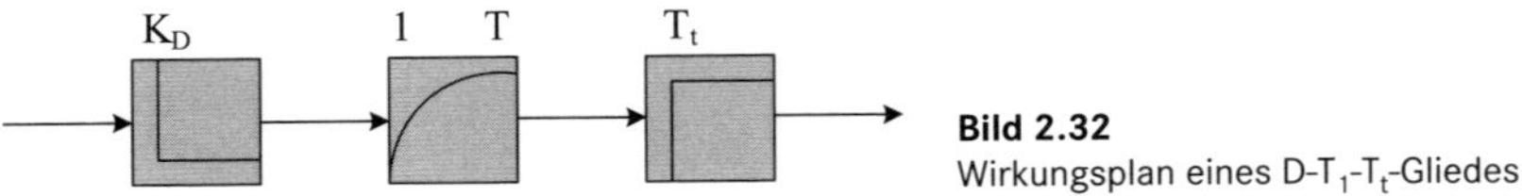

Bild 2.32
Wirkungsplan eines D-T_1-T_t-Gliedes

Eine Besonderheit ist verkürzte Schreibweise bei der Serienschaltung gleichartiger Glieder. So kann statt I-I auch I_2 geschrieben werden.

2.3.2 Analyse der Übertragungsfunktion

In der klassischen Regelungstechnik stellt die Übertragungsfunktion *G*(*s*) die höchste Abstraktionsstufe dar. Der ursprüngliche physikalische Prozess ist „destilliert" in diese reine mathematische Form. Mit ihr wird gearbeitet. Eine Rücktransformation in den Zeitbereich erfolgt im Regelfall nicht, vielmehr werden alle **relevanten Zeitvorgänge** aus Eigenschaften der **Übertragungsfunktion abgeschätzt**. Eine besonders wichtige Rolle spielen dabei die **Pole** der Übertragungsfunktion.

Zunächst sollen einige zum Verständnis notwendige Zusammenhänge kurz erläutert werden. Es wird von einem totzeitfreien System ausgegangen, da eine Totzeit nur eine Verschiebung in der zeitlichen Reaktion bedeutet. Damit ist die Übertragungsfunktion eine gebrochen rationale Funktion in *s* der Ordnung *n:*

$$G(s)=\frac{b_m s^m + b_{m-1}s^{m-1}+\ldots+b_1 s+b_0}{a_n s^n + a_{n-1}s^{n-1}+\ldots+a_1 s+a_0}=\frac{Z(s)}{N(s)}$$

Das Zählerpolynom *Z*(*s*) hat *m* Nullstellen, die **Zählernullstellen** $z_1, \ldots, z_m$. Das Nennerpolynom *N*(*s*) hat *n* Nullstellen ($n \geq m$), die **Nennernullstellen** $\lambda, \ldots, \lambda_n$. Dies sind die **Pole** (Unendlichkeitsstellen) von *G*(*s*), wenn nicht zufällig eine Nennernullstelle auch gleichzeitig Zählernullstelle ist.

Die **Laplace-Rücktransformierte** von *G*(*s*) heißt **Gewichtsfunktion** $g(t)$. Mit dieser Gewichtsfunktion lässt sich die **Faltung** definieren:

$$\text{Mit} \quad V(s)=G(s)U(s) \quad \text{gilt} \quad v(t)=\int_0^t g(\tau)u(t-\tau)\mathrm{d}\tau \quad \text{(Faltungsintegral)}$$

Ist nun *u*(*t*) speziell der Einheitssprung, folgt daraus:

$$h(t)=\int_0^t g(\tau)\mathrm{d}\tau$$

Die Übergangsfunktion *h*(*t*) entsteht durch Integration der Gewichtsfunktion *g*(*t*).

2.3.2.1 Stabilität

Für LZI-Systeme gibt es mit der **Sprungantwortstabilität** eine sehr einfache Definition der Stabilität:

> Ein LZI-System ist stabil, wenn seine **Übergangsfunktion** *h*(*t*) einen **festen** und **endlichen Endwert** besitzt.

Daraus soll nun ein Stabilitätskriterium für die Übertragungsfunktion *G*(*s*) entwickelt werden.

Dazu wird *G*(*s*) in **Partialbrüche zerlegt** (zur Vereinfachung unter der Annahme einfacher Pole und für $m < n$). Durch Rücktransformation der Elementarterme (Tabelle 2.4) lässt sich *g*(*t*) bestimmen:

$$G(s) = \frac{b_m s^m + \ldots + b_1 s + b_0}{s^n + a_{n-1} s^{n-1} + \ldots + a_1 s + a_0} = \frac{r_1}{s - \lambda_1} + \frac{r_2}{s - \lambda_2} + \cdots + \frac{r_n}{s - \lambda_n}$$

$$g(t) = r_1 \mathrm{e}^{\lambda_1 t} + r_2 2\mathrm{e}^{\lambda_2 t} + \ldots + r_n \mathrm{e}^{\lambda_n t}$$

Die e-Funktionen gehen gegen null, wenn ihr Exponent negativ ist. Daher konvergiert die gesamte Gewichtfunktion gegen null, wenn nur Pole mit einem Realteil kleiner als null auftreten:

$$\lim_{t \to \infty} g(t) = 0 \quad \text{für} \quad \mathrm{Re}\,\lambda_\nu < 0 \quad \forall\, \nu = 1, \ldots, n$$

Da die in *g*(*t*) vorkommenden e-Funktionen absolut konvergent sind, geht das Integral von *g*(*t*) für *t* gegen einen festen endlichen Wert. Dieses Integral ist aber gerade *h*(*t*), sodass damit notwendig und hinreichend das System stabil ist. Es gilt also folgendes **grundlegendes Stabilitätskriterium:**

> Ein LZI-System ist **stabil**, wenn **alle Pole** seiner Übertragungsfunktion einen **negativen Realteil** haben (alle Pole links der imaginären Achse liegen).

Die geometrische Aussage „links der imaginären Achse" bezieht sich auf einen **Polplan**, in dem die Orte der Pole in der komplexen Ebene durch Kreuze vermerkt werden (Bild 2.33).

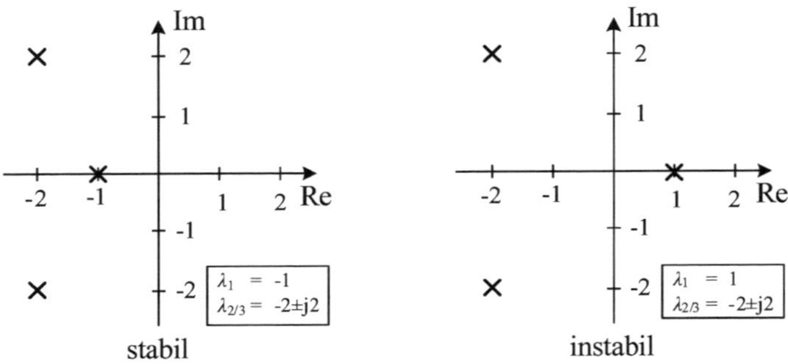

Bild 2.33 Polplan mit Stabilitätsaussage

2.3.2.2 Anfangs- und Endwert

Nachdem geklärt werden konnte, wann ein System stabil ist, fragen wir nach dem Anfangs- und Endwert seiner Übergangsfunktion $h(t)$. Es sei daran erinnert, dass dieser Endwert gleichzeitig die stationäre Verstärkung des Systems ist.

Falls diese Grenzwerte existieren und endlich sind (dies ist der Fall, wenn das System stabil und $m \le n$ ist), können Anfangs- und Endwertsatz der Laplace-Transformation benutzt werden:

$$f(0) = \lim_{s\to\infty} sF(s) \quad \text{und} \quad \lim_{t\to\infty} f(t) = \lim_{s\to 0} sF(s)$$

Werden diese Sätze auf $h(t)$ angewendet und dabei berücksichtigt, dass

$$\mathcal{L}\{h(t)\} = H(s) = G(s)U(s) = \frac{G(s)}{s} \qquad \left(\text{da} \quad U(s) = \mathcal{L}\{\sigma(t)\} = \frac{1}{s}\right)$$

folgt

$$h(0) = \lim_{s\to\infty} sH(s) = \lim_{s\to\infty} G(s) \quad \text{und} \quad \lim_{t\to\infty} h(t) = \lim_{s\to 0} sH(s) = \lim_{s\to 0} G(s) = G(0)$$

Damit sind folgende Ergebnisse erzielt worden:

Der **Endwert** von $h(t)$ (stationäre Verstärkung) einer **stabilen Strecke** ergibt sich aus dem **Wert seiner Übertragungsfunktion** $G(s)$ **für** $s = 0$.

Der **Anfangswert** $h(t)$ einer **realen Strecke** ergibt sich aus dem **Wert seiner Übertragungsfunktion** $G(s)$ **für** $s \to \infty$.

Der Anfangswert wird folglich null sein für $m < n$ (Zählergrad < Nennergrad) und ungleich null für $m = n$. Da einer Differenziation im Bildbereich einer Multiplikation mit s entspricht, liefert der Anfangswertsatz auch eine Aussage über die Ableitungen von $h(t)$:

Ist $p = n - m$ der Gradunterschied zwischen Zähler- und Nennerpolynom von $G(s)$, so sind die Anfangswerte von $h(t)$ bis zur $(p - 1)$ten Ableitung alle null.

Dies erklärt, warum beim P-T_2-Glied (Gradunterschied 2) die Anfangssteigung 0 beträgt, während beim P-T_1-Glied (Gradunterschied 1) eine von null verschiedene Anfangssteigung auftritt.

2.3.2.3 Übergangsverhalten

Bislang können die Stabilitätseigenschaft und die stationäre Verstärkung aus $G(s)$ abgelesen werden. Nun soll auch das zeitliche Übergangsverhalten abgeschätzt werden. Schlüssel dazu sind wiederum die Pole. In der Übertragungsfunktion gibt es reelle und konjugiert komplexe Pole. Ihnen entsprechen Basiszeitfunktionen in $g(t)$:

$$\text{Reeller Pol } \lambda = \alpha: \quad \mathcal{L}^{-1}\left\{\frac{1}{s-\alpha}\right\} = \mathrm{e}^{\alpha t}$$

konjugiert komplexes Polpaar

$$\lambda_{1/2} = \alpha \pm \mathrm{j}\omega: \quad \mathcal{L}^{-1}\left\{\frac{1}{s^2 - 2\alpha s + \alpha^2 + \omega^2}\right\} = \frac{1}{\omega}\mathrm{e}^{\alpha t}\sin(\omega t)$$

- **Einschwingzeit T_{Ein}**

  Bei einem **stabilen System** ist der **Realteil aller Pole negativ**. Die zugehörigen Zeitfunktionen klingen dann mit $\mathrm{e}^{\alpha t}$ ab. Die Zeitfunktionen sind bis auf einen Rest von 1% abgeklungen, wenn der Exponent $\alpha t = -5$ erreicht, also nach der Zeit

  $$t = -\frac{5}{\alpha} = \frac{5}{|\alpha|} = \frac{5}{|\mathrm{Re}(\lambda)|} = \frac{5}{A}$$

  Im Polplan ist A der Abstand eines Pols bzw. eines Polpaars von der imaginären Achse. Nun bestimmt sicherlich die am langsamsten abklingende Zeitfunktion die Einschwingzeit. Daher ist der Pol mit dem kleinsten Abstand $A_{\min}$ von der imaginären Achse verantwortlich für die Einschwingzeit.

Die Einschwingzeit eines stabilen Systems kann abgeschätzt werden gemäß

$$T_{\text{Ein}} \approx \frac{5}{A_{\min}}$$

Dabei ist $A_{\min}$ der minimale Polabstand von der imaginären Achse.

- **Charakteristik des Übergangs**

  Es wurde berechnet, in welcher Zeit die Übergangsfunktion auf welchen Endwert fällt. Es fehlt aber noch das Wissen über die Charakteristik des Übergangs (aperiodisches Verhalten oder Schwingung sowie Dämpfung und Frequenz der Schwingung).

Obige Betrachtungen erlauben bereits folgenden Schluss:

Reelle Pole führen zu **aperiodischem Verhalten** (abklingende e-Funktionen).

Konjugiert komplexe Pole führen zu **periodischem Verhalten** (abklingende Schwingungen).

Was ist jedoch, wenn in einem System beide Pol-Typen vorkommen? Hier hilft der Begriff der **Poldominanz** weiter. Vereinfachend wird angenommen, dass ein Pol bzw. ein konjugiert komplexes Polpaar dominant das Systemverhalten prägt. Es gibt dazu spezielle **Dominanzmaße**, meist genügt jedoch die einfache Regel:

Dominant ist der Pol bzw. das Polpaar mit dem kleinsten Abstand zur imaginären Achse.

Damit müssen jetzt nur noch zwei Fälle unterschieden werden:

Dominanter reeller Pol

Es ist mit aperiodischem Verhalten zu rechnen, ähnlich dem P-T_2-Verhalten im aperiodischen Fall.

Dominantes konjugiert komplexes Polpaar

Es ist periodisches Verhalten zu erwarten, ähnlich dem P-T_2-Verhalten im periodischen Fall. Die Schwingung hat folgende Eigenschaften:

Kreisfrequenz = Imaginärteil ω des Polpaars.

Dämpfungsgrad:

$$\vartheta = \frac{|\text{Realteil}|}{\text{Polbetrag}} = \frac{|\alpha|}{\sqrt{\alpha^2 + \omega^2}} = \cos\varphi$$

Der Übergangsverlauf bei dem ermittelten Dämpfungsgrad entspricht dem des P-T_2-Gliedes bei gleicher Dämpfung (Bild 2.28).

Die Formel für den Dämpfungsgrad wird ermittelt durch Koeffizientenvergleich:

$$s^2 + 2\vartheta\omega_0 s + \omega_0^2 = (s - \alpha + \mathrm{j}\omega)(s - \alpha - \mathrm{j}\omega)$$

Der Dämpfungsgrad ist auch aus dem Polwinkel φ zu erkennen, den der Pol mit der negativen reellen Achse bildet (Bild 2.34). Ein Polwinkel von 45° entspricht $\vartheta \approx 0{,}7$; erst für größere Polwinkel wird Schwingen merkbar.

Die Abschätzung des Übergangsverhaltens ist meist nur bei stabilen Systemen von Interesse. Ergänzend sei erwähnt, dass ein **Pol in $s = 0$ integrierendes Verhalten** in $h(t)$ bewirkt und ein **konjugiert komplexes Polpaar auf der imaginären Achse** eine **Dauerschwingung** zur Folge hat.

2.3.2.4 Einfluss der Zählernullstellen

Das Zählerpolynom von $G(s)$ beeinflusst die Residuen und damit die Gewichtung der Basiszeitfunktionen. Auch die Anfangs- und Endwerte hängen vom Zähler ab. Der Einfluss ist allgemein schwer zu überschauen; hier werden nur folgende zwei Sonderfälle benannt:

- **Nullstelle in $s = 0$**

  Hat der Zähler eine Nullstelle in $s = 0$, wird $G(0) = 0$. Nach dem Endwertsatz geht dann die Übergangsfunktion gegen null, das System hat **differenzierendes Verhalten**.

- **Nullstelle in der Nähe eines Poles**

  Liegt eine Nullstelle sehr nahe bei einem Pol, wird das zugehörige Residuum sehr klein, der Pol verliert an Dominanz und wirkt sich fast nicht mehr auf das Systemverhalten aus. Die Nullstelle **kompensiert** näherungsweise den Pol.

2.3.2.5 Abschätzung des Streckenverhaltens

Ein Beispiel soll die Analyse des Streckenverhaltens mit Hilfe der Übertragungsfunktion verdeutlichen.

Eine Strecke hat die Übertragungsfunktion

$$G(s) = 32\frac{s+10}{(s^2+4s+8)(s+4)(s+8)}$$

Die Pole und Nullstellen sind:

$$\textit{Zählernullstellen}: \quad z_1 = -10$$
$$\textit{Pole}: \quad \lambda_{1/2} = -2 \pm 2\mathrm{j}; \quad \lambda_3 = -4; \quad \lambda_4 = -8$$

Im Pol-/Nullstellenplan nach Bild 2.34 sind die Orte der Pole und Nullstellen mit kleinen Kreuzen bzw. kleinen Kreisen vermerkt; zusätzlich sind der Mindestabstand $A_{\min}$ und der Polwinkel φ eingetragen.

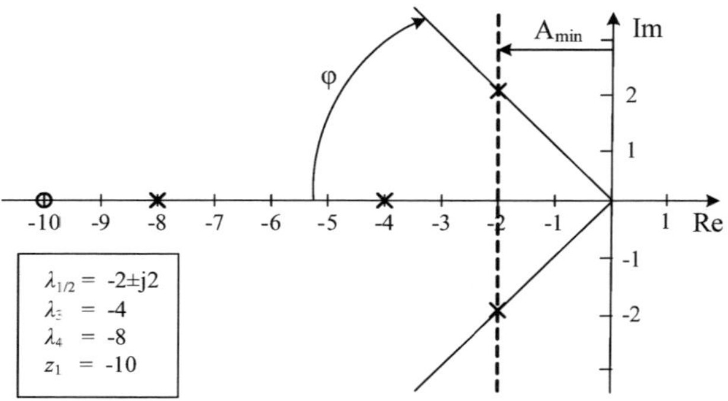

Bild 2.34 Pol-/Nullstellenplan

Alle Pole liegen links der imaginären Achse, die Strecke ist stabil. Der Mindestabstand wird geprägt von dem konjugiert komplexen Polpaar, eine kompensierende Nullstelle liegt nicht in der Nähe. Damit ist dieses Polpaar dominant und prägt das Verhalten. Folgende Kenndaten werden ermittelt:

$$h(0) = \lim_{s \to \infty} G(s) = 0\,; \quad h(\infty) = \lim_{s \to 0} G(s) = 32 \frac{10}{8 \cdot 4 \cdot 8} = 1{,}25$$

$$T_{\text{Ein}} = \frac{5}{A_{\min}} = \frac{5}{2} = 2{,}5$$

$$\vartheta = \frac{|\text{Realteil}|}{\text{Polbetrag}} = \frac{2}{\sqrt{2^2 + 2^2}} = \frac{2}{\sqrt{8}} \approx 0{,}7$$

Es ist ein Einschwingen in $T_{\text{Ein}} = 2{,}5$ von 0 auf den Endwert 1,25 zu erwarten. Der Dämpfungsgrad von 0,7 lässt ein **einmaliges leichtes Überschwingen** erwarten. Der Gradunterschied in $G(s)$ bewirkt, dass die ersten beiden Ableitungen von $h(t)$ bei null beginnen. Bild 2.35 zeigt die simulierte Übergangsfunktion dieses Systems. Die Erwartungen werden in guter Genauigkeit bestätigt.

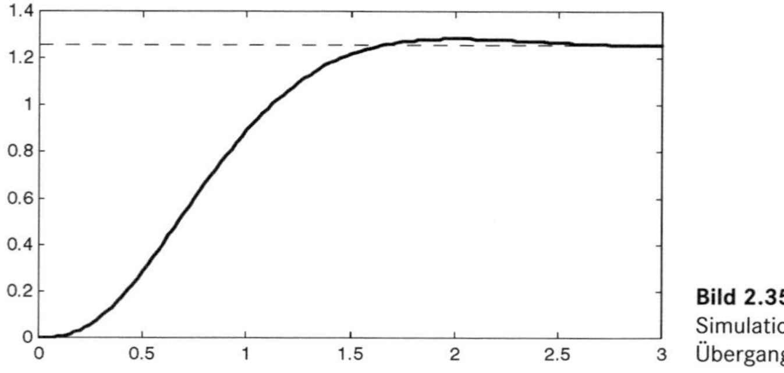

Bild 2.35 Simulation der Übergangsfunktion h(t)

2.3.3 Analyse im Zustandsraum

Ausgehend von der Zustandsraumdarstellung (Abschn. 2.2.4)

$$\dot{\boldsymbol{x}}(t) = \boldsymbol{A}\boldsymbol{x}(t) + \boldsymbol{B}\boldsymbol{u}(t); \quad \boldsymbol{x}(0) = \boldsymbol{x}_0 \quad \text{Zustandsdifferenzialgleichung}$$

$$\boldsymbol{y}(t) = \boldsymbol{C}\boldsymbol{x}(t) + \boldsymbol{D}\boldsymbol{u}(t) \quad \text{Ausgangsgleichung}$$

bieten sich die besten Möglichkeiten zur Untersuchung der Systemeigenschaften. Hier kann nur Weniges exemplarisch angesprochen werden.

2.3.3.1 Eigenwerte

Die Eigenwerte λ_1, ..., λ_n der Systemmatrix Matrix $\boldsymbol{A}$ sind die Lösungen der Gleichung

$$\det(s\boldsymbol{I} - \boldsymbol{A}) = 0$$

Die Determinante ergibt ein Polynom n-ter Ordnung in s. Dabei ist $\boldsymbol{I}$ die Einheitsmatrix (Diagonalmatrix mit Einsen auf der Hauptdiagonalen). Die Eigenwerte sind invariant gegen Zustandstransformationen (Abschn. 2.2.4) und damit eine echte Systemeigenschaft.

Ist $\boldsymbol{A}$ **diagonalförmig**, sind die Werte auf der **Hauptdiagonalen** die **Eigenwerte:**

$$\text{Mit } \boldsymbol{A} = \begin{bmatrix} \lambda_1 & 0 & 0 \\ 0 & \ddots & 0 \\ 0 & 0 & \lambda_n \end{bmatrix} \quad \text{gilt} \quad \det(s\boldsymbol{I} - \boldsymbol{A}) =$$

$$\begin{vmatrix} s-\lambda_1 & 0 & 0 \\ 0 & \ddots & 0 \\ 0 & 0 & s-\lambda_n \end{vmatrix} = (s-\lambda_1) \cdot \ldots \cdot (s-\lambda_n)$$

Die ***Jordan*'sche Normalform** (Abschn. 2.2.4) zeigt, dass die Pole der Übertragungsfunktion (genauer die Nennernullstellen) den Diagonalelementen der Systemmatrix und damit den Eigenwerten entsprechen. Allgemein gilt:

Eigenwerte der Systemmatrix $\boldsymbol{A}$ = Nennernullstellen von $G(s)$.

Den **Eigenwerten** der **Zustandsraumdarstellung** kommt daher die gleiche Bedeutung zu wie den **Polen** der **Übertragungsfunktion**. Anhand ihrer Lage kann (wie in Abschn. 2.3.2 beschrieben) das Zeitverhalten des Systems abgeschätzt werden.

Zu jedem **Eigenwert** λ gibt es einen Eigenvektor $\boldsymbol{v}_{\mathrm{E}}$ (siehe Transformation auf ***Jordan*'sche** Normalform, Abschn. 2.2.4). Die Eigenvektoren ergeben sich aus der nichttrivialen Lösung ($\boldsymbol{v}_{\mathrm{E}} \neq \boldsymbol{0}$) von $(\lambda\boldsymbol{I} - \boldsymbol{A})\boldsymbol{v}_{\mathrm{E}} = \boldsymbol{0}$.

2.3.3.2 Beobachtbarkeit und Steuerbarkeit

Bei einem dynamischen System kann es vorkommen, dass innere Systemzustände existieren, die vom Eingang nicht beeinflusst bzw. in der Ausgangsgröße nicht wirksam werden. In diesem Fall kommt es bei der Aufstellung der Übertragungsfunktion zu der Kürzung einer Nennernullstelle gegen eine Zählernullstelle. Die Information über diesen Zustand geht dabei verloren. In der Zustandsraumdarstellung bleibt der Zustand erhalten (deshalb entsprechen die Eigenwerte auch den Nennernullstellen und nicht den Polen), das System ist aber nicht mehr **steuer- bzw. beobachtbar**. Diese Eigenschaften sind nach *R. Kalman*, dem Begründer der Zustandsraumtheorie, wie folgt definiert:

Ein System ist **steuerbar**, wenn es in endlicher Zeit durch Wahl eines Steuervektors $\boldsymbol{u}(t)$ aus einem **beliebigen Anfangszustand** $\boldsymbol{x}_0$ in den **Endzustand** $\boldsymbol{x} = \boldsymbol{0}$ gebracht werden kann.

Ein System ist **beobachtbar**, wenn bei bekanntem Steuervektor $\boldsymbol{u}(t)$ durch **Messung des Ausgangsvektors** $\boldsymbol{v}(t)$ in endlicher Zeit eindeutig der **beliebige Anfangszustand** $\boldsymbol{x}_0$ **ermittelt** werden kann.

Diese Eigenschaften können mit einigen Kriterien überprüft werden, hier werden exemplarisch die Kriterien nach *Kalman* genannt. Zur Prüfung der linearen Unabhängigkeit wird auf einschlägige Bücher zur Matrizenrechnung verwiesen.

Ein System ist genau dann steuerbar, wenn die **Steuerbarkeitsmatrix** $Q_S = \left[B, AB, A^2B, \ldots, A^{n-1}B\right]$ n linear unabhängige Spaltenvektoren hat.

Ein System ist genau dann beobachtbar, wenn die **Beobachtbarkeitsmatrix**

$$Q_B = \begin{bmatrix} C \\ CA \\ \vdots \\ CA^{n-1} \end{bmatrix}$$

n linear unabhängige Zeilenvektoren hat.

2.4 Regler

In diesem Abschnitt werden die häufigsten Reglertypen vorgestellt. Dies sind die linearen Standardregler vom P-, PI- und PID-Typ sowie zwei nichtlineare Schaltregler.

Zur Untersuchung des Regelverhaltens wird im Folgenden stets die gleiche Beispielstrecke benutzt. Es soll die Temperatur in einem Behälter geregelt werden. Bild 2.37 zeigt die Übergangsfunktion $h_S(t)$ und die Übertragungsfunktion $G_S(s)$ der Strecke. Der Index S wird ab jetzt zur Kennzeichnung der Strecke verwendet.

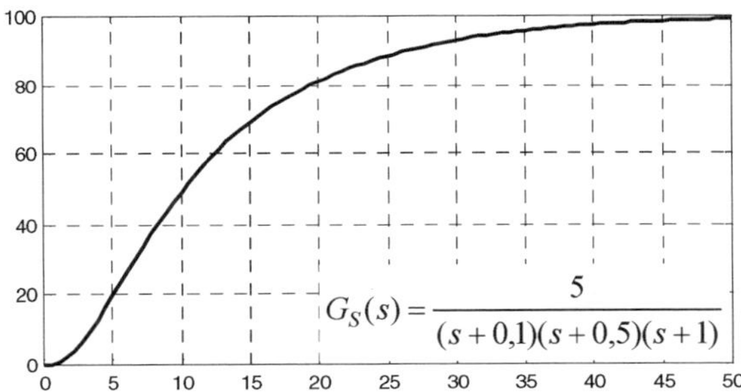

Bild 2.36 Übergangsfunktion $h_S(t)$ der Beispielstrecke

2.4.1 P-Regler

Der P-Regler nach Tabelle 2.10 besteht einfach aus einem P-Glied. Bild 2.37 zeigt ihn im Standardregelkreis.

Tabelle 2.10 P-Regler

Gleichung	$G(s)$	Parameter
$y(t) = K_P e(t)$	K_P	K_P: Proportionalbeiwert

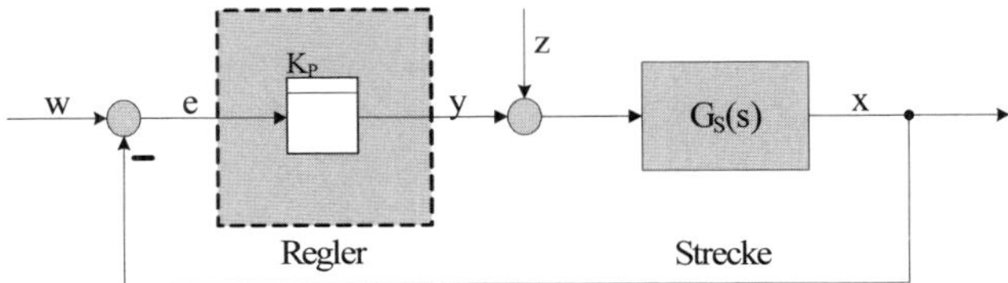

Bild 2.37 P-Regler im Standardregelkreis

Der P-Regler ist trotz seiner Einfachheit in der Lage, viele Strecken befriedigend zu regeln. Allerdings wird in den meisten Fällen keine stationäre Genauigkeit erreicht werden können. Dies liegt daran, dass der P-Regler eine Regeldifferenz $e \neq 0$ braucht, um eine von null verschiedene Stellgröße y hervorzubringen. Eine genaue Betrachtung ergibt:

Der **P-Regler** verursacht eine **bleibende Regeldifferenz.** Diese wird bei Erhöhung von K_P kleiner. Nur bei instabiler Strecke und ohne Störung ($z = 0$) arbeitet der P-Regler stationär genau.

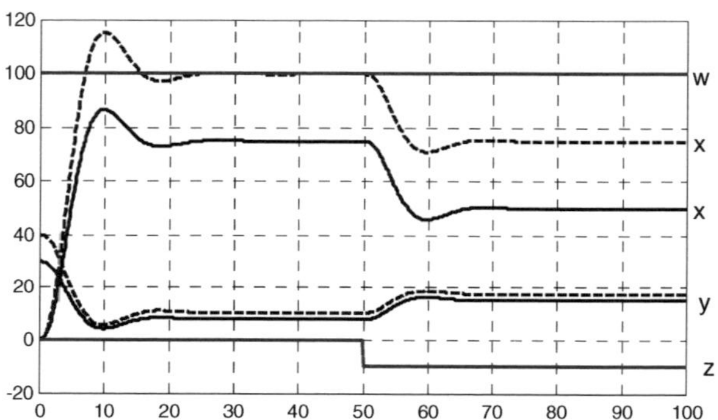

Bild 2.38 Regelung mit P-Regler mit und ohne Arbeitspunkt, K_P=0,03

Die **durchgezogenen** Linien in Bild 2.38 zeigen die **Reaktion der Regelung** nach Bild 2.37 (K_p= 0,3) auf einen **Führungswertsprung**, gefolgt von einem Sprung der Störgröße. Der Sollwert wird bei weitem nicht erreicht. Der besseren Darstellung wegen werden in Bild 2.38 die Störgröße z und die Stellgröße y um Faktor 10 vergrößert dargestellt.

Verbessert wird das Verhalten durch eine **Arbeitspunktaufschaltung** (Bild 2.39).

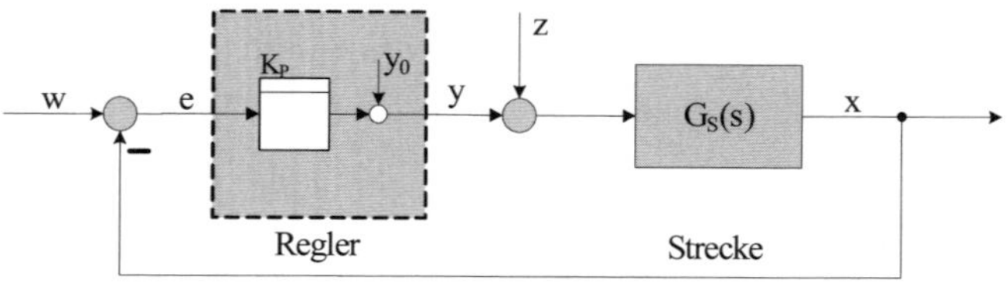

Bild 2.39 P-Regler mit Arbeitspunktaufschaltung

Dabei wird dem Reglerausgang mit dem **Arbeitspunkt** y_0 diejenige Stellgröße aufgeschaltet, die stationär die Strecke auf den Sollwert bringt:

$$y(t) = K_P e(t) + y_0$$

Ist $K_S = h_\infty$ die Streckenverstärkung, gilt für den optimalen Arbeitspunkt

$$x_\infty = w = K_S y_0 \quad \Rightarrow \quad y_0 = \frac{w}{K_S}$$

Die gestrichelten Linien in Bild 2.38 zeigen die Ergebnisse für einen P-Regler mit Arbeitspunkt. Ein angepasster Arbeitspunkt vermag im Führungsverhalten stationäre Genauigkeit zu erreichen; bezüglich des Störverhaltens treten aber weiterhin Abweichungen auf.

2.4.2 PI-Regler

Der PI-Regler nach Tabelle 2.11 besteht aus einer Parallelschaltung von P- und I-Glied. Bild 2.40 zeigt ihn im Standardregelkreis.

Tabelle 2.11 PI-Regler

Gleichung	$G(s)$	Parameter
$y(t) = K_P e(t) + K_I \int_0^t e(\tau) d\tau$	$K_P + \frac{K_I}{s} = K_P(1 + \frac{1}{T_N s})$ $= K_P \frac{T_N s + 1}{T_N s}$	K_P: Proportionalbeiwert K_I: Integrierbeiwert $T_N = \frac{K_P}{K_I}$: Nachstellzeit

Der Hauptvorteil des PI-Reglers ist seine **stationäre Genauigkeit**. Wie aus Bild 2.40 erkennbar, kann das PI-geregelte System erst dann zur Ruhe kommen, wenn am Eingang des Integrierers eine Null anliegt (ansonsten würde die Integration die Stellgröße weiter verändern, und das System wäre nicht eingeschwungen). Eingang Null am Integrierer bedeutet aber zwangsläufig $e = 0$, d. h., die Regelgröße wird – wenn das Regelsystem stabil arbeitet – zur Ruhe kommen.

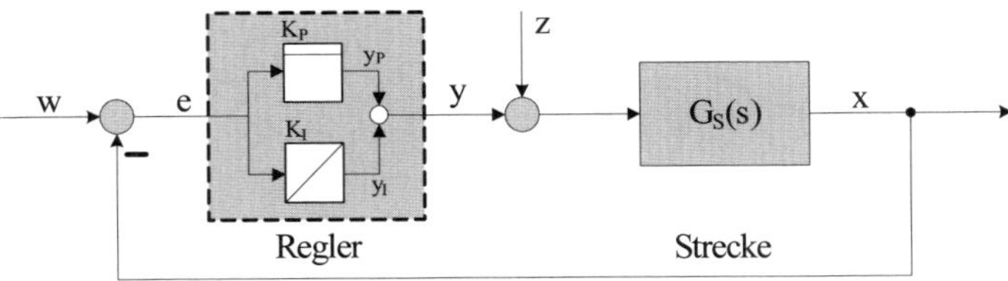

Bild 2.40 PI-Regler im Standardregelkreis

> Auch bei Störungen oder abweichendem Streckenverhalten sorgt der **I-Anteil** im Regler für **stationäre Genauigkeit**.

Mit einem PI-Regler lässt sich bei guter Einstellung etwa das dynamische Regelverhalten erzielen, das auch mit einer P-Regelung erreichbar ist.

Bild 2.41 zeigt das Regelergebnis an unserem Beispielsystem. Bei etwa gleicher Einschwingzeit und ähnlichem Übergangsverhalten schafft es der PI-Regler, die Regelgröße auch bei Einfluss einer Störung auf den Sollwert zu bringen. Wieder werden in Bild 2.41 die Störgröße z und die Stellgröße y um den Faktor 10 vergrößert dargestellt.

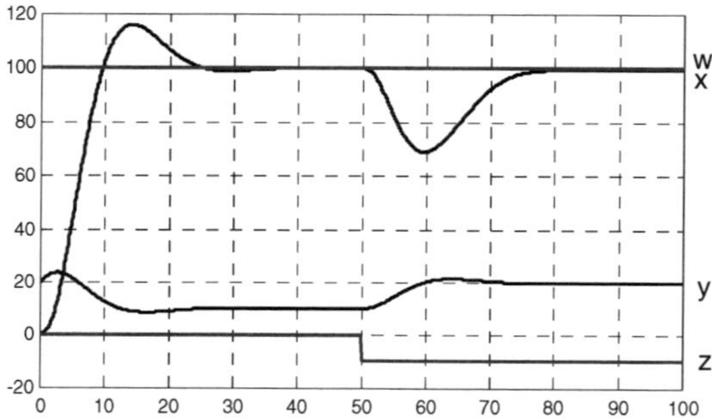

Bild 2.41 Regelung mit PI-Regler, K_P=0,02; T_N=8

In Bild 2.42 ist die Übergangsfunktion des PI-Reglers dargestellt. Aus dieser Skizze kann die anschauliche Bedeutung der Nachstellzeit T_N abgelesen werden. Die Parameter T_N und K_P lassen sich leicht aus einer gemessenen Übergangsfunktion bestimmen.

> In der Übergangsfunktion des PI-Reglers benötigt der I-Anteil y_I die **Nachstellzeit T_N**, um so groß wie der P-Anteil y_P zu werden.

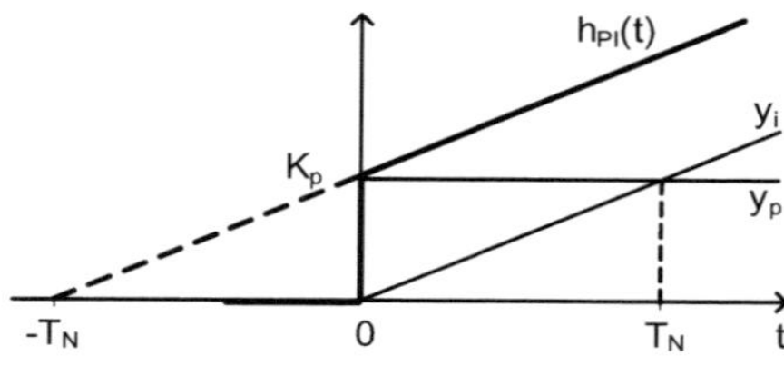

Bild 2.42
Übergangsfunktion des PI-Reglers

2.4.3 PID-Regler

Nachdem durch den Übergang vom P- zum PI-Regler das Problem mit der stationären Genauigkeit gelöst wurde, kann durch Hinzufügen eines D-Anteils eine erhebliche **dynamische Verbesserung** erreicht werden.

Der PID-Regler nach Tabelle 2.12 besteht aus einer Parallelschaltung von P-, I- und D-Glied. Bild 2.43 zeigt ihn im Standardregelkreis.

Tabelle 2.12 PID-Regler

Gleichung	$G(s)$	Parameter
$y(t) = K_P e(t) + K_I \int_0^t e(\tau)\mathrm{d}\tau + K_D \frac{\mathrm{d}e}{\mathrm{d}t}$	$K_P + \frac{K_I}{s} + K_D s = K_P(1 + \frac{1}{T_N s} + T_V s)$ $= K_P \frac{T_N T_V s^2 + (T_N + T_V)s + 1}{T_N s}$	K_P: Proportionalbeiwert K_I: Integrierbeiwert K_D: Differenzierbeiwert $T_N = \frac{K_P}{K_I}$: Nachstellzeit $T_V = \frac{K_D}{K_P}$: Vorhaltzeit

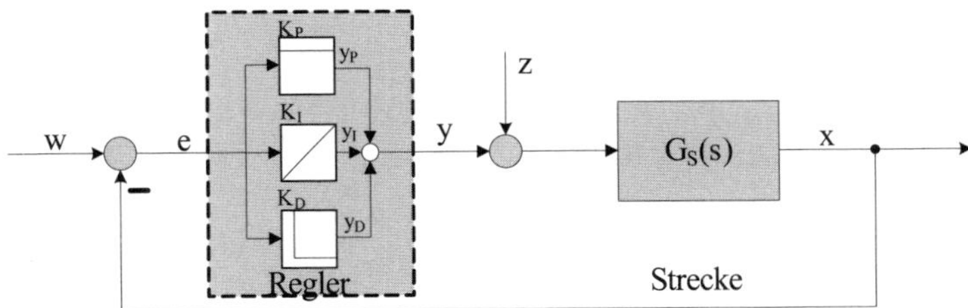

Bild 2.43 PID-Regler im Standardregelkreis

Auch der neue Parameter, die Vorhaltzeit T_V, hat eine anschauliche Bedeutung: Die **Vorhaltzeit** ist die Zeit, die der P-Anteil benötigt, um auf den Wert des D-Anteils zu steigen, wenn eine Rampe auf den Reglereingang geschaltet wird.

Der zusätzliche D-Anteil $y_D = K_D(\dot{w} - \dot{x})$ hat folgende Wirkung:

1. Steigt die Führungsgröße an ($\dot{w} > 0$), erhöht der D-Anteil die Stellgröße, sodass die Regelung **schneller dem Sollwert** folgt.

Diese Wirkung des D-Anteils ist nicht so wichtig, wie man zunächst vermuten könnte. Sie bereitet bei sprungartigen Änderungen des Sollwertes sogar Probleme, da der differenzierte Sprung als Impuls auf die Stellgröße wirkt. Dies kann sich als harter Schlag bemerkbar machen (daher gibt es eine modifizierte PID-Struktur, bei der dem D-Glied statt e nur $-x$ zugeführt wird).

2. Steigt die Regelgröße an ($\dot{x} > 0$), vermindert der D-Anteil die Stellgröße. Damit **arbeitet der Regler der Tendenz der Regelgröße entgegen**.

Dieses **Gegenwirken** ist wesentlich für die **Verbesserung des dynamischen Verhaltens**, denn es erhöht die Dämpfung und erlaubt eine aggressive Reglerauslegung: Manchmal kann die Reglerverstärkung gegenüber einem PI-Regler um bis zum 10-fachen erhöht werden.

Der **D-Anteil** ermöglicht **schnelleres Einschwingen** des Regelkreises, wenn die Reglerverstärkung entsprechend erhöht wird.

Allerdings geht das zu Lasten der Stellgröße, die so große Werte annehmen kann, dass in der Realität das Potenzial des PID-Reglers auf Grund von Stellbegrenzungen nicht immer umgesetzt werden kann.

Bild 2.44 zeigt das Regelergebnis für das Beispielsystem bei Verwendung eines PID-Reglers (die Verläufe bei PI-Regelung nach Bild 2.41 sind zum Vergleich grau dargestellt). Es zeigt sich deutlich schnelleres Einschwingen. Der von der Störung verursachte Einbruch fällt auf Grund der höheren Reglerverstärkung viel kleiner aus.

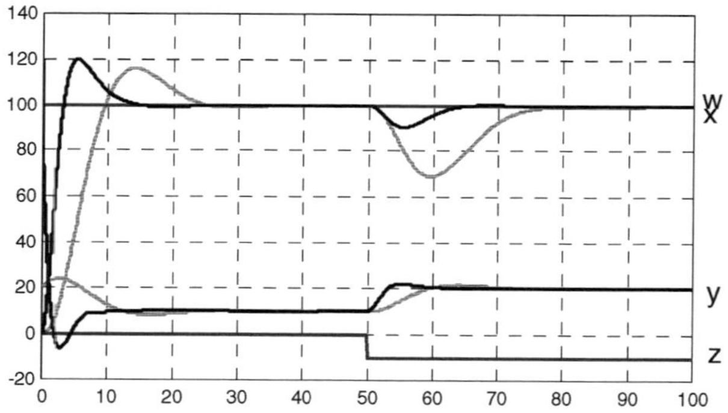

Bild 2.44 Regelung mit PID-Regler, K_P=0,08; T_N=5,3, T_V=1,7

2.4.4 Schaltregler

Für einfache Regelprobleme – speziell bei verzögerungsarmen Strecken – kann eine Klasse besonders einfacher Regler verwendet werden, die **nichtlinearen Schaltregler**. Ihre theoretische Behandlung ist wegen des nicht-linearen Verhaltens schwierig; dafür sind sie umso unproblematischer im praktischen Einsatz.

2.4.4.1 Zweipunktregler

Der vielleicht häufigste Regler ist der Zweipunktregler. Er kommt insbesondere als **Thermostat** zur Anwendung (z. B. Backherd, Bügeleisen oder Raumthermostat). Bild 2.45 zeigt seine Kennlinie. Die Stellgröße kann nur zwei Werte annehmen, meist **An/Aus**. Die Umschaltung erfolgt mit einer **Hysterese**, damit kein unkontrolliertes Hin- und Herschalten an einem Arbeitspunkt auftritt.

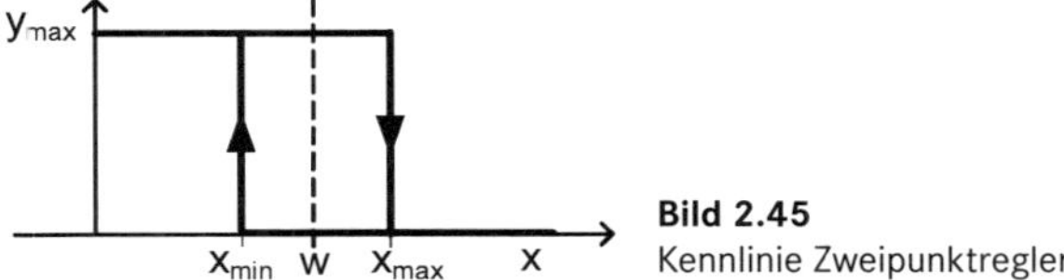

Bild 2.45
Kennlinie Zweipunktregler

Bild 2.46 zeigt das Regelverhalten eines Zweipunktreglers an der Beispielstrecke. Die einzigen zu wählenden Reglerparameter sind die Schaltgrenzen. Sie liegen hier bei 95% bzw. 105% vom Sollwert.

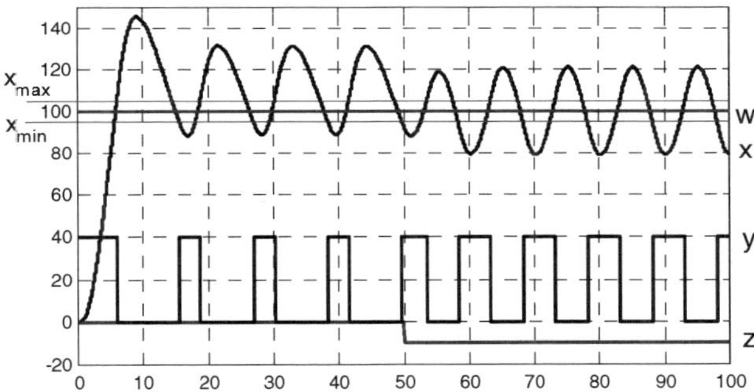

Bild 2.46 Regelung mit Zweipunktregler (x_{min}= 95 und x_{max}= 105)

Es zeigt sich der typische **nichtlineare Grenzzyklus** um den Sollwert. Die Regelung funktioniert, hat jedoch eine relativ große Schwankungsbreite. Je weniger verzögernd die Regelstrecke wirkt, umso besser arbeitet der Zweipunktregler. Bei einer P-T_1-Strecke bleibt die Regelgröße sogar innerhalb der Schaltgrenzen. In diesem Fall dürfen diese nicht zu dicht beieinander liegen, da sonst die Schaltfrequenz zu sehr ansteigt.

Es gibt einige Möglichkeiten, die Schwankungsbreite zu verringern, so kann eine geeignete Rückführung der Stellgröße die verzögerte Streckenreaktion vorwegnehmen. Auf diese Methoden wird hier nicht weiter eingegangen.

2.4.4.2 Dreipunktregler

Hat die Stellgröße einen „Rückwärtsgang“, kann auch ein Dreipunktregler eingesetzt werden.

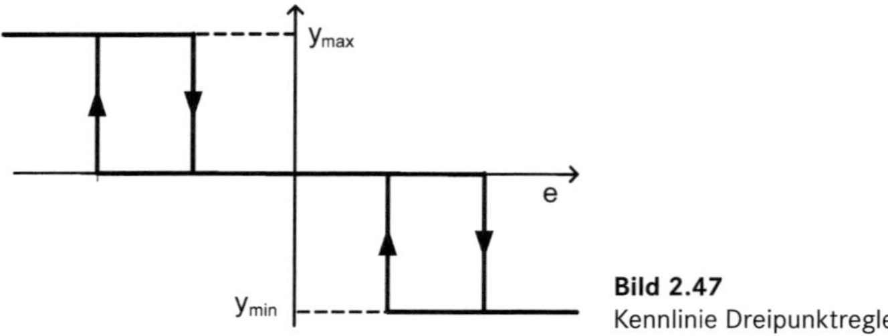

Bild 2.47
Kennlinie Dreipunktregler

Bild 2.47 zeigt die Kennlinie eines solchen Dreipunktreglers. Er wird insbesondere bei **einfachen Positionsregelungen** verwendet. Der Antrieb kann sich dabei im Rechtslauf, Linkslauf oder Stillstand befinden. Es ergibt sich ähnliches Verhalten wie beim Zweipunktregler. Ein typisches Regelverhalten mit Dreipunktregler zeigt Bild 2.48.

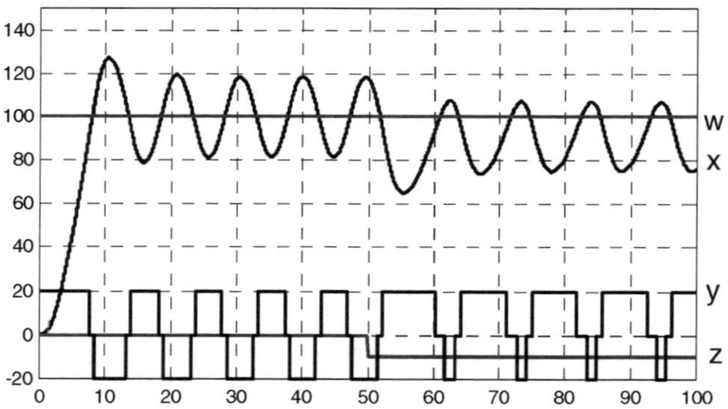

Bild 2.48 Regelung mit Dreipunktregler

2.5 Entwurf linearer Standardregler

Die Übertragungsfunktionen des Regelkreises werden hergeleitet und Verfahren zum Entwurf linearer Regler für lineare Eingrößenstrecken behandelt.

2.5.1 Übertragungsfunktionen des Regelkreises

Aus dem Standardregelkreis nach Bild 2.49 können die **Führungsübertragungsfunktion $G_w(s)$** (sie bestimmt das Führungsverhalten) und die **Störübertragungsfunktion $G_z(s)$** (sie bestimmt das Störverhalten) berechnet werden.

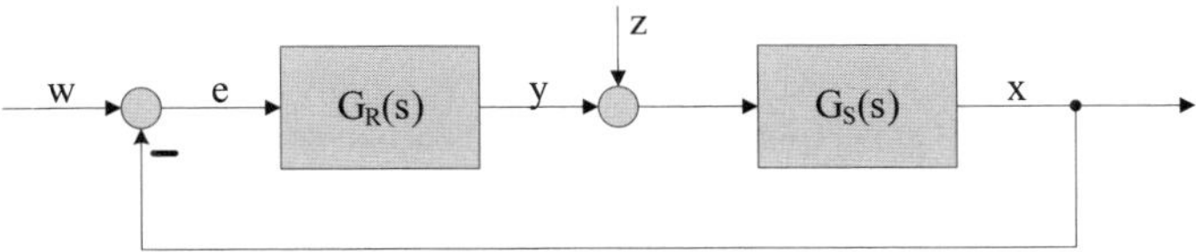

Bild 2.49 Standardregelkreis

Dazu benutzen wir die Gegenkopplungsregel und setzen die jeweils nicht betrachtete Eingangsgröße zu null. Tabelle 2.13 zeigt das Ergebnis (darin sind $Z(s)$ und $N(s)$ Zähler und Nenner der jeweiligen Übertragungsfunktion $G_R(s)$ bzw. $G_s(s)$).

Tabelle 2.13 Übertragungsfunktionen im Standardregelkreis

Führungsübertragungsfunktion $G_w(s)$	Störübertragungsfunktion $G_z(s)$
$G_w(s)=\left.\frac{X(s)}{W(s)}\right\|_{z=0}$	$G_z(s)=\left.\frac{X(s)}{Z(s)}\right\|_{w=0}$
$G_w(s)=\frac{G_R(s)G_S(s)}{1+G_R(s)G_S(s)}$	$G_z(s)=\frac{G_S(s)}{1+G_R(s)G_S(s)}$
$G_w(s)=\frac{Z_R(s)Z_S(s)}{N_R(s)N_S(s)+Z_R(s)Z_S(s)}$	$G_z(s)=\frac{N_R(s)Z_S(s)}{N_R(s)N_S(s)+Z_R(s)Z_S(s)}$

Für die Regelgröße gilt wegen des Superpositionsprinzips

$$X(s)=G_w(s)W(s)+G_z(s)Z(s)$$

Mittels der Übertragungsfunktionen kann das Führungs- und Störverhalten analysiert werden (Abschn. 2.3.2). Hierbei interessieren wieder in erster Linie die Pole. Es fällt auf, dass auf Grund der Gegenkopplungsregel alle Übertragungsfunktionen des Regelkreises den gleichen Nenner

$$N_R(s)N_S(s)+Z_R(s)Z_S(s)$$

und damit die gleichen Nennernullstellen besitzen:

Die Dynamik des Regelkreises wird von der **charakteristischen Gleichung** $N_R(s)N_S(s) + Z_R(s)Z_S(s) = 0$ bestimmt.

Die Lösungen der charakteristischen Gleichung sind die Pole der Übertragungsfunktionen des Regelkreises und werden im Weiteren **Regelungspole** genannt.

Der Regelkreis ist stabil, wenn die charakteristische Gleichung nur Lösungen links der imaginären Achse besitzt.

2.5.2 Wurzelortskurve

Es scheint recht undurchsichtig zu sein, wie die Lösungen der charakteristischen Gleichung aus den Zähler- und Nennerpolynomen von Strecke und Regler entstehen. Hier bringt die **Wurzelortskurve** (**WOK**) Klarheit:

Die WOK zeigt die **Lösungen der charakteristischen Gleichung**, wenn die Verstärkung des Reglers von 0 bis ∞ erhöht wird.

Der Name kommt von der Bezeichnung **Wurzel** für die Lösung eines Polynoms. Da diese Lösungen reell oder konjugiert komplex sind, zeichnet man die WOK ähnlich wie den Polplan in eine komplexe Ebene.

Denkt man sich die Reglerverstärkung K_R gemäß $Z_R(s) = K_R Z'_R(s)$ als Faktor vor das Zählerpolynom des Reglers gezogen, so lautet die charakteristische Gleichung:

$$N_R(s)N_S(s) + K_R Z'_R(s) Z_S(s) = 0$$

Folgendes wird deutlich:

1. Für $K_R = 0$ sind die Lösungen der charakteristischen Gleichung die **Pole** von Regler und Strecke.
2. Mit wachsendem K_R verändern sich die Lösungen. Jede Lösung verschiebt sich stetig. Zeichnet man dies auf, entsteht jeweils ein **Ast der WOK.**
3. Für $K_R \to \infty$ werden die Zählerpolynome übermächtig, die **Nullstellen** von Regler und Strecke werden zu Lösungen der charakteristischen Gleichung:

Die **Äste der WOK beginnen** in den **Polen** von Regler und Strecke und **enden in deren Nullstellen** (oder im Unendlichen, wenn nicht genügend Nullstellen vorhanden sind). Sie zeigen die möglichen Orte der Regelungspole in Abhängigkeit von der Reglerverstärkung. Der Verlauf der Äste kann mit einfachen Regeln abgeschätzt werden.

Diese Abschätzung wird hier nicht behandelt. Ein Rechnerprogramm kann die genaue Berechnung übernehmen. Das Ergebnis ist die Wurzelortskurve nach Bild 2.50, die zu der P-Regelung des Beispielsystems aus Abschn. 2.4 gehört (Bild 2.37 und Bild 2.38).

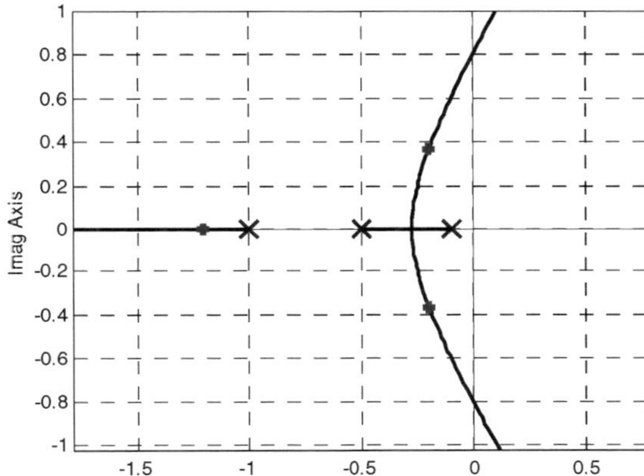

Bild 2.50 Wurzelortskurve zur P-Regelung des Beispielsystems

Ausgehend von den mit Kreuzen gekennzeichneten Polen der Strecke, wandern die Regelungspole mit wachsender Reglerverstärkung entlang den Ästen der WOK. Die grau markierten Punkte zeigen ihre Lage bei der gewählten Reglerverstärkung.

Bei **kleiner Reglerverstärkung** ist zunächst der von links kommende Pol dominant, er verursacht **langsames, aperiodisches Einschwingen**. Die beste Reglereinstellung wäre gegeben, wenn die Regelungspole in das Gebiet der Verzweigungsstelle kommen, wo zwei reelle Pole ein konjugiert komplexes Polpaar bilden. Genau an der Verzweigungsstelle hat das geregelte System einen doppelten reellen Pol bei etwa - 0,25, daher wäre hier aperiodisches Einschwingen in T_{Ein}= 20 zu erwarten (Abschn. 2.3.2). Bei **weiterer Erhöhung** der **Reglerverstärkung** treten **konjugiert komplexe Regelungspole** auf. Sie verursachen **Schwingungen** mit zunehmend schlechterer Dämpfung und längerer Einschwingzeit (Polabstand sinkt und Polwinkel nimmt zu). Ab einer **Grenzverstärkung** erreichen die Äste der WOK die **imaginäre Achse,** und das **Regelsystem** wird **instabil**.

Mit Hilfe der WOK kann also erkannt werden, welches **Regelverhalten** bei einer gegebenen Strecke-Regler-Kombination erreicht werden kann und in welche Richtung die Reglerverstärkung verändert werden muss. Für den Experten gibt sie auch Hinweise darauf, welche Reglerstruktur am sinnvollsten einzusetzen ist und wie die Reglernullstellen zu platzieren sind.

Bild 2.51 zeigt, dass es auch bei **instabiler Strecke** (hier Strecke 1. Ordnung mit Pol bei 1) und **instabilem Regler** (PI-Regler, instabil durch I-Anteil) möglich ist, ein **stabiles Regelverhalten** zu erzielen. Die Äste der WOK wandern in die linke Halbebene. Ab einer Grenzverstärkung wird das Regelsystem stabil. Die günstigste Einstellung ist, wenn reelle Regelungspole bei etwa −2,4 auftreten; die Regelgröße schwingt dann aperiodisch in etwa 2 s ein.

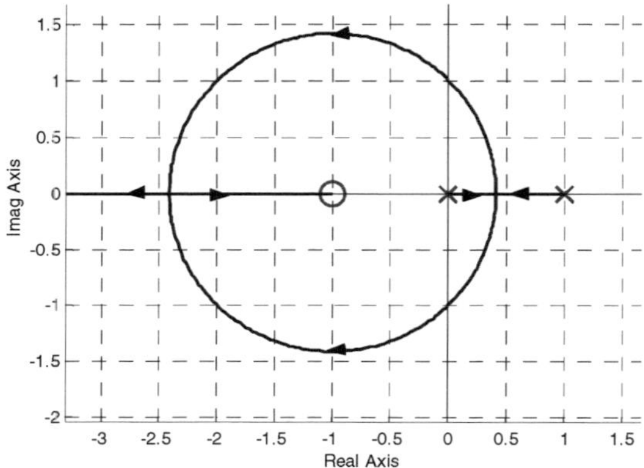

Bild 2.51 Wurzelortskurve zur PI-Regelung einer instabilen Strecke

2.5.3 Frequenzgangsentwurf

Unter dem **Frequenzgang** eines LZI-Systems versteht man in der Regelungstechnik seine **Übertragungsfunktion** auf der **imaginären Achse:**

$$G(\mathrm{j}\omega) = G(s)\big|_{s=\mathrm{j}\omega}$$

Der Frequenzgang hat seinen Namen von einer besonderen Eigenschaft stabiler LZI-Systeme: Sie antworten auf eine **harmonische Schwingung am Eingang** mit einer **Schwingung gleicher Frequenz am Ausgang**. Diese ist lediglich in der Phase verschoben und in der Amplitude verändert:

$$\text{Mit } u(t) = \sin \omega t \text{ gilt für } t \to \infty: \quad v(t) = \left|G(\mathrm{j}\omega)\right| \sin\left(\omega t + \angle G(\mathrm{j}\omega)\right)$$

Der **Amplitudengang** $|G(\mathrm{j}\omega)|$ (Betrag des Frequenzgangs) verändert die Amplitude, und der **Phasengang** $\angle G(\mathrm{j}\omega)$ (Phase des Frequenzgangs) verschiebt die Phase in Abhängigkeit von der anliegenden Kreisfrequenz.

Frequenzgänge können mit Hilfe von **Frequenzkennlinien** (auch **Bode-Diagramme** genannt) grafisch dargestellt werden. Dabei werden über einer logarithmisch geteilten ω-Achse der Amplitudengang in Dezibel (dB) und der Phasengang in Winkelgrad aufgetragen. Der Wert in Dezibel ergibt sich gemäß

$$\left|G(\mathrm{j}\omega)\right|_{\mathrm{dB}} = 20 \lg \left|G(\mathrm{j}\omega)\right|$$

Für Regelsysteme ist der Frequenzgang des **offenen Kreises $G_0(\mathrm{j}\omega)$** mit

$$G_0(\mathrm{j}\omega) = G_\mathrm{R}(\mathrm{j}\omega) G_\mathrm{S}(\mathrm{j}\omega)$$

von besonderer Bedeutung. Bild 2.52 zeigt den Frequenzgang des offenen Kreises im Falle der PI-Regelung des Beispielsystems aus Abschnitt 2.4.2.

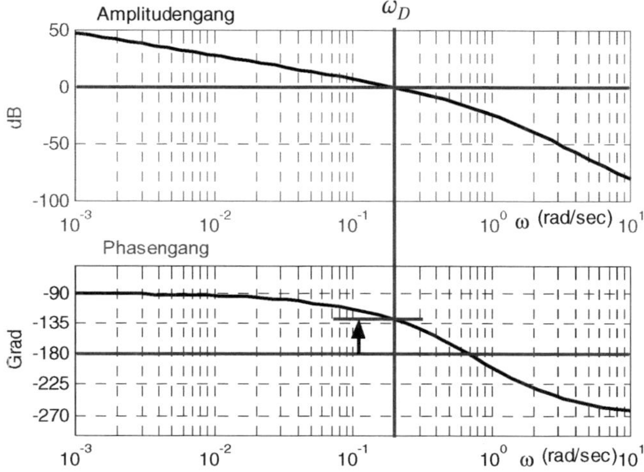

Bild 2.52 FKL des offenen Kreises der PI-Regelung nach Abschn. 2.4.2

Zwei wichtige Kennwerte können abgelesen werden:

Durchtrittskreisfrequenz ω_D	**Phasenreserve φ_R**
Bei der Durchtrittskreisfrequenz ω_D schneidet der Amplitudengang des offenen Kreises die 0-dB-Linie	Die Phasenreserve φ_R ist der Abstand der Phase des offenen Kreises von der −180 °-Linie bei ω_D

Der offene Kreis $G_0(\mathrm{j}\omega)$ wird gern benutzt, da er einerseits in einfacher Weise vom Regler abhängt und anderseits leicht Rückschlüsse auf den eigentlich interessierenden **Führungsfrequenzgang**

$$G_w(\mathrm{j}\omega) = \frac{G_R(\mathrm{j}\omega)G_S(\mathrm{j}\omega)}{1+G_R(\mathrm{j}\omega)G_S(\mathrm{j}\omega)} = \frac{G_0(\mathrm{j}\omega)}{1+G_0(\mathrm{j}\omega)}$$

der Regelung ermöglicht. Das zeigen folgende Abschätzungen, die hier exemplarisch für den Amplitudengang angegeben sind:

$$|G_0(\mathrm{j}\omega)| >> 1 \rightarrow |G_w(\mathrm{j}\omega)| = \frac{|G_0(\mathrm{j}\omega)|}{|1+G_0(\mathrm{j}\omega)|} \approx 1$$

$$|G_0(\mathrm{j}\omega)| << 1 \rightarrow |G_w(\mathrm{j}\omega)| = \frac{|G_0(\mathrm{j}\omega)|}{|1+G_0(\mathrm{j}\omega)|} \approx |G_0(\mathrm{j}\omega)|$$

Große Werte von $|G_0(\mathrm{j}\omega)|$ treten typischerweise im Bereich vor ω_D auf und kleine Werte im Bereich nach ω_D (Bild 2.52). Nach den obigen Abschätzungen liegt damit die Amplitude des Führungsfrequenzgangs vor ω_D bei 1 (bzw. *0 dB*) und nähert sich nach ω_D dem Amplitudengang des offenen Kreises an. Bild 2.53 zeigt dieses typische Verhalten.

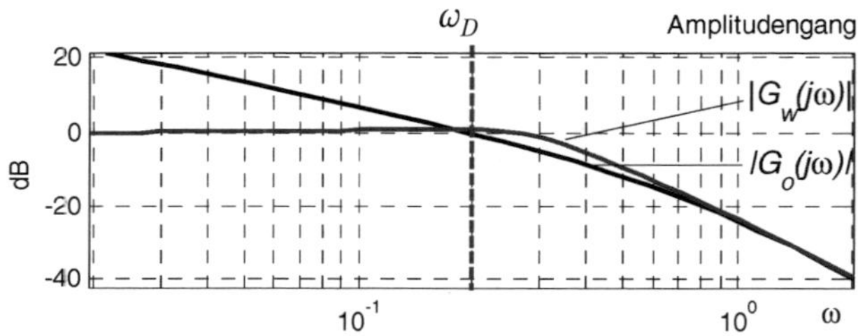

Bild 2.53 Zusammenhang zwischen $|G_0(j\omega)|$ und $|G_w(j\omega)|$

Interessant ist, was bei ω_D mit dem Führungsfrequenzgang geschieht:

$$|G_0(\mathrm{j}\omega_0)| = 1 \quad \rightarrow \quad |G_w(\mathrm{j}\omega_0)| = \frac{|G_0(\mathrm{j}\omega_0)|}{|1 + G_0(\mathrm{j}\omega_0)|} = \frac{1}{\left|1 + \mathrm{e}^{\mathrm{j}\angle G_0(\mathrm{j}\omega_0)}\right|}$$

Der Nenner $\left|1 + \mathrm{e}^{\mathrm{j}\angle G_0(\mathrm{j}\omega_0)}\right|$ wird <1 für $\angle G_0(\mathrm{j}\omega_0) < -120°$ ($\varphi_R < 60°$). Damit bildet sich für $|G_w(\mathrm{j}\omega_0)|$ eine **Resonanzüberhöhung** aus, die für $\varphi_R \rightarrow 0°$ gegen ∞ strebt. Bild 2.54 zeigt diesen Effekt. Die Überhöhung einer Frequenz führt in der Regel dazu, dass die Regelgröße mit dieser Frequenz schwingt, und zwar umso schlechter gedämpft, je ausgeprägter die Überhöhung ist. Für $\varphi_R = 0°$ tritt eine Dauerschwingung auf. Dieses Ergebnis findet sich im **Stabilitätskriterium nach *Nyquist*** wieder.

> Eine Regelung ist stabil, wenn der Phasengang des offenen Kreises an der Durchtrittskreisfrequenz oberhalb von −180° liegt.

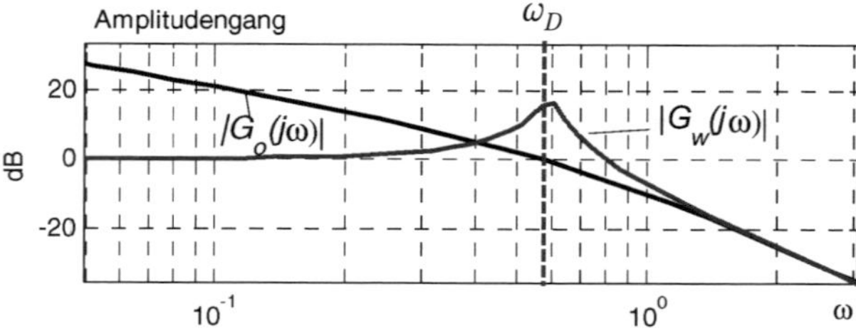

Bild 2.54 Resonanzüberhöhung in $|G_w(j\omega)|$

Für die Reglerauslegung hat dies folgende Bedeutung: Solange der **Führungsfrequenzgang bei 0 *dB*** (Verstärkung 1) liegt, folgt der Regelkreis der **Sollwertvorgabe** nahezu **ideal**. Oberhalb von ω_D sinkt $|G_w(\mathrm{j}\omega)|$ schnell ab, diesen hohen Frequenzen kann die Regelung zunehmend schlechter folgen. Also ist die **Grenzfrequenz der Regelung** durch ω_D gegeben. Es muss das Ziel des Reglerentwurfs sein, möglichst großes ω_D zu erreichen.

Man kann das durch **Erhöhung der Reglerverstärkung** erreichen; denn dadurch wird der ganze Amplitudengang des offenen Kreises angehoben, und ω_D rutscht nach rechts.

Dabei darf aber die **Phasenreserve** nicht zu sehr absinken, da sonst der Regelkreis schwingen würde. Üblicherweise wird eine Phasenreserve zwischen 30° und 60° angestrebt:

$\varphi_R \approx 30°$: Deutliches Schwingen mit Dämpfung $\vartheta \approx 0{,}3$. Gute Auslegung für Festwertregelungen (optimiertes Störverhalten).

$\varphi_R \approx 60°$: Nahezu aperiodisches Einschwingen. Gute Auslegung für Folgeregelungen (optimiertes Führungsverhalten).

Die PI-Regelung aus Abschn. 2.4.2 (Bild 2.41) hat nach Bild 2.52 eine Phasenreserve von etwa 50°.

Der Frequenzgangsentwurf eines Reglers erfolgt damit in zwei Schritten:

1. Wahl einer geeigneten **Phasenreserve.**
2. Entsprechende Anpassung der **Reglerverstärkung.**

Darüber hinaus kann durch **geeignete Wahl der Reglerstruktur** und insbesondere der **Nullstellen des Reglers** der Phasengang günstig beeinflusst werden (Nullstellen haben **phasenanhebende Wirkung**), sodass erst bei möglichst großem ω_D die gewünschte Phasenreserve unterschritten wird.

2.5.4 Einstellregeln

Einstellregeln sind **Vorschriften** zur **Wahl** der **Parameter** von P-, PI- und PID-Reglern. Sie sind entstanden aus empirischen Versuchen oder mathematischen Überlegungen. Benötigt werden **spezifische Streckenkennwerte**, die Reglerparameter können daraus nach Formeln aus einer Tabelle berechnet werden. Jede Einstellregel hat ein spezifisches Entwurfsziel für das näherungsweise zu erreichende Regelverhalten und ist **gültig für einen Streckentyp:**

Alle hier behandelten Einstellregeln setzen **P-T_n-Verhalten der Strecke** voraus (**aperiodischer Verlauf ohne Überschwingen**). Erfüllt die Strecke diese Voraussetzung nicht, liefern die Einstellregeln nicht das erwartete Regelverhalten.

2.5.4.1 Einstellung nach Ziegler-Nichols

Diese älteste Einstellregel wurde 1942 von *J. G. Ziegler* und *N. B. Nichols* angegeben. Entwurfsziel ist ein **gutes Störverhalten:** Der Regelkreis soll periodisch mit einer Dämpfung von $\vartheta \approx 0{,}2$ einschwingen (die Amplitude der Schwingung soll pro Periode auf ¼ des vorherigen Wertes sinken. Damit ist das System nach etwa drei Perioden eingeschwungen).

- **1. Methode: Schwingungsversuch**

  Es wird ein P-Regler eingesetzt und dessen Verstärkung erhöht, bis die einsetzende Schwingung der Regelgröße in eine Dauerschwingung übergeht. In diesem kritischen Zustand wird die **eingestellte Reglerverstärkung** $K_{P,krit}$ und die **Periodendauer der Dauerschwingung** T_{krit} abgelesen. Tabelle 2.14 enthält die darauf beruhende Reglereinstellung.

Tabelle 2.14 Einstellung nach Ziegler-Nichols, Schwingungsversuch

Regler	K_P	T_N	T_V
P	$0{,}5 \cdot K_{P,krit}$	–	–
PI	$0{,}45 \cdot K_{P,krit}$	$0{,}83 \cdot T_{krit}$	–
PID	$0{,}6 \cdot K_{P,krit}$	$0{,}5 \cdot T_{krit}$	$0{,}125 \cdot T_{krit}$

Bei diesem Versuch wird der Prozess in einen gefährlichen, instabilen Zustand gebracht, deshalb ist die 2. Methode häufig praktikabler:

- **2. Methode: Sprungantwortmessung**

  Aus der Sprungantwort der Strecke werden die Kennwerte K_S (**Streckenverstärkung**), T_u (**Verzugszeit**) und T_g (**Ausgleichszeit**) ermittelt (Abschn. 2.3.1). Die zugehörigen Reglerparameter sind in Tabelle 2.15 zusammengestellt.

Tabelle 2.15 Einstellung nach Ziegler-Nichols, Sprungantwortmessung

Regler	K_P	T_N	T_V
P	$\frac{T_g}{K_S T_u}$	–	–
PI	$0{,}9 \frac{T_g}{K_S T_u}$	$3{,}3 \cdot T_u$	–
PID	$1.2 \frac{T_g}{K_S T_u}$	$2 \cdot T_u$	$0{,}5 \cdot T_u$

Die Einstellregeln sollen wieder an der Beispielstrecke aus Abschn. 2.4 (Bild 2.36) für einen PI-Regler erprobt werden. Bild 2.55 zeigt die Regelergebnisse bei Einstellung eines PI-Reglers nach der 2. Methode von *Ziegler-Nichols*. Die Schwingung ist etwas weniger gedämpft, als es nach der Entwurfvorgabe sein sollte. Das Hauptanliegen, ein gutes Störverhalten, wird aber erreicht.

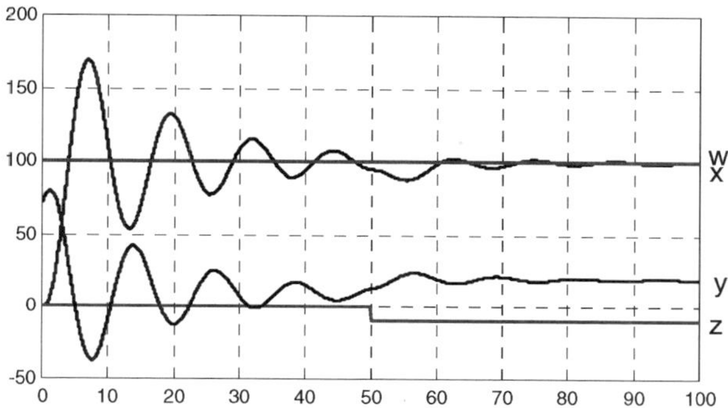

Bild 2.55 Ziegler-Nichols: Regelverhalten mit PI-Regler

2.5.4.2 Einstellung nach der Summenzeitkonstante

Diese recht neue Einstellregel wurde 1995 von *U. Kuhn* angegeben. Entwurfsziel ist aperiodisches Führungsverhalten mit ca. 5 % Überschwingweite (Dämpfung $\vartheta \approx 0{,}7$). Benötigt werden die **Streckenverstärkung K_S** und die **Summenzeitkonstante T_Σ** (Summe aller Nennerzeitkonstanten abzüglich der Summe aller Zählerzeitkonstanten).

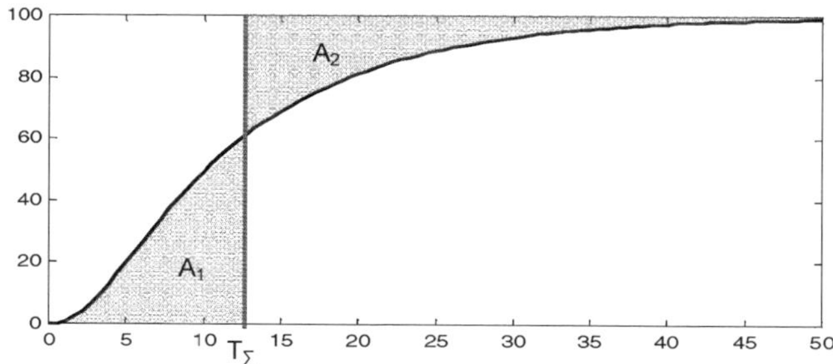

Bild 2.56 Experimentelle Bestimmung der Summenzeitkonstante

Da diese Zeitkonstanten in der Regel nicht bekannt sind, wird T_Σ näherungsweise aus einer aufgenommenen Sprungantwort der Strecke bestimmt. Bild 2.56 zeigt das Vorgehen an der Übergangsfunktion unserer Beispielstrecke. T_Σ wird so austariert, dass die beiden **Flächen A_1 und A_2 gleich** sind. Die dann einzustellenden Reglerparameter zeigt Tabelle 2.16. Das Regelergebnis ist in Bild 2.57 dargestellt. Die Regelung ist träge, aber die Vorgabe für das Regelverhalten wird erreicht.

Tabelle 2.16 Einstellung nach der Summenzeitkonstante

Regler	K_P	T_N	T_V
PI	$\frac{0{,}5}{K_S}$	$\frac{1}{2}T_\Sigma$	–
PID	$\frac{1}{K_S}$	$\frac{2}{3}T_\Sigma$	$\frac{1}{6}T_\Sigma$

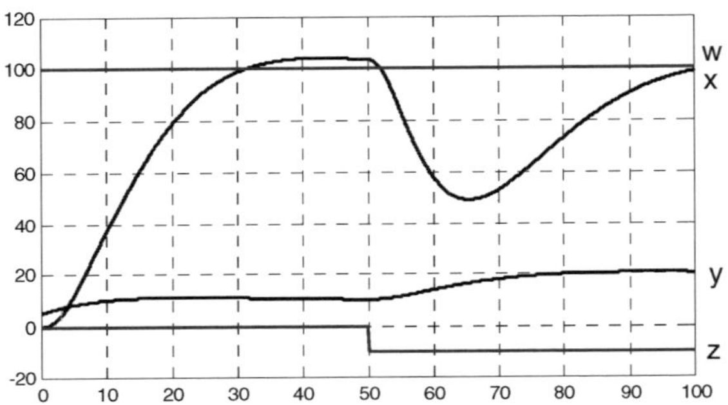

Bild 2.57 Summenzeitkonstante: Regelverhalten mit PI-Regler

2.5.4.3 Betragsoptimum und symmetrisches Optimum

Diese beiden Einstellregeln wurden 1958 von *C. Kessler* vorgestellt. Sie werden vorwiegend in der **Antriebstechnik** verwendet. Hinter beiden steckt ein mathematischer Entwurfsgedanke. Die auch für allgemeine Regler angegebenen Verfahren sollen hier für PI- und PID-Regler vorgestellt werden. Ausgangspunkt ist eine Verzögerungsstrecke in **Zeitkonstantenform** (*s*-freie Terme zu 1 normiert):

$$G_S(s) = \frac{K_S}{(T_1 s+1)(T_2 s+1)\cdot \ldots \cdot (T_n s+1)}$$

bei der für die größte Zeitkonstante gilt

$$T_1 >> \left(T_2 + \ldots + T_n\right) = \sum_{i=2}^{n} T_i = T_{\Sigma 1} \quad \text{mit} \quad \frac{T_1}{T_{\Sigma 1}} \geq 4$$

In diesem Fall einer Strecke mit **einer großen Zeitkonstanten** kann ein **PI-Regler** gemäß Tabelle 2.17 eingestellt werden.

Tabelle 2.17 Einstellung nach Kessler, Fall einer großen Zeitkonstante

PI-Regler	K_P	T_N
Betragsoptimum	$\frac{T_1}{2K_S T_{\Sigma 1}}$	T_1
Symmetrisches Optimum	$\frac{T_1}{2K_S T_{\Sigma 1}}$	$4T_{\Sigma 1}$

Enthält die Strecke **zwei große Zeitkonstanten,**

$$T_1, T_2 >> (T_3 + \ldots + T_n) = \sum_{i=3}^{n} T_i = T_{\Sigma 2}, \quad \text{mit } \frac{T_1}{T_{\Sigma 2}} \geq 4 \text{ und } \frac{T_2}{T_{\Sigma 2}} \geq 4$$

kann nach Tabelle 2.19 ein PID-Regler entworfen werden.

Tabelle 2.18 Einstellung nach Kessler, zwei große Zeitkonstanten

PID-Regler	K_P	T_N	T_V
Betragsoptimum	$\frac{T_1 + T_2}{2K_S T_{\Sigma 2}}$	$T_1 + T_2$	$\frac{T_1 T_2}{T_1 + T_2}$
Symmetrisches Optimum	$\frac{T_1 T_2}{8K_S T_{\Sigma 2}^2}$	$16T_{\Sigma 2}$	$4T_{\Sigma 2}$

Das Betragsoptimum ist auf das Führungsverhalten ausgelegt, es liefert **schnelles aperiodisches Einschwingen** mit einer Überschwingweite von etwa 5 %. Das symmetrische Optimum ist mehr für die **Optimierung des Störverhaltens** geeignet; es bringt im Führungsverhalten einen starken Überschwinger von etwa 40 %.

Bild 2.58 zeigt die Regelergebnisse für einen nach dem Betragsoptimum entworfenen PI-Regler. Die Regelstrecke ist wieder die Beispielstrecke, die eine große Zeitkonstante besitzt (T_1 = 10). Wie immer wurden bei den Regelkreissimulationen an der Beispielstrecke die Stell- und Störgröße mit Faktor 10 skaliert.

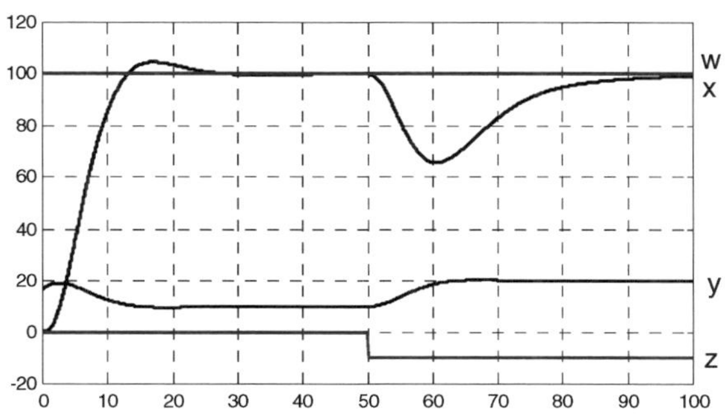

Bild 2.58 Betragsoptimum: Regelverhalten mit PI-Regler

2.5.5 Erweiterte Regelkreisstrukturen

Neben den bisher behandelten einschleifigen Regelkreisen gibt es noch eine ganze Reihe von Erweiterungen dieser Grundstruktur. Zwei davon sollen hier vorgestellt werden.

2.5.5.1 Führungsfilter

Die Besonderheit des Führungsfilters $G_F(s)$ nach Bild 2.59 ist, dass es nur das Führungsverhalten beeinflusst. Das ermöglicht, einen Regler konsequent auf Störverhalten auszulegen. Das daraus normalerweise resultierende „zu heftige" Führungsverhalten (**großes Überschwingen**, geringe Dämpfung) kann durch das **Filter eliminiert** werden.

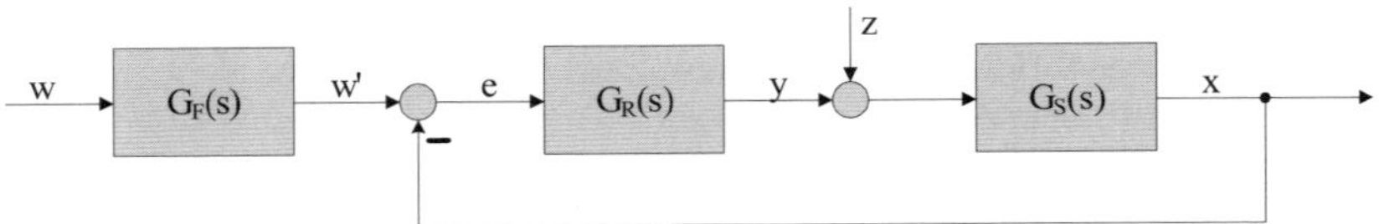

Bild 2.59 Erweiterter Standardregelkreis mit Führungsfilter

Als Filter genügt meist ein T_1-Glied (Verstärkung 1, damit der Sollwert nicht verfälscht wird), dessen Zeitkonstante im Bereich

$$\frac{0{,}1}{\omega_D} < T < \frac{1}{\omega_D}$$

liegen sollte. Bild 2.60 zeigt das Regelverhalten der PID-Regelung aus Abschnitt 2.4.3 ohne (gestrichelte Linie) und mit einem Führungsfilter mit $T = 4$ (durchgezogene Linie):

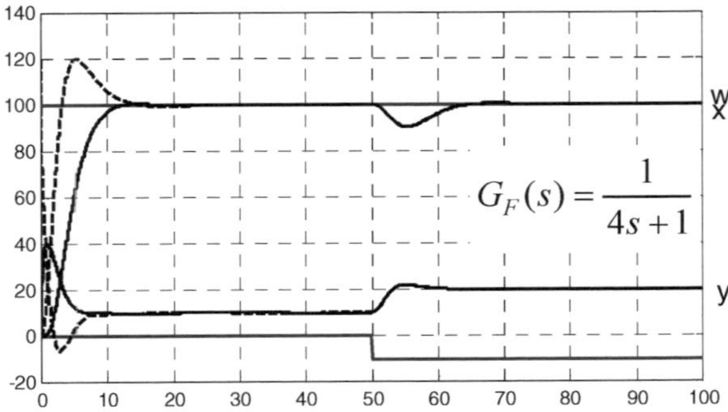

Bild 2.60 PID-Regelung mit und ohne Führungsfilter

2.5.5.2 Kaskadenregelung

Eine Kaskadenregelung besteht aus zwei (Bild 2.61) oder mehr verschachtelten Regelkreisen. Die unterlagerten Kreise führen eine Hilfsregelgröße zurück. Damit ist die Kaskade eigentlich eine Mehrgrößenregelung, die jedoch wie eine Eingrößenregelung entworfen werden kann.

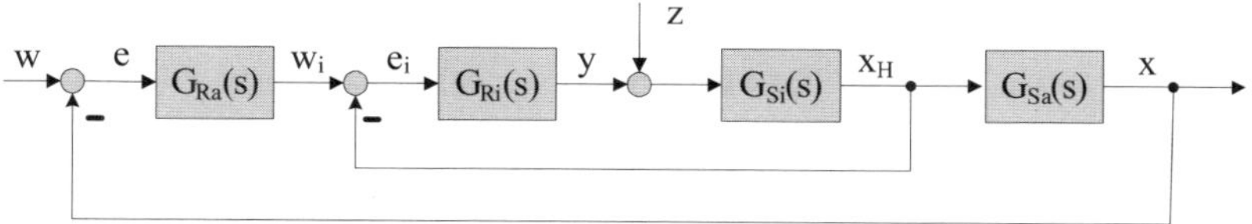

Bild 2.61 Wirkungsplan einer Kaskadenregelung

Der Index i kennzeichnet den inneren Regelkreis bzw. den inneren Teil der Strecke bis zur Hilfsregelgröße x_H. Entsprechend steht der Index a für den äußeren Kreis. Die Stellgröße des äußeren Reglers ist die Führungsgröße des inneren Reglers. Dieser ist als Folgeregler ausgelegt und muss nicht unbedingt stationär genau arbeiten, da diese Anforderung an die Hilfsregelgröße meist nicht besteht. Typische Beispiele für Kaskadenregelungen zeigt Tabelle 2.19.

Tabelle 2.19 Beispiele für Kaskadenregelungen

Regelgröße	Hilfsregelgröße
Position eines Antriebs	Drehzahl des Antriebs
Innentemperatur eines Kessels	Manteltemperatur des Kessels
Durchfluss durch Rohr	Öffnungsgrad des Stellventils

Folgende Vorteile bieten Kaskadenregelungen:

1. **Störungen** werden an der **inneren Hilfsregelgröße schnell bemerkt** und ausgeregelt, bevor die Regelgröße davon beeinträchtigt wird.
2. Es können **besondere Anforderungen** an die **Hilfsregelgröße** (wie Begrenzungen oder maximale Gradienten) berücksichtigt werden.
3. Der **Reglerentwurf** ist **einfacher**, da die Strecke in „kleine Portionen“ zerlegt ist.

Entwurf einer Kaskadenregelung:

1. Regler für **inneren Regelkreis** mit bekannten Methoden entwerfen.
2. **Führungsverhalten** des inneren Regelkreises approximieren mit P-, P-T_1- oder P-T_2-Glied und zur Reststrecke hinzunehmen.
3. Regler des **äußeren Regelkreises** für diese erweiterte Strecke mit bekannten Methoden entwerfen.

Dabei ist darauf zu achten, dass die Regelkreise der Kaskade **dynamisch entkoppelt** sind, d. h. der **innere Regelkreis** muss in viel **kürzerer Zeit einschwingen** als der äußere Regelkreis. Ansonsten würden die Regelkreise gegeneinander arbeiten.

2.6 Digitalregler

Bisher wurden Regler behandelt, die in kontinuierlicher Zeit arbeiten. Sie wurden früher als analogelektronische Systeme mit Hilfe von Operationsverstärkern aufgebaut. Heute werden jedoch meist digitalelektronische Systeme (**Digitalregler**, auch **diskrete Regler** oder **Abtastregler** genannt) eingesetzt, die **zeitdiskret** in einem festen Zeittakt arbeiten und deren **Regelalgorithmus** zu programmieren ist. In diesem Abschnitt wird erklärt, wie **Abtastregelkreise** aufgebaut sind und wie sie mit den bekannten Methoden zu entwerfen sind.

2.6.1 Struktur und Elemente des Abtastregelkreises

Der Abtastregelkreis besteht aus einer **kontinuierlichen Strecke** und einem **digitalen Regler** (Bild 2.62). Der Digitalregler arbeitet in einem festen Takt, der **Abtastzeit** T_A. In jedem Taktzyklus liest der Regler die Werte von Führungs- und Regelgröße über **Analog/Digital-Wandler** (AD) ein und wandelt die Werte in Binärzahlen.

Der **Regelalgorithmus** verarbeitet die **abgetasteten** und **gewandelten** Signale und berechnet den aktuellen Stellwert y_k. Dieser wird über den **Digital/Analog-Wandler** (DA) in eine analoge Größe gewandelt und auf die Strecke gegeben. Der DA-Wandler hält das Ausgangssignal über einen Taktzyklus konstant, bis im nächsten Takt eine neue Wandlung und Ausgabe erfolgt. Dadurch ist *y* eine Treppenfunktion (Bild 2.63).

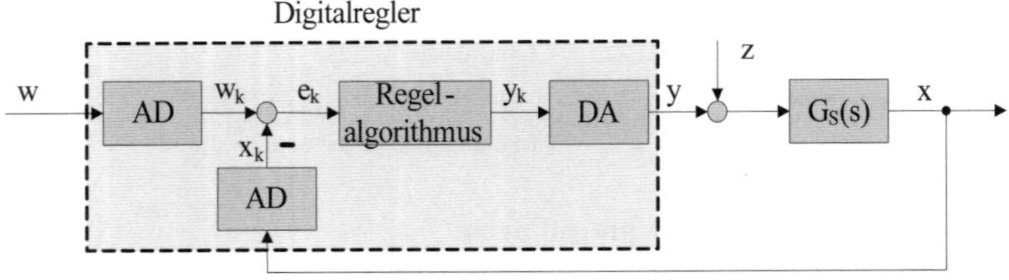

Bild 2.62 Wirkungsplan eines Abtastregelkreises

Mithilfe von **Mikrocontrollern** kann ein Digitalregler in einfacher Weise realisiert werden. Mikrocontroller sind **Mikroprozessoren** mit auf dem **Chip integrierter Peripherie** wie **Speicher**, **Timer**, **Wandler** und vieles andere mehr. Typische Abtastzeiten für mechanische Systeme liegen im Bereich weniger Millisekunden.

Der Digitalregler arbeitet **zeitdiskret**, aber auch **wertdiskret**, da bei der AD- bzw. DA-Wandlung die analogen Signale durch die endliche Auflösung **quantisiert** werden. So sind bei einer Wandlungsbreite von 10 Bit lediglich 1024 Signalstufen darstellbar.

Die Theorie der Abtastsysteme vernachlässigt meist diesen Quantisierungseffekt und behandelt nur die zeitdiskrete Arbeitsweise. Dabei werden Differenzialgleichungen zu **Differenzengleichungen,** und die ***Z*-Transformation** ersetzt die Laplace-Transformation.

Tabelle 2.20 nennt einige Vor- und Nachteile von Abtastregelungen. Heute werden analoge Regler nur noch in extrem einfachen oder extrem schnellen Regelkreisen eingesetzt.

Tabelle 2.20 Vor- und Nachteile von Abtastregelungen

Vorteile	Nachteile
Weniger störanfällig, weniger Alterungseffekte durch digitale Verarbeitung	Höherer Mindestaufwand bei der Realisierung (Mikrorechnersystem)
Komplexe und flexibel änderbare Regelalgorithmen möglich	Zykluszeit kann nicht beliebig klein werden
Einfache Kommunikation mit „Rechnerumwelt“	

2.6.2 Quasikontinuierlicher Entwurf

Die bei digitaler Realisierung mögliche **komplexe Datenverarbeitung** hat ganz neue Regelkonzepte ermöglicht (z.B. **adaptive Regler** oder **modellgestützte Regler**). Trotzdem dominiert aber weiterhin der **PID-Regler**, allerdings in digitaler Realisierung.

Die Umsetzung eines bisher analog realisierten Reglers vom PID-Typ in einen digitalen PID-Regler kann mit dem **quasikontinuierlichen Entwurf** ganz einfach und ohne große Theorie erfolgen. Im Folgenden sind die wesentlichen Schritte dargestellt:

1. **Entwurf eines kontinuierlichen Reglers**

   Ausgangspunkt ist ein **analoger Regelkreis** mit einem Regler vom PID-Typ, der durch einen digitalen PID-Regler ersetzt werden soll. Daher sind die **Parameter des Reglers** bereits **bekannt**. Soll eine Regelung neu aufgebaut werden, ist ein kontinuierlicher Regler nach den bislang geschilderten Methoden zu entwerfen.

2. **Diskretisierung des PID-Reglers**

   Die Arbeitsweise des kontinuierlichen Reglers kann durch einen Regelalgorithmus nachgebildet werden (**Reglerdiskretisierung**). Dabei wird nach Tabelle 2.21 die Ableitung durch den **Differenzenquotienten** und die Integration durch eine **numerische Integration** (hier mit Hilfe der Obersumme) ersetzt. Die Berechnung der Summe in jedem Schritt bedeutet keinen großen Aufwand, da sie jeweils nur mit dem neuesten Wert aktualisiert werden muss. Für einen PI-Regler ist $T_V = 0$ und für einen P-Regler zusätzlich $T_N \to \infty$ zu setzen.

Tabelle 2.21 Diskretisierung des PID-Reglers

PID-Regelgesetz	PID-Regelalgorithmus
$y(t) = K_P\left(e(t) + \frac{1}{T_N}\int_0^t e(\tau)\,d\tau + T_V\frac{de(t)}{dt}\right)$	$y_k = K_P\left(e_k + \frac{1}{T_N}\sum_{\nu=1}^{k} e_\nu T_A + T_V\frac{e_k - e_{k-1}}{T_A}\right)$

3. **Wahl der Abtastzeit**

   Zur Realisierung des Reglers fehlt nur noch die Abtastzeit T_A. Diese muss so klein gewählt werden, dass **Diskretisierungseffekte** im Regelkreisverhalten **kaum mehr erkennbar** sind, die digitale Regelung sich also **quasikontinuierlich** verhält. Bezeichnet man die Einschwingzeit der Strecke mit $T_{Ein,Str}$ und die Einschwingzeit der kontinuierlichen Regelung (die ja als Vorbild dient) mit $T_{Ein,Reg}$, so kann als Obergrenze für quasikontinuierliches Verhalten die Abtastzeit

   $$T_A = 0{,}04 \cdot \left\{ \text{Minimum aus } T_{Ein,Str} \text{ und } T_{Ein,Reg} \right\}$$

   angesehen werden. Eventuell muss die Abtastzeit verkleinert werden, sie sollte aber nicht unnötig klein gewählt werden, um numerische Probleme und eine unnötige Belastung des Mikrorechnersystems zu vermeiden.

   Bild 2.63 zeigt die Regelergebnisse bei diskreter Realisierung des PI-Reglers nach Abschnitt 2.4.2 (Bild 2.41) mit der Abtastzeit $T_A = 1$. Die Unterschiede zum grau hinterlegten Verhalten der kontinuierlichen Regelung sind geringfügig: **Quasikontinuierliches Verhalten liegt vor.** Der Anfangsbereich ist zusätzlich vergrößert dargestellt, um den treppenförmigen Verlauf der Stellgröße sichtbar zu machen.

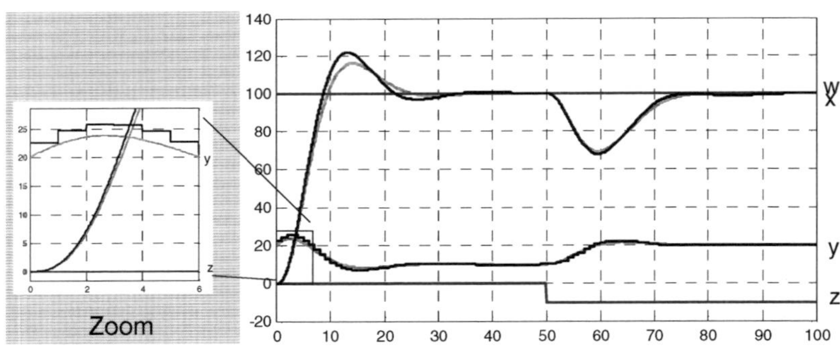

Bild 2.63 Quasikontinuierliche diskrete PI-Regelung

2.7 Entwurf von Zustandsreglern

In letzten Abschnitt werden die Grundlagen der Zustandsregler dargelegt und ein allgemeiner Entwurfsansatz vorgestellt. Die Realisierung von **Zustandsreglern** mit Hilfe eines **Zustandsbeobachters** bildet den Schlusspunkt der Ausführungen.

2.7.1 Struktur und Wirkung eines Zustandsreglers

Unter einem **linearen Zustandsregler** versteht man eine **proportional gewichtete Rückführung** der Zustände eines Systems auf die Stellgröße. Mit der konstanten Reglermatrix $\boldsymbol{R}$ lautet das **Regelgesetz:**

$$\boldsymbol{u}_R = -\boldsymbol{R}\boldsymbol{x}$$

Bild 2.64 zeigt die Struktur eines Systems im Zustandsraum (zur Vereinfachung ist $D = 0$ angenommen) mit Zustandsregler. Im Wirkungsplan werden die Zustände aus den abgeleiteten Zuständen durch Integration und Addition der Anfangswerte erzeugt.

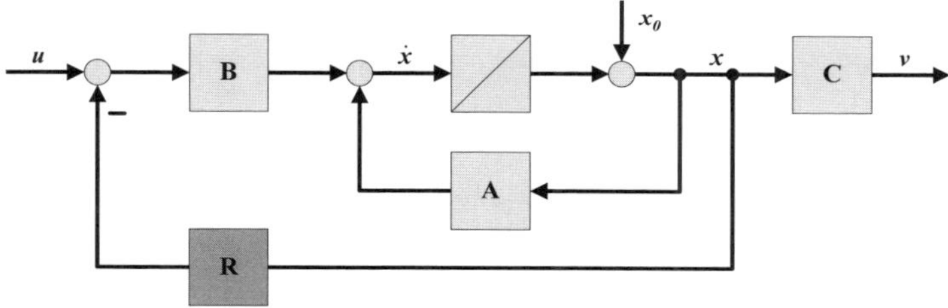

Bild 2.64 Wirkungsplan einer Zustandsregelung

Die Zustandsgleichungen dazu lauten:

$$\dot{\boldsymbol{x}}(t) = \boldsymbol{A}\boldsymbol{x}(t) + \boldsymbol{B}\big(\boldsymbol{u}(t) - \boldsymbol{R}\boldsymbol{x}(t)\big)$$
$$\boldsymbol{v}(t) = \boldsymbol{C}\boldsymbol{x}(t)$$

Der besseren Übersichtlichkeit wegen wird künftig das Zeitargument weggelassen. Durch die Umformung

$$\dot{\boldsymbol{x}} = \boldsymbol{A}\boldsymbol{x} + \boldsymbol{B}(\boldsymbol{u} - \boldsymbol{R}\boldsymbol{x}) = (\boldsymbol{A} - \boldsymbol{B}\boldsymbol{R})\boldsymbol{x} + \boldsymbol{B}\boldsymbol{u} = \tilde{\boldsymbol{A}}\boldsymbol{x} + \boldsymbol{B}\boldsymbol{u}$$

wird deutlich, dass der Zustandsregler die Systemmatrix von $\boldsymbol{A}$ nach $\boldsymbol{A}$-$\boldsymbol{BR}$ verändert. Dies beeinflusst die Eigenwerte dieser Matrix und damit die Dynamik des Systems. Der Zustandsregler vermag also das dynamische Verhalten eines Systems zu korrigieren.

Auffallend ist, dass es in der Struktur nach Bild 2.64 keinen Sollwert und keinen Soll-Ist-Vergleich gibt. In der Tat ist es originäres Ziel eines Zustandsreglers, das System aus einem Anfangszustand ($\boldsymbol{u} = \boldsymbol{0}$, $\boldsymbol{x}_0 \neq \boldsymbol{0}$) mit möglichst gutem Übergangsverhalten in die Ruhelage $\boldsymbol{x} = \boldsymbol{0}$ zu überführen. Bild 2.65 zeigt dies am bekannten Beispielsystem (Zustände in Jordan'scher Normalform) für den ungeregelten Fall (graue Linien) und mit dem Zustandsregler aus Abschn. 2.7.2.

Um die Ausgangsgrößen $\boldsymbol{v}$ auf die Sollwerte zu bringen, wird das Vorfilter $\boldsymbol{M}$ benutzt (dies hat Ähnlichkeit mit der Arbeitspunktaufschaltung beim P-Regler). Die Zustandsregelung mit Vorfilter zeigt Bild 2.66.

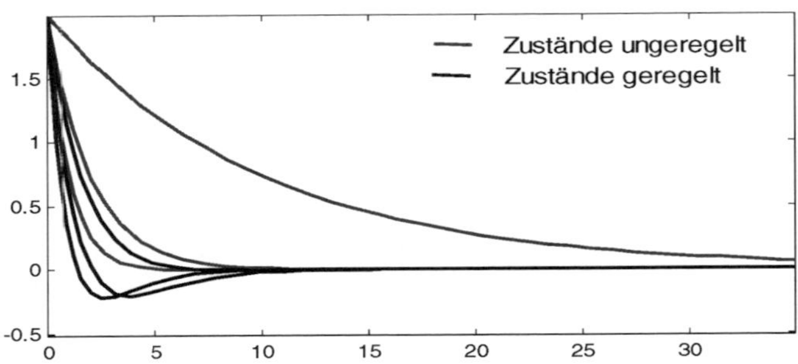

Bild 2.65 Ausregelung eines Anfangszustandes

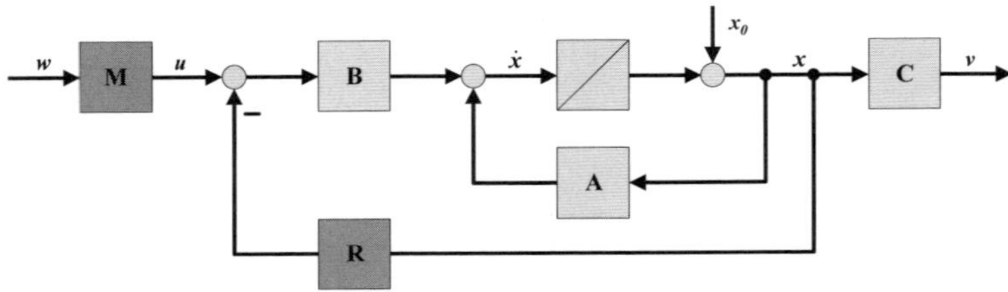

Bild 2.66 Wirkungsplan der Zustandsregelung mit Vorfilter

Im stationären Fall gilt

$$\dot{\boldsymbol{x}}_\infty = \boldsymbol{0} = (\boldsymbol{A} - \boldsymbol{BR})\boldsymbol{x}_\infty + \boldsymbol{Bu}_\infty \quad \Rightarrow \boldsymbol{x}_\infty = -(\boldsymbol{A} - \boldsymbol{BR})^{-1}\boldsymbol{Bu}_\infty$$

$$\boldsymbol{w} = \boldsymbol{v}_\infty = -\boldsymbol{C}(\boldsymbol{A} - \boldsymbol{BR})^{-1}\boldsymbol{Bu}_\infty \Rightarrow \boldsymbol{u}_\infty = -\left[\boldsymbol{C}(\boldsymbol{A} - \boldsymbol{BR})^{-1}\boldsymbol{B}\right]^{-1}\boldsymbol{w} = \boldsymbol{Mw}$$

und damit errechnet sich das Vorfilter gemäß

$$\boldsymbol{M} = -\left[\boldsymbol{C}(\boldsymbol{A} - \boldsymbol{BR})^{-1}\boldsymbol{B}\right]^{-1}$$

Obige Formel gilt allerdings nur für ein System mit gleich vielen Ein- und Ausgangsgrößen, sonst wäre die in eckigen Klammern stehende Matrix nicht quadratisch und damit nicht invertierbar.

2.7.2 Entwurf eines allgemeinen Polvorgabereglers

Ein sehr häufiger Ansatz zum Entwurf von Zustandsregelungen ist die **Polvorgabe**. Dabei werden alle Regelungspole (Eigenwerte der Matrix $\boldsymbol{A} - \boldsymbol{BR}$) vorgeschrieben. Eine allgemeine Lösung des Zustandsregler-Polvorgabeproblems wurde mit der **vollständigen modalen Synthese** von *G. Roppenecker* angegeben.

Zur Regelung eines steuer- und beobachtbaren Systems sollen die Eigenwerte λ_{R1} bis λ_{Rn} vorgeben werden (der Index R steht für das geregelte System, n ist die Systemordnung). Diese **Eigenwerte** sind so zu **wählen**, dass das **gewünschte Einschwingver-**

halten zu erwarten ist (z. B. reelle Pole für aperiodisches Einschwingen, Abstand zur imaginären Achse nach gewünschter Einschwingzeit).

Damit lautet die Eigenwert-Eigenvektor-Beziehung des geregelten Systems (Abschn. 2.3.3) für den i-ten Eigenwert λ_{Ri} und Eigenvektor $\boldsymbol{v}_{\mathrm{E}Ri}$

$$\left(\lambda_{Ri}\boldsymbol{I} - (\boldsymbol{A} - \boldsymbol{BR})\right)\boldsymbol{v}_{\mathrm{E}Ri} = 0$$

Durch Ausmultiplizieren und Umformen folgt daraus

$$(\boldsymbol{A} - \lambda_{Ri}\boldsymbol{I})\boldsymbol{v}_{\mathrm{E}Ri} = \boldsymbol{BR}\boldsymbol{v}_{\mathrm{E}Ri}$$

Nun werden die Parametervektoren $\boldsymbol{p}_i = \boldsymbol{R}\boldsymbol{v}_{\mathrm{E}Ri}$ definiert und nach $\boldsymbol{v}_{\mathrm{E}Ri}$ aufgelöst:

$$\begin{aligned}(\boldsymbol{A} - \lambda_{Ri}\boldsymbol{I})\boldsymbol{v}_{\mathrm{E}Ri} &= \boldsymbol{B}\boldsymbol{p}_i \\ \boldsymbol{v}_{\mathrm{E}Ri} &= (\boldsymbol{A} - \lambda_{Ri}\boldsymbol{I})^{-1}\boldsymbol{B}\boldsymbol{p}_i\end{aligned}$$

Fasst man alle Parametervektoren zur Parametermatrix $\boldsymbol{P}$ zusammen, gilt

$$\boldsymbol{P} = \left[\boldsymbol{p}_1, \ldots, \boldsymbol{p}_n\right] = \left[\boldsymbol{R}\boldsymbol{v}_{\mathrm{E}R1}, \ldots, \boldsymbol{R}\boldsymbol{v}_{\mathrm{E}Rn}\right] = \boldsymbol{R}\left[\boldsymbol{v}_{\mathrm{E}R1}, \ldots, \boldsymbol{v}_{\mathrm{E}Rn}\right]$$

und aufgelöst nach dem Regler $\boldsymbol{R}$

$$\boldsymbol{R} = \left[\boldsymbol{p}_1, \ldots, \boldsymbol{p}_n\right] \cdot \left[\boldsymbol{v}_{\mathrm{E}R1}, \ldots, \boldsymbol{v}_{\mathrm{E}Rn}\right]^{-1}$$

Wird schließlich die obige Beziehung für die Eigenvektoren eingesetzt, folgt für den **Polvorgabe-Zustandsregler:**

$$\boldsymbol{R} = \left[\boldsymbol{p}_1, \ldots, \boldsymbol{p}_n\right] \cdot \left[\boldsymbol{A} - \lambda_{R1}\boldsymbol{I})^{-1}\boldsymbol{B}\boldsymbol{p}_1, \ldots, (\boldsymbol{A} - \lambda_{Rn}\boldsymbol{I})^{-1}\boldsymbol{B}\boldsymbol{p}_n\right]^{-1}$$

Darin sind die vorzugebenden **Eigenwerte frei wählbar**, und als zusätzliche Freiheitsgrade können die **Parametervektoren** vorgegeben werden (im Falle eines Eingrößensystems entfallen die Parametervektoren, man hat außer der Polvorgabe keine weiteren Freiheitsgrade mehr).

Bild 2.67 zeigt das Regelergebnis mit diesem Zustandsregler (λ_{R1} = -0,6; λ_{R2} = -0,7 und λ_{R3} = - 0,8). Ein Vorfilter sorgt für stationäre Genauigkeit im Führungsverhalten, wie beim P-Regler wird eine Störung jedoch nicht exakt ausgeregelt.

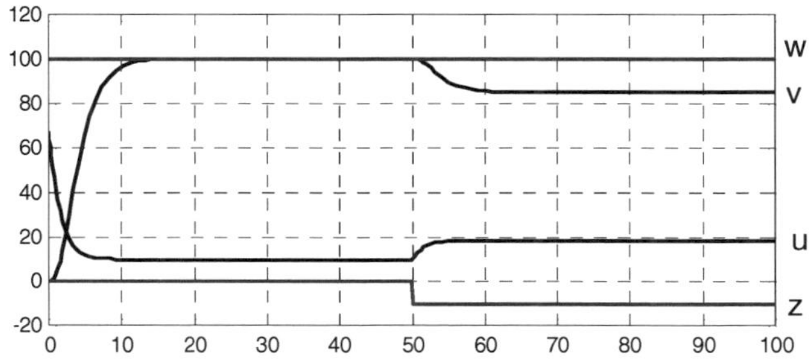

Bild 2.67 Polvorgabe-Zustandsregelung mit Vorfilter

Insgesamt kann festgestellt werden, dass mit Zustandsreglern sehr gutes Regelverhalten zu erzielen ist. Noch bestehende Probleme wie die fehlende stationäre Genauigkeit können durch Erweiterungen beseitigt werden. Die im Mehrgrößenfall vorliegenden zusätzlichen Freiheitsgrade sind für weitere Entwurfsziele nutzbar.

Ein Hauptnachteil der Zustandsregler ist allerdings, dass sie ohne genaues mathematisches Modell nicht entworfen werden können und nicht intuitiv einzustellen sind.

2.7.3 Zustandsbeobachter

Eine bisher nicht erwähnte Schwierigkeit bei der Realisierung von Zustandsreglern ist, dass meist nicht alle für die Rückführung nötigen Zustände messbar sind. Hier hilft der Zustandsbeobachter nach *D. Luenberger*, der die **Zustände schätzt** und die **Schätzwerte** dem **Zustandsregler** übergibt. Der Beobachter benutzt ein **Streckenmodell**, das über den **Ausgangsfehler abgeglichen** wird. Bild 2.68 zeigt die Struktur.

Damit gilt für die beobachteten Zustände:

$$\dot{\boldsymbol{x}}_B = \boldsymbol{A}\boldsymbol{x}_B + \boldsymbol{B}\boldsymbol{u} + \boldsymbol{L}(\boldsymbol{v} - \boldsymbol{v}_B) \quad \text{mit} \quad \boldsymbol{v} = \boldsymbol{C}\boldsymbol{x} \quad \text{und} \quad \boldsymbol{v}_B = \boldsymbol{C}\boldsymbol{x}_B$$

Eingesetzt und zusammengefasst folgt daraus

$$\dot{\boldsymbol{x}}_B = (\boldsymbol{A} - \boldsymbol{L}\boldsymbol{C})\boldsymbol{x}_B + \boldsymbol{B}\boldsymbol{u} + \boldsymbol{L}\boldsymbol{C}\boldsymbol{x}$$

Nun wird der Schätzfehler $\overline{\mathrm{x}} = \mathrm{x} - \mathrm{x}_B$ eingeführt. Damit ergibt sich:

$$\dot{\overline{\boldsymbol{x}}} = \dot{\boldsymbol{x}} - \dot{\boldsymbol{x}}_B = [\boldsymbol{A}\boldsymbol{x} - \boldsymbol{B}\boldsymbol{u}] - [(\boldsymbol{A} - \boldsymbol{L}\boldsymbol{C})\boldsymbol{x}_B + \boldsymbol{B}\boldsymbol{u} + \boldsymbol{L}\boldsymbol{C}\boldsymbol{x}]$$

$$\dot{\overline{\boldsymbol{x}}} = \boldsymbol{A}\boldsymbol{x} - \boldsymbol{A}\boldsymbol{x}_B - (\boldsymbol{L}\boldsymbol{C}\boldsymbol{x} - \boldsymbol{L}\boldsymbol{C}\boldsymbol{x}_B) = \boldsymbol{A}(\boldsymbol{x} - \boldsymbol{x}_B) - \boldsymbol{L}\boldsymbol{C}(\boldsymbol{x} - \boldsymbol{x}_B)$$

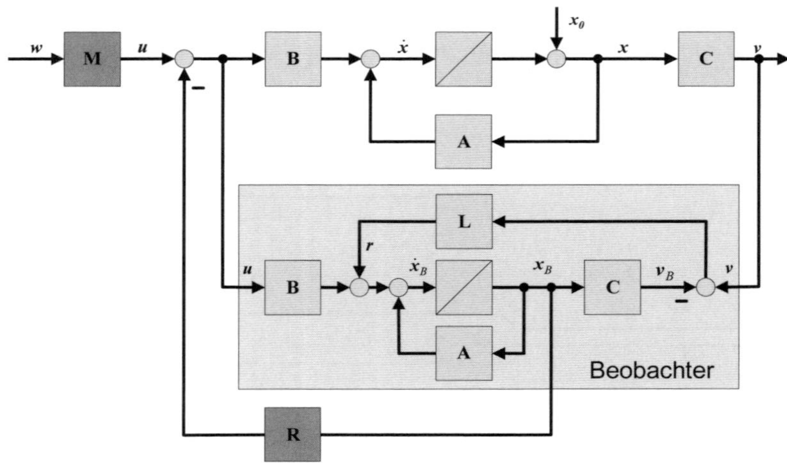

Bild 2.68 Wirkungsplan der Zustandsregelung mit Beobachter

und damit lautet die Zustandsdifferenzialgleichung des Schätzfehlers

$$\dot{\overline{x}} = (A - LC)\overline{x}$$

Der Schätzfehler geht auf $\boldsymbol{0}$, wenn die Matrix $A - LC$ nur **negative Eigenwerte** besitzt. Die genaue Lage dieser Eigenwerte entscheidet über die Zeit, die der Beobachter braucht, bis er die richtigen Schätzwerte annimmt. Daher liegt es nahe, wie schon beim Zustandsregler die Eigenwerte des Beobachtersystems vorzugeben.

Die Vorgabe der Beobachtereigenwerte lässt sich auf das Problem der **Polvorgabe** beim Zustandsregler zurückführen. Die Transponierte einer Matrix hat die gleichen Eigenwerte wie die Matrix selbst, daher können die Eigenwerte der Matrix

$$(A - LC)^{\mathrm{T}} = A^{\mathrm{T}} - C^{\mathrm{T}} L^{\mathrm{T}}$$

betrachtet werden, die geeignet vorzugeben sind. Das ist aber das gleiche Problem der Polvorgabe, das schon beim Zustandsregler für die Matrix $A - BR$ gelöst wurde. Es ist lediglich statt R die Beobachtermatrix L^{T} zu bestimmen. Dabei wird B ersetzt durch C^{T}, und statt A ist A^{T} einzusetzen. Mit diesen Substitutionen kann man die Formel für den Polvorgaberegler aus Abschn. 2.7.2 benutzen, um die Matrix L des Beobachters so zu bestimmen, dass der Beobachter vorgegebene Eigenwerte besitzt.

Es ist nahe liegend, dass die Beobachtereigenwerte weiter links platziert werden sollten als die Eigenwerte des geregelten Systems. Damit schwingt der Beobachter schneller als die Regelung ein, und der Schätzfehler verliert an Bedeutung. Weitergehende Untersuchungen zeigen, dass das **Separationstheorem** gilt:

> Das dynamische System „Zustandsregelung mit Beobachter" besitzt die **vorgegebenen Eigenwerte** von Beobachter und Regelung. Diese beeinflussen sich gegenseitig nicht. Beobachter und Regler können daher unabhängig voneinander entworfen werden.

Damit ist der Zustandsregler durchaus mit großem Erfolg in der Praxis einsetzbar. Auf Grund der hohen Ansprüche an das Streckenmodell und an den Sachverstand des Anwenders bleibt sein Einsatz jedoch auf schwierige Regelprobleme beschränkt.

Literatur

Burg, K.; Haf, H.; Wille, F.: Höhere Mathematik für Ingenieure. 4. Auflage. Stuttgart: Teubner, 2002.

Föllinger, O.: Regelungstechnik. 6. Auflage. Heidelberg: Hüthig, 1990.

Kiencke, U.: Ereignisdiskrete Systeme. Modellierung und Steuerung verteilter Systeme. München: Oldenbourg, 1997.

Lutz, H.; Wendt, W.: Taschenbuch der Regelungstechnik. 5. Auflage. Frankfurt: Harri Deutsch Verlag, 2003.

Mann, H.; Schiffelgen, H.; Froriep, R.: Einführung in die Regelungstechnik. 9. Auflage. München Wien: Hanser, 2003.

The MathWorks: www.mathworks.com.

3 Analogtechnik

Die Analogtechnik befasst sich mit Schaltungen, die analoge, d. h. in **Zeit- und Signalwert kontinuierliche Signale** verarbeiten. Wichtige Grundaufgaben der Analogtechnik sind: **Verstärkung** von Signalen, **Verstärkung von Differenzen zwischen Signalen** sowie ganz allgemein **die Erzeugung analoger Ausgangssignale als Funktion analoger Eingangssignale**.

3.1 Analoge Schaltungen in der Mechatronik

Trotz der fortschreitenden Digitalisierung ist die **Verarbeitung analoger Signale in der Mechatronik** von großer Bedeutung.

Analoge Signale zeichnen sich durch einen **kontinuierlichen Verlauf** über der Zeit aus.

Beispiele für analoge und für diskrete Signale (diskrete Zeit- und/oder Amplitudenwerte) sind in Bild 3.1 dargestellt.

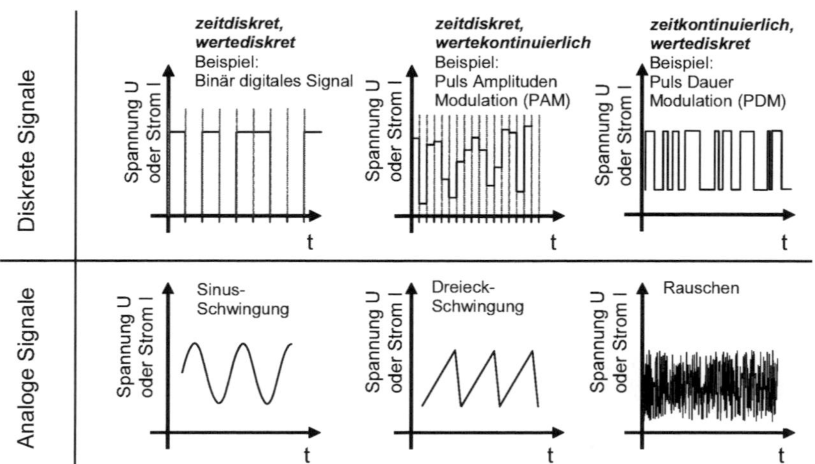

Bild 3.1 Beispiele für diskrete (oben) und analoge, in Zeit- und Signalwert kontinuierliche Signale (unten)

Analoge Schaltungen werden eingesetzt, wenn dies kostengünstiger als eine digitale Realisierung ist, wenn die Arbeitsfrequenz groß ist oder wenn **Schnittstellen zur realen, physischen Welt** erforderlich sind. Die Domänen der Analogtechnik sind also **Hochfrequenzschaltungen** und **Schaltungen vor der Analog-Digital-Umsetzung** (A/D-Umsetzung) bzw. **nach der Digital-Analog-Umsetzung** (D/A-Umsetzung).

Ein Schwerpunkt für die Anwendung der Analogtechnik in der Mechatronik ist die elektronische Aufbereitung von Sensorsignalen für die A/D-Umsetzung. Außerdem werden Analogschaltungen für schnelle zeitkontinuierliche Regelungen sowie für Ansteuerungen von Aktoren benötigt. Einige konkrete Beispiele sind in Tabelle 3.1 angegeben.

Tabelle 3.1 Anwendungen für analoge Schaltungen in der Mechatronik

Anwendung	Schaltung
Ultraschall-Sensor und -Generator Moderne Feldbussysteme mit Funkübertragung	Wechselstromgekoppelte Verstärkerschaltung, Bild 3.3
Anpasselektronik für einen Hall-Elementarsensor	Operationsverstärker als nichtinvertierender Verstärker, Bild 3.10
Messverstärker für Dehnungsmessstreifen in Brückenschaltung	Instrumentenverstärker, Bild 3.14
Linienhaft ausgedehnte Fotodiode für lichtleistungsunabhängige Bestimmung der Lichtstrahlposition	Analoger Dividierer, Bild 3.15
Auswertung von Differenzsignalen interferometrischer Sensoren, Differenzfeldplatte	Subtrahierverstärker, Bild 3.11

3.2 Verstärkergrundschaltungen

Zur Verstärkung analoger Signale werden in der Elektronik vor allem Transistoren eingesetzt. Sowohl **Bipolartransistoren** als auch **Feldeffekttransistoren** (JFET (**J**unction **F**ield **E**ffect **T**ransistor, Sperrschicht-Feldeffekttransistor), MOSFET (**M**etal **O**xid **S**emiconductor **F**ield **E**ffect **T**ransistor, Metalloxidhalbleiter-Feldeffekttransistor) sind in der Analogtechnik von Bedeutung.

3.2.1 Prinzip der Verstärkung mit Transistoren

Das Prinzip der Verstärkung mit einzelnen Transistoren ist für die verschiedenen Transistortypen und Schaltungsvarianten sehr ähnlich und kann am einfachsten anhand des **Bipolartransistors in Emitterschaltung** erläutert werden.

> Bei der **Emitterschaltung eines Bipolartransistors** wird das Eingangssignal der **Basis** zugeführt. Am **Kollektor** greift man das Ausgangssignal ab. Der **Emitter** dient als **Bezugselektrode** für Ein- und Ausgang (Bild 3.2).

Andere Grundschaltungen für den Bipolartransistor sind die **Basisschaltung** und die **Kollektorschaltung**. Die erstgenannte Grundschaltung hat den Emitter als Eingang und den Kollektor als Ausgang, die letztgenannte die Basis als Eingang und den Emitter als Ausgang.

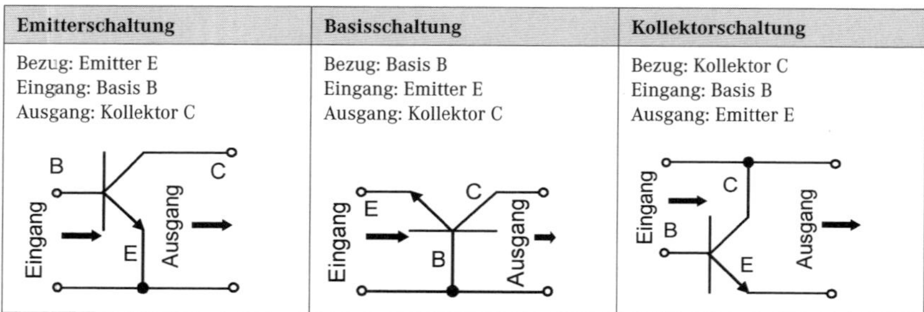

Emitterschaltung	Basisschaltung	Kollektorschaltung
Bezug: Emitter E Eingang: Basis B Ausgang: Kollektor C	Bezug: Basis B Eingang: Emitter E Ausgang: Kollektor C	Bezug: Kollektor C Eingang: Basis B Ausgang: Emitter E

Bild 3.2 Grundschaltungen des Bipolartransistors

Die Emitterschaltung wird sehr häufig angewandt, da man sowohl eine **hohe Strom-** als auch eine **hohe Spannungsverstärkung** und somit eine hohe **Leistungsverstärkung** erzielen kann.

An Ein- und Ausgang ist eine **Wechselstromkopplung** sinnvoll, um die Arbeitspunkteinstellung des Transistors und die Gleichspannungspegel des Ein- und Ausgangssignals voneinander zu entkoppeln.

Die Wechselstromkopplung ist in Bild 3.3 durch die Kapazitäten C_1 und C_2 realisiert. Das zu verstärkende Signal wird über den Kondensator C_1, der ab einer gewissen Frequenz als Kurzschluss wirkt, an die Basis des Transistors gelegt. Die Kapazitäten C_E und C_2 wirken ebenfalls als Kurzschluss für das Signal. Am Schaltungsausgang kann das Signal gleichstromfrei am Lastwiderstand R_L abgegriffen werden.

Der Transistor führt im **Arbeitspunkt** einen **Kollektorgleichstrom** I_C, der durch die Widerstände R_1, R_2 sowie R_E eingestellt werden kann. Dieser Kollektorgleichstrom bestimmt die **Steilheit** S. Die Steilheit beschreibt den Zusammenhang zwischen der Variation der Basis-Emitter-Spannung und der Variation des Kollektorstroms: $i_C(\mathrm{t}) = S \cdot u_{BE}(t) = S \cdot u_E(t)$.

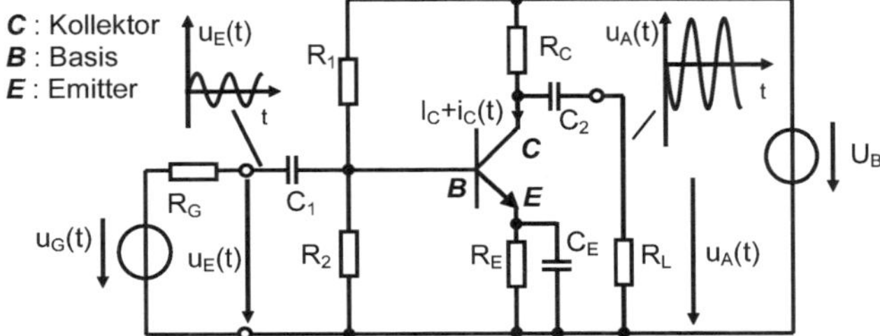

Bild 3.3 NPN-Bipolartransistor in Emitterschaltung als wechselstromgekoppelter Verstärker

Beim Bipolartransistor gilt für die Arbeitspunktabhängigkeit der Steilheit S:

$$S = \frac{\mathrm{d}I_\mathrm{C}}{\mathrm{d}U_\mathrm{BE}} = \frac{\mathrm{d}\left(I_\mathrm{S}\exp\left(U_\mathrm{BE}/U_\mathrm{T}\right)-1\right)}{dU_\mathrm{BE}} \cong \frac{I_\mathrm{C}}{U_\mathrm{T}}$$

Die Steilheit hängt linear vom Kollektorgleichstrom I_C im Arbeitspunkt ab. $U_\mathrm{T} = kT/e$ ist die Temperaturspannung. Mit der *Boltzmann*-Konstanten k und der Elementarladung e ergibt sich U_T bei Raumtemperatur zu etwa 26 mV.

Da die Batteriespannung U_B und die Kapazität C_2 für Wechselströme einen Kurzschluss darstellen, ist am Kollektor die **Parallelschaltung von Lastwiderstand R_L und Kollektorwiderstand R_C wirksam**. Am Ausgang der Emitterschaltung erhält man daher:

$$u_\mathrm{A}(t) = -i_\mathrm{C}(t)\frac{R_\mathrm{C}R_\mathrm{L}}{R_\mathrm{C}+R_\mathrm{L}} = -S\cdot\frac{R_\mathrm{C}R_\mathrm{L}}{R_\mathrm{C}+R_\mathrm{L}}\cdot u_\mathrm{E}(t) = V_U\cdot u_\mathrm{E}(t)$$

mit der Spannungsverstärkung

$$V_U = -S\cdot\frac{R_\mathrm{C}R_\mathrm{L}}{R_\mathrm{C}+R_\mathrm{L}} = -\frac{I_\mathrm{C}}{U_\mathrm{T}}\cdot\frac{R_\mathrm{C}R_\mathrm{L}}{R_\mathrm{C}+R_\mathrm{L}} \tag{3.1}$$

Die **Spannungsverstärkung der Emitterstufe** ist also **proportional zum Kollektorgleichstrom im Arbeitspunkt**. Die Invertierung des Signals kommt durch das Minuszeichen zum Ausdruck.

3.2.2 Differenzverstärker

Der Differenzverstärker ist eine **gleichstromgekoppelte** Schaltung, die die **Differenz zwischen zwei Eingangsspannungen** verstärkt (Bild 3.4). Er ist eine wichtige Grundschaltung der analogen Schaltungstechnik und wird als Eingangstufe in Operationsverstärkern (siehe Abschnitt 3.3) verwendet.

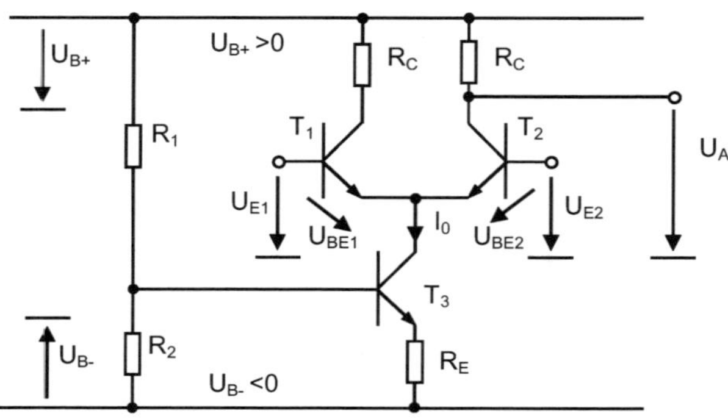

Bild 3.4 Differenzverstärker mit Arbeitspunkteinstellung unter Verwendung von Bipolartransistoren und zwei Batteriespannungen UB+ und UB

Der Transistor T_3 bildet zusammen mit den Widerständen R_1, R_2 und R_E eine **Stromquelle**. Am gemeinsamen Emitterknoten der Transistoren T_1 und T_2 wird also ein Konstantstrom I_0 eingeprägt. Hierdurch wird der Arbeitspunkt der Transistoren T_1 und T_2 festgelegt. Aus der Arbeitspunkteinstellung folgt die Steilheit und die Spannungsverstärkung:

Betrachtet man die Stromquelle als ideal, so ist der Strom I_0 völlig unabhängig vom Emitterpotenzial der beiden Transistoren T_1 und T_2. In der Masche, die von Masse über die Basis des Transistors T_1, den gemeinsamen Emitter und die Basis des Transistors T_2 wieder nach Masse führt, können daher die Spannungen folgendermaßen zueinander in Beziehung gesetzt werden:

$$U_{E1} - U_{E2} = U_{BE1} - U_{BE2} \equiv U_D$$

mit der Spannungsdifferenz U_D zwischen den Eingängen. Für die Ströme am gemeinsamen Emitterknoten gilt die Knotenregel. Setzt man zusätzlich voraus, dass die Stromverstärkung der Transistoren sehr groß ist, so ist der Emitterstrom I_E nahezu gleich dem jeweiligen Kollektorstrom I_C und man erhält:

$$I_{C1} + I_{C2} = I_0$$

Nun hängen die Kollektorströme in exponentieller Weise von der jeweiligen Basis-Emitter-Spannung ab:

$$I_{C1} = I_S e^{U_{BE1}/U_T}\,,\ I_{C2} = I_S e^{U_{BE2}/U_T}\ (I_S \text{ ist der Sperrsättigungsstrom})$$

Für das Verhältnis der Ströme gilt:

$$\frac{I_{C1}}{I_{C2}} = e^{(U_{BE1}-U_{BE2})/U_T} = e^{U_D/U_T}$$

Eliminiert man mit Hilfe der Knotengleichung einen der beiden Kollektorströme und berücksichtigt, dass

$$\frac{1}{1+\mathrm{e}^x} = \frac{1}{2}\left(1+\tanh\left(\frac{x}{2}\right)\right) \text{ sowie } \tanh(-x) = -\tanh(x) \text{ gilt,}$$

so ergibt sich für die Kollektorströme:

$$I_{\mathrm{C1}} = \frac{I_0}{2}\left(1+\tanh\left(\frac{U_\mathrm{D}}{2}\right)\right),\ I_{\mathrm{C2}} = \frac{I_0}{2}\left(1-\tanh\left(\frac{U_\mathrm{D}}{2}\right)\right)$$

Für die Betrachtung kleiner, um einen Arbeitspunkt herum variierender Signale sind die Steilheiten

$$S_1 = \frac{\mathrm{d}I_{\mathrm{C1}}}{\mathrm{d}U_\mathrm{D}} = \frac{I_0}{4U_\mathrm{T}} \text{ und } S_2 = \frac{\mathrm{d}I_{\mathrm{C2}}}{\mathrm{d}U_\mathrm{D}} = -\frac{I_0}{4U_\mathrm{T}}$$

von Bedeutung. Da hier die Spannungsdifferenz zwischen den Eingängen verstärkt werden soll, werden die Steilheiten nun über U_D definiert und nicht über die Basis-Emitter-Spannungen wie bei der Emitterschaltung. Die Differenzspannungsverstärkung V_D erhält man ähnlich wie im vorhergehenden Abschnitt 3.2.1 aus dem Produkt von Steilheit und Widerstand am Kollektor.

$$V_\mathrm{D} = \frac{u_\mathrm{A}}{u_\mathrm{D}} = \frac{u_\mathrm{A}}{u_{\mathrm{E1}} - u_{\mathrm{E2}}} = -S_2 \cdot R_\mathrm{C} = +\frac{I_0 R_\mathrm{C}}{4U_\mathrm{T}} \tag{3.2}$$

Durch den Strom I_0 kann die Differenzverstärkung V_D eingestellt werden.

3.3 Operationsverstärker (OPV)

Operationsverstärker (OPV) sind **integrierte Verstärkerschaltungen, die Spannungsdifferenzen gleichstromgekoppelt verstärken**. Sie besitzen zwei **hochohmige Eingänge** und einen **niederohmigen Ausgang**. Die Spannungsdifferenz zwischen den beiden Eingängen wird mit einem sehr hohen Faktor V_D ($>10^4$) verstärkt. Die **Eingänge** werden als **„nichtinvertierend“** (+, plus **p**) und **„invertierend“** (–, negativ **n**) bezeichnet, um die Richtung ihres Einflusses auf den Ausgang kenntlich zu machen.

Eine besondere Eigenschaft des Operationsverstärkers ist, dass sein **Verhalten in der Schaltung durch wenige äußere Bauelemente** (z. B. Widerstände und Kondensatoren) eingestellt werden kann. Dies vereinfacht den Entwurf vieler analoger Schaltungen ganz erheblich und macht den OPV zu einem wichtigen Bauelement in der analogen Schaltungstechnik.

Bild 3.5 zeigt das Schaltsymbol des OPV mit den zwei Eingängen, dem Ausgang sowie der Stromversorgung durch zwei Spannungsquellen. Mit der eingezeichneten Orientierung der Spannungspfeile gilt $U_{B+} > 0$, $U_{B-} < 0$. Der OPV wird in Bezug auf die Masse mit einer positiven und einer negativen Spannung versorgt. Zweck dieser Anordnung ist es, Eingangs- und Ausgangsruhespannungen von 0 V zu ermöglichen.

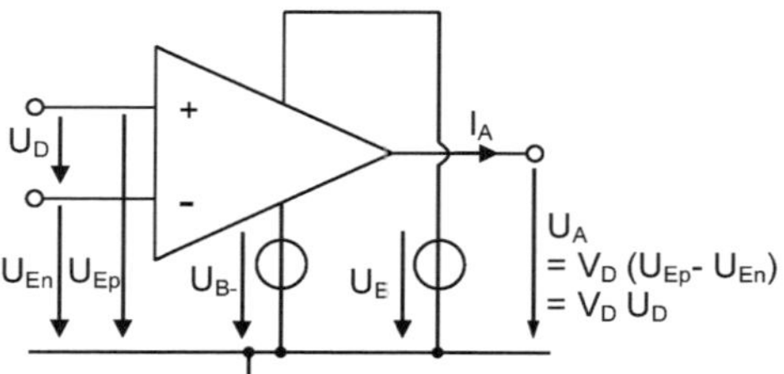

Bild 3.5
Symbol des Operationsverstärkers mit Stromversorgung

Der **ideale Operationsverstärker** hat **unendlich hohe Eingangswiderstände**, eine **unendlich hohe Verstärkung der Spannungsdifferenz** zwischen den Eingängen sowie einen **verschwindenden Ausgangswiderstand.**

Die unendlich hohen Eingangswiderstände führen dazu, dass die Eingangsströme verschwindend klein sind. Der verschwindend kleine Ausgangswiderstand hat eine eingeprägte Ausgangsspannung U_A zur Folge.

Operationsverstärker sind heute praktisch ausschließlich als monolithisch[1] integrierte Schaltungen erhältlich. Man findet OPV, die unter Verwendung von integrierten Bipolartransistoren, MOS- oder Sperrschicht-Feldeffekttransistoren und auf der Basis einer gemischten bipolar/CMOS (<u>C</u>omplementray <u>M</u>etal <u>O</u>xid <u>S</u>emiconductor)-Technologie hergestellt werden (BiCMOS-Technik).

Neben dem hier dargestellten Grundtyp des OPV mit Spannungseingängen und einem Spannungsausgang gibt es auch Varianten, die Stromeingänge und/oder Stromausgänge besitzen.

3.3.1 Reale OPV und nichtideale Eigenschaften

Bei der Auswahl eines OPV-Typs für eine bestimmte Anwendung sind die realen, nichtidealen Eigenschaften des OPV maßgeblich.

---

1 Unter monolithischer Integration versteht man die Integration mehrerer Bauelemente (z. B. Transistoren) bzw. mehrerer Teilschaltungen auf einem Halbleiterchip

3.3.1.1 Frequenzgang

Der **Frequenzgang** beschreibt das **dynamische Verhalten** des OPV. Bei großen Frequenzen f nimmt der Betrag der Differenzspannungsverstärkung V_D ab. Zudem verändert sich die Phasenlage zwischen Ein- und Ausgangsspannung.

Bild 3.6 zeigt den idealisierten Frequenzgang der Betragsverstärkung eines OPV. Der Betrag der Verstärkung V_D verringert sich bis zur Grenzfrequenz f_g nur schwach, nämlich auf den $1/\sqrt{2}$-fachen Wert relativ zum Gleichstromwert. Oberhalb der Grenzfrequenz fällt der Betrag der Verstärkung V_D mit steigender Frequenz f und nähert sich asymptotisch einem zu $1/f$ proportionalen Verlauf. Auf Grund dieses Verlaufs oberhalb der Grenzfrequenz ist das Produkt aus Bandbreite[2] f und dem Betrag der Verstärkung $|V_D(f)|$ eine Konstante, die man **Bandbreite-Verstärkungsprodukt** bzw. **Transitfrequenz** f_T nennt:

$$f \cdot \left| V_D(f) \right| = f_T \tag{3.3}$$

Ist die Bandbreite gleich der Transitfrequenz f_T, dann nimmt der Betrag der Verstärkung den Wert

$$\left| V_D(f = f_T) \right| = f_T / f = 1$$

an. Im Bereich höherer Frequenzen weist der OPV allerdings Abweichungen vom hier dargestellten idealisierten Frequenzgang auf.

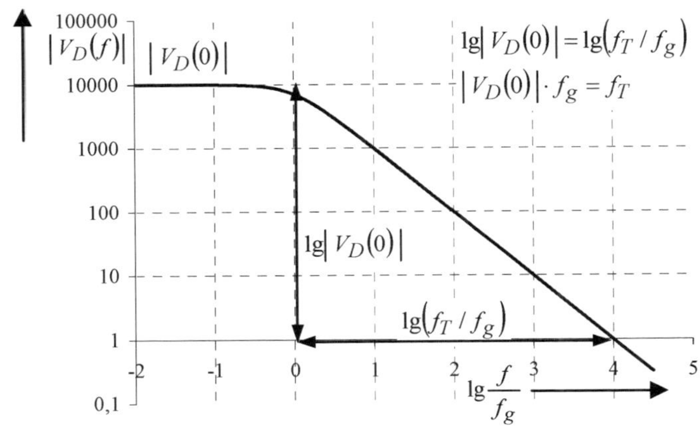

Bild 3.6 Idealer Frequenzgang eines OPV im doppeltlogarithmischen Maßstab

[2] Der Begriff „Bandbreite“ bezeichnet den Frequenzbereich von 0 Hz bis zu f

3.3.1.2 Offsetspannung

Die Offsetspannung kommt durch **kleine Unsymmetrien** im OPV zu Stande und wirkt sich wie eine kleine Spannungsquelle an einem Eingang des Operationsverstärkers aus (Bild 3.7).

Am Eingang des OPV addiert sie sich auf die Differenz der Eingangsspannungen und wird zusammen mit dieser verstärkt. Sie führt zu einem Spannungsfehler am Ausgang des OPV.

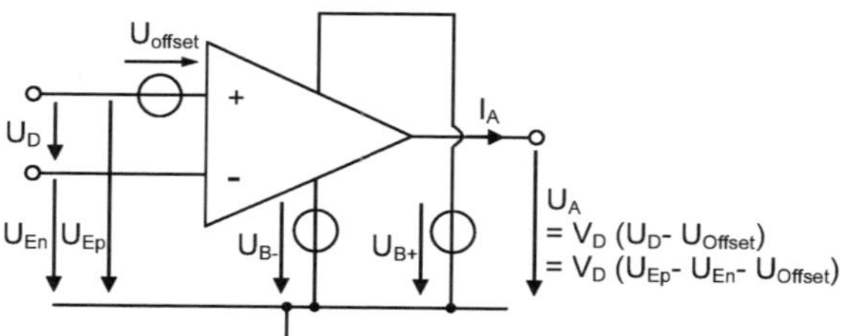

Bild 3.7 Wirkung der Offsetspannung des OPV

3.3.1.3 Gleichtaktverstärkung

Unter der **Gleichtaktverstärkung** V_{Gl} versteht man die Verstärkung, die bei Anlegen des Signals an beide Eingänge gleichzeitig wirksam ist.

Die in Bild 3.8 dargestellte Schaltung ist eine Messanordnung zur Bestimmung der Gleichtaktverstärkung. Auch wenn die beiden Eingänge nicht kurzgeschlossen sind, kann ein gleichläufiger Signalanteil in U_{En} und U_{Ep} vorhanden sein und um die Gleichtaktverstärkung vergrößert an den Ausgang des OPV gelangen. Die Eingangsspannungen lassen sich in Abhängigkeit von Gleich- und Gegentaktanteilen wie folgt formulieren:

$$U_{Ep} = U_{EGl} + \frac{U_D}{2} \text{ bzw. } U_{En} = U_{EGl} - \frac{U_D}{2}$$

mit dem Gleichtaktanteil $U_{EGl} = \frac{U_{Ep} + U_{En}}{2}$ (3.4)

und dem Gegentaktanteil $U_D = U_{Ep} - U_{En}$ (3.5)

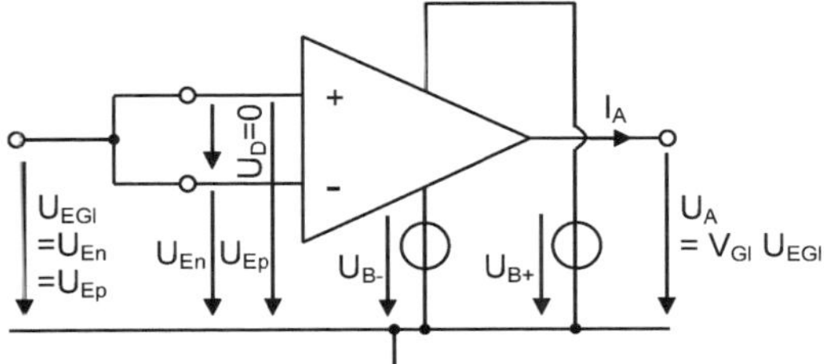

Bild 3.8 Operationsverstärker mit Beschaltung zur Bestimmung der Gleichtaktverstärkung

Die Gleichtaktverstärkung ist eine unerwünschte Eigenschaft und sollte möglichst klein sein. Als **Gleichtaktunterdrückung** (engl. „Common Mode Rejection Ratio" CMRR) bezeichnet man das Verhältnis von Gleichtakt- und Gegentaktverstärkung:

$$CMRR = V_D / V_{Gl} \tag{3.6}$$

3.3.1.4 Eingangs- und Ausgangswiderstände

Beim Anlegen von Gleich- oder Gegentaktspannungen an den OPV-Eingängen fließen auch geringe Eingangsströme. Die entsprechenden Verhältnisse von Eingangsspannung zu Eingangsstrom bezeichnet man als **Gleichtakt**- bzw. **Gegentakteingangswiderstand** (R_{Gl} und R_D).

Die Ausgangsspannung des realen OPV nimmt mit steigendem Ausgangsstrom ab. Dies wird durch einen Ausgangswiderstand R_A beschrieben.

3.3.2 Typische Kennwerte realer OPV

Bei der Dimensionierung von Schaltungen mit Operationsverstärkern ist es oft von Bedeutung, den Einfluss der nichtidealen Kennwerte des OPV abschätzen zu können. Die Größenordnungen wichtiger Kennwerte sind in Tabelle 3.2 aufgeführt.

Tabelle 3.2 Typische Kennwerte von realen Operationsverstärkern

Kennwert	Formelzeichen	Typischer Zahlenwert	Idealer Zahlenwert
Differenzverstärkung	V_D	10^4 bis 10^7	∞
Gleichtaktverstärkung	V_{Gl}	10 bis 0,1	0
Gleichtaktunterdrückung	*CMRR*	10^3 bis 10^7	∞
Gegentakteingangswiderstand	R_D	$10^6\ \Omega$ bis $10^{12}\ \Omega$	∞
Gleichtakteingangswiderstand	R_{Gl}	$10^7\ \Omega$ bis $10^{12}\ \Omega$	∞
Ausgangswiderstand	R_A	15 Ω bis 1k Ω	0
Offsetspannung	U_{Offset}	10 µV bis 1 mV	0
Eingangsruhestrom	I_{Ein}	1 pA bis 250 nA	0
Verstärkungs-Bandbreite-Produkt („Transitfrequenz")	f_T	0,5 MHz bis 200 MHz	∞

Die nichtidealen Kennwerte liefern in Verbindung mit der geplanten Schaltungsanwendung die Kriterien für die Auswahl des OPV.

3.4 Grundschaltungen des OPV

Operationsverstärker werden in der Analogtechnik so betrieben, dass das **Ausgangssignal** ganz oder teilweise **auf den Eingang zurückgekoppelt** wird. Es existieren zwei grundlegende Schaltungsvarianten: der **invertierende** und der **nichtinvertierende Verstärker**.

3.4.1 Invertierender Verstärker

Der invertierende Verstärker (Bild 3.9) arbeitet als **linearer, gleichstromgekoppelter Spannungsverstärker.** Die Eingangsspannung U_E wird um einen Faktor $V < 0$ verstärkt. Daher sind **Ein- und Ausgangsspannung** idealerweise um **180°** in ihrer **Phase verschoben (Invertierung des Vorzeichens der Eingangsspannung).**

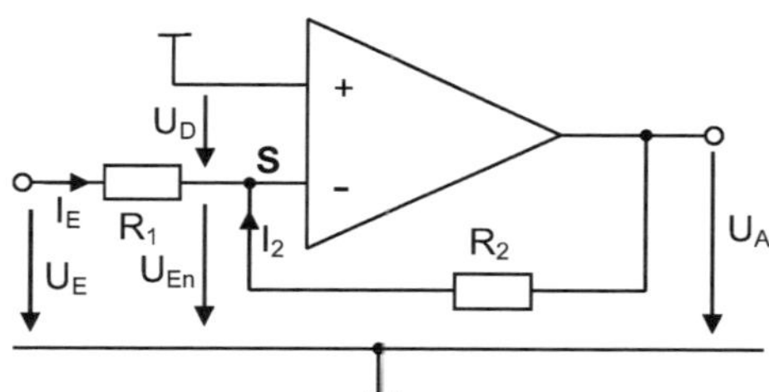

Bild 3.9
Invertierender Verstärker (ohne Stromversorgung dargestellt)

Das Eingangsignal wird hier über einen Widerstand R_1 an den invertierenden Eingang angelegt. Der Ausgang des OPV wird über einen weiteren Widerstand R_2 auf den invertierenden Eingang zurückgekoppelt. Der nichtinvertierende Eingang ist direkt mit Masse verbunden. Wichtig in dieser Schaltung und allen folgenden OPV-Schaltungen ist die Ausführung der Rückkopplung als **Gegenkopplung**. Der **Ausgang muss in analogen Verstärkerschaltungen immer auf den invertierenden Eingang („–") zurückgeführt** werden.

Im anderen Fall, d.h. bei Rückführung auf den „+"-Eingang, ergibt sich eine **Mitkopplung**, die dazu führt, dass die Ausgangsspannung (je nach Eingangsspannung und Grad der Mitkopplung) einen Wert nahe entweder der positiven oder der negativen Betriebsspannung annimmt. Es existieren auch Schaltungen, bei denen man die Mitkopplung nutzt (z.B. für einen ***Schmitt*-Trigger**).

Die Wirkung der **Gegenkopplung** kann wie folgt beschrieben werden: Unter der Annahme, dass die Spannungsdifferenz U_D steigt und der „+"-Eingang des OPV festes Potenzial hat, steigt auch die Ausgangsspannung U_A, und zwar auf $V_D\,U_D$. Koppelt man zumindest einen Teil davon auf den „–"-Eingang zurück, dann steigt die Spannung an diesem Eingang, und die Spannungsdifferenz U_D wird wieder verkleinert. Es handelt sich also tatsächlich um eine Gegenkopplung, welche die Schaltung in ihrem linearen Bereich stabilisiert.

Ansatz zur Berechnung der Schaltung ist die Knotenregel am Summationspunkt S:

Es gilt $I_1 + I_2 = 0$ bei unendlich großem OPV-Eingangswiderstand.

Nun kommt eine weitere Eigenschaft des idealen Operationsverstärkers hinzu, nämlich seine unendlich hohe Spannungsverstärkung. Da die Ausgangsspannung U_A lediglich einen endlichen Wert annehmen kann, muss bei unendlicher Verstärkung V_D für die Eingangs-Spannungsdifferenz gelten $U_D = U_A / V_D = 0$.

Beim **idealen Operationsverstärker mit Rückkopplung** auf den invertierenden Eingang stellt sich also die Ausgangsspannung U_A stets so ein, dass die **Eingangs-Spannungsdifferenz U_D zu null** wird.

Der nichtinvertierende Eingang des OPV ist direkt mit Masse verbunden. Das Potenzial am invertierenden Eingang ist wegen der verschwindenden Eingangs-Spannungsdifferenz ebenfalls gleich dem Massepotenzial. Man spricht an dieser Stelle auch oft von „virtueller" Masse, da hier zwar Massepotenzial erzwungen wird, der Summationsknoten jedoch über den unendlich hohen Eingangswiderstand des idealen OPV (und den Widerständen der externen Beschaltung) von der realen Masse getrennt ist.

Mit der Kenntnis, dass der Summationspunkt Massepotenzial hat, können die Ströme in der Knotengleichung $I_1 + I_2 = 0$ durch die Spannungsabfälle an den Widerständen R_1 und R_2 ausgedrückt werden:

$$\frac{U_E}{R_1} + \frac{U_A}{R_2} = 0 \Rightarrow V = \frac{U_A}{U_E} = -\frac{R_2}{R_1} \qquad (3.7)$$

Aus diesen Überlegungen ergeben sich die wesentlichen Eigenschaften der invertierenden OPV-Schaltung:

- Die Spannungsverstärkung berechnet sich aus dem negierten Verhältnis der Widerstände R_2 und R_1.
- Ausgangs- und Eingangsspannung sind **gegenphasig**. Daher wird der invertierende Verstärker auch häufig als **Umkehrverstärker** bezeichnet.
- Der **Eingangswiderstand** der Schaltung ist wegen der „virtuellen Masse" am **Summationspunkt S** gleich dem **Widerstand R_1**.

3.4.2 Nichtinvertierender Verstärker

Die zweite grundlegende Beschaltung des OPV wird als nichtinvertierender Verstärker bezeichnet (Bild 3.10). Auch dieser wirkt als linearer, **gleichspannungsgekoppelter Spannungsverstärker.** Im Gegensatz zum invertierenden Verstärker erfolgt hier aber **keine Vorzeichenumkehr**, d. h., Ein- und Ausgangsspannung sind nun gleichphasig.

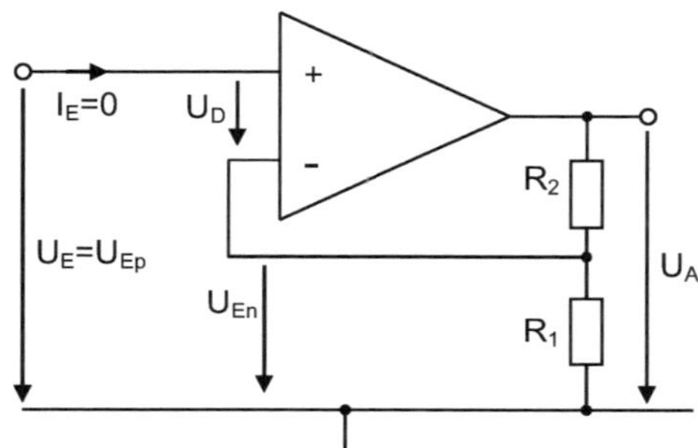

Bild 3.10
Nichtinvertierender Verstärker
(ohne Stromversorgung dargestellt)

Das Eingangssignal wird in diesem Fall unmittelbar an den nichtinvertierenden Eingang („+") des OPV angelegt. Der invertierende Eingang wird mit dem Spannungsteiler verbunden, der durch die Widerstände R_1 und R_2 gebildet wird. Dieser Spannungsteiler koppelt einen Teil der Ausgangsspannung U_A auf den invertierenden Eingang zurück.

Die Berechnung der Schaltung stützt sich wie beim invertierenden Verstärker auf die im Idealfall unendlich hohe Verstärkung der Spannungsdifferenz U_D. Diese Spannungsdifferenz wird aus demselben Grund wie beim nichtinvertierenden Verstärker zu null. Somit stellt sich an der Mittelanzapfung des Spannungsteilers die Eingangsspannung ein: $U_{En} = U_E$.

Der Spannungsteiler ist wegen des ideal unendlich hohen Eingangswiderstandes des OPV unbelastet, und man erhält daher für die Verstärkung V:

$$V = \frac{U_A}{U_E} = \frac{U_A}{U_{En}} = \frac{R_1 + R_2}{R_1} = 1 + \frac{R_2}{R_1} \qquad (3.8)$$

Nachfolgend sind die wesentlichen Eigenschaften des nichtinvertierenden Verstärkers zusammengestellt:

- Die Spannungsverstärkung der Schaltung berechnet sich aus dem **Verhältnis der Widerstände R_2 und R_1 plus dem Wert 1.**
- Ausgangs- und Eingangsspannung sind **gleichphasig.**
- Der **Eingangswiderstand** der Schaltung entspricht dem Eingangswiderstand des nichtinvertierenden OPV-Eingangs und ist **sehr groß**, beim idealen Operationsverstärker sogar unendlich. Daher wird diese Schaltung auch als **Elektrometer-**

verstärker bezeichnet. Wegen der unterschiedlichen Widerstandsniveaus (hoher Eingangswiderstand, kleiner Ausgangswiderstand) kann man diese Schaltung auch als **Impedanzwandler** verwenden.

Ein Sonderfall ist der **Spannungsfolger** ($R_2 = 0$, $R_1 = \infty$). Wie aus der Berechnungsformel (3.7) ersichtlich, nimmt in diesem Fall die Spannungsverstärkung den Wert 1 an. Die Ausgangsspannung „folgt" somit der Eingangsspannung.

3.5 Analogrechenschaltungen

Analoge Rechenschaltungen oder **Analogrechner** sind Schaltungen, die aus zeit- und wertbereichskontinuierlichen Eingangssignalen zeit- und wertbereichskontinuierliche Ausgangsignale erzeugen.

Die erzielbare **Genauigkeit einer Analogrechenschaltung** ist zwar weitaus **niedriger als beim Digitalrechner**, dafür ist aber auch der **Aufwand bedeutend geringer**. Außerdem erzeugt ein Analogrechner auf einfache Weise **kontinuierliche Ausgangssignale**. Analog-Digital- oder Digital-Analog-Umsetzer sind nicht erforderlich.

3.5.1 Subtrahier- und Summationsverstärker

Mit diesen OPV-Schaltungen lassen sich analoge Signale addieren, subtrahieren und gleichzeitig verstärken. Bild 3.11 zeigt zunächst die einfache Ausführung der Schaltung, die zwei Eingangssignale verknüpft. Zur Berechnung der Schaltung werden am besten zuerst U_{Ep} und U_{En} als Funktion der Ein- und Ausgangsspannungen der Schaltung angegeben. Diese Zusammenhänge sind durch die Spannungsteiler R_2, R_p bzw. R_1, R_n festgelegt. Für die Spannung am nichtinvertierenden OPV-Eingang gilt:

$$U_{Ep} = \frac{R_p}{R_2 + R_p} U_{E2}$$

Die Anwendung des Überlagerungssatzes für die Spannungen U_{E1} und U_A führt auf die Spannung am invertierenden Eingang des OPV:

$$U_{En} = \frac{R_n}{R_1 + R_n} U_{E1} + \frac{R_1}{R_1 + R_n} U_A$$

Wegen der sehr hohen Verstärkung des OPV gilt auch hier, dass die Spannungsdifferenz am OPV-Eingang auf den Wert null gezwungen wird, und daraus folgt

$U_{Ep} = U_{En}$ und

$$\frac{R_p}{R_2 + R_p} U_{E2} = \frac{R_n}{R_1 + R_n} U_{E1} + \frac{R_1}{R_1 + R_n} U_A$$

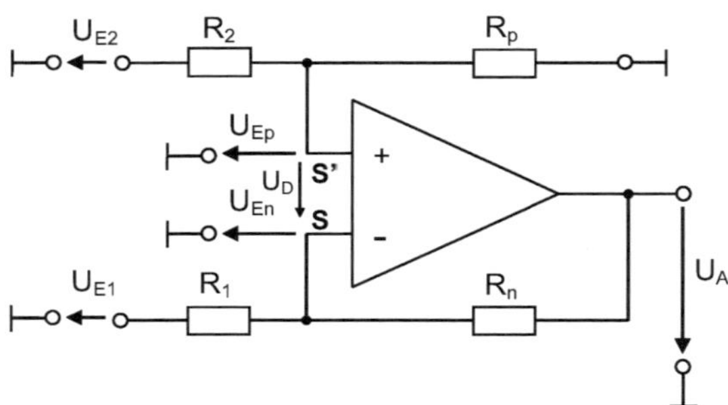

Bild 3.11 Einfacher Subtrahierverstärker

Aufgelöst nach der Ausgangsspannung erhält man

$$U_{\mathrm{A}} = \frac{R_1 + R_{\mathrm{n}}}{R_2 + R_{\mathrm{p}}} \frac{R_{\mathrm{p}}}{R_1} U_{\mathrm{E2}} - \frac{R_{\mathrm{n}}}{R_1} U_{\mathrm{E1}} = \frac{1 + R_{\mathrm{n}} / R_1}{1 + R_{\mathrm{p}} / R_2} \frac{R_{\mathrm{p}}}{R_2} U_{\mathrm{E2}} - \frac{R_{\mathrm{n}}}{R_1} U_{\mathrm{E1}}$$

Fordert man nun als Nebenbedingung $R_n/R_1 = R_p/R_2$, so ergibt sich schließlich

$$U_{\mathrm{A}} = \frac{R_{\mathrm{p}}}{R_2} (U_{\mathrm{E2}} - U_{\mathrm{E1}}) = \frac{R_{\mathrm{n}}}{R_1} (U_{\mathrm{E2}} - U_{\mathrm{E1}}) \tag{3.9}$$

als die Differenz der beiden Eingangsignale, die mit dem Faktor des Widerstandsverhältnisses $R_n/R_1 = R_p/R_2$ verstärkt wird.

Eine Erweiterung des einfachen Subtrahierverstärkers zum **Mehrfach-Summationsverstärker** mit Umkehrung des Vorzeichens ist in Bild 3.12 dargestellt. Die Ausgangsspannung beträgt für diese Schaltung:

$$U_{\mathrm{A}} = -\frac{R_2}{R_{11}} U_{\mathrm{E1}} - \frac{R_2}{R_{12}} U_{\mathrm{E2}} - \ldots - \frac{R_2}{R_k} U_{\mathrm{E}k} \tag{3.10}$$

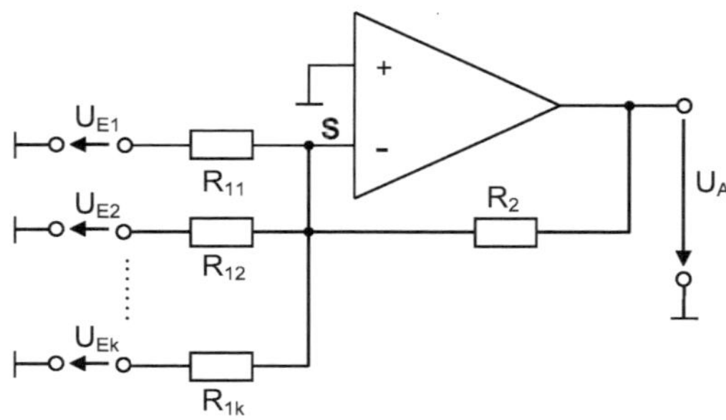

Bild 3.12 Mehrfach-Summationsverstärker mit Vorzeichenumkehr

Eine nochmalige Erweiterung stellt der **Mehrfach-Subtrahierverstärker** nach Bild 3.13 dar. Eine Analyse der Schaltung führt auf

$$U_A = \sum_{i=1}^{m} \frac{R_p}{R_{2i}} U_{E2i} - \sum_{j=1}^{k} \frac{R_n}{R_{1j}} U_{E1j} \tag{3.11}$$

Diese Beziehung ist jedoch nur gültig, wenn die Nebenbedingung $\sum_{i=1}^{m} \frac{R_p}{R_{2i}} - \sum_{j=1}^{k} \frac{R_n}{R_{1j}} = 0$ erfüllt ist.

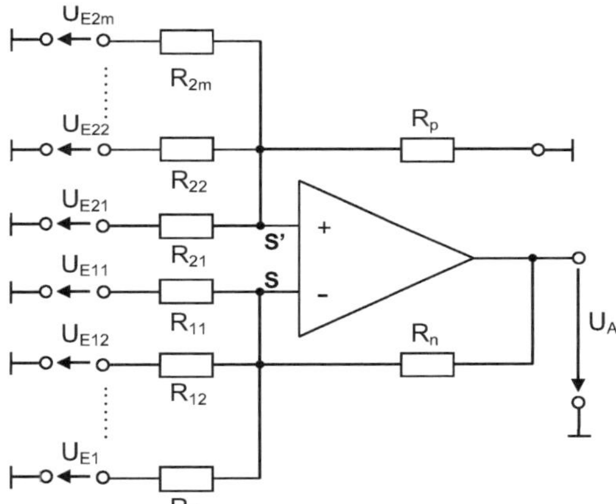

Bild 3.13
Mehrfach-Subtrahierverstärker

Ein Nachteil der hier gezeigten Subtrahier- und Summierschaltungen ist der recht geringe Eingangswiderstand.

3.5.2 Instrumentenverstärker

Wenn ein Subtrahierverstärker in Bezug auf Eingangswiderstand und Gleichtaktunterdrückung nicht ausreicht, empfiehlt sich die Verwendung eines **Instrumentenverstärkers**. Dieser besteht aus **drei OPV**, die zusammen **mit den Widerständen auf einem Halbleiterchip monolithisch integriert** sind. Die Widerstände werden bei der Herstellung **hochgenau abgeglichen**. Temperaturdrift und Offsetspannungen sind beim Instrumentenverstärker daher sehr gut kompensiert. Der **hohe Eingangswiderstand** kommt dadurch zu Stande, dass **beide Eingänge** ausschließlich mit **hochohmigen OPV-Eingängen** verbunden sind (Bild 3.14).

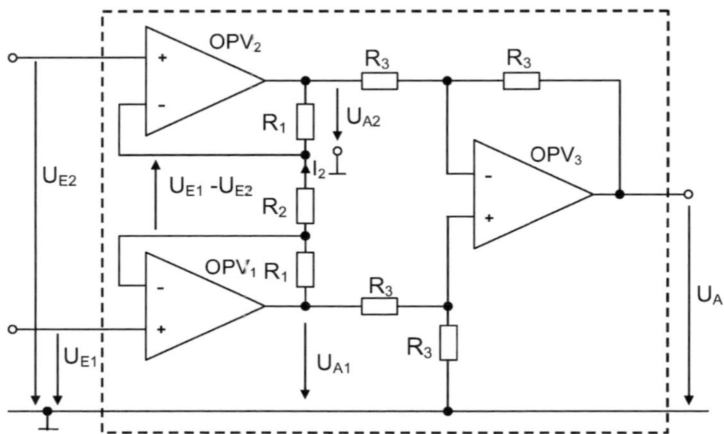

Bild 3.14 Instrumentenverstärker

Für den Strom I_2 durch den Widerstand R_2 in Bild 3.14 ergibt sich:

$$I_2 = \frac{U_{A1} - U_{A2}}{2R_1 + R_2}$$

Da sich auch hier wegen der unendlich hohen Verstärkung die Differenzeingangsspannung von Operationsverstärker OPV_1 und von OPV_2 auf null einstellen muss, gilt: $I_2 = (U_{E1} - U_{E2})/R_2$.

Zwischen der Ausgangsspannung des dritten *OPV*, der wie ein einfacher Subtrahierverstärker beschaltet ist, und den Ausgangsspannungen der Operationsverstärker OPV_1 und OPV_2 besteht der Zusammenhang:

$$U_A = \frac{R_3}{R_3}(U_{A1} - U_{A2}) = U_{A1} - U_{A2}$$

Eventuell vorhandene Gleichtaktanteile in den Ausgangsspannungen von OPV_1 und OPV_2 werden durch diese Differenzbildung stark unterdrückt.

Nach Elimination des Stromes I_2 erhält man die Ausgangsspannung als Funktion der Eingangsspannungsdifferenz:

$$U_A = \left(1 + \frac{2R_1}{R_2}\right)(U_{E1} - U_{E2}) \tag{3.12}$$

3.5.3 Analoge Multiplizierer und Dividierer

Eine Option zur schaltungstechnischen Realisierung von **analogen Multiplizierern** basiert auf der Differenzverstärkerschaltung in Bild 3.4 (Abschnitt 3.2.2). Diese Schaltung gehört zur so genannten Klasse der **Steilheitsmultiplizierer**. Die Ausgangsspannung u_A ist ja proportional dem Produkt von Eingangs-Spannungsdifferenz u_D und Steilheit S. Die Steilheit ist ihrerseits proportional zum Strom I_0 der Stromquelle, die von einer weiteren Eingangsspannung u_E gesteuert werden kann.

$$u_A = V_D \cdot u_D = -S_2 \cdot R_C \cdot u_D = \frac{I_0 R_C}{4U_T} \cdot u_D = \frac{S_3 R_C}{4U_T} \cdot u_D \cdot u_E = K \cdot u_D \cdot u_E \qquad (3.13)$$

Eine **analoge Division** kann auf einen Multiplizierer im Rückkopplungspfad eines Operationsverstärkers zurückgeführt werden (Bild 3.15).

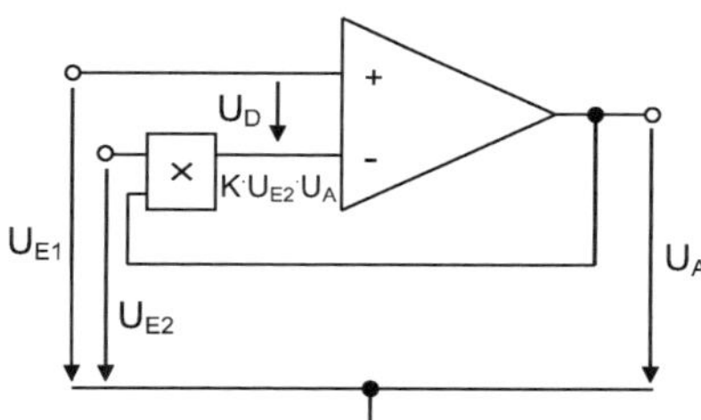

Bild 3.15
Analoger Dividierer

Die Spannungsdifferenz am Eingang des idealen Operationsverstärkers stellt sich wegen der unendlichen Verstärkung auf null ein. An den Eingängen des OPV ergibt sich daher die Beziehung

$$U_{E1} = K \cdot U_{E2} \cdot U_A$$

Löst man diese Gleichung nach der Ausgangsspannung U_A auf, so erkennt man die Division:

$$U_A = U_{E1} / \left(K \cdot U_{E2}\right) \qquad (3.14)$$

3.5.4 Differenzier- und Integrierglieder

Die analoge Schaltungstechnik ermöglicht auch das Differenzieren und Integrieren. Somit können auch Differenzial- und Integralgleichungen in eine Schaltung umgesetzt und für die anliegenden Eingangssignale „gelöst“ werden.

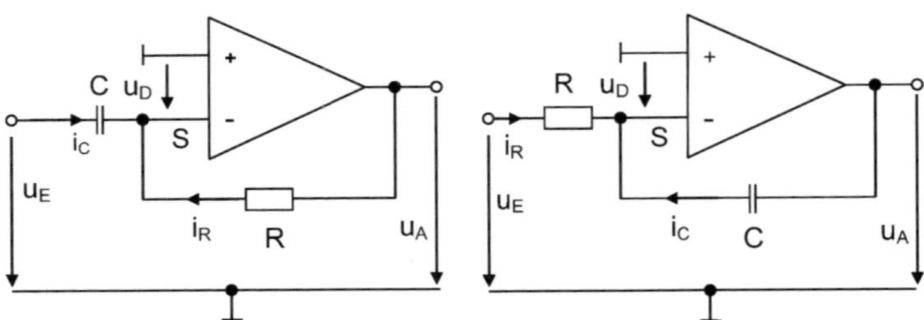

Bild 3.16 Differenzierglied (links) und Integrierglied (rechts)

Zur Berechnung des **Differenzierglieds** wendet man zunächst die Knotenregel am Summationspunkt S an und erhält $i_C(t) + i_R(t) = 0$. Mit den bekannten Beziehungen zwischen Strom und Spannung am Kondensator C bzw. am Widerstand R ergibt sich mit der Forderung, dass die Spannungsdifferenz u_D zwischen den Operationsverstärkereingängen zu null wird, die Differenzialgleichung

$$C \cdot \frac{du_E}{dt} + \frac{u_A}{R} = 0$$

Die Ausgangsspannung ist somit proportional zum negierten Differenzialquotienten der Eingangsspannung:

$$u_A = -RC \cdot \frac{du_E}{dt} \tag{3.15}$$

Werden in Bild 3.16 der Widerstand R und der Kondensator C vertauscht, so gelangt man vom Differenzier- zum **Integrierglied**. Die Knotenregel am Summationspunkt führt unter Berücksichtigung der Anfangsladung des Kondensators zum Zeitpunkt $t = 0$ auf

$$u_A = -\frac{1}{RC} \cdot \int_0^t u_E \, dt + u_A(t = 0) \tag{3.16}$$

3.5.5 Exponential- und Logarithmierglieder

Auch Exponential- und die Logarithmierfunktionen lassen sich mit OPV-Schaltungen realisieren (Bild 3.17). Hier verwendet man zur externen Beschaltung des OPV Bauelemente, die Exponentialkennlinien aufweisen (Dioden, Bipolartransistoren).

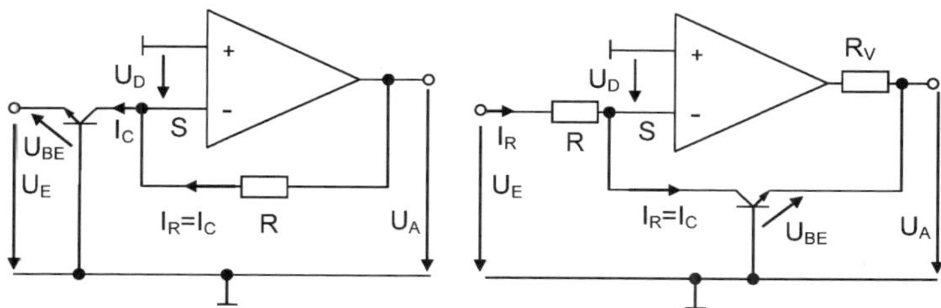

Bild 3.17 Einfaches Exponentialglied (links) und Logarithmierglied (rechts)

Bei dem hier dargestellten **Exponentialglied** muss die **Eingangsspannung negativ** sein ($U_E < 0$), damit der Transistor im normal aktiven Bereich arbeitet. Der Kollektorstrom I_C beträgt $I_C = I_S e^{U_{BE}/U_T} = I_S e^{-U_E/U_T}$. Dieser Strom fließt auch durch den Widerstand R. Am Ausgang des OPV stellt sich bei verschwindender Spannungsdifferenz U_D (d. h. unendlicher Verstärkung des OPV) die Spannung

$$U_A = I_C \cdot R = I_S \cdot R \cdot e^{-U_E/U_T} \tag{3.17}$$

ein. Die Analyse des einfachen **Logarithmiergliedes**, das den Transistor im Rückkopplungsnetz des OPV hat, führt mit den bekannten Methoden auf

$$U_A = -U_T \cdot \ln \frac{U_E}{I_S R} \tag{3.18}$$

In einer praktischen Ausführung sollte der **Widerstand** R_V in Bild 3.17 zur Unterdrückung der Schwingneigung verwendet werden.

Literatur

Hering, E.; Bressler, K.; Gutekunst, J.: Elektronik für Ingenieure und Naturwissenschaftler. 6. Auflage. Berlin Heidelberg: Springer Vieweg Verlag, 2014.

Koß, G.; Reinhold, W.: Lehr- und Übungsbuch Elektronik. Leipzig: Fachbuchverlag, 2000.

Tietze, U.; Schenk, Ch.: Halbleiter-Schaltungstechnik. 13. Auflage. Berlin Heidelberg: Springer Verlag, 2010.

4 Digitaltechnik

Die heutige Technik der Informationsverarbeitung ist im Wesentlichen durch die Digitaltechnik auf der Basis elektronischer Schaltungen geprägt. Seit mehr als 60 Jahren spielen dabei Halbleiterbauelemente eine entscheidende Rolle, weil sie in immer kleineren Abmessungen herstellbar sind und dabei pro Schaltprozess immer weniger Energie benötigen. Im Zuge der Integration dieser Bauelemente eröffneten sich Perspektiven, komplexe und aus vielen Millionen Einzeloperationen zusammengesetzte Algorithmen mit praktikablen Reaktionszeiten und vertretbarem technischen Aufwand zur Anwendung zu bringen. Die hiermit verbundenen technischen Entwicklungslinien entstammen den folgenden Kategorien:

- Entwicklung **algorithmischer Methoden** zur Informationsverarbeitung und Bereitstellung der hierzu nötigen Entwurfswerkzeuge.
- Technische Abbildung der Informationen und logischen Verarbeitungsschritte mit **extrem hohen Arbeitsgeschwindigkeiten**.
- Technologische Voraussetzungen für die **preisgünstige Herstellung** einer sehr großen Anzahl von binären Schaltelementen.
- Hierarchische Strukturierung und Definition von Funktionsblöcken mit **universellem Charakter**.

4.1 Schalterlogik und binäre Signale

4.1.1 Gesteuerte Schalter und Logikpegel

Ein elektronischer Schalter ist der Grundbaustein für die meisten der heute verwendeten digitalen Schaltungen. Im einfachsten Falle lassen sich die beiden Zustände „eingeschaltet“ (niedriger elektrischer Widerstand) und „ausgeschaltet“ (hoher elektrischer Widerstand) definieren. Als elektronischer Schalter eignet sich der Transistor. Er verfügt über einen dritten Anschluss (Basis oder Gate) zur Steuerung. Die dort angelegte Spannung bestimmt den Zustand des Schalters. Bestimmte Spannungsintervalle, die auf den gleichen Schaltzustand abgebildet werden, bezeichnet man als Logikpegel und definiert diese wie folgt:

Logikpegel: Das auf der Spannungsachse weiter zum positiven Bereich gelegene Intervall trägt die Bezeichnung **High-Pegel** (H). Entsprechend wird dem weiter zum negativen Bereich gelegenen Intervall die Bezeichnung **Low-Pegel** (L) zugeordnet. Zwischen H- und L-Pegel liegt ein verbotener Bereich.

Steuerspannungen im verbotenen Bereich führen in der Regel dazu, dass ein Transistor nicht mehr sicher als ein- oder ausgeschalteter Schalter angenommen werden kann.

Bei der gegenwärtig am häufigsten verwendeten CMOS-Technik (Complementary Metal Oxid Semiconductor) greift man ausschließlich auf n- und p-Kanal-Feldeffekttransistoren zurück. Diese benötigen vernachlässigbar kleine Ströme zur Steuerung, weshalb hier das Modell eines spannungsgesteuerten Schalters besser zutrifft als für bipolare Transistoren. Die Modellierung der am meisten gebräuchlichen Feldeffekttransistoren als Schalter ist in Bild 4.1 dargestellt.

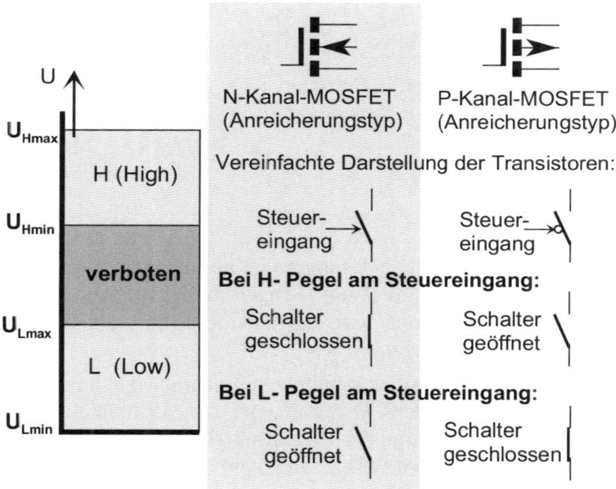

Bild 4.1 Pegeldefinition und Vereinfachung von MOSFETs (Metal Oxide Semiconductor Field Effect Transistor) zu gesteuerten Schaltern

Ein Vorteil dieser Darstellungsform ist, dass man elementare Transistorfunktionen nicht weiter betrachten muss.

4.1.2 Logikdefinitionen und -funktionen

Digitale Signale stellen Informationen mit den binären Elementen '0' und '1' dar. Die Bezeichnung der Elemente '0' und '1' in Hochkommata entstammt der VHDL-Notation (VHDL: Very High Speed Integrated Circuit Hardware Description Language). Elektrische Werte hingegen werden in der Digitaltechnik immer mit den Pegeln H oder L bezeichnet.

Positive Logik bedeutet die Zuordnung des H-Pegels zum logischen Wert '1' und des L-Pegels zum logischen Wert '0'. Bei umgekehrter Zuordnung spricht man von **negativer Logik** (Bild 4.2).

Die einfachste, technisch relevante Zusammenschaltung eines N- und eines P-Kanal-MOSFETs ist der **Inverter**. Dieser kehrt den elektrischen Eingangspegel in den entgegengesetzten Wert am Ausgang um. Voraussetzung ist das Anlegen einer geeigneten Arbeitsspannung. In der CMOS-Technik ist es üblich, U_{Lmin} gleich der negativen Versorgungsspannung (meist Masse = Ground, kurz GND) zu setzen, während U_{Hmax} gewöhnlich einer positiven Versorgungsspannung (hier V_{DD}) entspricht.

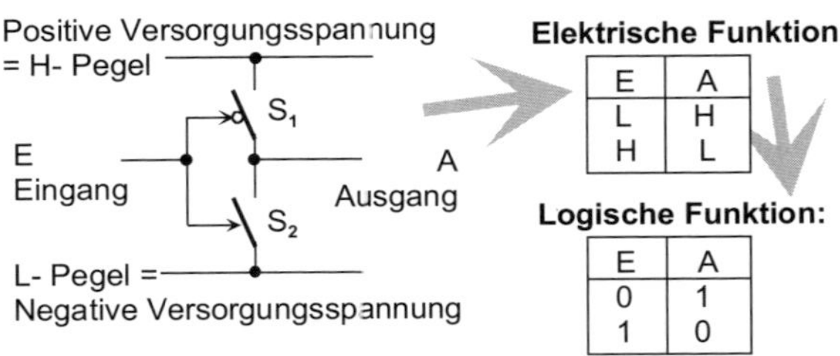

E	A
L	H
H	L

E	A
0	1
1	0

Bild 4.2 Technische Realisierung der Negation

Zur Funktion: L-Pegel an E bewirkt, dass S_1 geschlossen ist und der komplementäre Schalter S_2 öffnet. Folglich liegt am Ausgang A ein H-Pegel an. Bei H-Pegel am Eingang ist S_1 geöffnet und S_2 geschlossen, der Ausgang führt daher L-Pegel. Die logische Abbildung dieser Funktion ist die Negation: $A = \overline{E}$.

Für die logische Verknüpfung von mehreren unabhängigen Eingangssignalen x_i müssen jeweils separat zu steuernde Schalter S_i verwendet werden. Prinzipielle Möglichkeiten hierzu bestehen in der Reihen- und der Parallelschaltung. Eine Logikfunktion resultiert dabei aus den grundlegenden Gesetzmäßigkeiten für den elektrischen Stromfluss:

- Zwei Schalter sind parallel geschaltet: S ist geschlossen wenn S_1 **ODER** S_2 geschlossen ist (Bild 4.4a).
- Zwei Schalter sind in Reihe geschaltet: S ist geschlossen wenn S_1 **UND** S_2 geschlossen sind (Bild 4.3).

Durch Anwendung dieser Regeln lassen sich verschiedene logische Funktionen mit Schaltermodellen darstellen.

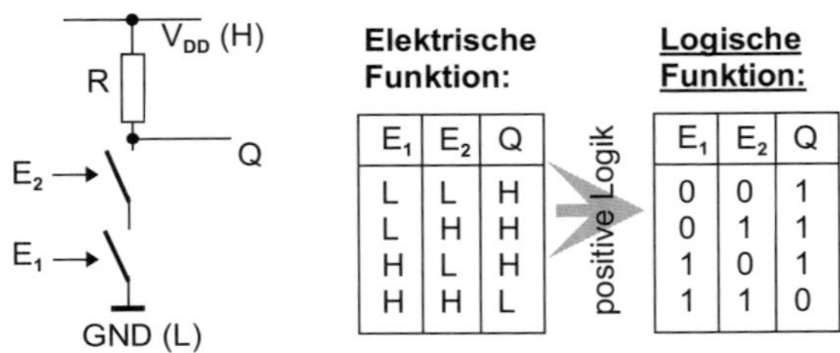

E_1	E_2	Q
L	L	H
L	H	H
H	L	H
H	H	L

E_1	E_2	Q
0	0	1
0	1	1
1	0	1
1	1	0

Bild 4.3 Variante zur Darstellung eines NAND-Gatters

Werden in Bild 4.3 beide Eingänge E_1 und E_2 auf H-Pegel gelegt, tritt ein ständiger Stromfluss auf und es wird dauerhaft elektrische Leistung in Wärme umgesetzt. Dieser Nachteil wird bei der CMOS-Technik (Bild 4.4b) vermieden.

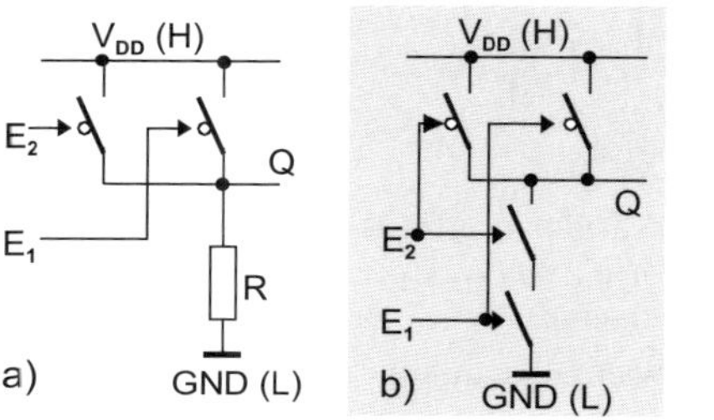

Elektrische Funktion:

E_1	E_2	Q
L	L	H
L	H	H
H	L	H
H	H	L

Bild 4.4 Alternative Varianten zur Realisierung des NAND-Gatters (positive Logik vorausgesetzt). Die Variante b) entspricht der CMOS-Technik.

Durch Reihen- und Parallelschaltung weiterer Schalter lassen sich beliebige logische Verknüpfungen aus einer hohen Anzahl von Eingangssignalen gewinnen. Die Zuordnung der elektrischen Signale zu logischen Variablen gestattet die technische Nutzung der *Boole*'schen Algebra.

4.2 Boole'sche Algebra

Binäre Variabeln können genau zwei Werte annehmen. Man verwendet

- in der **Aussagenlogik** die Wahrheitswerte 'wahr' und 'falsch',
- in der **Schalterlogik** die Schalterzustände 'ein' und 'aus', und
- in **elektronischen Schaltungen** die Pegel 'Low' und 'High'.

Die *Boole*'sche Algebra greift ausschließlich auf die binären Ziffern '0' und '1' zurück. Bei der Abbildung auf technische Systeme muss man sich für positive oder negative Logik entscheiden (s. Abschn. 4.1.2).

4.2.1 Variablendefinition und Verknüpfungen

Es sei mit x oder x_i eine Variable definiert, deren Wertevorrat der Trägermenge $B = \{0,1\}$ entstammt. Für derartige binäre Variablenwerte gelte die Eindeutigkeit:

$x = 0$ bedeutet immer auch $x \neq 1$ und

$x = 1$ bedeutet immer auch $x \neq 0$.

Zur Beschreibung der logischen Verknüpfung von zwei Variablen seien die folgenden Symbole verwendet:

$\wedge$	Operator der Konjunktion (UND, AND)	auch:	$\cdot$ oder &
$\vee$	Operator der Disjunktion (ODER, OR)	auch:	+ oder |
$-$	Operator der Negation (Nicht, NOT)	auch:	/
$\leftrightarrow$	Operator für die Äquivalenz (Gleichheit)	auch:	$\equiv$
$\leftrightarrow$	Operator für die Antivalenz (XOR)	auch:	$\oplus$

Bei n voneinander verschiedenen Eingangsvariablen gibt es 2^{2n} unterschiedliche Möglichkeiten, um eine Schaltfunktion der Form $y = f(x_1, x_2, \ldots x_n)$ darzustellen. Für n = 0 bis n = 4 ergeben sich folgende Möglichkeiten:

$n = 0$ eine Menge von 2 Funktionen (zwei Konstanten),

$n = 1$ eine Menge von 4 Funktionen (Konstanten, Identität, Negation),

$n = 2$ eine Menge von 16 Funktionen,

$n = 3$ eine Menge von 256 Funktionen,

$n = 4$ eine Menge von 65536 Funktionen.

Für die logische Verknüpfung von mehr als zwei Variablen sind hauptsächlich die Konjunktion und die Disjunktion von Bedeutung.

4.2.2 Postulate der Boole'schen Algebra

Aus der Eindeutigkeit binärer Werte folgt für die Negation:

$\bar{x} = x$ $\qquad \bar{0} = 1$ $\qquad \bar{1} = 0$

Ein logischer Ausdruck kann mit dem neutralen Element einer Grundfunktion erweitert bzw. gekürzt werden, ohne dass der Wert des logischen Ausdrucks verändert wird.

Die 0 ist das neutrale Element der Disjunktion: $0 \vee x_1 = x_1$

Die 1 ist das neutrale Element der Konjunktion: $1 \wedge x_1 = x_1$

Disjunktion und Konjunktion lassen sich durch die beiden ***De Morgan*'schen Gesetze** in die jeweils andere Verknüpfung übertragen. Beispielsweise gilt eine Gleichwertigkeit der beiden Gleichungen

$$y = x_1 \wedge x_2 \quad \text{und} \quad \bar{y} = \bar{x}_1 \vee \bar{x}_2 .$$

Veranschaulichen lässt sich diese Dualität beispielsweise mit der Schalterlogik. Für eine Reihenschaltung zweier Schalter bildet die linke Gleichung folgende Aussage ab: „Die Reihenschaltung y bildet einen geschlossenen Schalter, wenn der Schalter x_1 UND der Schalter x_2 geschlossen sind". Die rechte Gleichung hingegen kann so interpretiert werden: „Die Reihenschaltung y bildet keinen geschlossenen Schalter, wenn der Schalter x_1 ODER der Schalter x_2 geöffnet (also nicht geschlossen) sind".

4.2.3 Rechenregeln der Boole'schen Algebra

Nachfolgend sind die wichtigsten Regeln für den Umgang mit logischen Ausdrücken aus AND- und OR-Verknüpfungen aufgeführt:

Kommutativgesetz (Vertauschungsregel):

Für die OR-Verknüpfung: $x_1 \vee x_2 = x_2 \vee x_1$

Für die AND-Verknüpfung: $x_1 \wedge x_2 = x_2 \wedge x_1$

Assoziativgesetz (Verknüpfungsregel):

$x_1 \vee (x_2 \vee x_3) = (x_1 \vee x_2) \vee x_3$

$x_1 \wedge (x_2 \wedge x_3) = (x_1 \wedge x_2) \wedge x_3$

Distributivgesetz:

$(x_1 \vee x_2) \wedge (x_1 \vee x_3) = x_1 \vee (x_2 \wedge x_3)$

$(x_1 \wedge x_2) \vee (x_1 \wedge x_3) = x_1 \wedge (x_2 \vee x_3)$

Theoreme von De Morgan:

$\overline{x_1 \vee x_2} = \bar{x}_1 \wedge \bar{x}_2$ $\overline{x_1 \wedge x_2} = \bar{x}_1 \vee \bar{x}_2$

Kürzungsregeln:

$x_1 \vee (x_1 \wedge x_2) = x_1$ $x_1 \wedge (x_1 \vee x_2) = x_1$

$(x_1 \wedge x_2) \vee (x_1 \wedge \bar{x}_2) = x_1$ $(x_1 \vee x_2) \wedge (x_1 \vee \bar{x}_2) = x_1$

$x_1 \vee (\bar{x}_1 \wedge x_2) = x_1 \vee x_2$ $x_1 \wedge (\bar{x}_1 \vee x_2) = x_1 \wedge x_2$

Vorrangregeln:

In algebraischer Schreibweise werden ohne Klammersetzung die Verknüpfungen in folgender Reihenfolge vorgenommen:

1) Negation,
2) UND (Konjunktion) und
3) ODER (Disjunktion).

Bei der Anwendung formaler Sprachen wie VHDL sind diese Vorrangregeln mitunter abweichend umgesetzt. Daher sollte man bei mehrfachen logischen Verknüpfungen immer mit Klammersetzung arbeiten.

4.2.4 Boole'sche Gleichungen und Logikgatter

Sowohl die in den *Boole*'schen Gleichungen benutzten Variablen als auch die Verknüpfungsoperatoren müssen in der Digitaltechnik praktische Entsprechungen finden.

Technisch werden *Boole*'sche Variablen durch binäre Signale dargestellt. Die technische Realisierung eines logischen Operators bezeichnet man als **Logikgatter**.

Wie bereits erwähnt, kann man für die Verknüpfung von zwei binären Eingangssignalen 16 verschiedene Funktionen finden. Davon sind die für die Praxis wichtigsten in Bild 4.5 zusammengestellt.

Kürzel	Funktionsbezeichnung	Boole'scher Ausdruck	VHDL-Notation	Europ. Schaltsymbol	US-Schaltsymbol
0	Konstante 0	Q = 0	Q <= '0'		
Entspricht einer direkten Verbindung mit GND bzw. V_{SS}					
1	Konstante 1	Q = 1	Q <= '1'		
A	Identität A	Q = A	Q <= A	A ▷ Q	A Q
Diese Funktionen werden für Treiberzwecke verwendet					
B	Identität B	Q = B	Q <= B	B ▷ Q	B Q
$\overline{A}$	Negation von A	Q = $\overline{A}$	Q <= not A	A ▷ Q	A Q
$\overline{B}$	Negation von B	Q = $\overline{B}$	Q <= not B	B ▷ Q	B Q
AND	Logisches UND	Q = A∧B Q = AB	Q <= A and B	A B & Q	A B Q
NAND	Negiertes UND	Q = $\overline{A \wedge B}$ Q = $\overline{AB}$	Q <= A nand B	A B & Q	A B Q
OR	Logisches ODER	Q = A∧B Q = AB	Q <= A or B	A B ≥1 Q	A B Q
NOR	Negiertes ODER	Q = $\overline{A \vee B}$ Q = $\overline{A+B}$	Q <= A nor B	A B ≥1 Q	A B Q
XOR	Exclusiv ODER, Antivalenz	Q = A⊕B Q = A↮B	Q <= A xor B	A B =1 Q	A B Q
XNOR	Äquivalenz	Q = A↔B Q = A≡B	Q <= A xnor B	A B =1 Q	A B Q

Bild 4.5 Übersicht über die wichtigsten Logikfunktionen mit maximal zwei Eingängen

Für die gebräuchlichen Logikgatter hat man Schaltsymbole definiert. Die Benennung der Signale an den Ein- und Ausgangsleitungen kann beliebig erfolgen; in der Übersicht sind die Eingänge mit *A* und *B* und der Ausgang mit *Q* bezeichnet. Da praktische Arbeiten vielfach in einer Hardware-Beschreibungssprache (VHDL) erfolgen, ist diese Notation in Bild 4.5 ebenfalls aufgeführt.

Die logischen Verknüpfungen AND, NAND, OR und NOR sind auch für mehr als zwei Eingänge definiert und technisch realisierbar. Das gilt jedoch nicht für die Funktionen XOR und XNOR.

Die Negation wird durch eine einfache Kreislinie am Ausgang (oder bei Bedarf auch am Eingang) eines Gatters gekennzeichnet.

Anmerkung: Die Bezeichnung XNOR ist im algebraischen Sinne nicht korrekt, weil sie „Exklusiv-NOR" bedeuten würde. Die NOR-Funktion bringt aber nur für A = B = '0' den Wert Q = '1', da lässt sich nichts weiter ausschließen. Wissenschaftlich korrekt sind die Bezeichnungen „Äquivalenz" oder „Negiertes XOR".

■ 4.3 Das Transmissionsgatter

Das Transmissionsgatter ist ein Baustein, der zwei **Knoten** in einem elektrischen Netzwerk oder einer logischen Schaltung durch **Steuerung** wahlweise **verbinden** oder **trennen** kann.

Ein Transmissionsgatter besitzt zwei Signalanschlüsse (hier A und Q) und einen Steuereingang (S) (Bild 4.6). Ist (hier mit S = '0') der Schalter geöffnet, so lässt sich von A her für den Ausgang Q kein bestimmter Signalwert zuweisen. Man benutzt dafür den Signalwert 'Z'. Er steht für einen hohen Wert der Impedanz (komplexer Widerstand Z) am Ausgang Q.

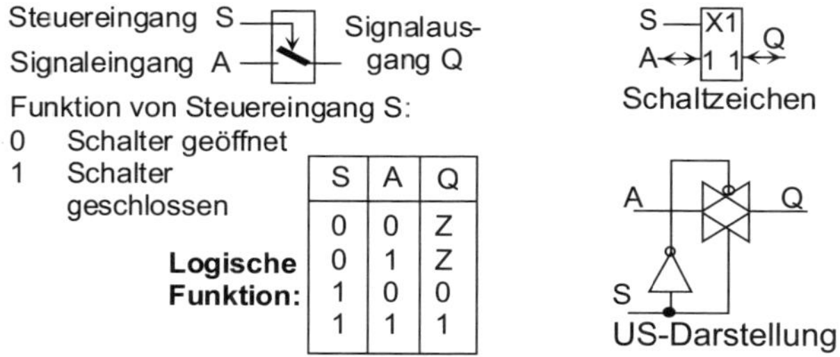

S	A	Q
0	0	Z
0	1	Z
1	0	0
1	1	1

Bild 4.6 Funktionsweise und Darstellung eines Transmissionsgatters

Anmerkung: Ein Vertauschen von Signalein- und -ausgang ist aufgrund der Symmetrie des Schalters zulässig. Ferner erlaubt das Transmissionsgatter auch das Schalten analoger Signale.

Ein Transmissionsgatter kann verwendet werden, um mehrere Ausgänge auf einen gemeinsamen Knoten zu führen. Solche Mehrfach-Zuweisungen logischer Werte können nach den Regeln der *Boole*'schen Algebra zu Widersprüchen führen. Schaltet man jedoch an den normalen Gatterausgang ein Transmissionsgatter, so erhält man einen so genannten **Tristate-Ausgang.** Bei der Zusammenschaltung mehrerer Tristate-Ausgänge ist zu beachten, dass höchstens ein Ausgang Q_i aktiviert sein sollte. Von Bedeutung ist diese Zusammenschaltung für den Aufbau von Bussystemen.

VHDL definiert mit dem Signaltyp std_logic gegenüber der *Boole*'schen Algebra weitere Logikwerte. Der Wert '*Z*' bezeichnet einen hochohmigen (inaktiven) Ausgang. Ein weiterer Ausgang kann an denselben Knoten eine '0' oder eine '1' liefern. Sind jedoch auf demselben Knoten zwei aktive Ausgänge entgegengesetzt ('0' und '1') belegt, liefert der Signaltyp std_logic mit seiner Lösungsfunktion den unbestimmten Logikwert '*X*'.

4.4 Kombinatorische Schaltungen

4.4.1 Allgemeines

Das Verhalten logischer Schaltungen lässt sich beschreiben durch:

- **Schaltbelegungs- oder Wahrheitstabelle:** Zusammenfassung aller 2^n möglichen Kombinationen der n Eingangsvariablen x_i und tabellarische Zuordnung der Ausgangssignale.
- **Schaltfunktion:** Darstellung aller Signale als Variablen und aller Funktionen $y_j = f_k\ (x_i)$ als *Boole*'sche Gleichungen oder in einer Hardware-Beschreibungssprache.
- **Logikplan:** Grafische Darstellung der Funktionen durch Gatter (z. B. NAND, NOR, Negation), Signale durch Verbindungsleitungen.

Die **Schaltbelegungstabelle** erlaubt unvollständig oder vollständig definierte Funktionen. Unvollständigkeit liegt vor, wenn für mindestens eine Kombination der Eingangsvariablen x_i der Wert der Ausgangsvariablen y nicht mit '0' oder '1' vorgegeben ist. Diese Tabellenzeile wird entweder weggelassen, oder man trägt ein Symbol für „beliebig“ (im VHDL-Signaltyp std_logic das Zeichen '-') ein.

Ein Logikplan drückt aus, in welcher Weise mehrere Gatter für die logische Verknüpfung von Signalen zusammenwirken. Er repräsentiert eine technische Struktur. Mit einer gegebenen Schaltfunktion können sehr unterschiedliche Logikpläne korrespondieren. Jeder Logikplan bildet eine vollständig definierte Logikfunktion ab, d. h. unvollständig definierte Logikfunktionen müssen vor der Übertragung in einen Logikplan (willkürlich oder nach Minimierungskriterien) vervollständigt werden.

Eine **kombinatorische Schaltung** liefert bei Vorgabe von n binären Eingangsgrößen x_i immer eindeutig daraus bestimmbare Ausgangswerte y_k. Sie besteht aus einer Menge **logischer Verknüpfungen** ohne jegliche Rückkopplung. Das Prinzip Ursache → Wirkung gilt dabei ohne Einschränkung.

4.4.2 Optimierung von Schaltfunktionen

Die Gesetze einer wirtschaftlichen Fertigung zwingen die Hersteller von digitalen Schaltkreisen dazu,

- mit einer möglicht geringen Anzahl von Logikgattern und
- mit möglichst wenigen unterschiedlichen Operatoren

auszukommen. Dementsprechend die erfolgt Optimierung einer Schaltfunktion in der Praxis in zwei Schritten, die im Folgenden näher erläutert werden.

4.4.2.1 Minimierung einer AND-OR-Schaltfunktion

Ein **Vollkonjunktionsterm** (VK-Term) ist ein logischer Ausdruck, der **alle** vorhandenen Eingangsvariablen x_i entweder direkt oder in negierter Form UND-verknüpft. Die **Kanonisch Disjunktive Normalform** (KDN) einer Schaltfunktion $y(x_i)$ besteht ausschließlich aus einer Menge ODER-verknüpfter VK-Terme.

Bekannte Verfahren zur Minimierung gehen meist von der KDN aus. Die direkte Umwandlung der KDN in einen Logikplan entspricht einer zweistufigen AND-OR-Logik (Abschn. 4.4.6). Bei einer gegebenen Wahrheitstabelle findet man für die Schaltfunktion y eine zeilenweise Korrespondenz zur KDN. Dabei bedeuten:

'1' → Der zugehörige VK-Term ist in der KDN enthalten.

'0' → Der zugehörige VK-Term ist in der KDN nicht enthalten.

'-' → Der zugehörige VK-Term kann in der KDN enthalten sein.

Meist lässt sich der technische Aufwand für die Realisierung einer Logikfunktion gegenüber der KDN wesentlich verringern. Insbesondere ist im Zuge der Minimierung eine nicht vorgegebene Belegung '-' (beliebig, engl. „don't care") abhängig von den vorgegebenen VK-Termen durch eine '0' oder eine '1' zu ersetzen.

Das **Minimierungsverfahren** von **Karnaugh/Veitch (KV)** geht von einer grafischen Darstellung der KDN bzw. der Wahrheitstabelle aus. Das **KV-Diagramm** wird nach folgenden Regeln aufgestellt:

- Jeder möglichen Zeile der Wahrheitstabelle wird ein Feld im KV-Diagramm zugeordnet. Für *n* Eingangsvariablen sind also 2^n Felder vorzusehen.
- Die Anordnung der Felder wird so gewählt, dass sich benachbarte Felder immer hinsichtlich genau einer Variablen unterscheiden. Diese Wahl wird durch die Belegung der Eingangsvariablen am Rand des KV-Diagramms notiert.
- Randfelder haben auch die gegenüberliegenden Randfelder als Nachbarn. Für Eckfelder gilt Gleiches im mehrfachen Sinne.
- In jedem Feld wird der Wert der Schaltfunktion y eingetragen.

Die minimierte Schaltfunktion erhält man (falls möglich) durch Verschmelzen von benachbarten mit '1' belegten Feldern. Man erhält damit zunächst Zweier-Blöcke, die in der Schaltfunktion zwei VK-Terme durch einen verkürzten Ausdruck ersetzen. Im Weiteren lassen sich gegebenenfalls zwei benachbarte Zweier-Blöcke zu einem Vierer-Block oder zwei benachbarte Vierer-Blöcke zu einem Achter-Block verschmelzen usw. Es sind also möglichst große 2^i-Blöcke so zu bilden, dass sich jeder 2^i-Block in der vereinfachten Schaltfunktion durch einen verkürzten Konjunktionsterm beschreiben lässt. Dabei dürfen

- mit '1' belegte Felder auch mehrfach verschmolzen und
- mit '-' belegte Felder bei Bedarf wie eine '1' benutzt werden.

Im Beispiel nach Bild 4.7 sei eine Wahrheitstabelle mit vier Eingangsvariablen vorgegeben. Daraus werde die minimierte Schaltfunktion ermittelt.

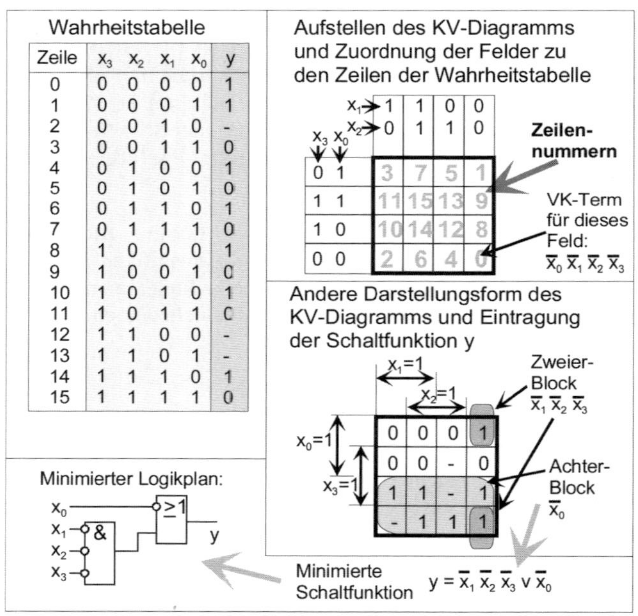

Wahrheitstabelle

Zeile	x_3	x_2	x_1	x_0	y
0	0	0	0	0	1
1	0	0	0	1	1
2	0	0	1	0	-
3	0	0	1	1	0
4	0	1	0	0	1
5	0	1	0	1	0
6	0	1	1	0	1
7	0	1	1	1	0
8	1	0	0	0	1
9	1	0	0	1	0
10	1	0	1	0	1
11	1	0	1	1	0
12	1	1	0	0	-
13	1	1	0	1	-
14	1	1	1	0	1
15	1	1	1	1	0

Bild 4.7 Beispiel für die Minimierung einer Schaltfunktion

Im Beispiel ergibt sich nach der Minimierung in der Wahrheitstabelle der Wert '1' in den Zeilen 2 und 12, während in der Zeile 13 '-' durch '0' zu ersetzen ist.

Die Minimierung mit Hilfe des KV-Diagramms wird bei mehr als sechs Eingangsvariablen x_i grafisch sehr unübersichtlich. Für eine höhere Anzahl von Variablen werden algorithmische Verfahren (z.B. Quine/Mc.Cluskey) maschinell abgearbeitet. Sie basieren zumeist – wie die Minimierung mit Hilfe des KV-Diagramms – auf dem Auffinden und Verschmelzen von „benachbarten" Konjunktionstermen.

4.4.2.2 Realisierung auf Gatterniveau

Im zweiten Arbeitsschritt wird auf die Frage eingegangen, welche Gatterfunktionen für die technische Umsetzung zu benutzen sind.

Ein Operatorensystem ist **vollständig**, wenn sich mithilfe der darin enthaltenen Verknüpfungsoperationen jede beliebige logische Funktion nachbilden lässt.

Die Operationen {AND, OR, NOT} sind Grundfunktionen der *Boole*'schen Algebra. Mit ihnen lassen sich alle 16 möglichen Schaltfunktionen zweier Eingangsvariablen A und B vollständig abbilden. Es lässt sich zeigen, dass die folgenden Gruppen ebenfalls vollständige Operatorensysteme darstellen:

{NAND}; {NOR}; {AND, XOR}.

Die Herstellung einer Logik wird meist preiswerter, wenn nur eine Art von Logikgattern verwendet wird. Will man beispielsweise ausschließlich NAND-Gatter verwenden, lässt sich aus dem Beispiel nach Bild 4.7 das Ergebnis in Bild 4.8 ableiten.

Bild 4.8 Ergebnis der Beispielfunktion in NAND-Technik

4.4.2.3 Aktuelle Aspekte

Beim effektiven Entwurf digitaler Schaltungen mit mehreren Tausend oder Millionen Gatterfunktionen kann man auf ein CAD-System (Computer Aided Design) nicht verzichten. Die darin implementierten Arbeitsmethoden sind äquivalent zur klassischen Vorgehensweise. Alle Informationen werden hierbei in Dateien abgelegt und es gelten folgende Korrespondenzen:

- **Schaltbelegungstabellen** ↔ **Funktionstabellen** (z. B. JEDEC-Datei).
- ***Boole*'sche Gleichungen** ↔ **Operatoren** in einer **Hardware-Beschreibungssprache** (z. B. VHDL).
- **Logikpläne** ↔ **Netzlisten** (z. B. .net oder .edf).

Die Umformungen zwischen den verschiedenen Darstellungen laufen schrittweise nach algorithmisch zu bearbeitenden Regeln ab. Zur Eingabe von Logikplänen verwendet man grafische Oberflächen. Hardware-Beschreibungssprachen wie VHDL hingegen gestatten neben Zustands- oder Flussgrafen auch die direkte Eingabe im Quelltextformat. Dabei gelten folgende Regeln:

- Man arbeitet **hierarchisch** auf mehreren Komplexitätsebenen.

- Jeder Block wird durch eine Schnittstellenbeschreibung der ein- und ausgehenden Signale **(entity)** und durch eine Struktur- oder Funktionsbeschreibung **(architecture)** repräsentiert.
- In der **architecture** gilt eine Nebenläufigkeit (Vertauschbarkeit) aller Anweisungen (analog zur Bestückung einer Leiterplatte).
- Um alternativ mit sequenziellen Anweisungen arbeiten zu können, werden spezielle Objekte **(process, function, procedure)** definiert.

Die Erzeugung einer **Netzliste** aus einem VHDL-Quelltext ist Aufgabe des Hardware-Compilers. Dieser benötigt für seine Arbeit Informationen, welche in speziellen Gatterfunktionen oder vorgefertigten Funktionseinheiten verfügbar sind. Komplexere Funktionsblöcke werden dabei in einer Bibliothek zusammengefasst.

4.4.3 Codierschaltungen (Codierer und Decoder)

Codierungen im Sinne der Digitaltechnik sind Abbildungen von Zahlen, Zeigern, Schriftzeichen, grafischen Symbolen oder anderen Objekten auf eine Menge binärer Signale (Bits). Die Zuordnungsregel zu diesen Zeichen bezeichnet man als **Codierungsvorschrift**.

Codewandler dienen der eindeutigen Abbildung einer Codierungsvorschrift A auf eine andere Codierungsvorschrift B. Dabei spricht man teilweise in abweichender Terminologie von Codierern und Decodern.

Als **Codierer** bezeichnet man Schaltungen, die aus einer kombinatorischen Codierung eine Zahlencodierung erzeugen. Decoder ordnen einer Zahl eine andere Darstellung (Anzeigesymbol, Zeiger usw.) zu.

Die Entwicklung einer Codierschaltung beginnt in der Regel mit dem Aufstellen der Funktionstabelle.

In **Zahlencodierungen** haben die einzelnen Objekte (Ziffern) eine genau definierte Stellenwertigkeit (s. Abschnitt 12.2.3). Neben einer dezimalen Zahlendarstellung wählt man in der Digitaltechnik meist die Basiszahl 2 (**duales Zahlensystem**). Den binären Stellen können je nach Wahl der Darstellung verschiedene Wertigkeiten zukommen (Tabelle 4.1).

Tabelle 4.1 Wertigkeiten der Bitpositionen eines Bytes in verschiedenen Zahlendarstellungen

Element auf der Position	d_7	d_6	d_5	d_4	d_3	d_2	d_1	d_0
Positive Zahlendarstellung	2^7	2^6	2^5	2^4	2^3	2^2	2^1	2^0
Integer-Zahlendarstellung	-2^7	2^6	2^5	2^4	2^3	2^2	2^1	2^0
Gepackte BCD-Zahl	80	40	20	10	2^3	2^2	2^1	2^0

Spezielle Codierungen ordnen - anders als beispielsweise die BCD-Codierung (BCD: Binary Coded Decimals) - den einzelnen Bits zwar je eine Position, aber keine Wertigkeit zu. Gebräuchlich sind solche Codierungen z.B. bei der Übertragung und Verarbeitung von dezimalen Zahlen (Tabelle 4.2).

Tabelle 4.2 Verschiedene Codes zur Darstellung einer Dezimalziffer

Ziffer	0	1	2	3	4	5	6	7	8	9
BCD	0000	0001	0010	0011	0100	0101	0110	0111	1000	1001
2-aus-5	11000	00011	00101	00110	01001	01010	01100	10001	10010	10100
Aiken	0000	0001	0010	0011	0100	1011	1100	1101	1110	1111
3-Excess	0011	0100	0101	0110	0111	1000	1001	1010	1011	1100

Der 2-aus-5-Code ist ein fünfstelliger Code, der immer zwei Einsen enthält und die sichere Erkennung eines einfachen Bitfehlers ermöglicht. Der **Aiken-Code** und der **Drei-Excess-Code** hingegen besitzen eine **negationssymmetrische Struktur** (die Symmetrielinie liegt zwischen den Ziffern 4 und 5). Dadurch treten die Elemente '1' und '0' statistisch mit gleichen Wahrscheinlichkeiten auf.

Kombinatorische Codierungen sind beispielsweise der **1-aus-n-Code** und der **m-aus-n-Code**. Sie lassen sich für Auswahl- oder Anzeigezwecke verwenden. Der 1-aus-n-Code entspricht einem Zeiger (z.B. Adresse im Festwertspeicher). Der m-aus-n-Code lässt sich als **Bargraf-Anzeige** interpretieren (Thermometerskala). Die Wahrheitstabelle und ein Logikplan für einen m-aus-3-Decoder sind in Bild 4.9 dargestellt. Umfangreichere Decoder werden nach gleicher Methode erstellt.

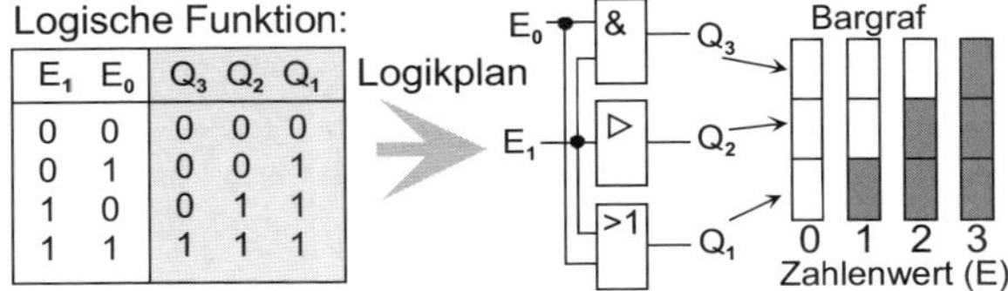

Bild 4.9 Darstellung eines einfachen Binär- zu- m-aus-3-Decoders

Anzeigecodierungen werden zur Darstellung alphanumerischer oder grafischer Symbole benötigt. Genannt sei hier nur die klassische Siebensegment-Codierung. Die vier Eingangssignale d_3, d_2, d_1 und d_0 stellen eine BCD-codierte Zahl dar. Die sieben Segmente a bis g seien bei einer logischen '1' am Ausgang des Decoders eingeschaltet. Aus den Vorgaben lässt sich ein Logikplan für die Ansteuerung aller Segmente entwickeln. Für das Segment a ergibt sich der im Bild 4.10 gezeigte Logikplan.

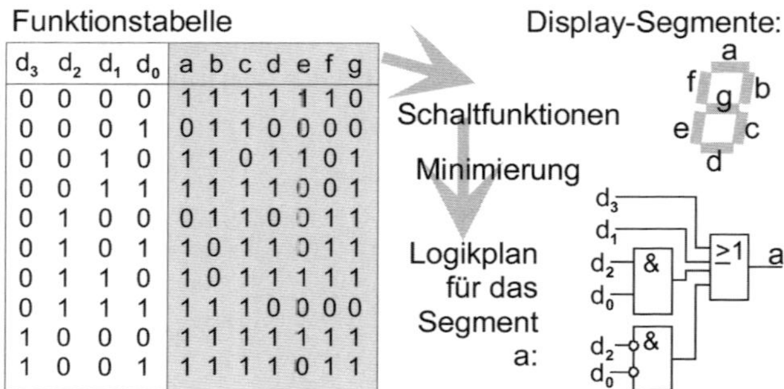
Funktionstabelle

d_3	d_2	d_1	d_0	a	b	c	d	e	f	g
0	0	0	0	1	1	1	1	1	1	0
0	0	0	1	0	1	1	0	0	0	0
0	0	1	0	1	1	0	1	1	0	1
0	0	1	1	1	1	1	1	0	0	1
0	1	0	0	0	1	1	0	0	1	1
0	1	0	1	1	0	1	1	0	1	1
0	1	1	0	1	0	1	1	1	1	1
0	1	1	1	1	1	1	0	0	0	0
1	0	0	0	1	1	1	1	1	1	1
1	0	0	1	1	1	1	1	0	1	1

Bild 4.10 Funktionstabelle eines Siebensegment-Decoders und Entwicklung einer Decoderschaltung für Segment „a“

4.4.4 Multiplexer und Demultiplexer

Als **Multiplexer** bezeichnet man eine **kombinatorische Schaltung**, die nach dem 1-aus-*n*-Auswahlprinzip einen der Signaleingänge x_0 bis x_{n-1} auf einen Ausgang Q abbildet. Steuersignale s_j liefern die Information, welcher Eingang x_i ausgewählt sein soll.

Das Auswahlprinzip lässt sich auf anschauliche Weise mit Hilfe des Umschalters darstellen. Dieser wiederum lässt sich mit Hilfe von Transmissionsgattern (Abschn. 4.3) technisch gut realisieren.

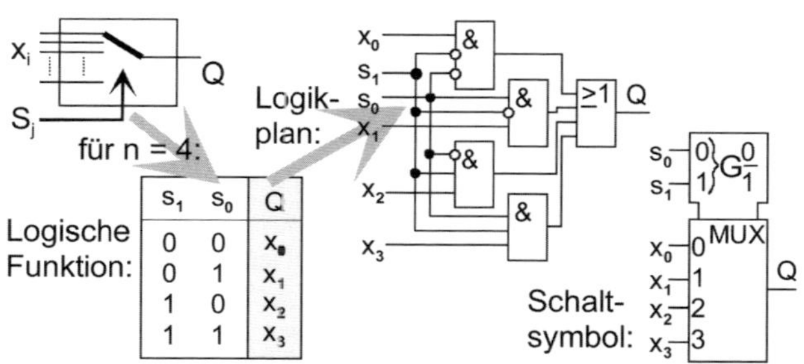
Logische Funktion:

s_1	s_0	Q
0	0	x_0
0	1	x_1
1	0	x_2
1	1	x_3

Bild 4.11 Multiplexer: Schematische Darstellung, Funktionstabelle für das 1-aus-4-Auswahlprinzip, Logikplan und Schaltsymbol

Im Bild 4.11 ist das Auswahlprinzip als logische Schaltung für vier Eingänge dargestellt. Wären jedoch beispielsweise neun Eingänge x_0 bis x_8 mit einem Multiplexer wahlweise auf einen Ausgang Q zu führen, dann müssen mindestens vier binäre Steuersignale s_0 bis s_3 existieren. Da aber *m* Steuersignale bis zu 2^m Eingangssignale zuordnen können, sind in diesem Falle sieben weitere Eingänge x_9 bis x_{15} zweckmäßig. Allgemein werden Multiplexer daher mit 2^n Eingängen realisiert.

Zur Anwendung kommt ein Multiplexer immer, wenn bestimmte Ressourcen wie Bus- oder Übertragungsleitungen oder bestimmte Funktionsgruppen zeitlich nacheinander von verschiedenen Datenquellen aus zu versorgen sind.

> Ein **Demultiplexer** stellt das Gegenstück des Multiplexers dar. Er bewirkt das Durchschalten eines **Eingangssignals E** auf einen der **n Ausgänge** y_0 bis y_{n-1}. Hierzu sind wie auch beim Multiplexer mindestens ld(n) binäre Steuersignale nötig.

Bei Verwendung von Transmissionsgattern kann ein Baustein wahlweise als Multiplexer oder als Demultiplexer verwendet werden, denn ein Transmissionsgatter arbeitet bidirektional. Im Bild 4.12 ist die Struktur eines Bausteins dargestellt, der sich als 4-auf-1-Multiplexer oder 1-zu-4-Demultiplexer verwenden lässt.

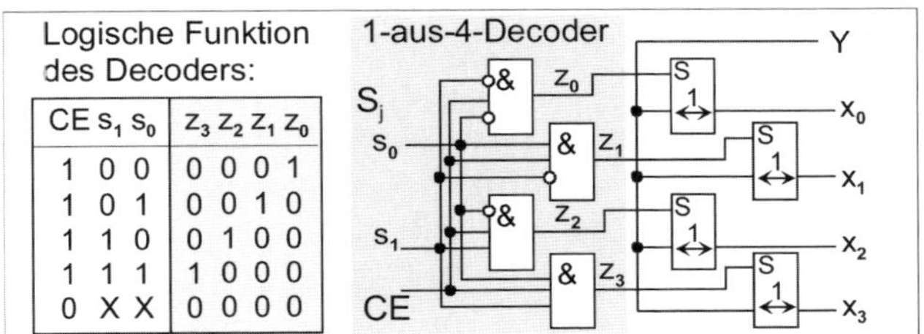

CE s_1 s_0	z_3 z_2 z_1 z_0
1 0 0	0 0 0 1
1 0 1	0 0 1 0
1 1 0	0 1 0 0
1 1 1	1 0 0 0
0 X X	0 0 0 0

Bild 4.12 Multiplexer und Demultiplexer auf Basis des Transmissionsgatters

Der 1-aus-4-Decoder wird oft mit einem oder mehreren zusätzlichen Steuereingängen CE (Chip Enable) ausgestattet, um den 1-aus-*n*-Decoder aktivieren oder deaktivieren können. Im aktivierten Zustand (hier: CE = 1) schaltet der Decoder genau ein Transmissionsgatter ein und stellt somit die elektrische Verbindung zwischen dem gewählten x_i und dem gemeinsamen Signalanschluss Y her.

4.4.5 Rechenschaltungen

Numerische Rechnungen lassen sich grundsätzlich mit kombinatorischen Schaltungen ausführen. Hierzu müssen die Operanden mit exakt definierter Zahlencodierung als eine Menge binärer Eingangssignale vorgegeben werden. Die wichtigsten Rechenschaltungen sind Addierer, Subtrahierer, Komparatoren, Multiplizierer und Dividierer.

4.4.5.1 Addierer

Die Addition zweier Dualzahlen wird auf die Addition zweier positiver Ein-Bit-Binärzahlen zurückgeführt. Das Grundelement hierfür ist der **Halbadder** (Halbaddierer). Er liefert neben der **Summe** s_i auch einen **Übertrag** c_{i+1} (carry), der mit der nächst höheren Zweierpotenz gewichtet ist. Der Logikplan ist in Bild 4.13 dargestellt.

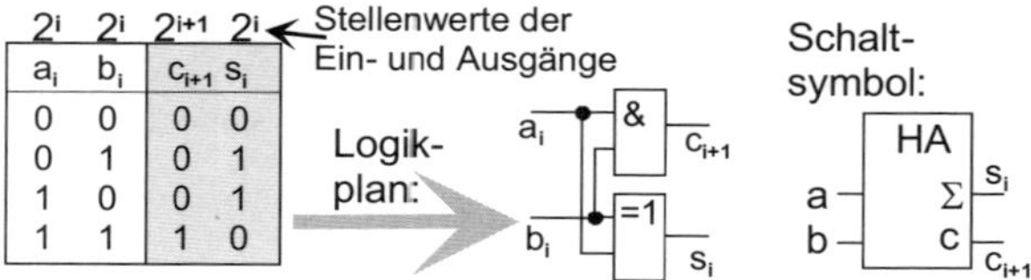

2^i a_i	2^i b_i	2^{i+1} c_{i+1}	2^i s_i
0	0	0	0
0	1	0	1
1	0	0	1
1	1	1	0

Bild 4.13 Funktionstabelle, Logikplan und Schaltsymbol des Halbadders

In der Regel sind mehrstellige Zahlen zu addieren. Um den Übertrag aus der niederen Stelle verarbeiten zu können, besitzt der **Volladder** (Bild 4.14) einen dritten Eingang mit gleicher Stellenwertigkeit *i*.

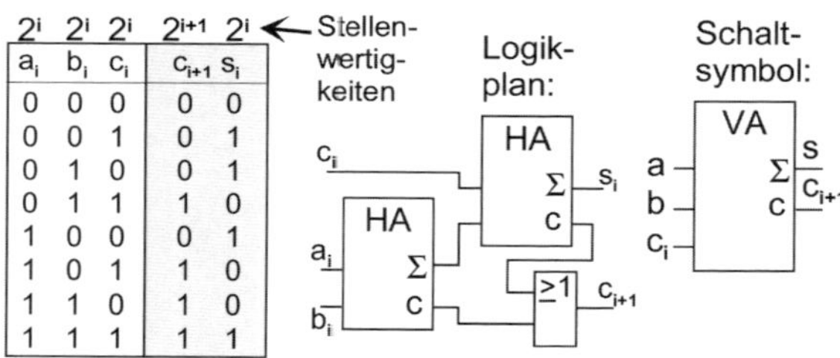

2^i a_i	2^i b_i	2^i c_i	2^{i+1} c_{i+1}	2^i s_i
0	0	0	0	0
0	0	1	0	1
0	1	0	0	1
0	1	1	1	0
1	0	0	0	1
1	0	1	1	0
1	1	0	1	0
1	1	1	1	1

Bild 4.14 Funktionstabelle, Logikplan und Schaltsymbol des Volladders

Der Volladder wird entweder aus zwei Halbaddern zusammengesetzt, oder in zweistufiger AND-OR-Logik (LUT: Lookup-Tabellen) realisiert.

Um zwei *n*-Bit-Dualzahlen addieren zu können, sind insgesamt *n* Volladdierer erforderlich. Dabei ist eine **Kaskadierung** so vorzunehmen, wie im Bild 4.15 exemplarisch für einen 4-Bit-Addierer dargestellt.

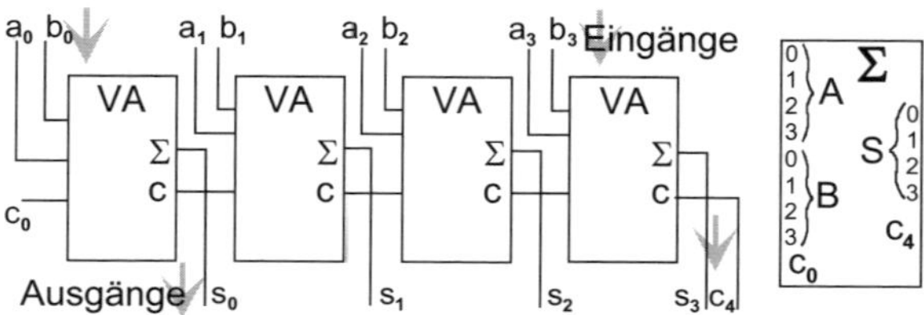

Bild 4.15 Zusammenschaltung von vier Volladdierern zum 4-Bit-Addierer

Die Rechenzeit eines Addierers nach dem Prinzip der Kaskadierung wächst linear mit der Anzahl der einzelnen Binärstellen. Um auch umfangreichere Operanden (32 Bit, 64 Bit usw.) in vertretbarer Rechenzeit zu verarbeiten, enthalten Addierwerke zusätzliche Logikfunktionen, die eine schnelle Übertragsverarbeitung möglich machen (Carry-Look-Ahead-Technik).

4.4.5.2 Subtrahierer

Wie die Addition lässt sich auch die Subtraktion bitweise mit der niedrigsten Stelle beginnend ausführen. Analog zum Addierer lassen sich Halb- und Vollsubtrahierer für die Berechnung einer Stelle verwenden. Praktisch führt man jedoch die Subtraktion $D = A - B$ auf die Addition des Zweierkomplements zurück. Dadurch lässt sich ein vorhandener Addierer zur Subtraktion heranziehen.

Das **Zweierkomplement K_2(B)** einer *n*-Bit-Dualzahl B ist dessen Ergänzung bis zum Überlaufwert 2^n im vorgegebenen Darstellungsformat. Es lässt sich durch bitweise Negation und Addition von 1 technisch einfach realisieren: $K_2(B) = (\bar{B} + 1)$

Wird anstelle der Subtraktion eine Addition des Zweierkomplements des Subtrahenden durchgeführt, so ist abschließend zur Korrektur eine Subtraktion von 2^n nötig. Diese Korrektur wird durch Negation des Übertragsausganges vorgenommen, wie in Bild 4.16 gezeigt.

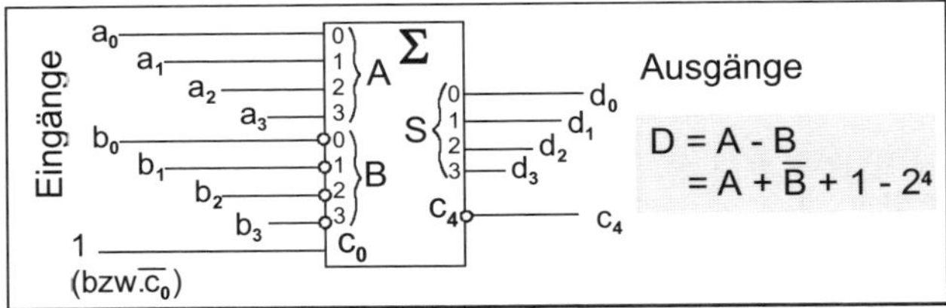

Bild 4.16 Realisierung der Subtraktion mit Hilfe eines Addierers

4.4.5.3 Komparatoren

Komparatoren haben die Aufgabe, zwei vorgegebene Operanden A und B miteinander zu **vergleichen**. Einfache Komparatoren zeigen nur die Gleichheit zweier Operanden mit dem **Gleichheits-Ausgang e** (equal) an. Erweiterte Komparatoren hingegen signalisieren mit einem oder zwei weiteren Ausgängen (g = greater und s = shorter), welcher Operand **größer bzw. kleiner** ist. Ein Komparator lässt sich auf unterschiedliche Weise realisieren:

- Man greift auf den Subtrahierer zurück.
- Man realisiert zunächst einen 1-Bit-Komparator mit logischen Gatterfunktionen (Bild 4.17). Für mehrstellige Vergleiche fügt man Eingänge zur Kaskadierung hinzu.

Eine Stufe des erweiterten Komparators lässt sich mit drei Gleichungen beschreiben, mit denen je ein einfacher Logikplan korrespondiert.

$s_i = s_{i+1} \vee (e_{i+1}\, \bar{a}_i\, b_i)$ $\quad e_i = e_{i+1}(\bar{a}_i\, \bar{b}_i \vee a_i\, b_i)$ $\quad g_i = g_{i+1} \vee (e_{i+1}\, a_i\, \bar{b}_i)$

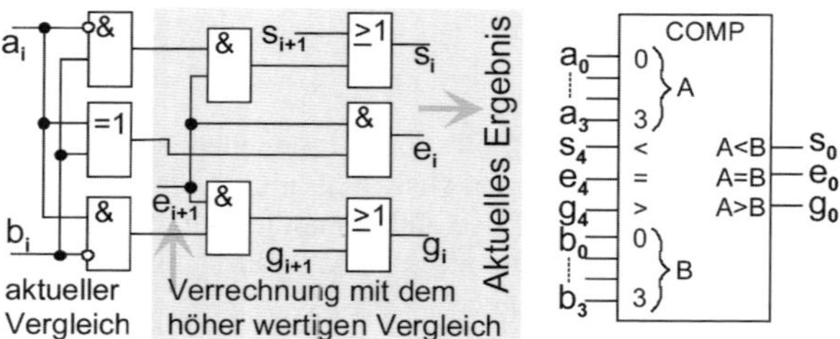

Bild 4.17 Eine Stufe des vollständigen Komparators und Schaltsymbol für einen vollständigen Vier-Bit-Komparator

4.4.5.4 Multiplizierer und Dividierer

Multiplizierer bzw. Dividierer haben die Aufgabe, zwei Operanden so zu verknüpfen, dass man als Ergebnis ein Produkt bzw. einen Quotienten erhält. Ihre logischen Funktionen werden auf das zeilenorientierte Schema einer schriftlichen Multiplikation bzw. Division zurückgeführt. Bild 4.18 zeigt das Schema der Multiplikation nach dem **Array-Prinzip**. Durch UND-Gatter werden die Produktterme a_ib_j gebildet. Diese werden entsprechend der Pfeilrichtung nach unten aufsummiert, Überträge werden nach links weitergereicht. Jede Zelle enthält neben dem UND-Gatter einen Volladdierer, wie in Bild 4.19 gezeigt. Für zwei *n*-Bit-Operanden sind n^2 Multiplikationszellen erforderlich.

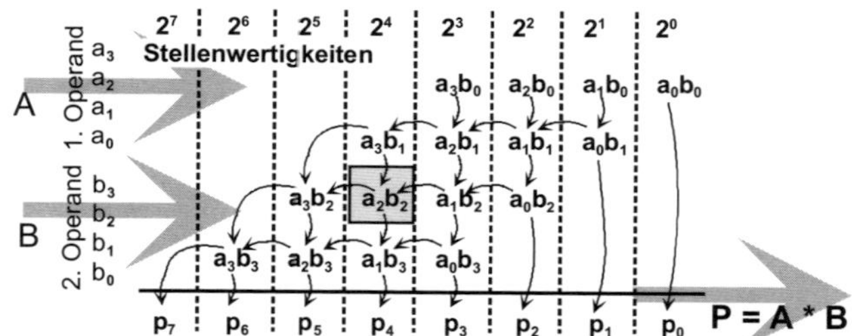

Bild 4.18 Multiplikationsschema für zwei Vier-Bit-Operanden A und B

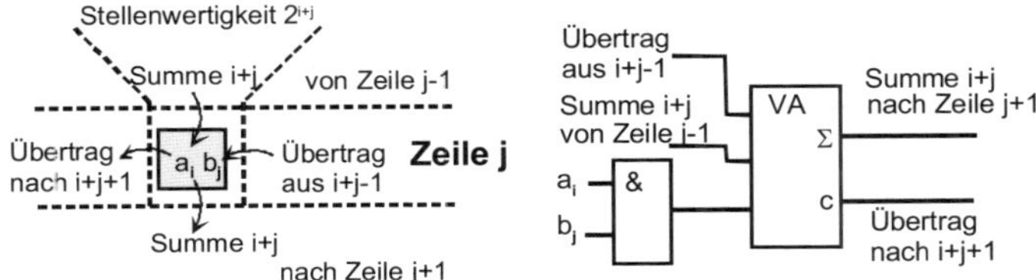

Bild 4.19 Technische Realisierung einer Multiplikationszelle

Die Division wird innerhalb eines Dividierer-Arrays nach vergleichbarem Schema auf eine zeilenweise Subtraktion zurückgeführt. Ein Dividierer-Array kann somit aus Subtrahierern und Multiplexern zusammengesetzt werden. Für den Quotienten Q und den Rest R sind separate Ausgänge vorgesehen.

4.4.6 Festwertspeicher

Festwertspeicher bestehen aus einer **zweistufigen AND-OR-Logik** und werden hinsichtlich ihrer Struktur auch als **Look-Up-Tabelle (LUT)** bezeichnet. Sie entsprechen der direkten Realisierung einer vollständigen Schaltbelegungstabelle bzw. der KDN und sind zur Darstellung **beliebiger kombinatorischer Funktionen** geeignet.

In der AND-Logikebene werden alle denkbaren VK-Terme realisiert, die sich in der zugehörigen Wahrheitstabelle als Zeilen wiederfinden. Die AND-Logik bildet den Adressdecoder (nach dem 1-aus-2^n-Prinzip); die n Eingänge stellen die Adressleitungen dar.

Die zweite Ebene realisiert eine spezifische OR-Verknüpfung der Konjunktionsterme. Sie wird im ROM vom Halbleiter-Hersteller durch eine Verdrahtungsmaske fest vorgegeben. Bei den PROM-Schaltkreisen kann sie vom Anwender in einem einmaligen Programmiervorgang selbst festgelegt werden. Moderne EEPROM- bzw. Flash-Speicher lassen ein vielfaches Löschen und Neuprogrammieren zu (Bild 4.20).

Festwertspeicher für die Mikrorechentechnik sind meist byteorientiert, d.h. jeder Ausgang des Adressdecoders führt auf acht Speicherzellen. Um eine beliebige Schaltfunktion mit 16 Eingängen darstellen zu können, ist ein ROM mit 2^{16} = 65536 = 64K Speicherzellen nötig, die je einen Transistor entsprechend Bild 4.42 enthalten. Hochintegrierte Festwertspeicher sind beispielsweise in den gebräuchlichen USB-Speichern enthalten. Um sie kleiner herstellen zu können, werden viele einzelne Speichertransistoren in Reihe geschaltet, woraus sich in den Zellen selbst eine NAND-Verknüpfung ergibt (NAND-Flash, Bild 4.3). Um beispielsweise 64 GByte Speicherkapazität zu erreichen, benötigt man bei zweiwertigem Speicherverhalten 2^{39} (mehr als eine halbe Billion!) Transistoren. Das Beschreiben oder Auslesen dieser NAND-Flash-Speicher ist jedoch, durch die Reihenschaltung bedingt, ein komplizierter Prozess.

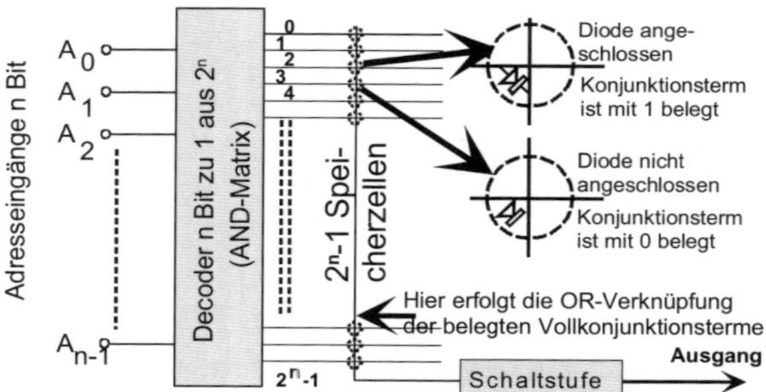

Bild 4.20 Prinzipieller Aufbau des Festwertspeichers (ROM). An Stelle der Dioden werden heute meist Floating-Gate-Feldeffekttransistoren eingesetzt.

4.5 Flipflops

4.5.1 Allgemeines

Flipflops (FF) sind **binäre Speicherelemente**. Das Speicherverhalten wird durch eine **positive Rückkopplung** (Mitkopplung) erzeugt. Das einfachste binäre Speicherelement besteht aus einer Schleife von zwei Negatoren (Bild 4.21).

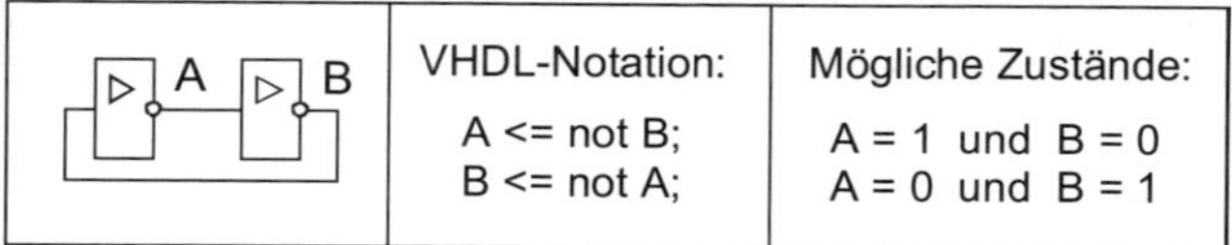

Bild 4.21 Logische Rückkopplungsschleife als Flipflop-Grundstruktur

In der mitgekoppelten logischen Schleife sind zwei stabile Zustände möglich. Welcher davon sich einstellt, ist hier nicht vorhersehbar. Um einen Zustand festlegen zu können, ist eine Erweiterung mit Eingängen notwendig. Hierzu gibt es verschiedene Varianten.

4.5.2 Ungetaktete Flipflops

Die einfachste Erweiterung ist der Ersatz der Negatoren in Bild 4.21 durch NAND- oder NOR-Gatter. Damit erhält man RS-Flipflops (RS-FF) entsprechend Bild 4.22. Dort sind auch die Funktionstabellen dargestellt.

> Ein RS-FF besitzt zwei Eingänge *R* und *S*, mit denen man den Zustand der Schleife jederzeit (d. h. unabhängig von einem Takt) in einen bestimmten Zustand *Q* = '0' oder *Q* = '1' überführen kann.

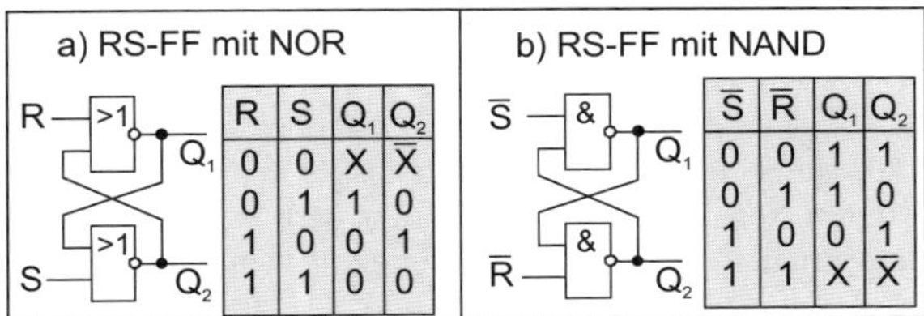

Bild 4.22 Varianten des RS-Flipflops

Jeweils in der zweiten und dritten Zeile der Funktionstabellen wird ein definierter Zustand erreicht, den man mit „SET" (S, Setzen) und „RESET" (R, Rücksetzen) bezeichnet. Die Belegung beider Eingänge mit dem jeweiligen neutralen Element der logischen Verknüpfung führt dazu, dass der vorher initiierte Zustand gespeichert bleibt (NOR-FF: 1. Zeile, NAND-FF: 4. Zeile).

Oft wird die Belegung R = S = '1' (oder $\bar{R}$ = $\bar{S}$ = '0' beim NAND-RS-FF) als undefiniert bezeichnet. Das ist berechtigt, wenn man, wie in der Praxis üblich, den inneren Aufbau des RS-FF nicht kennt (Bild 4.23). Der Ausgang Q ist mit Q_1 identisch, der zweite Ausgang Q_2 mit dem hierzu negierten Signal entfällt häufig.

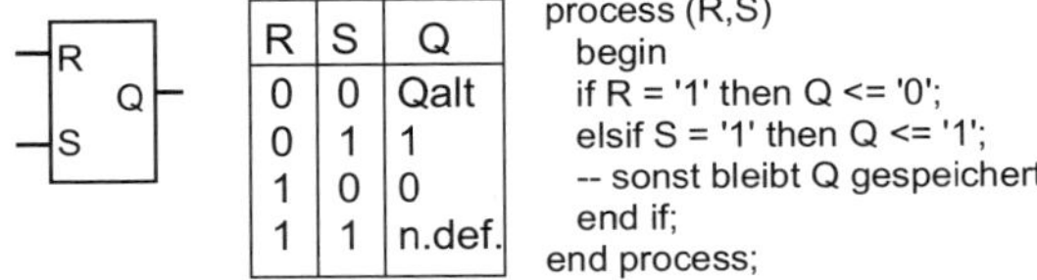

Bild 4.23 Schaltsymbol, Funktionstabelle und VHDL-Verhaltensbeschreibung eines RS-Flipflops

4.5.3 Taktzustandsgesteuertes D-Flipflop

Erweitert man die Schleife nach Bild 4.21 mit einem Multiplexer (Bild 4.24), so erhält man eine Variante des Taktzustandsgesteuerten D-Flipflops. In der Technik findet man auch die Bezeichnung „Latch". Der Buchstabe D wird unterschiedlich interpretiert, er kann für „Data" (Daten) oder „Delay" (Verzögerung bis zum aktiven Taktzustand) stehen.

Ein **taktzustandsgesteuertes D-Flipflop** besitzt einen Eingang *C* für das Taktsignal und einen Eingang *D* für das zu speichernde Datenbit. Ob die neuen Daten übernommen oder die alten Daten gespeichert werden, hängt vom Zustand des Taktsignals *C* ab.

Man unterscheidet positiv und negativ Taktzustandsgesteuerte D-Flipflops. Für positive Steuerung gilt:

- Mit *C* = '1' wird die Rückkopplung aufgetrennt und statt dessen der Dateneingang D auf den Eingang des ersten Negators geschaltet. Daher wird der Wert von *D* nach *Q* übertragen; man spricht in diesem Zusammenhang vom Transparent-Latch.
- Mit *C* = '0' wird die Rückkopplungsschleife geschlossen. Der Wert von *Q* wird auf die Schleife zurückgeführt und bleibt gespeichert.

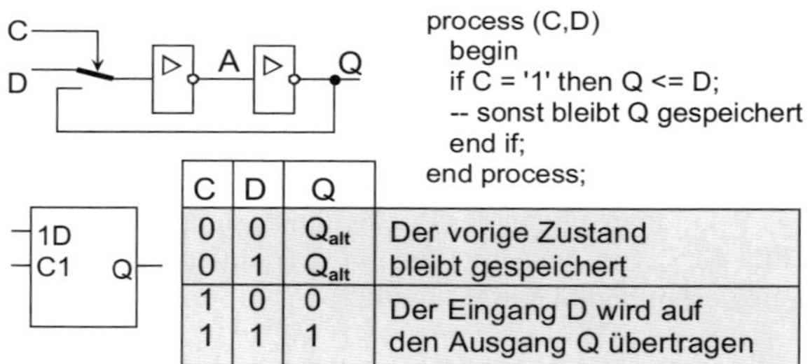


```
process (C,D)
  begin
  if C = '1' then Q <= D;
  -- sonst bleibt Q gespeichert
  end if;
end process;
```

C	D	Q	
0	0	Q_{alt}	Der vorige Zustand bleibt gespeichert
0	1	Q_{alt}	
1	0	0	Der Eingang D wird auf den Ausgang Q übertragen
1	1	1	

Bild 4.24 Taktzustandsgesteuertes D-FF (Latch): Struktur, VHDL-Verhaltensbeschreibung, Schaltsymbol und Funktionstabelle

Wenn die beiden Negatoren des Latches durch NOR-Gatter ersetzt werden, dann erhält man zwei zusätzliche Eingänge *S* (SET) und *R* (RESET), die dominant und unabhängig vom Takt entsprechend dem RS-Flipflop (siehe Abschnitt 4.5.2) wirken. Das Latch findet praktische Verwendung für zustandsgesteuerte Register.

4.5.4 Flankengesteuertes D-Flipflop

Ein **flankengesteuertes D-FF** besitzt einen Eingang *C* für das Taktsignal und einen Eingang *D* für das zu speichernde Datenbit. Die Übernahme neuer Daten erfolgt ausschließlich zum Zeitpunkt eines bestimmten **Signalwechsels an C**. Positiv flankengesteuert definiert den Wechsel von '0' nach '1'. Die zu diesem Zeitpunkt übernommenen Daten bleiben bis zur nächsten (positiven) Taktflanke unverändert.

Zur praktischen Realisierung wendet man das Master-Slave-Prinzip nach Bild 4.25 an.

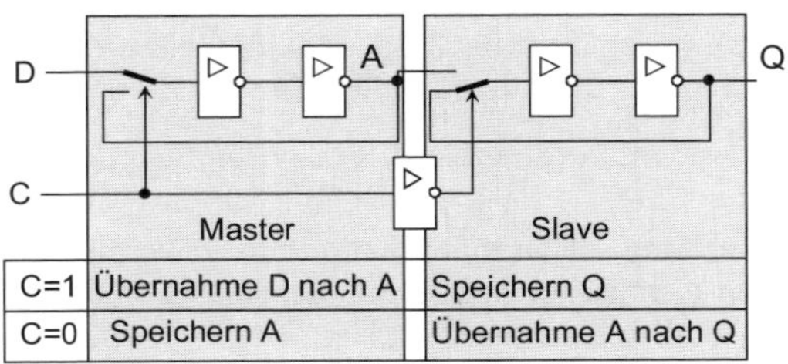

Bild 4.25 Aufbau und Funktionsprinzip des Master-Slave-D-FF (Variante). Die gezeigte Schalterstellung entspricht dem Taktzustand '1'.

Ein **Master-Slave-Flipflop** besteht in der Regel aus einer **Verkettung zweier Taktzustandsgesteuerter Flipflops**, wobei der Takt für das zweite FF (Slave) gegenüber dem ersten FF (Master) negiert wird.

Es existiert zu keinem Zeitpunkt eine Transparenz (durchgängige Weiterleitung vom Eingang *D* zum Ausgang *Q*). Im oben gezeigten Beispiel des D-Flipflops löst die negative Taktflanke an *C* (Wechsel von '1' nach '0') folgenden Prozess aus:

- Der unmittelbar vor dieser Taktflanke an *D* eingegebene Wert bleibt im Master gespeichert und wird nach *A* weitergegeben.
- Unmittelbar nach der fallenden Taktflanke wird der Wert von *A* an den Slave weitergegeben und erscheint somit am Ausgang *Q*.

Negiert man den Takteingang in Bild 4.25, so erhält man das in der Technik häufiger benutzte **positiv taktflankengesteuerte D-Flipflop** (Bild 4.26).

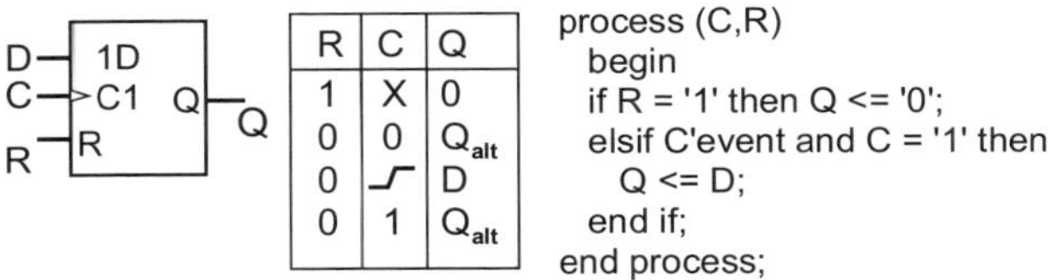

R	C	Q
1	X	0
0	0	Q_{alt}
0	↑	D
0	1	Q_{alt}

```
process (C,R)
  begin
  if R = '1' then Q <= '0';
  elsif C'event and C = '1' then
    Q <= D;
  end if;
end process;
```

Bild 4.26 Schaltsymbol, Funktionstabelle und VHDL-Verhaltensbeschreibung für ein positiv flankengesteuertes D-Flipflop

Das flankengesteuerte D-Flipflop speichert die Daten praktisch für eine volle Taktperiode. Hauptanwendung ist die Datenspeicherung in Registern (Abschn. 4.6 und Abschn. 13).

4.5.5 Weitere Arten flankengesteuerter Flipflops

Ein **T-Flipflop** besitzt mindestens einen Takteingang *C* und einen Steuereingang *T*. Bei Aktivierung von *T* (*T* = '1') wird nach einer Flanke des Taktes *C* ein Kippen in den entgegen gesetzten Zustand (engl.: Toggeln) ausgelöst. *T* = '0' das bewirkt das Speichern des alten Zustandes.

Man kann sich leicht vorstellen, dass eine solche Kippfunktion nur in Verbindung mit einer Taktflankensteuerung von technischer Bedeutung ist, da sich mit einer Flanke ein einmaliger Kippvorgang zeitlich genau steuern lässt. Das T-FF lässt sich gut für Zähler verwenden (Bild 4.27).

T – 1T
C – >C1 Q – Q
R – R

R	T	Q_{vor} _/‾	Q_{nach} _/‾	Funktion
1	X	X	0	Rücksetzen
0	0	0	0	Speichern
0	0	1	1	Speichern
0	1	0	1	Kippen
0	1	1	0	Kippen

Bild 4.27 Schaltsymbol und Funktionstabelle eines T-FF

Durch eine geeignete Übergangslogik kann man das T-Flipflop aus einem flankengesteuerten D-Flipflop generieren.

Das **JK-Flipflop** ist der universelle Flipflop-Typ. Es besitzt **zwei Steuereingänge J** (Jump = taktflankengesteuertes Setzen) **und K** (Kill = taktflankengesteuertes Rücksetzen). Die Kippfunktion ist durch gleichzeitiges Aktivieren beider Steuereingänge (*J* = *K* = '1') wählbar.

Zusätzlich ist das JK-FF meist mit je einem taktunabhängig wirkenden Setz- und Rücksetzeingang ausgestattet.

J – 1J
C – >C1 Q –
K – 1K
S – S
R – R

R	S	J	K	Funktion
1	0	X	X	Rücksetzen (taktunabhängig)
0	1	X	X	Setzen (taktunabhängig)
0	0	0	0	Q <= Q_{alt} , Speichern
0	0	0	1	Q <= '1', Setzen nach C _/‾
0	0	1	0	Q <= '0', Rücksetzen n. C _/‾
0	0	1	1	Q <= $\overline{Q}$, Kippen nach C _/‾

Bild 4.28 Schaltsymbol und Funktionstabelle eines JK-FF

Auch das JK-FF lässt sich aus einem Taktflankengesteuerten D-FF und einer Übergangslogik darstellen. Diese Darstellungsform entspricht der Methode der Zustandsmaschinen (Abschn. 4.6.3). Ausgangspunkt ist die Funktionstabelle des JK-FF in Bild 4.28 mit folgenden Prämissen:

- Die taktunabhängig wirkenden Eingänge *R* und *S* werden aus der Betrachtung ausgeklammert.
- In die obige Funktionstabelle wird als unabhängige Variable der vor einer Taktflanke bestehende „alte" Wert von *Q* einbezogen.

Damit lässt sich der „neue", nach der Taktflanke vorliegende Ausgangswert Q_{neu} aus den „alten" Werten für *J, K* und Q_{alt} eindeutig festlegen. Alle acht möglichen Kombinationen sind in der Tabelle in Bild 4.29 zusammengestellt. Der zu realisierende neue Funktionswert ist hier unter der Spalte Q_{neu} eingetragen.

Die in der Tabelle dargestellte Funktion lässt sich als kombinatorische Funktion auffassen und als *Boole'*sche Gleichung oder in VHDL-Notation formulieren. Für das JK-FF ist im Bild 4.29 bereits die minimierte Funktion dargestellt. Der letzte Schritt besteht darin, diese logische Funktion als **Übergangsfunktion** in einem Logikplan darzustellen. Das D-FF übernimmt die Speicherfunktion.

Eine adäquate Vorgehensweise ermöglicht die Entwicklung beliebiger Flipfloparten oder sequenzielle Schaltungen mit Hilfe des D-FF. Für das Beispiel des T-FF gilt als Übergangsfunktion die Gleichung in VHDL-Notation

```
Qneu <= Qalt xor T;
```

Programmierbare Logikschaltkreise enthalten fast ausnahmslos taktflankengesteuerte D-FF als Register. In diesem Abschnitt wurde unter anderem gezeigt, dass durch Erweiterung mit einer kombinatorischen Logik beliebige Flipflop-Typen nachgebildet werden können.

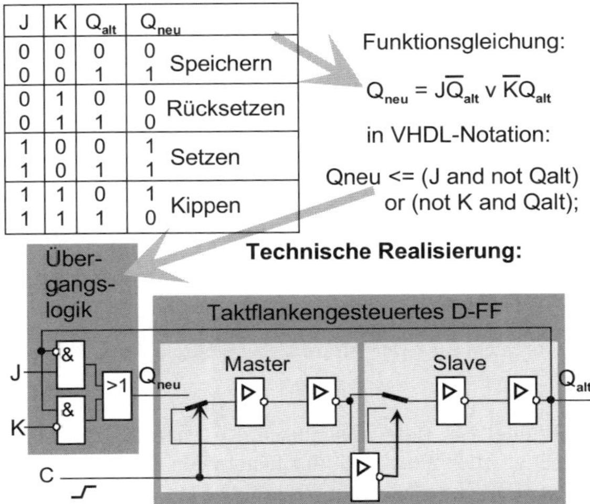

J	K	Q_{alt}	Q_{neu}	
0	0	0	0	Speichern
0	0	1	1	
0	1	0	0	Rücksetzen
0	1	1	0	
1	0	0	1	Setzen
1	0	1	1	
1	1	0	1	Kippen
1	1	1	0	

Bild 4.29 Entwicklung und technische Realisierung eines JK-FF aus einem positiv taktflankengesteuerten D-FF nach dem Master-Slave-Prinzip

4.6 Praktische sequenzielle Schaltungen

4.6.1 Register

Als **Register** bezeichnet man eine Anordnung aus mehreren **gemeinsam getakteten D-Flipflops** (D-FF). Zusätzlich besitzen sie meist einen RESET- Eingang.

Je nach Anwendung lassen sich **taktzustands- oder taktflankengesteuerte D-FF** einsetzen. Die meisten Anwendungen (Zähler, Schieberegister und Zustandsmaschinen) erfordern taktflankengesteuerte D-FF, um auf zusätzliche Restriktionen für den Takt zu verzichten.

Ein **Register für die parallele Datenein- und Ausgabe** wird beispielsweise zur Speicherung von Operanden in der Rechentechnik verwendet. Sie bestehen aus einer Menge von n D-FF, wobei n die Bitbreite der Operanden darstellt. Man unterscheidet zwischen Registern mit getrennter und gemeinsamer Datenein- und -ausgabe (Bild 4.30).

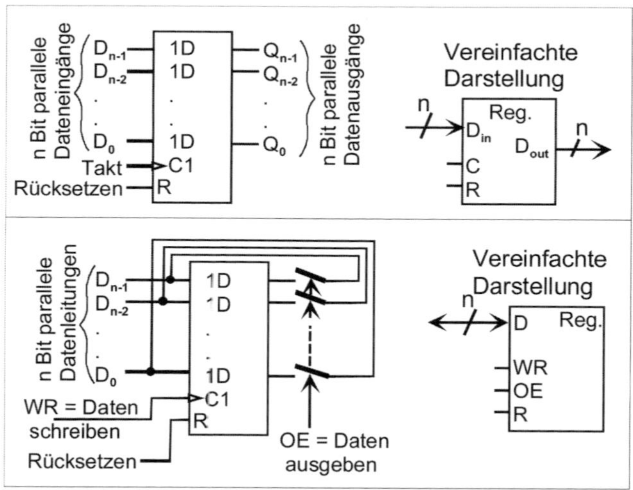

Bild 4.30 Zusammensetzung eines Registers aus *n* D-FF für parallele Datenein- und -ausgabe, oben: Dual-Port-Variante, unten: Bus-Variante

Register mit nur einem Port (Bündel von Datenanschlüssen) werden insbesondere in der Mikrorechentechnik benötigt. Hier müssen in der Regel viele Baugruppen an einem Bussystem angeschlossen sein. Zur Steuerung wird oft auf zwei Steuersignale zurückgegriffen:

- Das Signal WR (Write) wird für die Übernahme der Daten vom Bus in das Register aktiviert. Es entspricht dem Taktsignal.
- Das Signal OE (Output Enable) wird zur Aktivierung der Ausgänge verwendet; der Registerinhalt wird auf den Bus weitergegeben.

Insbesondere für Busregister werden taktzustandsgesteuerte D-FF eingesetzt.

Register für die serielle Datenein- und -ausgabe bezeichnet man als **Schieberegister**. Sie werden beispielsweise für die serielle (bitweise) Datenübertragung benötigt. Zumeist bestehen sie aus einer Kette von taktflankengesteuerten D-FF (Bild 4.31).

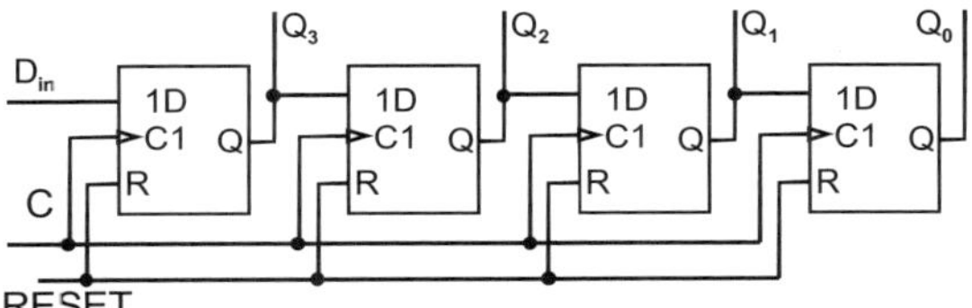

Bild 4.31 Vierstufiges Schieberegister mit serieller Dateneingabe

Auf Grund der Flankensteuerung wird im Beispiel das Signal mit jedem Takt um genau eine Position nach rechts verschoben. Wird die neue Information am Ausgang eines FF wirksam, so ist die hierfür verantwortliche Taktflanke bereits Vergangenheit, und ein erneutes Weiterschieben ist erst mit der nächsten Taktflanke möglich. Die Ausgabe der Daten in diesem Beispiel kann parallel oder seriell erfolgen, je nachdem, ob nur Q_0 oder alle vier Ausgänge tatsächlich benutzt werden.

Ein **Universal-Schieberegister** ermöglicht es, Daten **wahlweise parallel oder seriell** zu laden. Ein zusätzlicher Steuereingang ermöglicht die Option, zwischen Rechts- und Links-Schieberichtung zu wählen.

Seine vollständige Struktur lässt sich übersichtlich darstellen, wenn das Universal-Schieberegister als Zustandsmaschine beschrieben wird. Die Übergangslogik besteht nur noch aus Auswahlschaltern (Multiplexern).

4.6.2 Zähler und Teiler

Bei einem **Teiler** kommt es darauf an, an den Ausgängen **ganzzahlige Bruchteile** der Eingangsfrequenz zur Verfügung zu stellen. Zähler hingegen besitzen binäre Ausgänge zur Ausgabe eines **Zählerstandes.**

In der Praxis lassen sich Zähler auch immer als Teiler verwenden. Unbenutzte Ausgänge werden offen gelassen. Hingegen sind bei Teilerschaltkreisen meist nur wenige Ausgänge verfügbar.

4.6.2.1 Asynchrone Zähler und Teiler

Asynchrone sequenzielle Schaltungen besitzen **kein gemeinsames Taktsignal** für die verschiedenen Flipflops. Die verschiedenen Schaltstufen sind in der Regel verkettet.

Bedingt durch die Verzögerungszeiten der einzelnen Flipflops entstehen zeitliche Verschiebungen zwischen den Ausgängen Q_1, Q_2 usw. (Bild 4.32).

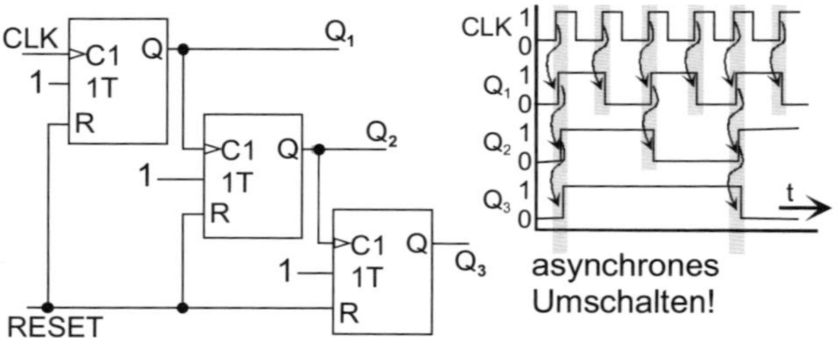

Bild 4.32 Beispiel für einen asynchronen 3-Bit-Zähler

Zähler mit asynchroner Arbeitsweise haben den Nachteil, dass zwischenzeitlich ungültige Zahlenwerte ausgegeben werden. Daher verwendet man das asynchrone Prinzip nur für den Frequenzteiler. Im Beispiel nach Bild 4.32 kann Q_3 als Ausgang für CLK/8 benutzt werden.

4.6.2.2 Synchrone Zähler

Synchrone sequenzielle Schaltungen arbeiten generell mit einem **gemeinsamen Taktsignal** für alle Flipflops. Daher laufen alle Umschaltvorgänge gleichzeitig ab.

Im bereits erwähnten Schieberegister (Bild 4.31) arbeiten alle D-FF synchron. Mit T- oder JK-FF lassen sich synchrone Dualzähler realisieren (Bild 4.33).

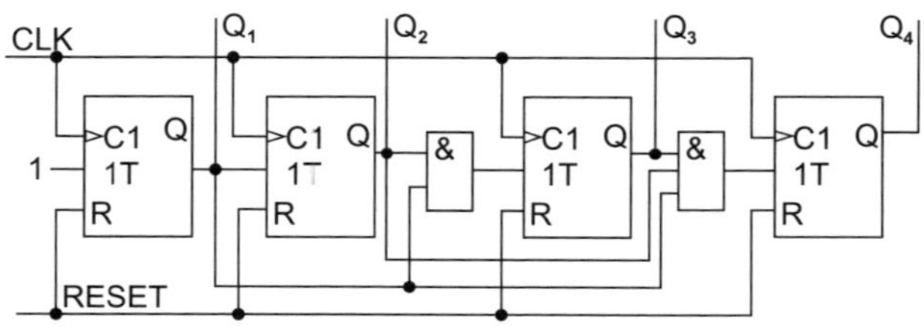

Bild 4.33 Synchroner 4-Bit-Vorwärtszähler

Die Ausgänge werden hier nach dem Schema $Q_4Q_3Q_2Q_1$ als Dualzahl interpretiert. Der höchstwertige Ausgang Q_4 schaltet dadurch genau dann um, wenn an allen Ausgänge Q_1 bis Q_3 eine '1' anliegt. Mit dem nächsten Takt schaltet der Zähler also von „0111" nach „1000" um.

Ein synchroner Zähler lässt sich weiterhin immer nach der Methode der Zustandsmaschinen entwickeln (siehe folgender Abschnitt).

4.6.3 Synchrone sequenzielle Schaltungen als Zustandsmaschinen

Als **Zustandsmaschine** (FSM = Finite State Machine) wird eine synchron arbeitende sequenzielle Schaltung bezeichnet, die sich aus einem **Zustandsspeicher (Register)** und einer **Übergangslogik (Next-state-logic)** zusammensetzt (Bild 4.34). Die Übergangslogik ist eine kombinatorischen Schaltung, die den Zustandsvektor Z des Registers (= Menge der Ausgangssignale Q_j) und ggf. einen Vektor von Eingangssignalen X zu einem Zwischensignal U verknüpft. Dieses entspricht dem Folgezustand und wird an den Registereingang geschaltet. Mit dem nächsten Takt wird dieser Folgezustand in das Register überschrieben. Auf diese Weise lässt sich eine definierte Folge von Zuständen in Form einer Logikfunktion $U = f(X, Q)$ ausdrücken. Dieses Vorgehen bezeichnet man als **Register-Transfer-Entwurf** (RTL = Register Transfer Level). Ein Wechsel des Zustandes $Q = Z$ ergibt sich immer nach einer bestimmten (meist positiven) Taktflanke.

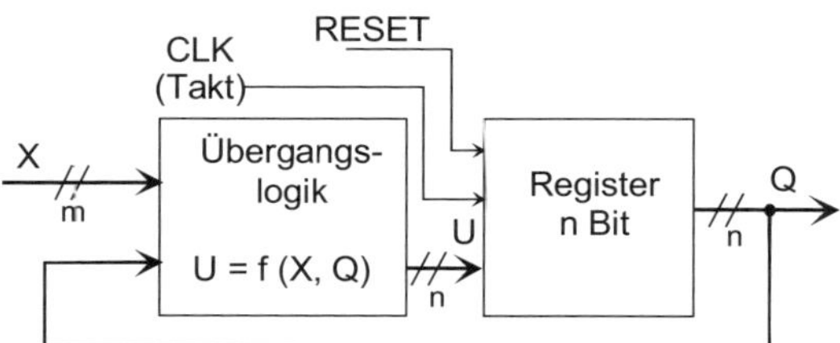

Bild 4.34 Prinzipielle Struktur einer Zustandsmaschine

Auf Basis einer Zustandsmaschine lassen sich beliebige sequenzielle Schaltungen darstellen, so auch Zähler und Schieberegister. Vielfach werden die Register-Ausgänge nicht direkt weiterverwendet. Mit dem Nachschalten eines weiteren Logikblocks erhält man die beiden in der Technik gebräuchlichen Automaten vom Moore- und Mealy-Typ.

4.6.3.1 Moore-Automat

Ein **Moore-Automat** ist eine Zustandsmaschine, in der die **Ausgangslogik** ausschließlich auf die **Zustandsignale** (Ausgänge des Registers) zurückgreift (Bild 4.35).

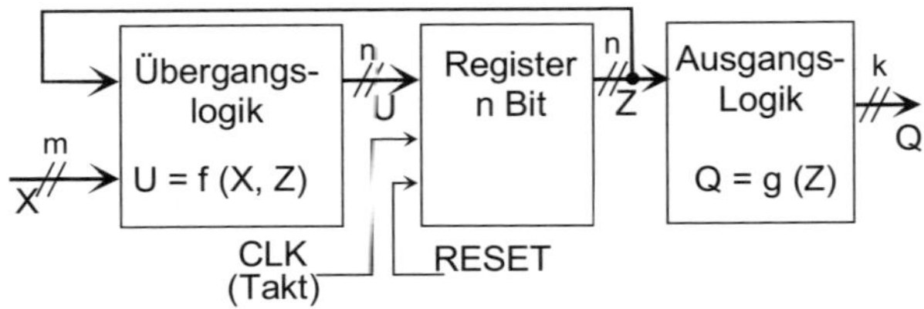

Bild 4.35 Prinzipielle Struktur eines Moore-Automaten

Der Moore-Automat zeichnet sich dadurch aus, dass die Änderung des Ausgangssignals Q immer als zeitlich determinierte Folge des Taktes CLK auftritt. Asynchrone Effekte werden vermieden; dadurch lässt sich das Zeitverhalten aller Ausgänge exakt vorhersagen. Andererseits lassen sich (gelegentlich gewollte) asynchrone Funktionen mit dem Typ Moore nicht realisieren.

Die Zustandsmaschine nach Bild 4.34 ergibt sich mit der Logikfunktion der Identität $Q = g(Z) = Z$ als Spezialfall des Moore-Automaten.

4.6.3.2 Mealy-Automat

Ein **Mealy-Automat** ist eine Zustandsmaschine, in der die Ausgangslogik sowohl auf die **Zustandsignale** (Ausgänge des Registers) als auch auf eine beliebige **Teilmenge** $i \leq m$ **der Eingangssignale** X zurückgreift (Bild 4.36).

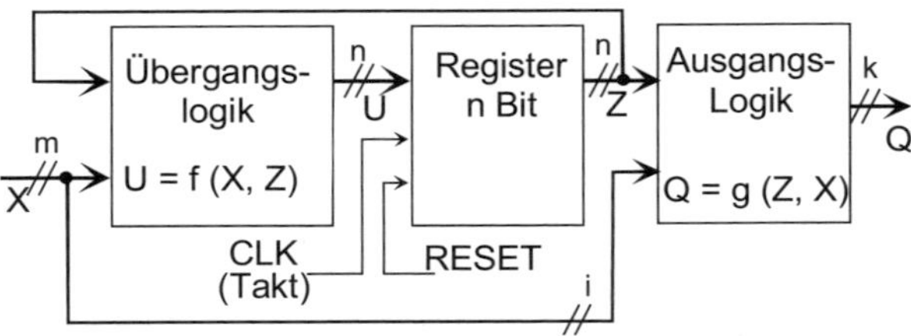

Bild 4.36 Prinzipielle Struktur eines Mealy-Automaten

Der Mealy-Automat ist somit der allgemeine Automatentyp, aus dem für $i = 0$ der Moore-Automat hervorgeht. Die direkte Vorwärtskopplung von i Eingangssignalen führt jedoch dazu, dass die Änderung des Ausgangssignals Q nicht zwangsweise synchron zum Takt CLK erfolgt. Daraus resultieren Effekte, wie sie bereits beim Zähler (Abschn. 4.6.2.1) beschrieben sind. Gelegentlich (z. B. für Testzwecke) nimmt man aber diesen Nachteil in Kauf.

4.6.3.3 Methodisches Beispiel

Um das Wesentliche der drei vorangegangenen Abschnitte zu illustrieren, enthält der vorliegende Abschnitt die wichtigsten Entwicklungsschritte für einen synchronen BCD-Zähler mit verschiedenen Zusatzfunktionen.

Kernbestandteil sei eine Zustandsmaschine, die mit RESET = '1' den Anfangszustand „0000" einnimmt und mit jeder positiven Taktflanke CLK den Zählerstand um 1 erhöht. Nach dem Zählerstand „1001" soll der Zählerstand „0000" folgen. Zur Speicherung des Zählerstandes sind vier Bit erforderlich (n = 4). Daher besteht das Register aus vier D-FF. Der erste Entwurfsschritt besteht in der Entwicklung einer Übergangsfunktion $U = f_1(Z)$ ohne die Einbeziehung von Steuersignalen X (Bild 4.37).

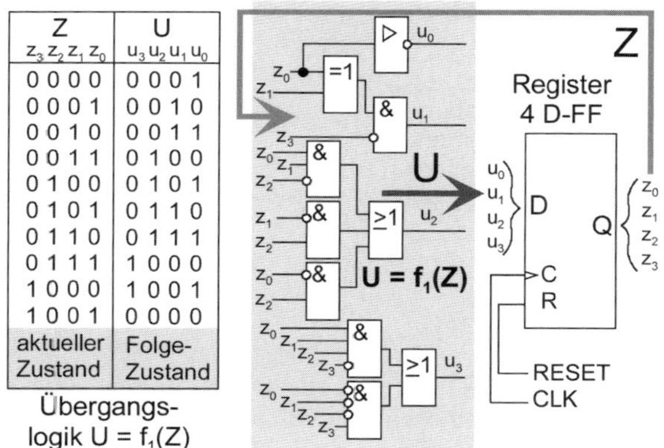

Z $z_3\,z_2\,z_1\,z_0$	U $u_3\,u_2\,u_1\,u_0$
0 0 0 0	0 0 0 1
0 0 0 1	0 0 1 0
0 0 1 0	0 0 1 1
0 0 1 1	0 1 0 0
0 1 0 0	0 1 0 1
0 1 0 1	0 1 1 0
0 1 1 0	0 1 1 1
0 1 1 1	1 0 0 0
1 0 0 0	1 0 0 1
1 0 0 1	0 0 0 0
aktueller Zustand	Folge-Zustand

Bild 4.37 Entwurf eines einfachen BCD-Zählers als Zustandsmaschine

Die Weiterentwicklung des Zählers für dessen praktische Nutzung soll mit den nächsten Entwurfsschritten erfolgen:

1. Die Funktion „Laden mit dem Anfangswert $x_3x_2x_1x_0$" soll immer dann ausgelöst werden, wenn während einer positiven Taktflanke x_4 = '1' vorgegeben wird.
2. Zur Weitergabe des Zählerstandes auf eine Anzeige soll ein Siebensegment-Decoder integriert werden.

Zum Laden mit dem Anfangswert eignet sich die Auswahlfunktion. Man kann den unter Abschn. 4.4.4 beschriebenen Multiplexer benutzen. Er wird als Bestandteil in die Übergangsfunktion $U = f_2(X,Z)$ integriert. Das Resultat ist in Bild 4.38 dargestellt.

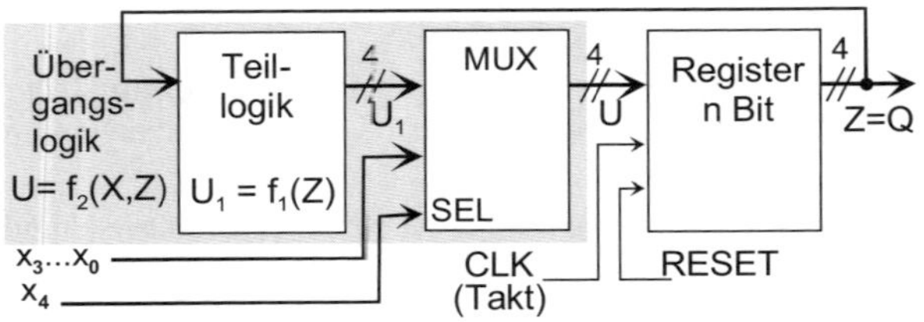

Bild 4.38 Erweiterung des Zählers mit der Funktion „Daten laden“

Die Einbeziehung eines Siebensegment-Decoders führt zur Struktur des Moore-Automaten. Die Logiktabelle des Siebensegment-Decoders ist in Bild 4.10 gegeben. Damit erhält man das Blockschaltbild nach Bild 4.39.

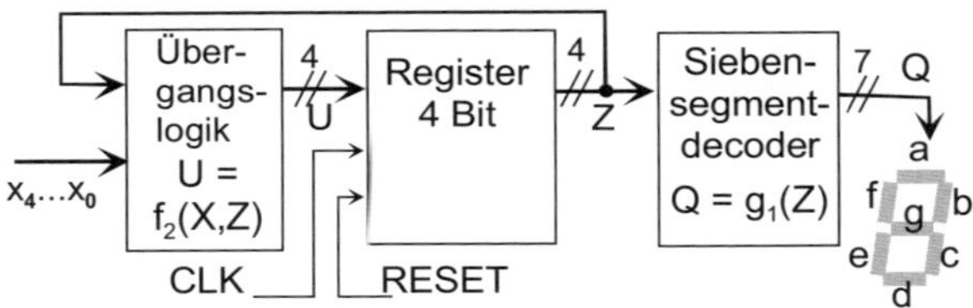

Bild 4.39 Darstellung des Zählers als Moore-Automat

Dieser Zähler soll weiterhin mit einem Steuereingang x_5 ausgestattet werden, der bei Vorgabe x_5 = '1' den Buchstaben „E“ auf die Anzeige durchschaltet. Naheliegend ist die Erweiterung der Ausgangslogik von $Q = g_1(Z)$ nach $Q = g_2(Z,x_5)$. Im Ergebnis entsteht ein Mealy-Automat, weil der Steuereingang x_5 den Ausgang unabhängig vom Takt beeinflusst. Im Bild 4.40 ist die Wahrheitstabelle der erweiterten Schaltfunktion $Q = g_3(Z,x_5)$ dargestellt. Hier ist ein spezieller Übertragsausgang q_C vorgesehen. Er wird innerhalb der Logikfunktion $Q = g_3(Z,x_5)$ beim Zählerstand „1001“ aktiviert.

Funktionstabelle
$Q = g_3\,(X,Z)$

Die Eingänge $d_3 \ldots d_0$ entsprechen den Ausgängen Z des Registers.

Der Ausgang q_C signalisiert einen bevorstehenden Überlauf.

x_5	d_3	d_2	d_1	d_0	a	b	c	d	e	f	g	q_C
0	0	0	0	0	1	1	1	1	1	1	0	0
0	0	0	0	1	0	1	1	0	0	0	0	0
0	0	0	1	0	1	1	0	1	1	0	1	0
0	0	0	1	1	1	1	1	1	0	0	1	0
0	0	1	0	0	0	1	1	0	0	1	1	0
0	0	1	0	1	1	0	1	1	0	1	1	0
0	0	1	1	0	1	0	1	1	1	1	1	0
0	0	1	1	1	1	1	1	0	0	0	0	0
0	1	0	0	0	1	1	1	1	1	1	1	0
0	1	0	0	1	1	1	1	1	0	1	1	1
1	X	X	X	X	1	0	0	1	1	1	1	-

Bild 4.40 Funktionstabelle für die Mealy-Ausgangslogik des Zählers

Die praktische Erweiterung des Zählerbausteins zum mehrstelligen Zähler erfordert neben diesem Übertragsausgang noch einen Eingang zur Zählersperre x_6. Die nächst höhere Zähldekade darf nur bei einer Belegung mit x_6 = '1' weiterzählen. Auf die Darstellung der so veränderten Logik (z.B. mit Hilfe eines Multiplexers) werde an dieser Stelle verzichtet.

4.7 Realisierungen digitaler Schaltungen

Digitale Schaltungen werden heute nahezu ausschließlich als integrierte elektronische Schaltungen (IC) gefertigt. Bevorzugt wird die CMOS-Technologie. Realisierungsformen sind neben Bausteinen der Mikrorechentechnik, auf die in Abschnitt näher eingegangen wird, Standard-Logikbausteine und die Programmierbaren Logischen Bausteine (PLD).

4.7.1 Standard-Logikbausteine

In den 1970er Jahren erschien die **TTL-Baureihe** (Transistor-Transistor-Logik) als erste integrierte Logikfamilie mit weltweiter Verbreitung auf dem Markt. In ihr kamen als Schalter ausschließlich bipolare Transistoren vom Typ npn zum Einsatz. Die Komplexität der Bausteine war niedrig; sie reichte von einzelnen Logikgattern bis hin zu elementaren Rechenschaltungen und universellen Registern. Alle Bausteine befanden sich in genormten IC-Gehäusen. Weiterentwicklungen waren die der Varianten S, LS, AS, ALS usw., in denen Schottky-Dioden für ein schnelleres Ausschalten der npn-Transistoren sorgten. Die Verlustleistung blieb aber relativ groß, so dass in den 1980er Jahren funktionsgleiche **CMOS-Bausteine** entwickelt wurden. Diese werden auch heute noch ergänzend oder für Speziallösungen eingesetzt. Wichtige Kennwerte sind die durchschnittliche Verlustleistung P_V und die typische Signaldurchlaufzeit t_p (propagation delay), die pro Gatter angegeben werden. Die Eigenschaften wichtiger Logikfamilien zeigt Tabelle 4.3.

Tabelle 4.3 Eigenschaften einiger Logikfamilien im Vergleich

Baureihe	Technologie	P_V	t_p
'74	TTL (Multi-Emitter-BPT, veraltet)	ca. 10 mW	ca. 20 ns
'74LS	TTL mit Schottky-Dioden, veraltet	ca. 2 mW	ca. 10 ns
'74HCT	CMOS (TTL-kompatibel)	<1 µW	ca. 10 ns
'74ACT	CMOS (High-Speed-TTL-komp.)	<1 µW	ca. 3 ns
'4000	CMOS für höhere Spannungen	<1 µW	ca. 40 ns
MC100K	ECL (BPT mit Emitterkopplung)	ca. 30 mW	<0,4 ns

Die recht langsame '4000er Baureihe ist die älteste CMOS-Baureihe. Sie wird heute gelegentlich noch eingesetzt; denn sie ist bei Betriebsspannungen bis zu 15 V recht störsicher. **ECL-Bausteine** der Baureihen MC10K oder MC100K sind relativ teuer, gestatten aber Realisierungen von sehr schnellen Digitalschaltungen. Aktuell sind weiterhin so genannte **Tiny-Logic-Bausteine** (einzelne Gatter und Flipflops) für Betriebsspannungen von 3,3V oder 2,5V bis herunter zu 0,8V erhältlich.

4.7.2 Programmierbare Logikbausteine (PLD)

PLDs (Programmable Logic Devices) stellen in vielen Anwendungen einen guten Kompromiss zwischen Kosten, Entwicklungsaufwand und Flexibilität dar. Die Verschaltung der Logikeingänge erfolgt hierbei nicht durch feste Leitungen wie in einem Logikplan, sondern durch Bauelemente, die einen Schaltzustand speichern können.

Am einfachsten strukturiert sind die **SPLDs (Simple Programmable Logic Devices)**. Sie werden heute kaum noch als einzelne Bausteine angeboten. Vielmehr sind die hier beschriebenen Strukturen als Bestandteile komplexerer Bausteine (CPLDs, FPGAs und kundenspezifische ASICs) zu verstehen. Dadurch lassen sich integrierte Schaltkreise in großen Stückzahlen herstellen und werden für den Anwender sehr preiswert. Grundlage der SPLDs ist die Tatsache, dass sich beliebige Schaltfunktion immer mit einer zweistufigen AND-OR-Logik als KDN ausdrücken lassen (s. Abschn. 4.5). Die einfachste Form der SPLDs ist der unter 4.4.6 beschriebene Festwertspeicher als programmierbarer Baustein (PROM). Hier sind in der AND-Matrix alle möglichen VK-Terme realisiert. Die Programmierbarkeit wird dadurch erreicht, dass jeder VK-Term in der OR-Verknüpfung einzeln durch einen Transistor ein- oder ausschaltbar ist. In der technischen Realisierung bezeichnet man diese Struktur auch als LUT (Look-Up-Table), weil sie direkt die Schaltbelegungstabelle abbildet. Man spricht von einer programmierbaren OR-Matrix.

Weitere SPLDs gestatten eine Programmierung der AND-Matrix. Das ist genau dann von Vorteil, wenn zur Darstellung einer Logikfunktion nur eine stark beschränkte Anzahl von Konjunktionstermen nötig ist. Generische SPLDs enthalten zusätzliche Register, die eine Taktgesteuerte Rückkopplung ermöglichen. Mit ihnen lassen sich neben einfachen kombinatorischen Schaltungen auch Zustandsmaschinen (Abschn. 4.7.3) realisieren. Die Klassifizierung der SPLDs ergibt sich daraus, welche Art der Logikverknüpfungen programmierbar sein soll, und ob Rückkopplungen vorhanden sind. Eine Übersicht ist in Bild 4.41 gegeben.

Die Programmierung besteht entweder im Setzen eines Schalter-Bits (in einer SRAM-Zelle gespeichert), oder (wie bei den Flash-Speichern) unter Verwendung von **Floating-Gate-Transistoren** im dauerhaften Aufladen einer vergrabenen Poly-Si-Schicht. Eine entsprechende Speicherzelle ist in Bild 4.42 dargestellt. Für das Entladen des Floating Gate werden spezielle Löschzyklen vorgesehen; dadurch kann man die Programmierung größerer Speicherbereiche wieder rückgängig machen.

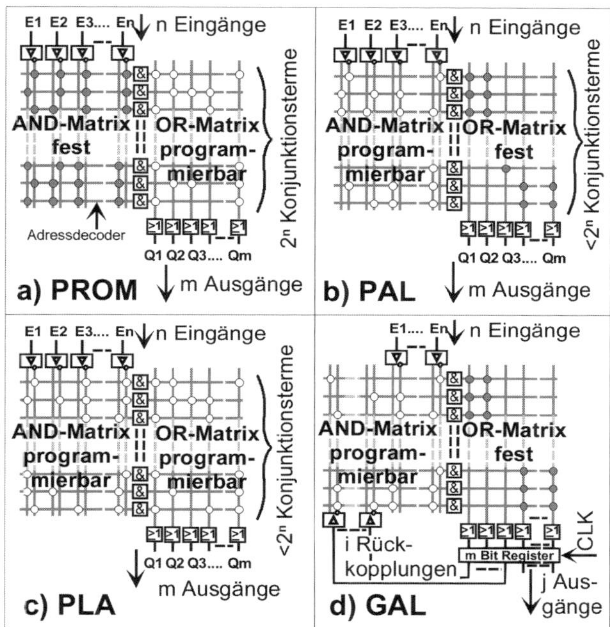

Bild 4.41 Strukturen der gebräuchlichsten SPLDs

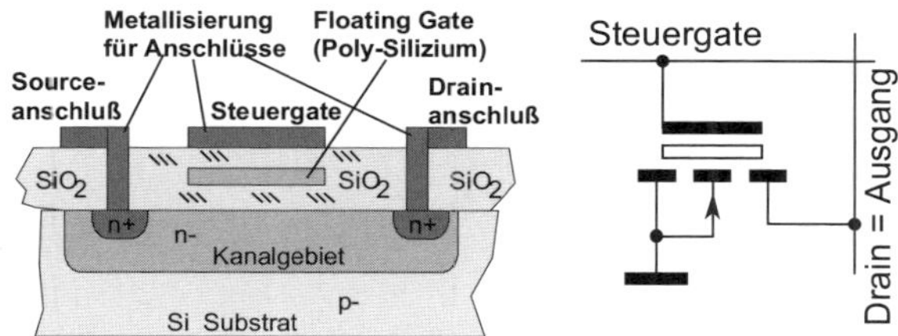

Bild 4.42 Aufbau und Schaltsymbol eines Floating-Gate-Transistors, wie er für Flash-Speicher und für PLDs zur Anwendung kommt

CPLDs (Complex Programmable Logic Devices) enthalten größere Mengen von Makrozellen, die über ein Leitungssystem miteinander verbunden sind. Die Ein- und Ausgangssignale für ein CPLD werden von den Anschlusspins über separate Ein- und Ausgabeblöcke auf das interne Leitungssystem (Bus oder Verbindungsmatrix) ein- bzw. ausgekoppelt. Eine einzelne Makrozelle ist ähnlich wie ein GAL (oder PLA mit Ausgangsregister) aufgebaut, enthält also eine programmierbare AND-Matrix, eine feste oder programmierbare OR-Matrix, eine begrenzte Anzahl von Flipflops und ein Netzwerk für die Rückkopplung. Zur Programmierung der AND/OR-Matritzen als auch der Leitungsverbindungen werden meist die in Bild 4.42 dargestellten Floating-Gate-Transistoren benutzt, wodurch die programmierten Verschaltungen nach dem Abschalten der Versorgungsspannung erhalten bleiben. Da alle Makrozellen sehr einfach aufgebaut sind und sich nur in ihrer Programmierung unterscheiden, ergibt sich als typisches Merkmal von CPLDs eine recht genaue Modellierbarkeit des Zeitverhaltens. Als Nachteil steht gegenüber den FPGAs eine begrenzte Anzahl von Flipflops pro Makrozelle entgegen, wodurch komplexere Entwürfe ineffizient werden können.

Ein Beispiel für die Struktur eines älteren CPLD der Firma Altera (MAX7000) ist im Bild 4.43 dargestellt. Hier sind in einem Block immer 16 Makrozellen zusammengefasst. Man kann einen solchen Block also als PLA mit einem nachgeschalteten 16-Bit-Register auffassen, der eine AND-Matrix der Größe 122 × 16 enthält. Jeder Registerblock kann mit einer zentrale RESET-Leitung und einem von zwei zentralen Taktleitungen gesteuert werden. Neuere CPLDs können wesentlich komplexer sein.

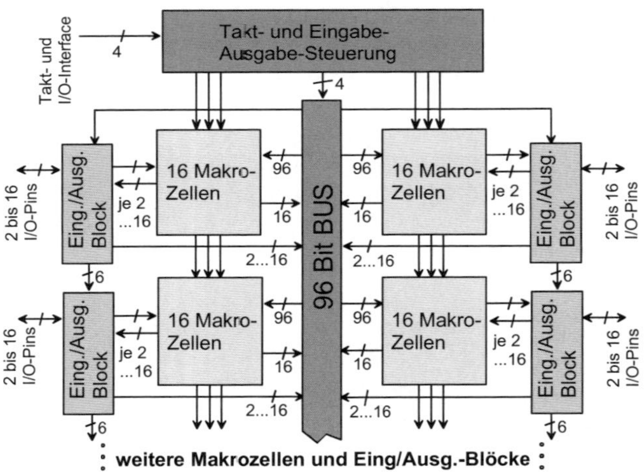

Bild 4.43 Beispiel für eine CPLD-Struktur

Ein **FPGA (Field Programmable Gate Array)** besteht aus einer größeren Anzahl **programmierbarer Logikblöcke** (CLB = Configurable Logic Block), einem **Verbindungsnetzwerk** und **konfigurierbaren Ein- und Ausgangs-Blöcken**. Im Unterschied zu den CPLDs können die Logikblöcke recht komplex ausfallen. Je nach Produktlinie kann ein Logikblock ein oder mehrere LUTs, Multiplexer, Flipflops, RAM-Speicher oder ein Rechenwerk enthalten. Ein Beispiel für einen CLB aus einer älteren Produktlinie der Firma XILINX ist im Bild 4.44 dargestellt. Die Blöcke in neueren FPGAs können dem gegenüber wesentlich komplexer sein. Anstelle der Struktur wird vom Hersteller oft nur ein Verhaltensmodell offengelegt.

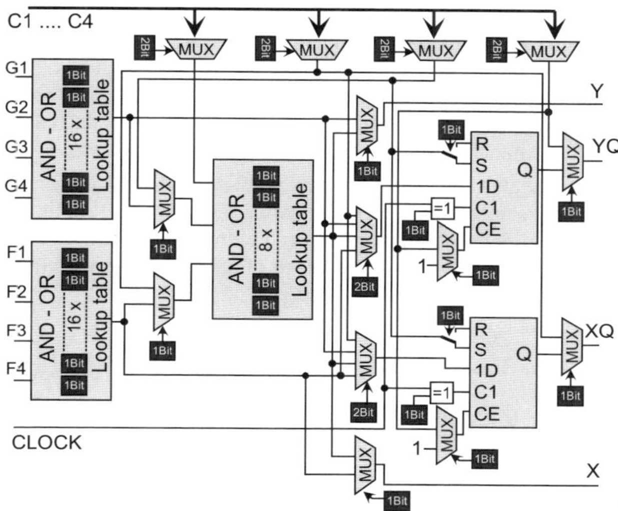

Bild 4.44 Beispiel für die Struktur eines konfigurierbaren Logikblocks (CLB) in einem FPGA. Die hier mit 1 Bit oder 2 Bit bezeichneten Kästchen sind SRAM-Zellen, die mit den Konfigurationsdaten zu laden sind.

Die Verschaltung der Logikblöcke erfolgt durch eine programmierbare Leitungsmatrix. Hierbei unterscheidet man lokale und globale Verbindungsnetze. Lokale Verbindungen reichen nur bis zu den Nachbarzellen und werden vorzugsweise zur Weitergabe von Überträgen oder Flags verwendet. Einen kleinen Ausschnitt aus einem FPGA zeigt Bild 4.45.

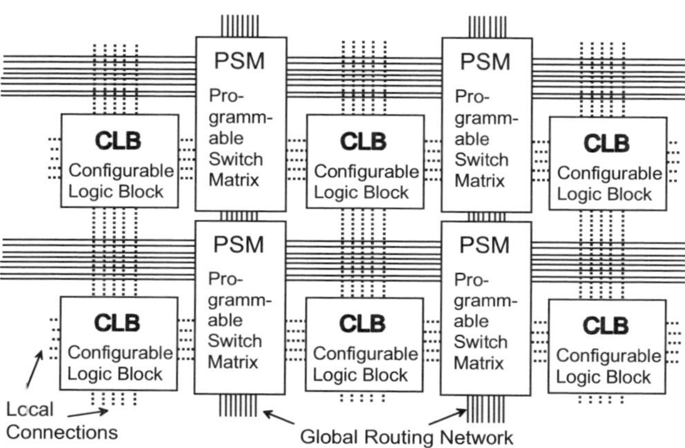

Bild 4.45 Ausschnitt aus dem Innenleben eines FPGA

Die Informationen zur Programmierung der CLBs als auch der Schalter für die Leitungsmatrix werden als **Konfigurationsdaten** bezeichnet und (im Gegensatz zu den CPLDs) meist in technologisch einfacher herstellbaren SRAM-Zellen abgelegt. Dadurch ist nach dem Abschalten der Spannungsversorgung ein erneutes Laden der Konfigurationsdaten nötig. Modernere Bausteine transferieren diese Daten nach dem Einschalten selbstständig aus einem hybrid integrierten Flash-Speicher in den SRAM.

An den Randbereichen der globalen Verbindungsnetze sind die Ein- und Ausgangsblöcke angeschlossen. Die verschiedenen FPGA-Hersteller legen ihren Produkten ziemlich unterschiedliche Architekturen zugrunde. Durch einen hohen Parallelitätsgrad sehr vieler Prozesse können FPGAs in Spezialanwendungen die Leistungsfähigkeit von Mikroprozessoren um ein Vielfaches übertreffen.

4.7.3 Anwenderspezifische Schaltkreise

ASICs (Anwenderspezifische Integrierte Schaltkreise) sind Realisierungen spezieller digitaler Systeme auf einem Halbleiterchip. Viele Produkte wie z. B. Handys oder Geräte der Unterhaltungstechnik enthalten ASICs. Infolge der hohen Grundkosten kommen ASICs nur für sehr hohe Stückzahlen oder bei speziellen Anforderungen zum Einsatz. Um die Kosten zu reduzieren, bieten namhafte Halbleiterhersteller einen Gate-Array-Prozess zur Nutzung an.

Bei der Entwicklung von ASICs wird zuerst eine Quelle in einer formalen Beschreibungssprache (VHDL oder Verilog) erstellt. Nach einem Übersetzungsprozess entsteht daraus der Logikplan in Form einer Netzliste. Es werden Strukturen aus einer Bibliothek ausgewählt und bei der Platzierung (Placement) deren Positionen auf dem Chip festgelegt. Die Verbindungsleitungen werden im anschließenden Routing-Prozess festgelegt.

Auch spezielle Anforderungen rechtfertigen die Entwicklung von ASICs, beispielsweise wenn eine Logik im Bereich höchster Geschwindigkeiten in Echtzeit arbeiten muss. Über eine Lichtleitfaser kann man z. B. 100 GBit pro Sekunde übertragen, d. h. alle 10 ps ein Bit. 10 ps ist die Zeitspanne, in der ein elektrisches Signal auf einer Leitung einen Weg von etwa 2 mm zurücklegt. In der ECL-Technik gibt es Logikgatter, die innerhalb von weniger als 10 ps reagieren. Mit der CMOS-Technik ist das gegenwärtig nicht machbar. Daher müssen digitale Logikblöcke in ECL-Technik für höchste Arbeitsgeschwindigkeiten mikroskopisch klein als integrierte Schaltkreise ausgeführt werden.

■ Literatur

Fricke, K.: Digitaltechnik, 5. Auflage, Vieweg Verlag, 2007

Internet: https://de.wikipedia.org/wiki/Kategorie:Digitaltechnik

Reichardt, J.: Lehrbuch Digitaltechnik, Oldenbourg Verlag, 2011

Siemers, C., Sikora, A.: Taschenbuch Digitaltechnik, 2. Auflage, Hanser-Verlag, 2007

Unmuth, T.: Das große All-in-All CPLD/FPGA Tutorial, http://unmuth.de/pdf/CPLD_tut_logik.pdf, 2005

Woitowitz, R., Urbanski, K., Gehrke, W.: Digitaltechnik, 6. Auflage, Springer Verlag, 2012

5 Leistungselektronik

Die Leistungselektronik ist ein Teilgebiet der Elektrotechnik und beschäftigt sich mit dem **Steuern** und **Umformen** von **elektrischer Energie** mithilfe von **elektronischen Ventilen**. Dabei erfolgt das Steuern und Umformen der elektrischen Energie so, dass möglichst wenig Verluste entstehen. Der Begriff Leistungselektronik umfasst auch die zugehörigen Mess-, Steuer- und Regeleinrichtungen (Bild 5.1).

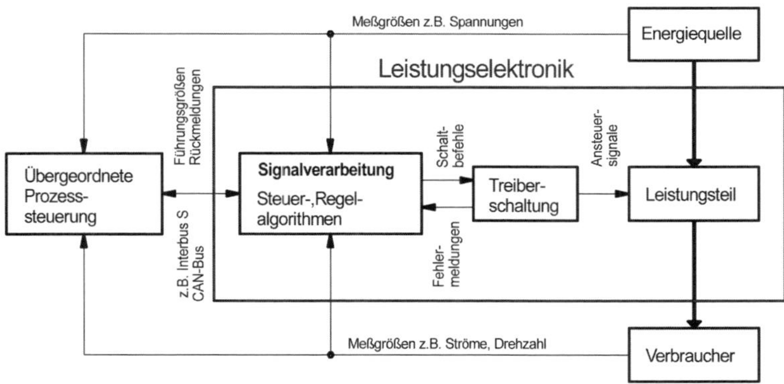

Bild 5.1 Abgrenzung des Begriffs Leistungselektronik

5.1 Elektronische Ventile

In Tabelle 5.1 sind die wichtigsten Eigenschaften und Anwendungsfelder der **gängigen elektronischen Ventile** zusammengefasst.

Tabelle 5.1 Elektronische Ventile und deren Einsatzbereich

Bauelement	Max. Strom Max. Sperrsp.	Einsatzbereich	Schaltzeit
Leistungsdiode	5000 V 5000 A	Gleichrichterschaltungen, Freilaufdioden für selbstgef. Stromrichter	
Thyristor	5000 V 5000 A	Netzgeführte Stromrichter	

Tabelle 5.1 Elektronische Ventile und deren Einsatzbereich *(Fortsetzung)*

Bauelement	Max. Strom Max. Sperrsp.	Einsatzbereich	Schaltzeit
Gate-Turn-Off-Thyristor (GTO)	4500 V 3000 A	Stromrichter großer Leistung z. B. Bahnantriebe	50 µs bis 400 µs
Bipolartransistor	1200 V 10 A	Schrittmotorantriebe	0,2 µs bis 1,2 µs
Insulated-Gate-Bipolartransistor (IGBT)	6000 V 3000 A	Selbstgeführte Stromrichter, Traktionsantriebe, Industrieantriebe (beispielsw. Aufzugsantriebe) Positionierantriebe	0,2 µs bis 1,2 µs
MOS-Feldeffekt-Leistungstransistor (MOS-FET)	15 A bei 1200 V oder 250 A bei 50 V	Kleinantriebe z. B. Aktoren im Automotive-Bereich, Schrittmotorantriebe	0,05 µs bis 2 µs

5.1.1 Leistungsdiode

Die **Leistungsdiode** hat im leitenden Zustand niedrige **Durchlassverluste** und im sperrenden Zustand niedrige **Sperrverluste**. Darüber hinaus wird eine hohe **Sperrspannung** gefordert. Wird die Leistungsdiode in einem selbstgeführten Stromrichter eingesetzt, dann sind neben den statischen Eigenschaften auch die **dynamischen Eigenschaften** von Interesse; insbesondere das **Schaltverhalten** der Diode.

Die Forderungen nach hoher **Sperrfähigkeit** und geringen **Durchlassverlusten** werden durch eine Diode mit einer **PSN-Struktur** (PSN: P-dotiert, schwach N-dotiert, N-dotiert) erfüllt. Bild 5.2 zeigt schematisch die Struktur und das Schaltzeichen einer Leistungsdiode. Die Dicke d der Halbleiterstruktur beträgt zwischen 100 µm und 300 µm. Die **Stromtragfähigkeit** der Diode hängt im Wesentlichen vom **Durchmesser** der Halbleiterstruktur ab. Damit eine Diode einen Dauergrenzstrom von ca. 4000 A führen kann, wird eine Siliziumscheibe mit einem Durchmesser von 100 mm benötigt.

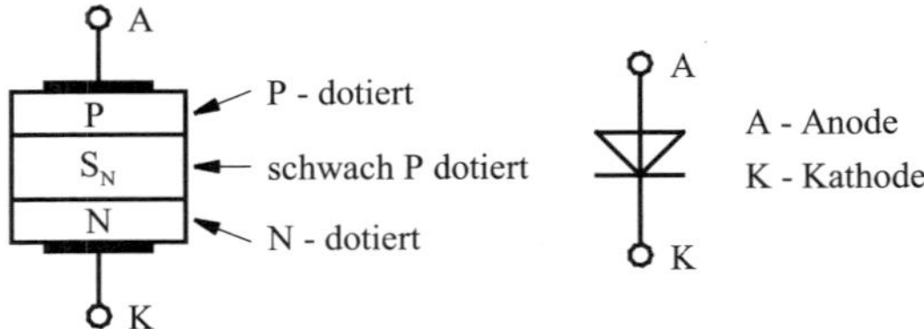

Bild 5.2 Struktur und Schaltzeichen einer Leistungsdiode

Die Sperrspannung fällt im Wesentlichen am PS_N-Übergang ab; hierbei baut sich die Raumladungszone hauptsächlich in der schwach dotierten S_N-Schicht auf. Mit zunehmender Dicke der S_N-Schicht **steigt** die Sperrfähigkeit der Diode **an**. Andererseits **steigt** auch die Durchlassspannung und der Bahnwiderstand der Diode mit zunehmender Dicke der S_N-Schicht **an**. Leistungsdioden werden in Gleichrichterschaltungen eingesetzt. In selbstgeführten Stromrichtern dienen Leistungsdioden als Freilaufdioden (vergl. Kap. 5.2).

5.1.2 Thyristor

Der **Thyristor** ist das wichtigste Bauelement in der Gruppe der **ein-, aber nicht abschaltbaren** elektronischen Ventile. Wie Bild 5.3 zu entnehmen ist, besitzt der Thyristor eine **vierschichtige Dotierung**.

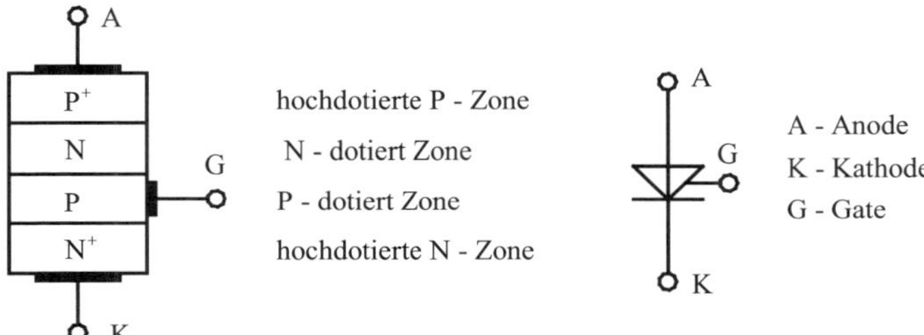

Bild 5.3 Struktur und Schaltzeichen eines Thyristors

In Bild 5.4 ist die **Vierschichtstruktur** eines Thyristors als Verschaltung eines **PNP- und eines NPN-Transistors** dargestellt.

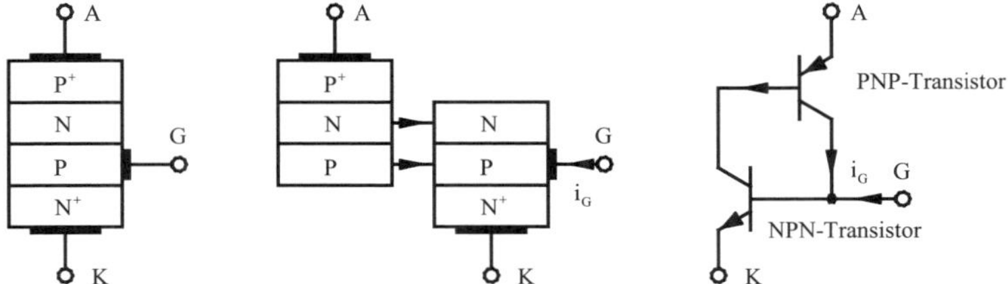

Bild 5.4 Zerlegung des Thyristors mit der PNPN-Schichtfolge in einen PNP- und einen NPN-Transistor

Das **Einschalten** des Thyristors wird durch einen **positiven Steuerstrom** i_G am Gateanschluss herbeigeführt. Der Gatestrom i_G „schaltet" den NPN-Transistor (NPN: N-dotiert, P-dotiert, N-dotiert) ein. Der Kollektor des NPN-Transistors ist mit der Basis des PNP-Transistors (PNP: P-dotiert, N-dotiert, P-dotiert) verbunden. Beginnt nun der NPN-Transistor zu leiten, dann schaltet der NPN-Transistor den PNP-Transistor ein. Der Kollektorstrom des PNP-Transistors fließt wiederum in die Basis des NPN–Transistors. Damit leiten beide Transistoren des Ersatzschaltbildes. Die **Schaltung** kann **nicht aktiv** in den sperrenden Zustand überführt **werden**. Erst, wenn der **Anodenstrom zu null wird**, beginnt der Thyristor **wieder zu sperren**. Dann kann der Thyristor erneut eingeschaltet werden. Thyristoren werden in selbst- und netzgeführten Stromrichter als elektronische Schalter eingesetzt. Anwendungsbeispiel: Speisung von Gleichstrommaschinen.

5.1.3 Gate-Turn-Off-Thyristor (GTO)

Der **GTO** ist im Gegensatz zum Thyristor ein **ein- und ausschaltbares Bauelement**. Wie Bild 5.5 zeigt, besteht der **GTO** ebenfalls aus einer **Vierschichtstruktur**. Der GTO wird durch einen positiven Steuerimpuls am Gate eingeschaltet. Aufgrund der **feinen Struktur** und der flächigen Kontaktierung des Gate-Anschlusses kann der **GTO** durch **einen negativen Stromimpuls** am Gate vom leitenden **in den sperrenden Zustand überführt** werden. GTOs werden in selbstgeführten Stromrichtern großer Bauleistung (z. B. Traktionsstromrichter für Lokomotiven) eingesetzt.

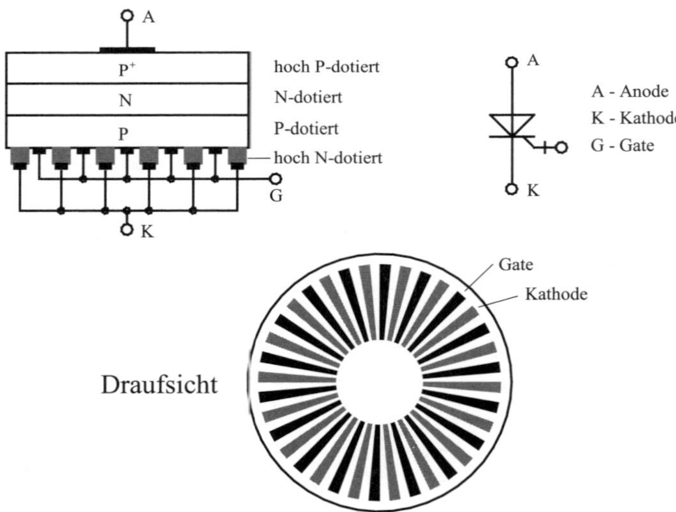

Bild 5.5 Struktur und Schaltzeichen eines GTOs

5.1.4 Bipolartransistor

Bipolartransistoren gibt es als PNP- und NPN-Transistoren. Dabei sind die NPN-Transistoren am weitesten verbreitet (Bild 5.6). Deshalb wird die Funktion anhand eines NPN-Transistors erläutert. Durch einen **positiven Basisstrom** werden Ladungsträger in die in Sperrrichtung betriebene **Basis-Kollektor-Diode injiziert**. Damit wird die **Sperrfähigkeit** der **Basis-Kollektor-Diode vermindert**. Für $i_B = 0$ sperrt der Transistor. Um den **Transistor einzuschalten**, muss **ein Basisstrom** eingeprägt werden, so dass die **Kollektor-Emitter-Diode komplett leitend wird**. In der Leistungselektronik werden Bipolartransistoren als elektronische Schalter eingesetzt. Anwendungsbeispiel: Speisung von Schrittmotoren.

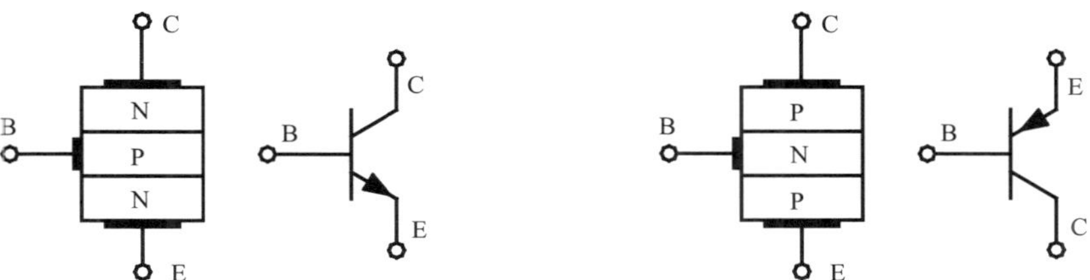

Bild 5.6 Struktur und Schaltzeichen eines NPN- und eines PNP-Bipolartransistors

5.1.5 MOSFET

Bild 5.7 zeigt den grundsätzlichen Aufbau eines N-Kanal MOSFETs. Die **Drain**(D)-**Source**(S)-Strecke ist so dotiert, dass ohne Gate-Source-Spannung nur ein **vernachlässigbar kleiner Sperrstrom fließt**. Der **Gate-Anschluss** ist gegenüber dem Substrat durch eine SiO_2-Schicht isoliert. Durch eine **positive Gate-Source-Spannung** reichern sich im p-Gebiet unterhalb der SiO_2-Isolationsschicht Elektronen an. Damit bildet sich zwischen dem Drain- und dem Source-Anschluss ein **N-Kanal aus** und der MOSFET verliert seine Sperrfähigkeit. MOSFETS werden in selbstgeführten Stromrichter als elektronische Schalter eingesetzt. Anwendungsbeispiele: Speisung von Schrittmotoren und Servoantrieben.

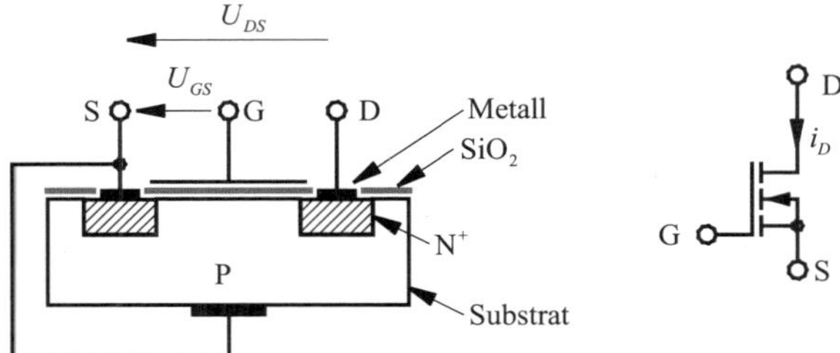

Bild 5.7 Struktur und Schaltzeichen eines N-Kanal MOSFETs

5.1.6 Insulated-Gate-Bipolartransistor (IGBT)

Das Bild 5.8 zeigt die Struktur, das Ersatzschaltbild und das Schaltzeichen eines IGBTs. Der **IGBT** besteht aus einer **Hybridstruktur**. Der **Schaltstrom** fließt über einen **PNP-Bipolartransistor**. Eine P-dotierte-Schicht ist mit dem Kollektor (C), die zweite P-dotierte-Schicht ist mit dem Emitter (E) kontaktiert. Des Weiteren sind zwei N-dotierte Schichten mit dem Emitter verbunden. Beim Anlegen einer **positiven**

Gate-Emitter-Spannung bildet sich in der P-dotierten-Schicht, die mit dem Emitter verbunden ist, zwischen den **zwei N-dotierten-Schichten** unterhalb des Gate-Anschlusses ein leitender **N-Kanal** aus. Betrachtet man das Ersatzschaltbild, so wird deutlich, dass die Basis des PNP-Transistors mit dem Emitter eine leitende Verbindung hat. Der PNP-Transistor und damit der IGBT leiten. Ist die **Gate-Emitterspannung null**, dann **sperrt der MOSFET**; damit fließt kein Basisstrom und der IGBT sperrt. IGBTs weden in selbstgeführten Stromrichtern bis in den oberen Leistungsbereich als elektronische Schalter eingesetzt. Anwendungsbeispiele: Speisung von Servoantrieben und Traktionsantrieben.

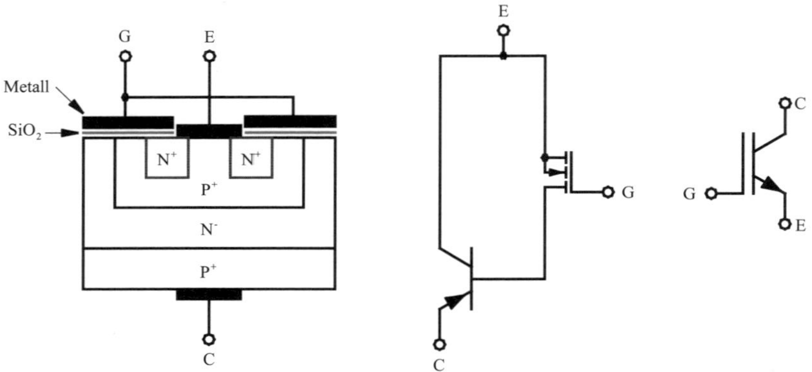

Bild 5.8 Struktur, Ersatzschaltbild und Schaltzeichen eines IGBTs

5.2 Selbstgeführte Stromrichter

Stromrichter werden entsprechend der Führung in **selbst- und fremdgeführte Stromrichter** unterteilt. Da die fremdgeführten Stromrichter in der Mechatronik praktisch keine Rolle spielen, wird nachfolgend nur auf die **selbstgeführten Stromrichter** eingegangen.

5.2.1 Tiefsetzsteller

Der Tiefsetzsteller wird in der Mechatronik als **Stellglied** für **Gleichstromantriebe** verschiedenster Art eingesetzt. Der Tiefsetzsteller kann bei **positiver Ausgangsspannung** u_A einen **positiven Ausgangsstrom** i_A stellen (Bild 5.9). Der maximale Ausgangsstrom $i_{A,max}$ wird durch den Aufbau und die eingesetzten elektronischen Bauelemente begrenzt. Die maximale Ausgangsspannung ist durch die Zwischenkreisspannung $u_{A,max} = U_Z$ limitiert. Eine Gleichstrommaschine kann bei positiver Drehzahl n ein positives Drehmoment M_i erzeugen.

Anwendungsbeispiel: Antrieb einer Hydraulikpumpe für eine elektro-hydraulische Lenkung.

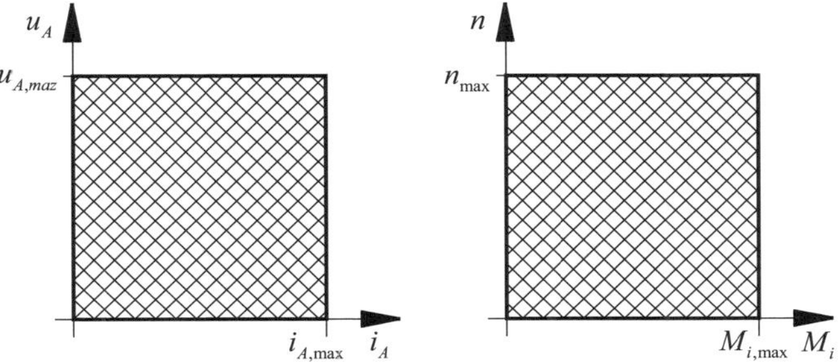

Bild 5.9 Ausgangskennfeld des Tiefsetzstellers und der GM

Bild 5.10 zeigt einen Tiefsetzsteller, der eine Gleichstrommaschine (GM) speist. Voraussetzungen:

- Der Ausgangsstrom lückt nicht ($i_A > 0$).
- Ideales elektronisches Ventil.

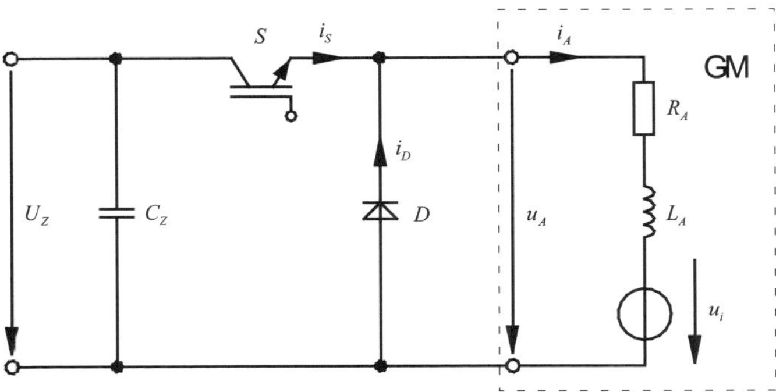

Bild 5.10 Prinzipieller Aufbau eines Tiefsetzstellers

Der **Tiefsetzsteller** wird von einer **Gleichspannungsquelle** mit der Spannung U_Z versorgt und speist beispielsweise eine Gleichstrommaschine.

Die Schaltung eines Tiefsetzstellers kennt die beiden Schaltzustände:

- Das elektronische Ventil S ist eingeschaltet.
- Das elektronische Ventil S ist ausgeschaltet.

Wenn das elektronische Ventil S **eingeschaltet** ist, fließt der Ausgangsstrom i_A über das elektronische Ventil S. Für die Ausgangsspannung gilt: $u_A = U_Z$. Ist das elektronische Ventil S ausgeschaltet, dann fließt der Ausgangsstrom i_A über die Freilaufdiode D. Damit gilt: $u_A = 0$.

Bild 5.11 zeigt die Ströme i_A, i_D und i_S sowie u_A und den Mittelwert der Ausgangsspannung $\overline{u}_A$. Dabei wird das elektronische Ventil S zyklisch ein- bzw. ausgeschaltet. Die **Pulsperiode** sei T_P, die **Einschaltzeit** des elektronischen Ventils ist mit T_E und die **Ausschaltzeit** mit T_A bezeichnet. Der Mittelwert der Ausgangsspannung berechnet sich zu

$$\overline{u}_A = \frac{T_E}{T_P} \cdot U_Z = a \cdot U_Z$$

Der **Aussteuergrad** a ist durch $a = T_E / T_P$ definiert.

Mit einem Tiefsetzsteller kann bei positivem Ausgangsstrom i_A der Mittelwert der Ausgangsspannung $\overline{u}_A$ zwischen $0 \leq \overline{u}_A \leq U_Z$ verstellt werden.

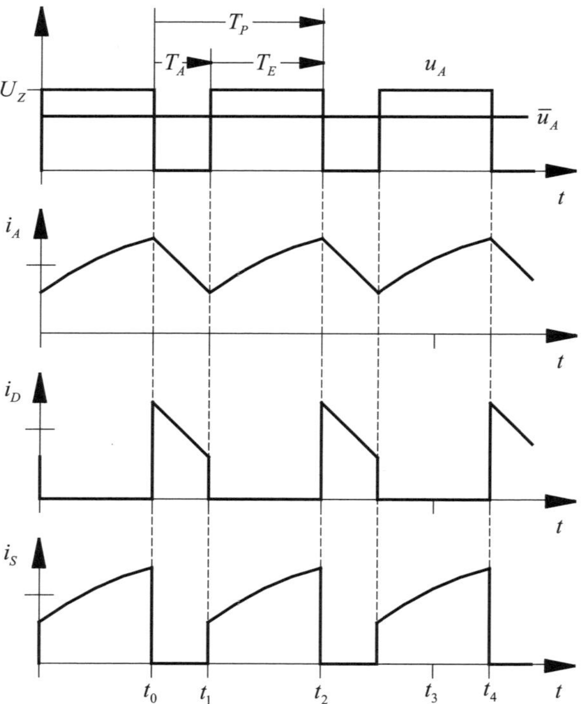

Bild 5.11 Spannungen und Ströme eines Tiefsetzstellers

5.2.2 Vierquadrantensteller

Der Vierquadrantensteller wird in der Mechatronik als **Stellglied** für **Gleichstrompositionierantriebe** verschiedenster Art eingesetzt. Der Vierquadrantensteller kann bei **positiver und negativer Ausgangsspannung** u_A **positive bzw. negative Ausgangsströme** i_A stellen (Bild 5.12).

Anwendungsbeispiel: Positionierantriebe im Kraftfahrzeug, Kupplungsaktoren, Schaltaktoren.

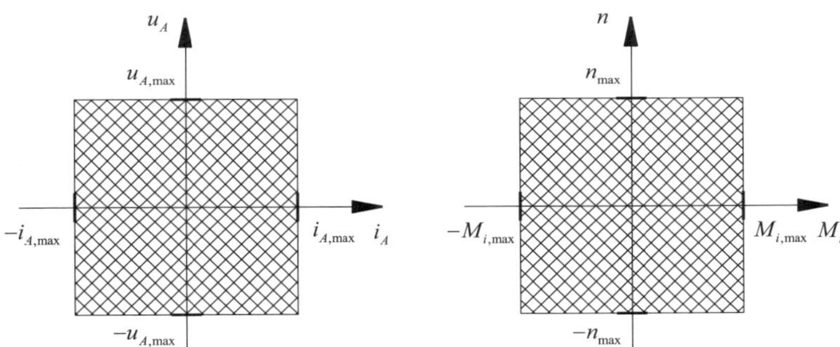

Bild 5.12 Ausgangskennfeld des Vierquadrantenstellers und der GM

Bild 5.13 zeigt einen Vierquadrantensetzsteller, der eine Gleichstrommaschine (GM) speist. Voraussetzungen:

- Der Ausgangsstrom lückt nicht.
- Ideales elektronisches Ventil.

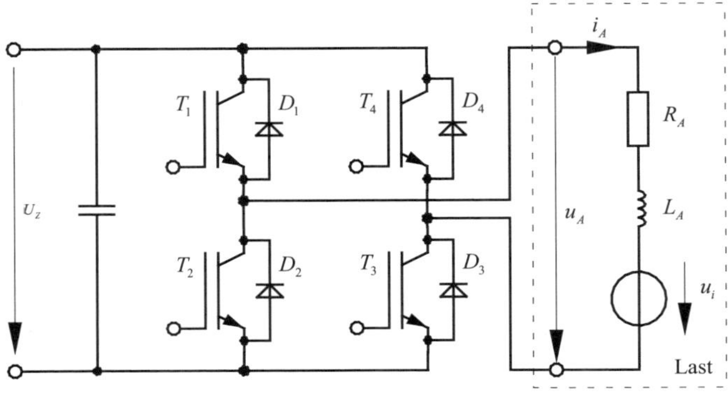

Bild 5.13 Prinzipieller Aufbau eines Vierquadrantenstellers

Die Taktung des Vierquadrantenstellers kann auf zwei unterschiedliche Weisen erfolgen.

5.2.2.1 Gleichzeitige Taktung

Bei der **gleichzeitigen Taktung** werden entweder

- Die elektronischen Ventile T_2, T_4 ausgeschaltet und gleichzeitig die elektronische Ventile T_1, T_3 eingeschaltet. Damit gilt für die Ausgangsspannung während der Zeitdauer T_E (Bild 5.14): $u_A = U_Z$

oder

- die elektronischen Ventile T_1, T_3 werden ausgeschaltet und gleichzeitig die elektronischen Ventile T_2, T_4 eingeschaltet. Damit gilt für die Ausgangsspannung während der Zeitdauer T_A (Bild 5.14): $u_A = -U_Z$.

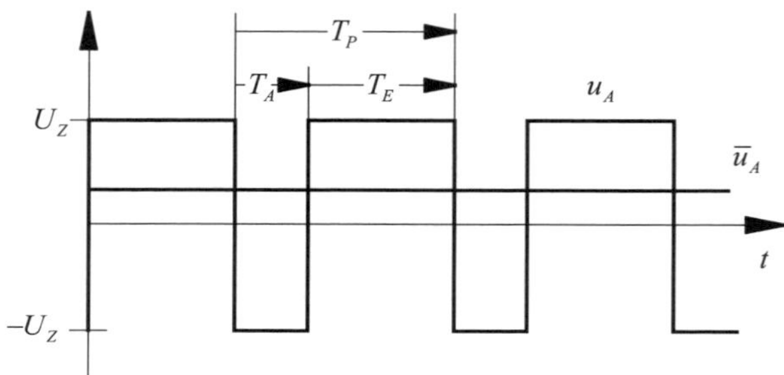

Bild 5.14 Ausgangsspannung und Mittelwert der Ausgangsspannung

Der Mittelwert der Ausgangsspannung berechnet sich zu

$$\overline{u}_A = \left(2 \cdot \frac{T_E}{T_P} - 1\right) \cdot U_Z = (2 \cdot a - 1) \cdot U_Z$$

Der **Aussteuergrad** a ist durch $a = T_E / T_P$ definiert.

5.2.2.2 Alternierende Taktung

Wie bereits dargestellt, nimmt die **Ausgangsspannung** u_A bei der gleichzeitigen Taktung nur die Werte $u_A = U_Z$ und $u_A = -U_Z$ an. Schaltet man jedoch die elektronischen Ventile T_1, T_4 aus und T_2, T_3 ein, dann folgt für die Ausgangsspannung $u_A = 0$. Ebenso gilt $u_A = 0$ für T_2, T_3 ausgeschaltet und T_1, T_4 eingeschaltet.

Bei der **alternierenden Taktung** stellt der Vierquadrantensteller die drei verschiedenen **Ausgangsspannungen** $u_A = U_Z$, $u_A = 0$ und $u_A = -U_Z$. Soll der Mittelwert der Ausgangsspannung innerhalb einer Pulsperiode T_P einen **positiven Wert** annehmen, dann werden die **beiden Ausgangsspannungen** $u_A = U_Z$ und $u_A = 0$ geschaltet. Wenn der Mittelwert der Ausgangsspannung einen **negativen Wert** annehmen soll, dann schaltet man die **Ausgangsspannungen** $u_A = 0$ bzw. $u_A = -U_Z$ (Bild 5.15).

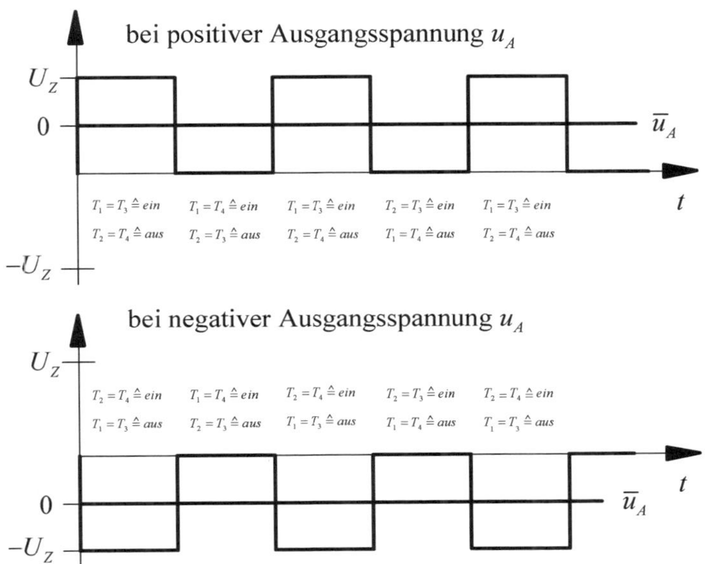

Bild 5.15 Ausgangsspannung und Mittelwert der Ausgangsspannung

Die Realisierung der alternierenden Taktung ist im Vergleich zur gleichzeitigen Taktung etwas aufwendiger. Dafür ist die **Welligkeit** der **Ausgangsspannung** bei der alternierenden Taktung bei gleicher Pulsfrequenz **geringer** als bei der gleichzeitigen Taktung. Die geringere Welligkeit der Ausgangsspannung rührt daher, dass bei der alternierenden Taktung drei Spannungsniveaus und bei der gleichzeitigen Taktung nur zwei Spannungsniveaus geschaltet werden.

5.2.3 Selbstgeführte Drehstrombrückenschaltung

Die **selbstgeführte Drehstrombrückenschaltung** wird in der Mechatronik als leistungselektronisches Stellglied zur **Speisung** von **Drehfeldmaschinen** (z. B. Asynchron- oder Synchronmaschinen) eingesetzt. Drehfeldantriebe haben im Vergleich zu Gleichstromantrieben den Vorteil, dass die Maschine über keinen mechanischen Kommutator verfügt und daher nahezu verschleißfrei ist. Des Weiteren bereitet die mechanische Kommutierung bei Strömen ab ca. 50 A Probleme, so dass die elektronische Kommutierung für größere Ströme unabdingbar ist. In der Automobilelektronik sind die Drehstrombrückenschaltungen meist mit MOS-Feldeffekt-Leistungstransistoren (MOSFET) bestückt. **MOSFETs** sind **unipolare Leistungshalbleiter** und zeichnen sich durch kurze Schaltzeiten und einen **geringen On-Widerstand** aus. Die **Drehstrombrückenschaltung** wird von einer **Gleichspannungsquelle versorgt** und kann am Ausgang beispielsweise ein **dreiphasiges symmetrisches Drehspannungssystem** erzeugen.

Anwendungssbeispiele: Elektrische Lenkung oder Antrieb für Kühlerlüfter

Voraussetzungen:

- Der Ausgangsstrom lückt nicht ($i_A > 0$).
- Ideales elektronisches Ventil.

Nachfolgend wird zunächst auf die Funktion eines Brückenzweigpaars eingegangen (Bild 5.16). Eine Drehstrombrückenschaltung setzt sich aus drei parallel geschalteten Brückenzweigpaaren nach Bild 5.17 zusammen.

Zur Erläuterung der grundsätzlichen Funktionsweise sei die Eingangsspannung U_Z aufgeteilt in zwei Spannungsquellen, wobei jede der beiden Spannungsquellen die Spannung $U_Z / 2$ bereitstellt, (Bild 5.16). Zwischen dem Mittelpunkt der in Serie geschalteten Spannungsquellen und dem Ausgang des Brückenzweigpaars sei eine Drossel mit der Induktivität L angeschlossen. Die elektronischen Ventile eines Brückenzweigpaares werden so geschaltet, dass immer nur ein Ventil eingeschaltet und das zweite elektronische Ventil ausgeschaltet ist.

Zum Zeitpunkt t_0 sei der Drosselstrom null. Innerhalb des Zeitintervalls $[t_0..t_1]$ sei das Ventil T_1 eingeschaltet und T_2 ausgeschaltet. Die Ausgangsspannung u_{10} nimmt den Wert $U_Z / 2$ an. Der Ausgangsstrom i_1 fließt über T_1 und die Drossel L zum Mittelpunkt der Versorgungsquellen. Zum Zeitpunkt t_1 wird das Ventil T_1 ausgeschaltet und das Ventil T_2 eingeschaltet. Die Ausgangsspannung u_{10} nimmt den Wert $-U_Z / 2$ an. Da die Drossel zunächst einen positiven Ausgangsstrom i_1 einprägt, kommutiert der Strom zum Zeitpunkt t_1 auf die Diode D_2. Zum Zeitpunkt t_2 erreicht der Ausgangsstrom i_1 den Wert Null. Nun kommutiert der Ausgangsstrom i_1 auf das el. Ventil T_2. Der Ausgangsstrom i_1 nimmt negative Werte an. Zum Zeitpunkt t_3 wird nun das Ventil T_2 aus- und T_1 eingeschaltet. Der Ausgangsstrom i_1 kommutiert auf D_2 bis der Ausgangsstrom i_1 den Nulldurchgang erreicht. Danach fließt der Ausgangsstrom über das Ventil T_2. Unabhängig vom Vorzeichen des Ausgangsstroms i_1 nimmt die Ausgangsspannung u_{10} immer dann, wenn T_1 ein- und T_2 ausgeschaltet ist den Wert $U_Z / 2$ an. Ist T_2 ein- und T_1 ausgeschaltet folgt $u_{10} = -U_Z / 2$.

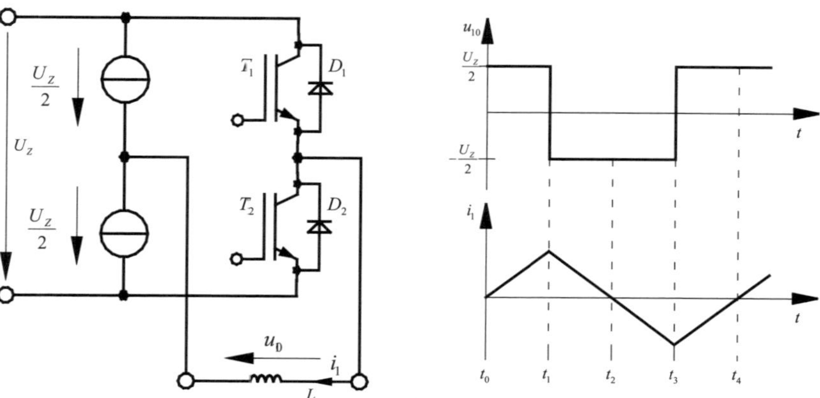

Bild 5.16 Ausgangsspannung und Ausgangsstrom eines Brückenzweigpaars

Mit einer **selbstgeführten Drehstrombrückenschaltung** (Bild 5.17) kann man ein **dreiphasiges Drehspannungssystem** zur Speisung von **Drehfeldmaschinen** erzeugen. Die Drehstrombrückenschaltung besteht aus einer Parallelschaltung von drei Brückenzweigpaaren. Die zu speisende Maschine wird jeweils mit dem Ausgang eines Brückenzweigpaars verbunden. Anwendungen: Energieversorgung von Drehfeldmaschinen (Servoantriebe, Lüfterantriebe, Traktionsantriebe).

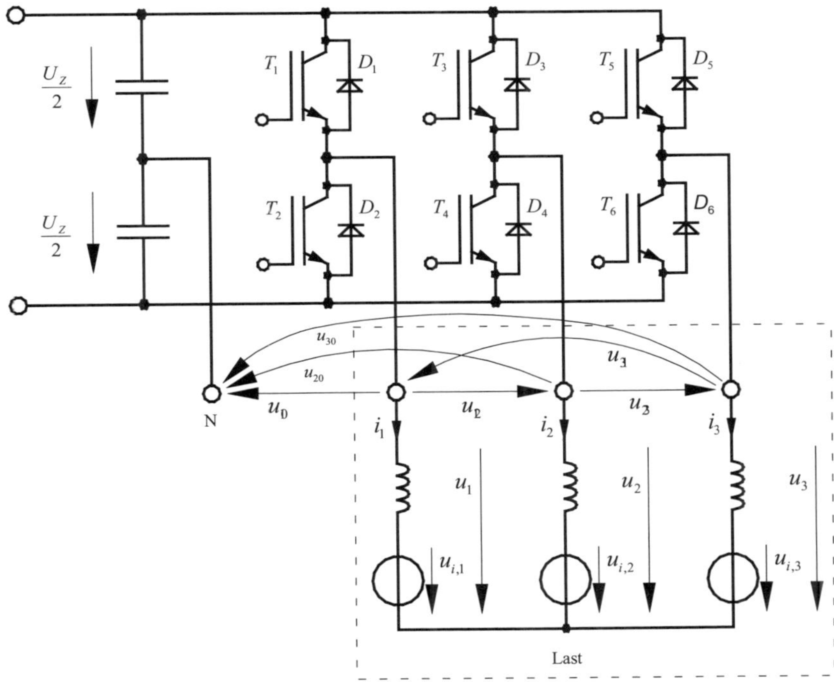

Bild 5.17 Grundsätzliche Schaltung einer selbstgeführten Drehstrombrückenschaltung

Bild 5.18 zeigt die Spannungen zwischen dem Nullpunkt (N) und den Ausgangsklemmen (u_{10}, u_{20}, u_{30}), die verketteten Ausgangspannungen (u_{12}, u_{23}, u_{31}) und die Strangspannungen (u_1, u_2, u_3). Bei der Blocktaktung (Bild 5.18) schaltet jedes Brückenzweigpaar eine halbe Periode lang ($\omega t = \pi$) die Spannung $U_Z / 2$ bzw. $-U_Z / 2$. Dabei ist das Pulsmuster des zweiten und des dritten Brückenzweigpaars im Vergleich zum ersten Brückenzweigpaar um den Winkel $2\pi / 3$ bzw. $4\pi / 3$ verschoben. Damit generiert die Schaltung ein dreiphasiges symmetrisches Drehspannungssystem.

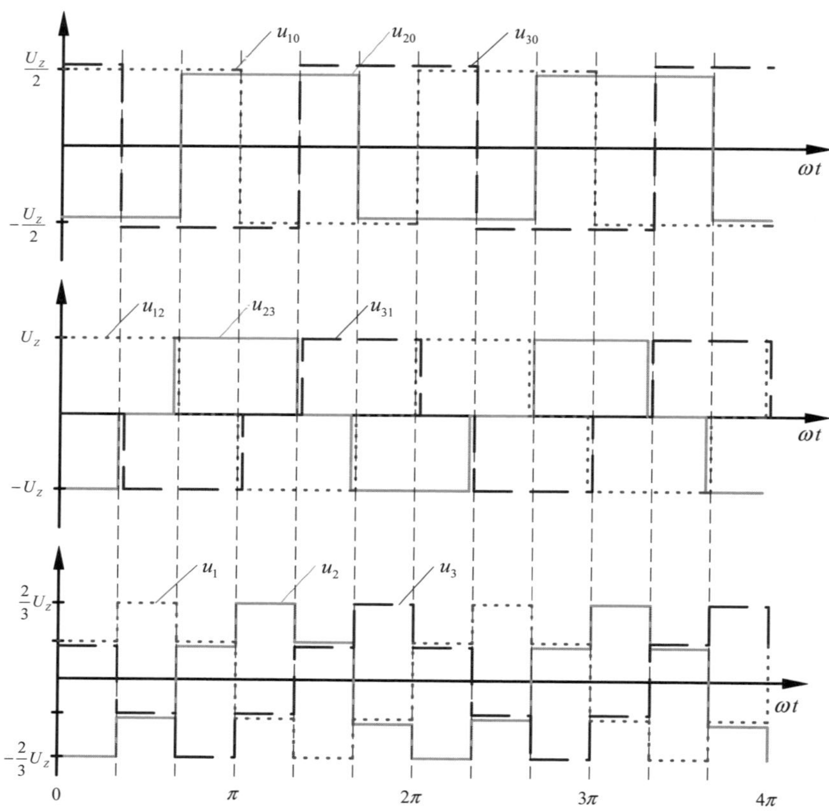

Bild 5.18 Ausgangsspannungen einer selbstgeführten Drehstrombrückenschaltung

Mit der Blocktaktung kann die Ausgangsfrequenz, nicht aber die Ausgangsspannung (bei konstanter Zwischenkreisspannung) des Drehspannungssystems verändert werden.

5.2.4 Pulsbreitenmodulation (PBM)

Mit der **Pulsbreitenmodulation** können sowohl die **Ausgangsspannung**, genauer gesagt die Grundschwingung der Ausgangsspannung, als auch die **Ausgangsfrequenz verändert** werden. Die Arbeitsweise der Pulsbreitenmodulation wird exemplarisch für das erste Brückenzeigpaar (Bild 5.16) mit Bild 5.19 erläutert. Während bei der Blocktaktung jedes Brückenzweigpaar nur zwei Schalthandlungen innerhalb einer Periodendauer ausführt, schalten die elektronische Ventile bei der Pulsbreitenmodulation mit der sogenannten Pulsfrequenz $F_P=1/T_P$. Je nach Stromrichterausführung liegt die Pulsfrequenz zwischen einigen Hundert Herz bis in den hohen Kiloherz-Bereich.

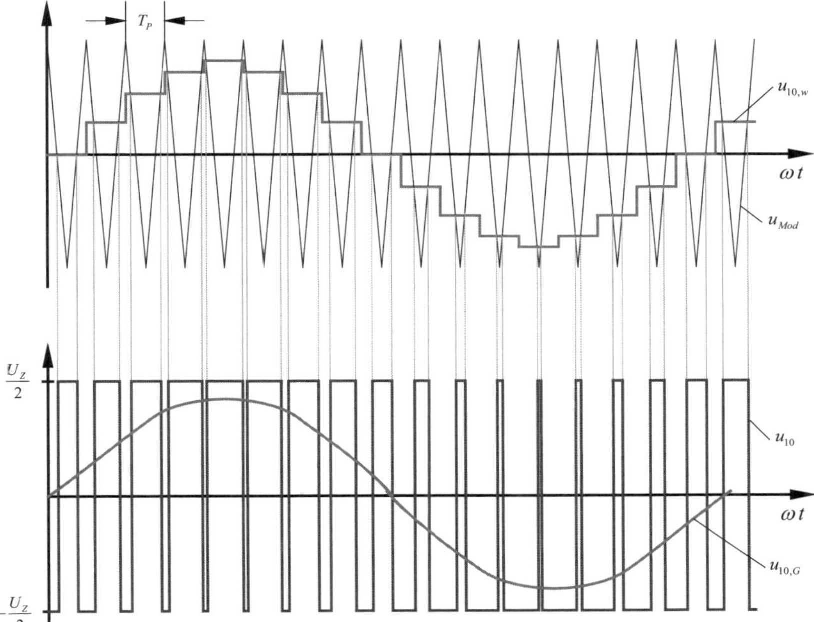

Bild 5.19 Zur Funktion der Pulsbreitenmodulation

Bei der **Pulsbreitenmodulation** vergleicht man eine zur **Grundschwingung proportionale Steuerspannung** (Führungsgröße) $u_{10,\mathrm{w}}$ mit einer dreieckförmigen **Hilfsspannung** u_{Mod}.

- Ist die Hilfsspannung u_{Mod} größer als die Steuerspannung, dann wird der „obere" Transistor eingeschaltet. Damit gilt für den Zeitwert der Ausgangsspannung $u_{10} = U_{\mathrm{Z}} / 2$.
- Ist die Hilfsspannung u_{Mod} kleiner oder gleich der Steuerspannung, dann wird der „untere" Transistor eingeschaltet. Für den Zeitwert der Ausgangsspannung gilt: $u_{10} = -U_{\mathrm{Z}} / 2$.

Durch Verändern der **Steuerspannung** $u_{10,\mathrm{w}}$ kann der Mittelwert der Ausgangsspannung innerhalb jeder Pulsperiode T_{P} gezielt eingestellt werden. In Bild 5.19 ist die Hilfsspannung jeweils innerhalb einer Pulsperiode konstant. Bei **digitalen Regelungen** wird meist ein zur Hilfsspannung proportionaler Wert in ein **Register** geschrieben und jeweils am Ende der Pulsperiode verändert. Des Weiteren zeigt Bild 5.19 den Zeitwert der Ausgangsspannung u_{10} und die Grundschwingung der Ausgangsspannung $u_{10,\mathrm{G}}$.

5.2.5 Modellbildung von dreiphasigen Stromrichtern

Wie Bild 5.17 zeigt, muss die Summe der Ausgangsströme i_1, i_2 und i_3 stets null sein. Analog gilt ebenfalls für die Ausgangsspannungen $u_1 + u_2 + u_3 = 0$. Da nur zwei der drei Ausgangsströme bzw. der Ausgangsspannungen linear unabhängig sind, liegt es nahe, die Ausgangsgrößen einer **Transformation** zu unterwerfen. Die **Raumzeigertransformation** ist eine **lineare, zeitinvariante Transformation** und bildet die Ausgangsströme und Spannungen eines Stromrichters eindeutig ab.

Die Transformationsvorschrift lautet in allgemeiner Schreibweise

$$x_\alpha + j \cdot x_\beta = \underline{x} = \frac{2}{3}\left(x_1 + \underline{a} \cdot x_2 + \underline{a}^2 \cdot x_3\right)$$

mit $\underline{a} = e^{j\frac{2\pi}{3}}$ und $\underline{a}^2 = e^{j\frac{4\pi}{3}}$. Der sogenannte Raumzeiger $\underline{x}$ stellt eine komplexe Zahl mit den Komponenten x_α und x_β dar.

Häufig wird die Transformationsvorschrift auch im Komponentenschreibweise

$$\begin{bmatrix} x_\alpha \\ x_\beta \end{bmatrix} = \begin{bmatrix} 1 & 0 & 0 \\ 0 & \frac{1}{\sqrt{3}} & -\frac{1}{\sqrt{3}} \end{bmatrix} \cdot \begin{bmatrix} x_1 \\ x_2 \\ x_3 \end{bmatrix}$$

angegeben. Beide Darstellungen sind gleichwertig und können leicht ineinander überführt werden.

Zur regelungstechnischen Modellbildung werden die Ausgangsströme und Spannungen der obigen Transformationsvorschrift unterzogen. Es wird dann jeweils ein Regler für die α-, bzw. für die β-Komponente entworfen und implementiert.

Die Rücktransformation in das dreiphasige System erfolgt durch

$$\begin{pmatrix} x_1 \\ x_2 \\ x_3 \end{pmatrix} = \mathrm{Re}\left\{\begin{bmatrix}\begin{pmatrix} 1 \\ \underline{a}^2 \\ \underline{a} \end{pmatrix} \underline{x}\end{bmatrix}\right\}$$

oder

$$\begin{bmatrix} x_1 \\ x_2 \\ x_3 \end{bmatrix} = \begin{bmatrix} 1 & 0 \\ -\frac{1}{2} & \frac{\sqrt{3}}{2} \\ -\frac{1}{2} & -\frac{\sqrt{3}}{2} \end{bmatrix} \cdot \begin{bmatrix} x_\alpha \\ x_\beta \end{bmatrix}$$

Voraussetzung für die Raumzeigertransformation ist, dass es sich um eine **dreiphasige symmetrische Last** handelt. Das heißt, alle drei Stränge haben den gleichen *Ohm*'schen Widerstand *R*, die gleiche Induktivität *L* und gegebenenfalls die gleiche Kapazität *C*. Bild 5.20 verdeutlicht die Raumzeigertransformation für passive Bauelemente. Da die Raumzeigertransformation eine lineare Transformation darstellt, gilt das Superpositionsprinzip. Das heißt, bei komplexen Verschaltungen darf die Transformation auf die einzelnen Bauelemente angewendet werden. Anwendung: Erzeugung der Schaltmuster bei selbstgeführten Stromrichtern.

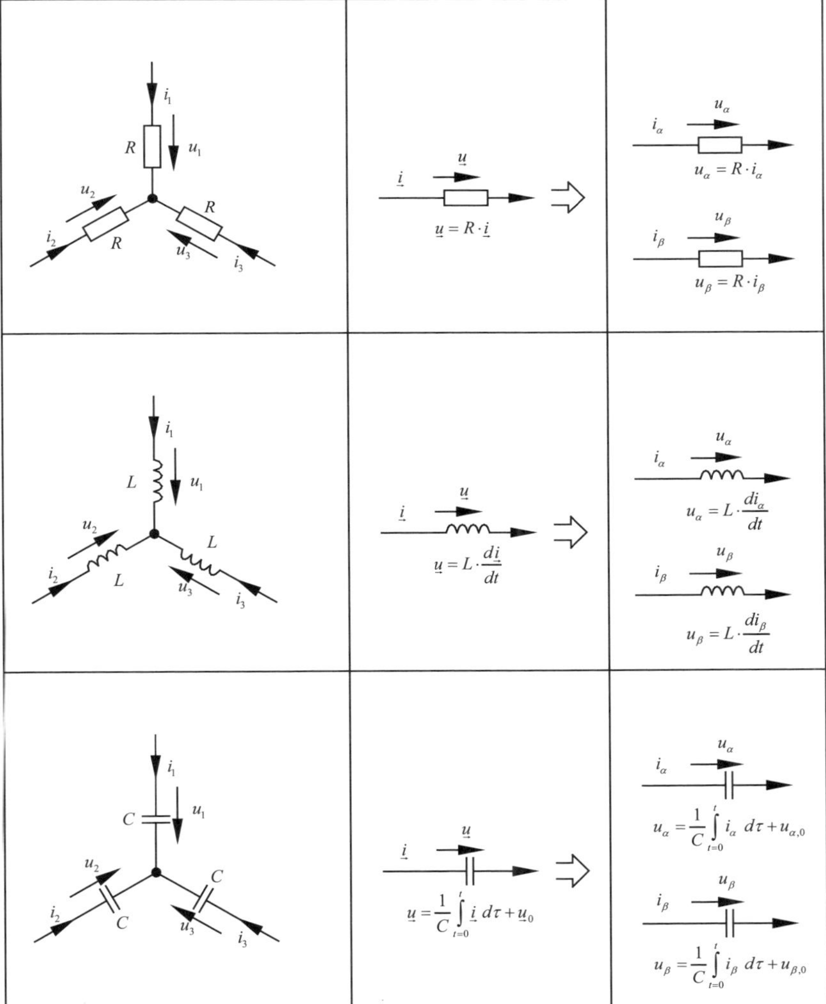

Bild 5.20 Raumzeigertransformation, angewendet auf passive Bauelemente

Literatur

Heumann K.: Grundlagen der Leistungselektronik. Stuttgart: B. G. Teubner, 1996.
Michel M.: Leistungselektronik. Berlin Heidelberg New York: Springerverlag, 2003.
Stephan W.: Leistungselektronik: Fachbuchverlag Leipzig im Carl Hanser Verlag, 2000.

6 Modellbildung

6.1 Grundbegriffe

Als **Prozess** wird ein Phänomen verstanden, das zeitlich-räumlichen Veränderungen unterworfen ist.

Er ist dadurch ausgezeichnet, dass sich die den Prozess charakterisierenden Größen, die **Prozessvariablen**, in Abhängigkeit von der Zeit t oder dem Ort r ändern.

Ein **System** ist eine gedankliche Abgrenzung einer realen Gegebenheit. Mit dieser Abgrenzung wird festgelegt, was als **Systeminneres, Systemgrenze** und **Systemumgebung** anzusehen ist (Bild 6.1).

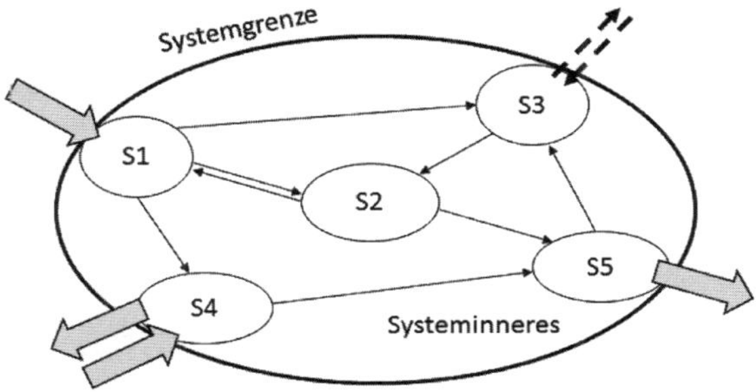

Bild 6.1 System, bestehend aus 5 Teilsystemen, mit Materie-, Energie- oder Informationsaustausch über die Systemgrenze

Es werden damit unabhängige Variablen (**Eingangsgrößen**) und von ihnen abhängige Variablen (**Ausgangs**- oder **Zustandsgrößen**) definiert. Der Zusammenhang zwischen diesen Variablen ist die **Struktur** des Systems.

Ein **Modell** ist ein Ersatzsystem, das **ausgewählte** Eigenschaften eines realen oder geplanten Systems abbildet.

In einem **analytischen Modell** werden die Abhängigkeiten einer oder mehrerer Prozessvariablen *x*, *y*, ... von der Zeit *t* und dem Ort **r** algorithmisch dargestellt. In einem **Strukturmodell** werden die physikalischen Zusammenhänge zwischen den Prozessvariablen aufgrund der Struktur der Teilsysteme nachgebildet, während in einem **Black-Box-Modell** nur die Zusammenhänge zwischen den Eingangs- und Ausgangsgrößen beschrieben werden.

Simulation ist die Nachbildung eines dynamischen Prozesses in einem Modell, um zu Erkenntnissen zu gelangen, die auf die Wirklichkeit übertragbar sind (VDI-Richtlinie 3633).

Ziele der Modellbildung und Simulation sind das Verstehen, das Voraussagen oder das zielgerichtete Verändern des Verhaltens natürlicher oder technischer Systeme. Die **Modellgültigkeit** wird durch einen **System-Modell-Vergleich**, d. h. durch eine Gegenüberstellung des Verhaltens des realen Systems und des analytischen Modells in den ausgewählten Eigenschaften, überprüft.

In der **Computersimulation** wird das Verhalten eines realen Systems mittels Computer auf der Grundlage analytischer Modelle nachgebildet.

6.2 Modellierungs- und Simulationsprozess

6.2.1 Zyklen

Die Modellbildung erfolgt im Allgemeinen in mehreren Schritten – vom realen System bis zum Simulationsmodell (Bild 6.2).

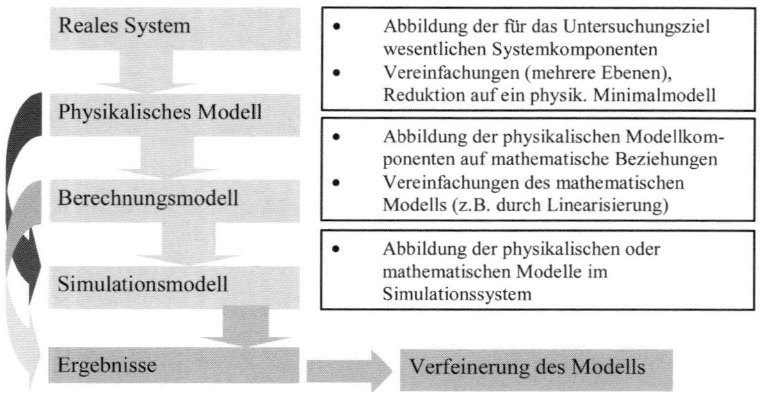

Bild 6.2 Modellbildungsprozess – Aufgaben und Ergebnisse

Die Aufgabenstellung bestimmt alle Phasen des Modellierungs-, Berechnungs- bzw. Simulationsprozesses (Bild 6.3), d. h.

- das Maß der Modellübereinstimmung, den Modellierungsgrad und die Modellbeschreibung,
- die Berechnungen und die (Simulations-)Versuche,
- die Validierung, die Verifikation und das Verständnis der Ergebnisse,
- die Modifikation des Systems oder des Modells.

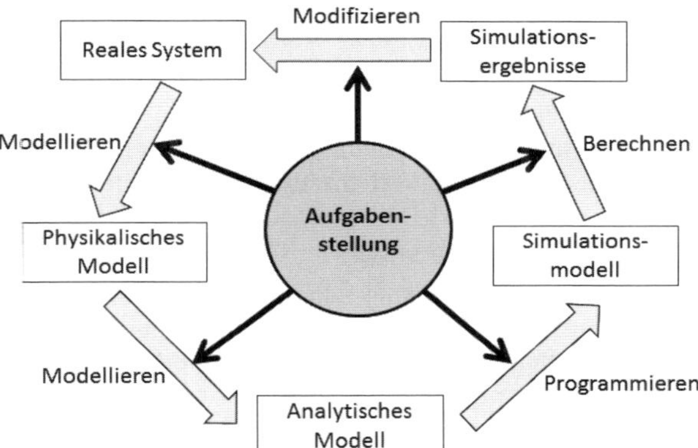

Bild 6.3 Simulationszyklus auf einer Modellebene und zentrale Rolle der Aufgabenstellung

Im Entwurfsprozess mechatronischer Systeme werden Untersuchungen (Modellbildung, Berechnung, Simulation) auf mehreren Abstraktionsebenen (Funktions-, System- und Komponentenebene) und in unterschiedlichen physikalischen Domänen durchgeführt. Die auf einer höheren Ebene erhaltenen Ergebnisse sind Ausgangspunkt der Untersuchungen auf einer niedrigeren Ebene. Die auf der niedrigeren Ebene erhaltenen Ergebnisse führen zur Bestätigung der auf der höheren Ebene erzielten Ergebnisse oder zu einer Modifikation auf dieser Ebene. Der oben beschriebene Simulationszyklus tritt auf jeder der Ebenen wiederholt auf (Bild 6.4).

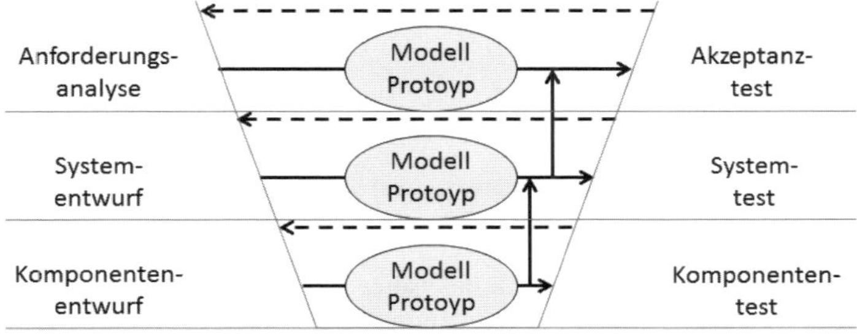

Bild 6.4 V-Modell des mechatronischen Entwurfsprozesses

6.2.2 Modellerstellung und -verfeinerung

Anforderungen an das Modell eines (technischen) Systems:

- **Transparenz:** Die Modellelemente müssen klar definiert, eindeutig beschreibbar und widerspruchsfrei sein,
- **Modellgültigkeit:** Die Folgerungen aus dem Verhalten des Modells müssen im Rahmen des Modellzwecks (Aufgabenstellung) dem realen System entsprechen,
- **Effizienz:** Unter den möglichen Modellen sollte das einfachste gewählt werden.

Für die Erstellung eines adäquaten Modells gibt es keine allgemeingültigen Regeln. In der Praxis sind zwei Vorgehensweisen bei der Modellerstellung anzutreffen:

- Detailgetreue Nachbildung des realen Systems, so dass ein für verschiedene Aufgabenstellungen nutzbares Modell entsteht,
- Nachbildung der für die jeweilige Aufgabenstellung notwendigen Modellkomponenten und bei Bedarf eine schrittweise Verfeinerung oder Erweiterung des Modells.

Beispiel Vertikaldynamik eines Fahrzeugaufbaus:

Für die Auslegung des Fahrwerkes eines PKW kann ein komplexes, dreidimensionales Fahrzeugmodell (Bild 6.5) entwickelt werden, mit dem das Verhalten aller Baugruppen in verschiedenen Fahrsituationen (Geradeausfahrt, Kurvenfahrt, Beschleunigen oder Bremsen) simuliert werden kann.

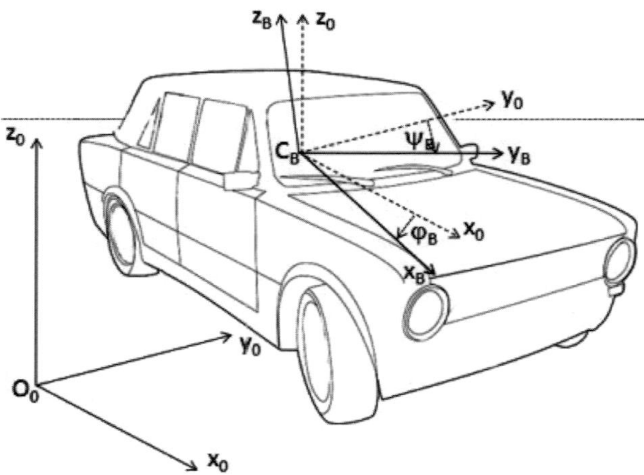

Bild 6.5 Räumliches Modell eines Fahrzeugs: Referenzsystem (x_0, y_0, z_0), mit dem Aufbau verbundenes Koordinatensystem (x_B, y_B, z_B)

Für die Untersuchung der Vertikaldynamik des Fahrzeugaufbaus können auch abgestimmte und aufeinander aufbauende Ersatzmodelle genutzt werden. Aus dem Zweimassenmodell (Viertel-Fahrzeug-Modell, Bild 6.6 links) können Aussagen z.B.

bezüglich der Vertikalbewegung des Rades und des Aufbaus und aus dem Dreikörpermodell (Halb-Fahrzeug-Modell, Bild 6.6 rechts) zusätzlich Erkenntnisse über das Nicken des Aufbaus für die Abstimmung der Radaufhängungen gewonnen werden.

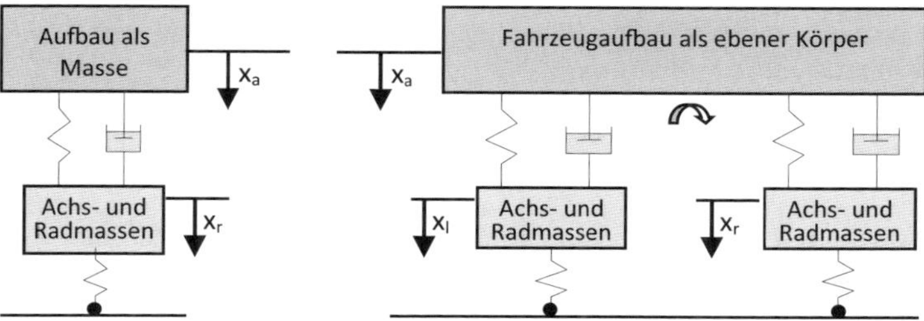

Bild 6.6 Ersatzmodelle zur Berechnung der Vertikaldynamik: eindimensionales Zweimassenmodell (links), ebenes Dreikörpermodell (rechts)

6.3 Modellansätze

Modelle werden unter Berücksichtigung der abzubildenden Eigenschaften des Systems durch Abstraktion nach dem Prinzip

- der **physikalischen Ähnlichkeit**,
- der **physikalischen Analogie** oder
- der **mathematischen Analogie**

abgeleitet.

Durch die Anwendung des Prinzips der physikalischen Ähnlichkeit entstehen physikalische Ersatzmodelle, die das System in seiner Struktur und in seinem Verhalten nachbilden. Dazu gehören:

- **Prototyp:** Er besitzt eine hohe qualitative und quantitative Ähnlichkeit im Maßstab 1:1 und dient insbesondere dem Test in den letzten Phasen der Produktentwicklung.
- **Pilotmodell:** Es bildet wesentliche Eigenschaften des Systems nach und ist häufig ein maßstabsgetreuer Nachbau des Originals. Es dient der Untersuchung von Produktvarianten in der Produktentwicklung.
- **Ähnlichkeitsmodell:** Es bildet das System oder Teilsysteme durch einzelne Baugruppen (körperlich) oder Modellstrukturen (abstrakt) nach. Sie dienen als Versuchsobjekt in experimentellen Untersuchungen oder als Grundlage zur Ableitung analytischer Modelle.

Durch die Anwendung des Prinzips der physikalischen Analogie werden physikalische Ersatzmodelle erzeugt, die das Systemverhalten durch physikalisch andersartige Strukturen (z. B. Analogrechner) oder physikalisch analoge Modellelemente (z. B. Bondgrafen) nachbilden.

Durch die Anwendung des Prinzips der mathematischen Analogie werden analytisch-mathematische Modelle abgeleitet.

Das **Black-Box-Modell** beschreibt das **Übertragungsverhalten**, d. h. den funktionellen Zusammenhang zwischen den Eingangsgrößen $\boldsymbol{u}(t,\boldsymbol{r})$ und den Ausgangsgrößen $\boldsymbol{y}(t,\boldsymbol{r})$ eines Systems:

$$\mathbf{y} = F(\mathbf{u})$$

Das **Strukturmodell** beschreibt die physikalische Struktur, d. h. den Zusammenhang zwischen den Eingangsgrößen $\boldsymbol{u}(t,\boldsymbol{r})$, den Zustandsgrößen $\boldsymbol{x}(t,\boldsymbol{r})$ und den Ausgangsgrößen $\boldsymbol{y}(t,\boldsymbol{r})$ eines Systems:

$$\mathbf{y} = F(\mathbf{x},\mathbf{u}) \quad \dot{\mathbf{x}} = G(\mathbf{x},\mathbf{u})$$

Strukturmodelle werden in der für die jeweilige physikalische Domäne (z. B. Mechanik, Elektrotechnik) typischen Beschreibungssprache im Zeit- oder im Bildbereich formuliert. Als Variablen werden physikalische Größen (z. B. Kraft und Weg oder Strom und Spannung) gewählt.

Das **abstrakte Modell** beschreibt das System im Zustandsraum:

$$\dot{\mathbf{x}} = \mathbf{Ax} + \mathbf{Bu} \qquad \mathbf{y} = \mathbf{Cx} + \mathbf{Du}$$

($\boldsymbol{A}$ - Systemmatrix, $\boldsymbol{B}$ - Steuermatrix, $\boldsymbol{C}$ - Ausgangs- oder Beobachtermatrix, $\boldsymbol{D}$ - Durchgangs- oder Störungsmatrix, $\boldsymbol{x}$, $\boldsymbol{y}$ und $\boldsymbol{u}$ - Zustands-, Ausgangs- und Eingangsvektor).

6.4 Modellklassen

Modelle können nach einer Vielzahl von Kriterien klassifiziert werden:

- dem **Ableitungsprinzip** (physikalische Ähnlichkeit, physikalische oder mathematische Analogie),
- der **Modellierungstiefe** (Struktur oder Verhalten des Systems),
- der **physikalischen Domäne** des Systems,
- der **Beschreibungsmittel** (physikalische, mathematische oder graphische Modellobjekte),
- der **Beschreibungssprache** (algebraische, Differenzen-, Differenzial- oder Integralgleichungen im Zeitbereich oder rationale Funktionen im Bildbereich),
- den **Eigenschaften** des Modells (Linearität, Dimension, Kontinuität, Kausalität usw.).

Tabelle 6.1 Klassifikation analytischer Modelle nach ihren Eigenschaften

Lineare Systeme $\dot{\mathbf{x}} = \mathbf{A}\,\mathbf{x} + \mathbf{u}(t)$	Nichtlineare Systeme $\dot{\mathbf{x}} = \mathbf{A}\,\mathbf{x} + \mathbf{f}(\mathbf{x}) + \mathbf{u}(t)$
Statische Systeme $\mathbf{x} = \mathbf{x}(\mathbf{u})$	Dynamische Systeme $\mathbf{x} = \mathbf{x}(\mathbf{u},t)$
Systeme mit konzentrierten Parametern $\dot{\mathbf{x}} = \mathbf{A}\,\mathbf{x} + \mathbf{u}(t)$	Systeme mit verteilten Parametern $\frac{\partial \mathbf{x}}{\partial t} + k\frac{\partial \mathbf{x}}{\partial r} = \mathbf{u}(t)$
Zeitinvariante Systeme $\dot{\mathbf{x}} = \mathbf{A}\,\mathbf{x} + \mathbf{u}(t)$	Zeitvariante Systeme $\dot{\mathbf{x}} = \mathbf{A}(t)\mathbf{x} + \mathbf{u}(t)$
Analoge Systeme $\dot{\mathbf{x}} = \mathbf{A}\,\mathbf{x} + \mathbf{u}(t)$	Diskrete Systeme $\mathbf{x}[k+1] = \mathbf{A}\,\mathbf{x}[k] + \mathbf{u}[k]$
Deterministische Systeme $\dot{\mathbf{x}} = \mathbf{A}\,\mathbf{x} + \mathbf{u}(t)$	Stochastische Systeme $\dot{\mathbf{x}} = \mathbf{A}\,\mathbf{x} + \mathbf{u}(t) + \xi(t)$
Kausale Systeme $\mathbf{x}[k+1] = \mathbf{x}[k] + \ldots + \mathbf{u}[k]$	Nichtkausale Systeme $\{\mathbf{x}[k]\}_{k=1,\ldots,N}$
Stabile Systeme $\dot{x} + a\,x = 0, a > 0$	Instabile Systeme $\dot{x} - a\,x = 0, a > 0$
Eingrößensysteme $\dot{x} + a\,x = u(t)$	Mehrgrößensysteme $\dot{\mathbf{x}} = \mathbf{A}\,\mathbf{x} + \mathbf{u}(t)$

6.5 Beschreibungsmittel

6.5.1 Beschreibung im Zeitbereich

Das Modell eines **statischen Systems**, z. B. die Kennlinie oder die Hysterese mechanischer oder elektrischer Bauelemente, wird

- durch **algebraische Gleichungen** über einem Intervall:

  $y = F(u) \qquad u_{\min} \leq u \leq u_{\max}$

- durch **Tabellen** für eine Menge von Werten

  $\{u_i\} \qquad i = 1,\ldots,n, \quad u_{\min} \leq u_i \leq u_{\max}$

- oder durch **Kurven** grafisch

beschrieben.

Beispiele:

Hooke'sches Gesetz: $F = c\,\Delta x$

Ohm'sches Gesetz: $u = R\,i$

mit

F - Kraft, c - Federkonstante, Δx - Dehnung, u - Spannung, R - Widerstand, i - Stromstärke

Das Modell eines **dynamischen Systems** wird im Zeitbereich durch ein **System gewöhnlicher Differenzialgleichungen** beschrieben:

$$\dot{\mathbf{x}} = \mathbf{A}\mathbf{x} + \mathbf{B}\mathbf{u}, \quad \mathbf{x}(t_0) = \mathbf{x}_0$$

mit

$\boldsymbol{x}(t) \in R^n$ - Vektor der Zustandsgrößen, $\mathbf{u}(t) \in R^m$ - Vektor der Eingangs- oder Steuergrößen, $\boldsymbol{A} \in R^n \times R^n$ - Systemmatrix und $\boldsymbol{B} \in R^n \times R^m$ - Steuermatrix.

Die analytische Lösung der Zustandsgleichung lautet:

$$\mathbf{x}(t) = e^{\mathbf{A}t}\,\mathbf{x}_0 + \int_0^t e^{\mathbf{A}(t-\tau)}\,\mathbf{B}\mathbf{u}(\tau)\,d\tau$$

Für den Fall $\boldsymbol{x}_0=\boldsymbol{0}$ kann die **Ein-Ausgangs-Beziehung** als Faltungsintegral angegeben werden:

$$\mathbf{x}(t) = \int_0^t \mathbf{G}(t-\tau)\,\mathbf{u}(\tau)\,d\tau \quad \text{mit} \quad G(t) = e^{At}B$$

Beispiele dynamischer Modelle:

Wachstumsgesetz: $\dot{x} = px, \quad x(0) = x_0 \quad \Rightarrow x(t) = x_0 e^{pt}$

Impulssatz: $\dfrac{\mathrm{d}(mv)}{\mathrm{d}t} = F(t)$

Ladungsabbau: $\dfrac{\mathrm{d}Q}{\mathrm{d}t} = i(t)$

mit

x - Zustandsgröße, p - Wachstumskoeffizient, m - Masse, v - Geschwindigkeit, F - Kraft, Q - Ladung, i - Stromstärke.

Zeitdiskrete dynamische Systeme werden durch ein **System von Differenzengleichungen** modelliert:

$$\mathbf{x}_{k+1} = \tilde{\mathbf{A}}\mathbf{x}_k + \tilde{\mathbf{B}}\mathbf{u}_k$$

mit $\boldsymbol{x}_k = \boldsymbol{x}(t_k)$, $\boldsymbol{u}_k = \boldsymbol{u}(t_k)$ - Vektor der Zustands- und Eingangsgrößen im Zeitpunkt t_k, $k = 0,\ldots,N$.

In zeitvarianten Systemen sind die Matrizen $\boldsymbol{A}(t)$ und $\boldsymbol{B}(t)$ Funktionen der Zeit t. Ortsabhängige dynamische Systeme werden durch ein System partieller Differenzialgleichungen beschrieben.

Das Modell eines nichtlinearen dynamischen Systems, das zusätzlichen Zwängen ausgesetzt ist, wird durch ein System von Algebra-Differenzialgleichungen beschrieben:

$$\dot{\boldsymbol{x}} = \boldsymbol{f}(t,\boldsymbol{x},\boldsymbol{u}), \quad \boldsymbol{h}(t,\boldsymbol{x}) = \boldsymbol{0}$$

mit $\boldsymbol{f}(t) \in R^n$ - Vektor der Systemfunktionen, $\boldsymbol{h}(t,\boldsymbol{x}) \in R^m$ - Vektor der Nebenbedingungen.

6.5.2 Beschreibung im Bildbereich

Mit der **Laplace-Transformation**

$$F(s) = \int_0^\infty f(t) e^{-st} dt = L\{f(t)\}$$

wird einer Funktion $f(t)$ aus dem Zeitbereich eine Funktion $F(s)$ im Bildbereich zugeordnet, wobei $s = \sigma + j\omega$ eine komplexe Variable ist, das Integral existieren und $f(t) = 0,\ t < 0$ gelten muss. Die **Rücktransformation** erfolgt mit der Beziehung:

$$f(t) = \frac{1}{2j\pi} \int_{e-j\infty}^{e+j\infty} F(s) e^{st} ds = L^{-1}\{f(t)\}$$

Für lineare dynamische Systeme der Form

$$a_n x^{(n)} + \ldots + a_1 x' + a_0 x = b_m u^{(m)} + \ldots + b_0 u, \quad m < n$$

ergibt die Laplace-Transformation die Darstellung:

$$X(s) = G(s) U(s)$$

mit den Laplace-Transformierten X(s) und U(s) für x(t) und u(t)

$$G(s) = \frac{X(s)}{U(s)} = \frac{b_m s^m + \ldots + b_1 s + b_0}{a_n s^n + \ldots + a_1 s + a_0}$$

nennt man **Übertragungsfunktion**.

6.5.3 Grafische Beschreibung

Die Struktur eines Systems, d. h. seine Komponenten und ihre gegenseitigen Beziehungen, können grafisch abgebildet werden. Weit verbreitet sind Darstellungen des Signal- oder Energieflusses, z. B. in der Regelungstechnik oder in rechnergestützten Modellierungsverfahren.

> Ein System oder eine Komponente wird als **Strukturblock** oder **Strecke** mit einem Eingangssignal u(*t*) und einem Ausgangssignal x(*t*) aufgefasst.

Strukturblöcke werden durch ihr Übertragungsverhalten beschrieben (Bild 6.7).

Bild 6.7 Allgemeines Übertragungsglied
(links: $x(t) = \varphi(u(t))$ im Zeitbereich, rechts: $X(s) = G(s)\,U(s)$ im Bildbereich)

> Ein **Übertragungsglied** heißt **linear**, wenn das **Verstärkungsprinzip** und das **Superpositionsprinzip** gelten:
>
> $$\varphi(c_1u_1 + c_2x_2) = c\varphi(u_1) + c_2\varphi(u_2)$$

Übertragungsglieder können zu komplexen Strukturen verknüpft werden. Über Knoten werden Signale verzweigt oder additiv zusammengeführt (Bild 6.8).

Bild 6.8 a) Verzweigung $x_1 = x_2 = u$, b) Summation $x = u_1 + u_2$

Beispiele der Verknüpfung und Zusammenfassung:

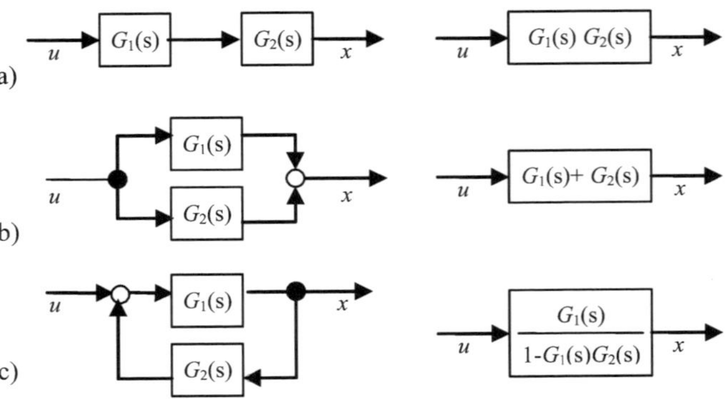

Bild 6.9 a) Reihenschaltung, b) Parallelschaltung, c) Kreisschaltung
(links – die Verknüpfung, rechts – die Zusammenfassung)

Weitere grafische Beschreibungsmethoden sind z. B. Zustandsgrafen oder Petrinetze, mit denen die Ein- und Ausgangsbeziehungen, die Zustände und Zustandsübergänge diskreter Systeme beschrieben werden.

6.6 Modellelemente

Modelle komplexer Systeme werden aus Teilsystemen oder Modellelementen zusammengesetzt, die in realen Systemen als **Baugruppen mit ihrem Übertragungsverhalten** (z. B. Motor, Getriebe, Steuerung) oder als **Komponenten mit ihren physikalischen Eigenschaften** (z. B. Feder, Massen, Widerstände, Spulen) identifiziert werden.

Jede physikalische Domäne und die sie behandelnde Fachdisziplin besitzt ihre eigene Axiomatik, Größen und Grundgleichungen, Modellelemente und Beschreibungsmittel sowie ihre Methoden und Vorgehensweisen.

6.6.1 Steuerungs- und Regelungstechnik

Ziel der Steuerungs- und Regelungstechnik ist es, ein reales System durch weitere Komponenten, die **Steuerung** oder **Regelung**, so zu erweitern, dass das entstehende Gesamtsystem ein gewünschtes Verhalten aufweist.

Als eine Grundlage für den Entwurf der Steuerung oder Regelung dient das Blockschalt- oder Signalflussbild eines Systems.

Das **Blockschalt**- oder **Signalflussbild** beschreibt das Übertragungsverhalten eines Systems. Ein **Block** (Rechteck) repräsentiert das Übertragungsverhalten einer Komponente. Ein **Pfeil** verbindet den Ausgang einer Komponente mit dem Eingang einer anderen Komponente und zeigt den Signalfluss.

Ein **Signal** entspricht dem Informationsparameter einer physikalischen Größe und ist eine Funktion der Zeit und/oder des Orts.

Modellelemente der Steuerungs- und Regelungstechnik (Übertragungsglieder) und ihre Eigenschaften sind in der Tabelle 6.2 zusammengestellt. Das Symbol eines Übertragungsglieds zeigt die **Sprungantwort** des Modellelements, d. h. die Reaktion auf eine Sprungfunktion als Eingangsgröße.

Tabelle 6.2 Modellelemente der Steuerungs- und Regelungstechnik

Übertragungsglied	Kurzname	Funktion $f(t)$	Übertragungsfunktion $F(s)$	Symbol
Proportionalglied	P-Glied	$K_P u$	K_P	
Integrierglied	I-Glied	$K_I \int_0^t u(\tau)\mathrm{d}\tau$	$\frac{K_I}{s}$	
Differenzierglied	D-Glied	$K_D \frac{\mathrm{d}u}{\mathrm{d}t}$	$K_D s$	
Totzeitglied	Totzeitglied	$K_T u(t-T)$	$K_T e^{-Ts}$	
Verzögerungsglied 1. Ordnung	PT_1-Glied	$T\dot{x} + x = Ku$	$\frac{K}{1+Ts}$	
Verzögerungsglied 2. Ordnung	PT_2-Glied	$T^2\ddot{x} + 2dT\dot{x} + x = Ku$	$\frac{K}{1+2dTs+T^2s^2}$	

Die **Sprungfunktion** ist durch $\delta(t) = \begin{cases} 1 & t \geq 0 \\ 0 & t < 0 \end{cases}$ definiert.

Beispiel:

Ein lineares Schwingungssystem

$$T^2\ddot{x} + 2dT\dot{x} + x = Ku \tag{6.1}$$

kann unabhängig von seiner physikalischen Realisierung (z. B. einem mechanischen Einmasseschwinger oder einem elektrischen Schwingkreis) durch ein PT_2-Glied oder auch als Blockschaltbild mit einfachen Übertragungsgliedern modelliert und grafisch dargestellt werden (Bild 6.10):

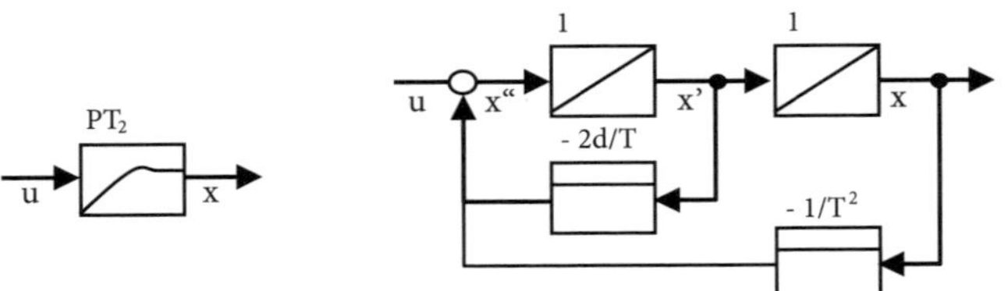

Bild 6.10 Äquivalente Signalflussbilder eines Schwingers für K = 1 (links – PT_2-Glied, rechts – Blockschaltbild)

6.6.2 Mechanik

Bei **Linearbewegungen** wird der Bewegungszustand eines dimensionslosen Körpers (**Massepunkt** m) untersucht, auf den eine summarische **Kraft** $\boldsymbol{F}$ einwirkt. Der Zustand des Körpers wird durch die **Geschwindigkeit** $\boldsymbol{v}$ und den **Ortsvektor** $\boldsymbol{r}$ beschrieben.

Bei **Drehbewegungen** wird der Bewegungszustand eines dimensionslosen Körpers (**Drehträgheit** J) untersucht, auf den das summarische **Drehmoment** M einwirkt. Der Zustand des Körpers wird durch die **Winkelgeschwindigkeit** ω und den **Drehwinkel** φ beschrieben.

Durch die Wirkung **äußerer Kräfte** oder von **Kraftfeldern,** wie z. B. durch das Gravitationsfeld der Erde, wird mechanische Energie in ein mechanisches System eingeprägt.

Die ***Newton*'schen Axiome** definieren den Zusammenhang zwischen dem Bewegungszustand eines Körpers und den auf ihn einwirkenden Kräften:

- **Trägheitsprinzip:** Jeder Körper verharrt im Zustand der Ruhe oder der gleichförmig geradlinigen Bewegung, falls er durch keine Kraft dazu gezwungen wird, diesen Bewegungszustand zu ändern.

$$\boldsymbol{F} = 0 \quad \Rightarrow \quad \boldsymbol{a} = \frac{\mathrm{d}\boldsymbol{v}}{\mathrm{d}t} = 0$$

- **Grundgesetz der Dynamik:** Die Änderung der Bewegungsgröße (Impuls $p = mv$) ist proportional zur wirkenden äußeren Kraft und sie hat die Richtung, in der die Kraft wirkt.

$$\boldsymbol{F} = \frac{\mathrm{d}\left(m\boldsymbol{v}\right)}{\mathrm{d}t}$$

- **Wechselwirkungsprinzip:** Zu jeder Aktion gehört eine gleich große entgegengesetzt gerichtete Reaktion (actio = reactio).

$$\boldsymbol{F}_{1,2} = -\boldsymbol{F}_{2,1}$$

In Tabelle 6.3 sind die Modellelemente der Mechanik mit ihren Gesetzmäßigkeiten zusammengestellt.

Tabelle 6.3 Modellelemente der Mechanik

Modellelement	Eigenschaft	Parameter	Kraftgesetz	Symbol
Masse	dimensionslos	Masse m	Trägheitskraft $F_I = ma = m\frac{d^2x}{dt^2}$	F → m
Drehträgheit	dimensionslos	Trägheitsmoment J	Trägheitsmoment $M_I = J\varepsilon$	M
Feder	massenlos	Federsteifigkeit c (Δx - Dehnung der Feder)	Federkraft $F_C = c(x - x_0)$	c
Dämpfer	massenlos	Dämpfungs-koeffizient d	Dämpfungskraft $F_D = dv = d\frac{dx}{dt}$	d
Fundament	inertial		$v = 0$	

Beispiel Einmasseschwinger:

Auf den Körper der Masse m wirken die Trägheitskraft F_I, die Federkraft F_C, die Dämpfungskraft F_D sowie die äußere Kraft F, deren Summe nach dem Grundgesetz der Dynamik null sein muss (Bild 6.11).

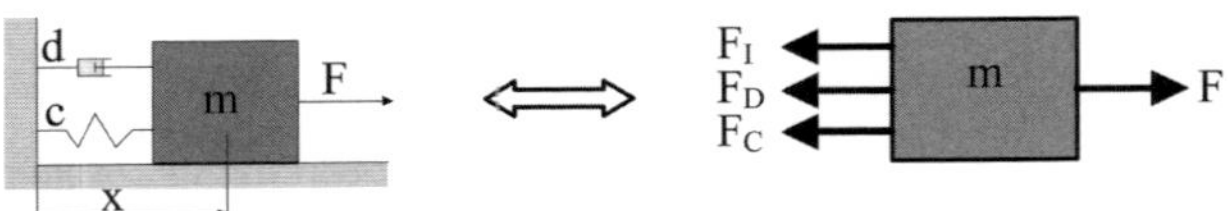

Bild 6.11 Einmasseschwinger

Das Bewegungsverhalten wird dann durch die Differenzialgleichung

$$F_I + F_D + F_C = m\ddot{x} + d\dot{x} + cx = F \tag{6.2}$$

beschrieben.

6.6.3 Elektrotechnik

In einem elektrischen **Netzwerk** (Stromkreis) sind **Spulen** (Induktivität L), **Kondensatoren** (Kapazität C) und *Ohm*'sche **Widerstände** (Widerstand R) mit idealen elektrischen **Leitern**, die elektrische Ladungen widerstandsfrei transportieren, verschaltet. Der Zustand eines elektrischen Netzwerks wird durch die elektrische **Spannung** u und den elektrische **Strom** i beschrieben (Tabelle 6.4).

Durch **Strom**- oder **Spannungsquellen** oder elektro-magnetische Felder (z. B. von Permanentmagneten) wird Energie in das elektrische System eingespeist.

Tabelle 6.4 Modellelemente der Elektrotechnik

Modellelement	Eigenschaft	Parameter	Spannung	Symbol
Spule	$R_L = 0$	Induktivität L	Induzierte Spannung $u_L = L\frac{di}{dt}$	L
Kondensator	$R_C = \infty$	Kapazität C	Spannungsaufbau $u_C = \frac{1}{c}\int i\,dt$	C
Widerstand		Widerstand R	Spannungsabfall $u_R = R\,i$	R
Spannungsquelle	$R_U = 0$	Spannung u_S	u_S=const.	u_S
Stromquelle	$R_I = \infty$	Strom i_S	i_S=const.	i_S
Leiter	R = 0		u, i=const.	

Die ***Kirchhoff*'schen Regeln** beschreiben den Zusammenhang zwischen mehreren elektrischen Strömen und elektrischen Spannungen in einem elektrischen Netzwerk:

- **Knotenregel:** An einem Knoten ist die Summe aller an diesem anliegenden, gerichteten elektrischen Ströme gleich null:

$$\sum_k i_k = 0$$

- **Maschenregel:** In einer Masche ist die Summe aller gerichteten elektrischen Spannungen gleich null:

$$\sum_k u_k = 0$$

Beispiel elektrische Schwingkreise:

In einem elektrischen Schwingkreis werden eine Kapazität C, eine Induktivität L und ein Widerstand R in Reihe oder parallel miteinander verschaltet (Bild 6.12).

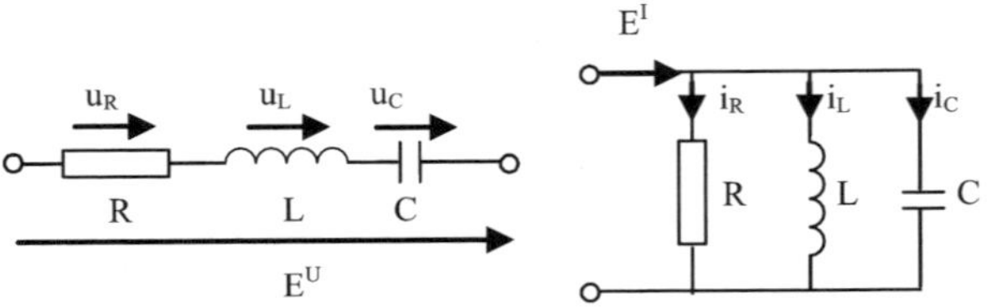

Bild 6.12 RLC-Reihenschwingkreis (links), RLC-Parallelschwingkreis (rechts)

Für die Reihenschaltung gilt nach der Maschenregel

$$u_L + u_R + u_C = L\frac{\mathrm{d}i}{\mathrm{d}t} + Ri + \frac{1}{C}\int_0^t i(\tau)\mathrm{d}\tau = E^U \tag{6.3}$$

und für die Parallelschaltung gilt nach der Knotenregel

$$i_L + i_R + i_C = C\frac{\mathrm{d}u}{\mathrm{d}t} + \frac{u}{R} + \frac{1}{L}\int_0^t u(\tau)\mathrm{d}\tau = E^I \tag{6.4}$$

6.6.4 Mechanische und elektrische Analogien

Zwischen mechanischen Systemen, bestehend aus Massen, Federn und Dämpfern, und elektrischen Systemen, bestehend aus Kondensatoren, Spulen und Widerständen, bestehen Analogien erster und zweiter Art. Bei diesen Analogien werden den mechanischen Größen Kraft und Geschwindigkeit die elektrischen Größen Spannung und Strom (1. Art) bzw. Strom und Spannung (2. Art) zugeordnet, aus denen sich dann entsprechend Zuordnungen zwischen mechanischen und elektrischen Modellelementen ergeben (Tabelle 6.5).

Tabelle 6.5 Mechanische und elektrische Analogien

Mechanisches System	Analoge elektrische Systeme	
	Analogie 1. Art	Analogie 2.Art
Kraft F	Elektrische Spannung u	Elektrischer Strom i
Geschwindigkeit v	Elektrischer Strom i	Elektrische Spannung u
Masse m	Induktivität L	Kapazität C
Feder c	Kapazität C	Induktivität L
Dämpfer d	Widerstand R	Widerstand R
Äußere Kraft F_a	Spannungsquelle u_S	Stromquelle u_S
Einmasseschwinger	Reihenschwingkreis	Parallelschwingkreis

So können z. B. in elektromechanischen Systemen mechanische Komponenten durch analoge elektrische Modellelemente oder elektrische Komponenten durch analoge mechanische Modellelemente ersetzt werden, um diese mit den Methoden und Werkzeugen der Elektrotechnik oder der Mechanik darzustellen, zu analysieren und zu berechnen. Entsprechende Analogien bestehen auch zu anderen physikalischen Domänen wie der Thermodynamik, der Hydraulik oder der Pneumatik.

Beispiel eines Gleichstrommotors (elektromechanisches System):

Ein Gleichstrommotor wird durch das Ersatzschaltbild in Bild 6.13 modelliert.

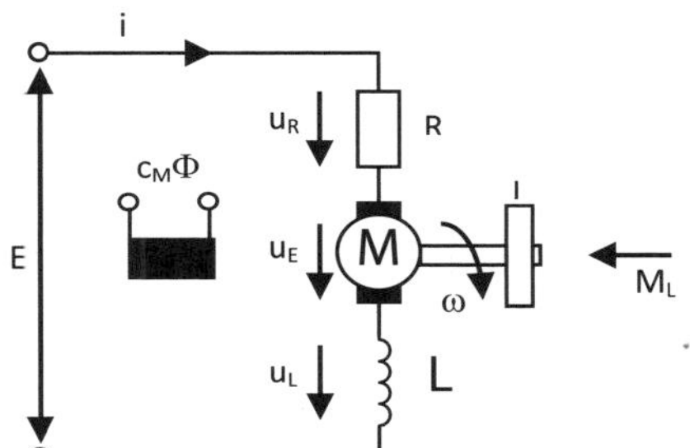

Bild 6.13
Ersatzschaltbild eines fremderregten Gleichstrommotors
(L - Ankerinduktivität, R - Ankerwiderstand, $U_E = c_M\Phi\omega$ - elektromotorische Kraft, $M = c_M\Phi\, i$ - inneres Moment des Motors, J - Drehträgheit von Anker und Welle, ω - Winkelgeschwindigkeit, c_M - Motorkonstante, Φ magnetischer Fluss)

Für das elektrische Teilsystem gilt nach der Maschenregel

$$u_L + u_R + u_E = L\frac{\mathrm{d}i}{\mathrm{d}t} + Ri + c_M\Phi\omega = E^U$$

und für das mechanische Teilsystem nach dem Drallsatz

$$M_L + M_I = M_L + J\frac{\mathrm{d}\omega}{\mathrm{d}t} = c_M\Phi\, i = M$$

Das dynamische Verhalten eines Gleichstrommotors wird für M_L = const. durch folgende Schwingungsgleichung beschrieben:

$$\frac{JL}{c_M\Phi}\ddot{\omega} + \frac{JR}{c_M\Phi}\dot{\omega} + c_M\Phi\omega = E^U - RM_L \tag{6.5}$$

Beispiel eines geregelten mechanischen Systems:

Die Masse m soll durch eine einstellbare äußere Kraft F in der Position x_0 gehalten werden. Um auftretende Störkräfte S zu kompensieren, wird die Regelgröße F durch einen Regler unter Rückführung der gemessenen Position x und der Geschwindigkeit v eingestellt (Bild 6.14).

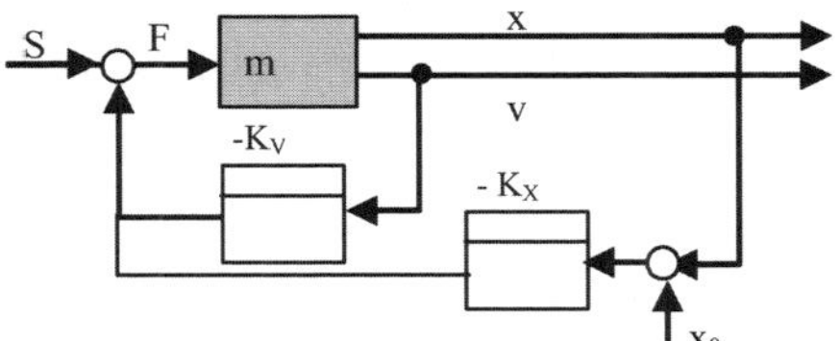

Bild 6.14
Blockschaltbild eines positionsgeregelten Körpers

Für das mechanische Teilsystem gilt

$$m\ddot{x} = F = S - K_V\dot{x} - K_X\left(x - x_0\right)$$

Das geregelte System ist dann durch die Schwingungsgleichung

$$m\ddot{x} + K_V\dot{x} + K_X x = S + K_X x_0 \tag{6.6}$$

beschrieben, falls die Koeffizienten K_V und $K_X > 0$ sind.

6.7 Methoden und Werkzeuge der Modellbildung

Die Physik hat Methoden zur Modellierung komplexer Zusammenhänge entwickelt, die auf einfache Systeme oder Teilsysteme zurückgeführt werden können. Für mannigfaltige Phänomene existieren geeignete mathematische Beschreibungen. **Zustandsgrößen** charakterisieren den Zustand eines Systems, deren **Änderung** bzw. **Erhaltung** durch **Prinzipien** und **Gesetze** definiert sind.

In der **Systemtheorie** werden, fußend auf theoretischen Überlegungen, der **experimentellen Systemanalyse** oder der **Systemidentifikation** mathematische Modelle entwickelt, deren zunächst nicht bekannte Parameter mit Methoden der **Parameteridentifikation** bestimmt werden können.

6.7.1 Analytische Methoden

Analytische Methoden zeichnen sich dadurch aus, dass aus einer das Gesamtsystem beschreibenden Beziehung, z. B. einer Energiebilanz, mit Hilfe eines formalisierten Verfahrens ein mathematisches Modell abgeleitet wird.

Energie ist eine einseitig beschränkte, mengenartige Größe. Sie ist universell austauschbar.

Energieerhaltungsprinzip: Energie kann weder erzeugt noch vernichtet, sondern nur von einer Energieform in eine andere umgewandelt werden.

Aus diesem Prinzip können für beliebige physikalische Systeme und die sie beschreibenden Zustandsgrößen **Erhaltungssätze** und **Bilanzgleichungen** formuliert werden.

Energiesatz: Die Gesamtenergie eines Systems ändert sich in dem Maße, wie über die Eingangs- oder Ausgangsgrößen Energie zu- oder abgeführt wird.

Energieerhaltungssatz: In einem abgeschlossenen System, in dem keine Energiedissipation stattfindet, bleibt die Gesamtenergie konstant.

Zustandsgrößen treten stets paarweise als **Quantitätsgröße q** und **Intensitätsgröße i** auf. Es gilt:

$$i(t) = \frac{dq(t)}{dt}$$

Die Energie E kann somit als Quantitätsgröße und die Leistung P als Intensitätsgröße aufgefasst werden.

T-Variable: eine Zustandsgröße, zu deren Bestimmung zwei Raumpunkte notwendig sind (T für lat. trans - über).

P-Variable: eine Zustandsgröße, zu deren Bestimmung ein Raumpunkt ausreicht (P für lat. per - durch).

In physikalischen Systemen bilden T- und P-Variable eine Einheit. Die Leistung P wird als Produkt ihrer Intensitätsgrößen i_T und i_P definiert:

$$P = i_T i_P$$

Die Änderung eines Energiespeichers E wird durch den Zusammenhang

$$\delta E_T = i_P \, \delta q_T \quad \delta E_P = i_T \, \delta q_P$$

charakterisiert, wobei die Quantitätsgröße q die Art des Energiespeichers als T- oder P-Speicher bestimmt (Bild 6.15).

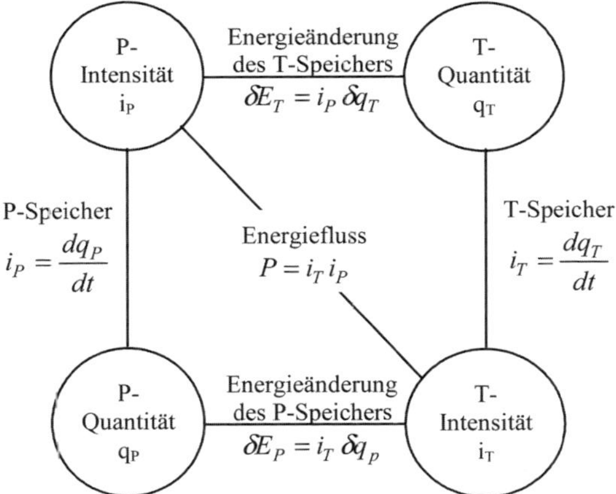

Bild 6.15 Beziehungen zwischen den T- und P-Variablen

Physikalische Systeme mit konzentrierten Parametern können auf der Grundlage von Energieflüssen und den dazugehörigen Energiebilanzen beschrieben werden (Tabelle 6.6).

Tabelle 6.6 T- und P-Variablen für verschiedene Energieformen

Energieform	T-Variable		P-Variable	
	Quantität v	Intensität	Quantität v	Intensität
Mechanische (Translation)	Weg	Geschwindigkeit	Impuls	Kraft
Mechanische (Rotation)	Winkel	Winkel-geschwindigkeit	Drehimpuls	Drehmoment
Elektrische	Induktionsfluss	Spannung	Ladung	Strom
Strömungs-	Druckimpuls	Druck p	Volumen	Durchfluss
Thermische	-	Temperatur T	Entropie	Entropiestrom

6.7.1.1 Mechanik

In der Mechanik treten zwei Energieformen auf:

- die potenzielle Energie E_{pos} und die kinetische Energie E_{kin}.

Energiesatz: Die Gesamtenergie E eines mechanischen Systems ändert sich in dem Maße, wie durch äußere Kräfte oder Momente Arbeit am System verrichtet wird:

$$dE = d\left(E_{kin} + E_{pot}\right) = dW$$

Ein mechanisches System wird im Falle einer Translation durch die Zustandsgrößen Weg ***x*** und Kraft ***F*** bzw. bei einer Rotation durch die Zustandsgrößen Winkel φ und Drehmoment ***M*** beschrieben.

Die **kinetische Energie** E_{kin} eines Massepunkts m (T-Speicher) wird durch seine Geschwindigkeit v bestimmt:

$$E_{kin} = \frac{mv^2}{2}$$

und analog für einen starren Körper mit einem Volumen V:

$$E_{kin} = \frac{1}{2}\int_V v^2 dm = \frac{1}{2}\left(mv^2 + (\omega, J\omega)\right)$$

mit m - Masse, J - Trägheitstensor, ω - Winkelgeschwindigkeit des Körpers und $\mathbf{v}$ - Geschwindigkeit seines Schwerpunkts C. Die Notation **(a,b)** steht für das Skalarprodukt der Vektoren **a** und **b.**

Für die **potenzielle Energie** E_{pos} der konservativen Kräfte F_k (P-Speicher) gilt:

Beispiele:

- Feder mit der Steifigkeit c und der Dehnung x:

$$E_{pot} = \frac{c\,x^2}{2}$$

- Gravitationskraft $\boldsymbol{F}_g = -m\boldsymbol{g}$ mit dem Gravitationsvektor g und der Höhe z:

$$E_{pot} = \boldsymbol{F}_g \boldsymbol{r} = mgz$$

Für die mechanische Leistung P und die Arbeit dW gelten die Beziehungen:

$$P_T = \boldsymbol{F}\,\boldsymbol{v} \qquad \mathrm{d}W_T = \boldsymbol{F}\,\mathrm{d}\boldsymbol{r}$$
$$P_R = \boldsymbol{M}\,\boldsymbol{\omega} \qquad \mathrm{d}W_R = \boldsymbol{M}\,\boldsymbol{\omega}\,\mathrm{d}t$$

Für die nichtkonservativen Dämpfungskraft $\boldsymbol{F}_D$ wird die **Dissipationsfunktion** D eingeführt:

$$D = \frac{F_D^{\ 2}}{2d} = \frac{d\dot{x}^2}{2}$$

Die Bewegung eines mechanischen Systems kann durch eine Reihe von **Zwangsbedingungen** eingeschränkt sein. Mit den **verallgemeinerten Koordinaten q**, deren Anzahl dem Freiheitsgrad des mechanischen Systems entspricht, kann das Verhalten des Systems vollständig beschrieben werden.

Die **Lagrange'schen Gleichungen** zweiter Art lauten:

$$\frac{\mathrm{d}}{\mathrm{d}t}\frac{\partial L}{\partial \dot{q}_i} - \frac{\partial L}{\partial q_i} = -\frac{\partial D}{\partial \dot{q}_i} + Q_i, \quad i = 1,\ldots,f$$

mit $L = E_{kin} - E_{pos}$ - Lagrange'schen Funktion, Q_i - verallgemeinerte Kräfte, q - verallgemeinerte Koordinaten und $\dot{q}$ - verallgemeinerte Geschwindigkeiten. Mit diesen Gleichungen steht ein Formalismus zur Verfügung, der die Ableitung der Modellgleichungen, deren Anzahl gleich dem Freiheitsgrad des Systems ist, aus den Ausdrücken für die kinetische und potenzielle Energie ermöglicht.

Beispiel Einmasseschwinger:

Für das System (Bild 6.11) erhält man die Ausdrücke:

$$E_{kin} = \frac{m\dot{x}^2}{2} \quad E_{pos} = \frac{cx^2}{2} \quad D = \frac{d\dot{x}^2}{2}$$

und damit die Lagrange'schen Funktion:

$$L = \frac{1}{2}\left(m\dot{x}^2 - cx^2\right)$$

Durch Einsetzen in die Lagrange'schen Gleichungen und unter Berücksichtigung der äußeren Kraft F folgt unmittelbar Gleichung (6.2).

Beispiel Zweimassenschwinger:

Für das mechanische System (Bild 6.16) erhält man die Beziehungen:

$$E_{\text{kin}} = \frac{m_1 \dot{x}_1^2}{2} + \frac{m_2 \dot{x}_2^2}{2} \qquad E_{\text{pos}} = \frac{c_1 x_1^2}{2} + \frac{c_2 (x_1 - x_2)^2}{2}$$

$$D = \frac{1}{2}\left(d_1 \dot{x}_1^2 + d_2 (\dot{x}_1 - \dot{x}_2)^2\right)$$

Wählt man für den Zweimassenschwinger (Freiheitsgrad 2) $q_1 = x_1$ und $q_2 = x_2 - x_1$ als verallgemeinerte Koordinaten, folgt aus den Lagrange'schen Gleichungen das Modell (s. Abschn. 9):

$$\begin{aligned} m_1 \ddot{q}_1 + d_1 \dot{q}_1 - d_2 \dot{q}_2 + c_1 q_1 - c_2 q_2 &= 0 \\ m_2 (\ddot{q}_1 + \ddot{q}_2) + + d_2 \dot{q}_2 + c_2 q_2 &= F \end{aligned} \tag{6.7}$$

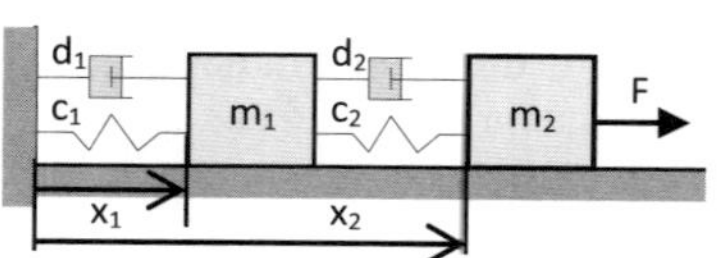

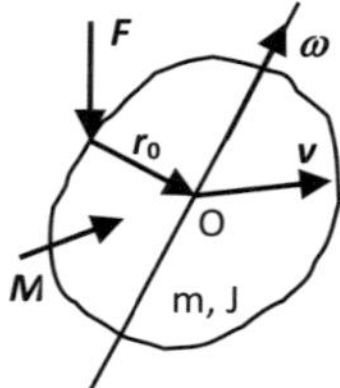

Bild 6.16 Zweimassenschwinger (links), starrer Körper (rechts)

Beispiel starrer Körper:

Unter der Annahme, dass alle auf den starren Körper (Bild 6.16) wirkenden Kräfte in der summarischen Kraft $\boldsymbol{F}$, die im Punkt $\boldsymbol{r}_0$ auf den Körper angreift, und die Momente im summarischen Moment $\boldsymbol{M}$ zusammengefasst sind und der Körper keinen kinematischen Zwängen unterworfen ist, folgen nach Einsetzen des Ausdrucks für die kinetische Energie in die Lagrange'schen Gleichungen die **Newton-Euler-Gleichungen** für einen starren Körper:

$$m\boldsymbol{a} = \boldsymbol{F} \qquad J\varepsilon + \omega \times J\omega = \boldsymbol{M} + \boldsymbol{F} \times \mathbf{r}_0$$

mit $\boldsymbol{a}$ - Linearbeschleunigung und $\boldsymbol{\varepsilon}$ - Winkelbeschleunigung.

6.7.1.2 Elektrotechnik

In der Elektrotechnik treten zwei Energieformen des elektromagnetischen Feldes auf:

- die elektrische Energie E_{elek} und
- die magnetische Energie E_{magn}.

Energiesatz: Die Gesamtenergie E eines elektrischen Systems ändert sich in dem Maße, wie elektrische Arbeit am System (Erzeugung Joule'scher Wärme im Widerstand) verrichtet wird:

$$dE = d\left(E_{elek} + E_{magn}\right) = dW$$

Ein elektrisches System wird durch die Zustandsgrößen Spannung u und Strom i beschrieben.

Die **elektrische Energie** E_{elek} eines Kondensators (T-Speicher) mit der Kapazität C wird durch die Spannung u:

$$E_{elek} = \frac{1}{2} C u^2$$

bestimmt. Die Energiedichte e_{elek} ergibt sich aus der elektrischen Feldstärke $\boldsymbol{E}$ und der elektrischen Flussdichte $\boldsymbol{D} = \varepsilon_r \varepsilon_0 \boldsymbol{E}$:

$$e_{elek} = \frac{dE_{elek}}{dV} = \frac{1}{2}\varepsilon_r \varepsilon_0 \boldsymbol{E}^2 = \frac{1}{2}\boldsymbol{ED}$$

Die **magnetische Energie** E_{magn} einer Spule (P-Speicher) mit der Induktivität L wird durch den Strom i:

$$E_{magn} = \frac{1}{2} L i^2$$

bestimmt. Die Energiedichte e_{magn} ergibt sich aus der magnetischen Feldstärke $\boldsymbol{H}$ und der magnetischen Flussdichte $\boldsymbol{B} = \mu_r \mu_0 \boldsymbol{H}$:

$$e_{magn} = \frac{dE_{magn}}{dV} = \frac{1}{2}\mu_r \mu_0 \mathbf{H}^2 = \frac{1}{2}\mathbf{HB}$$

Zwischen dem elektrischen und dem magnetischen Feld sowie den Größen Spannung u und Strom i besteht eine Analogie: ein Kondensator kann auch als P-Speicher und eine Spule als T-Speicher angesehen werden (s. Tabelle 6.5).

Für die Leistung P und die elektrische Arbeit dW gilt unter Berücksichtigung des Ohm'schen Gesetzes:

$$P = ui \quad dW = ui\,dt = i^2 R\,dt$$

Wegen der Analogie zwischen mechanischen und elektrischen Systemen lassen sich die Lagrange-Gleichungen auf elektrische Systeme übertragen.

Mit der Lagrange'schen Funktion $L = E_{magn} - E_{elek}$, der Dissipationsfunktion $D = \frac{u^2}{2R} = \frac{Ri^2}{2}$, der Ladung Q und dem Strom $i = \frac{dQ}{dt}$ als verallgemeinerte Koordinate q und verallgemeinerte Geschwindigkeit $\dot{q}$ erhält man die **Lagrange'schen Gleichungen** für elektrische Systeme:

$$\frac{\mathrm{d}}{\mathrm{d}t}\frac{\partial L}{\partial \dot{Q}_i}-\frac{\partial L}{\partial Q_i}=-\frac{\partial D}{\partial \dot{Q}_i}, \qquad i=1,\ldots,f$$

oder mit dem magnetischen Fluss Φ und der Spannung $u=\frac{\mathrm{d}\Phi}{\mathrm{d}t}$:

$$\frac{\mathrm{d}}{\mathrm{d}t}\frac{\partial L}{\partial \dot{\Phi}_i}-\frac{\partial L}{\partial \Phi_i}=-\frac{\partial L}{\partial \dot{\Phi}_i}, \qquad i=1,\ldots,f$$

mit f - Anzahl der selbständigen Maschen des Netzwerkes.

Beispiel Reihenschwingkreis:

Für das elektrische System (s. Bild 6.12) ergeben sich die Beziehungen:

$$E_{\mathrm{elek}}=\frac{C u^2}{2}-E^U u=\frac{Q^2}{2C}-E^U Q$$

$$E_{\mathrm{magn}}=\frac{L i^2}{2}=\frac{L\dot{Q}^2}{2} \qquad D=\frac{R i^2}{2}=\frac{R\dot{Q}^2}{2}$$

$$L=\frac{1}{2C}\left(CL\dot{Q}^2-Q^2+E^U Q\right)$$

Durch Einsetzen in die Lagrange'schen Gleichungen für elektrische Systeme folgt:

$$L\ddot{Q}+R\dot{Q}+\frac{1}{C}Q=E^U$$

und somit mit $i=\frac{\mathrm{d}Q}{\mathrm{d}t}$ die Gleichung (6.3).

Beispiel Zweimaschiger Schwingkreis:

Für das elektrische Netzwerk (Bild 6.17) erhält man die Formeln:

$$E_{\mathrm{elek}}=\frac{\left(Q_1-Q_2\right)^2}{2C}-E^U Q_1 \qquad E_{\mathrm{magn}}=\frac{L_1\dot{Q}_1^{\,2}+L_2\dot{Q}_2^{\,2}}{2}$$

$$D=\frac{R_1\dot{Q}_1^{\,2}+R_2\dot{Q}_2^{\,2}}{2}$$

Durch Einsetzen in die Lagrange'schen Gleichungen ergeben sich die Gleichungen:

$$\begin{aligned} L_1\ddot{Q}_1+R_1\dot{Q}_1+\frac{1}{C}\left(Q_1-Q_2\right)&=E^U \\ L_2\ddot{Q}_2+R_2\dot{Q}_2+\frac{1}{C}\left(Q_2-Q_1\right)&=0 \end{aligned} \tag{6.8}$$

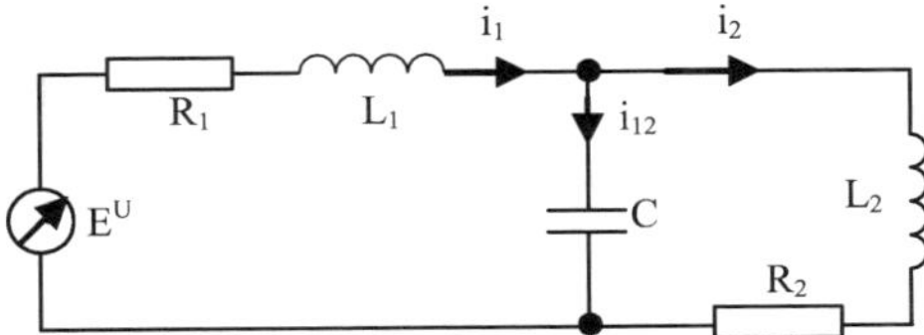

Bild 6.17 Zweimaschiges elektrisches Netzwerk

6.7.2 Synthetische Methoden

Die synthetischen Methoden zeichnen sich dadurch aus, dass für die Komponenten des physikalischen Systems Bilanzgleichungen aufgestellt und daraus Modellgleichungen abgeleitet werden können.

6.7.2.1 Mechanik

In der Mechanik werden zwei Formen der Bewegung eines Körpers beobachtet:

- die **Translation**, die durch die Einwirkung von Kräften $\boldsymbol{F}$ verursachte Linearbewegung in Richtung der Geschwindigkeit $\boldsymbol{v}$, und
- die **Rotation**, die durch die Einwirkung von Kräften $\boldsymbol{F}$ und Momenten $\boldsymbol{M}$ verursachte Drehbewegung um eine Achse in Richtung der Winkelgeschwindigkeit ω.

Im Allgemeinen setzt sich die Bewegung eines Körpers aus einer Translation und einer Rotation zusammen.

Gleichgewichtsbedingungen der Mechanik:

- Die Summe aller an einem Körper angreifenden Kräfte ist null:

$$\sum_k \mathbf{F}_k = \mathbf{0}$$

- Die Summe aller an einem Körper angreifenden Momente ist null (das Moment aller angreifenden Kräfte ist subsummiert):

$$\sum_k \mathbf{M}_k = \mathbf{0}$$

Impulssatz: Die zeitliche Änderung des Gesamtimpulses $\boldsymbol{p} = m\,\boldsymbol{v}$ eines mechanischen Systems ist proportional zur resultierenden äußeren Kraft $\boldsymbol{F}_a$:

$$\frac{\mathrm{d}\boldsymbol{p}}{\mathrm{d}t} = \frac{\mathrm{d}(m\boldsymbol{v})}{\mathrm{d}t} = \boldsymbol{F}_a$$

Drallsatz: Die zeitliche Änderung des Gesamtdrehimpulses (Dralls) $\boldsymbol{L} = \boldsymbol{r} \times m\,\boldsymbol{v}$ eines mechanischen Systems ist proportional zum resultierenden äußeren Moment $\boldsymbol{M}_a$:

$$\frac{\mathrm{d}\boldsymbol{L}}{\mathrm{d}t} = \frac{\mathrm{d}(\boldsymbol{r} \times m\boldsymbol{v})}{\mathrm{d}t} = \boldsymbol{M}_a$$

Für einen starren Körper entsprechen die Newton-Euler-Gleichungen dem Impuls- und dem Drallsatz.

Schnittprinzip: Physikalische oder geometrische Kopplungen zwischen den Komponenten eines mechanischen Systems können durch in ihrer Wirkung äquivalente Schnittkräfte/-momente ersetzt werden. Man sagt: Die Körper werden frei geschnitten.

Nach dem Freischnitt werden Impuls- und Drallsatz auf jede der Komponenten angewendet. Die Elimination der Schnittkräfte/-momente führt zu einer Vereinfachung die resultierenden Modellgleichungen.

Beispiel Zweimassenschwinger:

Das in Bild 6.16 dargestellte mechanische System wird durch Freischnitt (Ersetzen der Federn und Dämpfer durch äquivalente Kräfte) und unter Berücksichtigung des Wechselwirkungsprinzips in ein äquivalentes System aus drei Komponenten zerlegt (Bild 6.18).

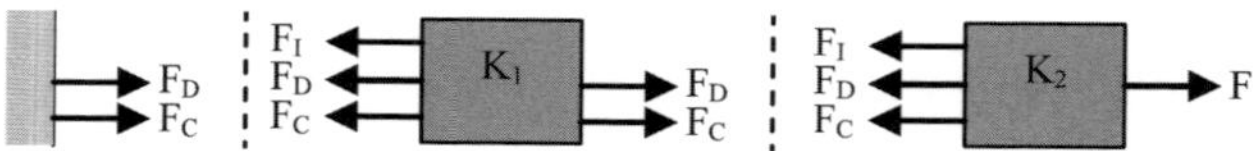

Bild 6.18 Freigeschnittener Zweimassenschwinger
(auf die Indizierung der Schnittkräfte wurde im Bild verzichtet)

Für die Körper 1 und 2 gelten die Gleichgewichtsbedingungen:

$$F_{I1} + F_{D1} + F_{C1} = F_{D2} + F_{C2} \qquad F_{I2} + F_{D2} + F_{C2} = F$$

Setzt man die Beziehungen (k=1,2):

$$F_{Ik} = m_k \ddot{x}_k, \quad F_{Dk} = d_k \Delta\dot{x}_k, \quad F_{Ck} = c_k \Delta x_k, \quad \Delta x_1 = x_1, \quad \Delta x_2 = x_2 - x_1$$

Erhält man die zu (6.7) analogen Gleichungen (q_1=x_1, q_2=x_2-x_1):

$$m_1\ddot{x}_1 + d_1\dot{x}_1 + c_1 x_1 = d_2(\dot{x}_2 - \dot{x}_1) + c_2(x_2 - x_1)$$
$$m_2\ddot{x}_2 + d_2(\dot{x}_2 - \dot{x}_1) + c_2(x_2 - x_1) = F \qquad (6.9)$$

6.7.2.2 Elektrotechnik

Gleichgewichtsbedingungen der Elektrotechnik:

Knotenregel: An einem Knoten ist die Summe aller an diesem anliegenden, gerichteten elektrischen Ströme gleich null:

$$\sum_k i_k = 0$$

Maschenregel: In einer Masche ist die Summe aller gerichteten elektrischen Spannungen gleich null:

$$\sum_k u_k = 0$$

Beispiel Zweimaschiger Schwingkreis:

Nach der Zerlegung des elektrischen Netzwerks (Bild 6.17) in zwei getrennte Maschen (Bild 6.19) wird nach der Knotenregel die Bilanz der Teilströme an jedem Knoten und nach der Maschenregel die Bilanz der Spannungsabfälle in jeder Masche aufgestellt.

Für die Knoten K und die Maschen 1 und 2 gilt somit:

$$i_1 = i_2 + i_{21} \quad u_C + u_{L1} + u_{R1} = E^U \quad -u_C + u_{L2} + u_{R2} = 0$$

Mit den physikalischen Gegebenheiten (k=1,2):

$$u_C = \frac{1}{C}\int_0^t i_{21}\mathrm{d}\tau \quad u_{lk} = L_k \frac{\mathrm{d}i_k}{\mathrm{d}t} \quad u_{Rk} = R_k i_k \quad \text{und} \quad i_k = \frac{\mathrm{d}Q_k}{\mathrm{d}t}$$

erhält man die Modellgleichungen (vgl. (6.8)).

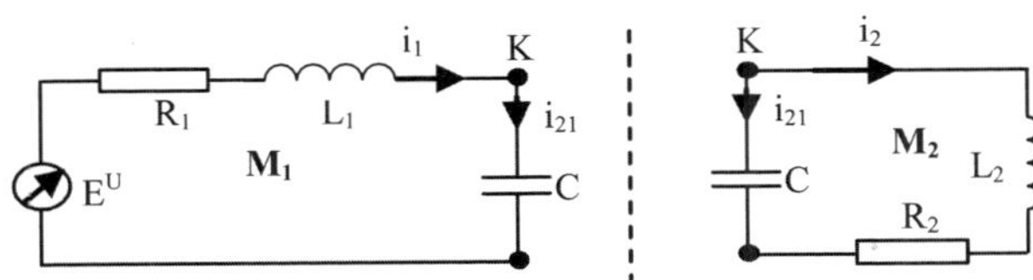

Bild 6.19 In Maschen zerlegtes elektrisches Netzwerk

6.7.2.3 Bondgrafen

Potenzialvariablen (effort) $e(t)$ und **Flussvariablen (flow)** $f(t)$ bilden konjugierte Variablen, die den **Energiefluss (flux)** oder die Verteilung der **Leistung** $p(t) = e(t)\,f(t)$ charakterisieren (Tabelle 6.7).

Tabelle 6.7 Potenzial- und Flussvariablen

Domäne	Potenzialvariable $e(t)$	Flussvariable $f(t)$
Mechanik (Translation)	Geschwindigkeit v	Kraft F
Mechanik (Rotation)	Winkelgeschwindigkeit ω	Drehmoment M
Elektrik	Spannung u	Strom i
Hydraulik	Hydraulischer Druck p	Volumenstrom Q_V
Pneumatik	Pneumatischer Druck p	Massenstrom Q_M
Thermik	Temperatur T	Wärmestrom P

Bondgraf: Er besteht aus Knoten und gerichteten Kanten (**Bond**), die als Halbpfeile dargestellt die konjugierten Variablen symbolisieren sowie die Richtung des Energieflusses angeben.

In Tabelle 6.8 sind Elemente von Bondgrafen zusammengestellt.

Beispiel Einmasseschwinger:

Die schwingende Masse des in Bild 6.11 dargestellten mechanischen Systems bildet einen 1-Knoten, auf den die Trägheit-, Feder- und Dämpfer- sowie die äußere Kraft einwirken.

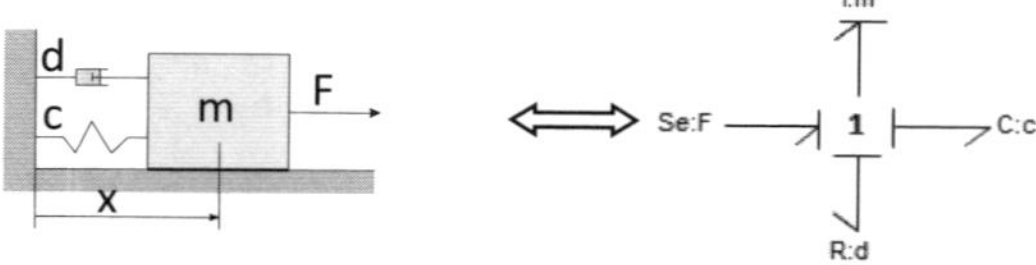

Bild 6.20 Einmasseschwinger (links), modelliert als Bondgraf (rechts)

6.7.3 Experimentelle Modellbildung

Die Systemtheorie stellt mit der **experimentellen Systemanalyse** einen alternativen Ansatz zur physikalischen Modellbildung zur Verfügung, die folgende Schritte beinhaltet:

- **Datenerhebung:** Beobachten und Messen des Verhaltens des Systems, z. B. mit Hilfe von Testsignalen,

- **Festlegung der Modellstruktur:** Ableitung der Modellstruktur fußend auf aus Messungen gewonnenen qualitativen Merkmalen,
- **Parameteridentifikation:** Bestimmung der Modellparameter aus den Messergebnissen mittels Modell-Objekt-Vergleichs.

Tabelle 6.8 Elemente von Bondgrafen

Modellelement	Parameter (Bsp.)	Beziehung	Symbol
Potenzialkausale Kante	Funktion F	$f(t)=F(e(t))$	e(t) f(t)
Flusskausale Kante	Funktion E	$e(t)=E(f(t))$	e(t) f(t)
Potenzialquelle	Potenzial S_e	$e=e(t)$	S_e
Flussquelle	Fluss S_f	$f=f(t)$	S_e
I-Speicher (Trägheit)	Induktivität L	$f(t)=\frac{1}{L}\int e(\tau)\mathrm{d}\tau$	
C-Speicher (Kapazität)	Kapazität C	$e(t)=\frac{1}{C}\int f(\tau)\mathrm{d}\tau$	
R-Element (Dissipation)	Widerstand R	$e(t)=Rf(t)$	
0-Knoten (Parallelverbindung)	Knotenregel	$e_i=e_k\ \forall i,k$ $\sum f_k=0$	
1-Knoten (Serienverbindung)	Maschenregel	$f_i=f_k\ \forall i,k$ $\sum e_k=0$	C
TF-Knoten (Transformator)	Energiewandler	$e_2(t)=\frac{1}{k}e_1(t)$ $f_2(t)=kf_1(t)$	R

6.7.3.1 Datenerhebung

Testsignale sind Signale zur Beeinflussung eines Systems, um über sein Verhalten gezielt Aussagen zu gewinnen. Die Reaktion des Systems (**Systemantwort**) auf ein Testsignal wird erfasst (Tabelle 6.9).

Bei Testsignalen wird zwischen deterministischen und stochastischen, periodischen und aperiodischen, kontinuierlichen und zeitdiskreten Signalen unterschieden.

Tabelle 6.9 Ausgewählte Testsignale

Bezeichnung	Verlauf	Funktion
Aperiodische Signale		
Einheitsimpuls	e	$\delta(t)=\begin{cases}\lim\limits_{\Delta t\to 0} 1/\Delta t & 0<t\le\Delta t\\ 0 & \text{sonst}\end{cases}$
Einheitssprung	x k (x) TF t	$\sigma(t)=\begin{cases}1 & 0<t\\ 0 & \text{sonst}\end{cases}$
Einheitsrampe		$\rho(t)=\begin{cases}t & 0<t\\ 0 & \text{sonst}\end{cases}$
Periodische Signale		
Harmonisches Signal	x	$x(t)=A\sin(\omega t+\phi)$
Rechtecksignal		$x(t)=\begin{cases}A & 2nT\le t<(2n+1)T\\ 0 & (2n+1)T\le t<(2n+2)T\end{cases}$
Dreiecksignal	t x	$x(t)=\begin{cases}2A\tau & 0\le\tau<0.5\\ 2A(1-\tau) & 0.5\le\tau<1\end{cases},\quad \tau=t-nT$

Die Systemantworten auf Testsignale sind für alle Modellelemente bekannt (s. Symbole in Tabelle 6.2). Die in Bild 6.21 dargestellte Sprungantwort sowie Reaktion auf eine harmonische Fremderregung sind für ein schwingungsfähiges System mit einer Eigenfrequenz und einer relativ großen Dämpfung.

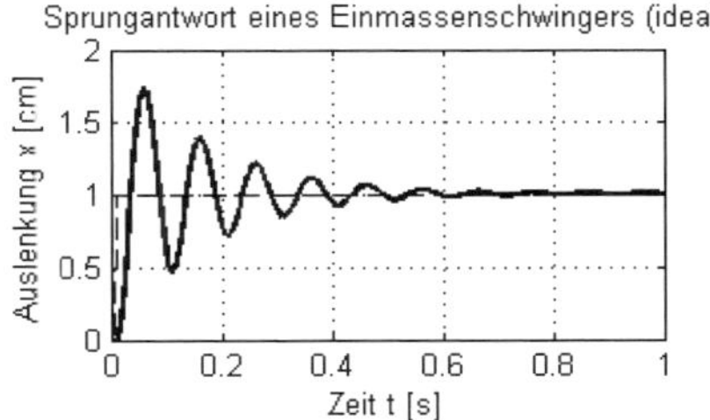

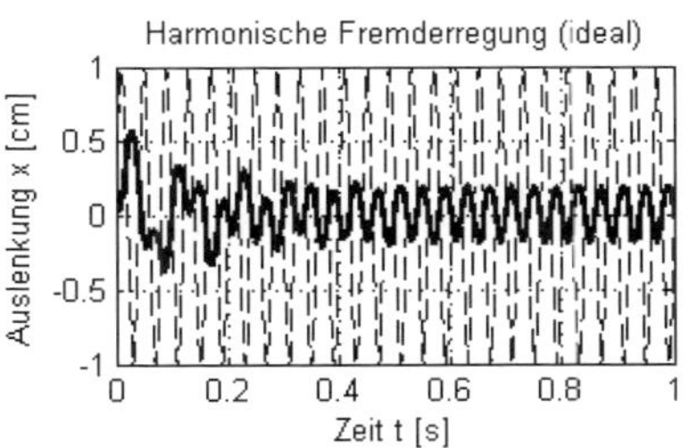

Bild 6.21 Sprungantwort und Reaktion auf ein harmonisches Signal (gestrichelt - Eingangssignal, durchgezogen – Systemantwort)

6.7.3.2 Festlegung der Modellstruktur

Aussagen zur Modellstruktur können aus

- dem konstruktiven Aufbau des physikalischen Systems und
- den Versuchsreihen

gewonnen werden.

Bei komplexen Systemen werden die experimentell gewonnenen Daten mit Methoden der digitalen Signalverarbeitung analysiert.

Diskrete Fourier-Transformation: Die Fourier-Koeffizienten $X[k] \in C$ bilden eine zu den Messwerten $x[n] \in R$ äquivalente Datenmenge:

$$X[k] = \frac{1}{N} \sum_{n=0}^{N-1} x[n] e^{-i2\pi^{kn}/_N}, \quad n,k \in [0, N-1]$$

Aus den von den Fourier-Koeffizienten $X[k]$ abgeleiteten Amplituden-, Phasen- oder Powerspektren sowie deren graphischen Darstellungen können Aussagen über die dem System eigenen Frequenzen gewonnen werden (**Frequenzanalyse**). Die Spektren sind definiert als:

- **Leistungsspektrum**: $P[k] = X[k]^2$
- **Amplitudenspektrum**: $A[k] = | X[k] | = \text{abs } X[k]$
- **Phasenspektrum**: $\varphi[k] = \arg X[k]$

Der Zusammenhang zwischen dem Index k des Fourier-Koeffizienten $X[k]$ und der Frequenz ω_k wird durch die der Messreihe zugrunde liegenden Abtastfrequenz f_s hergestellt:

$$\omega_k = k \frac{f_s}{N}, \quad k = \left[0, \frac{N}{2}\right]$$

Beispiel:

Aus den störungsfreien Messergebnissen (Bild 6.21) und den daraus ermittelten Amplitudenspektren (Bild 6.22) kann auf ein schwingungsfähiges System mit einer Eigenfrequenz *f* und einem relativ großen Dämpfungsmaß *D* geschlossen werden.

Dieses Verhalten lässt sich mit dem Modell eines schwingungsfähigen Systems mit dem Freiheitsgrad 1, einem Einmasseschwinger, erklären:

$$\ddot{x}(t) + 2D\omega\,\dot{x}(t) + \omega^2 x(t) = f(t) \tag{6.10}$$

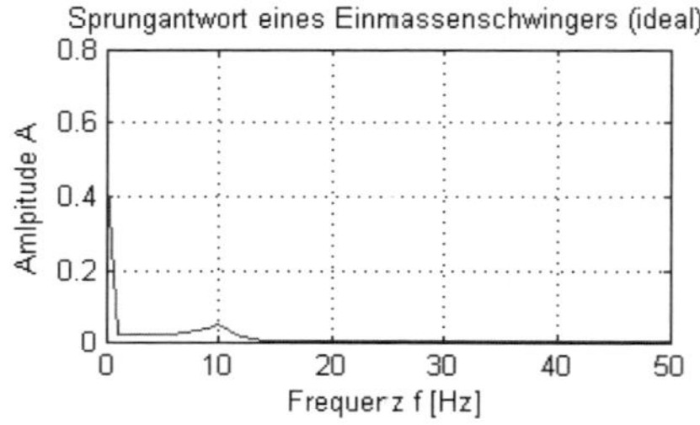

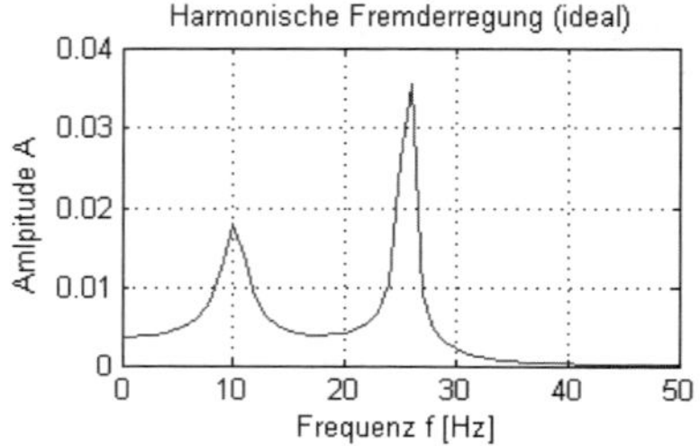

Bild 6.22 Spektrale Amplitudendichte der Systemantworten aus Bild 6.21

Die statistischen Eigenschaften eines digitalen Signals x_k , $k = 0, \ldots ,N\text{-}1$ werden z. B. durch:

- den **Mittelwert** $m = \frac{1}{N}\sum_{k=1}^{N} x_k$ und
- die **Varianz** $\nu = \frac{1}{N}\sum_{k=1}^{N} (x_k - m)^2$

beschrieben.

Beispiel:

Die Ergebnisse für das Beispiel (Bild 6.21) sind in Tabelle 6.10 zusammengefasst. Der Mittelwert m ist ein Maß der durchschnittlichen Signalstärke (für harmonische Signale 0), die Varianz ν ist ein Maß der Schwankungsbreite des Signals um seinen Mittelwert m.

Tabelle 6.10 Ausgewählte Testsignale

	Mittelwert m		Varianz v	
	Eingangsgröße	**Systemantwort**	**Eingangsgröße**	**Systemantwort**
Sprungantwort	0.99	0.986	0.01	0.05
Harmonische Erregung	0.00	0.027	0.0075	0.50

6.7.3.3 Parameteridentifikation

Die Modellparameter können

- aus dem konstruktiven Aufbaus des physikalischen Systems,
- aus der Auswertung der Versuchsreihen
- oder mit Methoden der Parameteridentifikation

gewonnen werden. Das Schema eines Modell-Objekt-Vergleichs zeigt Bild 6.23.

Beispiel:

Aus den Messergebnissen (Bild 6.21) und den Amplitudenspektren (Bild 6.22) können die Parameter der Modellgleichungen (6.10) ermittelt werden. Aus den Amplitudenspektren ist ersichtlich, dass das System eine Eigenfrequenz $f = 10$ Hz besitzt und mit einer Fremderregung von 25 Hz erregt wurde. Aus der Sprungantwort kann beispielsweise die Schwingungsperiode $T = 0.1$ s und aus der Einhüllenden das Dämpfungsmaß $D = 0.1$ abgelesen werden.

Parameteridentifikation: Mit der Methode der kleinsten Quadrate werden die optimalen Parameter $\mathbf{p}$ auf der Basis eines Modell-Objekt-Vergleichs berechnet. Dabei wird die mittlere quadratische Abweichung zwischen den mit dem Modell berechneten Werten $x(\mathbf{p})$ und den gemessenen Werten $\tilde{x}$ minimiert:

$$F(\mathbf{p}) = \sum_k \left(x_k(\mathbf{p}) - \tilde{x}_k\right)^2 \rightarrow \min.$$

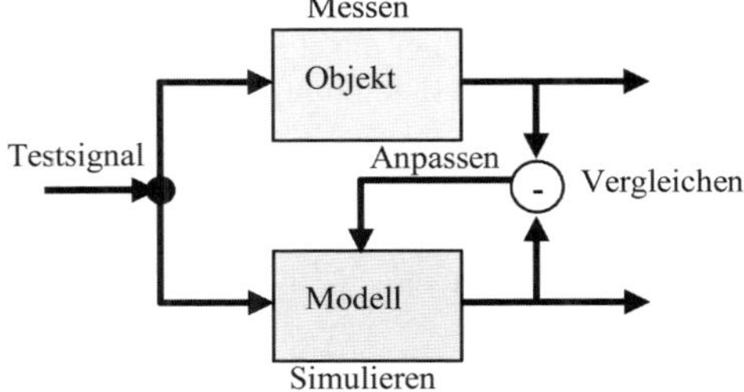

Bild 6.23
Modell-Objekt-Vergleich

Hängen die Modellgleichungen linear von den n zu bestimmenden Parametern $\mathbf{p}$ ab, so lässt sich das Optimierungsproblem auf ein System aus n linearen algebraischen Gleichungen zurückführen, aus denen die Parameter $\mathbf{p}$ berechnet werden können.

Das im Ergebnis der experimentellen Systemanalyse entwickelte mathematische Modell wird in der Regel mehr als das Übertragungsverhalten beschreiben. Im obigen Beispiel konnten wesentliche Eigenschaften wie die Eigenfrequenz und das Dämpfungsmaß ermittelt werden. Der Informationsgehalt dieses Modells ist jedoch meist geringer als der eines physikalischen Strukturmodells. Es enthält keine Informationen über den physikalischen Charakter oder die konstruktiven Parameter des realen Systems.

Beispiel Schwingungsfähiges System mit dem Freiheitsgrad 1:

Die Modellgleichung (6.10) enthält im Unterschied zum Modell des Einmasseschwingers (6.2) oder des elektrischen Schwingkreises (6.3) zwei statt drei Parameter. Für die Parameter gilt:

$$\omega = \sqrt{\frac{c}{m}} = \sqrt{\frac{1}{LC}}, \qquad D = \frac{d}{2\sqrt{mc}} = \frac{R\sqrt{C}}{2\sqrt{L}}$$

so dass einer der jeweils drei Größen $\{m, d, c\}$ bzw. $\{L, R, C\}$ unbestimmt und somit frei skalierbar bleibt.

6.8 Werkzeuge der Modellbildung

Zur Unterstützung des Modellierungs- und Simulationsprozesses stehen vielfältige Werkzeuge mit unterschiedlichem Abstraktionsniveau zur Verfügung. Das Softwaresystem MATLAB/SIMULINK (und seine Toolboxen) ist ein weit verbreitetes und für mechatronische Aufgabenstellungen gut geeignetes Werkzeug. Die grafische Benutzerschnittstelle SIMULINK setzt auf der Programmiersprache MATLAB und seine Bibliotheken auf. Signalflussbilder werden aus vorgefertigten parametrierbaren Modellelementen zusammengesetzt, die mit Linien (Signale) verbunden werden. Das Modell eines Systems kann mit einem auswählbaren numerischen Verfahren berechnet oder in weiterführende Ableitungen (z. B. die Suche nach geeigneten Reglern) eingebunden werden.

Beispiel Schwingungsfähiges System mit dem Freiheitsgrad 1:

Bild 6.24 zeigt das in SIMULINK genutzte und der Gleichung (6.10) entsprechende Blockschaltbild. Durch Simulation dieses Modells wurden die (idealisierten) Messwerte erzeugt, aus denen mit einem MATLAB-Skript die Darstellungen in den Bildern 6.21 und 6.22 erzeugt wurden.

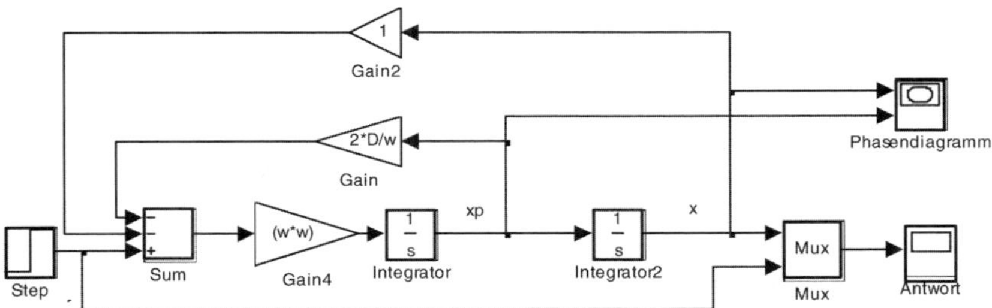

Bild 6.24 Modell des Schwingungssystems (6.10) in SIMULINK

Literatur

Bossel H.: Simulation dynamischer Systeme. Grundwissen, Methoden, Programme. Braunschweig Wiesbaden: Friedrich Vieweg & Sohn Verlagsgesellschaft, 1992.

Göldner K.: Mathematische Grundlagen der Systemanalyse. Leipzig: Fachbuchverlag Leipzig, 1987.

Grabow J.: Verallgemeinerte Netzwerke in der Mechatronik. München: Oldenbourg Verlag München, 2013.

Hering E., Modler K.-H.: Grundwissen des Ingenieurs. Leipzig: Fachbuchverlag Leipzig im Carl Hanser Verlag, 2007.

Kramer U., Neculau M.: Simulationstechnik. München Wien: Carl Hanser Verlag, 1998.

Unbehauen H.: Regelungstechnik. Braunschweig Wiesbaden: Friedrich Vieweg & Sohn Verlagsgesellschaft, 2007.

7 Mechanische Systeme

Die Analyse und Synthese mechatronischer Systeme ist unmittelbar mit der **Untersuchung mechanischer Bewegungen** verbunden. Aufgabe der Mechanik ist es, die Werkzeuge für den Abstraktionsprozess vom realen technischen System über das mechanische Modell bis zum mathematischen Gleichungssystem für die Beschreibung des dynamischen Verhaltens bereitzustellen.

7.1 Modelle in der Mechanik

In der Mechanik existieren **Grundmodelle**, mit deren Auswahl schon bei der Modellbildung wesentlich über den Grad der Adäquatheit zum realen System entschieden wird. Dazu gehören u. a. der **Massenpunkt** (Bild 7.1), der **starre Körper** (Bild 7.2) oder der **Bernoulli-Balken**. Hinter diesen Modelltypen stehen fundamentale Hypothesen über das Verhalten von Systemen, deren Richtigkeit durch praktische Anwendungen bestätigt wurde.

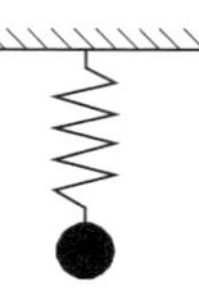

Bild 7.1
Massenpunkt (Beispiel: Masse-Feder-Schwinger)

Ein **Massenpunkt** ist ein idealer mathematischer Punkt, in dem die Materie konzentriert gedacht ist, ohne ein Volumen zu besitzen. Er wird nur durch einen Parameter (Masse m) charakterisiert.

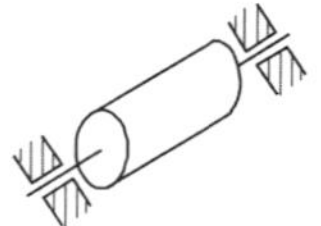

Bild 7.2
Starrer Körper (Beispiel: zylindrischer Rotor)

Ein Körper heißt **starrer Körper**, falls der Abstand zweier beliebiger materieller Punkte des Körpers in jeder möglichen Lage des Körpers denselben Wert annimmt.

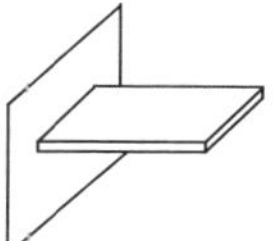

Bild 7.3
Kontinuum (Beispiel: Eingespannte Rechteckplatte)

Ein **Kontinuum** (in der Festkörpermechanik) ist ein massebehafteter elastischer Körper, auf den stetig verteilte Kräfte wirken (Bild 7.3).

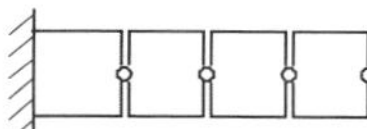

Bild 7.4
Finite-Elemente-Modell

Unter einem **Finite-Elemente-Modell** werden massebehaftete elastische Körper verstanden, auf die an diskreten Punkten (Knoten) Kräfte bzw. Momente wirken (Bild 7.4).

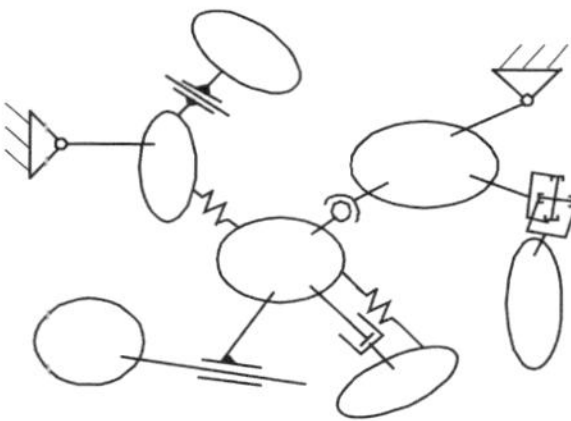

Bild 7.5
Mehrkörpersystem

Ein **Mehrkörpersystem (MKS)** ist eine endliche Menge starrer Körper, die untereinander und mit einem nicht zum System zählenden Fundament physikalisch und/oder geometrisch gekoppelt sind (Bild 7.5).

7.2 Kinematik

Die Kinematik beschäftigt sich mit der mathematischen Beschreibung von Bewegungsvorgängen materieller Körper.

7.2.1 Einführung

Die Beschreibung der Lage eines Körpers erfolgt stets relativ zu einem anderen Körper. Dieser wird als starr vorausgesetzt und soll Bezugskörper heißen. Er wird repräsentiert durch ein **kartesisches Koordinatensystem** (Bild 7.6) - das **Bezugssystem** $\Gamma: \left\{0, \vec{e}_x, \vec{e}_y, \vec{e}_z\right\}$.

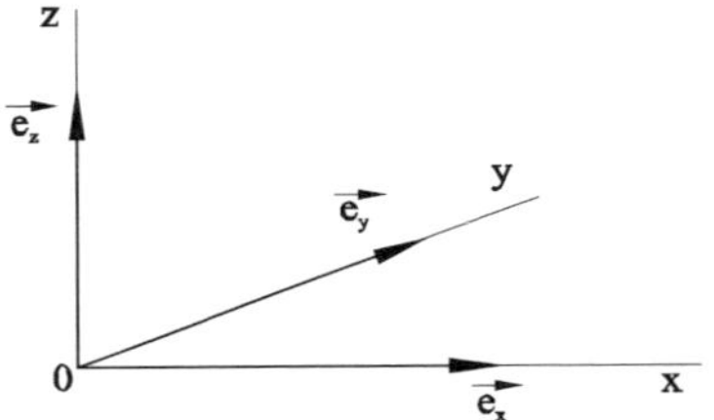

Bild 7.6
Kartesisches Koordinatensystem mit Einheitsvektoren

Im Bezugssystem Γ zu arbeiten heißt, die Beobachtungen eines Γ-festen Beobachters zu beschreiben, der u. a. Längen, Winkel und Zeiten messen kann. Die **Lage** eines Körpers soll durch eben diese Längen und Winkel beschrieben werden. Sie heißen **Lagekoordinaten**. Unter der **Bewegung** wird eine stetige Folge von Lagen verstanden, d. h., die Lagekoordinaten sind stetige Funktionen eines Parameters (z. B. der Zeit).

7.2.2 Kinematik des Massenpunktes

7.2.2.1 Darstellung der Bewegung in kartesischen Koordinaten

Die Angabe der Lage bzw. der Bewegung des Massenpunktes P erfolgt mittels kartesischer Koordinaten (x, y, z).

Ortsvektor: $\overrightarrow{0P} = \vec{r}(P) = x\vec{e}_x + y\vec{e}_y + z\vec{e}_z$

Bewegung: $x = x(t) \quad y = y(t) \quad z = z(t)$

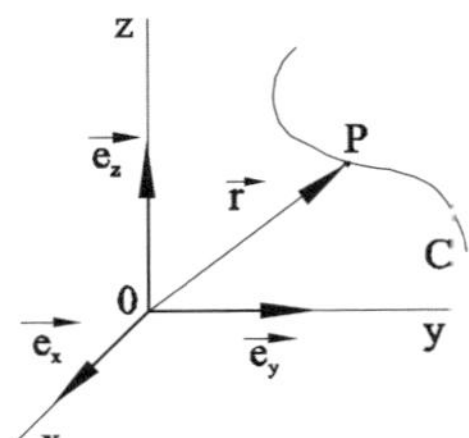

Bild 7.7
Massenpunkt *P* auf einer Kurve *C*

Die Vektorfunktion $\vec{r}(t)$ definiert eine Kurve C im System Γ. Die Durchlaufung der Kurve C erfolgt im Sinne wachsender t-Werte.

Geschwindigkeitsvektor: $\dot{\vec{r}}(P) = \dot{x}\vec{e}_x + \dot{y}\vec{e}_y + \dot{z}\vec{e}_z$

Beschleunigungsvektor: $\ddot{\vec{r}}(P) = \ddot{x}\vec{e}_x + \ddot{y}\vec{e}_y + \ddot{z}\vec{e}_z$

Beispiel: Beschreibung der Bewegung eines Roboters und seines Arbeitsraumes in kartesischen Koordinaten (Bild 7.8)

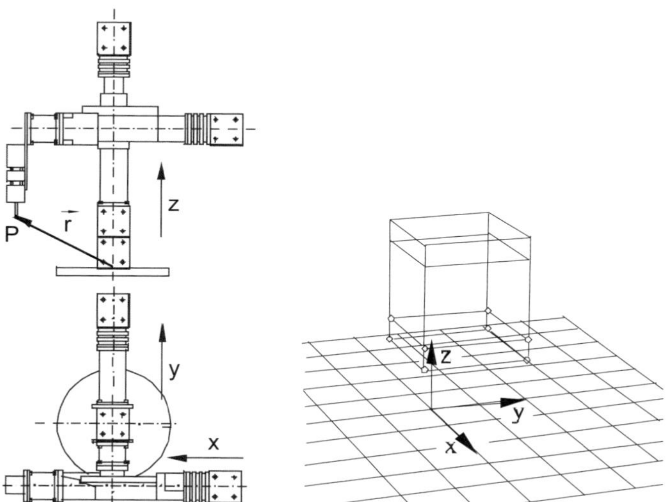

Bild 7.8 SSS-Roboterstruktur (amtec robotics GmbH Berlin) mit Ortsvektor $\vec{r}(P)$ zum Tocl Center Point (TCP)

Lokales Dreibein (oder lokales Koordinatensystem):
Unter dem lokalen Dreibein (lokalem Koordinatensystem) Γ' versteht man das im Massenpunkt P angeheftete mitbewegte Dreibein.

In kartesischen Koordinaten sind die lokalen Dreibeine Γ' in verschiedenen Raumpunkten identisch (Bild 7.9).

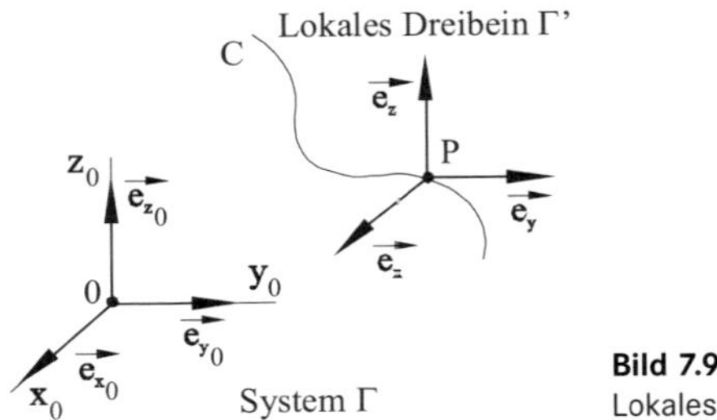

Bild 7.9
Lokales Dreibein

Der **Bewegungszustand** des Massenpunktes wird charakterisiert durch die gleichzeitige Betrachtung von Lage und Geschwindigkeit des Massenpunktes $\{\ \vec{r}(t), \dot{\vec{r}}(t)\ \}$. Mit dem Bewegungszustand verknüpft sind die Begriffe **Phasendiagramm** und **Phasenkurve** (Bild 7.10).

Bild 7.10
Phasendiagramm und Phasenkurve mit Durchlaufungssinn

Diese Beschreibung eignet sich für die Darstellung eindimensionaler Bewegungen und wird in der Schwingungstechnik häufig angewendet.

Beispiel:

Koordinate: $x(t) = x_0 \cos \omega t$, **Geschwindigkeit:** $\dot{x}(t) = -x_0 \omega \sin \omega t$

Phasenkurve: Die Phasenkurve ist eine geschlossene Kontur (Ellipse), d. h. nach jedem Durchlauf beginnt die Bewegung von vorn (Bild 7.11).

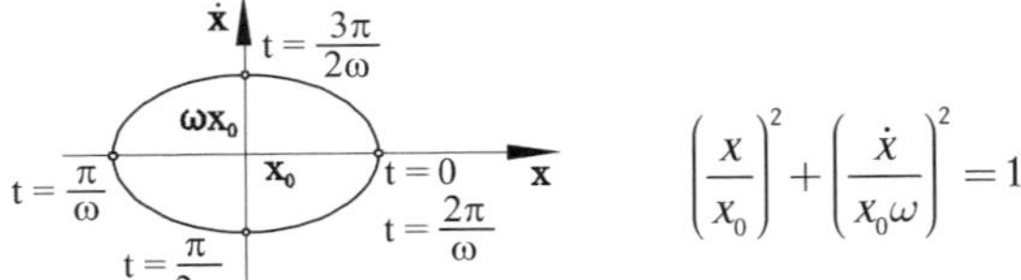

$$\left(\frac{x}{x_0}\right)^2 + \left(\frac{\dot{x}}{x_0 \omega}\right)^2 = 1$$

Bild 7.11 Phasenkurve (Ellipse)

7.2.2.2 Darstellung der Bewegung eines Massenpunktes in Zylinderkoordinaten

Im Bezugssystem Γ seien Zylinderkoordinaten (r,φ,ζ) gemäß

$$x = r\cos\varphi \quad y = r\sin\varphi \quad z = \zeta$$

$$(0 \leq \varphi < 2\pi\,, 0 < r < +\infty\,, -\infty < \zeta < +\infty)$$

eingeführt (Bild 7.12). Diese Funktionen sind umkehrbar eindeutig in den angegebenen Gebieten.

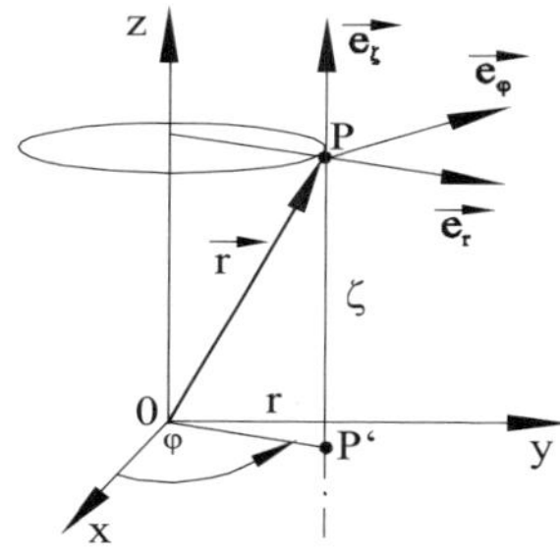

Bild 7.12
Zylinderkoordinaten mit lokalem Dreibein $\vec{e}_r$, $\vec{e}_\varphi$, $\vec{e}_\zeta$

Das lokale Dreibein Γ' in Zylinderkoordinaten wird nach folgender Vorschrift konstruiert:

1. Einheitsvektor in Richtung $\overrightarrow{0P'}$ einzeichnen: $\vec{e}_r$
2. Drehung von $\vec{e}_r$ in Richtung wachsender φ-Werte um $\dfrac{\pi}{2}$: $\vec{e}_\varphi$
3. $\vec{e}_\zeta = \vec{e}_z$

Ortsvektor: $\overrightarrow{0P} = \vec{r}(P) = r\vec{e}_r + \zeta\,\vec{e}_\zeta$

Der Ortsvektor $\vec{r}(P)$ ist die Summe von zwei Komponenten, die Einheitsvektoren $\vec{e}_r$ und $\vec{e}_\varphi$ des lokalen Dreibeins Γ' ändern ihre Richtung beim Durchlaufen der Kurve.

Bewegung: $r = r(t) \quad \varphi = \varphi(t) \quad \zeta = \zeta(t)$

Geschwindigkeitsvektor: $\dot{\vec{r}} = \dot{r}\vec{e}_r + r\dot{\varphi}\,\vec{e}_\varphi + \dot{\zeta}\,\vec{e}_\zeta$

Beschleunigungsvektor: $\ddot{\vec{r}} = (\ddot{r} - r\dot{\varphi}^2)\,\vec{e}_r + (2\dot{r}\dot{\varphi} + r\ddot{\varphi})\vec{e}_\varphi + \ddot{\zeta}\,\vec{e}_\zeta$

Beispiel: Beschreibung der Bewegung eines Roboters und seines Arbeitsraumes in Zylinderkoordinaten (Bild 7.13).

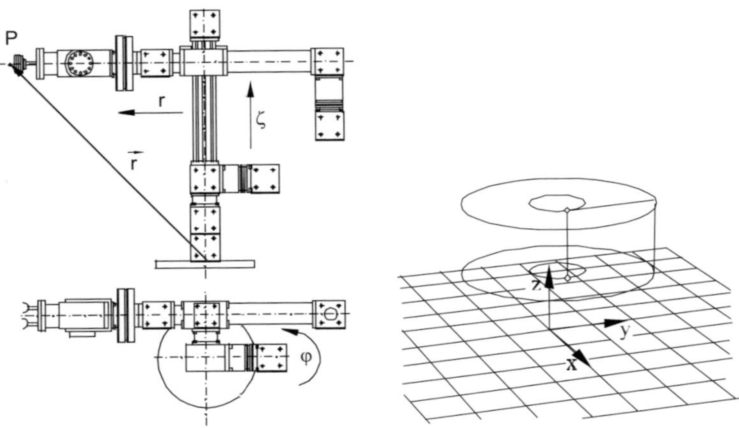

Bild 7.13 DSS-Roboterstruktur (amtec robotics GmbH Berlin) mit Ortsvektor $\vec{r}(P)$ zum Tool Center Point (TCP)

7.2.2.3 Darstellung der Bewegung eines Massenpunktes in Kugelkoordinaten

Im System Γ werden Kugelkoordinaten (r,φ,ϑ) gemäß

$$x = r\cos\vartheta\cos\varphi \qquad y = r\cos\vartheta\sin\varphi \qquad z = r\sin\vartheta$$

$$(0 \le \varphi < 2\pi\,, 0 < r < +\infty\,, -\frac{\pi}{2} \le \vartheta < +\frac{\pi}{2})$$

eingeführt (Bild 7.14).

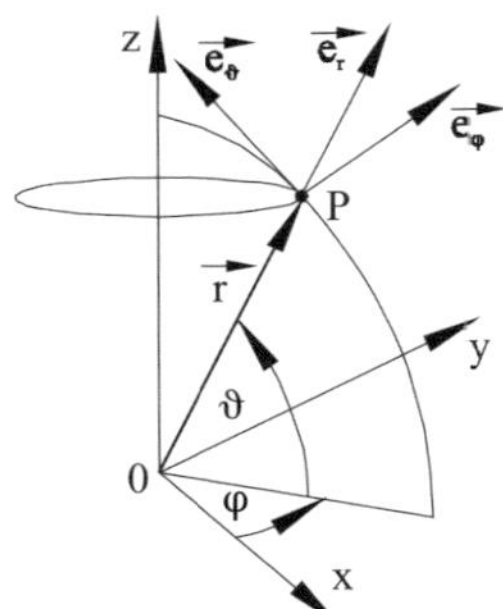

Bild 7.14
Kugelkoordinaten mit lokalem Dreibein $\vec{e}_r$, $\vec{e}_\varphi$, $\vec{e}_\vartheta$

Die Koordinaten φ und ϑ stimmen mit der Erdteilungsordnung (φ = geografische Länge, ϑ = geografische Breite) überein. Das lokale Dreibein Γ' wird aus den Tangentenvektoren an die Koordinatenlinien (Meridiane, Breitenkreise) gebildet. Die Zerlegung aller mit der Bewegung des Punktes P verbundenen Vektoren lautet:

Ortsvektor: $\overrightarrow{0P} = \vec{r}(P) = r\,\vec{e}_r$

Der Ortsvektor $\vec{r}(P)$ besteht nur aus einer Komponente, aber die Einheitsvektoren des lokalen Dreibeins $\vec{e}_r, \vec{e}_\varphi$ und $\vec{e}_\vartheta$ ändern ihre Richtung beim Durchlaufen der Kurve.

Bewegung: $r = r(t) \quad \varphi = \varphi(t) \quad \vartheta = \vartheta(t)$

Geschwindigkeitsvektor: $\dot{\vec{r}} = \dot{r}\vec{e}_r + r\dot{\vartheta}\vec{e}_\vartheta + r\dot{\varphi}\cos\vartheta\,\vec{e}_\varphi$

Beschleunigungsvektor: $\ddot{\vec{r}} = (\ddot{r} - r\dot{\vartheta}^2 - r\dot{\varphi}^2\cos^2\vartheta)\vec{e}_r +$

$$+(r\ddot{\vartheta} + 2\dot{r}\dot{\vartheta} - r\dot{\varphi}^2\sin\vartheta\cos\vartheta)\vec{e}_\vartheta + (r\ddot{\varphi}\cos\vartheta + 2\dot{r}\dot{\varphi}\cos\vartheta - 2r\dot{\vartheta}\dot{\varphi}\sin\vartheta)\vec{e}_\varphi$$

Beispiel: Beschreibung der Bewegung eines Roboters und seines Arbeitsraumes in Kugelkoordinaten (Bild 7.15).

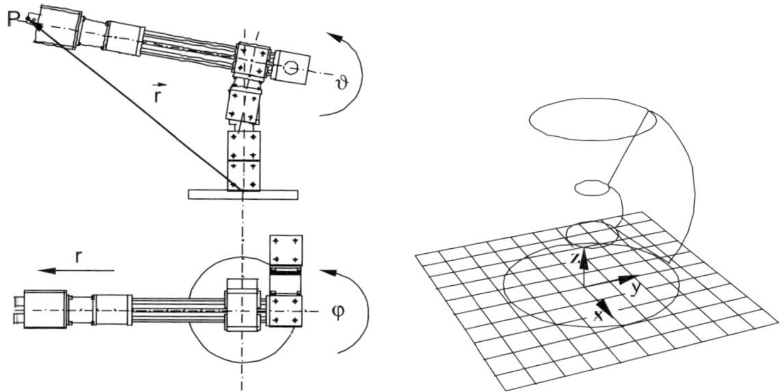

Bild 7.15 DDS-Roboterstruktur (amtec robotics GmbH Berlin) mit Ortsvektor $\vec{r}(P)$ zum Tool Center Point P

7.2.3 Kinematik des starren Körpers

7.2.3.1 Notation

Für die kompakte Darstellung der Kinematik und Kinetik des Mehrkörpersystems, welches das wesentliche mechanische Modell für mechatronische Systeme (Abschn. 14, z.B. Industrieroboter) darstellt, haben sich die Indizesschreibweise und die Summationskonvention und einige andere Elemente aus dem Tensorkalkül als effizient erwiesen.

Vereinbarung 1 (Indizes): Anstelle der bisherigen Bezeichnungen der Koordinaten x, y und z werden die Zahlen 1, 2 und 3 verwendet.

Beispiel 1: $\vec{a} = a_x\vec{e}_x + a_y\vec{e}_y + a_z\vec{e}_z := a_1\vec{e}_1 + a_2\vec{e}_2 + a_3\vec{e}_3$

Vereinbarung 2 (Summationsvereinbarung): Über gleichlautende Indizes wird automatisch summiert. Der Summationsindex als stummer Index kann beliebig umbenannt werden.

Beispiel 2: Vektor $\vec{a} = a_1\vec{e}_1 + a_2\vec{e}_2 + a_3\vec{e}_3 = \sum_{i=1}^{3} a_i\vec{e}_i := a_i\vec{e}_i = a_k\vec{e}_k$

Beispiel 3: Skalarprodukt $(\vec{a}\cdot\vec{b}) = a_1b_1 + a_2b_2 + a_3b_3 := a_jb_j = a_sb_s$

Vereinbarung 3 (*Kronecker*-Symbol):

$$\delta_{ik} = \begin{cases} 1\,, i = k \\ 0\,, i \neq k \end{cases}$$

Das *Kronecker*-Symbol repräsentiert somit die Elemente der Einheitsmatrix $1 = (\delta_{ik})\,, (i,k = 1,2,3)$.

7.2.3.2 Translation und Rotation

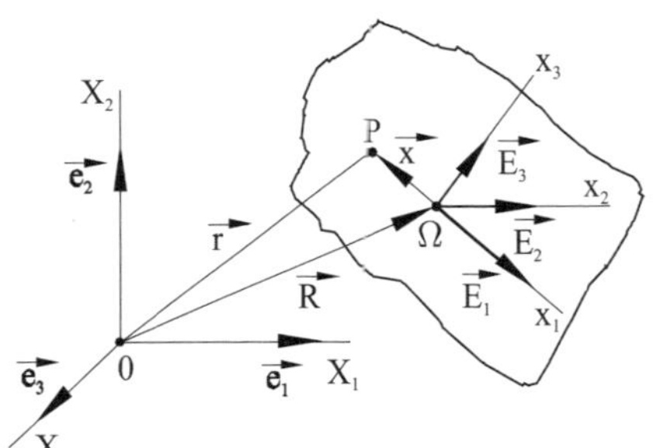

Bild 7.16
Starrer Körper mit körperfestem Koordinatensystem Γ' im Ursprung Ω (Einheitsvektoren $\vec{E}_1$, $\vec{E}_2$ und $\vec{E}_3$)

Bei der Betrachtung der Kinematik des starren Körpers wird das für den Massenpunkt eingeführte lokale Dreibein zum körperfesten Koordinatensystem Γ' in einem beliebig gewählten aber fixierten Punkt Ω des starren Körpers.

Die **Lage** des starren Körpers wird beschrieben durch die Menge aller Ortsvektoren $\overrightarrow{0P} = \vec{r}(P) = \vec{R} + \vec{x} = \vec{R} + x_i\vec{E}_i$.

Gemäß Definition des starren Körpers gilt: $x_i = konst.$ für alle i = 1,2,3.

Bewegung des starren Körpers: $\vec{R} = \vec{R}(t)$, $\vec{E}_i = \vec{E}_i(t)$ $(i = 1,2,3)$

Der Geschwindigkeitsvektor folgt aus der zeitlichen Ableitung des Ortsvektors: $\dot{\vec{r}}(t) = \dot{\vec{R}} + x_i\dot{\vec{E}}_i$.

Die zeitliche Ableitung der körperfesten Einheitsvektoren $\vec{E}_i$ (i = 1,2,3) erhält man mit der orthonormierten Drehmatrix $\boldsymbol{E} = (E_{ij})$ (i, j = 1,2,3), welche die Zerlegung des körperfesten Systems Γ' über dem raumfesten System Γ beschreibt. Da für orthonormierte Matrizen $\boldsymbol{E}^{-1} = \boldsymbol{E}^{\mathrm{T}}$ gilt, folgt

$$\dot{\vec{E}}_i = \dot{E}_{ik}\vec{e}_k = \dot{E}_{ik}\,E_{jk}\,\vec{E}_j = \omega_{ij}\,\vec{E}_j$$

Aus den drei wesentlichen Elementen der schiefsymmetrischen Matrix $\omega = (\omega_{ij})$ folgt der

Winkelgeschwindigkeitsvektor: $\vec{\omega} = \omega_{23}\vec{E}_1 + \omega_{31}\vec{E}_2 + \omega_{12}\vec{E}_3$

mit der Eigenschaft: $\dot{\vec{E}}_i = \vec{\omega} \times \vec{E}_i \quad (i = 1,2,3)$

Beispiel: *Winkelgeschwindigkeit einer Robotersäule* (Bild 7.17).

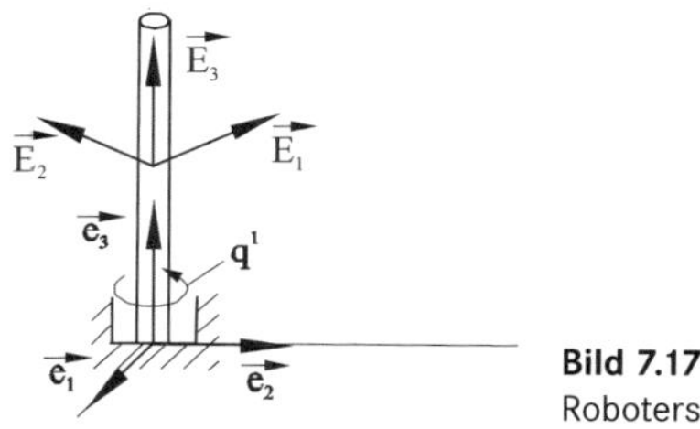

Bild 7.17
Robotersäule

- $\dot{\vec{E}}_1 = \vec{\omega} \times \vec{E}_1 \quad , \quad \dot{\vec{E}}_2 = \vec{\omega} \times \vec{E}_2 \quad , \quad \dot{\vec{E}}_3 = \dot{\vec{e}}_3 = \vec{0}$
- **d.h.** $\vec{\omega} = a\vec{E}_3$ **(da** $\vec{\omega} \,||\, \vec{E}_3$**)**
- aus der Zerlegung des Systems $\vec{E}_i \ (i = 1,2,3)$ über dem raumfesten System $\vec{e}_i \ (i = 1,2,3)$ und der anschließenden zeitlichen Ableitung zum Beispiel des Vektors $\vec{E}_1$ folgt schließlich:

$$\dot{\vec{E}}_1 = -\sin q^1 \dot{q}^1 \vec{e}_1 + \cos q^1 \dot{q}^1 \vec{e}_2 = \dot{q}^1 \vec{E}_2 = \vec{\omega} \times \vec{E}_1 = a\vec{E}_3 \times \vec{E}_1 = a\vec{E}_2$$

$$a = \dot{q}^1 \Rightarrow \quad \vec{\omega} = \dot{q}^1 \vec{E}_3$$

Translation: Die körperfesten Einheitsvektoren $\vec{E}_i$ sind für alle i=1,2,3 nicht zeitabhängig (Bild 7.18).

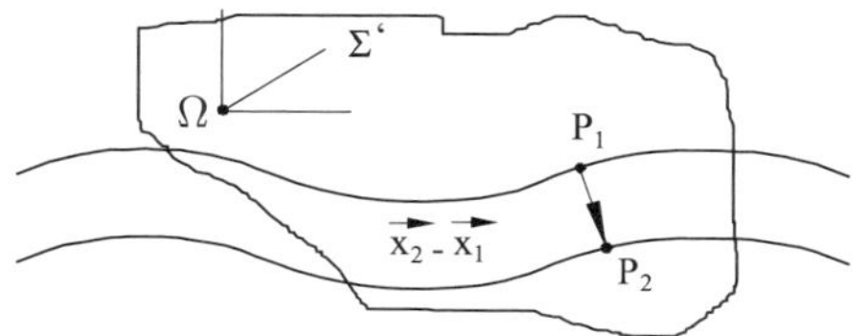

Bild 7.18
Sonderfall der translatorischen Bewegung des starren Körpers

Der Vektor $\vec{x}_2 - \vec{x}_1$ ist ein konstanter Vektor. Die Bewegung eines Punktes P_2 geht durch Parallelverschiebung aus der Bewegung eines anderen Punktes P_1 hervor.

Rotation: Der Vektor $\vec{R}$ ist nicht zeitabhängig. Dann kann ohne Beschränkung der Allgemeinheit das Zusammenfallen der Koordinatenursprünge 0 = Ω angenommen werden, d.h. $\vec{R} = \vec{0}$. Es gilt $\vec{r}(t) = x_i \vec{E}_i(t)$ mit $x_i = konst.$ als Charakteristik des starren Körpers. Das heißt, der Körper führt die (Dreh-)Bewegung des körperfesten Dreibeins $\vec{E}_i$ um den Ursprung Ω aus.

Die **allgemeine Bewegung** eines starren Körpers setzt sich zusammen aus einer Translation und einer Rotation um einen willkürlich fixierten Körperpunkt Ω.

Geschwindigkeitsvektor: $\dot{\vec{r}}(t) = \dot{\vec{R}} + \vec{\omega} \times \vec{x}$

$\dot{\vec{R}}$ ist der für alle Körperpunkte gleiche Translationsanteil, $\vec{\omega} \times \vec{x}$ ist der von P abhängige Rotationsanteil der Geschwindigkeit.

Die Gerade $\{\Omega, \vec{\omega}\}$ heißt **momentane Drehachse** des Körpers.

Beschleunigungsvektor: $\ddot{\vec{r}}(t) = \ddot{\vec{R}} + \dot{\vec{\omega}} \times \vec{x} + \vec{\omega} \times (\vec{\omega} \times \vec{x})$

7.2.3.3 Euler-Winkel

Die Orientierung des körperfesten Dreibeins Γ' mit den Achsen $\vec{E}_i$ (i=1,2,3) soll bezüglich des raumfesten Dreibeins Γ' mit den Achsen $\vec{e}_i$ (i=1,2,3) beschrieben werden (Bild 7.19). Dabei bezeichnet man mit $\vec{e}_c$ den Einheitsvektor auf der Knotenlinie, deren Richtung durch $\vec{e}_3$ und $\vec{E}_3$ gegeben ist. Es wird vorausgesetzt, dass $\vec{e}_3$ und $\vec{E}_3$ nicht parallel sind.

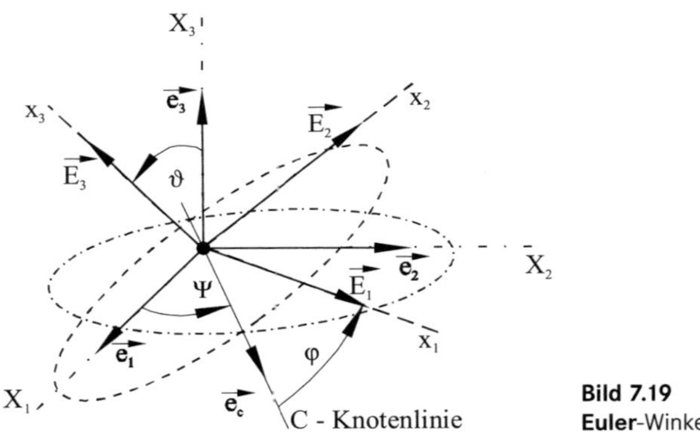

Bild 7.19
Euler-Winkel

Als **Euler-Winkel** werden folgende Winkel in der Reihenfolge der Drehungen definiert:

Präzession ψ: Winkel zwischen $\vec{e}_1$ und $\vec{e}_c$

Nutation ϑ: Winkel zwischen $\vec{e}_3$ und $\vec{E}_3$ ($\vartheta \neq 0, \pi$)

Rotation φ: Winkel zwischen $\vec{e}_c$ und $\vec{E}_1$

Drei Winkel beschreiben die Lage des orthonormierten Dreibeins Γ' bezüglich eines orthonormierten Dreibeins Γ, d. h. $E_{ij} = E_{ij}(\psi, \vartheta, \varphi)$.

$$\begin{pmatrix} \cos\varphi\cos\psi - \sin\psi\sin\varphi\cos\vartheta & \cos\varphi\sin\psi + \sin\varphi\cos\psi\cos\vartheta & \sin\varphi\sin\vartheta \\ -\sin\varphi\cos\psi - \cos\varphi\sin\psi\cos\vartheta & -\sin\varphi\sin\psi + \cos\varphi\cos\psi\cos\vartheta & \cos\varphi\sin\vartheta \\ \sin\psi\sin\vartheta & -\cos\psi\sin\vartheta & \cos\vartheta \end{pmatrix}$$

Die Drehmatrix nach *Euler* hat die Form:

$$E_{\text{EULER}} = (E_{ij}) = E_{ik}(\psi) \cdot E_{kl}(\vartheta) \cdot E_{lj}(\varphi) =$$

Damit folgt für die Winkelgeschwindigkeit gemäß Abschnitt 7.3.3.2

$$\vec{\omega} = \omega_i \vec{E}_i = (\cos\varphi\dot{\vartheta} + \dot{\psi}\sin\vartheta\sin\varphi)\vec{E}_1 + (-\dot{\vartheta}\sin\varphi + \dot{\psi}\sin\vartheta\cos\varphi)\vec{E}_2 + \\ + (\dot{\varphi} + \dot{\psi}\cos\vartheta)\vec{E}_3$$

Darüber hinaus werden zur Beschreibung der Orientierung von starren Körpern bezüglich eines raumfesten Koordinatensystems u.a. noch *Kardan-* und RPY-Winkel (Roll, Pitch, Yaw) verwendet.

7.2.4 Kinematik des Mehrkörpersystems

7.2.4.1 Klassifikation

Das Mehrkörpersystem (MKS) stellt das meistgenutzte mechanische Modell für die Untersuchung mechatronischer Systeme dar. Es existieren mehrere Möglichkeiten derartige MKS zu klassifizieren, zum Beispiel nach dem mechanischen Freiheitsgrad des Systems oder der Art der Zwangsbedingungen. Eine der wichtigsten Einteilungen ist die Klassifizierung nach der Topologie, d. h. der Anordnung der Körper.

1. MKS mit kinematischer Baumstruktur (Bild 7.20)

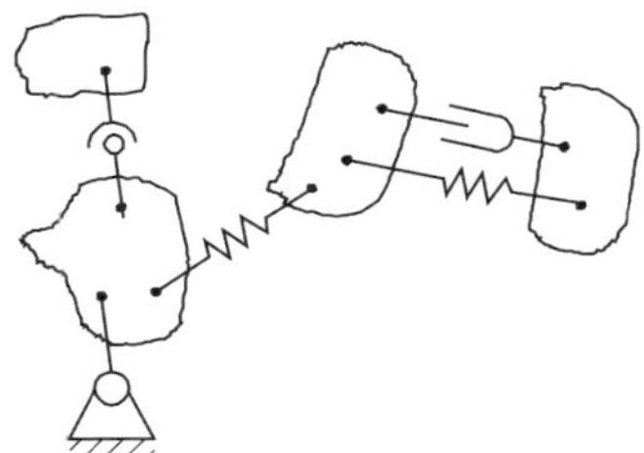

Bild 7.20
MKS mit kinematischer Baumstruktur

Beim MKS mit kinematischer Baumstruktur besitzen alle möglichen Körperpaare des Systems nur eine einzige Folge von Gelenken und Kraftkoppelelementen (ohne das diese mehrfach auftreten), welche diese verbindet (auch „offene kinematische Kette“, Beispiel: Roboter in Kugelkoordinaten, Bild 7.15).

2. Constraint Mechanical System (Bild 7.21)

Bild 7.21
MKS mit geschlossener kinematischer Kette

Ein MKS mit kinematischer Baumstruktur, dessen Körper zusätzlichen Zwangsbedingungen unterliegen, heißt „constraint mechanical system" (auch „geschlossene kinematische Kette", Beispiel: Kurbelschwinge).

7.2.4.2 Holonome Starrkörpersysteme mit kinematischer Baumstruktur

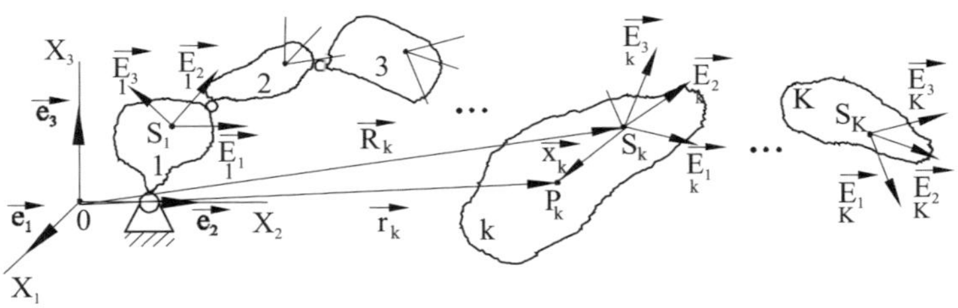

Bild 7.22 Mehrkörpersystem mit kinematischer Baumstruktur

Die starren Körper des Systems werden von 1 bis K nummeriert (Bild 7.22). Neben dem Inertialsystem $\{0, \vec{e}_i\}$ im Bezugskörper 0 bezeichne S_k den Schwerpunkt und $\left\{S_k, \underset{k}{\vec{E}_i}\right\}$ eine körperfeste orthonormierte Basis des Körpers k mit $k = 1,2,...,K$.

$$\overrightarrow{0P_k} = \vec{r}_k = \vec{R}_k + \vec{x}_k = \vec{R}_k + \xi_i \underset{k}{\vec{E}_i} \ , \ \overrightarrow{0S_k} = \vec{R}_k = \underset{k}{X_i} \vec{e}_i \ , \ \underset{k}{\vec{E}_i} = \underset{k}{E_{ij}} \vec{e}_j$$

Für jeden freien starren Körper hängen die $\underset{k}{X_i}, \underset{k}{E_{ij}}$ von 6 Parametern $\underset{k}{x_1}, \underset{k}{x_2}, \dots, \underset{k}{x_6}$ ab: $\underset{k}{X_i} = \underset{k}{X_i}(\underset{k}{x_1}, \underset{k}{x_2}, \underset{k}{x_3})$, $\underset{k}{E_{ij}} = \underset{k}{E_{ij}}(\underset{k}{x_4}, \underset{k}{x_5}, \underset{k}{x_6})$

$\underset{k}{x_1}, \underset{k}{x_2}, \underset{k}{x_3}$ - zum Beispiel Zylinder- oder Kugelkoordinaten

$\underset{k}{x_4}, \underset{k}{x_5}, \underset{k}{x_6}$ - zum Beispiel *Euler*- oder *Kardan*-Winkel

Die geometrischen Bindungen der Körper untereinander seien durch holonome Zwangsbedingungen in der Form

$$Z_m(\underset{k}{x_1}, \underset{k}{x_2}, \dots, \underset{k}{x_6}) = 0 \ , \ (m = 1, \dots, M < 6K \ , \ s = 1,\dots,6) \qquad \text{rang}\left(\frac{\partial Z_m}{\partial x_s}\right) = M$$

gegeben. Sie werden mittels **verallgemeinerter Koordinaten** q^a durch

$$\underset{k}{x_s} = \underset{k}{x_s}(q^a) \ , \ s = 1,\dots,6 \ , \ a = 1,\dots,n \ , \ k = 1,\dots,K$$

befriedigt. Die Zahl n ist der **Freiheitsgrad** des MKS.

Die **Lage des Mehrkörpersystems** wird beschrieben

a) im **Anschauungsraum** durch:

$\vec{R}_k = \underset{k}{X_i}(q^a)\vec{e}_i$ - Lage der Schwerpunkte aller Körper

$\underset{k}{\vec{E}_i} = \underset{k}{E_{ij}}(q^a)\vec{e}_j$ – Orientierung der körperfesten Dreibeine aller Körper

b) im **Konfigurationenraum** durch:

$$\left\{ q^a \mid \underset{k}{x_s} = \underset{k}{x_s}(q^a),\ s = 1,...,6\ ,\ a = 1,...,n\ ,\ k = 1,...K \right\}$$

Somit existiert eine eineindeutige Abbildung von der Menge aller zur Zeit t möglichen Lagen auf die Menge der verallgemeinerten Koordinaten $(q^1, q^2, ..., q^n)$, d. h. $\overrightarrow{0P_k} = \vec{r}_k = \vec{r}_k(\xi_i, q^1, q^2, ..., q^n, t)$.

Bei der Steuerung mechatronischer Systeme werden in der Kinematik zwei wesentliche Probleme gelöst.

Direkte Aufgabe der Kinematik:

gegeben: $\vec{q} = (q^1, q^2, ..., q^n)$,

gesucht: $\vec{x} = (\underset{K}{x_1}, \underset{K}{x_2}, ..., \underset{K}{x_6}) \rightarrow \vec{x} = \vec{f}(\vec{q})$

Für bekannte Werte der verallgemeinerten Koordinaten $\vec{q} = (q^a)$ sind die Lage- und Orientierungsparameter $\vec{x} = (\underset{K}{x_s})$ des Körpers K zu ermitteln.

Diese Aufgabe ist immer lösbar.

Inverse Aufgabe der Kinematik:

gegeben: $\vec{x} = (\underset{K}{x_1}, \underset{K}{x_2}, ..., \underset{K}{x_6})$,

gesucht: $\vec{q} = (q^1, q^2, ..., q^n) \rightarrow \vec{q} = \vec{f}^{-1}(\vec{x})$

Die verallgemeinerten Koordinaten $\vec{q} = (q^a)$ sind für gegebene Werte $\vec{x} = (\underset{K}{x_s})$ wegen des nichtlinearen Charakters der Beziehung $\vec{x} = \vec{f}(\vec{q})$ im Allgemeinen nicht eindeutig bestimmt.

Die Zwangsbedingungen $\vec{x} = \vec{f}(\vec{q})$ bzw. in der inversen Form $\vec{q} = \vec{f}^{-1}(\vec{x})$ werden im Zusammenhang mit dem Problem der Bahnsteuerung mechatronischer Systeme (z. B. Industrieroboter) auch als Koordinatentransformation bezeichnet.

7.2.4.3 Denavit-Hartenberg-Notation

Für die Beschreibung der Kinematik von Mehrkörpersystemen wird eine in der Mechanismentechnik entstandene Notation verwendet. Es wird eine Folge von Koordinatensystemen definiert, die auf der Tatsache basiert, das für zwei beliebige windschiefe Geraden im Raum genau eine Gerade (das **Verbindungsnormal**) existiert, welche senkrecht auf beiden steht (Bild 7.23).

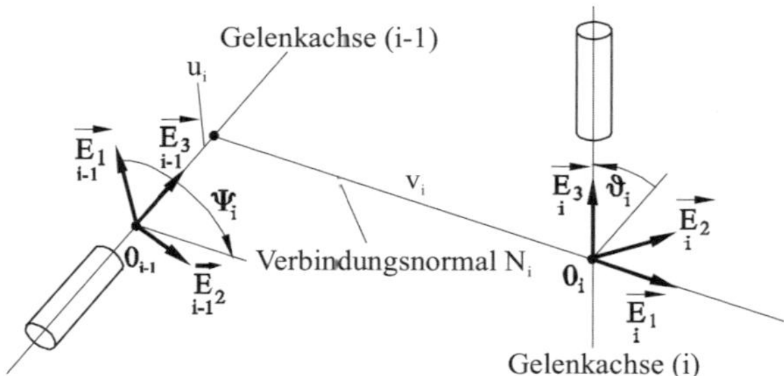

Bild 7.23 Koordinatensysteme nach **Denavit** und **Hartenberg**

Dabei wird die Folge von Koordinatensystemen gemäß folgender Vorschrift definiert:

1. Ursprung 0_i : Schnittpunkt der Verbindungsnormalen N_i und der Gelenkachse i.
2. Achse $\underset{i}{\vec{E}_3}$: in der Gelenkachse i (Orientierung beliebig)
3. Achse $\underset{i}{\vec{E}_1}$: auf dem Verbindungsnormal N_i (Orientierung beliebig)
4. Achse $\underset{i}{\vec{E}_2}$: ergänzt $\underset{i}{\vec{E}_1}$ und $\underset{i}{\vec{E}_3}$ zum Rechtssystem ($\underset{i}{\vec{E}_1} \times \underset{i}{\vec{E}_2} = \underset{i}{\vec{E}_3}$)

Das neue Koordinatensystem $\underset{i}{\vec{E}_j}$ $(j=1,2,3)$ geht mittels zweier Verschiebungen um u_i und v_i sowie zweier Drehungen um die Winkel ψ_i und ϑ_i aus dem System $\underset{i-1}{\vec{E}_j}$ ($j=1,2,3$) hervor (Bild 7.23).

1. Drehung des Vektors $\underset{i-1}{\vec{E}_1}$ um den Winkel ψ_i um die Achse $\underset{i-1}{\vec{E}_3}$ mathematisch positiv bis Parallelität zu $\underset{i}{\vec{E}_1}$ entsteht.
2. Drehung des Vektors $\underset{i-1}{\vec{E}_3}$ um den Winkel ϑ_i um die nach 1. neu entstandene Achse $\underset{i}{\vec{E}_1}$ mathematisch positiv bis Parallelität zu $\underset{i}{\vec{E}_3}$ entsteht.
3. $\overrightarrow{0_{i-1}0_i} = u_i \underset{i-1}{\vec{E}_3} + v_i \underset{i}{\vec{E}_1} = v_i \cos\psi_i \underset{i-1}{\vec{E}_1} + v_i \sin\psi_i \underset{i-1}{\vec{E}_2} + u_i \underset{i-1}{\vec{E}_3}$

Die vier Werte u_i , v_i , ψ_i und ϑ_i bilden die *Denavit-Hartenberg*-**Parameter:** $(u_i, v_i, \psi_i, \vartheta_i)$.

Der Zusammenhang zwischen den Koordinatensystemen $\underset{i-1}{\vec{E}_j}$ ($j=1,2,3$) und $\underset{i}{\vec{E}_j}$ $(j=1,2,3)$ über die Drehmatrix $\underset{i-1,i}{\mathrm{E}} = \underset{i-1,i}{(E_{ij})}$ und der Verschiebungsvektor $\overrightarrow{0_{i-1}0_i}$ wird zusammengefasst in der *Denavit-Hartenberg*-**Matrix (D-H-Matrix)** $\underset{i-1,i}{\mathrm{D}}$ **:**

$$\underset{i-1,i}{\mathrm{D}} = \begin{pmatrix} \cos\psi_i & -\sin\psi_i\cos\vartheta_i & \sin\psi_i\sin\vartheta_i & v_i\cos\psi_i \\ \sin\psi_i & \cos\psi_i\cos\vartheta_i & -\cos\psi_i\sin\vartheta_i & v_i\sin\psi_i \\ 0 & \sin\vartheta_i & \cos\vartheta_i & u_i \\ 0 & 0 & 0 & 1 \end{pmatrix}$$

Die Matrix $\underset{i-1,i}{\mathrm{D}}$ überführt einen Punkt $\mathrm{P}\left(x_i\,,1\right)^T$ in homogenen Koordinaten aus dem i-ten Koordinatensystem in das i-1 te Koordinatensystem

$$\begin{pmatrix} \underset{i-1}{x_1} \\ \underset{i-1}{x_2} \\ \underset{i-1}{x_3} \\ 1 \end{pmatrix} = \underset{i-1,i}{\mathrm{D}} \cdot \begin{pmatrix} \underset{i}{x_1} \\ \underset{i}{x_2} \\ \underset{i}{x_3} \\ 1 \end{pmatrix}$$

Durch die Multiplikation aller D-H-Matrizen $\mathrm{T} = \underset{0,1}{\mathrm{D}} \cdot \underset{1,2}{\mathrm{D}} \cdot \underset{2,3}{\mathrm{D}} \cdot \ldots \cdot \underset{n-1,n}{\mathrm{D}}$ erhält man wieder eine 4x4 Matrix ***T***, die bei der Wahl des Punktes P zum Beispiel in Form des Koordinatensystemursprunges im Greifer eines Roboters (d. h. $\mathrm{P} = 0_n$) dessen Lage $\overrightarrow{00_n} = (\underset{n}{x_1}, \underset{n}{x_2}, \underset{n}{x_3})$ und Orientierung $\underset{n}{\vec{E}_i} = (\underset{n}{E_{i1}}, \underset{n}{E_{i2}}, \underset{n}{E_{i3}})$ (i=1,2,3) im Inertialsystem enthält.

$$\boldsymbol{T} = \begin{pmatrix} \underset{n}{E_{11}} & \underset{n}{E_{21}} & \underset{n}{E_{31}} & \underset{n}{x_1} \\ \underset{n}{E_{12}} & \underset{n}{E_{22}} & \underset{n}{E_{32}} & \underset{n}{x_2} \\ \underset{n}{E_{13}} & \underset{n}{E_{23}} & \underset{n}{E_{33}} & \underset{n}{x_3} \\ 0 & 0 & 0 & 1 \end{pmatrix}$$

Beispiel: Kinematik des SCARA-Roboters SR 60 (Robert Bosch GmbH) mit D-H-Parametern (Bild 7.24).

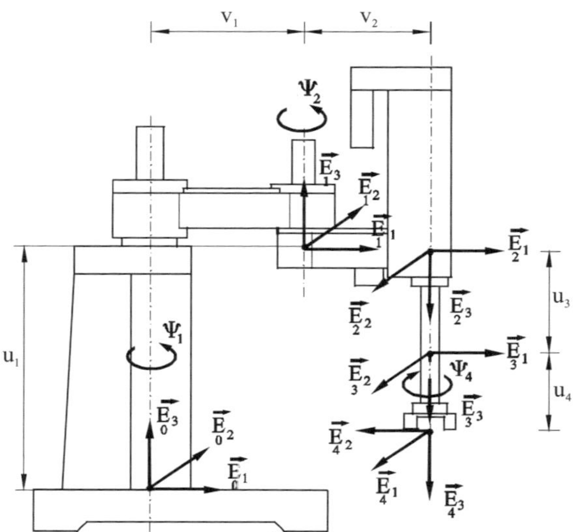

Bild 7.24 Roboter SR 60 mit Koordinatensystemen und D-H-Parametern

In Tabelle 7.1 sind die entsprechenden D-H-Parameter für diesen Roboter zusammengestellt.

Tabelle 7.1 *Denavit-Hartenberg*-Parameter für den Roboter SR 60

Gelenk i	u_i	v_i	ψ_i	ϑ_i
1	560 mm	430 mm	$\psi_1(t)$	0
2	0	370 mm	$\psi_2(t)$	π
3	$u_3(t)$	0	0	0
4	90 mm	0	$\psi_4(t)$	0

7.3 Kinetik

7.3.1 Einführung

Die Aufgabe der Kinetik ist es, die Wechselwirkungen zwischen Kräften/Momenten und den Bewegungen zu beschreiben. Die Kinetik basiert auf Axiomen, die von *Newton* 1687 im Werk „Philosophiae Naturalis Principia Mathematika" niedergeschrieben wurden.

AXIOM 1 (Trägheitsgesetz):

Ein Körper verharrt im Zustand der Ruhe oder der geradlinigen gleichförmigen Bewegung, wenn er nicht durch einwirkende Kräfte gezwungen wird, seinen Zustand zu ändern.

AXIOM 2 (Impulssatz):

Eine äußere Kraft bewirkt eine Änderung des Impulses $\vec{p} = m\dot{\vec{r}}$.

AXIOM 3 (Wechselwirkungsgesetz):

Die Wirkung verursacht stets eine gleich große, entgegengesetzt gerichtete Gegenwirkung (actio = reactio).

7.3.2 Kinetik des Massenpunktes

7.3.2.1 Impulssatz

Definiert wird der **Impulsvektor** des Massenpunktes $\vec{p} = m\dot{\vec{r}}$, mit m - der Masse und $\dot{\vec{r}}$ - der Geschwindigkeit des Massenpunktes.

Impulssatz:

Die zeitliche Änderung des Impulses ist gleich der auf den Massenpunkt wirkenden resultierenden Kraft (Bild 7.25).

$$\dot{\vec{p}} = \frac{d\vec{p}}{dt} = \frac{d}{dt}(m\dot{\vec{r}}) = \vec{F}$$

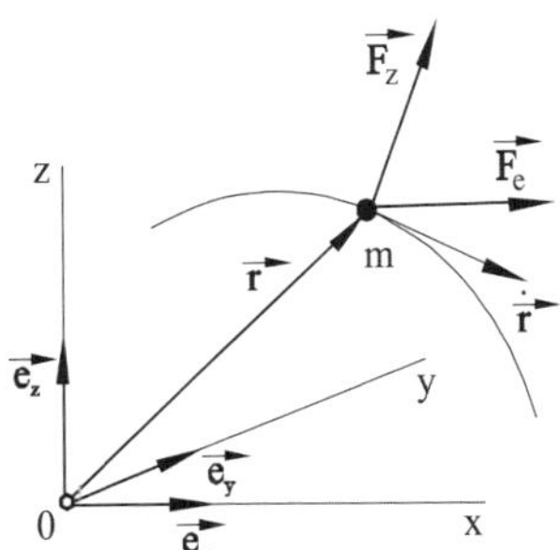

Bild 7.25
Massenpunkt mit eingeprägter Kraft und Zwangskraft

Der Impulssatz ist gültig für freie und geführte Bewegungen eines Massenpunktes. Bei geführten Bewegungen müssen neben den äußeren eingeprägten Kräften $\vec{F}_e$ noch die Zwangskräfte $\vec{F}_Z$ berücksichtigt werden.

$$\frac{d}{dt}(m\dot{\vec{r}}) = \vec{F}_e + \vec{F}_Z$$

Für den Sonderfall m =konst. gilt: $m\ddot{\vec{r}} = \vec{F}_e + \vec{F}_Z$

Zwangskräfte sind Reaktionskräfte, die dafür sorgen, dass der Massenpunkt auf der Bahn bleibt. Sie stehen senkrecht zur Bahn. In Tabelle 7.2 sind einige typische eingeprägte Kräfte zusammengestellt.

Tabelle 7.2 Ausgewählte eingeprägte Kräfte

Kraft	Formel	
Gewichtskraft (Kraft im homogenen Schwerefeld)	$g_0 = 9{,}81\frac{m}{s^2}$ $\vec{F}_G = m\vec{g} = -mg_0\vec{e}_y$	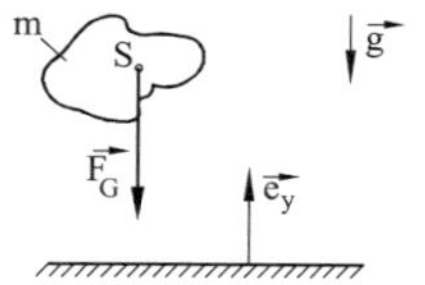 m, S, $\vec{g}$, $\vec{F}_G$, $\vec{e}_y$
Gravitationskraft (Kraft im inhomogenen Schwerefeld)	$\Gamma = 6{,}67\ 10^{-11}\mathrm{kg}^{-1}\mathrm{m}^3\mathrm{s}^{-2}$ $\vec{F} = \Gamma \cdot \frac{m_1 m_2}{\lvert\vec{r}\rvert^2} \cdot \frac{\vec{r}}{\lvert\vec{r}\rvert}$ $\vec{F}_{21} = -\vec{F}_{12} = \vec{F}$	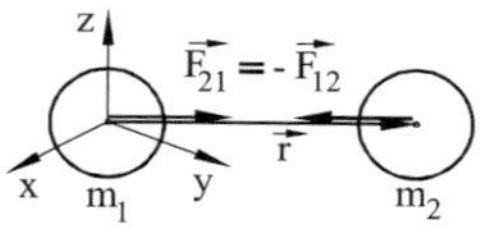 z, $\vec{F}_{21} = -\vec{F}_{12}$, $\vec{r}$, x, y, m_1, m_2
Federkraft	c Federkonstante λ_0 Länge der Feder im unbelasteten Zustand $\vec{e}_f$ Einheitsvektor in Federachsrichtung $\vec{F}_c = -c(\lambda - \lambda_0)\vec{e}_f$	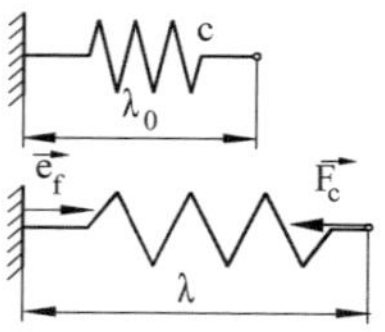 c, λ_0, $\vec{e}_f$, $\vec{F}_c$, λ
Reibungskräfte 1. *Coulomb*'sche Reibung	zwischen Festkörper/Festkörper $(v \neq 0)$ $\vec{F}_{Coul} = -\mu\lvert\vec{N}\rvert \cdot \frac{\vec{v}}{\lvert v\rvert}$ μ Gleitreibungskoeffizient	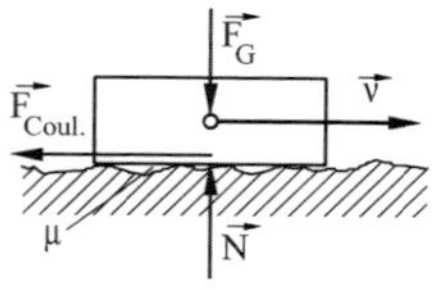 $\vec{F}_G$, $\vec{F}_{Coul.}$, $\vec{v}$, μ, $\vec{N}$
2. *Stokes*'sche Reibung	zwischen Festkörper/Gas, Flüssigkeit $\vec{F}_{Sto} = -k_{St}\lvert\vec{v}\rvert\frac{\vec{v}}{\lvert\vec{v}\rvert}$ $= -k_{St}\vec{v}$ k_{St} Reibungsfaktor	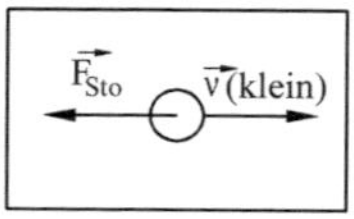 $\vec{F}_{Sto}$, $\vec{v}$(klein)
3. *Newton*'sche Reibung	zwischen Festkörper/Gas, Flüssigkeit $\vec{F}_{New} = -k_N\lvert\vec{v}\rvert^2\frac{\vec{v}}{\lvert\vec{v}\rvert}$ $= -k_N\lvert\vec{v}\rvert\vec{v}$ k_N Reibungsfaktor	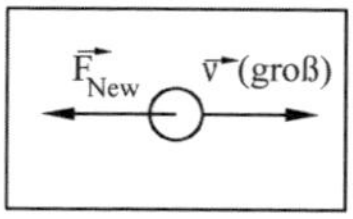 $\vec{F}_{New}$, $\vec{v}$(groß)

Tabelle 7.2 Ausgewählte eingeprägte Kräfte *(Fortsetzung)*

Kraft	Formel	
Elektrostatische Kräfte Kraft zwischen ruhenden elektrischen Ladungen	$\varepsilon_0 = 8{,}85 \cdot 10^{-12} \dfrac{As}{Vm}$ $\vec{F}_{21} = -\vec{F}_{12} = \vec{F}$ $\vec{F} = \dfrac{1}{\varepsilon_0} \dfrac{Q_1 Q_2}{4\pi \lvert\vec{r}\rvert^2} \cdot \dfrac{\vec{r}}{\lvert\vec{r}\rvert}$	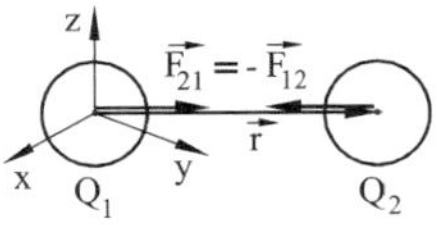
Elektron im elektrischen Feld	$e = -1{,}60 \cdot 10^{-19} As$ $\vec{F} = -\dfrac{U}{d} \lvert e \rvert \cdot \dfrac{\vec{E}}{\lvert\vec{E}\rvert}$	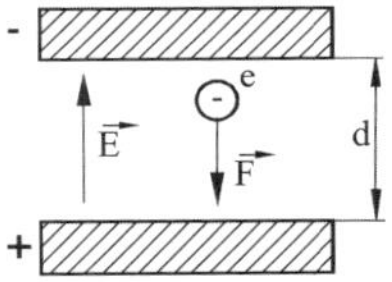
Magnetostatische Kraft	$\mu_0 = 1{,}26 \cdot 10^{-6} \dfrac{Vs}{Am}$ $\vec{F}_{21} = -\vec{F}_{12} = \vec{F}$ $\vec{F} = \dfrac{1}{\mu_0} \cdot \dfrac{P_1 P_2}{4\pi \lvert\vec{r}\rvert^2} \cdot \dfrac{\vec{r}}{\lvert\vec{r}\rvert}$	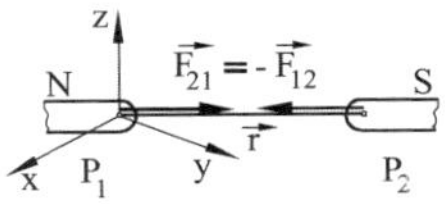
Elektromagnetische Kräfte 1. Kraft auf einen stromdurchflossenen Leiter 2. *Lorentz*kraft	$\mathrm{d}\vec{F} = I \cdot \left(\mathrm{d}\vec{l} \times \vec{B}\right)$ $I = \dot{Q} = \dfrac{\mathrm{d}Q}{\mathrm{d}t}$ $\vec{F} = Q \cdot \left(\vec{v} \times \vec{B}\right)$	

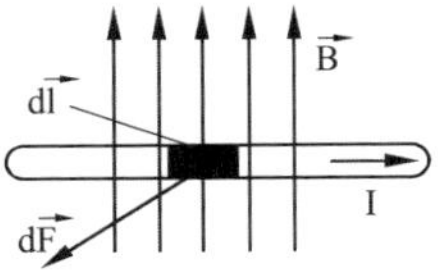

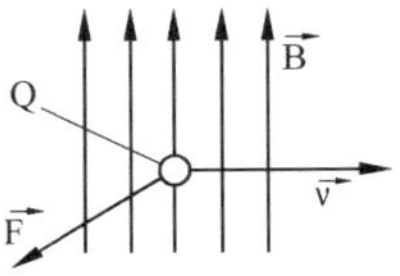

7.3.2.2 Drehimpulssatz

Mit dem Impulsvektor $\vec{p} = m\dot{\vec{r}}$ und dem Ortsvektors $\vec{r}$ zum Massenpunkt wird der Drehimpulsvektor (Drallvektor) $\vec{L}_0$ definiert (Bild 7.26).

$$\vec{L}_0 = \vec{r} \times \vec{p} = \vec{r} \times m\dot{\vec{r}}$$

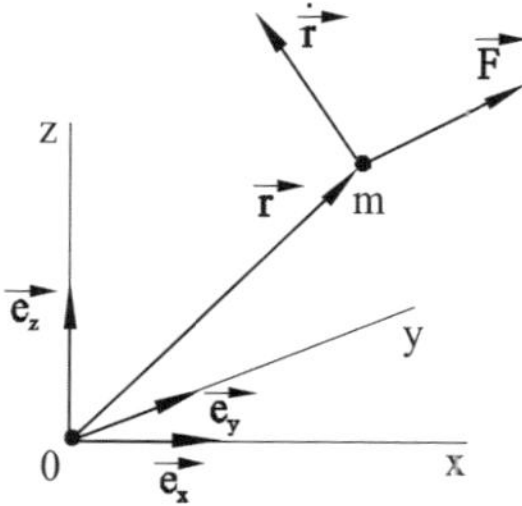

Bild 7.26
Vektoren am Massenpunkt zum Drehimpulssatz

Mit $\vec{M}_0 = \vec{r} \times \vec{F}$ folgt der

Drehimpulssatz:

Die zeitliche Änderung des Drehimpulsvektors $\vec{L}_0$ ist gleich dem Moment $\vec{M}_0$ der resultierenden Kraft $\vec{F}$ bezüglich des raumfesten Koordinatenursprunges 0.

$$\dot{\vec{L}}_0 = \vec{M}_0$$

7.3.2.3 Arbeitssatz

Mit der kinetischen Energie E_{kin} des Massenpunktes

$$E_{kin} = \frac{m}{2}\dot{\vec{r}}^2$$

und der Arbeit

$$A_{01} = \int_{\vec{r}_0}^{\vec{r}_1} \vec{F}_e \cdot d\vec{r}$$

folgt aus der Integration des Impulssatzes zwischen zwei Bahnpunkten (Bild 7.27) der

Arbeitssatz:

Die bei einer Verschiebung eines Massenpunktes von den äußeren eingeprägten Kräften $\vec{F}_e$ geleistete Arbeit ist gleich der Änderung der kinetischen Energie E_{kin} des Massenpunktes.

$$E_{kin1} - E_{kin0} = A_{01}$$

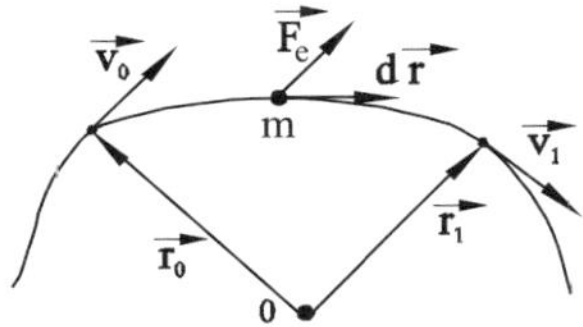

Bild 7.27
Vektoren am Massenpunkt zum Arbeitssatz

7.3.2.4 Energiesatz

Für ein **konservatives Kraftfeld** (d. h., die auf den Massenpunkt wirkende Kraft kann als stetige Vektorfunktion des Ortes angegeben werden $\vec{F} = \vec{F}(\vec{r})$) folgt mit der potentiellen Energie E_{pot} gemäß

$$E_{\text{pot}} = -\int \vec{F} \cdot \mathrm{d}\vec{r} \qquad \vec{F} = -\operatorname{grad} E_{\text{pot}}(\vec{r})$$

aus dem Arbeitssatz der

Energiesatz:

Die aus kinetischer und potentieller Energie gebildete Gesamtenergie des Massenpunktes bleibt bei der Bewegung konstant, wenn alle eingeprägten Kräfte konservativ sind.

$$E_{\text{kin}} + E_{\text{pot}} = \text{konst.}$$

In Tabelle 7.3 sind einige potenzielle Energien zusammengestellt.

Tabelle 7.3 Ausgewählte potenzielle Energien

Kraft/Moment	Energie	Formel
Gewichtskraft	Potenzielle Energie im homogenen Schwerefeld	$E_{\text{pot}} = mgh$ h : Höhe über dem Nullniveau
Gravitationskraft	Potenzielle Energie im inhomogenen Schwerefeld	$E_{\text{pot}} = -\dfrac{\Gamma m_1 m_2}{r}$ r : Abstand zwischen den Massen
Federkraft	Potenzielle Energie einer Schraubenfeder	$E_{\text{pot}} = \dfrac{c}{2}(\lambda - \lambda_0)^2$ c : Federsteifigkeit λ_0: Länge der Feder im unverformten Zustand
Federmoment	Potenzielle Energie einer Spiralfeder	$E_{\text{pot}} = \dfrac{c_t}{2}(\varphi - \varphi_0)^2$ c_t : Torsionsfedersteifigkeit φ_0: Winkel im unverformten Zustand

7.3.3 Kinetik des starren Körpers

7.3.3.1 Schwerpunktsatz

Am Massenelement $\mathrm{d}m$ des starren Körpers greifen Kräfte $\mathrm{d}\vec{F}$ an. Die Schwerpunktlage ist gegeben durch (Bild 7.28):

$$\vec{r}_S = \frac{\int\limits_{(V)} \vec{r}\mathrm{d}m}{\int\limits_{(V)} \mathrm{d}m}$$

die Summe der angreifenden Kräfte durch $\vec{F} = \int\limits_{(V)} \mathrm{d}\vec{F}$.

Der Gesamtimpuls des starren Körpers wird gemäß $\vec{p} = \int\limits_{(V)} \dot{\vec{r}}\mathrm{d}m$ definiert.

$$\vec{p} = \int\limits_{(V)} \dot{\vec{r}}\mathrm{d}m = m\dot{\vec{r}}_S$$

Schwerpunktsatz:

Der Schwerpunkt des starren Körpers bewegt sich so, als wirke die resultierende äußere Kraft auf die im Schwerpunkt konzentriert gedachte Gesamtmasse.

$$\dot{\vec{p}} = m\ddot{\vec{r}}_S = \vec{F}$$

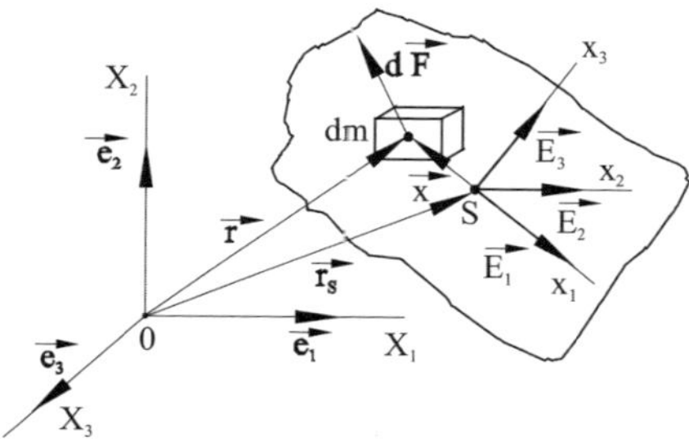

Bild 7.28
Vektoren am starren Körper

7.3.3.2 Drehimpulssatz

Der Drehimpulssatz (oder auch Drallsatz) tritt als selbständiges Grundgesetz für die Rotation starrer Körper neben den für translatorische Bewegungen anzuwendenden Schwerpunktsatz. Nach *Euler* wird der Drehimpulssatz als ein unabhängiges (im Allgemeinen nicht aus dem Impulsatz abzuleitendes) Grundgesetz angesehen.

Entsprechend Bild 7.28 werden Drehimpuls und Moment bezüglich des raumfesten Koordinatenursprunges 0

$$\vec{L}_0 = \int\limits_{(V)} \vec{r} \times \dot{\vec{r}}\,\mathrm{d}m; \quad \vec{M}_0 = \int\limits_{(V)} \vec{r} \times \mathrm{d}\vec{F}$$

bzw. bezogen auf den Schwerpunkt S

$$\vec{L}_S = \int_{(V)} \vec{x} \times \dot{\vec{x}}\,\mathrm{d}m \text{ (auch Eigendrehimpuls)}, \quad \vec{M}_S = \int_{(V)} \vec{x} \times \mathrm{d}\vec{F}$$

eingeführt.

Drehimpulssatz:

Die absolute zeitliche Änderung des Drehimpulsvektors $\vec{L}_0$ ist gleich dem Moment $\vec{M}_0$ der resultierenden Kraft $\vec{F}$ bezüglich des raumfesten Koordinatenursprunges

$$\dot{\vec{L}}_0 = \vec{M}_0$$

Die absolute zeitliche Änderung des Drehimpulsvektors $\vec{L}_S$ ist gleich dem Moment $\vec{M}_S$ der resultierenden Kraft $\vec{F}$ bezüglich des Körperschwerpunktes

$$\dot{\vec{L}}_S = \vec{M}_S$$

Der Drehimpulssatz in der Form „Drehimpulsänderung ist gleich Moment" gilt für den Koordinatenursprung des Inertialsystems und für den Schwerpunkt des Körpers. Für einen beliebigen Punkt A im starren Körper gilt i. A. **nicht** $\dot{\vec{L}}_A = \vec{M}_A$.
Für die praktische Anwendung wird der Drehimpulssatz $\dot{\vec{L}}_S = \vec{M}_S$ in Komponentenform verwendet.

$$\vec{L}_S = \int_{(V)} \vec{x} \times \dot{\vec{x}}\,dm = \int_{(V)} \vec{x} \times (\vec{\omega} \times \vec{x})\,dm = J_{ik}\omega_i \vec{E}_k$$

Darin ist $\boldsymbol{J} = (J_{ik})$ der aus den Massenträgheitsmomenten

$$J_{11} = \int_{(V)} ((x_2)^2 + (x_3)^2)\mathrm{d}m, \; J_{22} = \int_{(V)} ((x_1)^2 + (x_3)^2)\mathrm{d}m, \; J_{33} = \int_{(V)} ((x_1)^2 + (x_2)^2)\mathrm{d}m$$

und Deviationsmomenten

$$J_{12} = J_{21} = -\int_{(V)} x_1 x_2\,\mathrm{d}m, \; J_{13} = J_{31} = -\int_{(V)} x_1 x_3\,\mathrm{d}m, \; J_{23} = J_{32} = -\int_{(V)} x_2 x_3\,\mathrm{d}m$$

gebildete symmetrische Trägheitstensor

$$\boldsymbol{J} = (J_{ik}) = \begin{pmatrix} J_{11} & J_{12} & J_{13} \\ J_{21} & J_{22} & J_{23} \\ J_{31} & J_{32} & J_{33} \end{pmatrix}$$

Die Deviationsmomente J_{ik} $(i \neq k, i, k = 1,2,3)$ verschwinden, wenn das körperfeste Koordinatensystem $\Gamma': \{S, \vec{E}_i\}$ ein Hauptachsensystem ist.

Aus $\dot{\vec{D}}_S = \dot{(J_{ik}\omega_i\vec{E}_k)} = \vec{M}_S$ erhält man 3 skalare Gleichungen

$$\dot{(J_{1i}\omega_i)} - J_{2j}\omega_j\omega_3 + J_{3k}\omega_k\omega_2 = M_{S_1}$$

$$\dot{(J_{2i}\omega_i)} + J_{1j}\omega_j\omega_3 - J_{3k}\omega_k\omega_1 = M_{S_2}$$

$$\dot{(J_{3i}\omega_i)} - J_{1j}\omega_j\omega_2 + J_{2k}\omega_k\omega_1 = M_{S_3}$$

Für den wichtigen Sonderfall der Rotation eines starren Körpers um eine raumfeste Hauptträgheitsachse (o. B. d. A. sei es die Achse $\vec{E}_3 = \vec{e}_3$) und angenommenen konstanten Massenträgheitsmoment J_{33} gilt der Drehimpulssatz in der Form

$$J_{33}\dot{\omega}_3 = M_{S_3}$$

Wichtige Massenträgheitsmomente sind in Tabelle 7.4 zusammengestellt.

Tabelle 7.4 Ausgewählte Massenträgheitsmomente

Körper	Massenträgheitsmomente	Grafik
Prismatischer Stab (Masse m, Länge l)	dünner Stab (h, $b \ll l$): $J_{11} \approx \frac{m}{12} l^2 \approx J_{33}$	
Hohlzylinder (Masse m, Innenradius R_i, Außenradius R_a)	$J_{33} = \frac{m}{2}\left(R_a^2 + R_i^2\right)$	
Kugel (Masse m, Radius R)	$J_{11} = J_{22} = J_{33} = \frac{2}{5} mR^2$	
Kegel (Masse m, Grundkreisradius R)	$J_{33} = \frac{3}{10} mR^2$	
Quader (Länge l, Breite b, Höhe H)	$J_{11} = \frac{m}{12}\left(l^2 + h^2\right)$ $J_{22} = \frac{m}{12}\left(h^2 + b^2\right)$ $J_{33} = \frac{m}{12}\left(l^2 + b^2\right)$	

Häufig benötigt werden die Transformationsbeziehungen des Trägheitstensors beim Übergang in ein neues Koordinatensystem, $\{S', \vec{E}_{i'}\}$ welches aus $\{S, \vec{E}_i\}$ durch Parallelverschiebung (Satz von *Steiner*) oder Drehung hervorgegangen ist.

- **Parallelverschiebung (Satz von *Steiner*)** $\{S, \vec{E}_i\} \to \{S', \vec{E}_{i'}\}$,
  Verschiebungsvektor $\vec{a} = a_i \vec{E}_i$: $J_{i'k'} = J_{ik} + m\,(a_j a_j \delta_{ik} - a_i a_k)$
- **Drehung** $\{S, \vec{E}_i\} \to \{S', \vec{E}_{i'}\}$,
  Drehmatrix $\boldsymbol{E} = (E_{i'j}), (i' = 1', 2', 3'; j = 1,2,3)$: $J_{i'k'} = E_{i'i} E_{k'k} J_{ik}$

7.3.3.3 Arbeitssatz

Mit der kinetischen Energie E_{kin} des starren Körpers (Bezugspunkt = Schwerpunkt des starren Körpers)

$$E_{\text{kin}} = E_{\text{kin}}^{\text{trans}} + E_{\text{kin}}^{\text{rot}} = \tfrac{1}{2} m \dot{\vec{r}}_S^{\,2} + \tfrac{1}{2} J_{ik} \omega_i \omega_k$$

und der in translatorische und rotatorische Anteile aufgespaltenen Arbeit

$$A_{01} = \int_{\vec{r}_{S0}}^{\vec{r}_{S1}} \vec{F}_S \cdot \mathrm{d}\vec{r}_S + \int_{\varphi_0}^{\varphi_1} \vec{M}_S \cdot d\vec{\varphi}$$

$\vec{F}_S$ - Resultierende der äußeren Kräfte im Schwerpunkt
$\vec{M}_S$ - äußeres Moment bezüglich des Schwerpunkts $\mathrm{d}\vec{\varphi} := \vec{\omega} \cdot \mathrm{d}t$
folgt der

Arbeitssatz:
Die Änderung der kinetischen Energie des starren Körpers ist gleich der von der resultierenden äußeren Kraft und dem äußeren Moment geleisteten Arbeit.

$$E_{\text{kin1}} - E_{\text{kin0}} = A_{01}$$

7.3.3.4 Energiesatz

Der Energiesatz stellt wie beim Massenpunkt einen Sonderfall des Arbeitssatzes dar, wenn auf den starren Körper ausschließlich konservative Kräfte $\vec{F}(\vec{r}) = -\operatorname{grad} E_{\text{pot}}(\vec{r})$ wirken.

Energiesatz:

Die aus kinetischer und potentieller Energie gebildete Gesamtenergie des starren Körpers bleibt bei der Bewegung des starren Körpers konstant, wenn alle eingeprägten Kräfte konservativ sind.

$$E_{kin} + E_{pot} = \text{konst.}$$

Beispiel: *Fußball spielender Roboter*

Der „Fußball spielende" Roboter (Bild 7.29) ist ein anschauliches Beispiel für ein mechatronisches System. Das Modell des „Fußball spielenden Roboters" besteht aus zwei starren Körpern, dem Wagen und den Rädern (Zylinder). Das Lager A verbindet die beiden Körper.

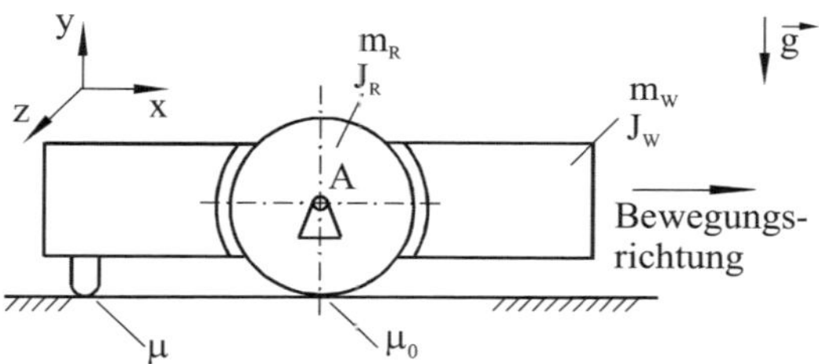

Bild 7.29 Modell eines „Fußball spielenden" Roboters

Gegeben: $\mu_0, \mu, m_R, m_W, J_R, J_W, M_{elektr}, g, a, b,$

Gesucht:

1. Differenzialgleichung für die Bewegung $s = s(t)$ des Roboters
2. maximales Antriebsmoment M_{elektr}.

Lösung:

Auf das Zweikörpersystem wird das Schnittprinzip angewendet und für jeden freigeschnittenen Teilkörper (Wagen, Räder) Impuls- und Drehimpulssatz angewendet. $\vec{r}_S$ sei der Ortsvektor zum Schwerpunkt der Räder (aller rotierender Teile). Dieser sei identisch mit dem Ortsvektor zum Schwerpunkt des Wagens, d.h. Lagerpunkt A und Schwerpunkt S fallen zusammen (Vereinfachung).

1. Modell des Wagens (Bild 7.30)

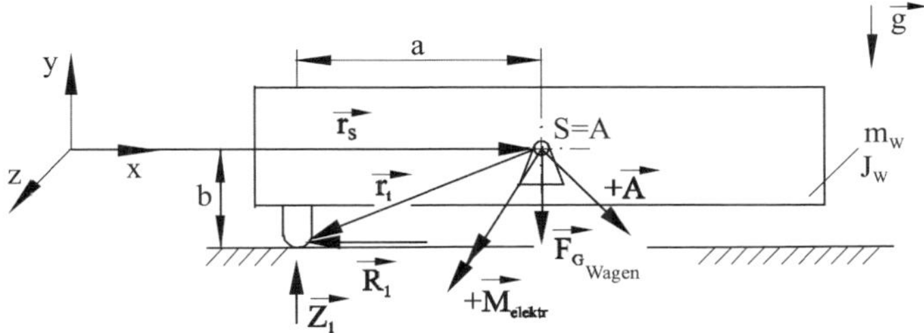

Bild 7.30 Kräfte und Momente am Wagenkörper

Impulssatz: $m_W \ddot{\vec{r}}_S = \vec{F}_{G_{\text{Wagen}}} + \vec{A} + \vec{Z}_1 + \vec{R}_1$

eingeprägte Kräfte: $\vec{F}_{G_{\text{Wagen}}} = -m_W g \vec{e}_y$, $\vec{R}_1 = -\mu \left| \vec{Z}_1 \right| \cdot \dfrac{\dot{\vec{r}}_S}{\left| \dot{\vec{r}}_S \right|}$

Zwangskräfte: $\vec{A} = A_x \vec{e}_x + A_y \vec{e}_y$, $\vec{Z}_1 = Z_1 \vec{e}_y$

$$m_W \ddot{s} \vec{e}_x = -m_W g \vec{e}_y + A_x \vec{e}_x + A_y \vec{e}_y + Z_1 \vec{e}_y - \mu \left| Z_1 \right| \vec{e}_x \text{, (Annahme: } \dot{s} > 0\text{)}$$

$$\vec{e}_x: \quad m_W \ddot{s} = A_x - \mu \left| Z_1 \right|$$

$$\vec{e}_y: \quad 0 = -m_W g + A_y + Z_1$$

Drehimpulssatz (Bezugspunkt A = Schwerpunkt des Wagens):

$$J_W \cdot \ddot{\vec{\alpha}} = \vec{M}_{el} + \vec{r}_t \times \vec{Z}_1 + \vec{r}_t \times \vec{R}_1$$

mit $\ddot{\vec{\alpha}} = \vec{0}$ und $\vec{r}_t = -a\vec{e}_x - b\vec{e}_y$

$$\vec{0} = M_{\text{elektr}} \vec{e}_z + \left(-a\vec{e}_x - b\vec{e}_y\right) \cdot \left(Z_1 \vec{e}_y - \mu \left| \vec{Z}_1 \right| \vec{e}_x \right)$$

$$\vec{0} = M_{\text{elektr}} \vec{e}_z - a Z_1 \vec{e}_z - b\mu \left| Z_1 \right| \vec{e}_z$$

$$\vec{e}_z: \quad 0 = M_{\text{elektr}} - Z_1 \left(a + b\mu\right) \text{, (} Z_1 > 0 \text{, die Teflonstütze liegt auf)}$$

2. Modell der Räder (einschließlich aller rotierender Teile, Bild 7.31)

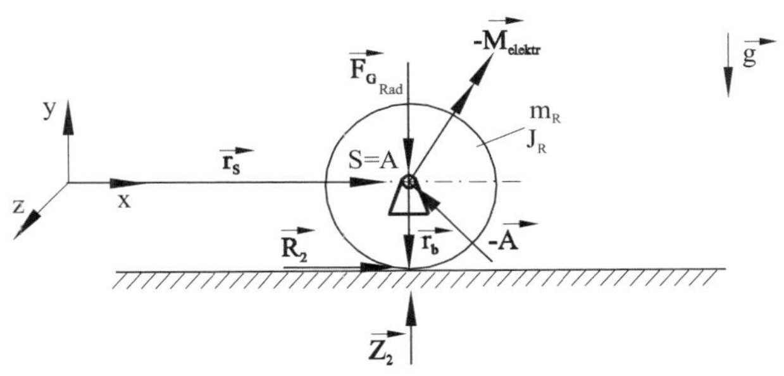

Bild 7.31 Kräfte und Momente am Rad

Impulssatz: $m_R\ddot{\vec{r}}_S = \vec{F}_{G\text{Rad}} - \vec{A} + \vec{Z}_2 + \vec{R}_2$

eingeprägte Kräfte: $\vec{F}_{G_{\text{Rad}}} = -m_R g\vec{e}_y \quad , \quad \vec{R}_2 = R_2\vec{e}_x$

Zwangskräfte: $-\vec{A} = -A_x\vec{e}_x - A_y\vec{e}_y$, $\vec{Z}_2 = Z_2\vec{e}_y$

$$m_R\ddot{s}\vec{e}_x = -m_R g\vec{e}_y - A_x\vec{e}_x - A_y\vec{e}_y + Z_2\vec{e}_y + R_2\vec{e}_x$$

$$\vec{e}_x: \; m_R\ddot{s} = -A_x + R_2$$

$$\vec{e}_y: \; 0 = -m_R g - A_y + Z_2$$

Drehimpulssatz für die Räder (Bezugspunkt S):

$$J_R\ddot{\varphi}\vec{e}_z = -\vec{M}_{\text{elektr}} + \vec{r}_b \times \left(\vec{R}_2 + \vec{Z}_2\right)$$

$$J_R\ddot{\varphi}\vec{e}_z = -M_{\text{elektr}}\,\vec{e}_z + \left(-b\vec{e}_y\right) \times \left(R_2\vec{e}_x + Z_2\vec{e}_y\right)$$

$$\vec{e}_z: \; J_R\ddot{\varphi} = -M_{el} + bR_2$$

Für reines Rollen gilt die Rollbedingung $s = -b\varphi$.

3. Zusammenfassung

$$m_W\ddot{s} = A_x - \mu Z_1, \left(Z_1 > 0\right)$$

$$0 = -m_W g + A_y + Z_1$$

$$0 = M_{\text{elektr}} - Z_1\left(a + b\mu\right)$$

$$m_R\ddot{s} = -A_x + R_2$$

$$0 = -m_R g - A_y + Z_2$$

$$J_R\ddot{\varphi} = -M_{el} + bR_2$$

$$s = -b\varphi$$

Die Differenzialgleichung für $s(t)$ lautet

$$\left(m + \frac{J_R}{b^2}\right) \cdot \ddot{s}\left(t\right) = \left(\frac{1}{b} - \frac{\mu}{a + b\mu}\right) \cdot M_{\text{elektr}}$$

Die Bedingung für das maximale elektrische Moment M_{elektr} folgt aus der Forderung, dass die Räder nicht rutschen dürfen $\left|\vec{R}_2\right| \leq \mu_0 \left|\vec{Z}_2\right|$:

$$M_{elektr} < \frac{1}{K + \frac{\mu_0}{a + b\mu}} \cdot \mu_0 m g, \quad \text{mit } K = \frac{1}{b}\left[\frac{J_R}{m \cdot b + \frac{J_R}{b}}\left(\frac{1}{b} - \frac{\mu}{a + b\mu}\right) + 1\right]$$

7.3.4 Kinetik des Mehrkörpersystems

In der Kinetik der Mehrkörpersysteme ist eine Klassifizierung weitestgehend aller Formalismen nach **synthetischer** und **analytischer** Methode möglich.

Bei den synthetischen Methoden werden für jeden freigeschnittenen Teilkörper Impuls- und Drehimpulssatz aufgestellt, woraus anschließend nach Eliminierung der Schnittreaktionen die Bewegungsdifferenzialgleichungen gewonnen werden (siehe Beispiel unter 7.3.3).

Demgegenüber bezeichnet man als analytische Methoden alle diejenigen Methoden, die von einem geschlossenen Gesamtausdruck (z. B. der kinetischen Energie) für das System ausgehen. Nachdem im Abschnitt 7.3.3 Impuls- und Drehimpulssatz erläutert wurden, werden ausgewählte analytische Verfahren als effiziente Methode zum Aufstellen der Systemgleichungen für mechatronische Systeme nachfolgend beschrieben.

7.3.4.1 Prinzip von d'Alembert

Die Prinzipien der Mechanik enthalten in ihrer Formulierung als wesentliches Element den Begriff der virtuellen Verschiebung.

Gemäß der aus Abschnitt 7.2.4 bekannten Darstellung des Ortsvektors $\overrightarrow{0P} = \vec{r}(x_i, q^1, q^2, ..., q^n, t)$ als Funktion der körperfesten Koordinaten x_i des Punktes P in einem starren Körper des Mehrkörpersystems, der verallgemeinerten Koordinaten q^a und der Zeit t gilt für die **tatsächliche** oder **aktuelle** Änderung des Ortsvektors $\vec{r}$

$$d\vec{r} = \frac{\partial \vec{r}}{\partial q^a} dq^a + \frac{\partial \vec{r}}{\partial t} dt$$

Die Menge differenzieller Änderungen des Ortsvektors $\vec{r}$ zu einer Variation δq^a bei fester Zeit *t*, heißt **virtuelle** Verschiebung $\delta\vec{r}$

$$\delta\vec{r} = \frac{\partial \vec{r}}{\partial q^a} \delta q^a$$

Im Unterschied zur tatsächlichen Verschiebung $d\vec{r}$ ist die virtuelle Verschiebung $\delta\vec{r}$ eine mögliche (d. h. mit den Zwangsbedingungen verträgliche) Verschiebung bei **fester** Zeit *t*.

Bei der skalaren Multiplikation einer virtuellen Verschiebung $\delta\vec{r}$ mit einer Kraft $\vec{F}$ erhält man deren virtuelle Arbeit. Die Arbeit der (idealen) Zwangskräfte bei einer virtuellen Verschiebung ist gleich Null. Diese Aussage ist gleichbedeutend mit dem Inhalt des

Prinzip von *d'Alembert* für den starren Körper:

$$\int_{(V)} (\mathrm{d}\vec{F}_e - \ddot{\vec{r}}\mathrm{d}m) \cdot \delta\vec{r} = 0, \forall \delta\vec{r}$$

$d\vec{F}_e$ - eingeprägte Kräfte am Massenelement dm des starren Körpers

Das Prinzip von *d'Alembert* berücksichtigt automatisch die Zwangsbedingungen, da nur Verschiebungen $\delta\vec{r} = \frac{\partial\vec{r}}{\partial q^a}\delta q^a$ möglich sind. Es ist unabhängig von der Wahl des Koordinatensystems, da seine Formulierung ein Skalarprodukt enthält.

7.3.4.2 Lagrange'sche Gleichungen 2. Art

Die *Lagrange*'schen Gleichungen 2. Art können aus dem Prinzip von *d'Alembert* $\int\limits_{(V)}(\mathrm{d}\vec{F}_e - \ddot{\vec{r}}\mathrm{d}m)\cdot\frac{\partial\vec{r}}{\partial q^a}\delta q^a = 0, \forall\delta q^a$ unter Einbeziehung der Identität

$$\ddot{\vec{r}}\cdot\frac{\partial\vec{r}}{\partial q^a} = \tfrac{1}{2}\frac{\mathrm{d}}{\mathrm{d}t}\left(\frac{\partial\dot{\vec{r}}^2}{\partial\dot{q}^a}\right) - \tfrac{1}{2}\left(\frac{\partial\dot{\vec{r}}^2}{\partial q^a}\right)$$ bzw. der Bezeichnungen

$$Q_a := \int\limits_{(V)}\mathrm{d}\vec{F}_e\cdot\frac{\partial\vec{r}}{\partial q^a}$$ – verallgemeinerte Kräfte

$$E_{\mathrm{kin}} := \tfrac{1}{2}\int\limits_{(V)}\dot{\vec{r}}^2\mathrm{d}m$$ – kinetische Energie des starren Körpers

abgeleitet werden:

Lagrange'sche Gleichungen 2. Art

$$\frac{\mathrm{d}}{\mathrm{d}t}\left(\frac{\partial E_{\mathrm{kin}}}{\partial\dot{q}^a}\right) - \left(\frac{\partial E_{\mathrm{kin}}}{\partial q^a}\right) = Q_a \qquad (a = 1,2,\ldots n)$$

Die verallgemeinerten Kräfte Q_a können in vier Klassen eingeteilt werden $Q_a := Q_a^{\,1} + Q_a^{\,2} + Q_a^{\,3} + Q_a^{\,4}$

1. $Q_a^{\,1} = Q_a^{\,1}(q^a,t):\ \exists\, E_{\mathrm{pot}}(q^a,t) \ \Rightarrow\ Q_a^{\,1} = -\frac{\partial E_{\mathrm{pot}}}{\partial q^a}$

   $E_{\mathrm{pot}}(q^a,t)$ - Potenzialfunktion potentielle Energie, $Q_a^{\,1}(q^a,t)$ - Potentialkräfte

   Beispiel: *Federkraft* $E_{\mathrm{pot}}(q^a) = \frac{c}{2}(q^a)^2 \ \Rightarrow\ Q_a^{\,1} = -cq^a$

2. $Q_a^{\,2} = Q_a^{\,2}(\dot{q}^a,q^a,t):\ \exists\, D(\dot{q}^a,q^a,t) \ \Rightarrow\ Q_a^{\,2} = -\frac{\partial D}{\partial\dot{q}^a}$ - Dissipationsfunktion,

   $Q_a^{\,2}(\dot{q}^a,q^a,t)$ - dissipative Kräfte

   Beispiel: *Stokes'sche Reibkraft* $D(\dot{q}^a) = \frac{1}{2}k(\dot{q}^a)^2 \Rightarrow Q_a^{\,2} = -k\,\dot{q}^a$

3. $Q_a^{\,3} = Q_a^{\,3}(\dot{q}^a,q^a,t):\ \exists\, V(\dot{q}^a,q^a,t) \ \Rightarrow\ Q_a^{\,3} = \frac{\mathrm{d}}{\mathrm{d}t}\left(\frac{\partial V}{\partial\dot{q}^a}\right) - \frac{\partial V}{\partial q^a}$

   $V(\dot{q}^a,q^a,t)$ – verallgemeinertes Potenzial

   Beispiel: *Lorentz-Kraft*

4. $Q_a{}^4$: = alle übrigen Kräfte, die nicht in die Klassen 1 - 3 einzuordnen sind

$$Q_a{}^4 = \int_{(V)} \mathrm{d}\vec{F}_e \cdot \frac{\partial \vec{r}}{\partial q^a}$$ bzw. im Sonderfall von N-Einzelkräften $\vec{F}_i$

$$Q_a{}^4 = \sum_{i=1}^{N} \vec{F}_i \cdot \frac{\partial \vec{r}}{\partial q^a}$$

Beispiel: *Coulomb'sche Reibkraft*

Die verallgemeinerten Kräfte können auch aus der virtuellen Arbeit gemäß $\delta A = Q_a \cdot \delta q^a$ ermittelt werden. Dieser Weg ist besonders bei Kräften der Klasse 4 effizient.

Mit der *Lagrange*-Funktion $L = E_{\text{kin}} - E_{\text{pot}} - V$ erhält man die *Lagrange*'schen Gleichungen 2. Art

- für nichtkonservative Systeme

$$\frac{\mathrm{d}}{\mathrm{d}t}\left(\frac{\partial L}{\partial \dot{q}^a}\right) - \left(\frac{\partial L}{\partial q^a}\right) = -\frac{\partial D}{\partial \dot{q}^a} + Q_a{}^4 \qquad (a = 1,2,\ldots n)$$

- für konservative Systeme ($D \equiv 0$, $Q_a{}^4 \equiv 0$)

$$\frac{\mathrm{d}}{\mathrm{d}t}\left(\frac{\partial L}{\partial \dot{q}^a}\right) - \left(\frac{\partial L}{\partial q^a}\right) = 0 \qquad (a = 1,2,\ldots n)$$

Die *Lagrange*'schen Gleichungen 2. Art in der dargestellten Form gelten für holonome Systeme. Für anholonome Systeme können u. a. die *Lagrange*'schen Gleichungen mit Multiplikatoren zur Anwendung kommen.

Beispiel 1: Schwingungssystem (konservatives System, Bild 7.32).

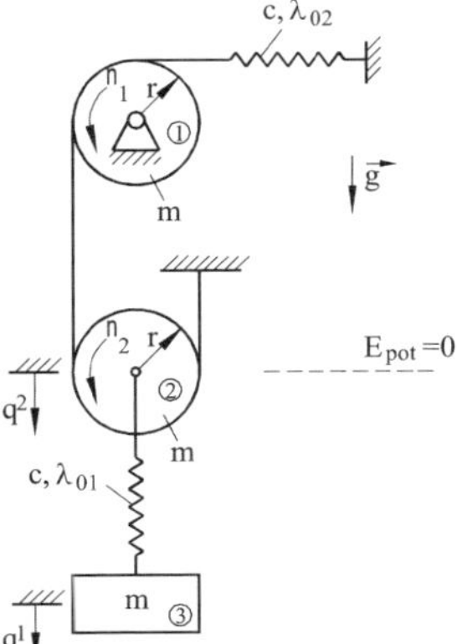

Bild 7.32
Schwingungssystem mit dem Freiheitsgrad 2

Gegeben: $m, g, r, c, \lambda_{01}, \lambda_{02}$

- f_1, f_2 – Federlängen in der statischen Ruhelage

Gesucht: Bewegungsdifferenzialgleichungen

Lösung:

- $n = 2$, q^1 – Koordinate der Masse m, q^2 - Koordinate des Massenmittelpunktes der losen Rolle
- Kinematik der losen Rolle: $r \cdot \varphi_1 = 2r \cdot \varphi_2 = 2q^2 \qquad \dot{\varphi}_1 = \dfrac{2\dot{q}^2}{r}$
- $E_{\text{kin}} = E_{\text{kin1}} + E_{\text{kin2}} + E_{\text{kin3}}$
- $E_{\text{kin1}} = \dfrac{J_1}{2}\dot{\varphi}_1^2,\ J_1 = \dfrac{m}{2}r^2,\ E_{\text{kin1}} = \dfrac{m}{4}r^2\dot{\varphi}_1^2 = \dfrac{m}{4}r^2\left(\dfrac{2\dot{q}^2}{r}\right)^2 = m\left(\dot{q}^2\right)^2$

  $E_{\text{kin2}} = \dfrac{m}{2}\left(\dot{q}^2\right)^2 + \dfrac{J_2}{2}\dot{\varphi}_2^2,\quad J_2 = \dfrac{m}{2}r^2,\quad r \cdot \varphi_2 = q^2,\ \dot{\varphi}_2 = \dfrac{\dot{q}^2}{r}$
- $E_{\text{kin2}} = \dfrac{m}{2}\left(\dot{q}^2\right)^2 + \dfrac{m}{4}r^2 \cdot \left(\dfrac{\dot{q}^2}{r}\right)^2 = \dfrac{3}{4}m\left(\dot{q}^2\right)^2$
- $E_{\text{kin3}} = \dfrac{m}{2}\left(\dot{q}^1\right)^2$
- $E_{\text{kin}} = m\left(\dot{q}^2\right)^2 + \dfrac{3}{4}m\left(\dot{q}^2\right)^2 + \dfrac{m}{2}\left(\dot{q}^1\right)^2 = \dfrac{7}{4}m\left(\dot{q}^2\right)^2 + \dfrac{m}{2}\left(\dot{q}^1\right)^2$
- $E_{\text{pot}} = -mg\,q^2 - mg\left(f_1 + q^1\right) + \dfrac{c}{2}\left(f_1 + q^1 - q^2 - \lambda_{01}\right)^2 + \dfrac{c}{2}\left(f_2 + r\varphi_1 - \lambda_{02}\right)^2$
-
- $L = E_{\text{kin}} - E_{\text{pot}} = \dfrac{7}{4}m\left(\dot{q}^2\right)^2 + \dfrac{m}{2}\left(\dot{q}^1\right)^2 + mgq^2 + mg\left(f_1 + q^1\right) -$

  $\dfrac{c}{2}\left(f_1 + q^1 - q^2 - \lambda_{01}\right)^2 - \dfrac{c}{2}\left(f_2 + 2q^2 - \lambda_{02}\right)^2$
- damit folgen die *Lagrange*'schen Gleichungen zu

  $m\ddot{q}^1 - mg + c\left(f_1 + q^1 - q^2 - \lambda_{01}\right) = 0$

  $\dfrac{7}{2}m\ddot{q}^2 + mg - c\left(f_1 + q^1 - q^2 - \lambda_{01}\right) + 2c\left(f_2 + 2q^2 - \lambda_{02}\right) = 0$
- für die statische Ruhelage gilt: $q^1 = q^2 = 0 \quad \ddot{q}^1 = 0 \quad \ddot{q}^2 = 0$

  $-mg + c\left(f_1 - \lambda_{01}\right) = 0 \qquad mg - c\left(f_1 - \lambda_{01}\right) + 2c\left(f_2 - \lambda_{02}\right) = 0$
- Bewegungsdifferenzialgleichungen:

  $\Rightarrow\quad m\ddot{q}^1 + cq^1 - cq^2 = 0$

  $7m\ddot{q}^2 - 2cq^1 + 10cq^2 = 0$

Beispiel 2: *Feder-Masse-Schwinger mit Coulomb'scher und Stokes'scher Reibung (nichtkonservatives System, Bild 7.33)*

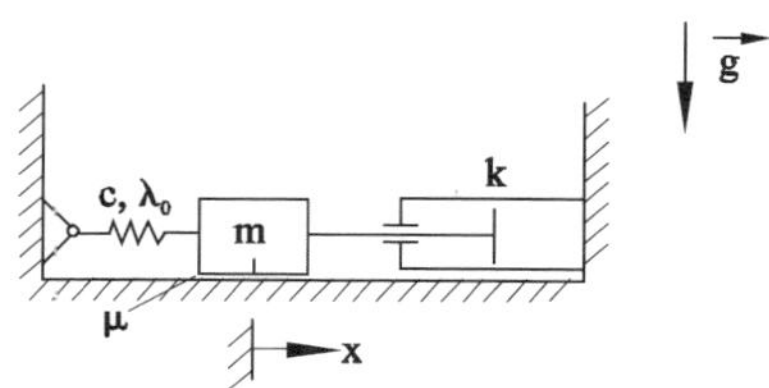

Bild 7.33
Feder-Masse-Dämpfer-Schwinger mit *Coulomb*'scher Reibung

Gegeben: m, g, μ, k

Gesucht: Bewegungsdifferenzialgleichung

Lösung:

- $n = 1 \qquad q^1 := x$
- $E_{\text{kin}} = \frac{1}{2} m\dot{x}^2 \qquad E_{\text{pot}} = \frac{1}{2} c\, x^2$
- *Stokes*'sche Reibung:
  $\exists D(\dot{q}, q, t),\quad Q_1{}^2 = -\dot{\partial}_1 D,\quad D = \frac{1}{2} k\, \dot{x}^2,\quad Q_1{}^2 = -k\, \dot{x}$
- *Coulomb*'sche Reibung: $\vec{F}_1 = -\mu m g \frac{\dot{\vec{r}}_1}{|\dot{\vec{r}}_1|}, \dot{\vec{r}}_1 = \dot{x}\vec{e}_x$
- $\vec{F}_1 = -\mu m g \frac{\dot{x}}{|\dot{x}|} \vec{e}_x,\quad \vec{r}_1 = x\vec{e}_x,\quad \frac{\partial \vec{r}_1}{\partial x} = \vec{e}_x$
- $Q_1^4 = F_1 \cdot \partial_1 \vec{r}_1 = -\mu m g \frac{\dot{x}}{|\dot{x}|} \vec{e}_x \cdot \vec{e}_{\,x} = -\mu m g \frac{\dot{x}}{|\dot{x}|} = -\mu m g\, sign(\dot{x})$
- $L = E_{\text{kin}} - E_{\text{pot}} = \frac{m}{2} \dot{x}^2 + \frac{c}{2} x^2,\quad \frac{\partial L}{\partial \dot{x}} = m\dot{x},\quad \left(\frac{\partial L}{\partial \dot{x}}\right) = m\dot{x},\quad \frac{\partial L}{\partial x} = -cx$

  $\Rightarrow \quad m\ddot{x} + cx = -\mu m g\, sign(\dot{x}) - k\, \dot{x}$

Für qualitative Aussagen zum dynamischen Verhalten mechatronischer Systeme ist die explizite Struktur der *Lagrange*'schen Gleichungen von Bedeutung, welche wiederum aus der expliziten Struktur der kinetischen Energie $E_{\text{kin}} = \frac{1}{2} \int\limits_{(V)} \dot{\vec{r}}^2 dm$ abgeleitet wird. Für den skleronomen Fall, das bedeutet für $\vec{r} = \vec{r}(x_i, q^1, q^2, ..., q^n)$ folgt:

$$\dot{\vec{r}} = \frac{\partial \vec{r}}{\partial q^b} \dot{q}^b,\quad \dot{\vec{r}}^2 = \frac{\partial \vec{r}}{\partial q^b} \dot{q}^b \cdot \frac{\partial \vec{r}}{\partial q^c} \dot{q}^c = \frac{\partial \vec{r}}{\partial q^b} \cdot \frac{\partial \vec{r}}{\partial q^c} \dot{q}^b\, \dot{q}^c$$

Der symmetrische Tensor $g_{bc}(q^a) = \int\limits_{(V)} \frac{\partial \vec{r}}{\partial q^b} \cdot \frac{\partial \vec{r}}{\partial q^c} dm = g_{cb}$ heißt **Metrik**

Die kinetische Energie ist eine quadratische Form in den Geschwindigkeiten $E_{\text{kin}} = \frac{1}{2} g_{bc} \dot{q}^b \dot{q}^c$.

$$\frac{\partial E_{\text{kin}}}{\partial \dot{q}^a} = g_{ab}\dot{q}^b, \quad \frac{d}{dt}\left(\frac{\partial E_{\text{kin}}}{\partial \dot{q}^a}\right) = g_{ab}\ddot{q}^b + \frac{\partial g_{ab}}{\partial q^c}\dot{q}^c\dot{q}^b, \quad \frac{\partial E_{\text{kin}}}{\partial q^a} = \frac{1}{2}\frac{\partial g_{bc}}{\partial q^a}\dot{q}^b\dot{q}^c$$

Aus diesen Ableitungen folgt mit dem **Christoffel-Symbol 1. Art**

$$\Gamma_{abc} = \frac{1}{2}\left(\frac{\partial g_{ab}}{\partial q^c} + \frac{\partial g_{ac}}{\partial q^b} - \frac{\partial g_{bc}}{\partial q^a}\right) = \Gamma_{acb}$$

die explizite Struktur der *Lagrange*'schen Gleichungen 2. Art

$$g_{ab}\ddot{q}^b + \Gamma_{abc}\dot{q}^b\dot{q}^c = Q_a \qquad (a = 1,2,\dots,n)$$

Die Gleichungen sind linear in den Beschleunigungen und quadratisch in den Geschwindigkeiten mit Koeffizienten, die von den verallgemeinerten Koordinaten abhängen.

7.3.5 Der Lagrange-Formalismus für elektromechanische Systeme

Bekannt und untersucht sind Analogien zwischen unterschiedlichen physikalischen Vorgängen, die einer einheitlichen mathematischen Beschreibung zugänglich sind. Der *Lagrange*-Formalismus bietet die Möglichkeit eines solchen einheitlichen Zugangs zur Analyse und Synthese mechatronischer Systeme.

Tabelle 7.5 Modelle in der Mechanik und der Elektrotechnik

Mechanik		Elektrotechnik	
Massenpunkt	—●—	Spule	(Spulensymbol)
Feder	(Federsymbol)	Kondensator	—||—
Dämpfer	(Dämpfersymbol)	Widerstand	—□—

Tabelle 7.6 Vergleich der physikalischen Größen und Grundgesetze

Mechanik		Elektrotechnik	
Kraft	$F = \dot{p}$	Spannung	$U = \dot{\Phi}$
Federkonstante	c	Kapazität	$\frac{1}{C}$
Dämpfungskonstante	k	*Ohm*'scher Widerstand	R
Impuls	$p = mv$	Magnetischer Fluss	$\Phi = LI$

Tabelle 7.6 Vergleich der physikalischen Größen und Grundgesetze *(Fortsetzung)*

Mechanik		Elektrotechnik	
Mechanische Impedanz	$Z=\frac{p}{\dot{q}}$	Elektrische Impedanz	$Z^{*}=\frac{U}{I}$
Kinetische Energie des Massenpunktes	$E_{\text{kin}}=\frac{m}{2}v^{2}$	Magnetische Energie der Spule	$E_{\text{kin}}{}^{*}=\frac{L}{2}I^{2}$
Fotentielle Energie der Feder	$E_{\text{pot}}=\frac{c}{2}(\lambda-\lambda_{0})^{2}$	Potentielle Energie des Plattenkondensators	$E_{\text{pot}}{}^{*}=\frac{1}{2C}(Q-Q_{0})^{2}$
Mechanische Dissipationsfunktion	$D=\frac{1}{2}k\dot{q}^{2}$	Elektrische Dissipationsfunktion	$D^{*}=\frac{1}{2}RI^{2}$

Die verallgemeinerte Koordinaten bei elektrischen Systemen sind die elektrische Ladung Q oder der magnetische Fluss φ. Der (elektrische) Freiheitsgrad ist die Anzahl der unabhängigen Maschenströme.

Mit der *Lagrange*-Funktion $L^{*}=E_{\text{kin}}{}^{*}-E_{\text{pot}}{}^{*}$ erhält man die *Lagrange*'schen Gleichungen für elektrische Systeme.

$$\frac{\mathrm{d}}{\mathrm{d}t}\left(\frac{\partial L^{*}}{\partial \dot{q}^{a}}\right)-\left(\frac{\partial L^{*}}{\partial q^{a}}\right)=-\frac{\partial D^{*}}{\partial \dot{q}^{a}}+Q_{a}{}^{4*} \quad , \quad (a=1,2,\ldots n)$$

Beispiel: *Mikrofon* (Bild 7.34).

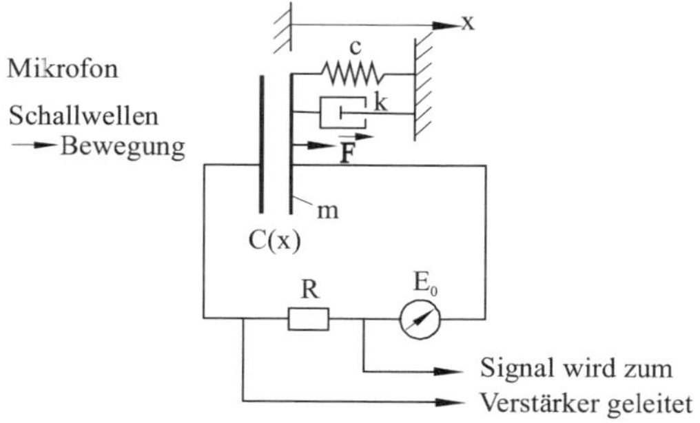

Bild 7.34 Mechanisches und elektrisches Modell für ein Mikrofon

Gegeben: $C(x)$, E_0, R, m, c, λ_0, k, F,

λ_0 - Koordinate der Kondensatorplatte bei entspannter Feder

Gesucht: Systemgleichungen nach *Lagrange*

Lösung:

- Freiheitsgrad: 2

- verallgemeinerte Koordinaten:
  $q^1 := x$ (Lage der Kondensatorplatte), $q^2 := Q$ (Ladung)
- *Lagrange*-Funktion: $L = E_{\text{kin}} - E_{\text{pot}} + E_{\text{kin}}^* - E_{\text{pot}}^*$

$$L = \frac{m(\dot{q}^1)^2}{2} - \frac{c}{2}(q^1 - \lambda_0)^2 - \frac{1}{2C(q^1)}(q^2)^2$$

- Dissipationsfunktionen: $D = \frac{1}{2}k(\dot{q}^1)^2 \qquad D^* = \frac{1}{2}R(\dot{q}^2)^2$
- verallgemeinerte Kräfte der Klasse 4 werden aus der virtuellen Arbeit $\delta A = Q_a \cdot \delta q^q$ ermittelt: $\delta A = F\delta q^1 + E_0\,\delta q^2$
- $$\frac{\mathrm{d}}{\mathrm{d}t}\left(\frac{\partial L}{\partial \dot{q}^1}\right) = m\ddot{q}^1 \qquad \frac{\partial L}{\partial q^1} = -c\,(q^1 - \lambda_0) - \frac{(q^2)^2}{2}\frac{\mathrm{d}}{\mathrm{d}q^1}\left(\frac{1}{C(q^1)}\right)$$

$$\frac{\partial L}{\partial \dot{q}^2} = 0 \qquad \frac{\partial L}{\partial q^2} = -\frac{q^2}{C(q^1)} \qquad \frac{\partial D}{\partial \dot{q}^1} = k\,\dot{q}^1 \qquad \frac{\partial D^*}{\partial \dot{q}^2} = R\,\dot{q}^2$$

- $\Rightarrow$ Systemgleichungen: $m\ddot{q}^1 + c\,(q^1 - \lambda_0) + \frac{(q^2)^2}{2}\frac{\mathrm{d}}{\mathrm{d}q^1}\left(\frac{1}{C(q^1)}\right) = -k\,\dot{q}^1 + F$

$$\frac{q^2}{C(q^1)} = E_0 - R\dot{q}^2$$

bzw. mit den Variablen x und Q

$$m\ddot{x} + c\,(x - x_1) + \frac{Q^2}{2}\frac{\mathrm{d}}{\mathrm{d}x}\left(\frac{1}{C(x)}\right) = -k\,\dot{x} + F$$

$$\frac{Q}{C(x)} = E_0 - R\dot{Q}$$

7.4 Schwingungstechnik

Schwingungen gehören in Natur und Technik zu den am meisten untersuchten Erscheinungen. Auch die Analyse des dynamischen Verhaltens mechatronischer Systeme erfordert oft die Auseinandersetzung mit Schwingungsphänomenen. Aufgrund der Größe des Stoffgebietes werden nachfolgend nur wichtige Grundlagen und Begriffe dargestellt und auf die weiterführende Literatur verwiesen.

7.4.1 Freie gedämpfte Schwingungen

Wie schon im Abschnitt 7.3.5 beschrieben, führt die Beschreibung unterschiedlicher Modelle in der Technik häufig zu gleichartigen mathematischen Problemen (Bild 7.35).

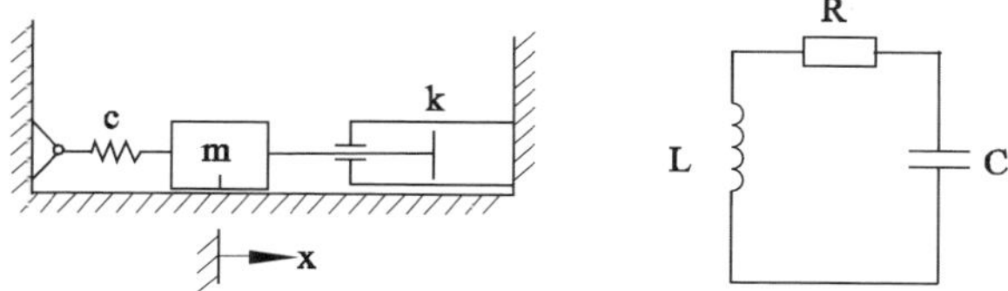

Bild 7.35 Feder-Masse-Dämpfer-Schwinger und Reihenschwingkreis

So hat die aus dem Impulssatz folgende Differenzialgleichung für das Feder-Masse-System mit **Stokes**'scher Reibung $m\ddot{x} + k\dot{x} + cx = 0$ und die aus dem *Kirchhoff*'schen Maschensatz folgende Gleichung für den Reihenschwingkreis $L\ddot{Q} + R\dot{Q} + \frac{1}{C}Q = 0$ die gleiche mathematische Struktur. Beide beschreiben eine **freie gedämpfte Schwingung** mit dem Freiheitsgrad 1.

$$\underset{\textit{Trägheitsterm}}{\overset{\ddot{q}}{\uparrow}} + \underset{\textit{Dämpfungsterm}}{\overset{2D\omega_0\dot{q}}{\uparrow}} + \underset{\textit{Rückstellterm}}{\overset{\omega_0^2 q}{\uparrow}} = 0$$

Die Koeffizienten vor der Geschwindigkeit bzw. Lage bedeuten je nach betrachtetem System (Translationsschwinger, Rotationsschwinger, elektrischer Schwingkreis),

$$2D\omega_0 = \frac{k}{m} = \frac{k_t}{J} = \frac{R}{L} \qquad \omega_0^2 = \frac{c}{m} = \frac{c_t}{J} = \frac{1}{CL}$$

D ist der **Dämpfungsgrad**, ω_0 die **Eigenkreisfrequenz** des Systems.

Da die formulierte Schwingungsgleichung eine lineare Differenzialgleichung 2. Ordnung mit konstanten Koeffizienten ist, lautet der Lösungsansatz: $q(t) = Ce^{\lambda t}, C \neq 0$.

Nach Einsetzen in die Differenzialgleichung erhält man aus

$$(\lambda^2 + 2D\omega_0\lambda + \omega_0^2)\, Ce^{\lambda t} = 0$$

die **charakteristische Gleichung**

$$(\lambda^2 + 2D\omega_0\lambda + \omega_0^2) = 0$$

mit den Lösungen

$$\lambda_{1/2} = -D\omega_0 \pm \omega_0\sqrt{D^2 - 1}$$

Mit den Anfangsbedingungen $q(0) = q_0, \dot{q}(0) = v_0$ folgen drei vom Dämpfungsgrad D abhängige Fälle für die Bewegung.

7.4.1.1 Starke Dämpfung, Kriechfall ($D > 1$)

Für den Kriechfall mit $D > 1$ folgen als Lösungen der charakteristischen Gleichung $\lambda_{1/2} = -D\omega_0 \pm \omega_0\sqrt{D^2 - 1}$ und damit als Lösung der Differenzialgleichung (Bild 7.36):

$$q(t) = e^{-D\omega_0 t}\left\{C_1 e^{\omega t} + C_2 e^{-\omega t}\right\} \qquad \omega = \omega_0\sqrt{D^2 - 1}$$

Für die Anfangsbedingungen $q(0) = q_0$, $\dot{q}(0) = v_0$ erhält man

$$q(t) = e^{-D\omega_0 t}\left\{\frac{v_0 + q_0(\omega + D\omega_0)}{2\omega}e^{+\omega t} + \frac{q_0(\omega - D\omega_0) - v_0}{2\omega}e^{-\omega t}\right\}$$

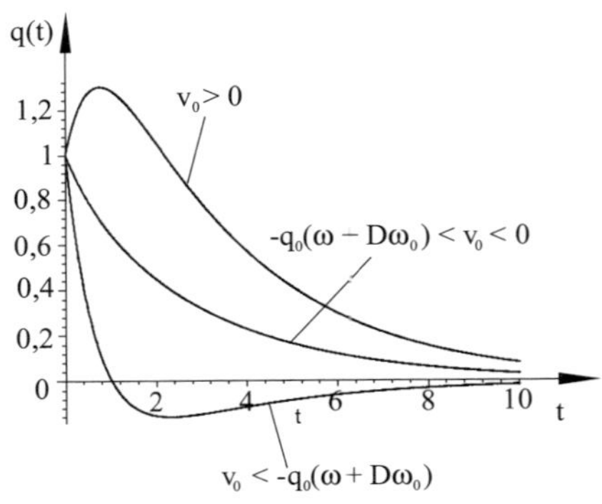

Bild 7.36
Darstellung der Funktion $q(t)$ für den Kriechfall

7.4.1.2 Mittlere Dämpfung, Aperiodischer Grenzfall (D = 1)

Aus den Lösungen der charakteristischen Gleichung $\lambda_1 = \lambda_2 = -D\omega_0$ im aperiodischen Grenzfall (Bild 7.37) folgt mit den Anfangsbedingungen $q(0) = q_0$, $\dot{q}(0) = v_0$ die Funktion

$$q(t) = e^{-D\omega_0 t}\left(q_0 + (v_0 + D\omega_0 q_0)t\right)$$

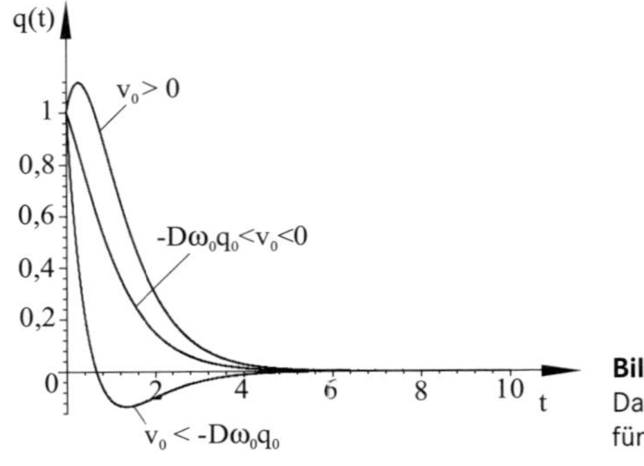

Bild 7.37
Darstellung der Funktion $q(t)$ für den aperiodischen Grenzfall

7.4.1.3 Schwache Dämpfung, Schwingfall (D <1)

Im Schwingfall (Bild 7.38) hat die charakteristische Gleichung die zwei komplexen Lösungen $\lambda_{1/2} = -D\omega_0 \pm i\omega_0\sqrt{1-D^2}$. Die Integrationskonstanten seien aus den Anfangsbedingungen $q(0) = q_0$, $\dot{q}(0) = v_0$ ermittelt. Dann lautet die Lösung

$$q(t) = e^{-D\omega_0 t}\left(q_0 \cos\omega t + \frac{v_0 + D\omega_0}{\omega}q_0 \sin\omega t\right) \quad , \quad \omega = \omega_0\sqrt{1-D^2}$$

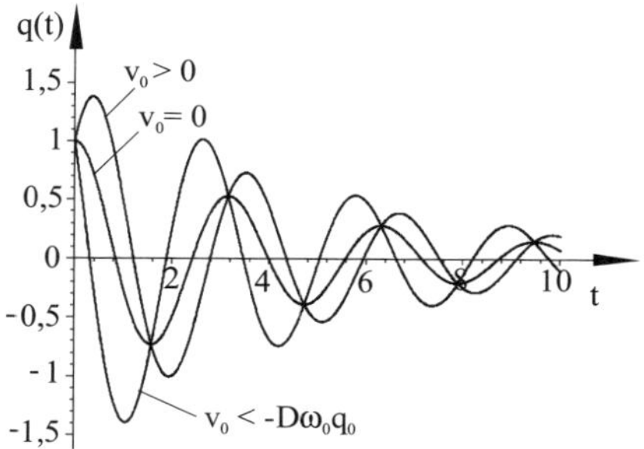

Bild 7.38
Darstellung der Funktion $q(t)$ für den Schwingfall

Wie bei den anderen Fällen gilt auch für den Schwingfall $\lim_{t\to\infty} q(t)=0$.
Die Funktion $q(t)$ stellt eine Überlagerung von harmonischer Schwingung und Exponentialfunktion dar. Die charakteristische Form verändert sich im Unterschied zum Kriechfall und zum aperiodischen Grenzfall in Abhängigkeit von v_0 nicht. Aus der Form der Lösung $q(t)=A(t)\sin(\omega t+\alpha)$ mit

$$A(t)=e^{-D\omega_0 t}\sqrt{\frac{q_0^2\,\omega^2\left(v_0+D\omega_0\,q_0\right)^2}{\omega^2}} \qquad \tan\alpha=\frac{q_0\,\omega}{v_0+D\omega_0\,q_0}$$

lassen sich weitere schwingungstechnische Größen definieren.

Phasenverschiebung α:

Die Phasenverschiebung α gibt an, in welcher Bewegungsphase sich die Schwingung zum Zeitpunkt $t=0$ befindet.

$$\tan\alpha=\frac{q_0\,\omega}{v_0+D\omega_0\,q_0} \qquad \left(0<\alpha<2\pi\right)$$

Schwingungsdauer T:

$$T=\frac{2\pi}{\omega}=\frac{2\pi}{\omega_0\sqrt{1-D^2}}=\text{konst.}$$

$T>T_0$ = Schwingungsdauer für das ungedämpfte System

Mechanische Güte Q:

$$Q=\frac{1}{2D}$$

Als ein Maß für das Abklingen der Amplituden bei schwacher Dämpfung wird das logarithmische Dekrement δ gemäß

$$\delta = \ln \left| \frac{q(t_n)}{q\left(t_n + \frac{T}{2}\right)} \right|$$

definiert.

Logarithmisches Dekrement δ:

$$\delta = \frac{\pi D}{\sqrt{1-D^2}}$$

Wie bereits im Abschnitt 7.2.2.1 ausgeführt, sind wichtige Erkenntnisse über das dynamische Verhalten eines Systems aus dem Phasenbild zu gewinnen. Nachfolgend werden deshalb die Phasendiagramme für den freien ungedämpften (Bild 7.39) und den gedämpften Schwinger (Bild 7.40) dargestellt.

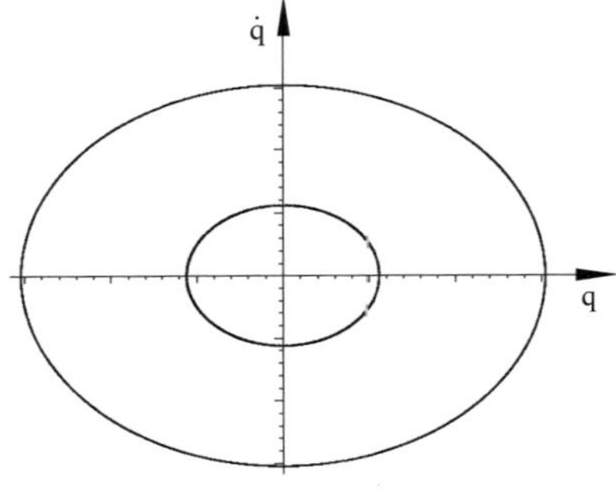

Bild 7.39
Phasendiagramm mit 2 Phasenkurven für das ungedämpfte System

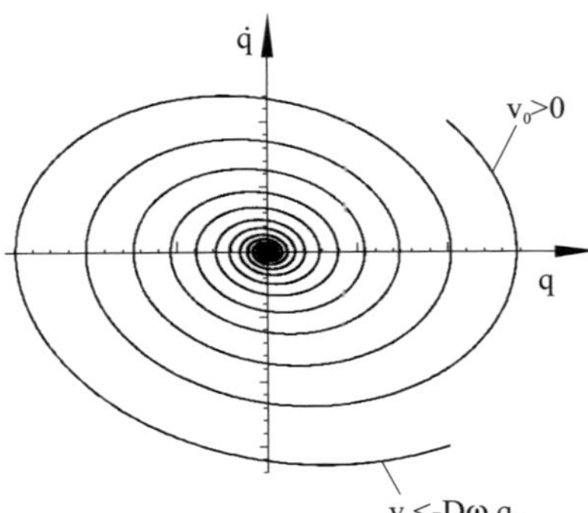

Bild 7.40
Phasendiagramm mit 2 Phasenkurven für das gedämpfte System

7.4.2 Erzwungene gedämpfte Schwingungen

Unter einer erzwungenen Schwingung versteht man eine Schwingung, bei der das schwingungsfähige System dauernd erregt wird. Derartige Schwingungen können u. a. nach der Art des zeitlichen Verlaufes der Erregung oder nach dem Ort der Erregungseinleitung unterschieden werden. Bei der Einteilung nach dem zeitlichen Verlauf ist von besonderem praktischen Interesse die harmonische Erregung, die nachfolgend ausschließlich betrachtet wird.

7.4.2.1 Klassifizierung der erzwungenen Schwingungen nach dem Ort der Erregung

1. Erregung an der Masse (Direkte Erregung, Bild 7.41)

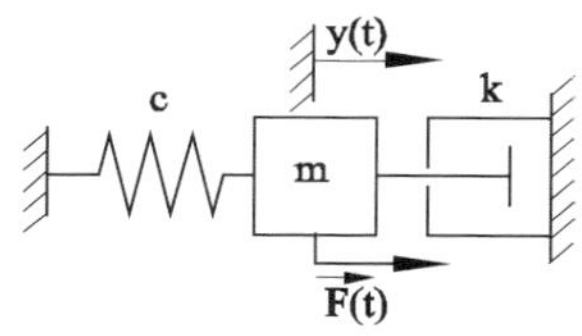

Bild 7.41
Erregung an der Masse

Impulssatz: $m\ddot{y} = -cy - k\dot{y} + F(t)$

Erregung: $F(t) = F_0 \sin \Omega t$

Schwingungsgleichung: $\ddot{y} + 2D\omega_0 \dot{y} + \omega_0^2 y = x_0 \omega_0^2 \sin \Omega t, \; x_0 = \dfrac{F_0}{c}$

2. Erregung an der Feder (Indirekte Erregung, Bild 7.42)

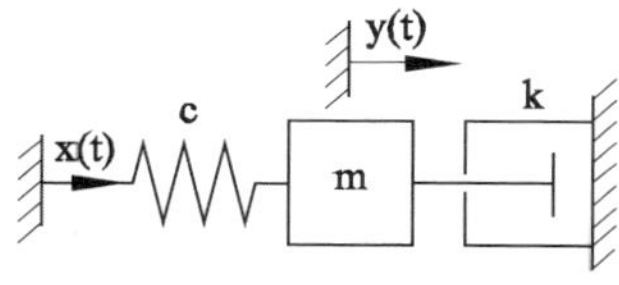

Bild 7.42
Erregung an der Feder

Impulssatz: $m\ddot{y} = -c(y - x) - k\dot{y}$

Erregung: $x(t) = x_0 \sin \Omega t$

Schwingungsgleichung: $\ddot{y} + 2D\omega_0 \dot{y} + \omega_0^2 y = \omega_0^2 x_0 \sin \Omega t$

3. Erregung am Dämpfer (Indirekte Erregung, Bild 7.43)

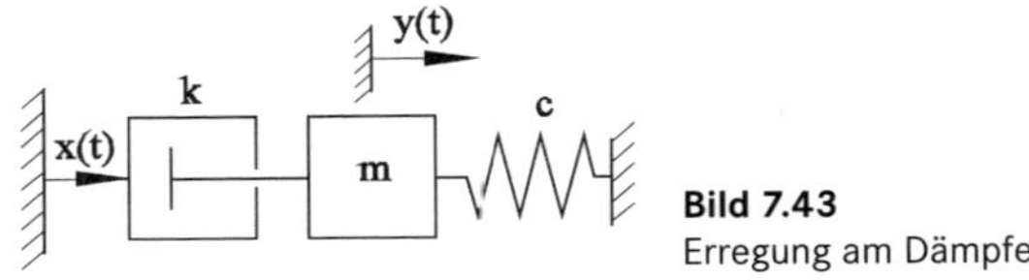

Bild 7.43
Erregung am Dämpfer

Impulssatz: $m\ddot{y} = -cy - k(\dot{y} - \dot{x})$

Erregung: $x(t) = x_0 \sin \Omega t$

Schwingungsgleichung: $\ddot{y} + 2D\omega_0 \dot{y} + \omega_0^2 y = 2D\eta\omega_0^2 x_0 \cos \Omega t$

Abstimmung η:

Als Abstimmung η wird das Verhältnis von Erregerkreisfrequenz zur Eigenkreisfrequenz des ungedämpften Systems bezeichnet.

$$\eta = \frac{\Omega}{\omega_0}$$

4. Erregung über das Gehäuse (Indirekte Erregung, Bild 7.44)

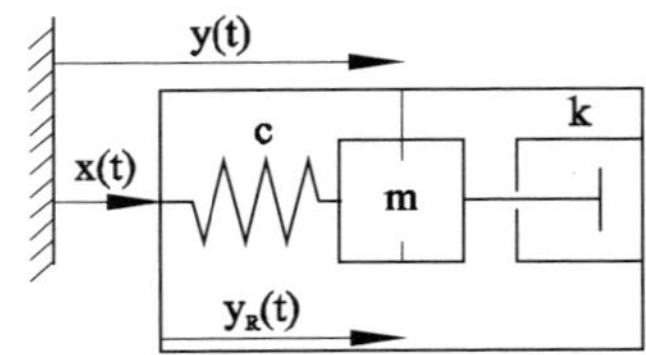

Bild 7.44
Erregung am Gehäuse

Impulssatz: $m\ddot{y} = -k(\dot{y} - \dot{x}) - c(y - x)$

Erregung: $x(t) = x_0 \sin \Omega t$

Schwingungsgleichung (für die Relativbewegung $y_R = y - x$):

$$\ddot{y}_R + 2D\omega_0 \dot{y}_R + \omega_0^2 y_R = \eta^2 \omega_0^2 x_0 \sin \Omega t$$

5. Unwuchterregung (Indirekte Erregung, Bild 7.45)

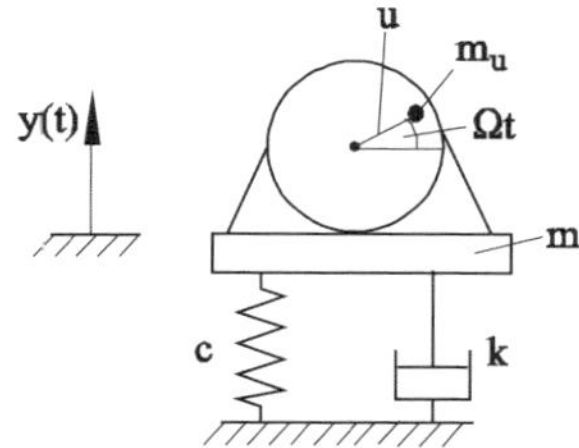

Bild 7.45
Unwuchterregung

Impulssatz: $m\ddot{y} = -k\dot{y} - cy - m_u(\ddot{y} - u\Omega^2 \sin \Omega t)$

Erregung: $x(t) = x_0 \Omega^2 \sin \Omega t \qquad x_0 = \dfrac{m_u u}{m + m_u}$

Schwingungsgleichung: $\ddot{y} + 2D\omega_0 \dot{y} + \omega_0^2 y = \eta^2 \omega_0^2 x_0 \sin \Omega t$

Bei allen fünf betrachteten Fällen hat die Erregung die Form $E(t) = E_0 \omega_0^2 x_0 \sin \Omega t$ mit den dimensionslosen Konstanten $E_0 = 1$ (Fall 1, 2), $E_0 = 2D\eta$ (Fall 3, hier $E(t) = E_0 \omega_0^2 x_0 \cos \Omega t$) und $E_0 = \eta^2$ (Fall 4, 5). Dies ermöglicht ein einheitliches Vorgehen bei der Lösung der Differenzialgleichungen.

7.4.2.2 Partikuläre Lösung der Schwingungsdifferenzialgleichung

Die allgemeine Lösung der inhomogenen Differenzialgleichung

$\ddot{y} + 2D\omega_0 \dot{y} + \omega_0^2 y = E_0 \omega_0^2 x_0 \sin \Omega t$ lautet

$$y(t) = y_{\text{hom}}(t) + y_{\text{part}}(t)$$

Da unabhängig von D für den Grenzwert $\lim\limits_{t \to \infty} y_{\text{hom}}(t) = 0$ gilt, ist von praktischer Bedeutung vor allem die **partikuläre Lösung** $y_{\text{part}}(t)$.

Nach dem Übergang zur komplexen Darstellung $E(t) = \hat{E} e^{i\Omega t}$, $\hat{E} = E_0 \omega_0^2 x_0$ hat die Schwingungsdifferenzialgleichung die Form $\ddot{y} + 2D\omega_0 \dot{y} + \omega_0^2 y = \hat{E} e^{i\Omega t}$.

Ansatz für die partikuläre Lösung: $y_{\text{part}}(t) = A e^{i\Omega t}$,

mit $A = \hat{a} e^{-i\varphi}$ als zu bestimmender komplexen Größe. Nach dem Einsetzen folgt $\left(-\Omega^2 + 2D\omega_0 \Omega i + \omega_0{}^2\right) A e^{i\Omega t} = \hat{E} e^{i\Omega t}$, woraus $\hat{a}$ und φ ermittelt werden können.

$$A = \hat{E} \frac{1}{\omega_0^2 - \Omega^2 + i\,2D\omega_0 \Omega} = \frac{\hat{E}}{\omega_0^2} \frac{1}{1 - \eta^2 + i2D\eta}$$

$$A = \frac{\hat{E}}{\omega_0^2} \frac{\left(1 - \eta^2\right) - i2D\eta}{\left(1 - \eta^2\right) + \left(2D\eta\right)^2} = \hat{a} e^{-i\varphi} = \hat{a}\left(\cos\varphi - i \sin\varphi\right)$$

mit $\hat{a} > 0, \varphi \in (-\pi, \pi)$,

$$\hat{a} = \frac{\hat{E}}{\omega_0^2} \frac{1}{\sqrt{\left(1-\eta^2\right)^2 + \left(2D\eta\right)^2}} = \frac{\hat{E}}{\omega_0^2} \cdot V_1(D,\eta), \ \tan\varphi = \frac{2D\eta}{1-\eta^2}$$

Vergrößerungsfunktion $V_1(D,\eta)$:

Die Vergrößerungsfunktion (bzw. Amplituden-Frequenzgang) $V_1(D,\eta)$ ist das Verhältnis von Ausgangs- zu Eingangsamplitude.

$$V_1(D,\eta) = \frac{1}{\sqrt{\left(1-\eta^2\right)^2 + \left(2D\eta\right)^2}}$$

Phasenwinkel φ:

$$\varphi(D,\eta) = \begin{cases} \dfrac{\pi}{2}, & \eta = 1 \\ \arctan \dfrac{2D\eta}{1-\eta^2} + \dfrac{\pi}{2}\left[1 + \operatorname{sign}(\eta - 1)\right], & \eta \neq 0 \end{cases}$$

Nach dem Einsetzen der Ergebnisse für $\hat{a}$ und φ

$$y_{\text{part}}(t) = \operatorname{Im}\left\{ Ae^{i\Omega t} \right\} = \operatorname{Im}\left\{ \hat{a} e^{i(\Omega t - \varphi)} \right\} = \frac{\hat{E}}{\omega_0^2} \ V_1(D,\eta) \cdot \sin\left(\Omega t - \varphi(D,\eta)\right)$$

erhält man die partikuläre Lösung

$$y_{\text{part}}(t) = E_0 x_0 \cdot V_1(D,\eta) \cdot \sin\left(\Omega t - \varphi(D,\eta)\right)$$

7.4.2.3 Vergrößerungsfunktionen und Phasenwinkel

1. Direkte Erregung an der Masse und Indirekte Erregung an der Feder ($E_0 = 1$, Bild 7.46)

   $$y_{\text{part}}(t) = x_0 \cdot V_1(D,\eta) \cdot \sin\left(\Omega t - \varphi(D,\eta)\right)$$

$$V_1(D,\eta)=\frac{1}{\sqrt{\left(1-\eta^2\right)^2+\left(2D\eta\right)^2}}$$

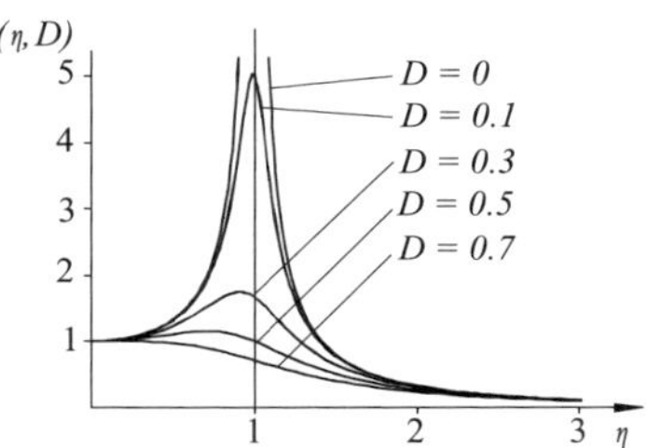

Bild 7.46 Vergrößerungsfunktion $V_1(D,\eta)$

2. Indirekte Erregung am Dämpfer ($E_0 = 2D\eta$, Bild 7.47)

   $y_{\text{part}}(t) = 2D\eta \cdot x_0 \cdot V_1(D,\eta) \cdot \cos\left(\Omega t - \varphi(D,\eta)\right)$

$$V_2(D,\eta)=\frac{2D\eta}{\sqrt{\left(1-\eta^2\right)^2+\left(2D\eta\right)^2}}$$

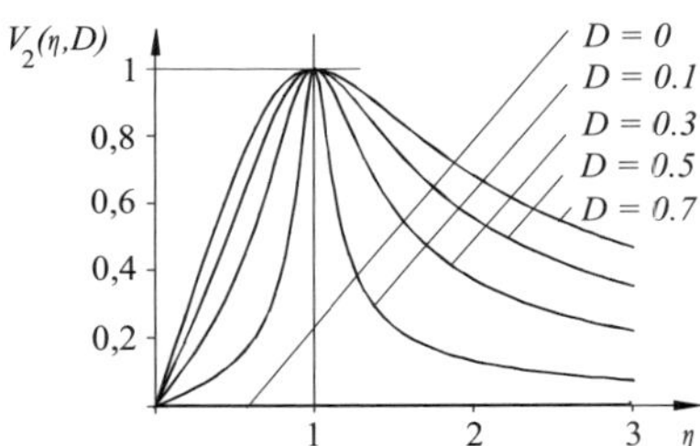

Bild 7.47 Vergrößerungsfunktion $V_2(D,\eta)$

3. Indirekte Erregung am Gehäuse (**Relativbewegung** $y_R(t)$) und Unwuchterregung ($E_0 = \eta^2$, Bild 7.48)

   $y_{\text{part}}(t) = \eta^2 \cdot x_0 \cdot V_1(D,\eta) \cdot \sin\left(\Omega t - \varphi(D,\eta)\right)$

$$V_3(D,\eta)=\frac{\eta^2}{\sqrt{\left(1-\eta^2\right)+\left(2D\eta\right)^2}}$$

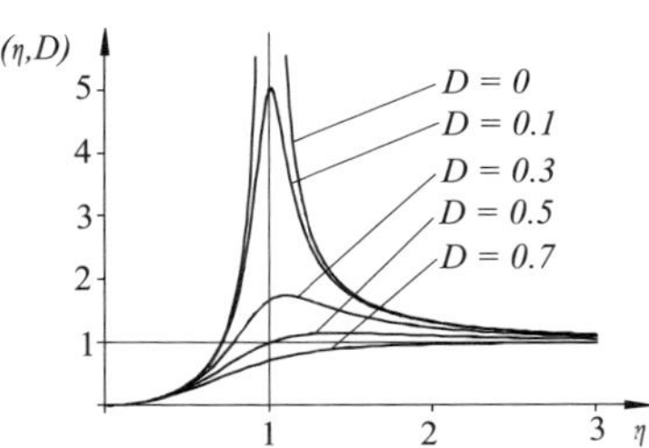

Bild 7.48 Vergrößerungsfunktion $V_3(D,\eta)$

4. Indirekte Erregung am Gehäuse (**Absolutbewegung** $y(t)$, Bild 7.49)

$$\ddot{y} + 2D\omega_0 \dot{y} + \omega_0^2 y = -2D\omega_0 \cos \Omega t + \omega_0^2 x_0 \sin \Omega t$$

$$y_{\text{part}}(t) = x_0 V_4(D,\eta) \cdot \sin(\Omega t - \alpha - \varphi), \quad \tan\alpha = 2D\eta$$

$$V_4(D,\eta) = \frac{\sqrt{1+(2D\eta)^2}}{\sqrt{(1-\eta^2)^2 + (2D\eta)^2}}$$

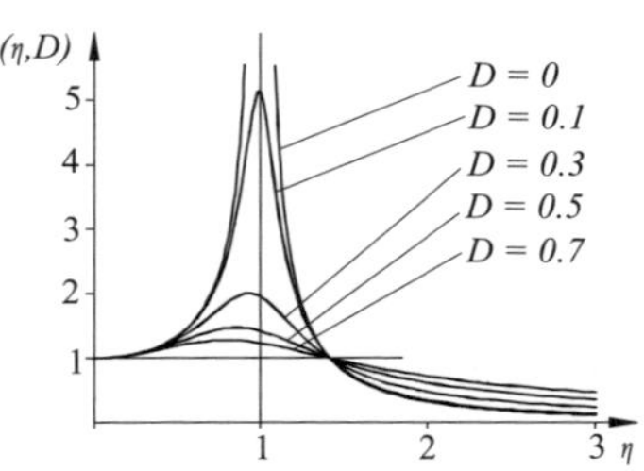

Bild 7.49 Vergrößerungsfunktion $V_4(D,\eta)$

In der Praxis wird oft eine solche Dämpfung D (mechanische Güte Q) für ein mechatronisches System angestrebt, die eine gleichmäßig geringe Verstärkung in einem großen η -Bereich garantiert.

$$Q_{\text{opt.}} = \frac{1}{\sqrt{2}} = 0{,}707 = D_{\text{opt.}} \quad \textbf{(optimale Dämpfung/Güte)}$$

Zum Schwingungsverhalten gehört auch der Phasenwinkel. Im Falle $D = 0$ ($Q = \infty$) springt der Phasenwinkel φ beim Durchlaufen der Resonanz von 0 auf π (Bild 7.50). Im Resonanzfall ist für alle Dämpfungen $0 < D < +\infty$ der Phasenwinkel stets $\varphi = \frac{\pi}{2}$.

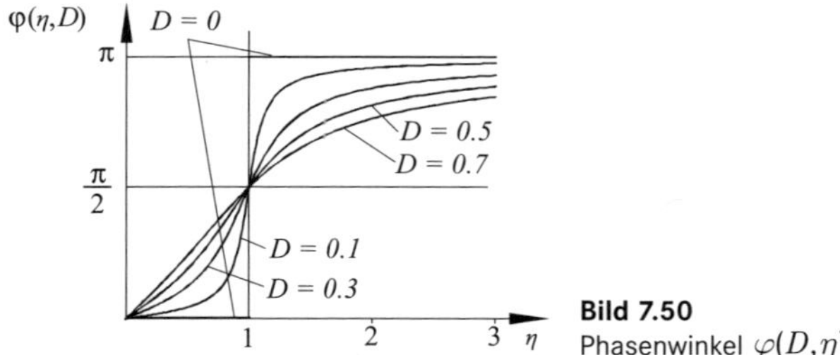

Bild 7.50 Phasenwinkel $\varphi(D,\eta)$

Den Bereich $0 < \eta < 1$ nennt man **unterkritisch** bzw. **Gleichlauf**, da der Ausgang $y_{\text{part}}(t)$ gleichsinnig zum Eingang $x(t)$ verläuft.

Arbeitet das System im Bereich $1 < \eta < +\infty$, so ist der Betrieb **überkritisch** oder man spricht von **Gegenlauf,** da der Ausgang $y_{\text{part}}(t)$ gegensinnig zum Eingang mit der Funktion $x(t)$ verläuft.

Literatur

Ardema, M. D.: Analytical Dynamics. New York: Kluwer Academic/Plenum Publishers, 2005.
Awrejcewicz, J.: Classical Mechanics Dynamics. New York: Springer Science+Business Media, 2012.
Baruh, H.: Analytical Dynamics, McGraw-Hill Publishing, 1999.
Hadwich, V.: Modellbildung in mechatronischen Systemen. Fortschritt-Berichte VDI, Reihe 8, Nr. 704, VDI-Verlag GmbH, Düsseldorf, 1998.
Hibbeler, R. C.: Technische Mechanik 3 Dynamik. München: Pearson, 2012.
Josephs, H.; Huston, R. L.: Dynamics of Mechanical Systems. Boca Raton: CRC Press, 2002.
Magnus, K.; Müller-Slany, H. H.: Grundlagen der Technischen Mechanik. Wiesbaden: Vieweg + Teubner, 2005.
Mathiak, F. U.: Strukturdynamik diskreter Systeme. München: Oldenbourg Verlag, 2010.
Mayr, M.: Technische Mechanik. München Wien: Carl Hanser Verlag, 2003.
Müller, W. H.; Ferber, F.: Technische Mechanik für Ingenieure. Leipzig: Fachbuchverlag im Carl Hanser Verlag, 2008.
Schiehlen, W.; Eberhard, P.: Technische Dynamik. Stuttgart Leipzig Wiesbaden: B. G. Teubner, 2004.
Zimmermann, K.: Technische Mechanik – multimedial. Leipzig: Fachbuchverlag, 2003.
Zimmermann, K.; Zeidis, I.; Behn, C.: Mechanics of Terrestrial Locomotion. Heidelberg Wien: Springer, 2009.

8 Sensoren

Ein Sensor ist ein technisches Bauteil, das aus einer zu erfassenden **physikalischen** oder **chemischen** Größe ein eindeutiges, in der Regel **elektrisch auswertbares Signal** erzeugt.

8.1 Allgemeiner Aufbau

Der Begriff **Sensor** (lat.: sensus, Sinn) ist nicht genau definiert und wird deshalb nicht einheitlich verwendet. Der Begriff beschreibt die Einheiten, mit denen eine Steuereinrichtung Informationen über den zu steuernden Prozess erhält. Das eigentliche **Sensorelement** ist dabei unmittelbar der zu messenden oder zu erfassenden physikalischen bzw. chemischen Größe ausgesetzt und überträgt die Information in ein weiterverarbeitbares, häufig elektrisches auswertbares Signal (z. B. Widerstand, Spannung oder Strom). Bei **direkten Messverfahren** erfolgt diese Umsetzung direkt in ein elektrisches Signal, bei **indirekten Messverfahren** werden physikalische Zwischengrößen verwendet (z. B. Kraft → Verformung → Änderung des Widerstandswertes). Weitere verwendete Begriffe für einen Sensor sind auch **Messfühler** (oder **Fühler**), **Messgeber** (oder **Geber**), **Wandler**, **Transducer** oder **Aufnehmer**.

Die nutzbare Größe wird oft innerhalb des Sensors durch eine **Anpassschaltung** aufbereitet (Verstärkung, Linearisierung, Nullpunktabgleich, Filterung von Störungen). An dieser Schnittstelle können bereits genormte Ausgangssignale zur Weiterverarbeitung zur Verfügung stehen (z. B. 0 V bis 10 V bzw. 0 mA bis 20 mA oder 4 mA bis 20 mA). Man verwendet bei diesem Komplexitätsgrad die Bezeichnung **integrierte Sensoren.** Bild 8.1 zeigt unterschiedliche Komplexitäten eines industriell einsetzbaren Sensors.

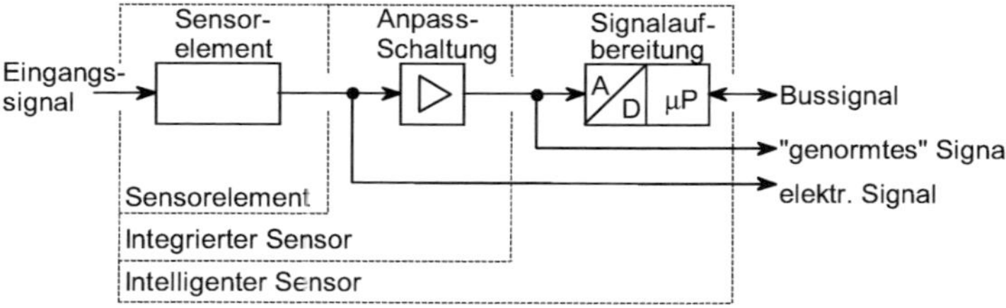

Bild 8.1 Prinzipieller Aufbau von Sensoren

Mit Hilfe weiterer Sensorelemente und geeigneter Vorverarbeitung ist die Kompensation von Störungen (z.B. ungewollter Temperatureinfluss) möglich. Die interne (Vor-)Verarbeitung kann weiterhin

- die Digitalisierung (Analog/Digital-Umsetzer, ADU) enthalten,
- mit Hilfe eines eingebauten Mikroprozessors vorgegebene Grenzwerte überwachen,
- eine Messreihe protokollieren,
- Zukunftswerte prognostizieren,
- Alarme über den Feldbus auslösen,
- abgeleitete Größen ermitteln,
- Selbsttestfunktionen durchführen und
- Informationen für eine Feldbusübertragung aufbereiten und senden.

In diesem Fall verwendet man die Bezeichnung **intelligente Sensoren** oder **smarte Sensoren**.

Zum Aufbau eines Sensors kann prinzipiell jeder beeinflussende Effekt genutzt werden. Es ergibt sich dadurch eine Vielzahl an Möglichkeiten. Die Anforderungen an den nutzbaren Effekt sind eine eindeutig reproduzierbare und möglichst lineare Abbildung der zu messenden Größe auf die Ausgangsgröße. Eine Abhängigkeit von weiteren Einflussgrößen (**Querempfindlichkeit** – hierunter sind andere physikalische Größen und Störfelder zu verstehen) sollte nicht vorhanden sein (oder deren Einfluss muss kompensiert werden). Des Weiteren sollte die zu messende Größe von dem Sensor möglichst nicht beeinflusst werden.

Je nach **Arbeitsbereich** (z.B. Betriebstemperatur, Umsetzgeschwindigkeit oder Genauigkeit) haben sich einige Realisierungen aus wirtschaftlichen Gründen durchgesetzt, von denen hier einige kurz erläutert werden.

8.1.1 Beschreibungen

8.1.1.1 Messgrößen und Maßeinheiten

Eine **Messgröße** ist eine durch Messung ermittelte physikalische Größe, bei der der Wert durch einen Vergleich mit einer bekannten Referenzgröße ermittelt wurde. Der Vergleichswert gibt an, wie oft die Referenzgröße in der Messgröße enthalten ist. Der ermittelte **Messwert** wird durch diese Vergleichszahl mit zugehöriger **Maßeinheit** angegeben.

Eine **Messgröße** besteht aus **Messwert** und **Maßeinheit**.

Bei den zu verwendenden Maßeinheiten gibt es ein weltweit vereinbartes, einheitliches System mit sieben Basiseinheiten, Tabelle 8.1 zeigt die Basiseinheiten des **Internationalen Einheitssystems (SI)**.

Tabelle 8.1 Basiseinheiten des SI

Basisgröße	Formelzeichen	Name	Einheit
Länge	l	Meter	m
Zeit	t	Sekunde	s
Masse	m	Kilogramm	kg
Stromstärke	I	Ampere	A
Temperatur	T	Kelvin	K
Lichtstärke	I_V	Candela	cd
Stoffmenge	M	Mol	mol

Aus den Basiseinheiten können alle weiteren Einheiten abgeleitet werden. Einige Beispiele zeigt Tabelle 8.2.

Tabelle 8.2 Abgeleitete Einheiten

Abgeleitete Größen	Formelzeichen	Name	Einheit	Ableitungen	Abgeleitete SI-Einheit
Geschwindigkeit	v	–	–	$l \cdot t^{-1}$	$\mathrm{m \cdot s^{-1}}$
Beschleunigung	a	–	–	$l \cdot t^{-2}$	$\mathrm{m \cdot s^{-2}}$
Kraft	F	Newton	N	$m \cdot a$	$\mathrm{kg \cdot m \cdot s^{-2}}$
Druck	p	Pascal	Pa	$F \cdot l^{-2}$	$\mathrm{kg \cdot m^{-1} \cdot s^{-2}}$
Arbeit	W, E	Joule	J	$F \cdot l$	$\mathrm{kg \cdot m^{2} \cdot s^{-2}}$
Leistung	P	Watt	W	$W \cdot t^{-1}$	$\mathrm{kg \cdot m^{2} \cdot s^{-3}}$
Elektr. Ladung	Q	Coulomb	C	$I \cdot t$	$\mathrm{A \cdot s}$
Elektr. Spannung	U	Volt	V	$P \cdot I^{-1}$	$\mathrm{kg \cdot m^{2} \cdot s^{-3} \cdot A^{-1}}$
Elektr. Kapazität	C	Farad	F	$Q \cdot U^{-1}$	$\mathrm{Kg^{-1} \cdot m^{-2} \cdot s^{4} \cdot A^{2}}$
Elektr. Widerstand	R	Ohm	Ω	$U \cdot I^{-1}$	$\mathrm{kg \cdot m^{2} \cdot s^{-3} \cdot A^{-2}}$

8.1.1.2 Kenngrößen

Der **Messbereich** eines Sensors ist der Bereich der zu messenden Größe, der beispielsweise auf das normierte Ausgangssignal abgebildet werden soll. Der Messbereich des Sensors sollte größer sein als der zu messende Bereich, um Bereichsüberschreitungen (z. B. bei Funktionsstörungen) sicher erkennen zu können.

Die **Auflösung** eines Sensors gibt an, wie weit zwei Eingangswerte noch sicher unterschieden werden können. Neben der Auflösung des **Analog/Digital-Umsetzers** (ADU) ist der unvermeidliche Rauschanteil eine wesentliche Einflussgröße. Letztere hängt von den Einbaubedingungen ab und kann somit nur im eingebauten Zustand bestimmt (z. B. ausgemessen) werden. Die Angabe erfolgt üblicherweise bei analogen Größen in Prozent vom Messbereich und bei digitalen Größen in Bits (**Bi**nary Digi**ts**).

Die **Messgenauigkeit** charakterisiert die Summe aller möglichen Fehler. Sie sollte in jedem Fall eine Größenordnung genauer sein als die geforderte Stellgenauigkeit des verwendeten Aktors.

Weitere Kenngrößen eines Sensors sind das **statische Übertragungsverhalten** sowie das **dynamische Übertragungsverhalten.**

8.1.1.3 Statisches Verhalten

Die Aufgabe eines Sensors ist die Umsetzung einer Eingangsgröße in eine Ausgangsgröße, mit der die Eingangsgröße quantitativ bestimmt werden kann. Jeder eindeutige Zusammenhang ist prinzipiell geeignet, jedoch hat ein linearer Zusammenhang für eine nachfolgende Bewertung erhebliche Vorteile gegenüber einem nichtlinearen Zusammenhang. Es wird deshalb versucht, einen linearen Zusammenhang möglichst gut anzunähern (z. B. durch Linearisierung). Die erreichbare Genauigkeit ist die verbleibende Differenz zwischen **Istwert** (angezeigte Größe) und **Sollwert** (wahre Größe). Der maximale **Fehler** (Abweichung), der unter allen **Betriebsbedingungen** (z. B. Temperatur, Versorgungsspannungsschwankung oder Luftfeuchtigkeit) auftritt, wird üblicherweise in Prozent vom **Messbereichsendwert** angegeben. Elektrische Messgeräte sind beispielsweise in Güteklassen eingeteilt. Hierbei bedeutet die Angabe von 0,1, dass im gesamten Messbereich unter allen Betriebsbedingungen ein **maximaler Fehler** von ± 0,1 % vom **Messbereichsendwert** nicht überschritten wird.

Für eine lineare Näherung gibt es verschiedene Verfahren. Für einen kleinen Arbeitsbereich und bekannten funktionalen Zusammenhang, der durch eine **Taylor-Reihe** gemäß

$$y(x) = y_0(x_0) + \left.\frac{\mathrm{d}y}{\mathrm{d}x}\right|_{x_0} \frac{(x-x_0)^1}{1!} + \left.\frac{\mathrm{d}^2 y}{\mathrm{d}x^2}\right|_{x_0} \frac{(x-x_0)^2}{2!} + \left.\frac{\mathrm{d}^3 y}{\mathrm{d}x^3}\right|_{x_0} \frac{(x-x_0)^3}{3!} + \cdots$$

beschrieben werden kann, bedient man sich der ersten zwei Elemente (Abbruch nach dem linearen Glied), so gilt:

$$y(x) = y_0(x_0) + \left.\frac{\mathrm{d}y}{\mathrm{d}x}\right|_{x_0} \cdot (x-x_0)$$

Eine weitere Möglichkeit ist, eine Gerade durch den Anfangs- und Endwert des Messbereiches (**Festpunktmethode**) zu legen. Bei nichtlinearem Verlauf der realen Kennlinie tritt hierbei im Messbereich eine Abweichung $\Delta y = y_{ist} - y_{soll}$ auf. Diese Abweichung (Fehler) wird bei sonst gleichen Randbedingungen reduziert, wenn man eine lineare Funktion findet, bei der der reale Funktionsverlauf innerhalb eines Toleranzbereiches ($\pm\varepsilon$) verbleibt (**Toleranzbandmethode**). Bild 8.2 zeigt die erwähnten Linearisierungsmethoden und den resultierenden Fehlerverlauf $\Delta y(x)$. Die Verwendung einer Regressionsgeraden ist nicht geeignet, da sie den mittleren quadratischen Fehler minimiert, aber nicht den maximal möglichen Fehler.

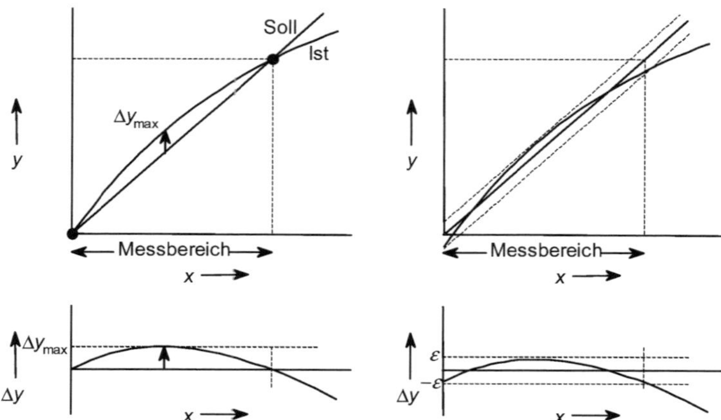

Bild 8.2 Linearisierung einer nichtlinearen Kennlinie mit Linearitätsfehlerdarstellung

Die Abweichungen von der idealen Kennlinie werden in folgende Fehlerarten aufgeteilt:

- Nullpunktfehler (Offsetfehler),
- Verstärkungsfehler (Steigungsfehler),
- Linearitätsfehler und
- Hysteresefehler.

Hierbei lassen sich **Nullpunktfehler** (Parallelverschiebung zur idealen Kennlinie) und **Verstärkungsfehler** (abweichende Steigung zur idealen Kennlinie) häufig durch **Offset** und **Gain** minimieren (kalibrieren). **Linearitätsfehler** (Abweichung von dem idealen linearen Verlauf) und **Hysteresefehler** (abweichender Kennlinienverlauf bei langsam steigender bzw. langsam fallender Eingangsgröße) können in der Regel nicht reduziert werden.

8.1.1.4 Dynamisches Verhalten

Die dynamischen Eigenschaften eines Sensors beschreiben das Verhalten bei sich schnell ändernden Eingangsgrößen, beispielsweise bei einer sprunghaften Änderung der Eingangsgröße. Eine Möglichkeit ist die Beschreibung des Zeitverhaltens auf einen **Einheitssprung** (sprunghafte Änderung mit der relativen Größe Eins). Bild 8.3 zeigt zwei **Sprungantworten** bzw. **Übergangsfunktionen** bei einem PT2-Verhalten (s. Abschn. 2.3.1).

Bei Temperaturmessungen erfolgt ein Wärmeaustausch, und es ist eine verzögerte Änderung der Ausgangsgröße zu erwarten (Dämpfung $d > 1$, kriechende Annäherung). Bei einer Messung der Beschleunigung kann ein piezoelektrischer Sensor mit schwingfähigem PT2-Verhalten (Dämpfung $d < 1$, schwingende Annäherung) verwendet werden. Die Skalierung der Zeitachsen der beiden Funktionen ist nicht gleich; es soll lediglich der prinzipielle Verlauf gegenübergestellt werden. Der sich einstellende Endwert K ist der Wert, der bei der statischen Verhaltensbeschreibung als Steigung oder Verstärkung angegeben wird.

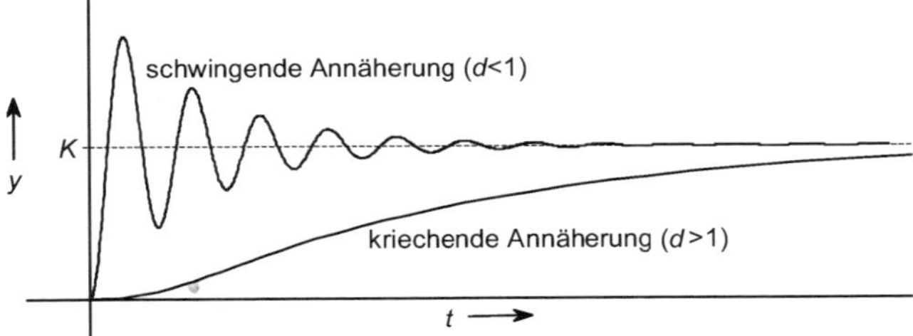

Bild 8.3 Zeitdarstellung einer kriechenden ($d > 1$) und einer schwingenden ($d < 1$) Annäherung an den Endwert

Eine weitere Beschreibungsart linearer (bzw. linearisierter) Übertragungssysteme ist das **Bode-Diagramm**. Bei einer sinusförmigen Eingangsgröße mit

$$u_{\mathrm{e}}(t) = \hat{U}_{\mathrm{e}} \sin\left(\omega \cdot t + \varphi_{\mathrm{e}}\right)$$

wird sich eine sinusförmige Ausgangsgröße mit

$$u_{\mathrm{a}}(t) = \hat{U}_{\mathrm{a}} \sin\left(\omega \cdot t + \varphi_{\mathrm{a}}\right)$$

einstellen. Die Ausgangsgröße ist frequenzabhängig und unterscheidet sich von der Eingangsgröße in der Amplitude und dem Phasenwinkel. Die Darstellungen des **Frequenzganges** erfolgen über eine logarithmisch geteilte Frequenzachse. Das Amplitudenverhältnis wird als Funktion der Frequenz f oder Kreisfrequenz $\omega = 2\pi f$ in dB angegeben und als **Amplitudengang** bezeichnet.

$$V_{\mathrm{U\,dB}}(f) = 20 \lg\left(\frac{\hat{U}_{\mathrm{a}}(f)}{\hat{U}_{\mathrm{e}}(f)}\right)$$

Die Darstellung des Phasenwinkels $\varphi(f)$ gemäß

$$\varphi(f) = \varphi_{\mathrm{a}}(f) - \varphi_{\mathrm{e}}(f)$$

nennt man **Phasengang**.

Bild 8.4 zeigt ein PT2-Verhalten mit zwei reellen Polen (kriechende Annäherung) und ein PT2-Verhalten mit zwei komplexen Polen (schwingende Annäherung) mit einer auf die Resonanzfrequenz f_{res} bezogenen Frequenzachse. Den Wert der statischen Übertragung ($u_{\mathrm{a}} = K \cdot u_{\mathrm{e}}$) findet man bei dem Grenzübergang $f \rightarrow 0$ (sehr niedrige Frequenzen). In der Darstellung sind es 20 dB, was einer 10-fachen Spannungsverstärkung entspricht.

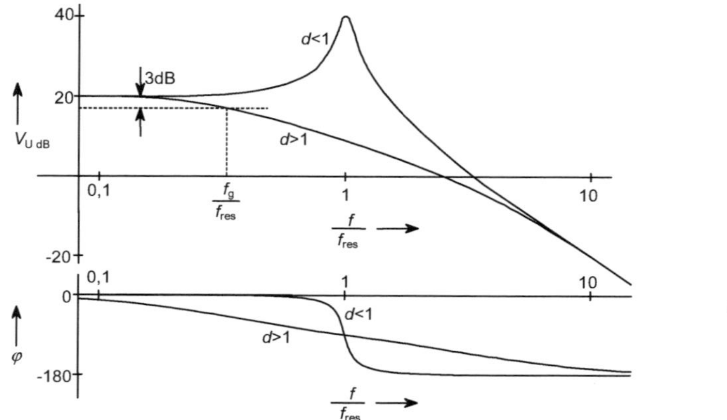

Bild 8.4 Frequenzdarstellung eines PT2-Verhaltens mit reellen ($d > 1$) und mit komplexen ($d < 1$) Polen

Es ist zu erkennen, dass bei hohen Frequenzen die Übertragung bei den eingezeichneten Übertragungssystemen nicht mehr verwendet werden kann (zu geringe Amplituden bzw. zu starke Dämpfung). Bei Übertragungssystemen wird häufig ein Grenzwert angegeben, bei dem die Ausgangsleistung auf die Hälfte des normalen Wertes abgefallen ist (Spannungswerte auf einen Anteil von $\sqrt{0{,}5} \approx 0{,}707$ entsprechend −3 dB). Bei dem Übertragungssystem mit reellen Polen ($d > 1$) ergibt sich dadurch die eingezeichnete **Grenzfrequenz** f_g.

8.1.2 Anforderungen

Es gibt ein breites Spektrum an Forderungen, die den Einsatz von Sensoren vorantreibt. Zum Beispiel werden zur Robotersteuerung, zur Überwachung galvanischer Bäder sowie zur Kontrolle von Werkzeugen und Produkten Sensoren benötigt. Vorteile hierbei sind:

- **Produktivitätssteigerung,**
- **Flexible Fertigung,**
- **Qualitätssicherung** (Prozessüberwachung),
- Verbesserung der **Arbeitsbedingungen** (z. B. Sicherheitsaspekte),
- Verringerung des **Rohstoffeinsatzes** (Prozessoptimierung) und
- Verbesserung beim **Umweltschutz** (z. B. Emissionskontrollen).

In einer rechnergestützten Produktion spielen Sensoren zur Ermittlung, Überwachung und Steuerung von Prozessgrößen eine zentrale Rolle. Hauptanwendungsgebiete befinden sich in der **Automatisierungstechnik** und **Robotertechnik**. Im Trend liegen die intelligenten Sensoren mit ihren standardisierten Schnittstellen und inhärenter dezentraler Signalauswertung.

Bei der Auswahl eines geeigneten Sensors müssen dessen Spezifikationen erfüllt werden. Neben der eigentlichen Umsetzung der Eingangsgröße sind bei einem industriellen Einsatz weitere Randbedingungen zu erfüllen. Hier eine kleine Aufstellung üblicher Kriterien:

- **Funktion** (z. B. Eingangsgröße, Genauigkeit, Auflösung, Dynamik);
- **Signalaufbereitung** (z. B. Verstärkung, Linearisierung, Vorverarbeitung);
- **Umgebungsbedingungen** (z. B. Resistenz gegen klimatische, mechanische und magnetische Einflüsse);
- **Schnittstellen** (z. B. Energieversorgung, analoge oder digitale (Standard-)Schnittstellen, mechanische Anschlussbedingungen);
- **Sicherheitsanforderungen** (z. B. elektrische Sicherheit, Sicherheit bei Ausfall);
- **Zuverlässigkeit** (z. B. MTBF (**m**ean **t**ime **b**etween **f**ailure), Redundanz, Austauschbarkeit);
- **Funktionsüberprüfung** (z. B. Vorgaben durch Gesetze und Richtlinien);
- **Wirtschaftlichkeit** (z. B. Preis, Ertrag).

8.2 Einteilung von Sensoren

Eine Einteilung der Sensoren kann beispielsweise entsprechend der zu messenden physikalischen oder chemischen Größen, nach dem verwendeten Messprinzip oder der Fertigungstechnologie erfolgen. Letzteres sind

- Klassische **Messwertaufnehmer,**
- **Si-Technologie** (ähnlich Halbleiterschaltungen),
- **Dünnschichttechnologie**,
- **Dickschichttechnologie** und
- **Faseroptische Sensoren**.

Tabelle 8.3 Übersicht beschriebener direkt umsetzender Sensoren

Physikalische Messgröße	**Direkte Verfahren**			
	Aktive Sensoren (8.3.1)	**Passive Sensoren**		
		Resistiv (8.3.2)	**Kapazitiv (8.3.3)**	**Induktiv (8.3.4)**
Weg, Strecke	Piezoelektrischer Effekt	Potenziometrischer Effekt Dehnungseffekt (DMS)	Geometrische Effekte Dielektrizitätseffekt	Magnetische Kopplung (LVDT)
Abstand			Näherungsschalter	Näherungsschalter
Geschwindigkeit	Elektrodynamischer Effekt			

Tabelle 8.3 Übersicht beschriebener direkt umsetzender Sensoren *(Fortsetzung)*

Physikalische Messgröße	Direkte Verfahren			
	Aktive Sensoren (8.3.1)	Passive Sensoren		
		Resistiv (8.3.2)	Kapazitiv (8.3.3)	Induktiv (8.3.4)
Strahlung (Licht)	Fotoelektrischer Effekt	Fotowiderstand		
Temperatur	Seebeck-Effekt	Widerstands-thermometer		
Magnetfeld		Feldplatte		
Konzentrationen	Elektrochemischer Effekt	Gasdetektor	Feuchtemessung	

Es sind über 2000 Sensorverfahren bekannt. Eine einheitlich strukturierte Aufstellung ist nicht möglich. Tabelle 8.3 zeigt die **direkten Verfahren**, bei denen die Eingangsgröße ohne Zwischengröße direkt in die elektrisch auswertbare Ausgangsgröße umgesetzt wird. Des Weiteren wird in **aktive Sensoren**, die ein elektrisches Signal (Energie) ausgeben, und **passive Sensoren**, bei denen externe Energie benötigt wird, unterteilt; Letzteres zusätzlich noch in die sensorischen Größen Widerstand, Kapazität und Induktivität.

Tabelle 8.4 Auswahl indirekt umsetzende Sensoren

Physikalische Messgröße (Kapitelnummer)	Verfahren
Weg, Strecke (8.4.1)	Triangulation Ultraschall Magnetostriktion Optisch
Füllstand (8.4.2)	Radioaktiv Schwinggabelsensor
Geschwindigkeit (8.4.3)	Impulszählung Korrelation
Druck und Kraft (8.4.4)	Dehnungsmessstreifen Magnetoelastisch
Beschleunigung (8.4.5)	Piezoelektrisch
Durchfluss (8.4.6)	Differenzdruck Hitzdraht Magnetisch-Induktiv
Magnetfeld (8.4.7)	Hall-Sonde Sättigungskernsonde
Temperatur (8.4.8)	Pyrometer
Konzentration (8.4.9)	λ-Sonde Ionensensitive Feldeffekttransistoren

Neben den direkten Umsetzverfahren, die als **Grundverfahren** immer wieder auftauchen, gibt es nahezu unzählige **indirekte Umsetzverfahren**. Ein typisches Beispiel ist die statische Kraftmessung. Hierbei wirkt die Kraft auf einen Verformkörper ein. Die resultierende Verformung beeinflusst die physikalischen Größen eines Drahtwiderstandes (Länge und Durchmesser) und damit dessen elektrischen Widerstandswert. Durch Zuführung externer Energie wird diese Änderung in ein elektrisches Signal umgesetzt. Tabelle 8.4 nennt einige Sensoren, die ein indirektes Umsetzverfahren verwenden.

8.3 Direkt umsetzende Sensoren

8.3.1 Aktive Sensoren

8.3.1.1 Piezoelektrischer Effekt

Piezoelektrische Quarze influenzieren bei Krafteinwirkung durch eine Verschiebung der Gitterstruktur an ihren Oberflächen eine elektrische Ladung (**piezoelektrischer Effekt**). Bild 8.5 stellt diesen Effekt schematisch dar. Durch die Ladungsverschiebungen im Kristall werden freie Ladungsträger in einer aufgebrachten Metallschicht gebunden, und an der Metallschicht ist eine Ladung Q in Abhängigkeit von der Kraft F für eine Auswertung abgreifbar.

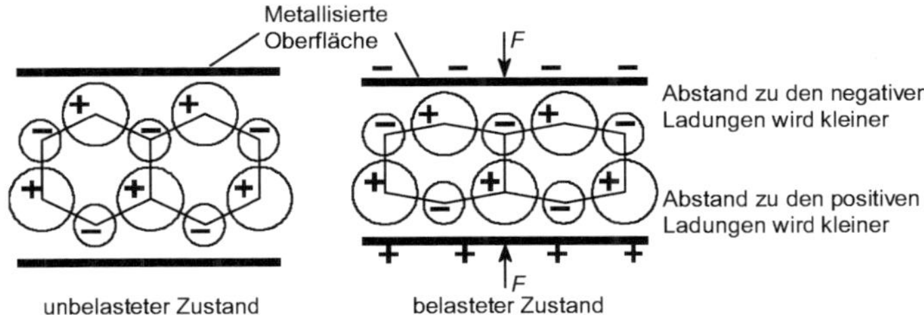

Bild 8.5 Darstellung des piezoelektrischen Effektes

Mit einem **Ladungsverstärker** entsprechend Bild 8.6 kann die Ladung $Q(t)$ in eine auswertbare elektrische Spannung $u(t)$ umgesetzt werden. Auf Grund von Restströmen ist dieser Sensor nicht für statische, sondern nur für dynamische Kräfte einsetzbar. Piezoelektrische Sensoren haben eine hohe Linearität und sind über einen weiten Temperaturbereich (-270 °C bis 400 °C) einsetzbar. Der piezoelektrische Effekt wird bei **dynamischen Kraftsensoren** und bei **Beschleunigungssensoren** (Abschn. 8.4.5) genutzt.

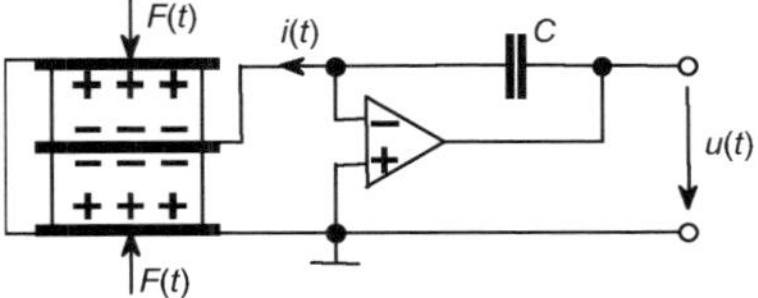

Bild 8.6
Ladungsverstärkung (F(t) → Q(t) → u(t))

8.3.1.2 Elektrodynamischer Effekt

In einer vom magnetischen Fluss Φ durchströmten Leiterschleife wird entsprechend des **Induktionsgesetzes** eine Spannung u_q gemäß

$$u_q = \frac{d\Phi}{dt}$$

induziert. Der magnetische Fluss ist das Integral des Vektorproduktes aus magnetischer Induktion bzw. magnetischer Flussdichte $\vec{B}$ multipliziert mit der durch die Leiterschleife aufgespannten Fläche $\vec{A}$.

$$\Phi = \int_A \vec{B} \cdot d\vec{A}$$

Dieser Zusammenhang kann in unterschiedlicher Weise zum Aufbau eines aktiven Sensors verwendet werden. Befindet sich eine Spule auf einem Permanentmagnet, deren Feldverlauf durch das Vorbeistreichen von Zähnen mit $\mu_r > 1$ eines sich drehenden Zahnrades beeinflusst wird, so wird in der Spule eine Spannung induziert. Bild 8.7 zeigt einen entsprechenden Aufbau. Das Signal kann u. a. zur Bestimmung der Drehzahl (Abschn. 8.4.3) verwendet werden. Um ein auswertbares Signal zu erhalten, ist eine Mindestgeschwindigkeit erforderlich.

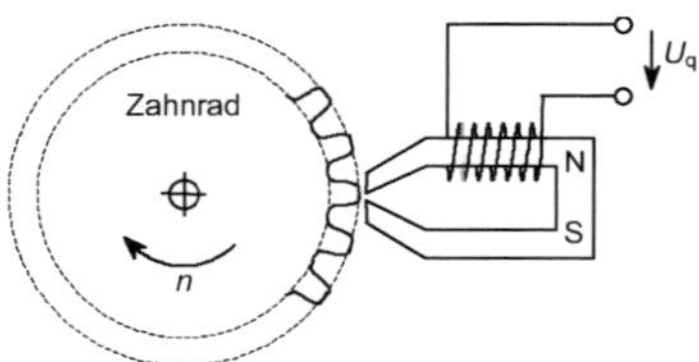

Bild 8.7
Spannungsinduktion durch Änderung des magnetischen Kreises

Eine andere Nutzung des Effektes ist ein dynamisches **Mikrofon**. Hierbei wird die Luftschwingung mit einer Membran erfasst und eine mechanisch gekoppelte Spule in einem Magnetfeld entsprechend der Schallschnelle (mechanische Bewegung der Luft) bewegt. Der sich dadurch ändernde magnetische Fluss in der Spule induziert eine Spannung, die der Geschwindigkeit proportional ist. Bild 8.8 zeigt den prinzipiellen Aufbau eines **Tauchspulenmikrofons**, bei dem eine mit der Membran gekoppelte Schwingspule im Magnetfeld eines Topfmagneten bewegt wird.

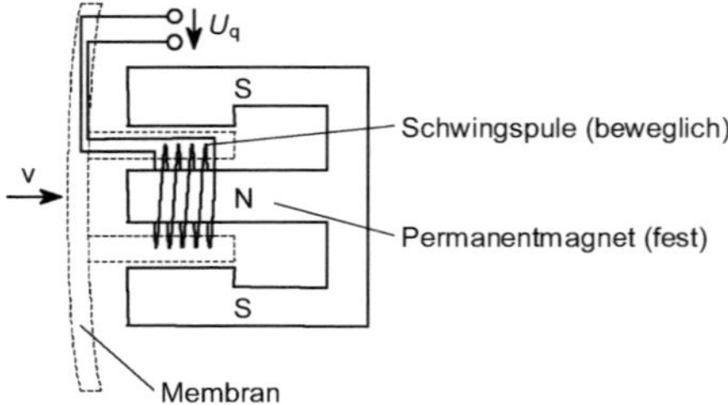

Bild 8.8
Prinzipieller Aufbau eines Tauchspulenmikrofons

Durch mechanische Bewegungen, speziell bei Drehbewegungen, kann die effektive Fläche einer sich drehenden Spule und die damit gekoppelte Flussänderung zum Aufbau eines Sensors genutzt werden. In einem homogenen Magnetfeld wird in der sich drehenden Leiterschleife eine sinusförmige Spannung induziert. Um ein drehgeschwindigkeitsproportionales Signal zu erhalten, werden mehrere Spulen verwendet und es wird entsprechend der Position der Spule (Leiterschleife oder Wicklung) im Magnetfeld mit einem Kommutator zwischen den Spulen umgeschaltet. Dieses Prinzip wird beim **Tachogenerator** (Gleichspannungsgenerator) genutzt. Im Prinzip ist es ein Generator mit feststehendem Permanentmagnet für das magnetische Feld und rotierenden Spulen zur drehgeschwindigkeitsproportionalen Spannungserzeugung (Bild 8.9). Die Spannungen werden über Bürsten am Kommutator abgegriffen und zu einer Gleichspannung zusammengesetzt. Nachteil des Sensors sind die dem Verschleiß unterworfenen Bürsten.

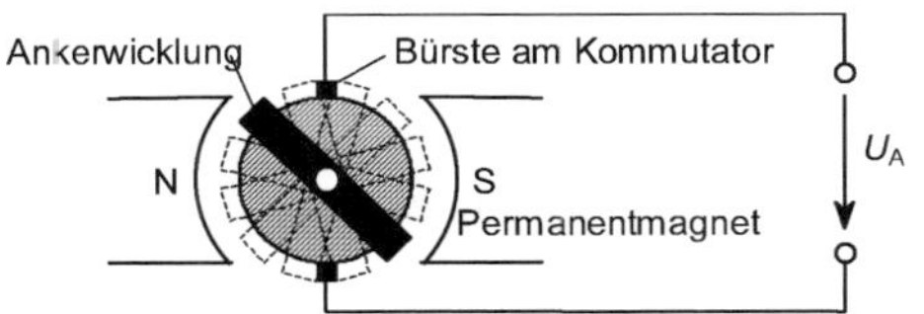

Bild 8.9
Prinzipdarstellung eines Tachogenerators

Bei den **bürstenlosen Tachogeneratoren** befindet sich der Permanentmagnet auf der rotierenden Welle und induziert in drei um 120° versetzt angeordneten Statorwicklungen zeitlich versetzte Wechselspannungen (u_U, u_V, u_W). Auf Grund der mechanischen Konstruktion haben diese Spannungen einen trapezförmigen Verlauf. Sie steuern eine elektronische Gleichrichterschaltung, die hieraus eine drehgeschwindigkeitsproportionale Gleichspannung U_A zusammensetzt (Bild 8.10).

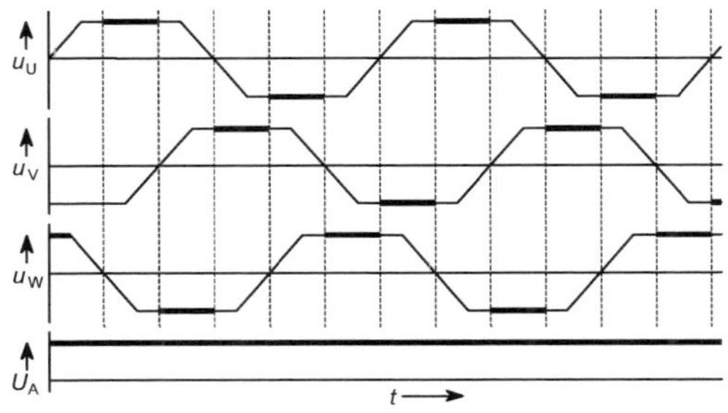

Bild 8.10
Signalverlauf eines bürstenlosen Tachogenerators

8.3.1.3 Fotoelektrischer Effekt

Kurzwellige elektromagnetische Strahlung erzeugt in einem Leiter freie Ladungsträger. Die Ladungsmenge ist ein Maß für die absorbierte **Strahlungsleistung**. Beim inneren fotoelektrischen Effekt werden die Ladungsträger im Inneren des Empfängers (Fotoelement, Fotodiode, Fototransistor, Fotowiderstand) und beim äußeren fotoelektrischen Effekt auf der Oberfläche des Empfängers freigesetzt (Fotozelle, Fotovervielfacher). Ein aktiver Sensor mit fotoelektrischem Effekt ist das **Fotoelement**.

Einfallende Lichtquanten mit ausreichender Energie erzeugen Elektron-Loch-Paare. Innerhalb der Raumladungszone werden diese Paare getrennt (Leitungselektronen wandern in den n-Bereich, Löcher wandern in den p-Bereich), und es entsteht eine **Potenzialdifferenz**. Die **Leerlaufspannung** steigt logarithmisch mit der Bestrahlungsleistung an, da der durch den fotoelektrischen Effekt erzeugte Strom durch den spannungsabhängigen Durchlassstrom der Diode kompensiert wird. Siliciumdioden liefern bei 1000 lx eine Leerlaufspannung von etwa 0,5 V. Der **Kurzschlussstrom** ist proportional der **Bestrahlungsstärke**. Fotoelement und Fotodiode haben den gleichen prinzipiellen Aufbau und unterscheiden sich lediglich in der Anwendung (aktiv oder passiv). Die **Reaktionsgeschwindigkeit** des Fotoelementes wird durch den aktiven Sensoraufbau als Fotodiode deutlich verbessert. Je nach Herstellungsmaterial ergeben sich unterschiedliche **spektrale Empfindlichkeiten**. Bild 8.11 stellt die relativen spektralen Empfindlichkeiten einer Si- und einer Ge-Diode im Vergleich zum menschlichen Auge dar.

Ein Spezialfall des Fotoelementes ist die **Solarzelle**. Hierbei wird die Strahlungsenergie der Sonne in elektrische Energie umgewandelt (**Fotovoltaik**).

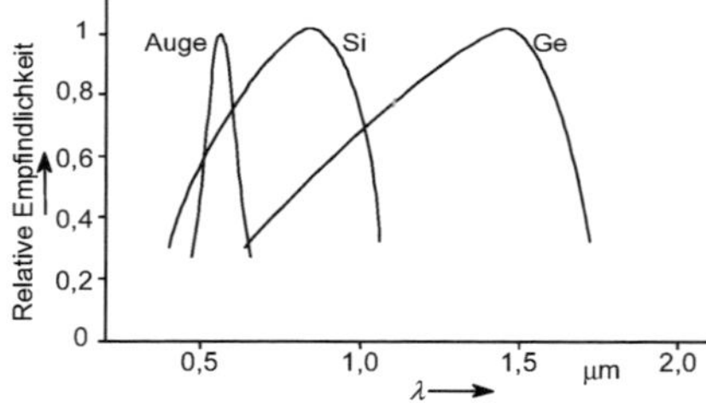

Bild 8.11
Spektrale Empfindlichkeit von Si- und Ge-Fotodioden im Vergleich zum menschlichen Auge

8.3.1.4 Seebeck-Effekt

In einem elektrischen Leiter ist das *Fermi-Niveau* von der Temperatur abhängig. Sind zwei unterschiedliche Leiter miteinander verbunden, so diffundieren Elektronen auf Grund des *Seebeck-Effektes* aus dem Metall mit dem höheren Fermi-Niveau in das Metall mit dem niedrigeren Fermi-Niveau. Hierdurch entsteht eine **Kontaktspannung** U_{th}, die einen dem Diffusionsstrom entsprechenden Gegenstrom erzeugt. Besteht eine Leiterschleife aus zwei unterschiedlichen Leitern, dann ist die anliegende Spannung nahezu proportional der Temperaturdifferenz der beiden Kontaktstellen. Der funktionale Zusammenhang wird für den jeweils verwendeten Temperaturbereich über Polynome angenähert.

Für eine Messung, bei der die Temperatur ϑ_M zu bestimmen ist, wird eine Vergleichstemperatur ϑ_V benötigt. Sensoren, die diesen Effekt nutzen, heißen **Thermoelemente** und die verwendeten Metalle **Thermopaare**. Bild 8.12 zeigt den prinzipiellen Aufbau und Tabelle 8.5 gibt Spannungswerte einiger Thermopaare für $\vartheta_M = 100$ °C und $\vartheta_V = 0$ °C sowie zulässige Messbereiche an.

Kontaktstellen zu dem Messinstrument gehen in die Messung nicht ein, solange die beiden Kontaktstellen der jeweiligen Verbindung keine Temperaturdifferenz aufweisen. Thermoelemente eignen sich zur Temperaturmessung bis 1600 °C.

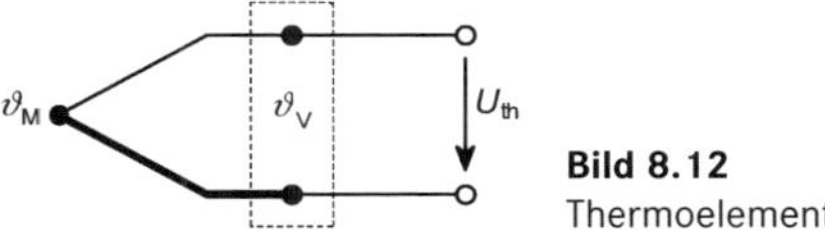

Bild 8.12
Thermoelement

Tabelle 8.5 Thermospannungen bezogen auf ϑ_V = 0 °C und zulässiger Messbereich häufig verwendeter Thermopaare

	Cu/(Cu-Ni)	Fe/(Cu-Ni)	(Ni-Cr)/Ni	(Pt-10Rh)/Pt
U_{th}(100 °C)	4,28 mV	5,27 mV	4,10 mV	0,645 mV
Zulässiger Messbereich	-270 °C bis 400 °C	-210 °C bis 1200 °C	-270 °C bis 1370 °C	-50 °C bis 1760 °C

8.3.1.5 Elektrochemischer-Effekt

Elektrochemische Sensoren übertragen die chemischen Größen in ein elektrisches Signal. Substanzen können elektrochemisch erfasst werden, wenn sie in der Messzelle elektrochemische Reaktionen eingehen oder diese beeinflussen. Üblicherweise findet eine Redox-Reaktion statt gemäß

$$S_{red} \Leftrightarrow S_{ox} + n \cdot e^-$$

Hierbei stellt S_{red} die reduzierte Substanz, S_{ox} die oxidierte Substanz und n die Anzahl der benötigten Elektronen e^- dar. Bei der Reaktion werden Elektronen freigesetzt oder verbraucht. Dieses führt im Gleichgewichtszustand zu einer Potenzialdifferenz an den Elektroden gemäß der ***Nernst*'schen Gleichung** mit der Potenzialdifferenz U, der Gaskonstanten R, der Faraday-Konstanten F, der absoluten Temperatur T, der Reaktionswertigkeit n und den Aktivitäten a_{red} und a_{ox} der Komponenten S_{red} und S_{ox}. Die sich einstellende Spannungsdifferenz ist nicht belastbar und muss deshalb für die weitere Auswertung verstärkt werden. Es gilt:

$$U = \frac{R \cdot T}{n \cdot F} \ln\left(\frac{a_{ox}}{a_{red}}\right)$$

Die eigentliche Messgröße ist die **Ionenkonzentration**. Die Bezugslösung ist von der Messlösung über ein Diaphragma getrennt. Das Diaphragma ist nur für bestimmte Ionenarten durchlässig und bildet die elektrische Verbindung zwischen den Elektroden. Bild 8.13 zeigt den prinzipiellen Aufbau einer Messzelle.

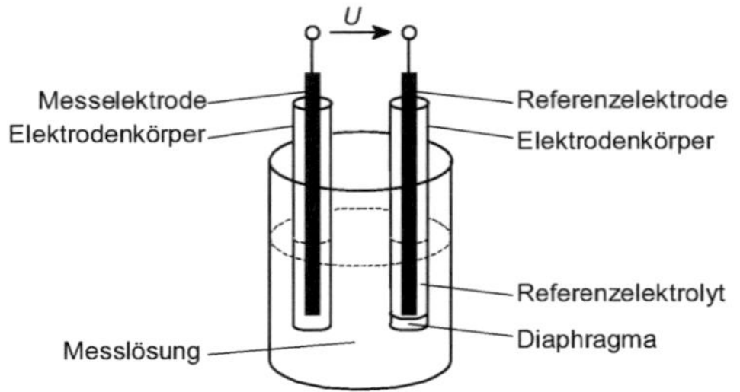

Bild 8.13
Prinzipieller Aufbau eines chemischen Sensors (potenziometrisch)

8.3.2 Passive resistive Sensoren

8.3.2.1 Potenziometrische Sensoren

Bei dem ohm'schen Widerstand hängt der Widerstandswert R von der Länge l, der Querschnittsfläche A und dem spezifischen Widerstandswert ρ des leitfähigen Materials ab:

$$R = \frac{\rho \cdot l}{A}$$

Bei einem **Potenziometer** wird diese **Längenabhängigkeit** eines elektrischen Widerstandswertes genutzt. Es lassen sich Wege (translatorisch, Messbereich von 20 mm bis 2 m) und Winkel (rotatorisch, Messbereich bis 350°, teilweise bis 360°) erfassen. Hierbei wird über einen beweglichen Schleifkontakt die elektrische Verbindung zu einem linear oder kreisförmig aufgebauten Widerstand hergestellt. Bild 8.14 zeigt den prinzipiellen Aufbau sowie die Ausgangsspannung im so genannten unbelasteten und belasteten Zustand.

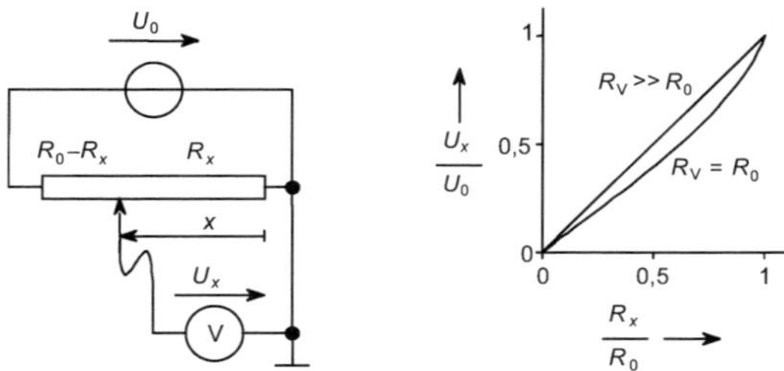

Bild 8.14 Prinzipdarstellung eines Potenziometers und Spannungsverlauf in Abhängigkeit von Schleiferstellung x und Belastungswiderstand R_V

Der klassische Aufbau ist ein **Drahtpotenziometer** (gute Linearität, diskreter Kennlinienverlauf), gefolgt von einem **Leitplastikpotenziometer** (schlechte Linearität, hohe Auflösung, da kontinuierlicher Kennlinienverlauf). Eine Kombination ist das

Hybridpotenziometer (Drahtwiderstand mit dünner Leitplastikschicht), welches die beiden guten Eigenschaften vereint. Die Widerstandswerte liegen im Bereich von 100 Ω bis 100 kΩ mit einer Linearität bis zu 0,05 % vom Endwert und einer Lebensdauer von 10^6 bis 10^8 Zyklen.

8.3.2.2 Dehnungsmessstreifen (DMS)

Bei einem **Dehnungsmessstreifen** (DMS) wird eine Widerstandswertänderung genutzt. Auf Grund einer Verformung führt eine **Längenänderung,** gekoppelt mit einer **Querschnittsänderung**, zu einer Änderung des Widerstandswertes. Um eine möglichst hohe Widerstandswertänderung zu erhalten, wird das Widerstandsmaterial mäanderförmig auf eine Trägerfolie aufgebracht (Bild 8.15).

Bild 8.15
Aufbau eines Dehnungsmessstreifens (DMS)

Durch die Formgebung erhält man eine hohe Empfindlichkeit in Längsrichtung der dünnen Leiter (hoher Widerstandsbeitrag) und eine geringe Empfindlichkeit in Querrichtung (geringer Widerstandsbeitrag). Die Längenänderung Δl der mechanischen Dehnung ε führt zu einer Widerstandswertänderung ΔR.

$$\frac{\Delta R}{R} = \frac{\Delta l}{l} \cdot \mathrm{k} = \varepsilon \cdot \mathrm{k}$$

Hierbei ist k ein Proportionalitätsfaktor, der bei vielen Metallen den Wert 2 aufweist. Platin-Iridium hat jedoch einen k-Wert von 6,6. Häufig sind mehrere DMS auf einem Folienträger aufgebracht. Die Geometrien richten sich dabei nach dem Messzweck und dem verwendeten Verformkörper (z. B. Biegung oder Torsion).

Die verwendbare relative Verformung liegt im Bereich von etwa 10^{-3} und die dadurch erreichbaren Widerstandswertänderungen sind relativ gering. Sie werden deshalb mit Hilfe von Brückenschaltungen (**Wheatston'sche Brücke**) ausgewertet.

Eine wichtige Einflussgröße ist die mechanische Kopplung des DMS mit dem Verformkörper. Hierfür gibt es je nach Temperaturbereich angepasste Kleber. Man unterscheidet zwischen kalthärtenden (einfache Handhabung) und heißhärtenden (gute Langzeitstabilität) Klebern.

Als Widerstandsmaterial kann auch Silicium verwendet werden. Hierbei kommt neben der Widerstandswertänderung noch ein **piezoresistiver Effekt** hinzu, der sich durch geringe Verschiebungen der Kristallgitter ergibt. Auf Grund des deutlich geringeren Leitwertes wird er ohne mäanderförmigen Verlauf hergestellt. Leider weist er eine hohe Temperaturabhängigkeit auf. Über die Dotierung ist ein k-Wert von –150 bis +200 möglich. Diese Variante eignet sich besonders für mikroelektronische Techniken.

8.3.2.3 Fotowiderstand

Einige Materialien ändern ihre Leitfähigkeit durch optische Bestrahlung. Das auftreffende Licht hebt dabei Elektronen aus dem Valenzband in das Leitungsband. Die zusätzlichen freien Elektronen erhöhen die Leitfähigkeit und reduzieren deshalb den Widerstandswert. Bei dem Aufbau von Fotowiderständen wird eine große lichtempfindliche Fläche bei kleinem Elektrodenabstand realisiert. Bild 8.16 zeigt den prinzipiellen Aufbau und eine exemplarische Widerstandskennlinie.

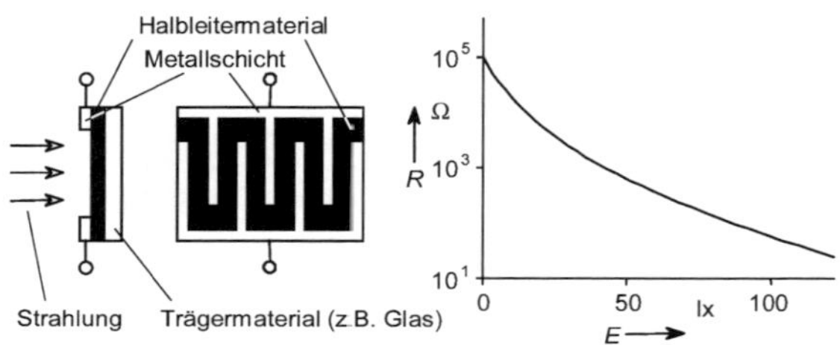

Bild 8.16 Aufbau und Kennlinie eines Fotowiderstandes

Die spektrale Empfindlichkeit ergibt sich aus dem verwendeten Material. Bild 8.17 stellt die spektrale Empfindlichkeit von drei Realisierungen dar.

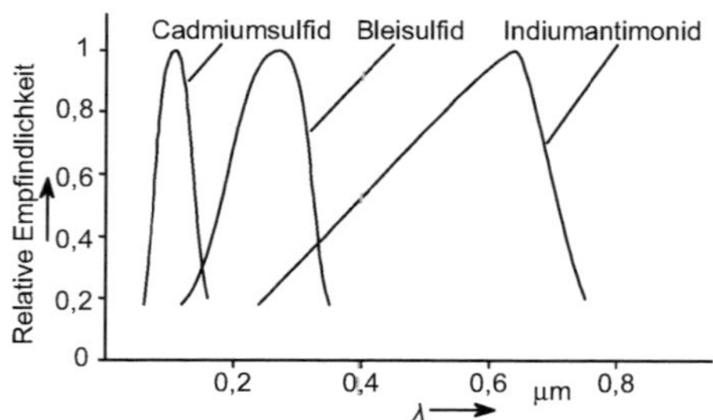

Bild 8.17 Spektrale Empfindlichkeit von Fotowiderständen

Nachteile der Fotowiderstände sind deren messtechnische Trägheit und die Temperaturabhängigkeit. Auf Grund ihrer Widerstandswertänderung können sie ohne zusätzliche Elektronik zum Schalten von Relais mit geringer Stromaufnahme verwendet werden.

8.3.2.4 Widerstandsthermometer

Bei vielen Materialien ändert sich der elektrische Widerstand mit der Temperatur. Dieser Effekt wird bei dem Widerstandsthermometer zur Temperaturmessung genutzt. Bei der **Kontaktthermometrie** steht ein kleiner Testkörper (Sensorelement) im Wärmeleitungskontakt mit dem zu messenden gasförmigen, flüssigen oder festen

Medium. Seine Temperatur folgt durch die Wärmeleitung der Temperatur des zu messenden Mediums. Für eine hohe Genauigkeit muss die Wärmekapazität des Sensorelementes klein gegenüber der Wärmekapazität des zu messenden Mediums sein, einen sehr guten Wärmekontakt zum Medium haben und einen schlechten Wärmekontakt zur Umgebung aufweisen. Unter den gut leitenden Stoffen haben sich Widerstände aus Platin, Nickel und Molybdän, bei den halbleitenden Materialien dotiertes Silicium bzw. gemischte Oxide (**Heißleiter** (NTC: Negative Temperature Coefficient) bzw. **Kaltleiter** (PTC: Positive Temperature Coefficient), **Thermistoren**) bewährt. Bild 8.18 zeigt Widerstandskennlinien unterschiedlicher Materialien.

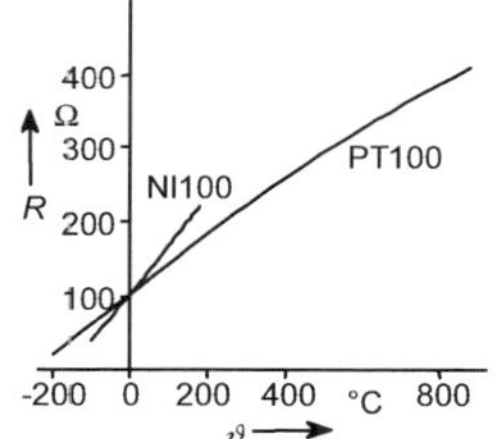

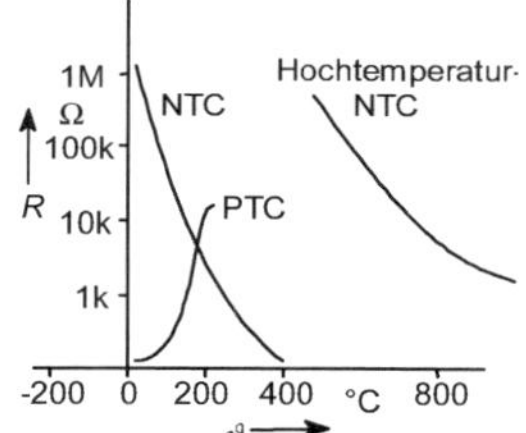

Bild 8.18 Widerstandsverlauf in Abhängigkeit von der Temperatur bei unterschiedlichen Messwiderständen (PT100, NI100, NTC und PTC)

Platin, Nickel und Silicium zeichnen sich durch einen positiven Temperaturkoeffizienten α ($\alpha_{Pt} = 3{,}85 \cdot 10^{-3}\ \text{K}^{-1}$ und $\alpha_{Ni} = 6{,}17 \cdot 10^{-3}\ \text{K}^{-1}$) und näherungsweise linearer Kennlinie aus. Der Effekt beruht auf dem Anstieg der Leitungselektronen bei höheren Temperaturen und hat mit R_0 als Widerstandswert bei der Bezugstemperatur ϑ_0 (in °C) und R_ϑ als Widerstandswert bei der Temperatur ϑ näherungsweise folgenden Zusammenhang:

$$R_\vartheta = R_0\left(1 + \alpha \cdot (\vartheta - \vartheta_0)\right)$$

oder in genauerer Form für Silicium mit den Polynomkoeffizienten A, B und C (z. B. für R_0 = 2 kΩ, ϑ_0 = 25 °C = 298,15 K, $A = 7{,}93 \cdot 10^{-3}\ \text{K}^{-1}$, $B = 1{,}93 \cdot 10^{-5}\ \text{K}^{-2}$ und $C = -4{,}82 \cdot 10^{-8}\ \text{K}^{-3}$)

$$R_\vartheta = R_0\left(1 + A \cdot (\vartheta - \vartheta_0) + B \cdot (\vartheta - \vartheta_0)^2 + C \cdot (\vartheta - \vartheta_0)^3\right)$$

Platin- und Nickelwiderstände werden als Draht- oder Schichtwiderstände gefertigt mit einem Widerstandswert R_0 von 100 Ω bei 0 °C (Pt100 bzw. Ni100). Platin-Widerstände haben einen Arbeitsbereich von -200 °C bis +850 °C und Nickel von -50289 °C bis +150 °C. Sensoren aus Silicium befinden sich häufig in einem Kunststoff- oder Stahlgehäuse und haben einen Widerstandswert R_0 von 1 kΩ bis 2 kΩ (ϑ_0 = 25 °C) bei einem Arbeitsbereich von -50 °C bis +150 °C. Um einen möglichst linearen Zusammenhang zwischen Messspannung und Temperatur zu erhalten, gibt es verschiedene Schaltungen mit Konstantstromquelle, Parallelwiderstand oder gesteuerter Spannungsquelle, auf die hier nicht näher eingegangen werden kann.

Thermistoren zeigen eine starke Temperaturabhängigkeit mit einem nichtlinearen Zusammenhang. Der Effekt beruht bei den Heißleitern (**NTC-Thermistoren**, **Nega-**

tive **T**emperature **C**oefficient – Thermal Sensitive Resistor) auf einer exponentiellen Zunahme der Ladungsträgerdichte mit steigender Temperatur. Sie sind mit Glas oder Epoxidharz hermetisch abgeschlossen und haben folgenden Zusammenhang mit R_0 als Widerstandswert bei der Bezugstemperatur T_0 (T_0 = (273,15 + 25) K entsprechend 25 °C) und R_H als Widerstandswert bei der Temperatur T.

$$R_{\mathrm{H}} = R_0 \cdot \mathrm{e}^{B \cdot \left(\frac{1}{T} - \frac{1}{T_0}\right)}$$

Der B-Wert liegt je nach Halbleitermaterial im Bereich von 2000 K bis 7000 K. Die Bezugswerte R_0 liegen im Bereich von 1 kΩ bis 1 MΩ. Heißleiter haben einen Arbeitsbereich von –50 °C bis +120 °C oder bis +450 °C (je nach Material).

Kaltleiter (**PTC-Thermistoren**, **P**ositive **T**emperature **C**oefficient – Thermal Sensitive Resistor) bestehen aus dotierter Titanat-Keramik. Der Widerstandseffekt beruht auf einer Zunahme der Sperrschichtwirkung in ferroelektrischer Keramik oberhalb der Curie-Temperatur. Unterhalb der Curie-Temperatur sind auf Grund der Gitterstrukturen die vorhandenen Sperrschichten an den Korngrenzen der Kristallite nur schwach wirksam (ferro-elektrisch), während sie oberhalb der Temperatur ϑ_C wirksam werden und der Widerstandswert innerhalb eines Temperaturbereiches von 15 °C um mehrere Zehnerpotenzen ansteigen kann. Die Arbeitstemperatur ϑ_C hängt vom Herstellungsprozess ab und liegt im Bereich von 60 °C bis 180 °C. Neben der Temperaturmessung (Temperaturerkennung) können sie als selbstregelnder Thermostat oder über die Wärmeableitung als Füllstands-**Grenzwertschalter** bei Flüssigkeiten eingesetzt werden.

Bei der Temperaturmessung muss der Temperaturunterschied zwischen Sensor und dem zu messenden Medium ausgeglichen sein. Auf Grund der Wärmeübergangswiderstände und der Wärmekapazität des Schutzrohres hat eine sprungförmige Temperaturänderung des Mediums eine kriechende Einstellung des Sensorsignals zur Folge. Dieses Verhalten kann durch die Zeitkonstante τ des Systems angegeben werden oder durch den Verzögerungswert T_{90}, bei dem der Sensor 90 % seiner Temperaturänderung durchgeführt hat. Dieser Wert liegt im Bereich von 1 s bis 100 s.

8.3.2.5 Feldplatte

Zur Messung magnetischer Felder eignet sich beispielsweise eine **Feldplatte**. Hierbei wird der Effekt genutzt, dass in einem stromdurchflossenen Leiter, der sich in einem Magnetfeld befindet, die beweglichen Ladungsträger entsprechend der *Lorentz-Kraft* abgelenkt werden. Durch den verlängerten Weg der Ladungsträger ergibt sich ein erhöhter Widerstandswert. Im Sensorelement sind mehrere parallel zu den Kontaktflächen verlaufende „Kurzschlussstreifen“ eingebaut, damit sich eine günstigere Stromverteilung einstellt. Bild 8.19 zeigt den Aufbau mit einem beispielhaften Strompfad durch den Sensor. Des Weiteren ist die Abhängigkeit des Widerstandes R von der magnetischen Induktion B dargestellt.

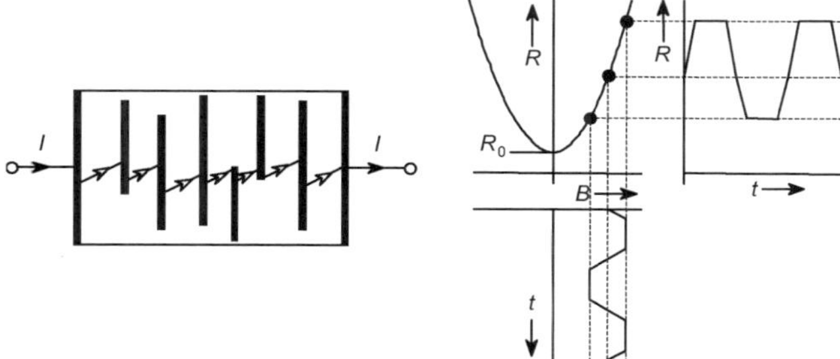

Bild 8.19 Prinzipdarstellung einer Feldplatte mit Kennlinienverlauf

Bei der Messung eines äußeren Magnetfeldes kann auf Grund der symmetrischen Kennlinie die Richtung des Magnetfeldes nicht gemessen werden. Bei der Anwendung der Feldplatte wird häufig ein Permanentmagnet verwendet, um den Arbeitspunkt, wie in Bild 8.19 dargestellt, auf einen Bereich außerhalb des Nullpunktes zu verschieben. Hierdurch erhält man einen linearisierten Zusammenhang zwischen wirkender magnetischer Induktion B und messbarem Widerstandswert $R(B)$. Das Anwendungsgebiet der Feldplatte ist weitgehend mit dem der Hall-Sonde (Abschn. 8.4.7) identisch.

8.3.2.6 Gasdetektor

Metalloxide ändern bei Temperaturen von etwa 500 °C ihre Leitfähigkeit in Abhängigkeit von der Konzentration bestimmter Gase. Metalloxide mit n-Typ-Elektronenleitung reagieren auf oxidierbare Gase. Bei Temperaturen von 200 °C bis 500 °C sind beispielsweise CH_4 mit Fe_2O_3, NO_x mit SnO_2 und Halogene mit ZnO nachweisbar. Metalloxide mit p-Typ-Halbleiter reagieren auf reduzierbare Gase. Hiermit lässt sich O_2 mit CoO und CO mit NiO nachweisen.

Ein in Feuermeldern weit verbreiteter Sensor ist der *Taguchi-Gassensor.* Er besteht aus einer isolierten Heizwendel mit aufgebrachtem SnO_2 und zwei Messelektroden zur Widerstandsbestimmung. Die Reaktionszeiten liegen im Minutenbereich. Ein Problem von Gassensoren sind ihre hohen Querempfindlichkeiten (Reaktion auf ähnliche Gase).

8.3.3 Passive kapazitive Sensoren

8.3.3.1 Geometrische Effekte

Bei einem Kondensator hängt die Kapazität C neben der Dielektrizitätskonstanten ε des Isolationsmaterials von der Fläche A und dem Abstand d der Kondensatorplatten ab.

$$C = \frac{\varepsilon \cdot A}{d}$$

Eine Übersicht unterschiedlicher Beeinflussungsmöglichkeiten zeigt Bild 8.20.

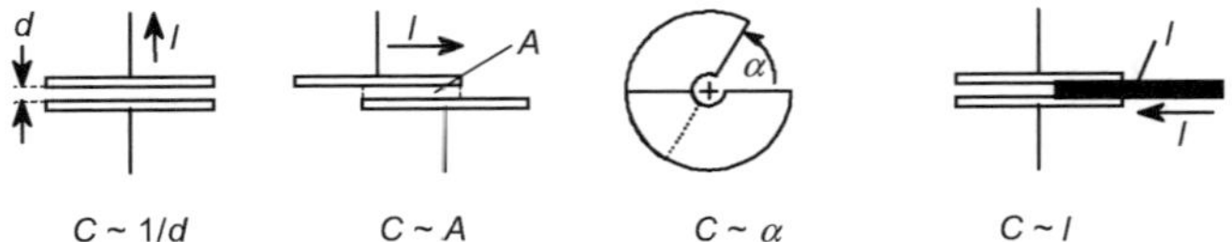

Bild 8.20 Messeffekte durch Kapazitätsänderung

Von den dargestellten Einflussmöglichkeiten wird die Abhängigkeit des Abstandes d bei den kapazitiven **Näherungsschaltern** (s. Abschn. 8.3.3) genutzt.

Die Beeinflussung der wirksamen Plattenfläche A in Abhängigkeit vom linearen Weg l dient zur **Füllstandsmessung** leitender Flüssigkeiten. Hierbei wird eine isolierte Stabelektrode verwendet. Der Abschnitt, der nicht in die Flüssigkeit eintaucht, hat auf Grund der fehlenden (oder weit entfernten) Gegenelektrode eine geringe Kapazität. Der Abschnitt, der in die Flüssigkeit eintaucht, bildet einen Kondensator mit einem Dielektrikum. Die Flüssigkeit wirkt als zweite Elektrode, und die Kapazität ist auf Grund der wirksamen Fläche proportional der Eintauchtiefe h. Bild 8.21 stellt auf der linken Seite das Prinzip der Füllstandsmessung leitender Flüssigkeiten dar.

8.3.3.2 Dielektrizitätseffekte

Die Kapazität eines Kondensators hängt von der relativen Dielektrizitätskonstanten ε_r des verwendeten Dielektrikums ab. In der Praxis wird dies beispielsweise zum Messen der Füllhöhe nichtleitender Flüssigkeiten und zur Dickemessung von Folien verwendet.

Bei nichtleitenden Flüssigkeiten verwendet man zur **Füllstandsmessung** zwei Elektroden, beispielsweise eine von einem durchlöcherten Rohr umgebene Stabelektrode. Die Anordnung bildet einen Zylinderkondensator, bei dem außerhalb der Flüssigkeit die Luft mit einer relativen Dielektrizitätskonstanten von $\varepsilon_r = 1$ wirkt, und in dem eingetauchten und mit Flüssigkeit gefüllten Abschnitt die relative Dielektrizitätskonstante ε_r der Flüssigkeit. Daraus ergibt sich die relative Kapazitätsänderung $\Delta C/C(0)$ gemäß:

$$\frac{\Delta C}{C(0)} = \frac{h}{h_{\max}} (\varepsilon_r - 1)$$

Bild 8.21 zeigt auf der rechten Seite schematisch die Kondensatoranordnung zur Füllstandsmessung nichtleitender Flüssigkeiten.

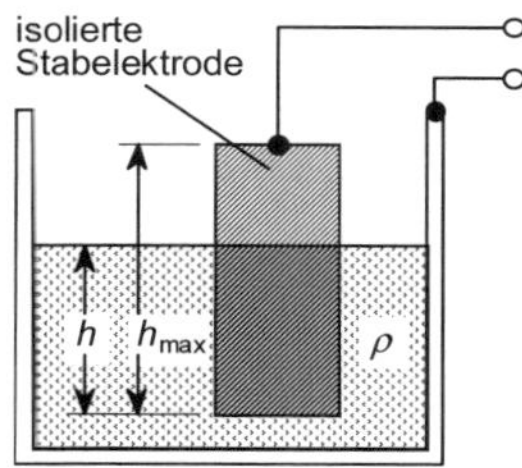

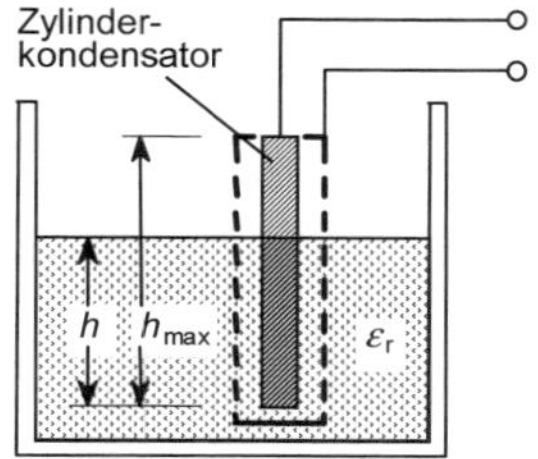

Bild 8.21 Prinzip einer kapazitiven Füllstandsmessung (links: leitende Flüssigkeit, rechts: nichtleitende Flüssigkeit)

Dieses Prinzip kann auch zur berührungslosen **Dickenmessung** von nichtleitenden Folien verwendet werden. Hierbei werden auf den gegenüberliegenden Seiten einer Folie die Kondensatorplatten angebracht. Das wirkende Dielektrikum ist jetzt parallel zu den Platten geschichtet und wirkt wie drei hintereinander geschaltete Kondensatoren mit den Dielektrika Luft, Folie, Luft. Die Position der Folie innerhalb der Kondensatorplatten beeinflusst nicht den Kapazitätswert. Die Summe aller Plattenabstände hat den Wert D und ist konstant. Nimmt die Dicke d der Folie zu, so vergrößert sich der wirkende Abstand dieses Dielektrikums und es verringert sich der Abstand $(D - d)$ der mit Luft isolierten Kondensatorbereiche. Unter Vernachlässigung der Randeffekte erhält man eine relative Kapazitätsänderung $\Delta C/C(0)$ gemäß:

$$\frac{\Delta C}{C(0)} = \frac{d\left(\varepsilon_r - 1\right)}{\varepsilon_r \cdot D - d\left(\varepsilon_r - 1\right)}$$

Bild 8.22 zeigt den prinzipiellen Aufbau und die Abhängigkeit des Kapazitätswertes C in Abhängigkeit von der Foliendicke d.

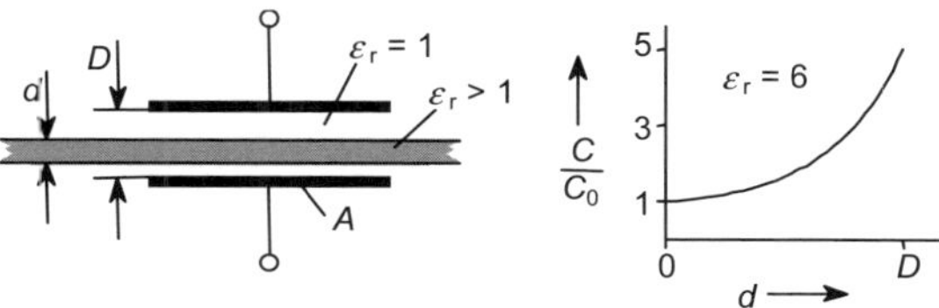

Bild 8.22 Prinzip und Kennlinie einer kapazitiven Dickenmessung

8.3.3.3 Näherungsschalter

Der Plattenabstand d kann zur berührungslosen **Abstandsmessung** verwendet werden. Hierbei werden die beiden Elektroden (Platten) beispielsweise in einer zylindrischen Form aufgebaut. Eine Elektrode bildet eine kreisrunde Fläche, während die zweite Elektrode einen Ring um die erste Elektrode bildet. Das elektrische Feld der Anordnung reicht in den offenen Raum hinein. Nähert sich eine Fläche mit leitendem Material, so bilden sich Kondensatorbereiche aus, deren Zusammenwirken den Kapazitätswert der offenen Anordnung verändert. Eine Annäherung eines Materials mit unterschiedlicher Dielektrizitätskonstante beeinflusst ebenfalls das elektrische Feld. Bei bekanntem Medium kann aus dem Kapazitätswert der Abstand bestimmt werden. Durch den nahezu hyperbolischen Verlauf ist eine Messung von bis zu 3 mm möglich. Mithilfe eines Schwellwertes kann man einen kapazitiven **Näherungsschalter** aufbauen (Bild 8.23).

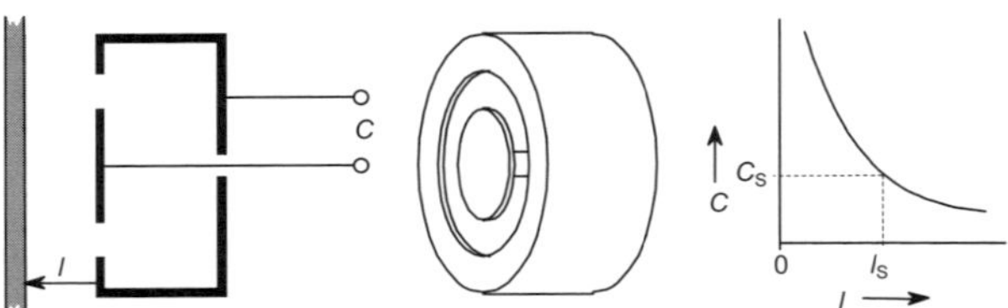

Bild 8.23 Kapazitiver Abstandssensor als Näherungsschalter

8.3.3.4 Feuchtemessung

Der klassische **Feuchtesensor** besteht aus einem Trägermaterial mit einer Aluminiumschicht. Auf der Oberfläche des als Elektrode wirkenden Aluminiums befindet sich eine dünne Oxidschicht mit definierter Dicke, die mit einem speziellen elektrolytischen Verfahren hergestellt wird. Ein aufgedampfter Goldbelag bildet die Gegenelektrode. Der Aufbau stellt einen Kondensator dar. Der Goldbelag ist wasserdampfdurchlässig. Wassermoleküle durchdringen den Goldbelag und lagern sich an den Wänden des Aluminiumoxids ab. Die Menge der Wassermoleküle bestimmt die Leitfähigkeit und die Dielektrizitätskonstante der Kondensatoranordnung. Die Impedanz des Sensors verändert sich proportional zum Wassergehalt des umgebenden Gases und kann deshalb zur Bestimmung des Wasserdampf-Partialdruckes verwendet werden. Bild 8.24 stellt den Aufbau eines Aluminiumoxid-Feuchtesensors dar.

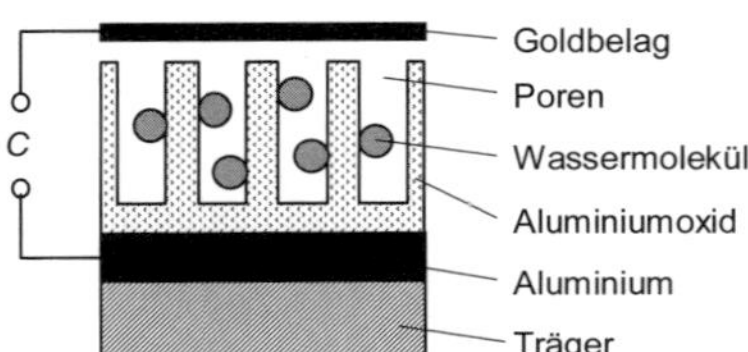

Bild 8.24
Aufbau eines Aluminiumoxid-Feuchtesensors

Wegen der kleinen Poren des Sensors können keine Moleküle in das Aluminiumoxid eindringen, die deutlich größer sind als Wasser. Der Sensor ist deshalb auch zur Messung des Wassergehaltes bei organischen Flüssigkeiten geeignet. Sensoren dieser Art sind für Temperaturen von −110 °C bis +70 °C sowie bei Drücken von Vakuum bis 35 MPa (350 bar) einsetzbar. Die Reaktionszeiten liegen im Bereich von 20 s.

8.3.4 Passive induktive Sensoren

8.3.4.1 Positionsmessung

Die Änderung eines magnetischen Flusses Φ induziert in einer Spule mit der Windungszahl N eine Spannung gemäß

$$u_{\text{ind}} = N\frac{\mathrm{d}\Phi}{\mathrm{d}t}$$

Die induzierte Spannung u_{ind} kann zur Längenmessung herangezogen werden. Eine Möglichkeit wird bei einem Transformator genutzt, in dem der Koppelfaktor zwischen den Spulen und damit der verkettete Fluss Φ durch Verschieben eines Eisenkerns verändert wird. Die induzierte Spannung ist mit der Position des Eisenkerns verknüpft.

Im realen Aufbau (Bild 8.25) werden eine Primär- und zwei Sekundärspulen verwendet. Als Ausgangssignal dient die Spannungsdifferenz zwischen den induzierten Spannungen der beiden Sekundärspulen. Bei einer symmetrischen Anordnung des Kerns ist diese Spannung null und im Arbeitsbereich ist sie linear mit der Verschiebung des Kerns verknüpft. Anordnungen dieser Art arbeiten nach dem **Linear-Variable-Differenzial-Transformator**-(**LVDT**-)Prinzip.

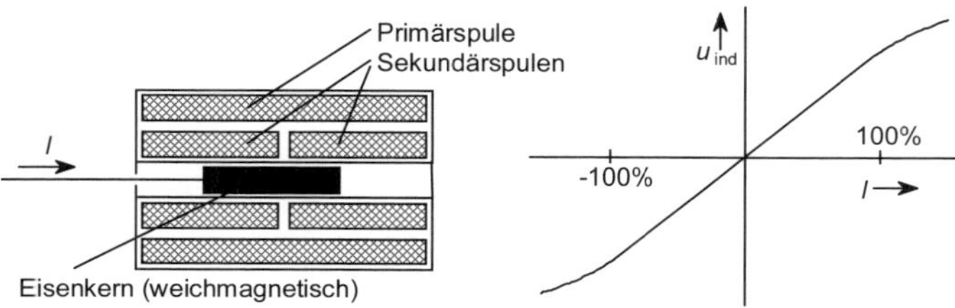

Bild 8.25 Aufbau eines LVDT-Sensors

8.3.4.2 Näherungsschalter

Eine einfache Variante eines **Näherungsschalters** ist der so genannte induktive Näherungsschalter. Der Aufbau entspricht dem einer Drossel deren magnetischer Kreis zu der aktiven Fläche des Sensors offen ist. Die Spule in dem Sensor wird mit Wechselstrom angesteuert (Teil eines Schwingkreises) und erzeugt ein magnetisches Feld, das auf der aktiven Fläche in den Raum hineinragt. Befindet sich in diesem Bereich ein elektrisch oder magnetisch leitfähiges Material, so beeinflusst es das Magnetfeld. Wirbelströme entziehen der Anordnung Wirkleistung. Hierdurch ändern sich die Impedanz und die Güte Q des Schwingkreises, welches durch eine Elektronik ausgewertet werden kann. Bild 8.26 zeigt den prinzipiellen Aufbau.

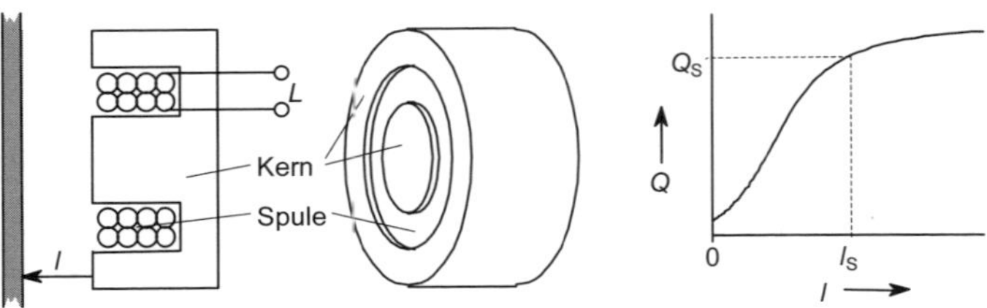

Bild 8.26 Prinzip eines induktiven Näherungsschalters

Der nutzbare Abstand des Näherungsschalters hängt von dem Durchmesser der Spule ab. Der Einbau in der unmittelbaren Nähe von elektrisch leitendem oder magnetischem Material reduziert den nutzbaren Abstand.

Weitere Bauformen sind Schlitzinitiatoren zur Erfassung elektrisch leitfähiger oder magnetischer Materialien in dem Schlitz zwischen den sensitiven Oberflächen (z. B. zur Drehzahlerfassung mit Schlitzscheibe, ähnlich Abschn. 8.4.3) und Ringinitiatoren (zur Zählung kleiner Materialien (Schrauben)).

8.4 Indirekt umsetzende Sensoren

8.4.1 Weg, Strecke

Die Übertragung zwischen Längenmesssystemen (translatorisch) und Winkelmesssystemen (rotatorisch) kann in jedem Fall mechanisch erfolgen (z. B. über einen rollenartigen Seilantrieb, eine Zahnstange und Ritzel oder ein Laufrad). Zur Weg- oder Positionsmessung bis zu einigen Metern eignen sich **potenziometrische Sensoren** (s. Abschn. 8.3.2) und zur Füllstandsmessung von Flüssigkeiten die **kapazitive Füllstandsmessung** (s. Abschn. 8.3.3). Weitere Verfahren zur Wegmessung sind das **Triangulationsverfahren** (optisch), die **Laufzeitmessung** (akustisch) sowie das Auslesen von Positionskennungen (**absolute Positionsbestimmung**) und das Zählen von Teilabschnitten (**inkrementale Positionsbestimmung**). Letztere werden in den folgenden Abschnitten beschrieben.

8.4.1.1 Triangulation

Bei der optischen Abstandsmessung wird mit Hilfe eines Laserstrahls ein Leuchtpunkt auf dem zu messenden Objekt erzeugt. Eine Optik bildet diesen Leuchtpunkt auf einen ortsauflösenden Sensor ab. Die Lage des Leuchtpunktes ist mit dem Abstand des zu messenden Objektes gekoppelt. Das Verfahren heißt **Triangulation** (Bild 8.27).

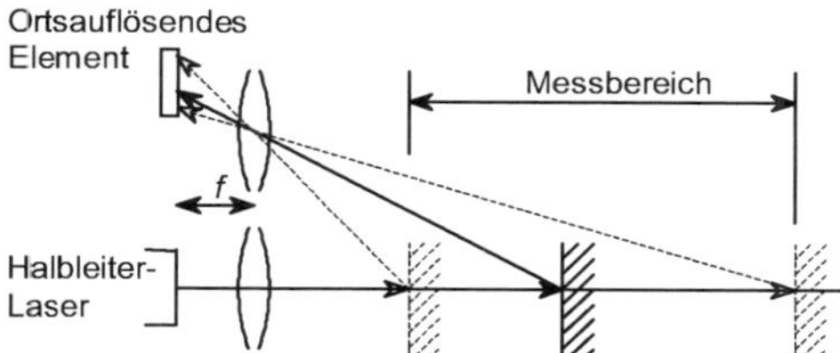

Bild 8.27 Abstandsmessung nach dem Triangulationsverfahren

Mit einem hochauflösenden Sensor kann der Abstand zum reflektierenden Objekt bestimmt werden. Einfachere Realisierungen verwenden nur zwei Sensorelemente, und das Triangulationsverfahren dient zur Kontrolle eines vorgegebenen Abstandes (bei dem korrekten Abstand liegt der Fokuspunkt des reflektierten Lichtes zwischen den beiden Sensoren). Eine weitere Vereinfachung führt zu einem **Näherungsschalter**. Vor dem Sensor befindet sich ein optisch aktiver Raum, der sowohl von der Lichtquelle (Sender) als auch von dem Lichtsensor (Empfänger) erfasst wird. Befindet sich ein Gegenstand in diesem Bereich, so erkennt der Sensor die reflektierte Lichtmenge und zeigt dieses an. Das Licht kann an schwer zugänglichen Stellen über Glasfaserkabel an die zu messende Position geleitet werden. Bild 8.28 zeigt den Aufbau dieses **Lichttasters**.

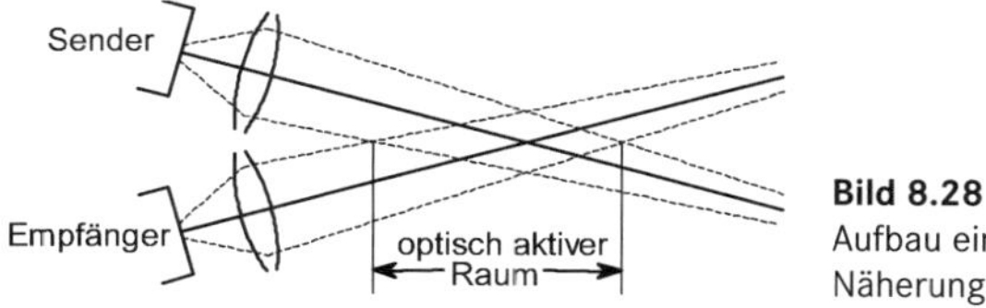

Bild 8.28
Aufbau einer Reflexlichtschranke als Näherungsschalter

8.4.1.2 Ultraschall

Eine Möglichkeit einer **Abstandsmessung** ist die Auswertung eines Echos. Hierbei werden Schallsignale in Messrichtung abgestrahlt und die Laufzeit bis zum Echo ausgewertet. Im Wasser wird es zur Ortung von Untiefen, Fischschwärmen und Unterseebooten (Echolot, Sonar) verwendet. Weitere Anwendungen sind in der medizinischen Diagnostik und der zerstörungsfreien **Werkstoffprüfung** zu finden. Hier wird das Verfahren zur Abstandsmessung erläutert. Als Sender und Empfänger dienen piezoelektrische Wandler. Mit ihnen werden Impulse ausgesendet, deren Frequenzbereich oberhalb des Hörbereiches liegt (>20 kHz). Für eine gute Auflösung müssen steilflankige Impulse von kurzer Dauer erzeugt werden. Die Schallwellen breiten sich als Longitudinalwellen in der Luft aus. Spezielle Konstruktionen (akustische Linsen, gekrümmte Wandleroberfläche) ermöglichen eine Fokussierung der Schallwellen. An Grenzflächen wird ein Teil des Schalls reflektiert und kehrt dadurch zum Sender zurück. Hier wird der Impuls erfasst und mit der gemessenen Laufzeit der Abstand zu der Grenzfläche bestimmt.

Die Schallgeschwindigkeit in der Luft ist temperaturabhängig. Für Korrekturzwecke ist diese messtechnisch zu erfassen. Luftdruck und Luftfeuchte haben einen vernachlässigbaren Einfluss. Der Messbereich kann bis 30 m betragen. Bild 8.29 stellt den Aufbau einer Abstandsmessung mit Ultraschall, ein Sende-/Empfangselement und ein exemplarisches Messsignal zur Abstandsbestimmung dar.

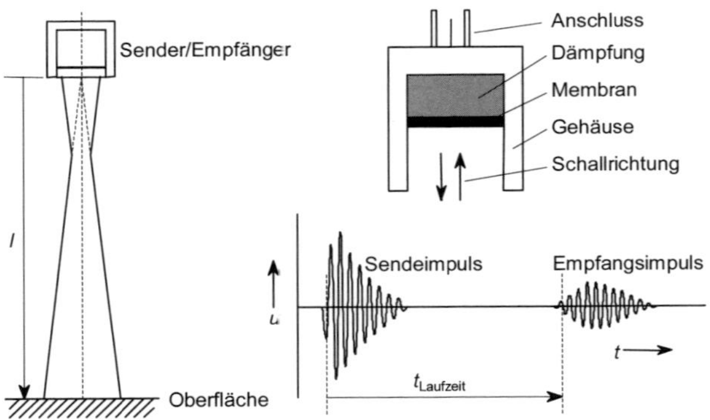

Bild 8.29 Prinzip einer Abstandsmessung mit Ultraschall, Sende-/Empfangselement und mögliches Messsignal für die Abstandsbestimmung

Die Sensoren werden beispielsweise zur berührungslosen **Füllstandsmessung** (auch in staubiger Umgebung), **Positionserfassung** bei Handhabungsautomaten sowie zur Steuerung und Kontrolle von Transportsystemen (z. B. **Kollisionsüberwachung**) eingesetzt.

8.4.1.3 Magnetostriktion

Spezielle weichmagnetische Werkstoffe reagieren bei einem Magnetfeld mit einer mechanischen Verformung. Dieses Verhalten wird **Magnetostriktion** genannt und kann bei der Realisierung eines Wegsensors verwendet werden. Das Sensorelement besteht aus einem Rohr aus magnetostriktivem Material. In diesem Rohr befindet sich ein Leiter. Ein Stromimpuls $i(t)$ erzeugt ein zirkulares Magnetfeld in dem Rohr (Bild 8.30; das Magnetfeld $B(i)$ ist aus Übersichtsgründen außerhalb des Rohres dargestellt). An der Stelle der zu messenden Position befindet sich ein Permanentmagnet, dessen Magnetfeldlinien senkrecht zu dem zirkularen Magnetfeld stehen. Die Überlagerung beider Magnetfelder regt den magnetostriktiven Vorgang an, und es entsteht ein mechanischer Impuls, der sich mit etwa v = 2850 m/s in beiden Richtungen entlang des Rohres ausbreitet. Am Ende des Rohres wird dieser Impuls erkannt und auf Grund der Laufzeit zwischen Stromimpuls und mechanischem Impuls die Position des Permanentmagneten bestimmt.

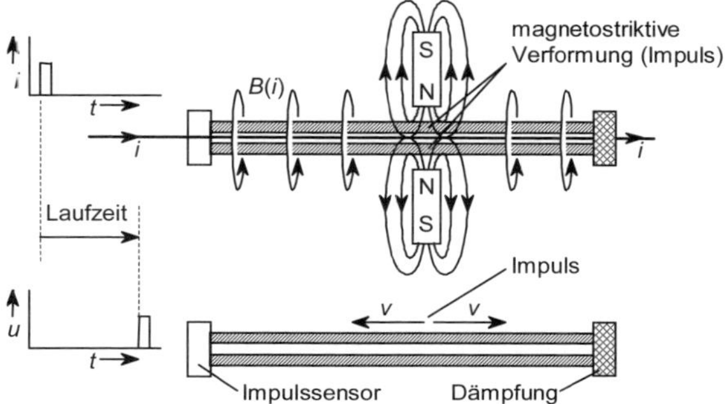

Bild 8.30 Aufbau eines magnetostriktiven Aufnehmers

8.4.1.4 Optisch

Eine Positionsbestimmung, oder genauer gesagt eine Änderung der Position, kann durch ein **Zählen von Inkrementen** erfolgen. Hierzu müssen die inkrementalen Verschiebungen erkannt und für den Zähler aufbereitet werden. Bestrahlt man ein Objekt mit einem Laser (kohärentes Licht), so überlagern sich die ausgesendeten Wellen mit den reflektierten Wellen. Dieses wird beim *Michelson-Interferometer* genutzt (Bild 8.31).

Ein Laserstrahl wird geteilt (Strahlteiler). Ein Teilstrahl wird über einen feststehenden Spiegel direkt dem Detektor zugeführt und der andere über die Messstrecke und einen am Messobjekt befindlichen Spiegel (reflektierter Laserstrahl). Am Detektor überlagern sich beide Wellen und es kommt zu Interferenzen. Je nach Phasenlage der beiden Anteile erhält man Helligkeitswerte zwischen der Summe oder der Differenz der Lichtwellen der beiden Strahlen. Ändert sich die Messstrecke, so detektiert der Detektor Helligkeitsschwankungen. Die mechanische Differenz (Messstreckenänderung) für zwei benachbarte Helligkeitsmaxima am Detektor entspricht einer halben Wellenlänge des Laserlichtes (etwa 0,3 µm). Durch Auswertung des analogen Ausgangssignals lässt sich die Auflösung noch erheblich steigern.

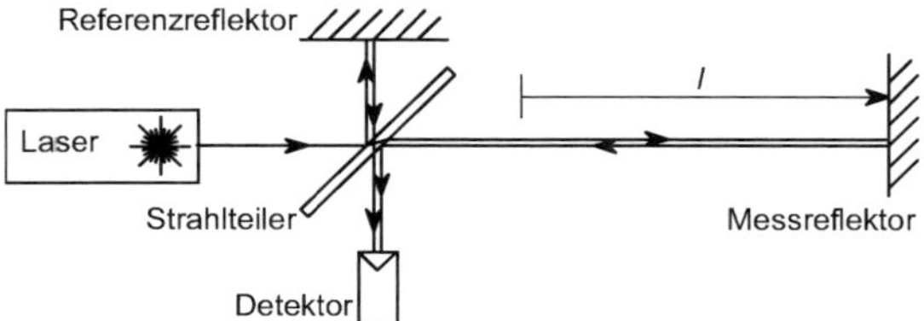

Bild 8.31 Prinzip eines Michelson-Interferometers

Für übliche Messgenauigkeiten bei der **Positionsmessung** kann statt der Interferenzerscheinung ein auf einem Lineal aufgebrachtes Strichmuster verwendet werden. Optische Sensoren erfassen dieses Strichmuster, und eine Auswerteelektronik zählt bei einer Positionsänderung die Anzahl der am Sensorkopf vorbeistreichenden Striche in positiver oder negativer Zählrichtung. Die Richtung wird durch einen um einen viertel Strichabstand versetzten Sensorkopf und eine Auswertung des Phasenbezugs beider Sensorköpfe erkannt (Bild 8.32).

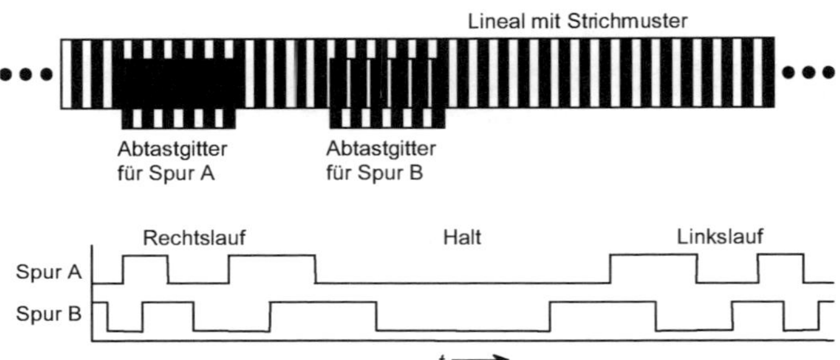

Bild 8.32 Skizze der Strichmusteraufnahme mit Ausgangssignalen

Das Lineal muss eine geringe Temperaturabhängigkeit aufweisen und wird häufig aus Quarzglas gefertigt. Der Strichabstand liegt im Bereich von µm. Durch ein Referenzgitter, bei dem mehrere Striche gleichzeitig bewertet werden, erhält man einen Mittelwert, der nahezu unabhängig von Störungen (defektes Strichmuster) ist. Eine analoge Bewertung des Helligkeitsmusters ermöglicht eine Positionserkennung bis in den nm-Bereich.

Mit diesen Sensoren kann man nur **Relativbewegungen** messen, sodass während der Initialisierung der Nullpunkt des Längenmesssystems eingestellt werden muss (Bewegung in eine Richtung bis zum Erreichen des **Referenzpunktes** (Nullpunkt)). Ist dieses aus technischen Gründen nicht durchführbar, dann sind mehrere optische Sensorköpfe mit zugehöriger Datenspur auf dem Lineal und einem absolut anzeigenden Codierungsmuster zu verwenden. Hierbei können keine Abtastgitter und Mittelwerte der einzelnen Lichtsensoren verwendet werden (geringere Auflösung). Um Lesefehler zu vermeiden, ist ein **einschrittiger Code** zu verwenden. Das bedeutet, dass sich zwei benachbarte Codierungen immer nur um ein Bit unterscheiden dürfen. Bild 8.33 zeigt als Beispiel 5 Bit des **Gray-Codes** (s. Abschn. 12.2.3.2) zur Unterscheidung von 32 Positionen (0 bis 31).

Werden die Lineale kreisförmig angeordnet, so können Winkel mit einer hohen Genauigkeit erfasst werden.

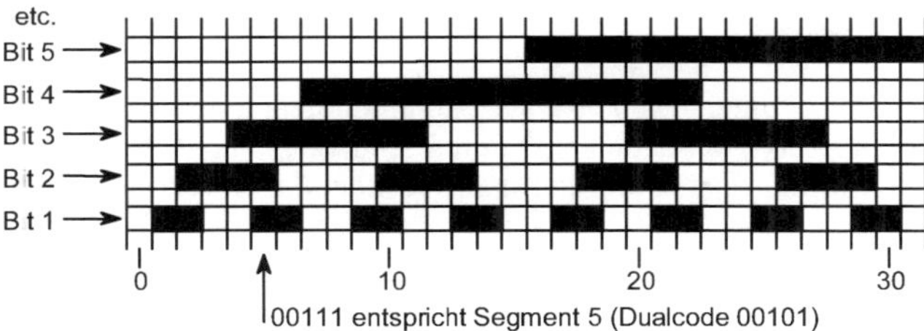

Bild 8.33 Beispiel eines Gray-Codes (5 Bit) zur absoluten Positionsbestimmung

8.4.2 Füllstand

Zur Messung des **kontinuierlichen** Füllstandes gibt es vielerlei Möglichkeiten. Neben dem **Wiegen** des gesamten Behälters (z. B. mit Dehnungsmessstreifen an tragenden Elementen), bei Flüssigkeiten mit einer **Druckmessung** am Boden auf direktem oder indirektem Wege (hydrostatische oder pneumatische Verfahren) oder der Verwendung von **Schwimmern** mit mechanischer Kopplung zu Potenziometern soll hier nicht eingegangen werden. **Kapazitive Füllstandssensoren** wurden in Abschn. 8.3.3, **Ultraschall-Abstandssensoren** zur Ermittlung des verbliebenen Raumes oberhalb der Füllhöhe und **Schwimmer-Methoden**, gekoppelt mit einer **magneto-restriktiven Positionsbestimmung**, in Abschn. 8.4.1 behandelt. Eine weitere Möglichkeit zur Füllstandsbestimmung, besonders unter extremen Bedingungen, ist die **radioaktive Füllstandsmessung**.

Neben Sensoren zur kontinuierlichen Füllstandsmessung existieren auch Grenzwertschalter zur Erfassung von Bereichsgrenzen. Als **Füllstands-Grenzwertschalter** können kapazitive oder induktive **Näherungsschalter** wie in Abschn. 8.3.3 und in Abschn. 8.3.4 beschrieben, eingesetzt werden. Mit optischen **Lichtleitern**, deren Reflexionseigenschaften an speziell geformten Stirnseiten sich beim Eintauchen in eine Flüssigkeit ändern, oder mit **PTC-Widerständen**, mit denen der Wärmeableitungsunterschied in Luft oder einer Flüssigkeit erkannt wird, wird hier nicht näher eingegangen. Ein verbreiteter Sensor zur Grenzstandsüberwachung ist der **Schwinggabelsensor**. Er eignet sich für staubiges und granuliertes Schüttgut, bei dem wegen der Haftungseigenschaft an den Behälterwänden nicht mit Näherungsschaltern gearbeitet werden kann.

8.4.2.1 Radioaktiv

Bei aggressiven bzw. stark anhaftenden Füllgütern, bei sehr hohen Temperaturen, bei Behältern mit eingebauten Rührwerken oder Bunkern mit grobstückartigen Materialien können die oben genannten Verfahren nicht angewendet werden. Hier bietet sich eine **radioaktive Füllstandsmessung** mit **radioaktiven Isotopen** an. Dabei wird die **Absorption** einer radioaktiven Strahlung genutzt. Der Behälter mit dem Füllgut wird mit einem Sender von einem Gammastrahlbündel durchstrahlt. Auf der Empfängerseite wird die Intensität des Gammastrahls gemessen. Es ergeben sich unterschiedliche Intensitäten, wenn der Strahl durch Luft oder ein absorbierendes Füllgut geleitet wird.

Bild 8.34 zeigt mehrere Anordnungen von Strahler und Empfänger. Im linken Bildteil werden zwei Strahler eingesetzt, mit denen eine untere und eine obere Grenze überwacht werden kann. Im mittleren Teil werden mehrere Empfänger verwendet, um eine kontinuierlichere Bewertung der Füllhöhe zu erhalten. Im rechten Teil wird der Strahler mit dem Empfänger der Füllhöhe nachgeführt. Hierbei entspricht die Position des nachgeführten Strahlers der Füllhöhe in dem Behälter.

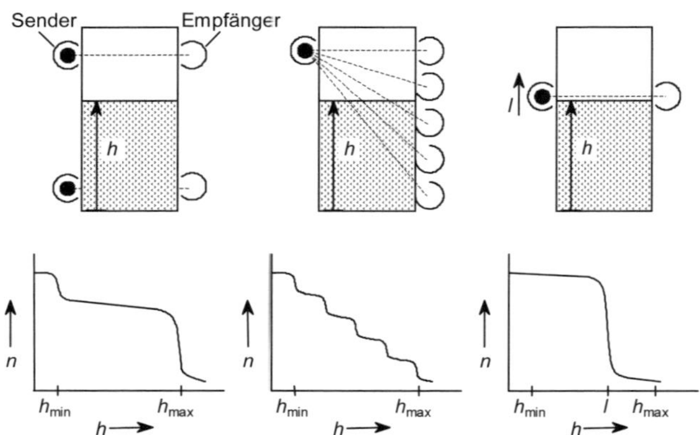

Bild 8.34 Strahleranordnungen bei der radioaktiven Füllstandsmessung

8.4.2.2 Schwinggabelsensor

Ein Problem bei staubartigem und granuliertem Schüttgut ist dessen Neigung zu Ablagerungen und Anhaftungen an den Behälterwänden. Näherungssensoren, die nur an der Oberfläche der Behälterwand messen, sind deshalb nicht geeignet. Eine Lösung ist der **Schwinggabelsensor**, der über eine Halterung in den Behälter hineinragt. Er ist wie eine Stimmgabel aufgebaut, wird piezoelektrisch angetrieben und vibriert mit seiner Resonanzfrequenz (Bild 8.35). Sobald der Sensor von pulverartigen oder granulierten Schüttgütern umgeben ist, wird die Schwingung stark gedämpft. Die Auswerte-Elektronik erkennt die Dämpfung und gibt ein entsprechendes Signal aus.

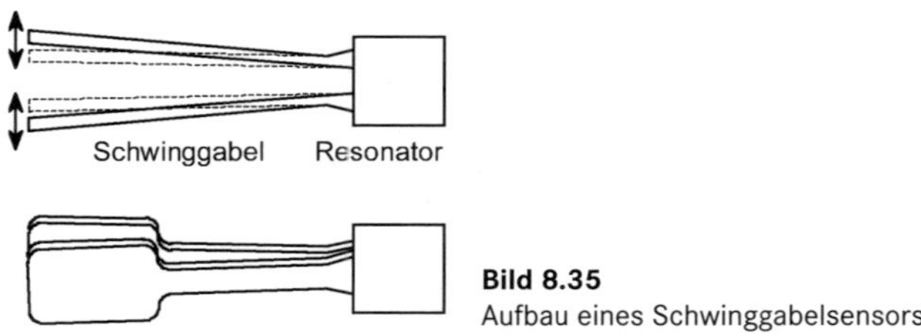

Bild 8.35
Aufbau eines Schwinggabelsensors

Hiermit lassen sich sowohl pulverartige Schüttgüter wie Gips, Zement, Mehl oder Waschmittel als auch Getreide und Kunststoffgranulate erfassen. Es gibt spezielle Geräte zur Erfassung von Verpackungschips, Styropor und Daunenfedern oder Geräte zur Erfassung von Feststoffabscheidungen in Flüssigkeiten.

8.4.3 Geschwindigkeit

Geschwindigkeiten können direkt (z.B. mit einem **Tachogenerator**) gemessen werden. Ebenso ist jede **Weg**- oder **Positionsmessung** geeignet, wenn man deren zeitliche Änderung als Ausgangsgröße verwendet. In Anlehnung an die Positionsbestimmung mit inkrementaler Wegmessung (z.B. Michelson-Interferometer) oder inkremental arbeitenden Weg- und Winkelmessern lässt sich beispielsweise bei Drehbewegungen die Geschwindigkeit durch Auswerten gemessener Impulse ermitteln (z.B. **Impulszählung**). Weitere Messanordnungen nutzen den **Doppler-Effekt** (Frequenzänderung durch Überlagerung von Übertragungsgeschwindigkeit und Objektgeschwindigkeit), wie beispielsweise bei dem **Laserinterferometer** zur Geschwindigkeitsmessung, oder die Auswertung von Laufzeitverschiebungen bei der Übertragung von **Ultraschallsignalen** in Strömungsrichtung oder das **Korrelationsverfahren**.

8.4.3.1 Impulszählung

Hierzu wird in der Nähe eines Zahnrades mit bekannter Zähnezahl (oder ein vorbereitetes Messrad) durch **Zählen der vorbeistreichenden Zähne** pro Zeiteinheit die Drehgeschwindigkeit des Rades bestimmt. Es handelt sich um eine berührungslose Messung, die mit Hilfe eines **Abstandssensors** oder einer **Lichtschranke** durchgeführt werden kann (Bild 8.36).

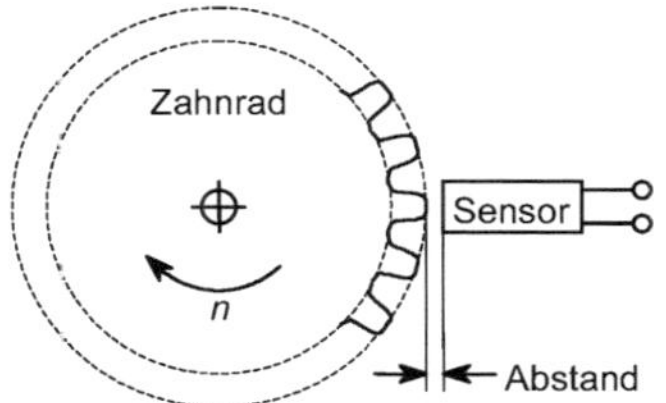

Bild 8.36
Prinzipieller Aufbau der Signalaufnahme bei einem Zahnrad

In der einfachsten Variante wird nur die Anzahl der vorbeistreichenden Zähne je Zeiteinheit (z.B. eine Sekunde) gezählt. Bei einer zeitlichen Auswertung der vom Sensor ausgegebenen Flanken (Periodendauermessung) kann die Zeit für einen bekannten Drehwinkel bestimmt und hierüber die mittlere Geschwindigkeit abgeleitet werden.

8.4.3.2 Korrelation

Eine weitere berührungslose Geschwindigkeitsmessung lässt sich bei geeigneten Oberflächen durch Anwendung der **Kreuzkorrelation** realisieren. Hierzu muss eine sich **bewegende Oberfläche** optisch erfasst werden. Wird mit einer CCD-Kamera das Helligkeitsmuster entlang der Bewegungsrichtung aufgenommen, so ist dieses bei hintereinander aufgenommenen (eindimensionalen) Bildern in Bewegungsrichtung örtlich versetzt. Bild 8.37 zeigt die Aufnahme und zwei als Beispiel dienende Signale sowie deren Kreuzkorrelationsfunktion.

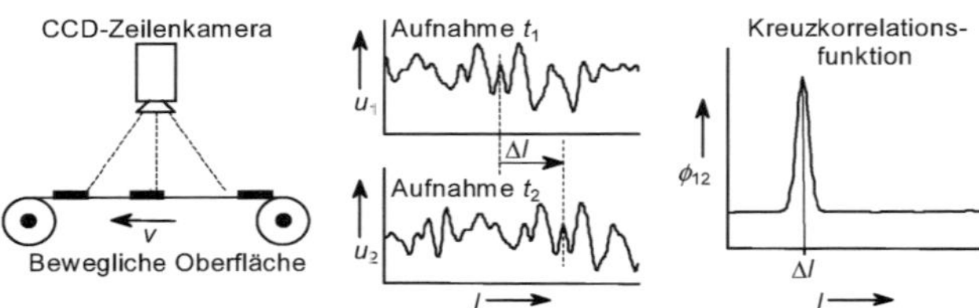

Bild 8.37 Prinzip einer Geschwindigkeitsmessung durch Korrelation

Das Maximum der Kreuzkorrelationsfunktion (KKF) zeigt den örtlichen Versatz Δl (Abbildung der Kamera), der sich durch die Geschwindigkeit v und der zeitlichen Differenz $\Delta t = t_2 - t_1$ zwischen den beiden Aufnahmen ergibt. Die Geschwindigkeit v ist demzufolge der Quotient aus Δl und Δt.

In einer etwas anderen Realisierung werden an zwei Orten in Bewegungsrichtung mit definiertem Abstand zwei Helligkeitssensoren angebracht. In diesem Fall ist Δl konstant. Die gemessenen Funktionen sind Zeitfunktionen, und die Kreuzkorrelation liefert den Zeitversatz Δt, den das bewegte Objekt für den vorgegebenen Abstand benötigt.

8.4.4 Druck und Kraft

8.4.4.1 Dehnungsmessstreifen (DMS)

Jede auf einen Körper einwirkende Kraft F oder jeder einwirkende Druck p ($p = F/A$) ruft eine Verformung hervor. Die Verformung ist ein Maß der einwirkenden **Kraft** oder des einwirkenden **Druckes** und kann mit einem Dehnungsmessstreifen (DMS, Abschn. 8.3.2) erfasst werden. Der Dehnungsmessstreifen ist mechanisch mit einem dem Messzweck angepassten Verformkörper gekoppelt.

Je nach Verformkörper kann hierbei mit mehreren DMS die Empfindlichkeit erhöht und eine Temperaturkompensation durchgeführt werden. Ein Beispiel für eine Kraftmessung zeigt Bild 8.38.

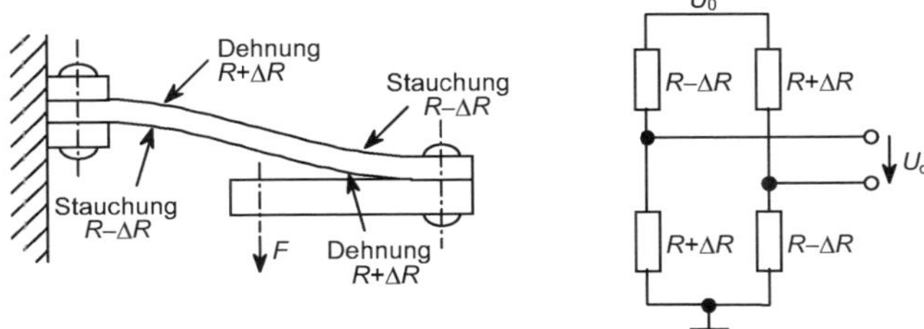

Bild 8.38 Beispiel eines Verformkörpers zur Kraftmessung und anwendbarer *Wheatstone*'schen Brückenschaltung mit 4 DMS-Widerständen zur Empfindlichkeitserhöhung und automatischer Temperaturkompensation

Es gibt dem Messzweck angepasste Verformkörper (für Kraft F, Drehmoment M oder Druck p), die innerhalb des Messbereiches durch eine plastische Verformung den DMS beeinflussen. Bild 8.39 zeigt ein Membranmanometer.

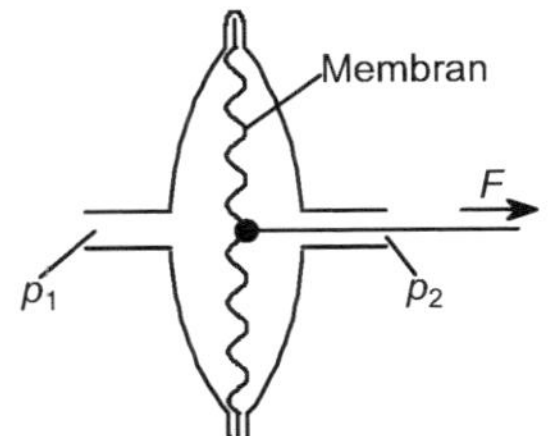

Bild 8.39
Membranmanometer zur Differenzdruckmessung

Die Kraft F ist proportional zur Differenz der Drücke p_1 und p_2 auf den beiden Seiten der Membran und der effektiven Membranfläche A. Man unterscheidet zwischen Absolutdruck (die Vergleichseite ist ein Vakuum, $p_2 = 0$) und Differenzdruck. Die Kraft auf der Membran kann über DMS ermittelt werden. Andere Möglichkeiten sind **Abstandssensoren** zur Detektion der mechanischen Auslenkung, bei denen die Membran entsprechend einer Feder eine dem Differenzdruck entgegenwirkende auslenkungsproportionale Kraft erzeugt.

8.4.4.2 Magnetoelastisch

Die relative Permeabilität μ_r ferromagnetischer Stoffe hängt von der mechanischen Spannung $\sigma = F/A$ ab. Dieser **magnetoelastische Effekt** ist bei Nickel-Eisen-Legierungen besonders ausgeprägt und kann zur Messung von Kräften verwendet werden. Die Induktivität L einer Spule mit weichmagnetischem Kern ändert sich mit der mechanischen Belastung des Kerns. Durch Messen der Induktivität L kann auf die einwirkende Kraft F geschlossen werden.

Der Effekt der veränderten relativen Permeabilität wird bei dem als **Pressduktor** bezeichneten Kraftaufnehmer genutzt. Die Funktion entspricht einem Transformator mit gesteuertem Koppelfaktor zwischen der Primär- und der Sekundärspule. Der

Kern besteht aus gewalzten und geschichteten Transformatorblechen. In diesem Kern sind vier Bohrungen enthalten, mit denen zwei um 90° verdrehte Wicklungen realisiert werden. Auf Grund der Symmetrie des Magnetfeldes bei unbelastetem Kern ist eine Kopplung zwischen den Spulen nicht vorhanden. Bild 8.40 zeigt dies in der linken Darstellung. Wirkt jedoch eine Kraft auf den Kern ein, so wird dessen relative Permeabilität richtungsabhängig und führt zu einer **kraftproportionalen Verzerrung** des **Magnetfeldes**. Hierdurch findet eine Kopplung der Spulen statt, und es wird in der Sekundärspule eine kraftproportionale Spannung induziert. Bild 8.40 zeigt dies in der rechten Darstellung.

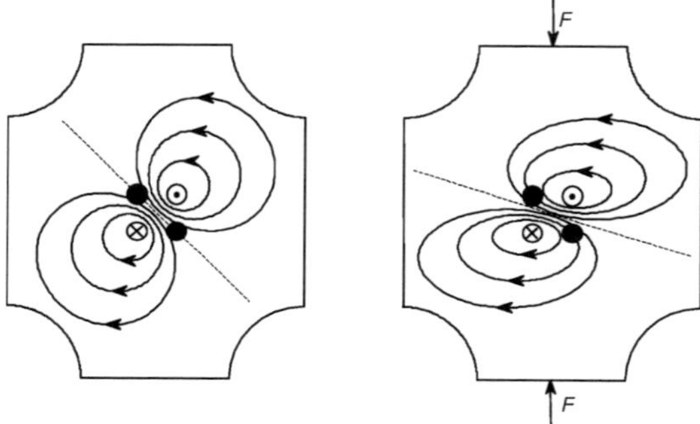

Bild 8.40 Darstellung der Magnetfeldverteilung im magnetoelastischen Material ohne und mit Krafteinwirkung

Die Primärspule wird mit Wechselspannung (z.B. 5 kHz) betrieben, und der Sensor ist zur statischen oder niederfrequenten Kraftmessung ab 1 kN geeignet.

8.4.5 Beschleunigung

Piezoelektrisch

Der genutzte Effekt einer kraftproportionalen Ladungserzeugung piezo-elektrischer Kristalle wurde bereits in Abschn. 8.3.1 beschrieben. Mit Hilfe einer **seismischen Masse** können mit diesem Sensor Beschleunigungskräfte gemessen werden, die auf diese Masse wirken. Bild 8.41 zeigt einen **Beschleunigungssensor** mit drei piezoelektrischen Aufnehmern. Beschleunigungen haben eine Richtung, und der symmetrische Aufbau reduziert die nicht in Messrichtung wirkenden Beschleunigungswerte.

Bei einer vollständigen Messung von Beschleunigungskräften sind drei Sensoren für die drei Raumkoordinaten einzusetzen. Das System aus piezoelektrischem Material mit seismischer Masse arbeitet wie ein Feder-Masse-Dämpfungs-System. Das prinzipielle Verhalten wird ebenfalls in Bild 8.41 dargestellt. Bei der Messung ist deshalb zu berücksichtigen, in welchem **Frequenzbereich** gemessen werden soll. Unterhalb des Resonanzbereiches ist das Ausgangssignal proportional der Beschleunigung (Hauptanwendungsgebiet), und oberhalb ist es proportional dem Weg.

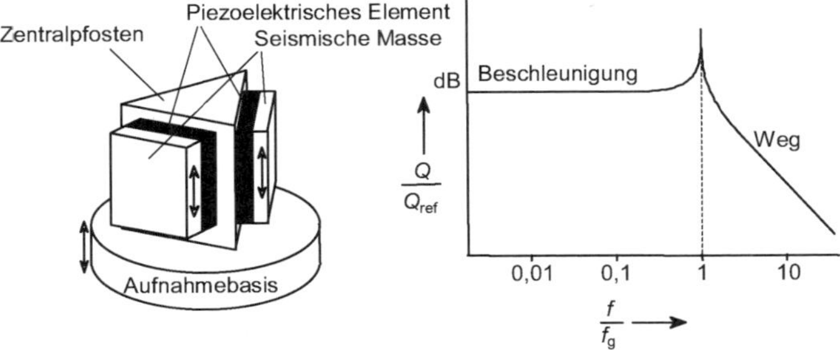

Bild 8.41 Aufbau eines piezoelektrischen Beschleunigungsaufnehmers

8.4.6 Durchfluss

Es gibt verschiedene Verfahren zur Bestimmung der Durchflussgeschwindigkeit (oder Durchflussmenge) bei Flüssigkeiten oder Gasen. Auf die **mechanischen Durchflussmessverfahren** mit zählenden Volumeneinheiten oder mit Flügelrädern soll hier nicht eingegangen werden. Ebenso wird auf eine Beschreibung der Durchflussmessung mit **Stauscheibe** oder **Schwebkörper**, welche die Messung in eine Kraft- bzw. Abstandsmessung überführen, verzichtet. Beschrieben werden hingegen Verfahren, die eine **Druckdifferenz**, eine **Wärmeabführung** von Heizelementen oder eine **Spannungsinduktion** bei leitenden Flüssigkeiten nutzen.

8.4.6.1 Druckdifferenz

Die Bestimmung eines Durchflusses kann über Druckunterschiede ermittelt werden. Wird beispielsweise der Verlauf einer laminaren Strömung beeinflusst, so entstehen Druckdifferenzen, die von der **Strömungsgeschwindigkeit** abhängen. Die Beeinflussung ist am einfachsten durch eine örtlich begrenzte Reduzierung des Durchmessers zu erreichen. Diese kann durch eine **Blende** oder eine **Düse** (z.B. Venturidüse) erzeugt werden. Hierbei erhöht sich der statische Druck vor der Verengung, wird auf Grund der erhöhten Geschwindigkeit innerhalb des reduzierten Bereiches niedriger und erreicht bis auf eine bleibende Differenz hinter der Verengung fast wieder den anfänglichen statischen Druck. Die **Differenz** der **statischen Drücke vor** und **hinter der Verengung** kann auf einen Drucksensor gegeben und hierüber die Durchflussgeschwindigkeit bestimmt werden. Bild 8.42 zeigt auf der linken Seite die Druckentnahme bei einer Blende. Eine weitere Möglichkeit ist die Verwendung eines Staurohres. Hierbei wird in dem Rohr, das in Strömungsrichtung zeigt, eine der Strömungsgeschwindigkeit proportionale Druckerhöhung erzeugt. Durch die Druckdifferenz zwischen dem Staudruck und dem statischen Druck, der an der Seitenwand des Staurohres aufgenommen wird, lässt sich der Durchfluss bestimmen. Bild 8.42 zeigt auf der rechten Seite eine Anordnung mit einem Staurohr.

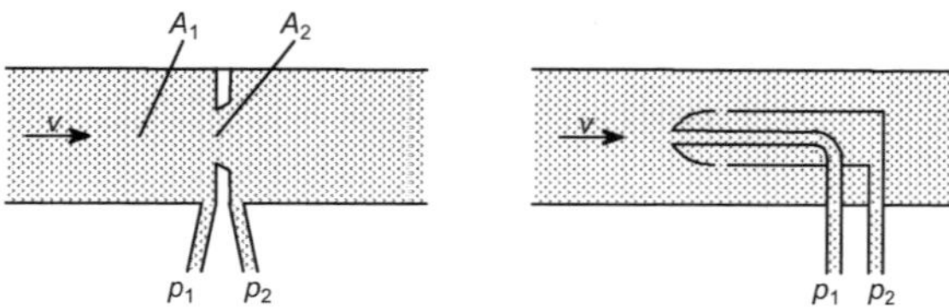

Bild 8.42 Durchflussabhängiger Druckunterschied durch Blende/Düse (Querschnittsveränderung) bzw. Staurohr

8.4.6.2 Hitzdraht

Die Kühlung eines Widerstandes hängt von der **Wärmekapazität**, dem **statischen Druck** (bei Gasen) und der **Strömungsgeschwindigkeit** des ihn umgebenden Mediums ab. Dieser Zusammenhang kann zur Durchflussmessung nach dem **Wärmeverlustverfahren** verwendet werden. Da die Wärmeübertragung nahezu linear mit der Masse des vorbeistreichenden Gases verknüpft ist, wird häufig der **Massendurchfluss** angegeben.

Ein sehr kleiner, in der Strömung befindlicher Widerstand (**Hitzdraht**) wird aufgeheizt. Die Wärmeabfuhr erfolgt beispielsweise bei ruhendem Gas durch die Eigenkonvektion. Mit zunehmender Strömungsgeschwindigkeit des Gases kommt es zu einer Überlagerung mit der erzwungenen Konvektion der Strömung. Hierdurch wird der **Widerstand gekühlt** und verändert seinen Widerstandswert. Diese **Widerstandsänderung** (Verhältnis zwischen Spannung U_W und Strom I_W) wird während des Betriebes gemessen (ein Wert ist fest, der andere ergibt sich auf Grund des Widerstandswertes).

Auf Grund des geringen Volumens des Hitzdrahtes ist eine Messung von schnell veränderlichen Strömungsgeschwindigkeiten möglich, und das Verfahren ist für Turbulenzuntersuchungen geeignet.

Eine störende Einflussgröße ist beispielsweise die Temperatur des Gases. Mit einem Aufbau entsprechend Bild 8.43 wird mit dem in der Strömung befindlichen Widerstand R_W dessen Wärmeableitung (**Wärmeumsatz**) und damit die Durchflussmenge gemessen und mit einem separaten Widerstand R_T (kein Wärmeumsatz), der dem Gas ausgesetzt ist, aber nicht der Strömung, die Temperatur des Gases.

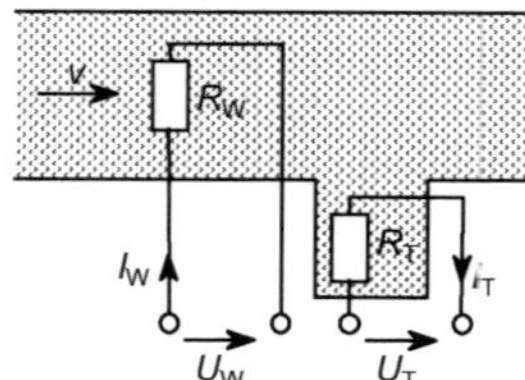

Bild 8.43
Durchflussbestimmung durch Wärmeableitung

Bei bekannter Strömungsgeschwindigkeit kann mit dem gleichen Aufbau die Wärmekapazität des Gases und daraus abgeleitet die **Konzentration von Gasgemischen** bestimmt werden.

8.4.6.3 Magnetisch-induktiv

In einem im Magnetfeld bewegten Leiter wird entsprechend dem **Induktionsgesetz** eine Spannung induziert. Hierbei reicht es aus, wenn es sich um eine **elektrisch leitende** Flüssigkeit handelt, die eine Mindestleitfähigkeit aufweist. Die Flüssigkeit fließt durch ein nichtleitendes Rohr, an dessen Wand sich senkrecht zum Magnetfeld und der mittleren Strömung zwei Elektroden gegenüberstehen. An diesen Elektroden wird die Spannung, die sich durch die Strömung ergibt, gemessen. Bild 8.44 zeigt den prinzipiellen Aufbau mit der Felderzeugung durch den Strom I, dem Rohr mit dem Volumenstrom Q und der induzierten Spannung U.

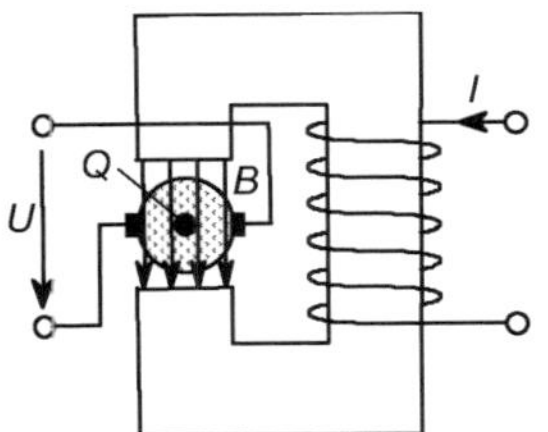

Bild 8.44
Magnetisch-induktive Durchflussbestimmung bei elektrisch leitenden Flüssigkeiten

Der Volumenstrom Q ist das Produkt aus der mittleren Strömungsgeschwindigkeit $\bar{v}$ und der Querschnittsfläche A des Rohres. Die induzierte Spannung U ist das Produkt aus der Geschwindigkeit $\bar{v}$ und der magnetischen Induktion B. Das Nutzsignal ist sehr schwach und wird durch elektrochemische Unsymmetriespannungen an den Elektroden und stromdichteabhängige Polarisationsspannungen gestört. Industrielle Durchflussmesser verwenden deshalb ein magnetisches Wechselfeld, um das Nutzsignal von den Stör-Gleichspannungen zu trennen.

8.4.7 Magnetfeld

8.4.7.1 Hall-Sonde

In einem stromdurchflossenen Leiter, der sich in einem Magnetfeld befindet, werden die beweglichen Ladungsträger entsprechend der *Lorentz-Kraft* seitlich abgelenkt. Hierdurch entsteht senkrecht zur Stromfeldrichtung I und der Magnetfeldrichtung B die Hall-Spannung U_H (Bild 8.45):

$$U_H = k_0 \cdot I \cdot B$$

Entsprechende Sensoren heißen **Hall-Generatoren**. Sie bestehen in der Regel aus einem dünnen Streifen eines Halbleitermaterials, an dem sich Elektroden senkrecht zur Stromrichtung auf gegenüberliegenden Seiten des Halbleitermaterials befinden (s. Abschn. 8.4.6, magnetisch-induktive Durchflussmessung). Ohne Magnetfeld verhält sich das Element wie ein Widerstand, und die Spannungsdifferenz U_H zwischen den beiden Elektroden ist null. Wirkt nun ein Magnetfeld senkrecht auf den Streifen ein, so werden die fließenden Ladungsträger auf Grund der Lorentz-Kraft abgelenkt (wie bei der Feldplatte), und an den Elektroden entsteht eine Spannung $U_H(B)$ mit nahezu linearem Zusammenhang zur magnetischen Induktion B.

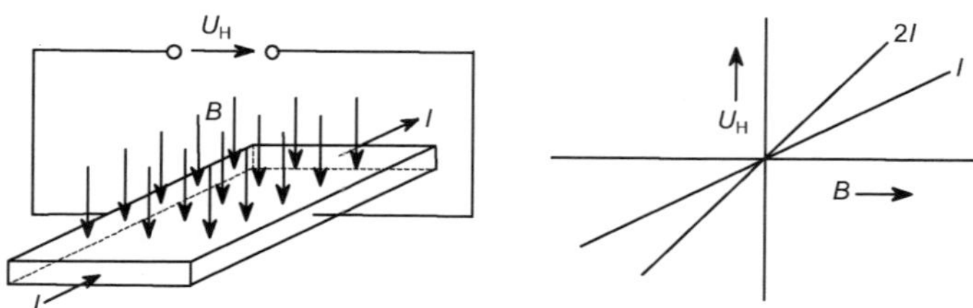

Bild 8.45 Aufbau eines Hall-Sensors

Befindet sich dieser Sensor auf einem Permanentmagneten, so ist das durch ihn erfasste Magnetfeld von in der Nähe befindlichen magnetischen Materialien abhängig (**Näherungssensor**).

8.4.7.2 Sättigungskernsonde

Magnetfeldmessgeräte mit **Sättigungskernsonde** werden bei der Bestimmung kleiner Feldstärken eingesetzt. Hierbei wird die Nichtlinearität hochpermeabler weichmagnetischer Werkstoffe genutzt. Die Sonde besteht aus einem Kern, einer Magnetisierungswicklung und einer Sondenwicklung *(Förster-Sonde).*

Die Magnetisierungswicklung steuert den Kern periodisch in die Sättigung. Hierbei wird in der Sondenspule eine Spannung induziert. Im linearen Teil der Magnetisierungskurve ist der magnetische Fluss Φ proportional I, in der Sättigung ist Φ unabhängig von I. Die induzierte Spannung in der Sondenwicklung ist proportional der Flussänderung. Ohne äußeres Feld ist der Verlauf symmetrisch. Eine Spektralbewertung liefert auf Grund der Symmetrie des Sondensignals die Grundwelle und ungeradzahlige Vielfache der Grundwelle. Wirkt ein äußeres Magnetfeld ein, so verschiebt sich der Arbeitsbereich auf der Magnetisierungskurve, wodurch sich eine Unsymmetrie in der induzierten Spannung ergibt. Hierdurch entstehen im Spektrum geradzahlige Anteile, deren Amplituden nahezu proportional dem statischen äußeren Magnetfeld sind. Bild 8.46 zeigt den Aufbau, die Magnetisierungsfunktion sowie Beispiele induzierter Spannungsverläufe der Sättigungskernsonde.

Mit dieser Sonde lassen sich Auflösungen bis 10^{-6} A/cm erreichen, was dem Hunderttausendstel des Erdmagnetfeldes entspricht. Sie werden in der Geophysik zur genauen Messung des Erdmagnetfeldes und in der Raumfahrt eingesetzt.

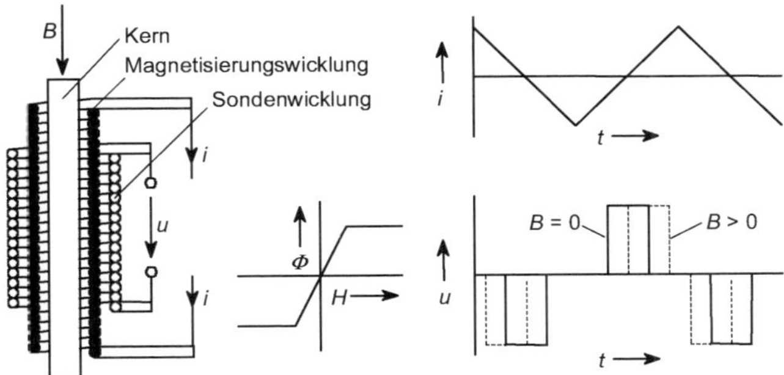

Bild 8.46 Prinzip der Sättigungskernsonde und vereinfachte Darstellungen der Magnetisierungsfunktion, des Stromes *i* und der induzierten Spannung *u*

8.4.8 Temperatur

Die Temperatur ist eine häufig zu messende Größe, sei es, dass die Temperatur eines Prozesses benötigt wird, diese Temperatur gesteuert werden muss (vorgegebenes Temperaturprofil) oder das Auftreten von gefährlichen Zuständen erkannt werden soll. Das Messen der Temperatur mit Thermoelementen verwendet einen aktiven Sensor und wurde in Abschn. 8.3.1 beschrieben und das Messen mit Widerstandsthermometern bei den passiven Sensoren in Abschn. 8.3.2. Eine weitere Möglichkeit ist die Messung der temperaturabhängigen Strahlung mit einem Pyrometer.

Pyrometer

Jeder Körper gibt entsprechend seiner Temperatur eine **Strahlungsleistung** ab. Bild 8.47 zeigt die temperaturabhängige Strahldichte $L_{\lambda,S}$ eines schwarzen Strahlers (Referenzstrahler als Bezugsgröße, *Planck'sches* **Strahlungsgesetz**).

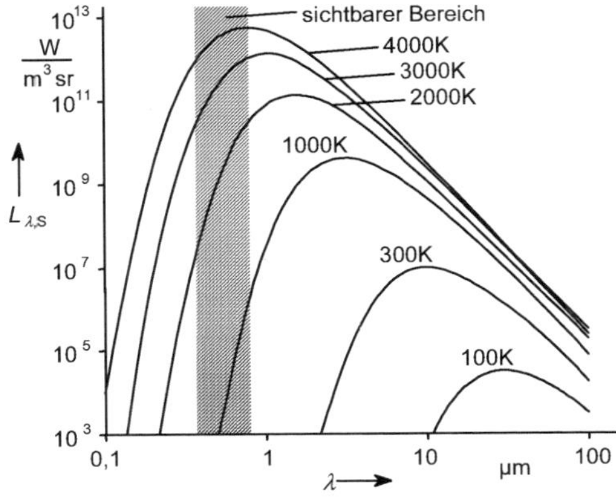

Bild 8.47
Temperaturabhängige spektrale Strahldichte $L_{\lambda,S}(\lambda,T)$ eines schwarzen Strahlers (Planck'sches Strahlungsgesetz)

Diese Strahlung kann mit einem **Pyrometer** zur Temperaturbestimmung verwendet werden. Die Methode bietet Vorteile, wenn sich das Objekt bewegt, eine Berührung nicht möglich ist (mechanisch oder auf Grund einer zu geringen Wärmekapazität des Objektes nicht möglich) oder die Temperatur zu hoch ist.

Das zu messende Objekt wird mit Hilfe des Objektivs auf die Ebene der Messblende abgebildet. Die verwendeten Linsen (oder Hohlspiegel) müssen für einen weiten Strahlungsbereich geeignet sein. Die Messblende lässt den Bereich des Messfeldes passieren. Die Strahlung wird mit der Lupe auf den Detektor geleitet und ausgewertet. Bei sehr hohen Temperaturen kann ein zusätzlicher Filter zur Strahlungsreduzierung verwendet werden. Je nach Anwendungsgebiet (Messgeschwindigkeit und Temperaturbereich) sind unterschiedliche Detektoren (fotoelektrische oder thermische Strahlungsempfänger) geeignet (teilweise mit Kühlung). Bild 8.48 zeigt als Beispiel einen Strahlengang eines Pyrometers. Auf Grund der gemessenen Strahlungsleistung wird mit dem Pyrometer die Temperatur bestimmt, die ein schwarzer Strahler haben müsste.

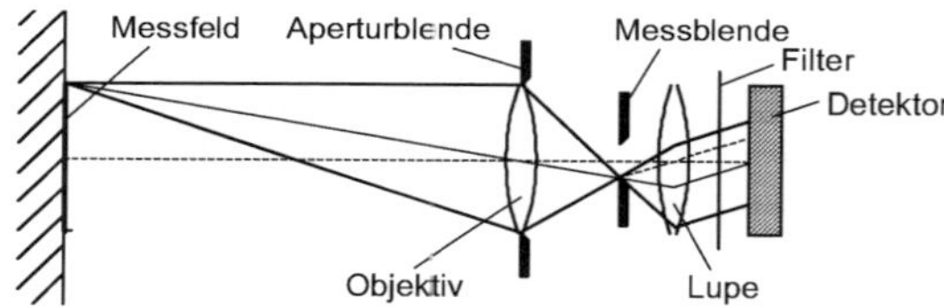

Bild 8.48 Strahlengang im Pyrometer

Reale Objekte haben einen Emissionsgrad (relative Strahlungsleistung, wellenlängenabhängig) kleiner als eins. Die Temperatur des Messobjektes ist somit höher als die des schwarzen Strahlers. Bei bekanntem **Emissionsgrad** und **Transmissionsgrad** der Messstrecke (Strahldurchlässigkeit der optischen Strecke) ist damit die Temperatur des Messobjektes bestimmbar. Der Korrekturwert kann beispielsweise durch eine Vergleichsmessung ermittelt werden.

Je nach Messaufgabe gibt es verschiedene Realisierungen von Pyrometern. Der Temperaturbereich der unterschiedlichen Realisierungen reicht dabei von 0 °C bis 3000 °C.

8.4.9 Konzentration

8.4.9.1 λ-Sonde

Ein im Kraftfahrzeugbereich verbreiteter Sensor ist die λ-Sonde zur Messung der Sauerstoffkonzentration in Abgasen. Zentrales Element ist ein Festelektrolyt aus polykristallinem ZrO_2 mit einer Beimischung von Y_2O_3, der bei Temperaturen oberhalb von 350 °C Sauerstoff Leerstellen im Kristallgitter bildet und somit für O^{2-}-Ionen durchlässig wird. Es ist somit eine Ionenleiter-Membran für Sauerstoff. Der Festelektrolyt ist von beiden Seiten mit einer für Sauerstoff durchlässigen Platin-Schicht überzogen, an der die Oxidations- und Reduktions-Reaktionen stattfinden:

$$O_2 + 4e^- \Leftrightarrow 2O^{2-}$$

Hierdurch entsteht an den Platin-Elektroden eine auswertbare Potenzialdifferenz.

Den Aufbau einer λ-Sonde zur Messung des Sauerstoff-Partialdrucks zeigt Bild 8.49. Zum Schutz ist die Sonde mit einer sauerstoffdurchlässigen Keramik auf der Abgasseite geschützt. In dem Einstellbereich von $\lambda = 1$ (λ ist das Verhältnis von zugeführter Luftmenge bezogen auf den theoretischen Luftbedarf) hat die Sonde eine hohe Empfindlichkeit, und die Ausgangsspannung wechselt von 900 mV bei $\lambda = 0{,}95$ auf 100 mV bei $\lambda = 1{,}01$.

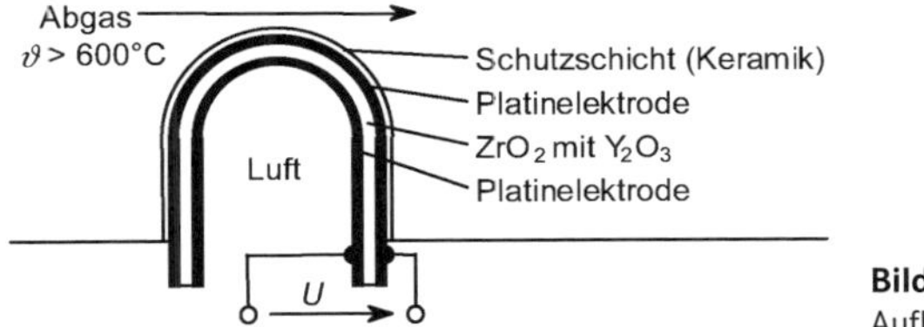

Bild 8.49
Aufbau einer λ-Sonde

8.4.9.2 Ionensensitive Feldeffekttransistoren

Bei diesen Sensoren wird die Gatesteuerung eines Feldeffekttransistors genutzt, bei dem eine elektrische Ladung auf dem Gate den Drain-Source-Widerstand beeinflusst. Das Gate wird entsprechend der zu messenden Ionenart mit einer ionenselektiven Membran beschichtet, wodurch die Sensitivität entsteht (**ionensensitive Feldeffekttransistoren**, **ISFET**). Eine mögliche Schaltung zeigt Bild 8.50. Sie werden in der Medizintechnik, der Gewässertechnik und zur Nahrungsmittelüberwachung eingesetzt.

Eine Variation ist die Beschichtung des Gates mit Enzymen (**ENFET**) oder anderen biologischen Materialien (**BioFET**) zur Bestimmung der Konzentration medizinisch wichtiger Substanzen wie Blutzucker, Glucose, Laktat, Harnsäure und zum Nachweis von Antikörpern und Antigenen (z. B. HIV-Antigene).

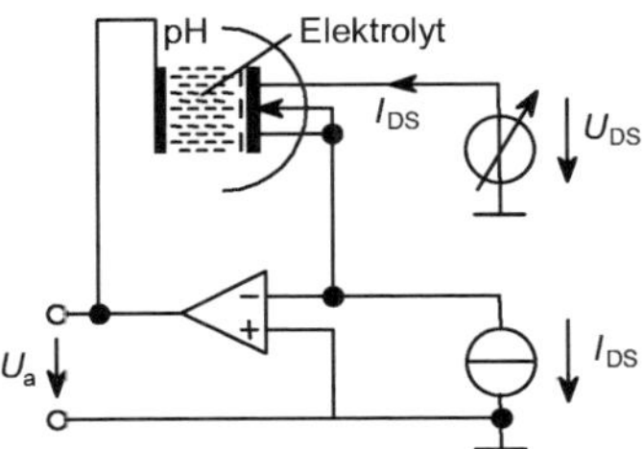

Bild 8.50
Beispiel einer pH-Wert-Messung mit einem ISFET

Literatur

Heimann, B., Gerth, W., Popp, K.: Mechatronik - Komponenten, Methoden, Beispiele. München: Hanser, 3. Auflage, 2007

Hering, E., Bressler, K., Gutekunst, J.: Elektronik für Ingenieure und Naturwissenschaftler. Berlin: Springer, 6. Auflage, 2014

Hering, E., Schönfelder, G.: Sensoren in Wissenschaft und Technik - Funktionsweise und Einsatzgebiete. Wiesbaden: Vieweg+Teubner, 2012

Niebuhr, J., Lindner, G.: Physikalische Messtechnik mit Sensoren. München: Oldenbourg, 6. Auflage, 2011

Profos, P., Pfeifer, T.: Handbuch der industriellen Meßtechnik München: Oldenbourg, 6. Auflage, 1994

Tränkler, H.-R., Reindel, L.; Sensortechnik - Handbuch für Praxis und Wissenschaft. Berlin: Springer, 2. Auflage 2014

9 Elektrische Aktoren

Aktoren oder Stelleinrichtungen sind wichtige Komponenten in mechatronischen Systemen. Sie stellen Kräfte oder Drehmomente, um eine Bewegungen auszuführen.

Unter einem elektrischen Aktor versteht man einen **elektromechanischen** Energiewandler.

Die Ansteuerung erfolgt meist durch einen Mikrorechner oder Mikrokontroller. Die Stellenergie wird aus einer Energiequelle bezogen. Bild 9.1 zeigt, wie ein Aktor in ein mechatronisches System eingebunden ist.

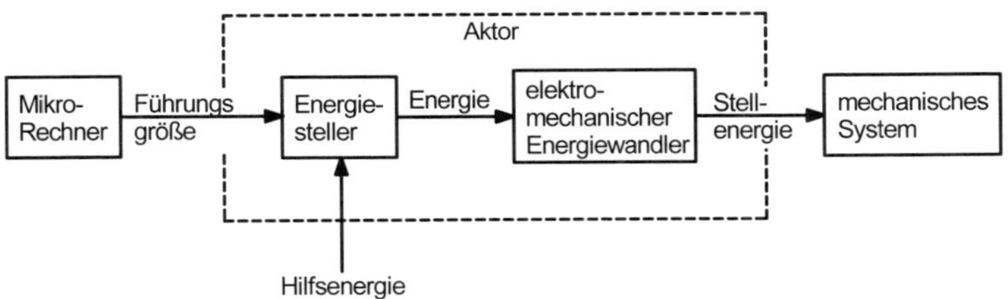

Bild 9.1 Wirkungskette mit Aktor

Die **Aktoren** befinden sich in der Wirkungskette **zwischen** der **Steuer**- oder **Regeleinrichtung** und dem zu beeinflussenden System oder Prozess. Die **Ansteuerung** der Aktoren übernehmen hochintegrierte und leistungsstarke **Mikrorechner**, die über die standardisierten Schnittstellen die Stellsignale dem Aktor zuführen. Auf diese Weise wird eine leistungsarme Ansteuerung erreicht.

Die zu **wandelnde Energie** wird durch eine **Hilfsenergiequelle** dem Energiesteller zugeführt. Ihm schließt sich der elektromechanische Energiewandler (z.B. ein Hubmagnet oder eine elektrische Maschine) an.

Die **Ausgangsgröße** des Aktors ist die **umgewandelte mechanische Energie**. Meistens steht diese Energie als Rotations- oder Translationsenergie zur Verfügung. An die mechanische Ausgangsenergie werden je nach Anwendungsfall Anforderungen gestellt. Diese Anforderungen werden mit Hilfe von zwischengeschalteten **mechanischen Wandlern** erfüllt, die hier aber nicht näher beschrieben werden, sondern dem mechanischen System zugeschlagen wurden. Mechanische Wandler sind beispielsweise Getriebe mit bestimmten Übersetzungsverhältnissen.

Der **Energiesteller** ist im Normalfall ein **elektrischer Leistungsverstärker** und wird als Komponente mit idealen Eigenschaften angenommen. In Tabelle 9.1 zeigt verschiedene elektromechanische Energiewandler, die in einem mechatronischen System zum Einsatz kommen. Dabei handelt es sich um elektromagnetische Aktoren.

Tabelle 9.1 Übersicht über Elektromaschinen kleinerer Leistung

Maschine	Gleichstrom-Nebenschluss-maschine	Gleichstrom-Reihenschluss-maschine	Drehstrom-Asynchron-maschine	Drehstrom-Synchron-maschine (Gleichstrom-erregung des Rotors)
Schaltbild	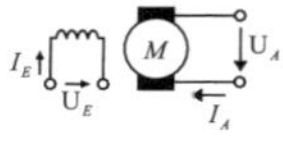	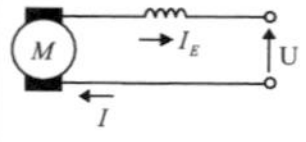	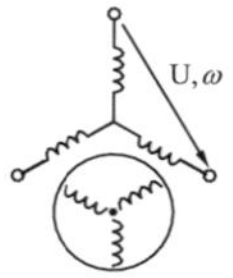	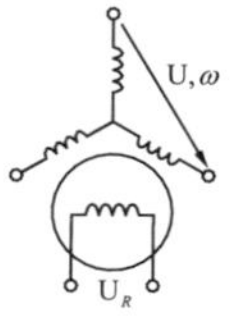
Drehmoment-kennlinie	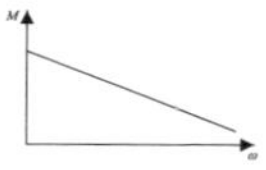	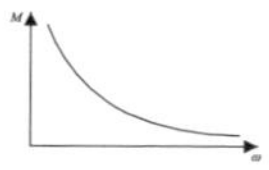	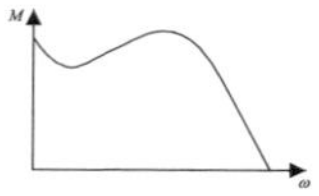	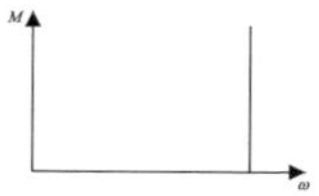
Drehmoment-kennlinie bei Stelleingriff	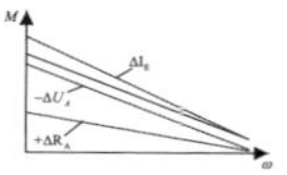	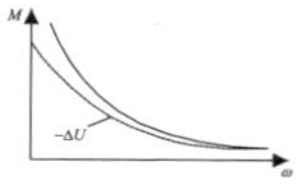	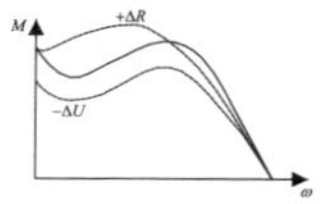	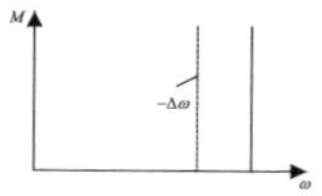
Stellgrößen	Ankerspannung ΔU_A Erregerstrom ΔI_E Ankerwiderstand ΔR_A	Spannung ΔU	Spannung ΔU Frequenz $\Delta\omega$ Läuferwiderstand ΔR	Frequenz $\Delta\omega$

9.1 Gleichstrommaschine (GM)

Bei der fremderregten kompensierten GM ist der **Ankerstrom direkt proportional zum Drehmoment**, das die Maschine erzeugt. Aufgrund dieses einfachen Zusammenhangs eignet sich die fremderregte GM besonders gut als **Stell-** und **Positionierantrieb** für Werkzeugmaschinen und für Positionierantriebe in Kraftfahrzeugen, beispielsweise für Sitz- und Spiegelverstellantriebe.

9.1.1 Aufbau der Antriebsstruktur

Bild 9.2 zeigt den Aufbau der Antriebsstruktur eines Gleichstromantriebs. Der Stromrichter speist als Stelleinrichtung die Ankerwicklung der GM. Er erhält von der übergeordneten Regelung seine Führungsgröße. Es handelt sich dabei um eine **kaska-**

dierte Regelstruktur mit einem unterlagerten Stromregler und einem überlagerten Drehzahlregler.

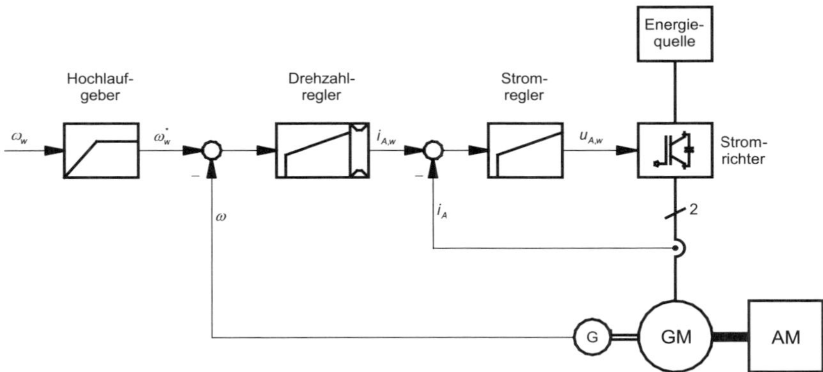

Bild 9.2 Antriebsstruktur einer GM

Wie in der Regelungstechnik üblich, werden bei kaskadierten Regelstrukturen die Regler einzeln eingestellt. Dazu wird als erstes der innere Regler berechnet. Anschließend wird die geschlossene Übertragungsfunktion des inneren Regelkreises aufgestellt. Die Übertragungsfunktion des geschlossenen Stromregelkreises stellt die Strecke für den Drehzahlregelkreis dar.

9.1.2 Analyse der Strecke

Die Regelstrecke untergliedert sich in ein **mechanisches** und ein **elektrisches Teilsystem**. Als erstes wird das elektrische Teilsystem analysiert.

Unter der Voraussetzung, dass die magnetischen Kreise nur im linearen Bereich ausgesteuert werden, kann der Ankerstromkreis durch die Differenzialgleichung

$$u_A = R_A \cdot i_A + L_A \cdot \frac{di_A}{dt} + u_i \tag{9.1}$$

beschrieben werden, mit

$$u_i = c \cdot \Phi \cdot \omega \tag{9.2}$$

Hierbei ist der Wicklungswiderstand der Ankerwicklung mit R_A und die Induktivität der Ankerwicklung mit L_A bezeichnet. Die innere Spannung u_i der Maschine ist proportional zur Erregung Φ und zur Maschinenkonstanten c. Die GM entwickelt das innere Drehmoment, das sich zu

$$M_i = c \cdot \Phi \cdot i_A \tag{9.3}$$

berechnet.

Die Ankergleichungen können in das folgende lineare Netzwerk überführt werden (Bild 9.3).

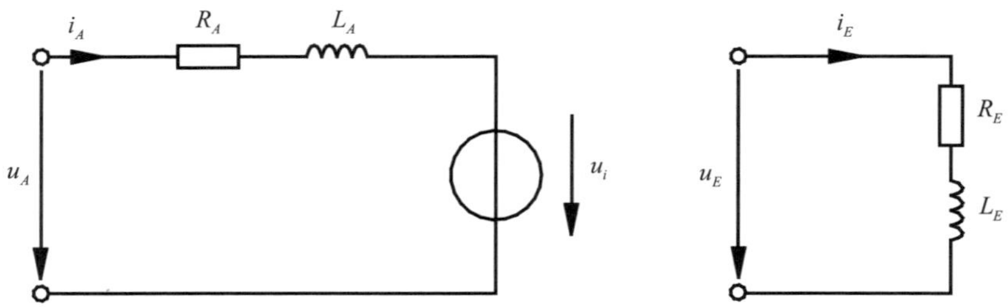

Bild 9.3 Ersatzschaltbild des Anker- und Erregerkreises

Zur regelungstechnischen Modellbildung wird die innere Spannung u_i in Gleichung (9.1) subtrahiert und die Laplace-Transformation (Abschn. 1.4) durchgeführt. Es folgt

$$U_{\mathrm{A}}(s) - U_i(s) = I_{\mathrm{A}}(s) \cdot \left[R_{\mathrm{A}} + s \cdot L_{\mathrm{A}}\right] \tag{9.4}$$

Daraus ergibt sich die Übertragungsfunktion

$$\frac{I_{\mathrm{A}}(s)}{U_{\mathrm{A}}(s) - U_{\mathrm{i}}(s)} = \frac{1}{R_{\mathrm{A}} + s \cdot L_{\mathrm{A}}} = \frac{1}{R_{\mathrm{A}}} \cdot \frac{1}{1 + s \cdot \frac{L_{\mathrm{A}}}{R_{\mathrm{A}}}} = V_{\mathrm{A}} \cdot \frac{1}{1 + s \cdot \tau_{\mathrm{A}}} \tag{9.5}$$

Dabei ist $\tau_{\mathrm{A}} = \frac{L_{\mathrm{A}}}{R_{\mathrm{A}}}$ die Ankerzeitkonstante und $V_{\mathrm{A}} = \frac{1}{R_{\mathrm{A}}}$ die Ankerverstärkung.

Die **mechanische Gleichung** des Antriebs lautet:

$$M_{\mathrm{i}} - M_{\mathrm{L}} = M_{\mathrm{B}} = J \cdot \frac{\mathrm{d}\omega}{\mathrm{d}t} \tag{9.6}$$

Hierbei ist J das axiale Trägheitsmoment des gesamten Antriebs und M_{L} das Lastmoment. Die Differenz zwischen dem inneren Drehmoment M_{i} und dem Lastmoment M_{L} wird häufig auch als Beschleunigungsmoment M_{B} ($M_{\mathrm{B}} = M_{\mathrm{i}} - M_{\mathrm{L}}$) bezeichnet. Durch Integration der Gl. (9.6) erhält man die mechanische Winkelgeschwindigkeit ω als Funktion der Zeit.

Die **Übertragungsfunktion des mechanischen Teilsystems** erhält man, in dem man Gl. (9.6) der Laplace-Transformation unterzieht:

$$\frac{\omega(s)}{M_{\mathrm{i}}(s) - M_{\mathrm{L}}(s)} = \frac{\omega(s)}{M_{\mathrm{B}}(s)} = \frac{1}{s \cdot J} \tag{9.7}$$

Die Ankergleichungen können zusammen mit der mechanischen Gleichung durch das folgende regelungstechnische Strukturbild grafisch dargestellt werden (Bild 9.4).

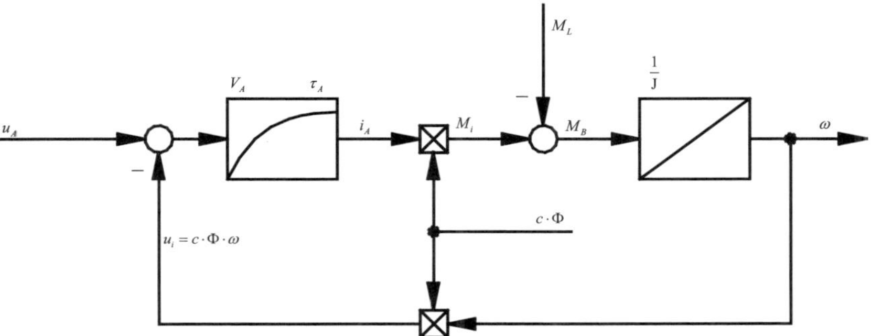

Bild 9.4 Regelungstechnisches Strukturbild der GM

9.1.3 Berechnung des Ankerstromreglers

Bei der Optimierung des Ankerstromregelkreises steht das Führungsverhalten im Vordergrund. Der Ankerkreis kann regelungstechnisch durch ein *PT*1-Glied mit der Verstärkung V_A und der Ankerzeitkonstante T_A beschrieben werden. Der speisende Stromrichter wird regelungstechnisch durch ein Totzeitglied (Abschn. 4.2) mit der Totzeit T_T und der Verstärkung V_T angenähert. In den meisten Fällen kommt als Stromregler ein *PI*-Regler mit der $V_{R,i}$ und der Nachstellzeit $T_{N,i}$ zum Einsatz. Der Ankerstrom i_A wird messtechnisch erfasst. Gegebenenfalls wird das Messsignal durch ein *PT*1-Glied mit der Zeitkonstanten $\tau_{G,i}$ und der Verstärkung $V_{G,i}$ gefiltert. Bild 9.5 zeigt die Struktur des Ankerstromregelkreises.

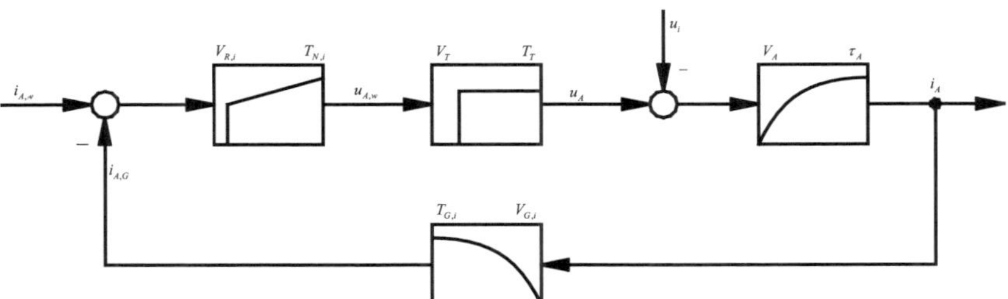

Bild 9.5 Struktur des Ankerstromregelkreises

Aus Bild 9.5 erhält man unmittelbar die Übertragungsfunktion des offenen Ankerstromregelkreises zu

$$F_{o,i} = \frac{I_{A,G}(s)}{I_{A,w}(s)} = V_{R,i} \cdot \frac{1 + s \cdot T_{N,i}}{s \cdot T_{N,i}} \cdot V_T \cdot e^{-s \cdot T_T} \cdot \frac{V_A}{1 + s \cdot \tau_A} \cdot \frac{V_{G,i}}{1 + s \cdot T_{G,i}} \tag{9.8}$$

In Gl. (9.8) wird die Verstärkung des offenen Regelkreises zu

$$V_{S,i} = V_A \cdot V_T \cdot V_{G,i} \tag{9.9}$$

zusammengefasst.

Das Totzeitglied wird näherungsweise als PT1-Glied mit der Zeitkonstanten T_T und der Verstärkung V_T beschrieben.

Damit folgt mit der Gl. (9.9) die offene Übertragungsfunktion $F_{o,i}$

$$F_{o,i} = V_{R,i} \cdot \frac{1 + s \cdot T_{N,i}}{s \cdot T_{N,i}} \cdot \frac{V_{S,i}}{1 + s \cdot \tau_A} \cdot \frac{V_T}{1 + s \cdot T_T} \cdot \frac{1}{1 + s \cdot T_{G,i}} \tag{9.10}$$

Die Dimensionierung des Ankerstromreglers erfolgt meist nach dem **Betragsoptimum**. Dazu muss die Summe der kleinen Zeitkonstanten viel kleiner sein, als die größte Zeitkonstante ($T_\Sigma << \tau_A$). Für die Summe der kleinen Zeitkonstanten gilt:

$$T_\Sigma = T_T + T_{G,i} \tag{9.11}$$

Die Reglereinstellung nach dem Betragsoptimum folgt zu

$$T_{N,i} = \tau_A \tag{9.12}$$

und

$$V_{R,i} = \frac{\tau_A}{2 \cdot V_{S,i} \cdot T_\Sigma} \tag{9.13}$$

Mit der obigen Reglereinstellung berechnet sich die Übertragungsfunktion des offenen Regelkreises zu

$$F_{o,i} = \frac{1}{2 \cdot T_\Sigma} \cdot \frac{1}{s} \cdot \frac{1}{1 + s \cdot T_T} \cdot \frac{1}{1 + s \cdot T_{G,i}} \tag{9.14}$$

Die Übertragungsfunktion des geschlossenen Ankerstromregelkreis folgt mit

$$F_{g,i} = \frac{F_{o,i}}{1 + F_{o,i}} \tag{9.15}$$

zu

$$F_{g,i} = \frac{1}{1 + 2 \cdot T_\Sigma \cdot s + 2 \cdot T_\Sigma \cdot (T_T + T_{G,i}) \cdot s^2 + 2 \cdot T_\Sigma \cdot T_T \cdot T_{G,i} \cdot s^3} \tag{9.16}$$

In Gl. (9.16) ist das Produkt der drei Zeitkonstanten $T_\Sigma \cdot T_T \cdot T_{G,i}$ vernachlässigbar klein. Damit kann Gl. (9.16) zu

$$F_{G,i} = \frac{1}{1 + 2 \cdot T_\Sigma \cdot s + 2 \cdot T_\Sigma^2 \cdot s^2} \tag{9.17}$$

angenähert werden.

Durch Rücktransformation von Gleichung (9.17) in den Zeitbereich folgt die Ankerstrom-Sprungantwort zu

$$\frac{i_{\mathrm{A,G}}(t)}{i_{\mathrm{A,w}}} = 1 - \left[\cos\left(\frac{t}{2 \cdot T_{\Sigma}}\right) + \sin\left(\frac{t}{2 \cdot T_{\Sigma}}\right)\right] \cdot e^{-\frac{t}{2 \cdot T_{\Sigma}}} \tag{9.18}$$

Bild 9.6 zeigt den zeitlichen Verlauf des Ankerstroms nach einem Führungsgrößensprung.

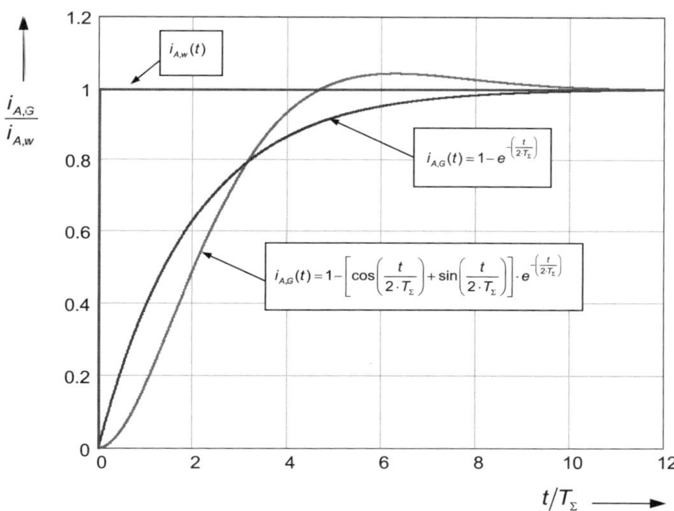

Bild 9.6 Zeitlicher Verlauf des Ankerstroms nach einem Führungssprung

Wie Bild 9.6 zu entnehmen ist, schwingt der Ankerstrom nach einer sprungartigen Änderung der Führungsgröße etwa 4,3% über und erreicht den stationären Endwert nach $10 \cdot T_{\Sigma}$.

Zur Berechnung des **Drehzahlregelkreises** gilt nach Gl. (9.17) näherungsweise

$$F_{\mathrm{G},i} \approx \frac{1}{1 + 2 \cdot T_{\Sigma} \cdot s} = \frac{1}{1 + T_{\mathrm{E},i} \cdot s} \tag{9.19}$$

Dies entspricht einem PT1-Glied mit der Ersatzzeitkonstanten $T_{\mathrm{E},i} = 2 \cdot T_{\Sigma}$. Bild 9.6 zeigt die Sprungantwort der approximierten Übertragungsfunktion nach Gl. (9.19). Hiermit folgt das regelungstechnische Strukturbild des geschlossenen Ankerstromreglers gemäß Bild 9.7.

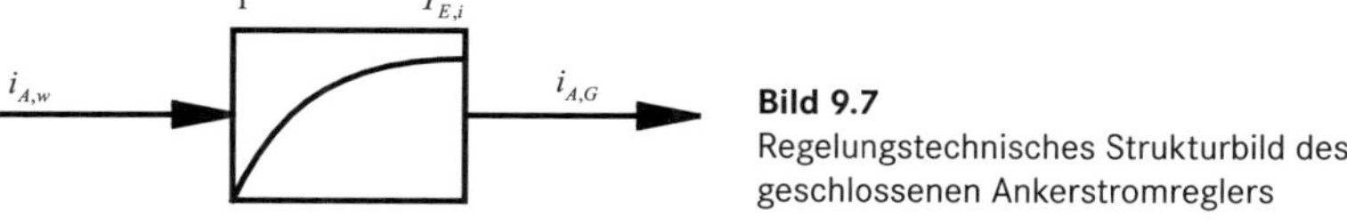

Bild 9.7 Regelungstechnisches Strukturbild des geschlossenen Ankerstromreglers

9.1.4 Berechnung des Drehzahlreglers

Bild 9.8 zeigt die regelungstechnische Struktur des Drehzahlregelkreises. Zwischen der Drehzahl n und der Winkelgeschwindigkeit ω besteht der folgende Zusammenhang:

$$n = \frac{\omega}{2 \cdot \pi} \tag{9.20}$$

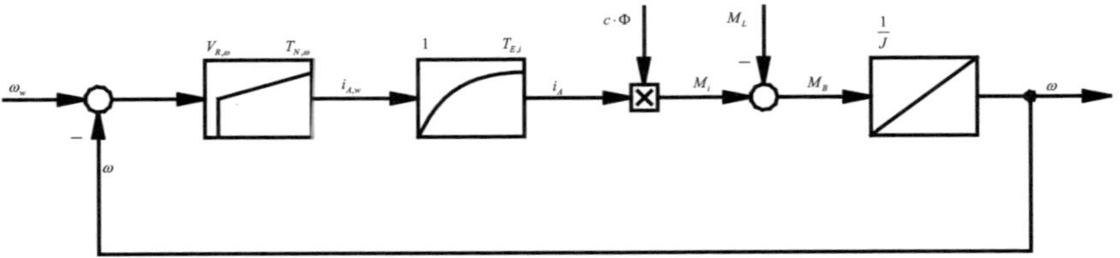

Bild 9.8 Regelungstechnisches Strukturbild des Drehzahlregelkreises

Als Drehzahlregler wird meist ein PI-Regler mit der Reglerverstärkung $V_{R,\omega}$ und der Nachstellzeit $T_{N,\omega}$ eingesetzt. In den meisten Fällen wird der Drehzahlregler in Bezug auf ein gutes Führungsverhalten optimiert. Dieser Forderung kann mit der Reglereinstellung nach dem symmetrischen Optimum Genüge getan werden. Dabei bezeichnet ω_w die Führungsgröße des Drehzahlreglers, $i_{A,w}$ die Führungsgröße des Ankerstroms, i_A den Ankerstrom, c die Maschinenkonstante der GM und Φ den Hauptfluss der GM. Ein Drehzahlsensor erfasst die Winkelgeschwindigkeit ω der Abtriebswelle. Aus Bild 9.8 lässt sich die Übertragungsfunktion des offenen Drehzahlregelkreises unmittelbar zu

$$F_{0,\omega} = V_{R,\omega} \frac{1 + s \cdot T_{N\,\omega}}{s \cdot T_{N,\omega}} \cdot \frac{1}{1 + s \cdot T_{E,i}} \cdot \frac{c \cdot \Phi}{J \cdot s} \tag{9.21}$$

aufstellen.

In der Gl. (9.21) fasst man

$$\frac{J}{c \cdot \Phi} = T_{IA} \tag{9.22}$$

zur Integrierzeit T_{IA} des Antriebs zusammen.

Unter der Voraussetzung, dass die Integrierzeit T_{IA} des Antriebs viel größer als die Ersatzzeitkonstante $T_{E,i}$ ist, kann die Reglerberechnung nach dem symmetrischen Optimum erfolgen.

Die Nachstellzeit $T_{N,\omega}$ und die Verstärkung $V_{R,\omega}$ berechnen sich zu

$$T_{N,\omega} = 4 \cdot T_{E,i} = 8 \cdot T_{\Sigma} \tag{9.23}$$

und

$$V_{R,\omega} = \frac{T_{IA}}{2 \cdot T_{E,i}} = \frac{T_{IA}}{4 \cdot T_{\Sigma}} \tag{9.24}$$

Durch Einsetzen der Reglerparameter in Gl. (9.21) und Rücktransformation der Übertragungsfunktion des geschlossenen Drehzahlregelkreises resultiert als Sprungantwort der Winkelgeschwindigkeit:

$$\omega(t) = 1 - e^{-\frac{t}{2 \cdot T_{E,i}}} - \frac{2}{\sqrt{3}} \cdot e^{-\frac{t}{4 \cdot T_{E,i}}} \cdot \sin\left(\frac{\sqrt{3} \cdot t}{4 \cdot T_{E,i}}\right) \tag{9.25}$$

Bild 9.9 zeigt die Winkelgeschwindigkeit $\omega(t)$ als Funktion der Zeit nach einer sprungartigen Änderung der Führungsgröße ω_w.

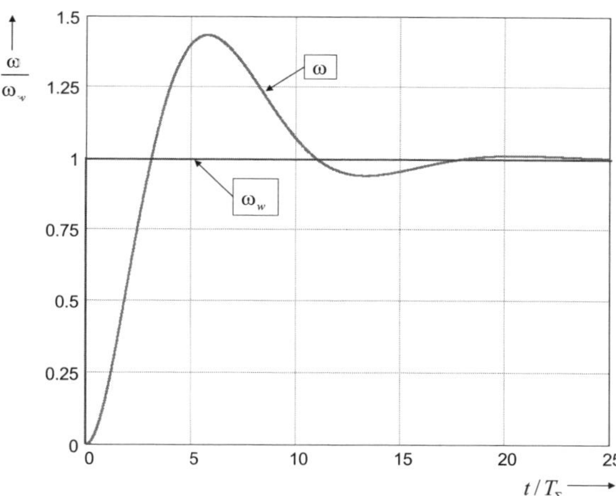

Bild 9.9 Führungsverhalten des Drehzahlregelkreises nach einem Führungsgrößensprung ω_w

Nach einem Führungsgrößensprung schwingt die Drehzahl um etwa 43 % über. Dieser Überschwinger kann durch einen **Hochlaufgeber**, wie in Bild 9.2 eingezeichnet, deutlich verringert werden.

9.2 Feldorientierte Steuerung einer Synchronmaschine (SM)

Synchronmaschinen (SM) werden in verschiedenen Applikationen (Automatisierungstechnik, Werkzeugmaschinen, Robotik und Automotive-Anwendungen) als **Positionierantriebe** eingesetzt. Bei der **rotorflussorientierten SM** kann, wie bei der fremderregten GM, direkt ein **Drehmoment** eingestellt werden.

Die **mathematische Beschreibung** der Synchronmaschine erfolgt mit **Raumzeigern**. Mit der Raumzeigertransformation werden drei beliebige Stranggrößen in die komplexe Ebene transformiert. Voraussetzung ist, dass die Stranggrößen keine Nullkomponente enthalten. Diese Forderung ist gleichbedeutend mit der Forderung, dass die Summe der Stranggrößen (z. B. Spannungen, Ströme) null ist. Der Statorspannungsraumzeiger $\underline{u}_\mathrm{S}^\mathrm{S}$ im **statorfesten Bezugssystem** lautet:

$$\underline{u}_\mathrm{S}^\mathrm{S} = \frac{2}{3}\left(u_{\mathrm{S}a} + \underline{a} \cdot u_{\mathrm{S}b} + \underline{a}^2 \cdot u_{\mathrm{S}c}\right) \tag{9.26}$$

Dabei sind die Strangspannungen der SM mit $u_{\mathrm{S}a}$, $u_{\mathrm{S}b}$ und $u_{\mathrm{S}c}$ bezeichnet.

Analog berechnet sich der Statorstromraumzeiger $\underline{i}_\mathrm{S}^\mathrm{S}$ aus den Strangströmen $i_{\mathrm{S}a}$, $i_{\mathrm{S}b}$ und $i_{\mathrm{S}c}$

$$\underline{i}_\mathrm{S}^\mathrm{S} = \frac{2}{3}\left(i_{\mathrm{S}a} + \underline{a} \cdot i_{\mathrm{S}b} + \underline{a}^2 \cdot i_{\mathrm{S}c}\right) \tag{9.27}$$

Für den Statorflussraumzeiger $\underline{\psi}_\mathrm{S}^\mathrm{S}$ gilt:

$$\underline{\psi}_\mathrm{S}^\mathrm{S} = \frac{2}{3}\left(\psi_{\mathrm{S}a} + \underline{a} \cdot \psi_{\mathrm{S}b} + \underline{a}^2 \cdot \psi_{\mathrm{S}c}\right) \tag{9.28}$$

Die Variable $\underline{a} = e^{j\frac{2\cdot\pi}{3}}$ stellt in der komplexen Ebene einen Drehoperator, der einen Raumzeiger um den Winkel $\frac{2\cdot\pi}{3}$ in der komplexen Ebene dreht, dar.

In Raumzeigerschreibweise kann die **Statorspannungsgleichung** zu

$$\underline{u}_\mathrm{S}^\mathrm{S} = R_\mathrm{S} \cdot \underline{i}_\mathrm{S}^\mathrm{S} + \frac{\mathrm{d}}{\mathrm{d}t}\underline{\psi}_\mathrm{S}^\mathrm{S} \tag{9.29}$$

geschrieben werden. Der Term $R_\mathrm{S} \cdot \underline{i}_\mathrm{S}^\mathrm{S}$ berücksichtigt den Spannungsabfall an den Statorwicklungswiderständen R_S. Der Stator- oder Ständerfluss $\underline{\psi}_\mathrm{S}^\mathrm{S}$ setzt sich aus zwei Teilen zusammen. Es gilt im statorfesten Bezugssystem

$$\underline{\psi}_\mathrm{S}^\mathrm{S} = L_\mathrm{S} \cdot \underline{i}_\mathrm{S}^\mathrm{S} + \underline{\psi}_\mathrm{P}^\mathrm{S} \tag{9.30}$$

In Gl. (9.30) ist die Eigeninduktivität der Ständerwicklung mit L_S bezeichnet, $\underline{\psi}_\mathrm{P}^\mathrm{S}$ gibt den Beitrag des Polradflusses zum Statorfluss an. Der Polradfluss $\underline{\psi}_\mathrm{P}^\mathrm{S}$ hat nur eine Komponente in Richtung der d-Achse, die mit dem Polrad verbunden ist und mit dem ständerfesten Bezugssystem den Winkel γ einschließt. Im läuferfesten Bezugssystem wird der Polradfluss zur reellen Größe. Es folgt

$$\underline{\psi}_\mathrm{P}^\mathrm{R} = \psi_{\mathrm{P}d} + j \cdot \psi_{\mathrm{P}q} = \psi_{\mathrm{P}d} \qquad \text{mit} \quad \psi_{\mathrm{P}q} = 0 \tag{9.31}$$

Transformiert man Gl. (9.31) in das ständerfeste Bezugssystem, dann resultiert

$$\underline{\psi}_\mathrm{P}^\mathrm{S} = \psi_{\mathrm{P}d} \cdot e^{j\gamma} = L_\mathrm{Sh} \cdot i_\mathrm{f} \cdot e^{j\gamma} \tag{9.32}$$

Die Statorspannungsgleichung (9.29) folgt mit den Gln. (9.32) und (9.30) zu

$$\underline{u}_S^S = R_S \cdot \underline{i}_S^S + \frac{d}{dt}\left(L_S \cdot \underline{i}_S^S + \psi_{Pd} \cdot e^{j\gamma}\right) \tag{9.33}$$

im ständerfesten Bezugssystem.

9.2.1 Beschreibung der Synchronmaschine im rotorfesten Bezugssystem

Für die folgenden Analysen ist es zweckmäßig, die Statorspannungsgleichung im rotorfesten Bezugssystem anzugeben.

Bild 9.10 zeigt die Winkelverhältnisse. Das sogenannte **statorfeste Bezugssystem** ist mit α, β bezeichnet, während das **rotorfeste Bezugssystem** mit d, q bezeichnet ist. Die beiden Bezugssysteme schließen den Winkel γ ein.

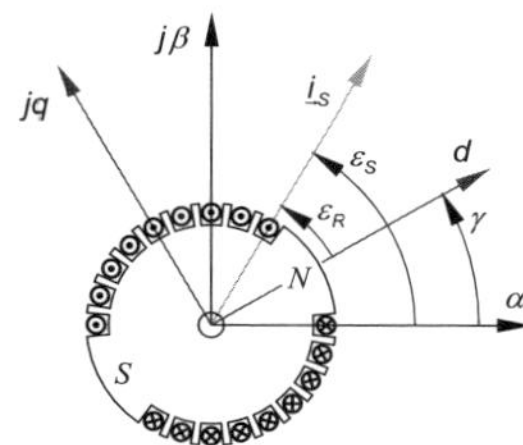

Bild 9.10 Winkelverhältnisse einer Synchronmaschine

Die Statorspannungsgleichung im rotorfesten Bezugssystem lautet:

$$\underline{u}_S^R = R_S \cdot \underline{i}_S^R + e^{-j\gamma} \cdot \frac{d}{dt}\left(L_S \cdot \underline{i}_S^R \cdot e^{j\gamma} + \psi_{Pd} \cdot e^{j\gamma}\right) \tag{9.34}$$

Die Differenziation führt zu

$$\underline{u}_S^R = R_S \cdot \left(\underline{i}_S^R + \tau_S \frac{d}{dt}\underline{i}_S^R\right) + \frac{d}{dt}\psi_{Pd} + j \cdot \left(L_S \cdot \underline{i}_S^R + \psi_{Pd}\right) \cdot \frac{d}{dt}\gamma \tag{9.35}$$

Dabei ist $\tau_S = \frac{L_S}{R_S}$ die **Statorzeitkonstante.**

Für die Erregerwicklung gilt:

$$u_F = R_F \cdot \left(i_F + \tau_F \frac{d}{dt} i_F\right) \tag{9.36}$$

Dabei ist die Erregerspannung mit u_F, der Erregerstrom mit i_F und der ohmsche Widerstand der Erregerwicklung mit R_F bezeichnet. Die **Erregerzeitkonstante** ist durch

$$\tau_F = \frac{L_{Sh} + L_{F\sigma}}{R_F} \tag{9.37}$$

definiert. L_{Sh} ist die Hauptinduktivität und $L_{F\sigma}$ die Läuferstreuinduktivität der Maschine.

9.2.2 Berechnung des inneren Drehmoments

Die Gln. (9.35) und (9.36) beschreiben den Ständer- und Läuferkreis der Synchronmaschine. Die mechanische Gleichung lautet:

$$M_i = \frac{J}{p}\ddot{\gamma} + M_L \tag{9.38}$$

Dabei ist die Winkelbeschleunigung mit $\ddot{\gamma}$, die Polpaarzahl mit p und das axiale Trägheitsmoment des gesamten Antriebs mit J bezeichnet. Die Maschine entwickelt das innere Drehmoment M_i und wird mit dem Lastmoment M_l belastet.

Im Folgenden wird eine Gleichung zur Berechnung des inneren Drehmoments M_i hergeleitet. Es wird vorausgesetzt, dass die Erregung der Maschine konstant sei.

Mit dieser Annahme lautet die **Leistungsbilanz**

$$p_S = p_{VS} + \underbrace{M_i \cdot \frac{\dot{\gamma}}{p}}_{p_{mechi}} + \frac{d}{dt}W_m \tag{9.39}$$

bzw.

$$\frac{d}{dt}W_m + M_i \cdot \frac{\dot{\gamma}}{p} = p_S - p_{VS} \tag{9.40}$$

Die Maschine nimmt über den Stator den Zeitwert der Statorleistung p_S auf. Die Statorverlustleistung ist mit p_{VS} und die im magnetischen Kreis des Stators gespeicherte Energie ist mit W_m bezeichnet. Die Statorleistung und die Statorverluste können unmittelbar in Raumzeigerschreibweise zu

$$\frac{d}{dt}W_m + M_i \cdot \frac{\dot{\gamma}}{p} = \frac{3}{2} \cdot \mathrm{Re}\left\{\left(\underline{u}_S^R - R_S \cdot \underline{i}_S^R\right) \cdot \underline{i}_S^{R*}\right\} \tag{9.41}$$

angegeben werden. Der Term $\left(\underline{u}_S^R - R_S \cdot \underline{i}_S^R\right)$ kann mit Gleichung (9.29) ersetzt werden. Nach weiteren Umformungen folgt

$$\begin{aligned}&\frac{\mathrm{d}}{\mathrm{d}t}W_{\mathrm{m}}+M_{\mathrm{i}}\cdot\frac{\dot{\gamma}}{p}\\&=\frac{3}{2}\cdot\mathrm{Re}\left\{\left(L_{\mathrm{S}}\cdot\underline{i}_{\mathrm{S}}^{\mathrm{R}*}\frac{\mathrm{d}}{\mathrm{d}t}\underline{i}_{\mathrm{S}}^{\mathrm{R}}+j\cdot\left(L_{\mathrm{S}}\cdot\underline{i}_{\mathrm{S}}^{\mathrm{R}}\cdot\underline{i}_{\mathrm{S}}^{\mathrm{R}*}+\psi_{\mathrm{P}d}\cdot\underline{i}_{\mathrm{S}}^{\mathrm{R}*}\right)\cdot\frac{\mathrm{d}}{\mathrm{d}t}\gamma\right)\right\}\end{aligned} \tag{9.42}$$

Durch **Koeffizientenvergleich** folgt die Änderung der gespeicherten magnetischen Energie bzw. die mechanische Leistung zu

$$\frac{\mathrm{d}}{\mathrm{d}t}W_{\mathrm{m}}=\frac{3}{2}\cdot\mathrm{Re}\left\{L_{\mathrm{S}}\cdot\underline{i}_{\mathrm{S}}^{\mathrm{R}*}\frac{\mathrm{d}}{\mathrm{d}t}\underline{i}_{\mathrm{S}}^{\mathrm{R}}\right\}\ \text{bzw.} \tag{9.43}$$

$$M_{\mathrm{i}}\cdot\frac{\dot{\gamma}}{p}=\frac{3}{2}\cdot\mathrm{Re}\left\{j\cdot\left(L_{\mathrm{S}}\cdot\underline{i}_{\mathrm{S}}^{\mathrm{R}}\cdot\underline{i}_{\mathrm{S}}^{\mathrm{R}*}+\psi_{\mathrm{P}d}\cdot\underline{i}_{\mathrm{S}}^{\mathrm{R}*}\right)\cdot\frac{\mathrm{d}}{\mathrm{d}t}\gamma\right\} \tag{9.44}$$

Mit $\mathrm{Re}\left\{j\cdot L_{\mathrm{S}}\cdot\underline{i}_{\mathrm{S}}^{\mathrm{R}}\cdot\underline{i}_{\mathrm{S}}^{\mathrm{R}*}\right\}=0$ kann das innere Drehmoment zu

$$M_{\mathrm{i}}=p\cdot\frac{3}{2}\cdot\psi_{\mathrm{P}d}\,\mathrm{Im}\left\{\underline{i}_{\mathrm{S}}^{\mathrm{R}}\right\} \tag{9.45}$$

berechnet werden.

Der Statorstromraumzeiger $\underline{i}_{\mathrm{S}}^{\mathrm{R}}$ im läuferfesten Bezugssystem lautet in Polarkoordinaten

$$\underline{i}_{\mathrm{S}}^{\mathrm{R}}=\left|\underline{i}_{\mathrm{S}}^{\mathrm{R}}\right|\cdot\mathrm{e}^{\mathrm{j}\varepsilon_{\mathrm{R}}}=i_{\mathrm{S}}\cdot\mathrm{e}^{\mathrm{j}\varepsilon_{\mathrm{R}}} \tag{9.46}$$

Dabei schließt der Statorstromraumzeiger mit dem läuferfesten Bezugssystem den Winkel ε_R ein.

$$M_{\mathrm{i}}=p\cdot\frac{3}{2}\cdot\psi_{\mathrm{P}d}\cdot i_{\mathrm{S}q} \tag{9.47}$$

Die Statorspannungsgleichung (9.35) lautet in Komponentenschreibweise:

$$\begin{aligned}u_{\mathrm{Sd}}&=R_{\mathrm{S}}\cdot\left(i_{\mathrm{S}d}+\tau_{\mathrm{S}}\frac{\mathrm{d}}{\mathrm{d}t}i_{\mathrm{S}d}\right)-L_{\mathrm{S}}\cdot i_{\mathrm{S}q}\cdot\frac{\mathrm{d}}{\mathrm{d}t}\gamma\\u_{\mathrm{Sq}}&=R_{\mathrm{S}}\cdot\left(i_{\mathrm{S}q}+\tau_{\mathrm{S}}\frac{\mathrm{d}}{\mathrm{d}t}i_{\mathrm{S}q}\right)+\left(L_{\mathrm{S}}\cdot i_{\mathrm{S}d}+\psi_{\mathrm{P}d}\right)\cdot\frac{\mathrm{d}}{\mathrm{d}t}\gamma\end{aligned} \tag{9.48}$$

Mit den Gln. (9.48), (9.47) und (9.36) folgt das regelungstechnische Strukturbild der Vollpolsynchronmaschine im läuferfesten Bezugssystem (Bild 9.11).

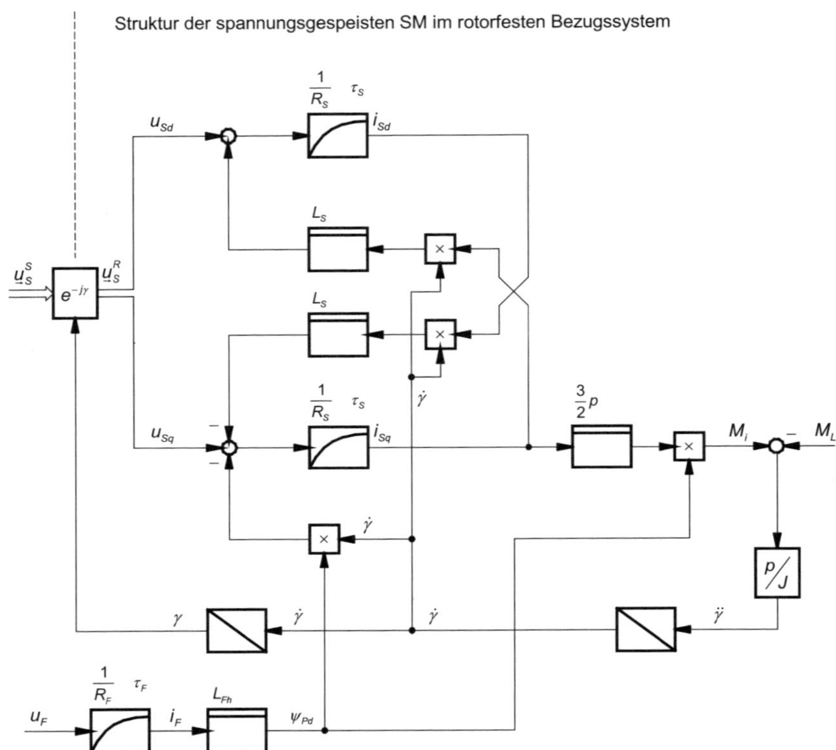

Bild 9.11 Regelungstechnisches Strukturbild der Vollpolsynchronmaschine im läuferfesten Bezugssystem

9.2.3 Struktur der läuferflussorientierten Regelung

Wie Bild 9.11 oder der Gl. (9.47) zu entnehmen ist, gelingt die Entkopplung der Maschine im läuferflussorientierten Bezugssystem. Das innere Drehmoment M_i der Maschine ist proportional zum Produkt aus der q-Komponente i_{Sq} des Statorstroms und zum Erregerfluss ψ_{Pd}. Daraus resultiert die Struktur der **läuferflussorientierten Regelung** gemäß Bild 9.12.

Zur **läuferflussorientierten Regelung** einer Synchronmaschine muss die **Rotorlage** γ messtechnisch erfasst werden. Des Weiteren müssen mindestens zwei der drei Maschinenströme gemessen werden. Die gemessenen Statorströme werden mittels der Raumzeigertransformation in das statorfeste und mittels des Drehoperators $e^{-j\gamma}$ in das **läuferfeste Bezugssystem** transformiert.

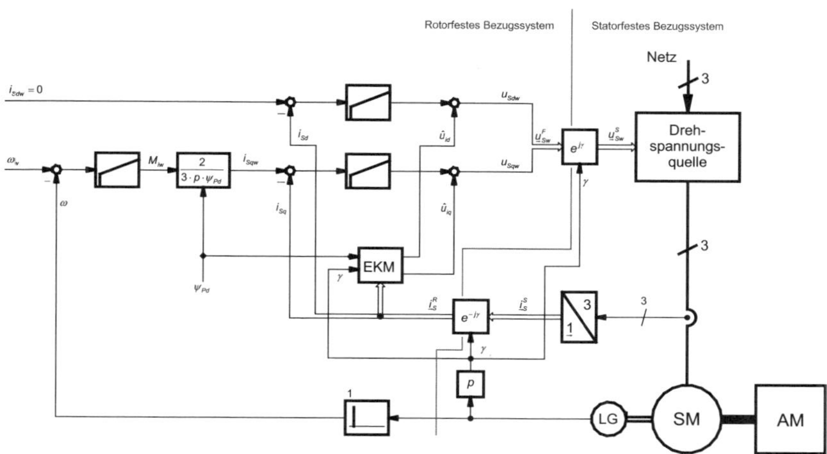

Bild 9.12 Regelungstechnische Struktur der läuferflussorientierten Regelung einer Vollpolsynchronmaschine

Im läuferfesten Bezugssystem wird die Regeldifferenz für die d- und für die q-Komponente des Statorstroms gebildet. Die Regeldifferenz dient als Reglereingangsgröße. Zur Reglerausgangsgröße der beiden Stromregler muss noch die innere Spannung der Maschine aufaddiert werden. Dies erfolgt mit dem **Entkopplungsmodell EKM**, das aus der Winkelgeschwindigkeit γ und dem Statorstromraumzeiger $\underline{i}_{\mathrm{S}}^{\mathrm{R}} = i_{\mathrm{S}d} + \mathrm{j} \cdot i_{\mathrm{S}q}$ die beiden Entkopplungsterme

$$\begin{aligned} \hat{u}_{\mathrm{i}d} &= -L_{\mathrm{S}} \cdot i_{\mathrm{S}q} \cdot \frac{\mathrm{d}}{\mathrm{d}t}\gamma \\ \hat{u}_{\mathrm{i}q} &= \left(L_{\mathrm{S}} \cdot i_{\mathrm{S}d} + \psi_{\mathrm{P}d}\right) \cdot \frac{\mathrm{d}}{\mathrm{d}t}\gamma \end{aligned} \tag{9.49}$$

berechnet.

Da die Statorstromkomponente $i_{\mathrm{S}d}$ keinen Beitrag zum Drehmoment der Maschine liefert, wird diese Komponente zu Null gewählt.

Der Drehzahlregler berechnet aus der Regeldifferenz die Führungsgröße für den untergeordneten Stromregler, der den Statorstrom in der q-Achse einregelt. Dabei ist die Reglerausgangsgröße das Führungsdrehmoment M_{iw}. Mit dem Läuferfluss $\psi_{\mathrm{P}d}$ in der d-Achse und der Polpaarzahl p berechnet sich die Führungsgröße $i_{\mathrm{S}q,\mathrm{w}}$ für den Stromregler der q-Achse gemäß Gl. (9.47).

9.2.4 Berechnung der Stromregler

Bild 9.13 zeigt ein vereinfachtes Strukturbild der beiden Stromregelkreise zur Berechnung der Reglerverstärkungen $V_{R,i}$ und der Nachstellzeiten $T_{N,i}$.

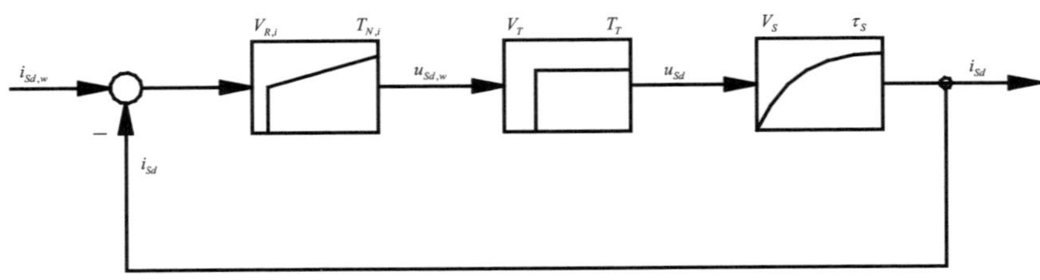

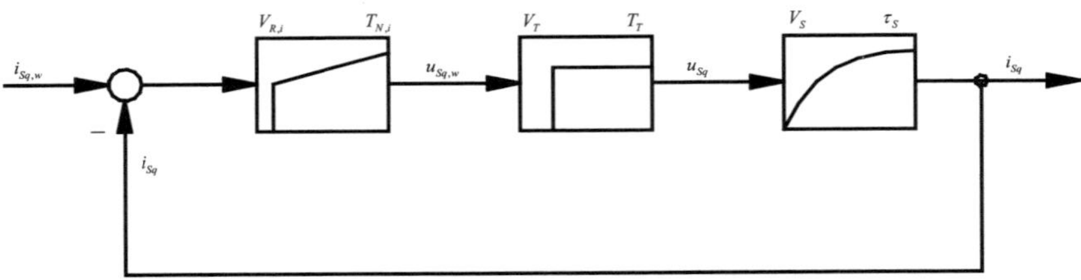

Bild 9.13 Vereinfachte Struktur des Stromregelkreises im läuferfesten Bezugssystem zur Reglerberechnung

In den meisten Fällen wird als **Stromregler** ein **PI-Regler** eingesetzt. Der I-Anteil sorgt für stationäre Genauigkeit, der P-Anteil für die erforderliche Dynamik.

Wie Bild 9.13 zu entnehmen ist, haben die beiden Stromregelkreise die gleiche Struktur, so dass die Berechnungen nur einmal ausgeführt werden müssen. Bei der Reglerberechnung wird davon ausgegangen, dass durch das Entkopplungsmodell *EKM* die Wirkung der Verkopplungsterme kompensiert wird. Deshalb kann die **Statorspannungsgleichung** (9.48) durch ein PT1-Glied mit der Verstärkung

$$V_S = \frac{1}{R_S} \tag{9.50}$$

und der Zeitkonstanten

$$\tau_S = \frac{L_S}{R_S} \tag{9.51}$$

dargestellt werden.

Das leistungselektronische Stellglied wird als Totzeitglied mit der Totzeit T_T und der Verstärkung V_T approximiert. Die Totzeit entspricht der Pulsperiode T_P des Stromrichters.

Zusammen mit dem Stromregler resultiert die **Übertragungsfunktion** des **offenen Regelkreises** zu

$$F_{o,i} = V_{R,i} \frac{1+s\cdot T_{N,i}}{s\cdot T_{N,i}} \cdot e^{-sT_T} \cdot V_T \cdot \frac{V_S}{1+s\cdot \tau_S} \tag{9.52}$$

Mit $\frac{1}{e^{sT_T}} \approx \frac{1}{1+s\cdot T_T}$ ergibt sich die Gleichung (9.52) zu

$$F_{o,i} = V_{R,i} \frac{1+s\cdot T_{N,i}}{s\cdot T_{N,i}} \cdot \frac{V_T}{1+s\cdot T_T} \cdot \frac{V_S}{1+s\cdot \tau_S} \tag{9.53}$$

Im Allgemeinen ist es sinnvoll, die größte Nennerzeitkonstante durch die Nachstellzeit $T_{N,i}$ zu kompensieren. Bei realen Maschinen ist $T_T << \tau_S$. Deshalb kann die Reglereinstellung nach dem Betragsoptimum erfolgen.

Für die Nachstellzeit bzw. die Reglerverstärkung gilt

$$T_{N,i} = \tau_S \text{ bzw.} \tag{9.54}$$

$$V_{R,i} = \frac{\tau_S}{2\cdot V_S \cdot V_T \cdot T_T} \tag{9.55}$$

Hiermit resultiert Gl. (9.53) zu

$$F_{o,i} = \frac{\tau_S}{2\cdot V_S \cdot V_T \cdot T_T} \cdot \frac{V_S}{s\cdot \tau_S} \cdot \frac{V_T}{1+s\cdot T_T} = \frac{1}{2\cdot\left(T_T\cdot s + T_T^2\cdot s^2\right)} \tag{9.56}$$

Die **Übertragungsfunktion** des **geschlossenen Regelkreises** lautet

$$F_{g,i} = \frac{1}{1+2\cdot T_T\cdot s + 2\cdot T_T^2\cdot s^2} \tag{9.57}$$

Schaltet man einen Stromsprung für den Statorstrom in der q-Achse auf, dann erhält man die folgende Zeitfunktion

$$i_{Sq} = \left\{1-\left(\cos\left(\frac{t}{2\cdot T_T}\right)+\sin\left(\frac{t}{2\cdot T_T}\right)\right)\cdot \mathrm{e}^{-\left(\frac{t}{2\cdot T_T}\right)}\right\}\cdot i_{Sq,w} \tag{9.58}$$

als Lösung der Differenzialgleichung (9.57).

Bild 9.14 zeigt den Stromverlauf nach einem Führungssprung von $i_{Sq,w}$.

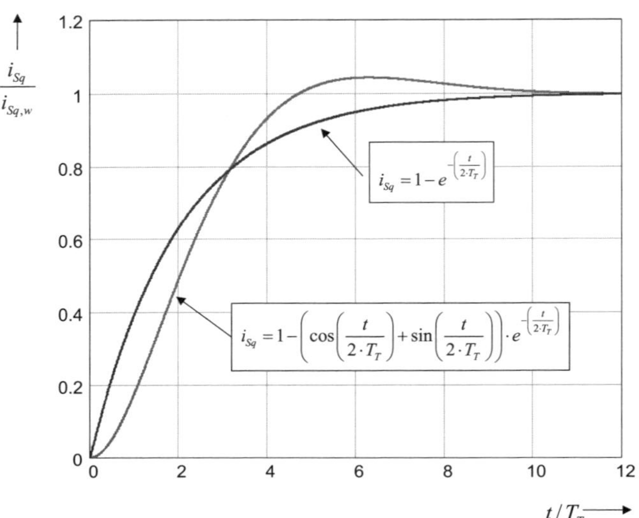

Bild 9.14 Stromverlauf nach einem Führungssprung von $i_{Sq,w}$

Für die Berechnung des Drehzahlreglers ist es zweckmäßig Gl. (9.57) durch

$$F_{g,i} \approx \frac{1}{1 + 2 \cdot T_{\mathrm{T}} \cdot s} \tag{9.59}$$

zu approximieren.

Die Auslegung des überlagerten Drehzahlreglers erfolgt in gleicher Weise wie bei der Gleichstrommaschine (Abschn. 9.1.4)

9.3 Hubmagnet

Der Hubmagnet basiert auf der Wirkung der **Reluktanzkraft**, die auf Körper wirkt, welche durch ihre **stofflichen Eigenschaften** das **Magnetfeld verändern**.

Die grundsätzlichen Zusammenhänge werden anhand Bild 9.15 abgeleitet.

Vernachlässigt man die die magnetische Spannung im Eisen, dann ist die magnetische Flussdichte B_L im Luftspalt proportional zu dem Strom I des Elektromagneten und umgekehrt proportional zu der Luftspaltlänge l_L.

Die wirksame Magnetkraft F_{mag} ist proportional zum Quadrat der Flussdichte B_{L} im Luftspalt.

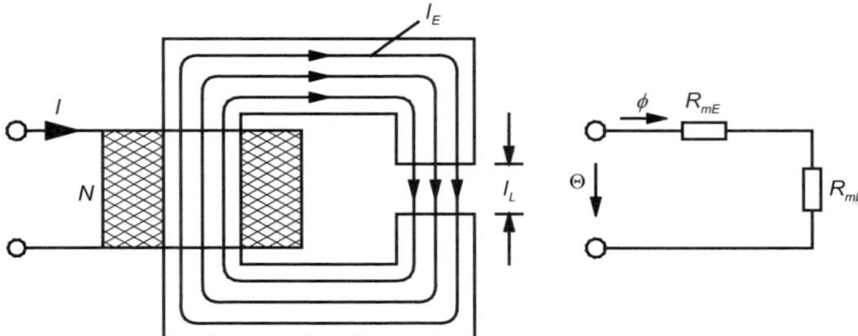

Bild 9.15 Magnetischer Kreis und Ersatzschaltbild

Im Folgenden sind die Beziehungen und mathematischen Zusammenhänge angegeben. Die Einflüsse durch die magnetische Streuung und den magnetischen Widerstand im Eisen R_{mE} sind dabei vernachlässigt ($R_{mE} = 0$) worden.

Durchflutung:

$$\Theta = I \cdot N \tag{9.60}$$

N bezeichnet die Windungszahl.

Magnetischer Widerstand:

$$R_{\mathrm{mL}} = \frac{I_{\mathrm{L}}}{\mu_0 \cdot A_{\mathrm{L}}} \tag{9.61}$$

I_{L} bezeichnet die Luftspaltbreite, A_{L} die Luftspaltfläche, μ_0 die Permeabilität.

Induktivität:

$$L = \frac{N^2}{R_{\mathrm{m}}} = \frac{N^2 \cdot \mu_0 \cdot A_{\mathrm{L}}}{l_{\mathrm{L}}} \tag{9.62}$$

Fluss:

$$\phi = \frac{\phi}{R_{\mathrm{m}}} = \frac{I \cdot N}{R_{\mathrm{m}}} = \frac{L \cdot I}{N} \tag{9.63}$$

Magnetische Flussdichte:

$$B_{\mathrm{L}} = \frac{\phi}{A_{\mathrm{L}}} \tag{9.64}$$

Magnetkraft:

$$F_{\mathrm{mag}} = \frac{B_{\mathrm{L}}^2 \cdot A_{\mathrm{L}}}{\mu_0} = \frac{\phi^2}{A_{\mathrm{L}} \cdot \mu_0} \tag{9.65}$$

Mit den Gln (9.65), (9.63) und (9.61) berechnet sich die Magnetkraft zu

$$F_{\text{mag}} = \frac{N^2 \cdot A_{\text{L}} \cdot \mu_0 \cdot I^2}{l_{\text{L}}^2} \tag{9.66}$$

Bild 9.16 zeigt den prinzipiellen Aufbau eines Hubmagneten. Der Anker bewegt sich in Richtung der z-Koordinate. Dabei ist zu beachten, dass l_L die Gesamtlänge des Luftspaltes ist. Die Magnetspule hat den Wickelwiderstand R und die Eigeninduktivität L. Sie wird mit der Spannung $u(t)$ gespeist.

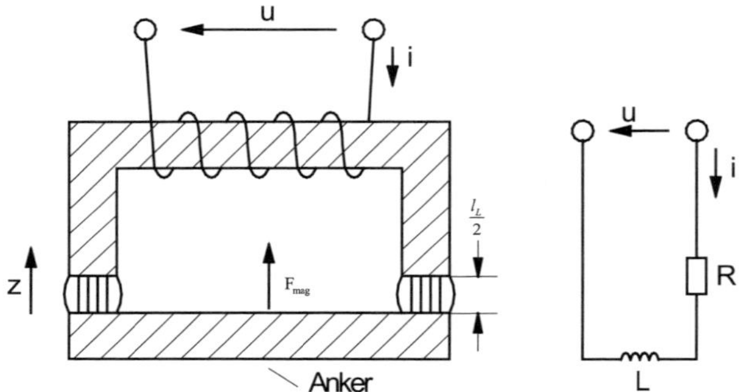

Bild 9.16 Physikalischer Aufbau und elektrisches Ersatzschaltbild eines Hubmagneten

Aus dem elektrischen Ersatzschaltbild in Bild 9.16 folgt unmittelbar die Spannungsgleichung zu

$$u(t) = R \cdot i(t) + N \frac{\mathrm{d}(L \cdot i(t))}{\mathrm{d}t} = R \cdot i(t) + N \frac{\mathrm{d}(\Phi(t))}{\mathrm{d}t} \tag{9.67}$$

mit

$$\frac{\mathrm{d}(\Phi(t))}{\mathrm{d}t} = \dot{\Phi}(t) = \frac{u(t) - R \cdot i(t)}{N} \tag{9.68}$$

Aus Gl. (9.63) berechnet sich mit der Luftspaltlänge l_L und der Windungszahl N der Strom i(t)

$$i(t) = \frac{\Phi(t) \cdot R_{\text{m}}}{N} = \frac{\Phi(t)}{N} \cdot \frac{l_{\text{L}}}{\mu_0 \cdot A_{\text{L}}} \tag{9.69}$$

Mit den Gleichungen (9.68) und (9.69) lässt sich leicht das Strukturbild der Spannungsgleichung des Magneten aufstellen (Bild 9.17).

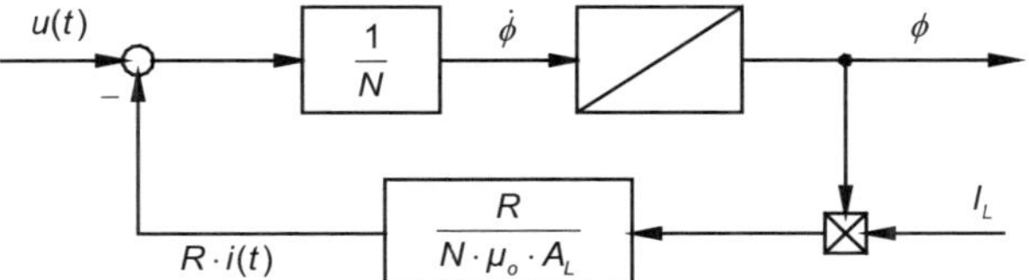

Bild 9.17 Strukturbild der Spannungsgleichung eines Magneten

Nach Gl. (9.65) besteht eine quadratische Abhängigkeit zwischen dem Luftspaltfluss ϕ und der Magnetkraft F_{mag}.

Die Bewegungsgleichung des Ankers lautet:

$$M \cdot \frac{\mathrm{d}^2 z}{\mathrm{d}t^2} = m \cdot \ddot{z} = F_{\mathrm{mag}} - F_{\mathrm{A}} \tag{9.70}$$

Dabei ist die Masse des Ankers mit m, die magnetische Kraft mit F_{mag} bezeichnet.

Die Bewegungskoordinate z wird nun gleich der halben gesamten Länge des doppelt vorhandenen Luftspaltes l_L gesetzt. Damit ergibt sich für die Kraftbildung und die Bewegungsgleichung die folgende dargestellte Struktur:

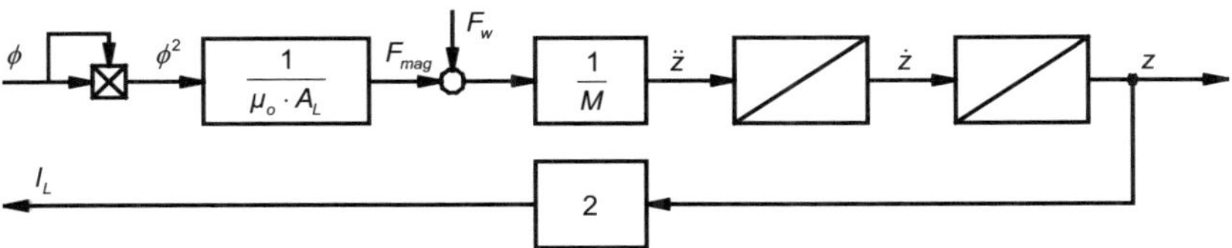

Bild 9.18 Elektromagnet: Kraftbildung und Bewegungsgleichung

Die Gesamtdarstellung des Elektromagneten ergibt sich durch Zusammensetzen von Bild 9.17 mit Bild 9.18. Daraus lässt sich die Rückwirkung des mechanischen Luftspaltes l_L auf die elektrischen Größen und damit auf die Magnetkraft F_{mag} erkennen.

Bei dem Elektromagneten handelt es sich um ein dynamisches System 3. Ordnung.

Das **reale Verhalten** eines Elektro- oder Permanentmagneten ist durch Instabilität gekennzeichnet. Deshalb sind zur **aktiven Stabilisierung** überlagerte Sensor-, Regel- und Stelleinrichtungen erforderlich, um zusammen mit dem Elektromagneten und dem zu lagernden ferromagnetischen Reaktionsteil einen geschlossenen Regelkreis zu bilden.

Der Regler wird meist als digitaler Regler mit Hilfe moderner DSPs oder Mikrocontroller realisiert (Bild 9.19).

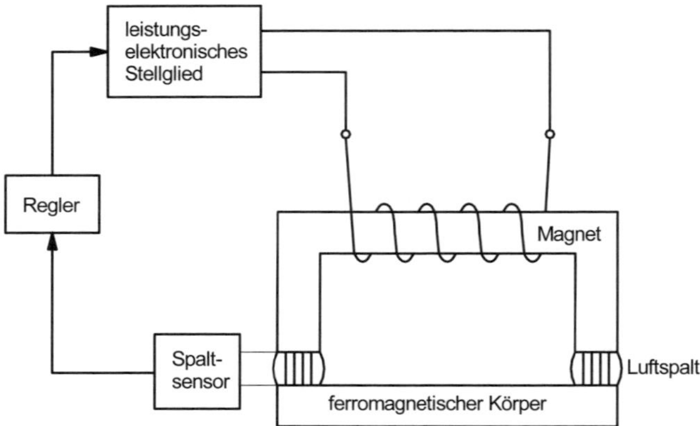

Bild 9.19 Regelkreis eines Hubmagneten

9.4 Schrittmotor

Vom **Aufbau** und der Wirkungsweise her sind **Schrittmotoren** permanenterregte **Synchronmaschinen**. Während sich bei der Synchronmaschine das Statorfeld kontinuierlich dreht, wird beim Schrittmotor das **Statorfeld** getaktet, um einen definierten Winkel weitergeschaltet.

Der **Schrittmotor** findet seinen **Einsatz** bei **Positionierantrieben**, Druckern, Uhren, Anzeigen und in der Textilindustrie. Er wird im Leistungsbereich zwischen 10 µW (Antrieb einer Quarzuhr) und 500 W verwendet. Bild 9.20 zeigt den Aufbau eines Schrittmotorantriebs, bestehend aus dem eigentlichen Motor, einem leistungselektronischen Stellglied und einer Signalverarbeitung. Dabei handelt es sich um einen **gesteuerten Antrieb** (ohne Rückkopplung der Rotorposition).

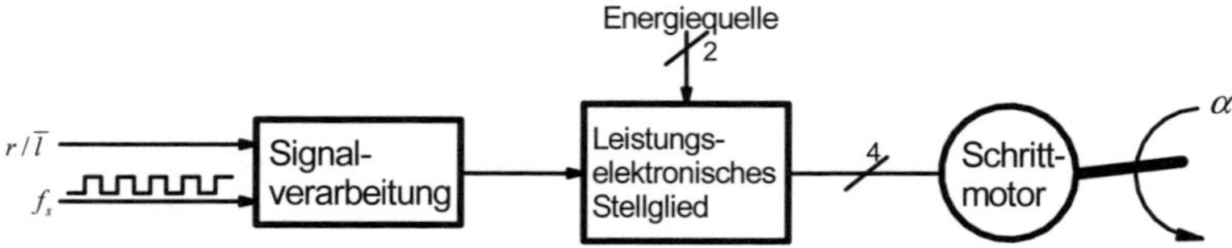

Bild 9.20 Aufbau eines Schrittmotorantriebs

Die Signalverarbeitung wertet die Steuersignale $r\,/\,\overline{l}$ für Rechts- bzw Linkslauf aus (Bild 9.21). Mit jedem Impuls auf der f_S-Leitung (f_S, Schrittfrequenz) schaltet die Signalverarbeitung den Winkel des Statorfeldes α_w um den Schrittwinkel δ weiter. Der Rotor schließt mit dem Stator den Winkel α ein. Da der **Rotor** eine träge **Masse** besitzt, folgt der Rotor **verzögert** nach einer sprungförmigen Änderung der **Ausrichtung des Statorfeldes**.

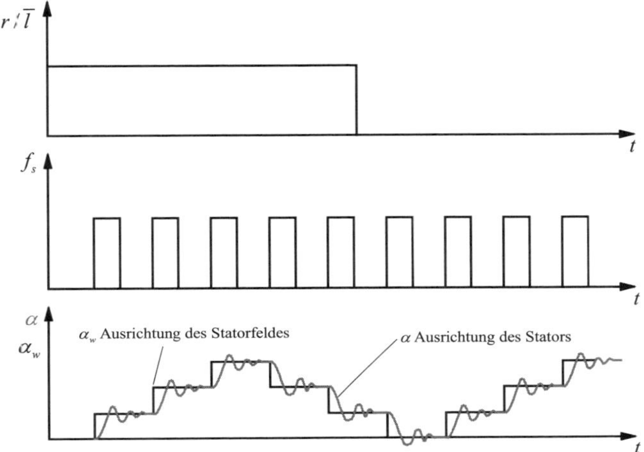

Bild 9.21 Arbeitsweise der Signalverarbeitung

Bei **Schrittmotoren** unterscheidet man zwischen **unipolaren** und **bipolaren** Schrittmotoren. Bild 9.22 zeigt den Aufbau eines unipolaren Schrittmotors.

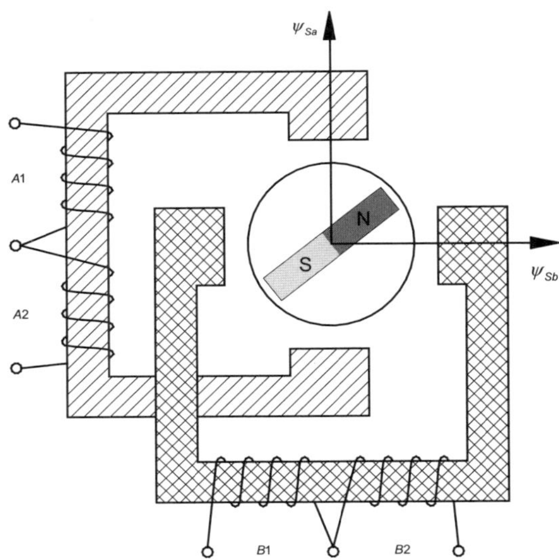

Bild 9.22 Aufbau eines unipolaren Schrittmotors

Der Vorteil des unipolaren **Schrittmotors** liegt im einfachen **Aufbau** des **leistungselektronischen Stellglieds**. Ein **Nachteil** stellt die **schlechte Ausnutzung** dar, da nur jeweils eine **Hälfte** der **Statorwicklungen bestromt** wird und die nichtbestromten Wicklungen keinen Beitrag zur Drehmomentenbildung leisten. Das leistungselektronische Stellglied zur Ansteuerung eines unipolaren Schrittmotors ist in Bild 9.23 dargestellt.

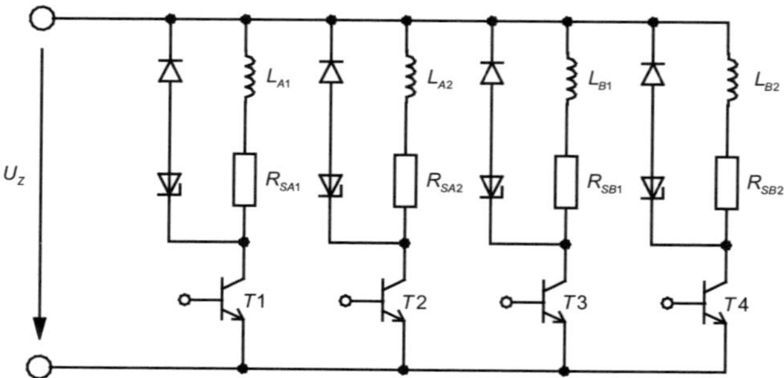

Bild 9.23 Leistungselektronisches Stellglied zur Ansteuerung eines unipolaren Schrittmotors

Die vier Statorwicklungen können durch Einschalten der zugeordneten Leistungstransistoren bestromt werden. Die Entmagnetisierung erfolgt über den Freilaufkreis, der jeweils aus einer in Serie geschalteten Z-Diode und einer Diode besteht.

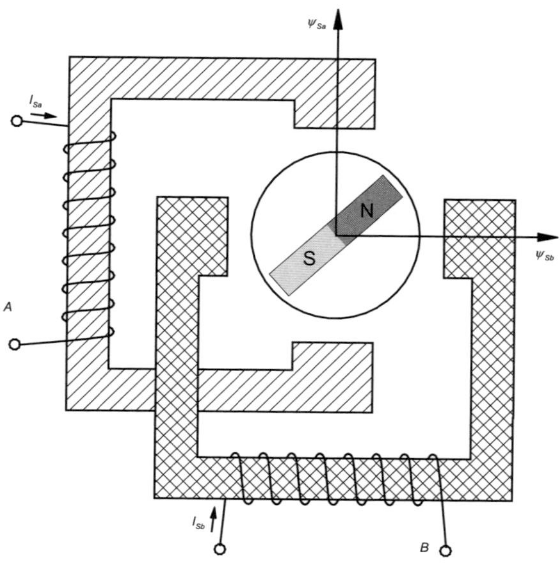

Bild 9.24 Aufbau des bipolaren Schrittmotors

Eine **bessere magnetische Ausnutzung** im Vergleich zum unipolaren Schrittmotor erreicht man mit dem **bipolaren Schrittmotor**. Allerdings ist zu bedenken, dass das leistungselektronische Stellglied zur Bestromung des bipolaren Schrittmotors die doppelte Anzahl an Leistungstransistoren benötigt. Die Ansteuerung der „oberen" Transistoren ist aufwändiger, da das Potenzial des Emitters der „oberen" Transistoren vom Schaltzustand des Brückenzweigpaares abhängt. Bild 9.24 zeigt den Aufbau eines bipolaren Schrittmotors.

9.4.1 Vollschrittbetrieb

Bild 9.25 zeigt das **Bestromungsmuster** und die Ausrichtung des resultierenden Statorflusses für den **Vollschrittbetrieb**. Dabei wird davon ausgegangen, dass in die beiden Statorwicklungen die Ströme i_{Sa} bzw. i_{Sb} eingeprägt werden. Unter dieser Voraussetzung ändert sich die **Ausrichtung** des **Statorflusses** um jeweils 90°. Der Rotor folgt wegen der trägen Masse verzögert und richtet sich im unbelasteten Fall entlang der Richtung des Statorflusses aus.

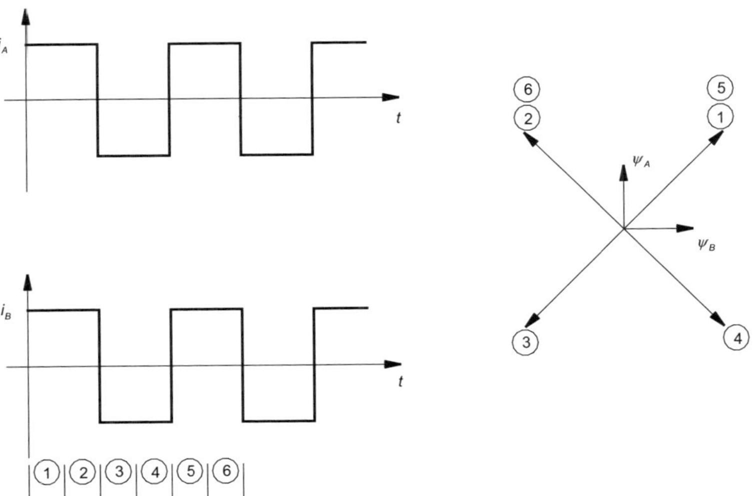

Bild 9.25 Bestromungsmuster und Ausrichtung des Statorflusses für den Vollschrittbetrieb

9.4.2 Halbschrittbetrieb

Bild 9.26 zeigt das **Bestromungsmuster** und die Ausrichtung bei Verwendung des **Halbschrittbetriebs**. Dabei werden abwechselnd beide Statorwicklungen bzw. nur eine **Statorwicklung bestromt**. Hierdurch erreicht man eine feinere Auflösung im Vergleich zum Vollschrittbetrieb, da sich die Ausrichtung des Statorflusses jeweils nur um 45° ändert. Nachteilig beim Halbschrittbetrieb ist, dass der Statorfluss nicht konstant ist.

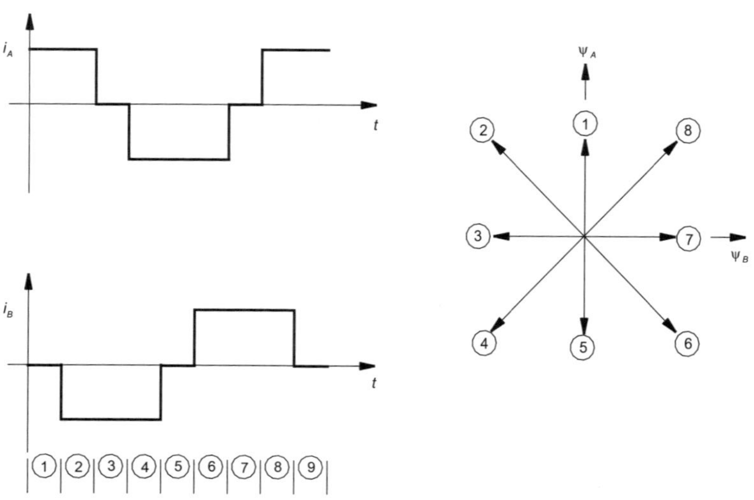

Bild 9.26 Bestromungsmuster und Ausrichtung des Statorflusses für den Halbschrittbetrieb

9.4.3 Start-Stopp-Rampe

Wie bereits erwähnt, handelt es sich bei einem **Schrittmotorantrieb** um eine reine Steuerung ohne **Rückkopplung der Rotorposition**. Das heißt, der Rotor muss unmittelbar der Ausrichtung des Statorflusses folgen können. Ist dies **nicht der Fall**, so fällt der **Schrittmotor außer Tritt**. Mit anderen Worten, er verliert Schritte. Bild 9.27 zeigt einen typischen Bewegungsablauf. Der Schrittmotor beginnt die Bewegung mit der Startfrequenz. Bei Aufschalten der Startfrequenz kann der Antrieb unmittelbar folgen. Dann wird der Antrieb entsprechend einer Rampe beschleunigt und verfährt im Anschluss mit konstanter Schrittfrequenz f_S. Im Anschluss **verzögert** der Antrieb entsprechend einer **Rampenfunktion**. Ab der Stoppfrequenz kann die Schrittfrequenz f_S auf Null reduziert werden, ohne dass der Rotor überschwingt.

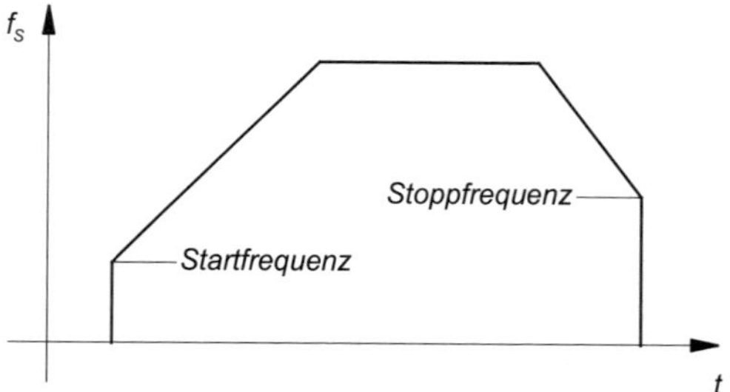

Bild 9.27 Start-Stopp-Rampe zum Beschleunigen und Verzögern eines Schrittmotors

9.4.4 Stromregelung

Bild 9.28 zeigt die leistungselektronische Ansteuerung eines bipolaren Schrittmotors.

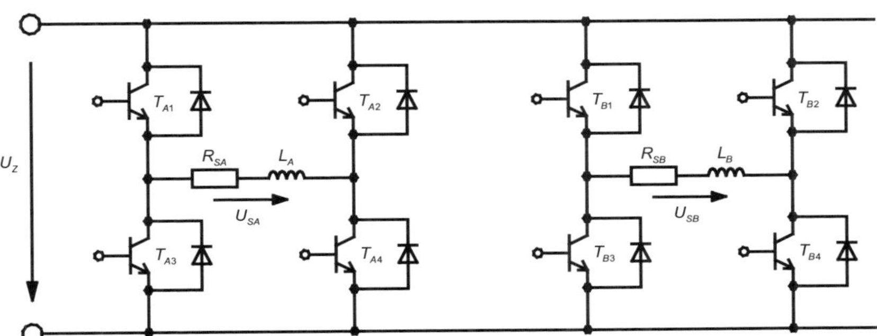

Bild 9.28 Leistungselektronisches Stellglied zur Ansteuerung eines bipolaren Schrittmotors

Die Stromregelung kann mit der H-Brückenschaltung Bild 9.29 erfolgen.

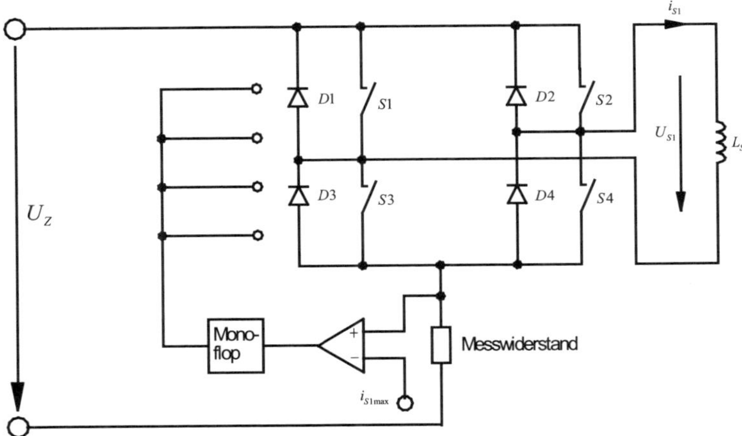

Bild 9.29 H-Brückenschaltung zur Stromregelung

Die vier elektronischen **Schalter S1 bis S4** können mit der alternierenden Taktung angesteuert werden. Diese Art der Stromregelung ist in Bild 9.30 exemplarisch dargestellt. Dabei soll ein positiver Statorstrom eingeprägt werden. Hierfür bleiben die elektronischen Schalter S1 und S4 ausgeschaltet, während zunächst die beiden elektronischen Schalter S2 und S3 eingeschaltet werden. Der Statorstrom i_{S1} fließt über S2, die Statorwicklung S3 und den **Messwiderstand** zum **Minuspol**. Wenn der Statorstrom i_{S1} den vorgegebenen Maximalwert i_{S1max} erreicht, dann schaltet das Monoflop einen der beiden elektronischen Schalter (alternierend S2 oder S3 in Bild 9.30) für eine definierte Zeitdauer (z.B. 50 μs) aus und danach wieder ein. Während der **Ausschaltzeit fließt** der Statorstrom i_{S1} entweder über S2 und D1 oder über S3 und D4. Um einen negativen Statorstrom einzuprägen, schaltet man stationär die beiden elektronischen Schalter S2 und S3 aus, während mit den beiden elektronischen Schaltern S1 und S4 der Statorstrom eingeregelt wird.

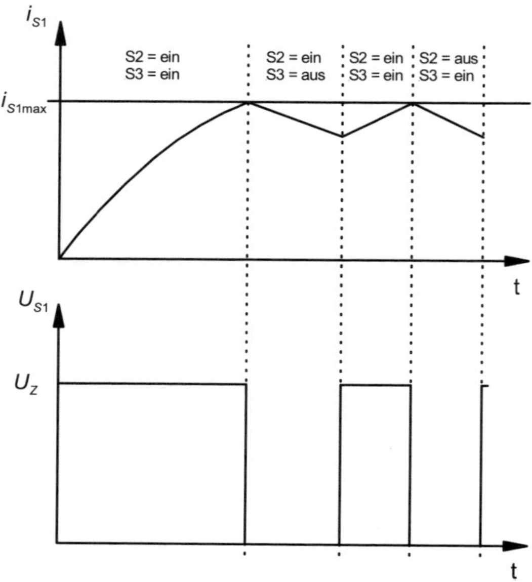

Bild 9.30 Regelung mit der alternierenden Taktung

Eine weitere Möglichkeit, die leistungselektronischen Schalter S1 bis S4 anzusteuern, besteht in der **gleichzeitigen Taktung** der elektronischen Schalter S1 bis S4. Bild 9.31 verdeutlicht die Arbeitsweise der gleichzeitigen Taktung, für den Fall, dass ein **positiver Statorstrom** i_{S1} eingeprägt werden soll. Zunächst werden die beiden elektronischen Schalter S2 und S3 eingeschaltet. Erreicht der Statorstrom den Maximalwert, dann werden die beiden elektronischen Schalter S2 und S3 durch ein Monoflop für eine festgelegte Zeitdauer ausgeschaltet. Der Statorstrom kommutiert auf die beiden Freilaufdioden D1 und D4, an der Statorwicklung liegt die Spannung $-U_Z$ an. Danach werden wieder die beiden elektronischen Schalter S2 und S3 eingeschaltet.

Die **gleichzeitige Taktung** ist im Vergleich zur **alternierenden Taktung** einfacher **zu realisieren**. Dies hat jedoch den **Nachteil**, dass **die Welligkeit** des Statorstroms **größer ist**, da um den Statorstrom einzuregeln beide stromführenden Schalter ausgeschaltet werden. Damit liegt an der Statorwicklung die Spannung $-U_Z$ an. Bei der alternierenden Taktung schaltet nur einer der beiden stromführenden Schalter aus. In diesem Fall liegt an der Statorwicklung die Spannung Null an.

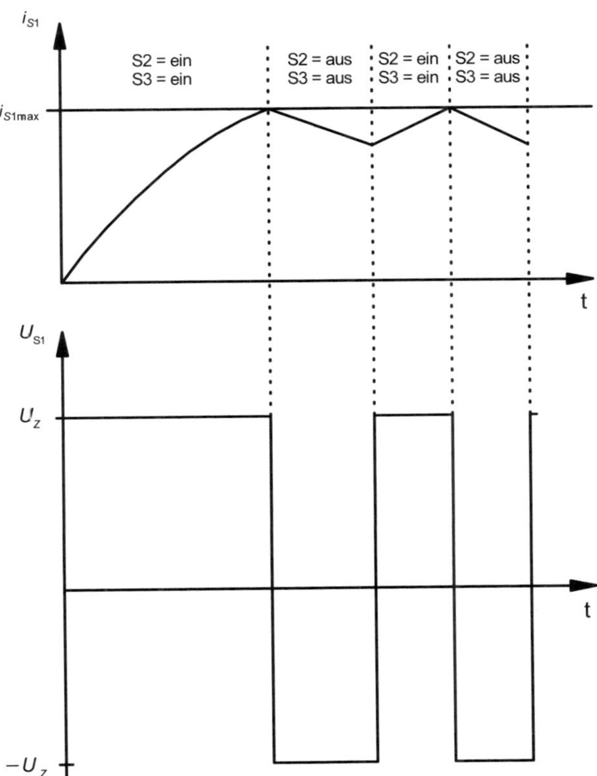

Bild 9.31 Regelung mit der gleichzeitigen Taktung

9.5 Asynchronmaschine (ASM)

Bei der Gleichstrommaschine stehen zwei getrennte Stromkreise zur Verfügung. Über den einen Stromkreis wird die Maschine erregt, über den anderen Stromkreis kann der Ankerstrom eingeprägt werden. Bei der fremderregten kompensierten GM ist das innere Drehmoment M_i direkt proportional zum Ankerstrom i_A. Durch die zwei getrennten Stromkreise, die entkoppelt sind, lässt sich die fremderregte kompensierte Gleichstrommaschine besonders einfach steuern und regeln.

Die ASM mit **Kurzschlussläufer** verfügt zur Speisung lediglich über die **Statorstromkreise**. Um die **ASM** hochdynamisch **steuern** und **regeln** zu können, muss durch eine geeignete Transformation der elektrischen Gleichungen Zugriff auf die momentenbildende und flussbildende Komponente des **Statorfluss**- oder des **Statorstromraumzeigers** verschafft werden. Damit stehen analog zur GM regelungstechnisch zwei Kreise zur Verfügung, wobei über den einen der **Hauptfluss** und über den anderen der momentenbildende Strom eingestellt werden kann.

Die Systemgleichungen der ASM im allgemeinen Bezugssystem lauten

$$\underline{u}_{\mathrm{S}}^{\mathrm{A}} = R_{\mathrm{S}} \cdot \underline{i}_{\mathrm{S}}^{\mathrm{A}} + \mathrm{j} \cdot \dot{\gamma}_{\mathrm{A}} \cdot \underline{\psi}_{\mathrm{S}}^{\mathrm{A}} + \frac{\mathrm{d}}{\mathrm{d}t} \underline{\psi}_{\mathrm{S}}^{\mathrm{A}} \tag{9.71}$$

$$0 = R_{\mathrm{R}}' \cdot \underline{i}_{\mathrm{R}}'^{\mathrm{A}} + \mathrm{j} \cdot (\dot{\gamma}_{\mathrm{A}} - \dot{\gamma}) \cdot \underline{\psi}_{\mathrm{R}}'^{\mathrm{A}} + \frac{\mathrm{d}}{\mathrm{d}t} \underline{\psi}_{\mathrm{R}}'^{\mathrm{A}} \tag{9.72}$$

und

$$\begin{bmatrix} \underline{\psi}_{\mathrm{S}}^{\mathrm{A}} \\ \underline{\psi}_{\mathrm{R}}'^{\mathrm{A}} \end{bmatrix} = \begin{bmatrix} L_{\mathrm{Sh}} + L_{\mathrm{S}\sigma} & L_{\mathrm{Sh}} \\ L_{\mathrm{Sh}} & L_{\mathrm{Sh}} + L_{\mathrm{R}\sigma}' \end{bmatrix} \begin{bmatrix} \underline{i}_{\mathrm{S}}^{\mathrm{A}} \\ \underline{i}_{\mathrm{R}}'^{\mathrm{A}} \end{bmatrix} \tag{9.73}$$

Der Magnetisierungsstrom $\underline{i}_{\mu}'^{\mathrm{A}}$ im allgemeinen Bezugssystem ist definiert durch

$$\underline{i}_{\mu}^{\mathrm{A}} = \underline{i}_{\mathrm{S}}^{\mathrm{A}} + \underline{i}_{\mathrm{R}}'^{\mathrm{A}} \tag{9.74}$$

Dabei stellt $\underline{i}_{R}'^{A}$ den Rotorstromraumzeiger und $\underline{i}_{S}^{A}$ den Statorstromraumzeiger jeweils im allgemeinen Bezugssystem dar.

Mit der Gl. (9.74) und Gl. (9.73) folgt für den Rotorflussraumzeiger $\underline{\psi}_{\mathrm{R}}'^{\mathrm{A}}$.

$$\underline{\psi}_{\mathrm{R}}'^{\mathrm{A}} = L_{\mathrm{Sh}} \underbrace{\left[(1 + \sigma_{\mathrm{R}}) \cdot \underline{i}_{\mu}^{\mathrm{A}} - \sigma_{\mathrm{R}} \cdot \underline{i}_{\mathrm{S}}^{\mathrm{A}} \right]}_{\underline{i}_{\mu}'^{A}} \quad \text{mit} \quad \sigma_{\mathrm{R}} = \frac{L_{\mathrm{R}\sigma}'}{L_{\mathrm{Sh}}} \tag{9.75}$$

Der **fiktive Magnetisierungsstrom** $\underline{i}_{\mu}'^{\mathrm{A}}$ ist zu

$$\underline{i}_{\mu}'^{\mathrm{A}} = \left[(1 + \sigma_{\mathrm{R}}) \cdot \underline{i}_{\mu}^{\mathrm{A}} - \sigma_{\mathrm{R}} \cdot \underline{i}_{\mathrm{S}}^{\mathrm{A}} \right] \tag{9.76}$$

definiert.

Das Hochkomma kennzeichnet den fiktiven Magnetisierungsstrom. Der Rotorflussraumzeiger $\underline{\psi}_{\mathrm{R}}'^{\mathrm{A}}$ kann direkt mit dem fiktiven Magnetisierungsstrom $\underline{i}_{\mu}'^{\mathrm{A}}$ durch

$$\underline{\psi}_{\mathrm{R}}'^{\mathrm{A}} = L_{\mathrm{Sh}} \cdot \underline{i}_{\mu}'^{\mathrm{A}} \tag{9.77}$$

ausgedrückt werden.

Das Bild 9.32 verdeutlicht die Winkelbeziehungen. Der fiktive Magnetisierungsstrom $\underline{i}_{\mu}'^{\mathrm{A}}$ schließt mit dem statorfesten Bezugssystem den Winkel φ_{S}' ein. Der Statorstromraumzeiger $\underline{i}_{\mathrm{S}}^{\mathrm{A}}$ schließt mit dem statorfesten Bezugssystem den Winkel ε_{S} ein. Für die weiteren Betrachtungen ist es sinnvoll, den Winkel γ_{A}, um den das allgemeine Bezugssystem gegenüber dem statorfesten Bezugssystem gedreht ist, zu

$$\gamma_{\mathrm{A}} = \varphi_{\mathrm{S}}' \tag{9.78}$$

zu wählen. Die reelle Achse des allgemeinen Bezugssystems wird mit dem fiktiven Magnetisierungsstromraumzeiger $\underline{i}'^{\mathrm{A}}_{\mu}$ verbunden. Dieses Bezugssystem wird als **rotorflussfestes Bezugssystem** bezeichnet. Die Raumzeiger im rotorflussfesten Bezugssystem werden mit einem hochgestellten F wie folgt $\underline{x}^{\mathrm{F}}$ dargestellt.

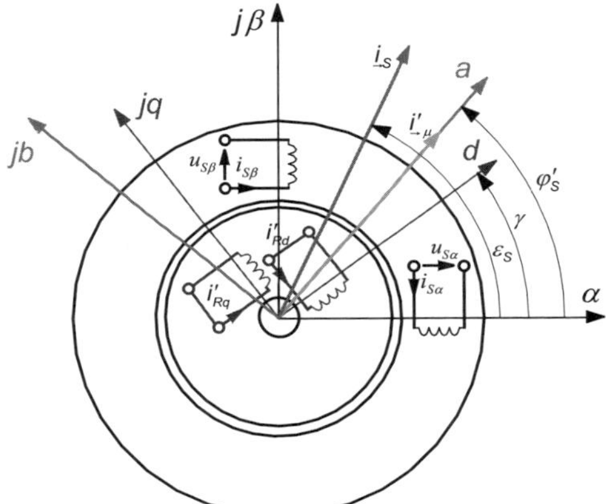

Bild 9.32 Winkelbeziehungen der Stromraumzeiger. Der Winkel γ_{A} wird so gewählt, dass der fiktive Magnetisierungsstromraumzeiger $\underline{i}'_{\mu}$ in der reellen Achse des allgemeinen Bezugssystems liegt

Durch diese Wahl des Bezugssystems wird der Imaginärteil des **Rotorflussraumzeigers** $\mathrm{Im}\left\{\underline{\psi}'^{\mathrm{F}}_{\mathrm{R}}\right\}$ im rotorflussfesten Bezugssystem zu Null. Deshalb vereinfacht sich die Gleichung (9.77) für den Rotorfluss zu

$$\underline{\psi}'^{\mathrm{F}}_{\mathrm{R}} = \psi'^{\mathrm{F}}_{\mathrm{R}} = L_{\mathrm{Sh}} \cdot i'^{\mathrm{F}}_{\mu} \tag{9.79}$$

Die **Rotorspannungsgleichung** im rotorfesten Bezugssystem ergibt sich somit zu

$$0 = R'_{\mathrm{R}} \cdot \underline{i}'^{\mathrm{F}}_{\mathrm{R}} + \mathrm{j} \cdot \left(\dot{\varphi}'_{\mathrm{S}} - \dot{\gamma}\right) \cdot L_{\mathrm{Sh}} \cdot i'^{\mathrm{F}}_{\mu} + L_{\mathrm{Sh}} \frac{\mathrm{d}}{\mathrm{d}t} i'^{\mathrm{F}}_{\mu} \tag{9.80}$$

In Gl. (9.80) wird der Rotorstromraumzeiger $\underline{i}'^{\mathrm{F}}_{\mathrm{R}}$ durch den Statorstromraumzeiger und dem fiktiven Magnetisierungsstrom ausgedrückt. Durch Auflösen von Gl. (9.76) nach dem Magnetisierungsstromraumzeiger $\underline{i}^{\mathrm{F}}_{\mu}$ folgt

$$\underline{i}^{\mathrm{F}}_{\mu} = \frac{i'^{\mathrm{F}}_{\mu} + \sigma_{\mathrm{R}} \cdot \underline{i}^{\mathrm{F}}_{\mathrm{S}}}{\left(1 + \sigma_{\mathrm{R}}\right)} \tag{9.81}$$

und

$$\underline{i}'^{\mathrm{F}}_{\mathrm{R}} = \frac{1}{\left(1 + \sigma_{\mathrm{R}}\right)} \left(i'^{\mathrm{F}}_{\mu} - \underline{i}^{\mathrm{F}}_{\mathrm{S}}\right) \tag{9.82}$$

Die umgestellte Gleichung (9.80) lautet somit

$$\underline{i}_{\mathrm{S}}^{\mathrm{F}} = i_{\mu}^{\prime\mathrm{F}} + \mathrm{j}\cdot\left(\dot{\varphi}_{\mathrm{S}}^{\prime} - \dot{\gamma}\right)\cdot\tau_{\mathrm{R}}\cdot i_{\mu}^{\prime\mathrm{F}} + \tau_{\mathrm{R}}\cdot\frac{\mathrm{d}}{\mathrm{d}t}i_{\mu}^{\prime\mathrm{F}} \tag{9.83}$$

mit der **Rotorzeitkonstanten**

$$\tau_{\mathrm{R}} = \frac{L_{\mathrm{Sh}}\cdot\left(1+\sigma_{\mathrm{R}}\right)}{R_{\mathrm{R}}^{\prime}} \tag{9.84}$$

Die Gl (9.83) in **Komponentendarstellung** ausgedrückt ergibt

$$i_{\mathrm{Sa}} = i_{\mu}^{\prime\mathrm{F}} + \tau_{\mathrm{R}}\cdot\frac{\mathrm{d}}{\mathrm{d}t}i_{\mu}^{\prime\mathrm{F}} \tag{9.85}$$

$$i_{\mathrm{Sb}} = \left(\dot{\varphi}_{\mathrm{S}}^{\prime} - \dot{\gamma}\right)\cdot\tau_{\mathrm{R}}\cdot i_{\mu}^{\prime\mathrm{F}} \tag{9.86}$$

Das innere **Drehmoment** M_{i} der ASM kann mit dem Statorstromraumzeiger $\underline{i}_{\mathrm{S}}^{\mathrm{F}}$ und dem konjugiert komplexen **Rotorstromraumzeiger** $\underline{i}_{\mathrm{R}}^{\prime\mathrm{F}^*}$ jeweils im rotorflussfesten Bezugssystem mit

$$M_{\mathrm{i}} = \frac{3}{2}\cdot p\cdot L_{\mathrm{Sh}}\cdot\mathrm{Im}\left\{\underline{i}_{\mathrm{S}}^{\mathrm{F}}\cdot\underline{i}_{\mathrm{R}}^{\prime\mathrm{F}^*}\right\} \tag{9.87}$$

berechnet werden. Zusammen mit der **mechanischen Gleichung**

$$M_{\mathrm{i}} = M_{\mathrm{L}} + J\cdot\frac{\mathrm{d}\omega}{\mathrm{d}t} \tag{9.88}$$

ist die **ASM komplett beschrieben**.

Für die folgenden Analysen wird der Statorstromraumzeiger in seine Komponenten $\underline{i}_{\mathrm{S}}^{\mathrm{F}} = i_{\mathrm{Sa}} + \mathrm{j}\cdot i_{\mathrm{Sb}}$ zerlegt und zusammen mit Gleichung (9.82) in Gleichung (9.87) eingesetzt. Es folgt

$$M_{\mathrm{i}} = \frac{3}{2}\cdot p\cdot L_{\mathrm{Sh}}\cdot\frac{1}{1+\sigma_{\mathrm{R}}}\cdot i_{\mu}^{\prime\mathrm{F}}\cdot i_{\mathrm{Sb}} \tag{9.89}$$

oder

$$M_{\mathrm{i}} = k_{1}\cdot i_{\mu}^{\prime\mathrm{F}}\cdot i_{\mathrm{Sb}} \tag{9.90}$$

mit

$$k_{1} = \frac{3}{2}\cdot p\cdot L_{\mathrm{Sh}}\cdot\frac{1}{1+\sigma_{\mathrm{R}}} \tag{9.91}$$

Gl (9.90) kann entnommen werden, dass die ASM im rotorflussfesten Bezugssystem **entkoppelt ist**. Die Magnetisierung der Maschine erfolgt durch den fiktiven Magnetisierungsstrom $i_{\mu}^{\prime\mathrm{F}}$. Bei konstanter Magnetisierung lässt sich das **Drehmoment** mit der *b*-Komponente des Statorstroms i_{b} direkt beeinflussen. Übertragen auf die fremderregte Gleichstrommaschine entspricht der fiktive Magnetisierungsstrom i'^{F}_{μ} dem Erregerstrom i_{E} und die *b*-Komponente des Statorstroms i_b dem Ankerstrom i_{A}.

Regelung einer spannungsgespeisten ASM

Die Regelung einer spannungsgespeisten ASM erfolgt im **rotorflussorientierten Bezugssystem**. In diesem Bezugssystem ist die Maschine entkoppelt. Es kann getrennt die drehmoment- und flussbildende Komponente des Statorstromraumzeigers beeinflusst werden.

Dazu werden zunächst mindestens zwei der **drei Statorströme** i_{S1}, i_{S2} und i_{S3} gemessen und in das rotorflussfeste Bezugsystem transformiert. Hierzu muss mit einem Modell beispielsweise Strom- oder Spannungsmodell ein Schätzwert für den Winkel, den das rotorfeste und das statorfeste Bezugssystem einschließen, berechnet werden. Der **Schätzwert** des **Transformationswinkels** wird mit $\hat{\varphi}'_{\mathrm{s}}$ bezeichnet. Das Strommodell berechnet aus den Statorströmen einen Schätzwert für den fiktiven Magnetisierungsstromraumzeiger $\hat{\underline{i}}^{\mathrm{S}}_{\mu}$ im statorfesten Bezugssystem. Der Vektoranalysator VA bildet den Betrag $\hat{i}'^{\mathrm{F}}_{\mu}$ und den Winkel $\hat{\varphi}'_{\mathrm{S}}$, den der Raumzeiger $\hat{\underline{i}}^{\mathrm{S}}_{\mu}$ mit dem statorfesten Bezugssystem einschließt.

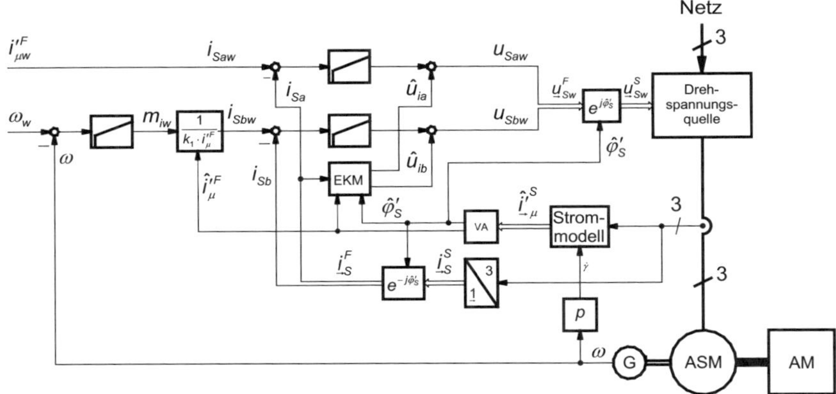

Bild 9.33 Rotorflussorientierte Drehzahlregelung einer spannungsgespeisten ASM

Die Zeitwerte der Statorströme werden der Raumzeigertransformation unterzogen und mit dem Drehoperator $e^{-\mathrm{j}\hat{\varphi}'_{\mathrm{S}}}$ in das rotorfeste Bezugssystem transformiert. Im rotorfesten Bezugssystem werden der Magnetisierungsstrom i'^{F}_{μ} und der momentenbildende Strom $i_{\mathrm{S}b}$ jeweils eingeregelt. Dazu wird für die Magnetisierungsstromregelung die Regeldifferenz $\left(i'^{\mathrm{F}}_{\mu\mathrm{w}} - i_{\mathrm{S}a}\right)$ auf den Reglereingang aufgeschaltet. Zur Reglerausgangsgröße wird der Schätzwert der Verkopplungsgröße $\hat{u}_{ia}$ aufaddiert. Analog dient die Differenz $\left(i_{\mathrm{Sbw}} - i_{\mathrm{S}b}\right)$ als Eingang für den Stromregler. Zur Reglerausgangsgröße wird auch hier der Schätzwert der Verkopplungsgröße $\hat{u}_{ib}$ aufaddiert. Mit $\underline{u}^{F}_{\mathrm{Sw}} = u_{\mathrm{Saw}} + \mathrm{j}\cdot u_{\mathrm{Sbw}}$ wird die Führungsgröße der Statorspannung im rotorfesten Bezugssystem gebildet. Dieser Raumzeiger muss nun mit dem Drehoperator $\mathrm{e}^{\mathrm{j}\hat{\varphi}'_{\mathrm{S}}}$ in das statorfeste Bezugssystem transformiert werden und dient als Führungsgröße für die Drehspannungsquelle. Die Schätzwerte der beiden Verkopplungsterme $\hat{u}_{ia}$ und $\hat{u}_{ib}$ können zu

$$\hat{u}_{ia} = (1-\sigma)\cdot\tau_S\cdot R_S\cdot\frac{d}{dt}\hat{i}_{\mu}^{\prime F} - \sigma\cdot\tau_S\cdot R_S\cdot\hat{i}_{Sb}\cdot\frac{d}{dt}\hat{\varphi}_S^{\prime} \tag{9.92}$$

und

$$\hat{u}_{ib} = (1-\sigma)\cdot\tau_S\cdot R_S\cdot\hat{i}_{\mu}^{\prime F}\cdot\frac{d}{dt}\varphi_S^{\prime} + \sigma\cdot\tau_S\cdot R_S\cdot\hat{i}_{Sa}\cdot\frac{d}{dt}\hat{\varphi}_S^{\prime} \tag{9.93}$$

berechnet werden.

Diese mathematischen Operationen führt das **Entkopplungsmodell** (EKM) durch. In den meisten Fällen handelt es sich bei den beiden Thermen u_{ia} und u_{ib} um langsam veränderliche Größen, so dass die beiden I-Anteile der beiden Stromregler die Wirkung der Verkopplungsterme gut kompensieren können. In der Praxis wird daher meist auf das **Entkopplungsmodell** EKM **verzichtet**.

Der drehmomentenbildenden Stromregelung ist der Drehzahlregler überlagert. Dazu wird die Regeldifferenz zwischen der Führungswinkelgeschwindigkeit ω_w und der gemessenen Winkelgeschwindigkeit ω gebildet und auf den Drehzahlregler aufgeschaltet. In den meisten Fällen kommt ein **PI-Regler** (Abschn. 2.4.2) zum **Einsatz**. Die Reglerausgangsgröße ist das durch die Maschine zu stellende **Drehmoment** M_{iw}. Dividiert man die Führungsgröße für das Drehmoment M_{iw} durch die Drehmomentkonstante k_1 (vgl. Gl. (9.92)) sowie den Schätzwert des fiktiven Magnetisierungsstrom $\hat{i}_{\mu}^{\prime F}$, dann resultiert die Führungsgröße für den drehmomentenbildenden Strom zu

$$i_{Sbw} = \frac{M_{iw}}{k_1\cdot\hat{i}_{\mu}^{\prime F}} \tag{9.94}$$

Literatur

Heimann B., Gerth W., Popp K.: Mechatronik. Fachbuchverlag Leipzig im Carl Hanser Verlag, 2000.

Reifenstahl U.: Elektrische Antriebstechnik. Leipzig. B. G. Teubner Stuttgart, 2000.

Schröder D.: Elektrische Antriebe 1. Berlin Heidelberg New York: Springerverlag, 1994.

Schröder D.: Elektrische Antriebe 2. Berlin Heidelberg New York: Springerverlag, 1995.

Stölting H-D., Kallenbach E.: Handbuch Elektrische Kleinantriebe. Fachbuchverlag Leipzig im Carl Hanser Verlag, 2002.

10 Hydraulische Aktoren

Bei einem hydraulischen Antrieb wird eine **Flüssigkeit** (Öl, Wasser) durch eine Pumpe verdichtet und über Rohrleitungen und schaltende oder stetig arbeitende **Ventile** einem **Stellglied** zugeführt. Für **lineare Bewegungen** ist das **Stellglied** ein **Zylinder**, für **drehende Bewegungen** ein **Hydraulikmotor**.

Hydraulische Antriebe werden eingesetzt, wenn **große Kräfte** und eine **hohe Dynamik** gefordert sind.

Mit hydraulischen Antrieben können **geradlinige** (translatorische) und **drehende** (rotatorische) Bewegungen ausgeführt werden.

Ein Elektro- oder Verbrennungsmotor treibt eine Hydraulikpumpe an. Die Hydraulikflüssigkeit wird über schaltende oder stetig arbeitende Ventile dem Stellglied zugeführt. Hydraulikspeicher stabilisieren den Öldruck. Im Hydraulikkreislauf sind Filter eingebaut, um Schmutzpartikel aus der Hydraulikflüssigkeit zu filtern. Die entstehende Verlustleistung wird über Wärmetauscher abgeführt.

10.1 Vor- und Nachteile hydraulischer Antriebe

In der Hydraulik lassen sich sehr **hohe Drücke** erzeugen, sodass **große Kräfte** aufgebracht werden können.

Das Leistungsgewicht (in kW/kg) eines Hydraulikantriebes ist um den Faktor 10 größer als das Leistungsgewicht eines elektrischen Antriebes. Die Kraftdichte liegt bei hydraulischen Antrieben im Bereich von $2{,}0 \cdot 10^7$ N/m^2 bis $3{,}0 \cdot 10^7$ N/m^2. Bei elektrischen Antrieben bewegt sich die Kraftdichte, infolge der magnetischen Sättigung, im Bereich von $4{,}0 \cdot 10^4$ N/m^2 bis $5{,}0 \cdot 10^4$ N/m^2.

Bedingt durch die hohe Kraftdichte zeichnen sich hydraulische Antriebe durch ein **gutes dynamisches Verhalten** aus.

Als Nachteile sind zu nennen: Durch die **Druckverluste** an den Strömungswiderständen ist der erzielbare Wirkungsgrad gering. Ferner können **Leckverluste** auftreten. Hydraulikanlagen sind empfindlich bezüglich Schmutz. Die Viskosität des Hydrauliköles ist temperaturabhängig, das Öl ist kompressibel.

In Bild 10.1 werden analoge Größen eines elektrischen Antriebs mit einem hydraulischen Antrieb verglichen. Bei einem elektrischen Antrieb wird ein Generator mechanisch angetrieben, bei einem hydraulischen Antrieb erfolgt dies durch eine Hydraulikpumpe. Analoge Größen sind die Spannung U beim Generator und der

Versorgungsdruck p_V der Hydraulikpumpe, der Strom I und der Durchfluss q, der Spannungsabfall U über dem elektrischen Stellglied und der Druckabfall p über dem hydraulischen Stellglied.

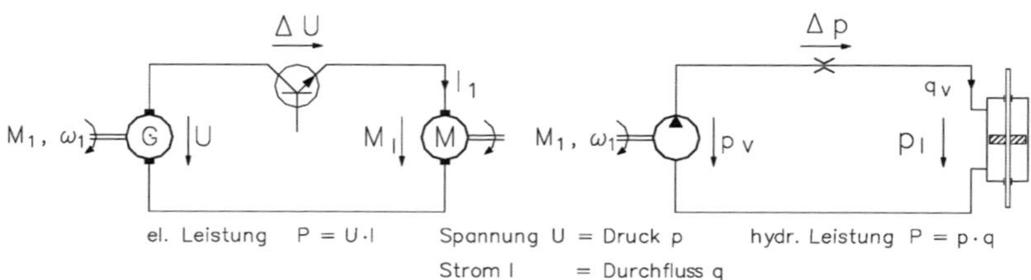

Bild 10.1 Vergleich elektrischer und hydraulischer Antrieb

■ 10.2 Zahnradpumpe mit Außenverzahnung

Die einfachste Pumpe ist eine Zahnradpumpe (Bild 10.2). Sie besteht aus **zwei ineinander greifenden Zahnrädern**. Das eine Zahnrad wird angetrieben, das andere mitgenommen. Sobald auf der Saugseite ein Zahn die Lücke im anderen Zahnrad verlässt, wird das Volumen im Saugraum vergrößert. Es entsteht ein Unterdruck und das Öl wird angesaugt.

Das Öl wird in den Zahnlücken zwischen Zahnrad und Gehäusewand auf die Druckseite gefördert. Auf der Druckseite verdrängt der in die Zahnlücke eingreifende Zahn das Öl.

Die **Zahnlücken** bilden mit den Gehäusewänden **Verdrängungsräume**. Die **Verdrängung** erfolgt am **Zahneingriff**. Bei konstanter Antriebsdrehzahl ist keine Volumenverstellung möglich

Zahnradpumpen werden meist als **Konstantpumpen** gebaut. Das nicht benötigte Öl fließt über ein Druckbegrenzungsventil in den Tank zurück.

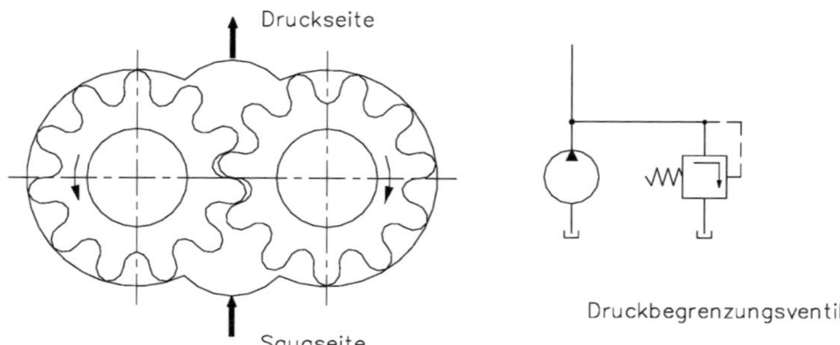

Bild 10.2 Zahnradpumpe

10.3 Flügelzellenpumpe

Die Flügel gleiten radial in Schlitzen und bilden mit dem Gehäuse und dem Rotor einer Flügelzellenpumpe **Verdrängungsräume** (Bild 10.3). Das Zellvolumen wird bei der Drehung des Rotors größer und füllt sich über den Saugkanal mit Öl. Nach dem Erreichen des größten Zellvolumens werden die Zellen von der Saugseite abgetrennt. Beim weiteren Drehen werden die Zellen mit der Druckseite verbunden. Die Zellen verengen sich und drücken Öl in den Druckkanal.

Ein Verstellen des Durchflusses ist durch Ändern der Exzentrizität möglich. Der kreisförmige Statorring wird von dem kleinen und großen Pendel-Stellkolben eingespannt. Sinkt der Druck unter den eingestellten Wert, wird der große Stellkolben mit Druck beaufschlagt. Der Statorring wird in die exzentrische Lage verschoben.

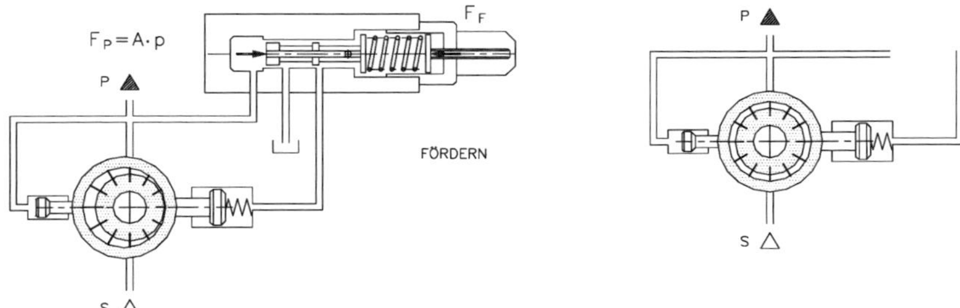

Bild 10.3 Aufbau einer Flügelzellenpumpe

10.4 Axialkolbenpumpe

Bei Axialkolbenpumpen bewegen sich Kolben oszillierend in Zylindern, sie saugen das Öl an und fördern es auf die Druckseite (Bild 10.4).

Es gibt zwei Ausführungen: Bei der **Taumelscheiben**-Ausführung rotieren Taumel- und Steuerscheibe und das Gehäuse steht fest; bei der **Schrägscheiben**-Ausführung rotiert das Gehäuse und Schräg- und Steuerscheibe stehen fest. Eine Volumenverstellung und eine Förderrichtungsumkehr erfolgt durch **Schwenken** der Taumel- bzw. der Schrägscheibe.

Über eine Druckwaage wird ein Hydraulik-Zylinder angesteuert, dieser schwenkt die Taumel- bzw. die Schrägscheibe.

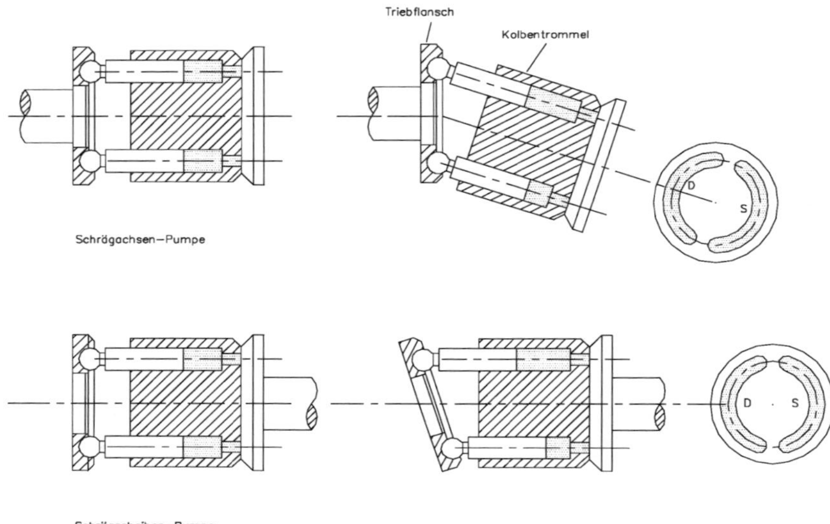

Bild 10.4 Aufbau einer Axialkolbenpumpe

10.5 Ventil

Die stetige Verstellung des Durchflusses kann mit **Proportional-** oder **Servoventilen** erfolgen. Servoventile zeichnen sich durch besseres dynamisches Verhalten als Proportionalventile aus.

Die **Proportionalventile** sind **robuster** und **kostengünstiger**. Sie werden bevorzugt in der Industriehydraulik eingesetzt. Ihre Aufgabe besteht darin, den Steuerkolben **abhängig** von einem **elektrischen Steuersignal** zu verschieben.

10.5.1 Proportionalventil

Bei Proportionalventilen wird der Steuerkolben von zwei **Proportionalmagneten** verschoben, die auf beiden Seiten des Steuerkolbens angeordnet sind (Bild 10.5). Die Proportionalmagnete sind eine Weiterentwicklung der Schaltmagnete. Bei Schaltmagneten steigt die Magnetkraft bei kleinem Luftspalt sehr stark an. Dagegen ist die **Magnetkraft** eines Proportionalmagneten im Arbeitsbereich unabhängig vom Luftspalt **konstant**. Das wird durch eine geeignete Ausbildung des magnetischen Kreises erreicht. Bild 10.6 zeigt den Aufbau des Schaltmagneten und die Weg-Kraft-Kennlinie.

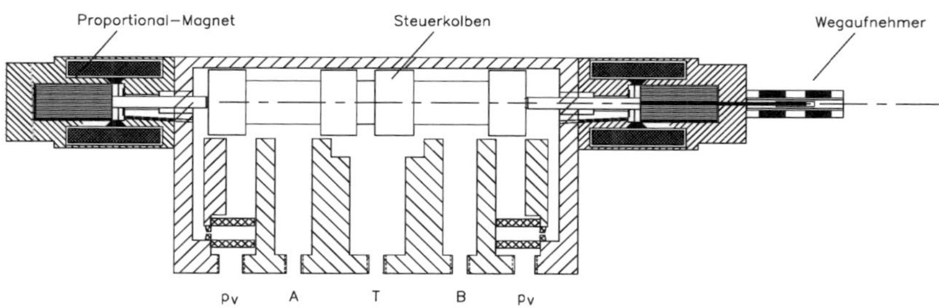

Bild 10.5 Schnitt durch ein Proportionalventil

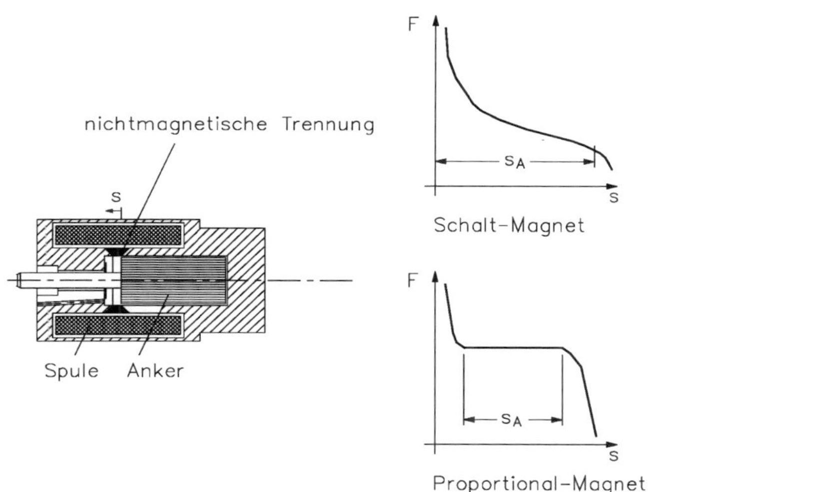

Bild 10.6 Kennlinie Schalt- und Proportionalmagnet

Auf den Steuerkolben des Ventils wirken Strömungs- und Reibungskräfte. Um diese Störgrößen zu eleminieren, wird bei Proportionalventilen die Stellung des Steuerkolbens über einen elektrischen Weggeber erfasst und durch einen Lageregelkreis geregelt. Die erforderliche elektrische Versorgungsleistung liegt je nach Ventilgröße im Bereich von 10 W bis 100 W, die Grenzfrequenz zwischen 40 Hz bis 100 Hz.

10.5.2 Servoventil

In Bild 10.7 ist ein elektromagnetisches Servoventil im Querschnitt dargestellt. Wird der **Steuerkolben** nach links bewegt, fließt das Öl von der Druckleitung p_V über die Steuerkante, die Druckleitung A, zum Hydraulikzylinder und über die Druckleitung B und die Steuerkante zum Tank zurück. Wird der Steuerkolben nach rechts bewegt, ist die Druckleitung B mit dem Versorgungsdruck p_V verbunden, die Druckleitung A ist mit dem Tank verbunden.

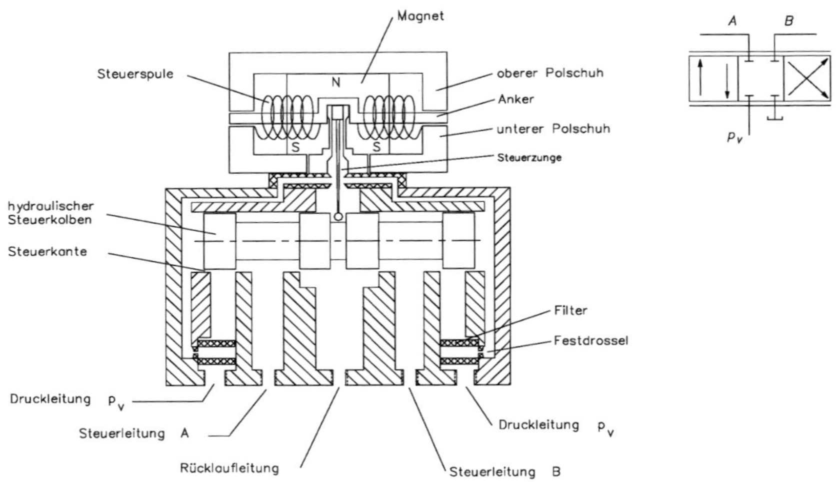

Bild 10.7 Schnitt durch ein Servoventil

Der Steuerkolben wird über einen Gleichspannungs-Drehankermotor (**Torque-Motor**) und einem hydraulischen Verstärker angesteuert.

Die Ankerenden des Torque-Motors befinden sich im Magnetfeld. Der magnetische Fluss wird vom Permanentmagneten über den oberen Polschuh und die beiden Luftspalte zum unteren Polschuh geführt. Der Anker ist mit einer **Steuerzunge** verbunden, die in einem biegsamen Rohr schwenkbar gelagert ist. Das Rohr dichtet gleichzeitig den elektromagnetischen Teil des Ventils vom hydraulischen ab. Die Steuerspulen sind auf beiden Seiten um den Anker angeordnet.

Die freien Enden der Steuerzunge liegen zwischen zwei Düsen. Ein Eingangssignal erzeugt über die Steuerspulen eine magnetische Durchflutung. Dadurch verändert sich die Stellung des Ankers und der Steuerzunge. Die Bewegung der Steuerzunge wird über das biegsame Rohr auf den freien Teil der Steuerzunge übertragen. Der Austritts-Querschnitt der einen Düse wird vergrößert, der anderen verkleinert. Die dadurch entstehende Druckdifferenz wirkt auf die Stirnseiten des Steuerkolbens. Der Steuerkolben wird verschoben. Der Steuerkolben besitzt vier Steuerkanten. Er steuert den Durchfluss proportional zum Verschieben aus der Mittelstellung.

An der Steuerzunge ist eine Rückstellfeder befestigt. Sie greift in einen Schlitz des Steuerkolbens. Durch das Verschieben des Steuerkolbens wird die Rückstellfeder gespannt. Die von ihr ausgeübte Kraft wirkt auf die Steuerzunge zurück. Der Steuerkolben wird so weit bewegt, bis sich beide Drehmomente aufheben. Dadurch ist die Stellung des Steuerkolbens direkt dem Eingangsstrom proportional.

Bei größeren Servoventilen wird zusätzlich die Lage des Steuerkolbens über einen induktiven Aufnehmer erfasst und mittels eines elektrischen Regelkreises geregelt. Dadurch wird die Dynamik verbessert.

Den Wegeventilen können **definierte Schaltstellungen** zugeordnet werden. Diese werden durch Rechtecke gekennzeichnet. Anschlüsse (Zu- und Abflüsse) werden an das Feld Nullstellung herangezogen.

Das Ventil hat die Anschlüsse Versorgungsdruck p_V, Tank p_T, A und B. Das Ventil hat drei Stellungen und wird als 4/3-Wegeventil bezeichnet.

10.6 Hydraulik-Zylinder und -Motor

Der einfachste Zylinder ist der **Plungerzylinder**. Er hat nur eine Kolbenfläche; die Kolbenstange dient direkt als Kolben. Der Rückzug erfolgt durch das Eigengewicht. Hydraulische Hebebühnen für Kraftfahrzeuge werden mit Plungerzylindern ausgeführt (Bild 10.8).

Bei doppeltwirkenden Zylindern sind beide Kolbenseiten mit Druck beaufschlagt. Es gibt Zylinder mit ein- und zweiseitiger Kolbenstange.

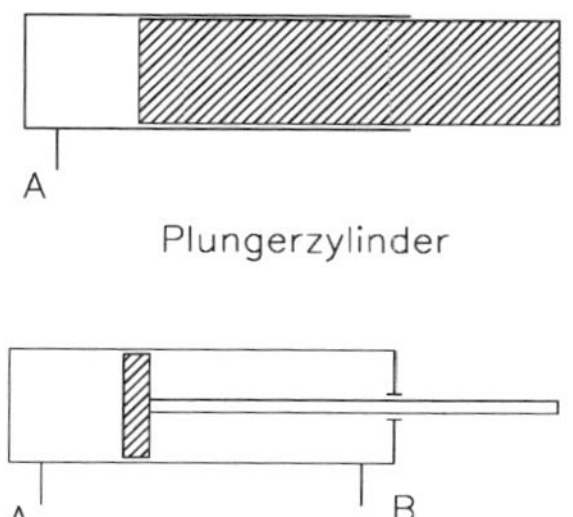

Doppeltwirkender Zylinder mit einseitiger Kolbenstange

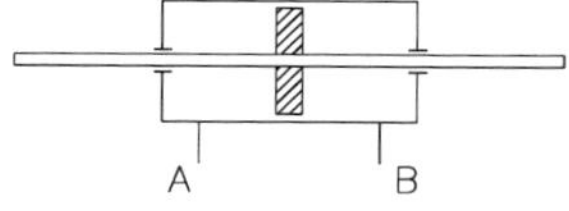

Doppeltwirkender Zylinder mit doppelseitiger Kolbenstange

Bild 10.8 Hydraulikzylinder

10.6.1 Hydraulisches Teilmodell

Das regelungstechnische Modell eines Servoventils wird aus Teilmodellen zusammengesetzt.

Durchfluss durch eine Drossel

Der Durchfluss q_V durch eine Drossel ist dem Öffnungsgrad H, der Wurzel aus dem Quotienten Betrag des Druckabfalls $|\Delta p|$ durch den hydraulischen Widerstand R_{hyd} und dem Vorzeichen des Druckabfalls Δp proportional (Bild 10.9).

$$p_V = |H| \sqrt{\frac{|\Delta p|}{R_{hyd}}} \cdot \text{sign } \Delta p$$

Durchfluß q durch Drossel:

Δp q_V

$$q_V = |H| \sqrt{\frac{|\Delta p|}{R_H}} \cdot \text{sign } \Delta p$$

$$q_V = |H| q_N \sqrt{\frac{|\Delta p|}{\Delta p_N}} \cdot \text{sign } \Delta p$$

H: Öffnungsgrad $0 \leqq H \leqq 1$

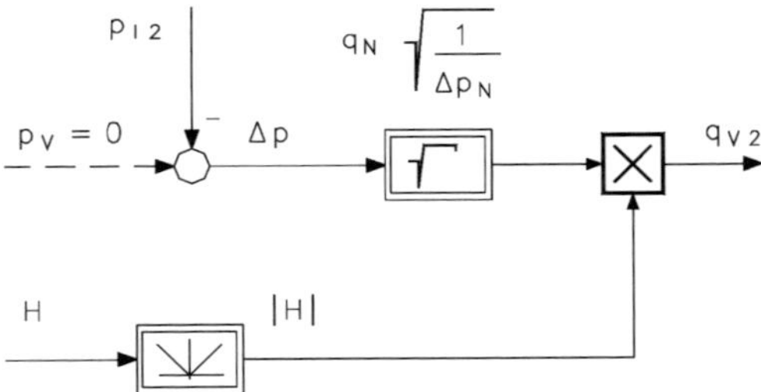

Bild 10.9
Durchfluss durch Drossel

Bewegt sich der Kolben in einem Zylinder um den Weg s_k nach rechts, ändert sich das Volumen in der linken Zylinderkammer. Das Volumen V_k ist dem Weg s_k und der Kolbenfläche A_k proportional (Bild 10.10).

$$V_k = A_k \cdot s_k$$

Volumenänderung ΔV:

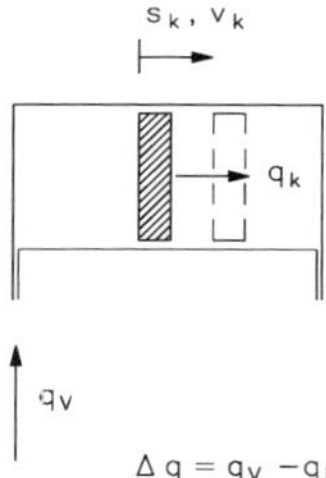

$\Delta q = q_V - q_k$

$\Delta V = \int \Delta q \, dt$

Bild 10.10
Volumenänderung infolge Kolbenbewegung

Der Durchfluss q_V ist der Ableitung der Volumenänderung nach der Zeit proportional (Bild 10.11).

$$q_k = \frac{dV_k}{dt}$$

Mit der Beziehung für das Volumen $V_k = A_k \cdot s_k$ ergibt sich:

$$q_k = \frac{dV_k}{dt} = \frac{ds_k}{dt} \cdot A_k$$

Die Ableitung des Kolbenweges s_k nach der Zeit entspricht der Kolbengeschwindigkeit v_k.

Durchfluss q_k infolge Kolbenbewegung:

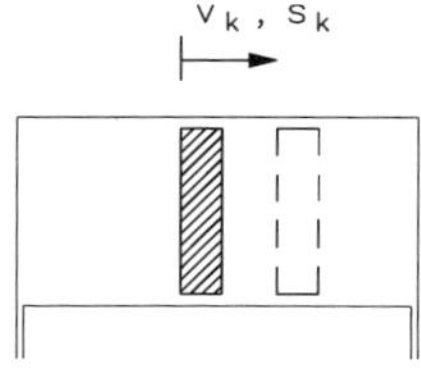

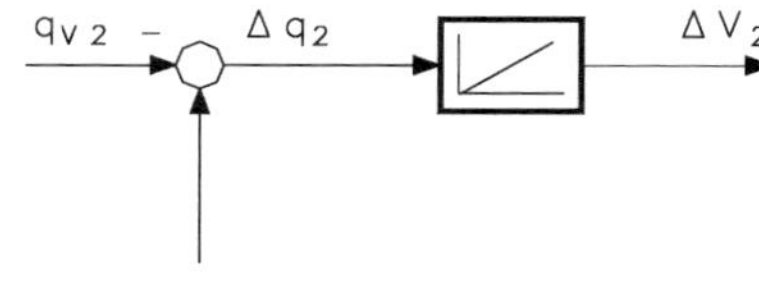

$V_k = s_k A_k$

$$q_k = \frac{dv_k}{dt} = \frac{ds_k}{dt} A_k = v_k A_k$$

Bild 10.11
Durchfluss infolge Kolbenbewegung

Fließt in die linke Kolbenkammer Öl zu und auf Grund der Kolbenbewegung in der rechten Ölkammer ab, ergibt sich ein Differenzdurchfluss Δq_k zu (Bild 10.12):

$$\Delta q_k = q_v - q_k$$

$$\Delta V = \int \Delta q \; dt$$

Volumenänderung ΔV:

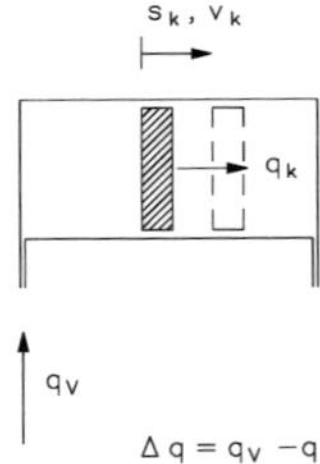

$\Delta q = q_v - q_k$

$\Delta V = \int \Delta q \, dt$

Bild 10.12
Differenzdurchfluss infolge Volumenänderung

Ändert sich das Volumen in der Zylinderkammer, ändert sich auch der Druck in dieser Kammer.

Der Druck p ist dem Quotienten aus Volumenänderung ΔV zu Gesamtvolumen V und dem E-Modul des Öles proportional (Bild 10.13).

$$p = E_{\text{Öl}} \cdot \frac{\Delta V}{V}$$

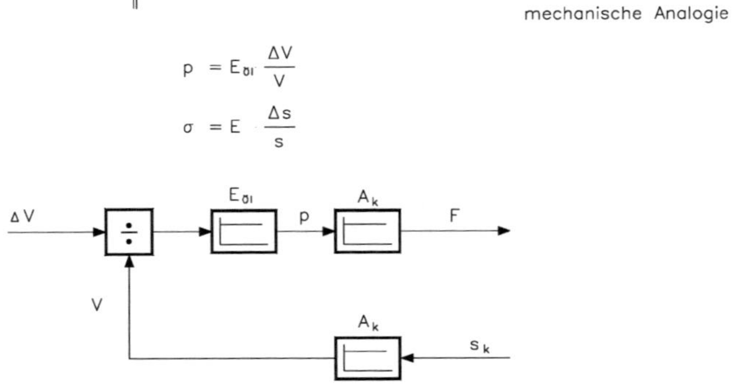

Druck p:

p

v_V $c_{öl}$ v_K

$F = c_{öl} \int (v_v - v_k)\, dt$

mechanische Analogie

$p = E_{öl} \cdot \frac{\Delta V}{V}$

$\sigma = E \cdot \frac{\Delta s}{s}$

ΔV ÷ $E_{öl}$ p A_k F

V A_k s_k

Bild 10.13 Druck p

Analog ergibt sich die mechanische Spannung σ in einem Bauteil zu:

$$\sigma = E \cdot \frac{\Delta s}{s}$$

Dabei ist E der Elastizitätsmodul und $\Delta s/s$ die relative Wegänderung.

Mit diesen hydraulischen Teilmodellen kann der Wirkungsplan für ein Servoventil und einen Hydraulikzylinder abgeleitet werden (Bild 10.14).

Betrachtet man zuerst die Ventilstellung 1. Die linke Zylinderkammer ist über die Steuerkante 1 mit dem Versorgungsdruck p_V verbunden und die rechte Kammer mit dem Tank. Der Durchfluss q_{V1} kommt wie folgt zu Stande:

Zuerst wird die Druckdifferenz über der Steuerkante Δp gebildet, also Versorgungsdruck p_V minus Druck in der linken Kammer p_{L1}

$$p_1 = p_V - p_{L1}$$

Im nächsten Block wird die Wurzel aus dem Betrag des Differenzdruckes gezogen und mit dem Vorzeichen des Differenzdruckes bewertet. Multipliziert man nun die Ausgangsgröße mit dem Betrag des Ventil-Öffnungsgrades $|H|$, erhält man den Durchfluss q_{V1}.

Als Nächstes muss der Druck in der linken Kammer bestimmt werden. Zuerst wird der Differenzdurchfluss Δq_1 aus dem Ventildurchfluss q_{V1} und dem Durchfluss q_K infolge der Kolbenbewegung ermittelt. Der Differenzdurchfluss wird integriert und durch das Kammervolumen V_1 dividiert. Der E-Modul des Öles ist in der Integrationszeit T_F enthalten.

Analog wird der Durchfluss q_{V2} für die Steuerkante 2 und der Druck in der rechten Kammer bestimmt. Der Differenzdruck ergibt sich aus dem Druck in der rechten Kammer p_{L2} abzüglich dem Druck im Tank. Es wird vorausgesetzt, dass der Druck im Tank ungleich null ist.

Werden die Drücke p_{L1} und p_{L2} mit den Kolbenfläche A_1 und A_2 multipliziert, erhält man die Kräfte F_{L1} und F_{L2}.

Die resultierende Kraft F, die vom Zylinder ausgeübt wird, ergibt sich aus den Differenzkräften F_{L1} und F_{L2}.

Subtrahiert man von der Kraft F die Lastkraft F_L, erhält man die Beschleunigungskraft F_a. Wird die Beschleunigungskraft F_a mit der mechanischen Zeitkonstante T_M integriert, ergibt sich die Kolbengeschwindigkeit v_k.

Der Kolbenweg s_k ergibt sich aus der Integration der Kolbengeschwindigkeit v_k.

Das Übertragungsverhalten zwischen Steuerstrom I_{ST} und der Stellung H des Ventils wird in der Regel durch Messungen bestimmt. Das Verhalten wird durch ein Verzögerungsglied 2. Ordnung mit der Eigenfrequenz ω_0 und dem Dämpfungsmaß ϑ beschrieben. Beide Werte werden vom Ventilhersteller angegeben.

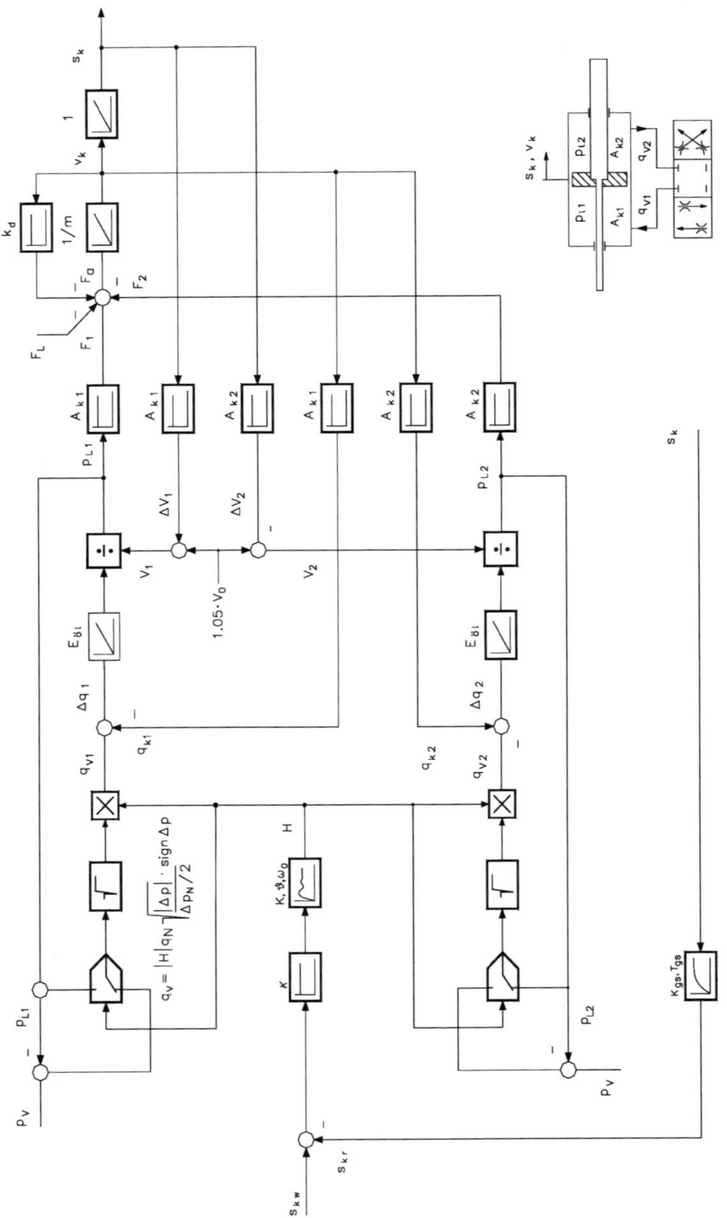

Bild 10.14 Wirkungsplan eines lagegeregelten Hydraulikzylinders

10.6.2 Vereinfachtes Modell

Das beschriebene Modell soll nachfolgend vereinfacht werden. Wie schon erwähnt, ist das Öl kompressibel. Das in den Zylinderkammern eingeschlossene Öl wirkt wie Federn mit den Federsteifigkeiten $c_{\ddot{O}11}$ und $c_{\ddot{O}L2}$.

Die Ölfedersteifigkeit ist dem E-Modul des Öles und der Kolbenfläche A_k proportional und der Länge der Ölsäule umgekehrt proportional. Geht man von der Kolbenmittelstellung aus, mit gleichen Drücken in beiden Zylinderkammern, und bewegt den Kolben nach rechts, dann sinkt der Druck in Kammer 1 und steigt in Kammer 2. Damit sind zwei nach links gerichtete Kräfte F_1 und F_2 verbunden. Die beiden Ölfedern sind parallel geschaltet. Die resultierende Ölfedersteifigkeit $c_{res} = c_{\ddot{o}l1} \,||\, c_{\ddot{o}l2}$ ist von der Kolbenstellung abhängig. In Kolbenmittelstellung ist die resultierende Ölfedersteifigkeit am geringsten. In Bild 10.15 ist die **resultierende Ölfedersteifigkeit** als Funktion des **Kolbenweges** s_k aufgezeichnet. Die resultierende Ölfedersteifigkeit ist dabei auf die Ölfedersteifigkeit in Kolben-Mittelstellung und der Kolbenweg auf die Länge der Ölsäule in Kolben-Mittelstellung bezogen.

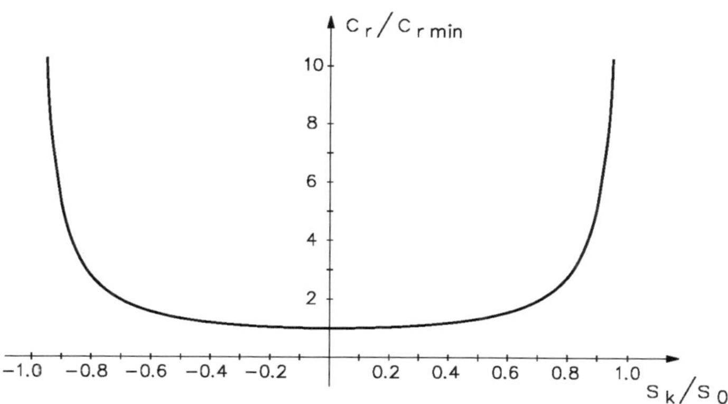

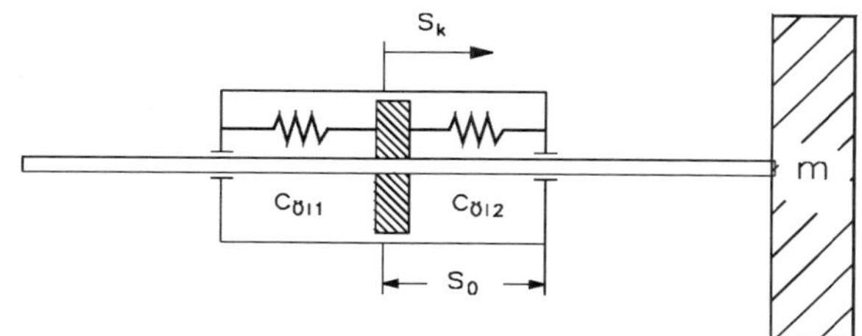

Bild 10.15 Resultierende Ölfedersteifigkeit als Funktion des Kolbenhubes

Diese Funktion hat die Form einer **Badewanne**. Die resultierende Ölfedersteifigkeit ändert sich bei einer Auslenkung des Kolbens um 50 % aus der Mittelstellung nur sehr gering.

Der Hydraulik-Antrieb verhält sich infolge der Kompressibilität des Öles so, als wäre die zu positionierende Masse nicht starr mit der Kolbenstange verbunden, sondern über eine Feder mit der Federsteifigkeit c_{res}.

Die Genauigkeit und die **Dynamik** einer **Lageregelung** ist damit von der **Kolbenstellung abhängig**. Geht man vom ungünstigsten Fall aus, vom Kolben in Mittelstellung, dann wird eine Lageregelung in jeder anderen Position ein besseres dynamisches Verhalten haben. Legt man die Regelparameter für die Kolben-Mittelstellung aus, ist man in jeder anderen Stellung auf der sicheren Seite.

Bild 10.16 zeigt den Wirkplan des vereinfachten Modells mit der Ölfedersteifigkeit $c_{r\,min}$.

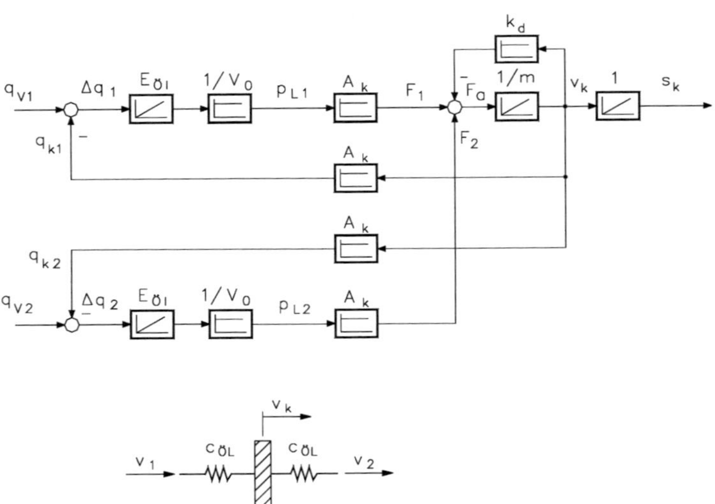

Bild 10.16 Vereinfachter Wirkungsplan mit konstanter Ölfedersteifigkeit

Die beiden parallelen Rückführungen können gemäß Bild 10.17 zusammengefasst werden.

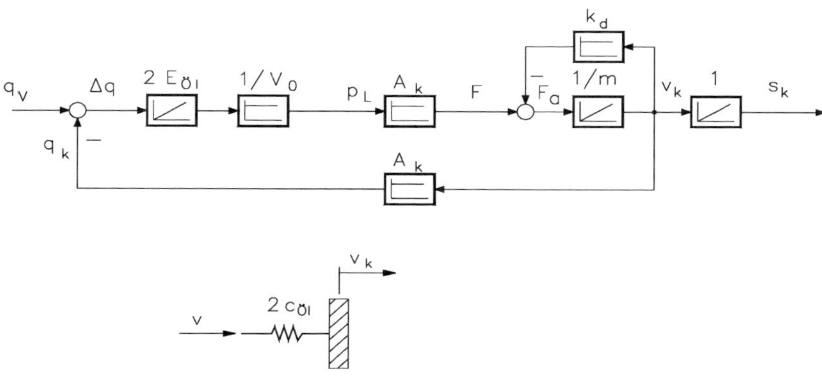

Bild 10.17 Teilwirkungsplan für konstante Ölfedersteifigkeit

Bei dem Einkammer-Modell wird nur noch die linke Zylinderkammer in Abhängigkeit vom Öffnungsgrad *H* mit dem positiven oder negativen Versorgungsdruck verbunden (Bild 10.18).

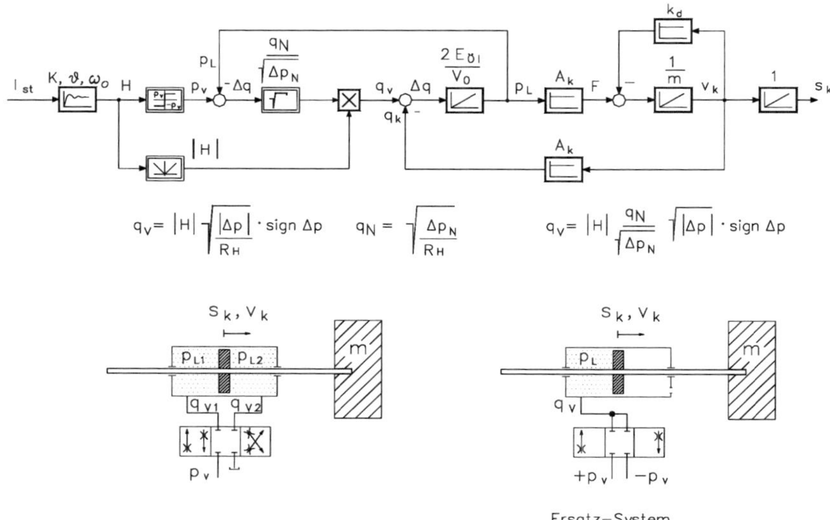

Bild 10.18 Wirkungsplan des Einkammer-Modells mit konstanter Ölfedersteifigkeit

10.7 Steuerung und Regelung

10.7.1 Istwerterfassung

Der Weg kann analog mit **Leitplastik-Potenziometern**, **induktiven Wegaufnehmern** und **Wirbelstrom-Potenziometern** erfasst werden, digital durch induktives Abtasten einer Zahnstange oder optisches Abtasten eines Lineals.

Für Steuerungen kann die Position über induktive Näherungsschalter oder Lichtschranken erfasst werden.

10.7.2 Steuerung

Für Steuerungen werden **schaltende Ventile** eingesetzt. Die Ansteuerung der Ventile erfolgt über eine speicherprogrammierbare Steuerung (**SPS**).

10.7.3 Regelung

Für Regelungen werden **Proportional**- und **Servoventile** verwendet. Servoventile haben eine höhere Dynamik als Proportionalventile. Als Regler werden Proportional-, Kaskaden- oder Zustands-Regler eingesetzt.

Die Zustandsgrößen Geschwindigkeit v und Beschleunigung a werden durch Differenzieren des Wegsignals oder über einen Beobachter gewonnen.

Beim Ansteuern der Ventile ist darauf zu achten, dass der Steuerstrom möglichst schnell aufgebaut werden kann. Durch einen Strom-Regelkreis mit ausreichender Spannungsüberhöhung ist das möglich. In Bild 10.19 ist der Wirkplan einer Lageregelung dargestellt.

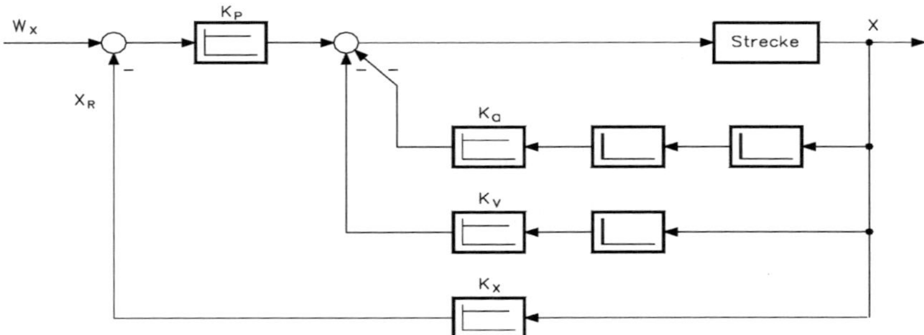

Bild 10.19 Wirkungsplan einer Lageregelung mit Zustandsregler

10.8 Auslegen eines hydraulischen Antriebes

Die Lage einer Masse m soll mit einem Hydraulikzylinder mit durchgehender Kolbenstange geregelt werden.

Die Eigenfrequenz des ungedämpften Systems sei $f = 30\ s^{-1}$, die Maximalgeschwindigkeit $v_{max} = 1$ m/s, die Masse sei $m = 1000$ kg und der Hub = ± 0,1 m.

1. Bestimmen der Kolbenfläche A_k:

$$\omega_E = \sqrt{\frac{c_{Öl}}{m}} \qquad \Delta p = E_{Öl} \cdot \frac{\Delta V}{k \cdot V_0} = E_{Öl} \cdot \frac{\Delta s \cdot A_k}{k \cdot s_0 \cdot A_k} = E_{Öl} \cdot \frac{\Delta s}{k \cdot s_0}$$

Das Totvolumen wird durch den Faktor k berücksichtigt.

$$\Delta F = \Delta p \cdot A_k = E_{Öl} \cdot A_k \cdot \frac{\Delta s}{k \cdot s} \qquad c_{Öl} = \frac{\Delta F}{\Delta s} = \frac{E_{Öl} \cdot A_k}{k \cdot s}$$

Die beiden Ölfedern in den Kammern 1 und 2 sind parallel geschaltet.

Die resultierende Ölfedersteifigkeit $c_{Öl\,r}$ ergibt sich zu:

$$c_{Öl\,r} = \frac{2 \cdot E_{Öl} \cdot A_k}{k \cdot s}\ ; \qquad \omega_{Öl} = \sqrt{\frac{2 \cdot E_{Öl} \cdot A_k}{k \cdot s \cdot m}}\ ; \qquad A_k = \omega_E^2 \cdot \frac{s \cdot m}{2 \cdot E_{Öl}}$$

$$E_{Öl} = 1{,}3 \cdot 10^9 \frac{\text{kg}}{\text{m} \cdot \text{s}^2}$$

$$A_k = \omega_E^2 \cdot \frac{s \cdot m}{2 \cdot E_{Öl}} = \left(2 \cdot \pi \cdot 30 \cdot \text{s}^{-1}\right)^2 \cdot \frac{0{,}1\ \text{m} \cdot 1000\ \text{kg}}{2 \cdot 1{,}3 \cdot 10^9\ \text{kg} \cdot \text{m}^{-1} \cdot \text{s}^{-2}} = 1{,}367 \cdot 10^{-3}\ \text{m}^2$$

$$A_k = \frac{D_k^2 \cdot \pi}{4}\ ; \qquad D_k = \sqrt{\frac{4 \cdot A_k}{\pi}} = \sqrt{\frac{4 \cdot 1{,}367 \cdot 10^{-3}\ \text{m}^2}{\pi}} = 0{,}0417\ \text{m}$$

Gewählt wird der nächst größere Normzylinder.

$D_k = 50$ mm; $A_k = 1{,}963 \cdot 10^{-3}$ m²

Der maximale Durchfluss q_{max} ergibt sich zu:

$$q_{max} = A_k \cdot v_{max} = 1{,}963 \cdot 10^{-3}\ \text{m}^2 \cdot 1\ \text{m} \cdot \text{s}^{-1} = 1{,}963 \cdot 10^{-3}\ \text{m}^3\text{s}^{-1}$$

$$1\ \text{m}^3/\text{s} = 6{,}0 \cdot 10^4\ \text{l/min}; \quad 1\ \text{l/min} = 1{,}666 \cdot 10^{-7}\ \text{m}^3/\text{s}$$

$$q_{max} = 117{,}8\ \text{l/min}$$

Die Pumpenantriebs-Leistung ergibt sich zu:

$$P_{max} = \frac{1}{\eta} \cdot q_{max} \cdot p_{max}$$

Bei einer sinusförmigen Bewegung ergibt sich der Durchfluss zu:

$$s(t) = s_{max} \cdot \sin \omega t; \quad v(t) = s_{max} \cdot \omega \cdot \sin \omega t$$

$$q(t) = s_{max} \cdot A_k \cdot \omega \cdot \sin \omega t$$

Für den mittleren Durchfluss $\bar{q}$ ergibt sich bei einer sinusförmigen Bewegung:

$$\bar{q} = q_{max} \cdot \frac{1}{\pi} \cdot \int_{-\pi/2}^{+\pi/2} \cos \omega t = \frac{q_{max}}{\pi} \left[\sin \omega t \right]_{-\pi/2}^{+\pi/2} = \frac{2 \cdot q_{max}}{\pi}$$

$$\bar{q} = 4 \cdot s_{max} \cdot f \cdot A_{max}$$

Literatur

Backé, W.; Murrenhoff, H.: Grundlagen der Ölhydraulik. Aachen: Shaker, 1994.
Backé, H.: Servohydraulik. Aachen: Shaker, 1992.
Bauer, G.: Ölhydraulik, Stuttgart: B. G. Teubner, 1998.
Grollius, H.-W.: Grundlagen der Hydraulik. Leipzig: Fachbuchverlag, 2003.
Matthies, H.-J.: Einführung in die Ölhydraulik. Stuttgart: B. G. Teubner, 1991.
Murrenhoff, H.: Grundlagen der Fluidtechnik, Teil 1: Hydraulik. Aachen: Shaker, 1998.
Will, D.; Ströhl, H.: Einführung in die Hydraulik und Pneumatik. Berlin: Verlag Technik, 1990.

11 Pneumatische Aktoren

Bei einem pneumatischen Antrieb wird Luft in einem Verdichter **komprimiert** und über Leitungen und schaltenden oder stetig arbeitenden **Ventilen** einem **Stellglied zugeführt**. Für **lineare Bewegungen** ist das Stellglied ein **Zylinder**, für **rotatorische Bewegungen** ein **Pneumatikmotor**. Eine Rückleitung der Druckluft von Stellglied zum Verdichter ist nicht erforderlich. Zum Aufnehmen und Positionieren von Werkstücken können pneumatische Antriebe durch **pneumatische Greifer** und **Sauger** ergänzt werden.

Pneumatische Antriebe werden eingesetzt, wenn kleine bis mittlere Stellkräfte sowie eine hohe Dynamik gefordert sind.

Pneumatische Antriebe werden zur **Automatisierung** von Maschinen und Anlagen eingesetzt. In der **Handhabungs**- und **Montagetechnik** wird die Funktion einer Hand mit pneumatischen Antrieben nachgeahmt. Werkstücke und Bauelemente werden mit pneumatischen Greifern aufgenommen, positioniert und abgelegt.

11.1 Erzeugung und Aufbereitung der Druckluft

Druckluft wird in Kolben-, Lamellen und Schraubenverdichtern erzeugt. Beim **Kolbenverdichter** wird ein Kolben über eine Kurbelwelle und eine Pleuelstange in einem Zylinder hin- und herbewegt. Die Luft wird über das Einlassventil angesaugt, verdichtet und über das Auslassventil in die Druckleitung gefördert. Kolbenverdichter werden bis zu einem Druck von 12 bar ($12 \cdot 10^5$ Pa) zweistufig ausgeführt.

Lamellenverdichter sind ähnlich aufgebaut wie die Flügelzellenpumpen in der Hydraulik (Abschn. 10.2). Ein exzentrisch gelagerter Rotor dreht sich in einem Gehäuse. Bei der Einspritzkühlung wird Öl während der Verdichtung zur Schmierung eingespritzt. Dadurch wird die Abdichtung der Lamellen verbessert. Das Öl wird nach der Verdichtung abgeschieden.

Die Druckluft muss nach dem Verdichten aufbereitet werden. In Sinterfiltern wird das Kondenswasser und der Schmutz abgeschieden.

Ein Druck-Regelventil regelt den Sekundärdruck ein. In einem Proportional-Öler kann die gereinigte Luft noch mit einem dosierbaren Ölnebel angereichert werden.

11.2 Wegeventil

Wegeventile haben die Aufgabe, die Druckluft abhängig von einem Steuersignal zu dem **Stellantrieb** zu leiten. Die Wegeventile können schaltend oder stetig arbeiten. Bei **schaltenden Ventilen** wird der Steuerkolben von einem Schaltmagneten bewegt. Die Rückstellung kann von einer Feder oder einem zweiten Schaltmagneten erfolgen.

Bei **stetig arbeitenden Ventilen** wird die Lage des Steuerkolbens über einen induktiven Weggeber erfasst. Über einen Lageregelkreis wird ein Proportionalmagnet angesteuert, die Gegenkraft wird von einer Feder aufgebracht. Statt der Feder kann auch ein zweiter Proportionalmagnet die Gegenkraft aufbringen.

Proportional-Wegeventil

In Bild 11.1 ist ein Proportional-Wegeventil im Schnitt dargestellt.

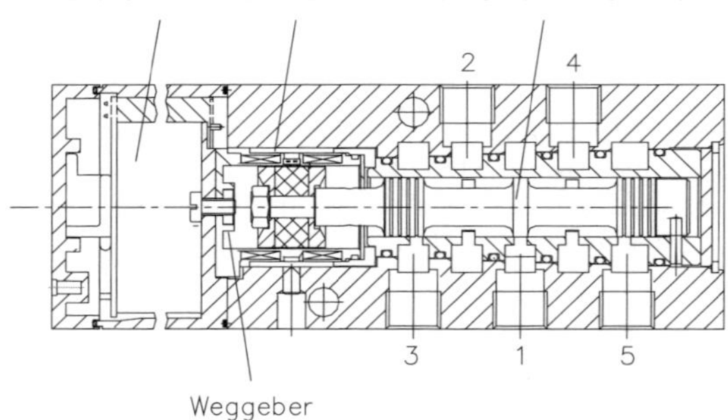

Bild 11.1 Proportional-Wegeventil (Festo)

Durch Verschieben des Ventilschiebers nach rechts wird der Versorgungsdruck p_v vom Anschluss 1 über die Steuerkante im Ventil zu dem Steueranschluss 2 und weiter zur rechten Zylinderkammer des Pneumatik-Zylinders geführt. Die Luft aus der linken Kammer des Zylinders wird über den Steueranschluss 4, die Steuerkante im Ventil zum Anschluss 5 und einem Schalldämpfer ins Freie geführt.

Beim Verschieben des Ventilschiebers nach links wird die linke Zylinderkammer mit Druckluft gespeist (Bild 11.2).

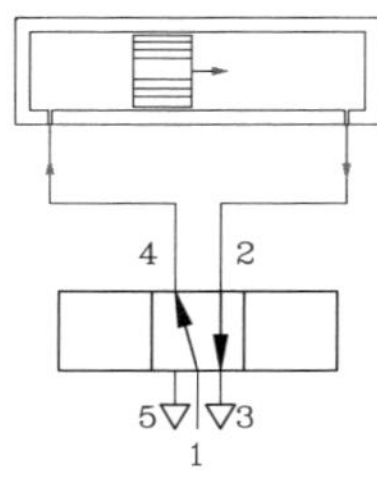

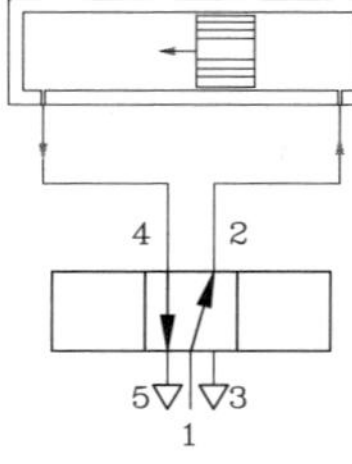

Bild 11.2 Ventilstellungen

Der Ventilschieber wird von einer Feder in der Mittelstellung zentriert.

Der Tauchanker-Antrieb verschiebt den Ventilschieber aus der Mittelstellung nach rechts oder links und verändert damit den Öffnungsquerschnitt der Steuerkanten. Um den Einfluss der Strömungskräfte zu kompensieren, wird die Lage des Ventilschiebers geregelt. Die Position des Schiebers wird von einem berührungslos arbeitenden Weggeber erfasst. Der Lageregler vergleicht den Positions-Sollwert mit dem Istwert und steuert über einen Leistungsverstärker die Spulen des Tauchanker-Antriebes an (Bild 11.3).

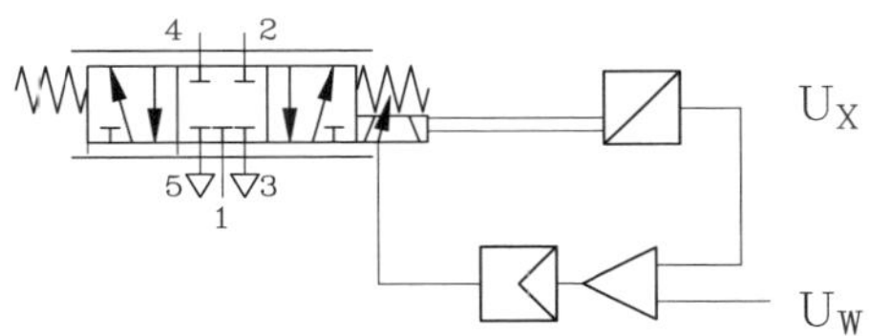

Bild 11.3 Prinzip der Lageregelung des Ventilschiebers

11.3 Zylinder und Greifer

11.3.1 Zylinder mit Kolbenstange

Die Pneumatik-Zylinder mit Kolbenstange sind ähnlich aufgebaut wie Hydraulik-Zylinder.

11.3.2 Kolbenstangenlose Zylinder

Mit kolbenstangenlosen Zylindern kann der erforderliche **Einbauraum** gegenüber Zylindern mit Kolbenstange nahezu **halbiert** werden. Die Übertragung der Kolbenbewegung auf den äußeren Führungsschlitten erfolgt beim **Schlitzzylinder** formschlüssig (Bild 11.4). Der Zylinder ist in Längsrichtung geschlitzt. Über diesen Schlitz wird die Kolbenbewegung auf den äußeren Führungsschlitten übertragen. Ein trapezförmiges Dichtungsband dichtet den Zylinderinnenraum gegen die Umgebung ab. Das Dichtungsband wird über eine Rechtecknut durch den Kolben geführt. Bedingt durch diese Abdichtung treten beim Schlitzzylinder größere Reibungskräfte auf.

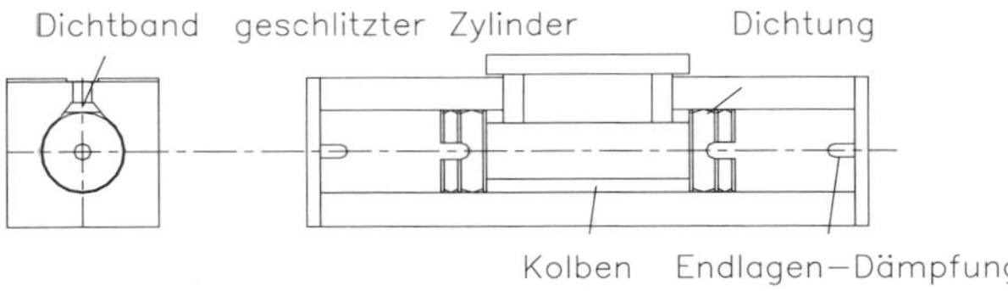

Bild 11.4 Schlitzzylinder

Bei einem **Bandzylinder** wird die Kolbenbewegung über ein hochflexibles Zugband und zwei Umlenkrollen auf den Führungsschlitten übertragen (Bild 11.5).

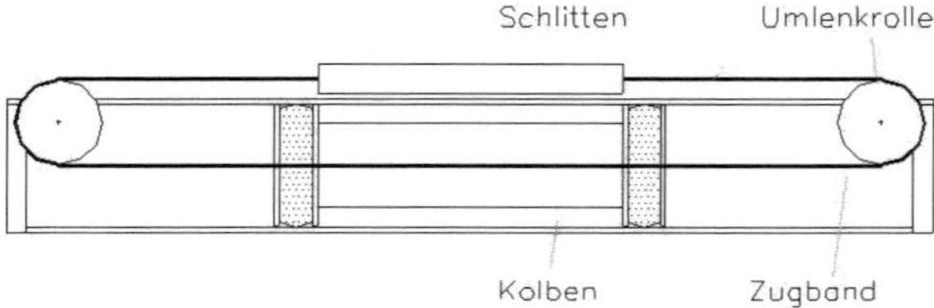

Bild 11.5 Bandzylinder

Bei einem kolbenstangenlosen Zylinder mit **magnetischer Kopplung** wird die Kolbenbewegung über einen Permanentmagneten auf den Führungsschlitten übertragen (Bild 11.6).

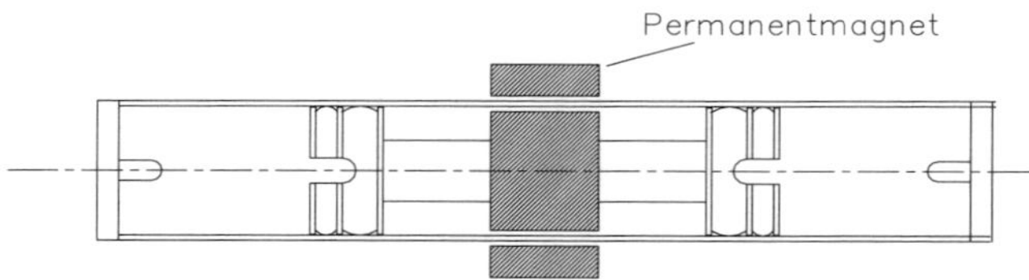

Bild 11.6 Magnetzylinder

11.4 Greifer

Über pneumatisch angetriebene Greifer können Werkstücke und Bauteile aufgenommen werden (Bild 11.7).

Bild 11.7 Greifer

Modellbildung: Massenstrrom durch eine Düse

Die Steuerkante eines Pneumatik-Ventils wirkt wie eine Düse mit veränderlichem Querschnitt. Die Kompressibilität der Luft ist sehr viel größer als die Kompressibilität des Hydrauliköles. Deshalb muss mit dem Massenstrom (Bild 11.8) und nicht mit dem Durchfluss wie bei Flüssigkeiten gerechnet werden.

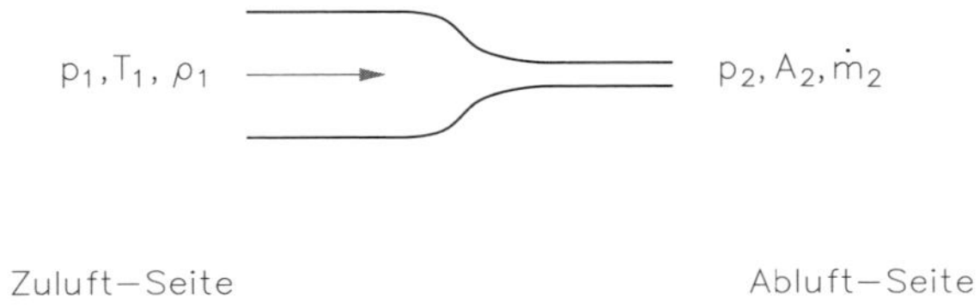

Bild 11.8 Massenstrom durch eine ideale Düse

Der Massenstrom $\dot{m}_2$ ist abhängig vom Querschnitt A_2 an der engsten Stelle der Düse, dem Druck p_1 und der Dichte ρ_1 auf der Zuluftseite und dem Druckverhältnis $\frac{p_2}{p_1}$. Dabei ist

$$\dot{m}_2 = A_2 \cdot \rho_1 \cdot \sqrt{2 \cdot \frac{p_1}{\rho_1} \cdot \frac{\kappa}{\kappa - 1} \cdot \left[\left(\frac{p_2}{p_1} \right)^{\frac{2}{\kappa}} - \left(\frac{p_2}{p_1} \right)^{\frac{\kappa+1}{\kappa}} \right]}$$

$$m_2 = A_2 \cdot \sqrt{2 \cdot p_1 \cdot \rho_1} \cdot \sqrt{\frac{\kappa}{\kappa - 1} \left[\left(\frac{p_2}{p_1} \right)^{\frac{2}{\kappa}} - \left(\frac{p_2}{p_1} \right)^{\frac{\kappa+1}{\kappa}} \right]}$$

$$\dot{m}_2 = A_2 \cdot \sqrt{2 \cdot p_1 \cdot \rho_1} \cdot \psi$$

Die Dichte ρ_1 kann über Gasgleichung ausgedrückt werden.

$$\rho_1 = \frac{p_1}{R \cdot T_1}$$

Für den Massestrom $\dot{m}_2$ gilt:

$$\dot{m}_2 = A_2 \cdot p_1 \cdot \sqrt{\frac{2}{R \cdot T_1}} \cdot \psi$$

Die nichtidealen Eigenschaften einer reale Düse werden durch den Durchflussbeiwert α_D berücksichtigt.

$$\dot{m}_2 = \alpha_D \; A_2 \cdot p_1 \cdot \sqrt{\frac{2}{R \cdot T_1}} \cdot \psi$$

Zuluftseite:

p_1 : Druck ρ_1 : Dichte T_1 : Temperatur

κ : Isentropenexponent

Abluftseite:

p_2 : Druck m_2 : Massenstrom ψ : Ausflussfunktion

A_2 : Austrittsquerschnitt

Wird bei konstantem Druck p_1 der Druck p_2 auf der Abluftseite abgesenkt, steigt die Ausflussfunktion ψ an und erreicht beim kritischen Druckverhältnis $\left(p_2/p_1\right)_{krit}$ ihren Maximalwert. Bei dem kritischen Druckverhältnis erreicht die Strömung im engsten Querschnitt Schallgeschwindigkeit. Bei einem weiteren Absenken des Druckes p_2 bleibt die Ausflussfunktion ψ konstant.

Die Ausflussfunktion ψ wird nach ISO 6358 durch eine Ellipsengleichung angenähert (Bild 11.9).

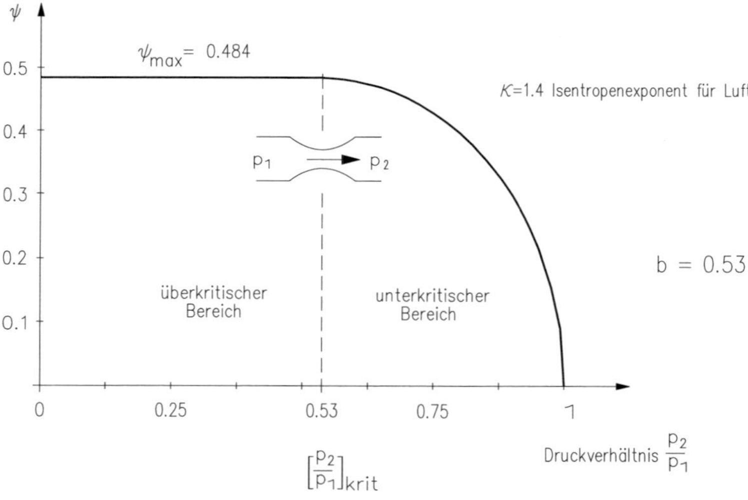

Bild 11.9 Ausflussfunktion ψ

Für den unterkritschen Bereich gilt:

$$\psi = \psi_{max} \cdot \sqrt{1 - \left[\frac{\left(\frac{p_2}{p_1}\right) - b}{1-b}\right]^2} \quad \text{für} \quad \frac{p_2}{p_1} \geq b \quad \text{und}$$

für den überkritischen Bereich ist die Ausflussfunktion

$$\psi = \text{const.} = \psi_{max}$$

$$\psi = \psi_{max} \quad \text{für} \quad \frac{p_2}{p_1} < b$$

Die dargestellten Zusammenhänge sind in Bild 11.10 veranschaulicht.

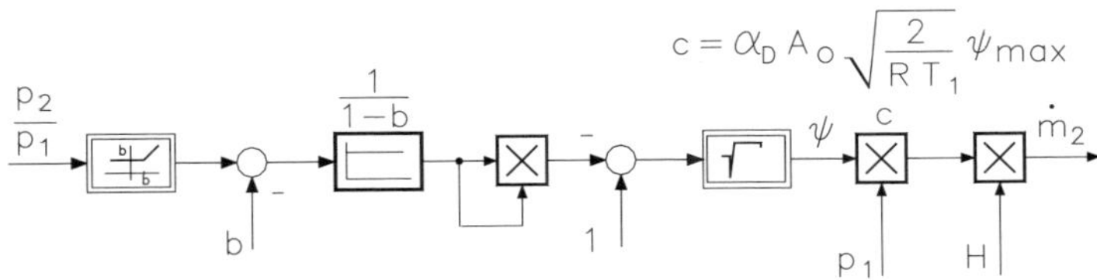

Bild 11.10 Teilmodell Massenstrom *m*

Betrachtet man die Druckänderung $\dot{p}$ in einer Zylinderkammer (Bild 11.11), so gilt:

$$\dot{p} = \frac{\kappa}{V_0 + A_k \cdot X} \left[R \cdot T_0 \cdot \dot{m} - p \cdot A_k \cdot v\right]$$

Dabei ist A_k die Fläche des Zylinders und x der Weg in Bewegungsrichtung.
Durch den Faktor 1.05 wird das Totvolumen berücksichtigt.

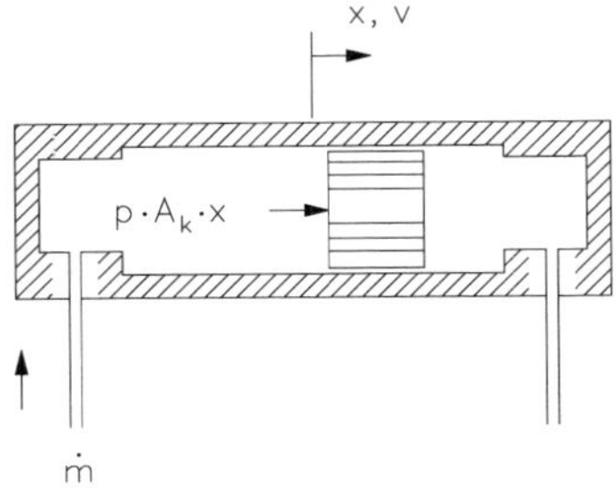

Bild 11.11
Zylinder

Bild 11.12 zeigt das **regelungstechnische Teilmodell der Mechanik**.

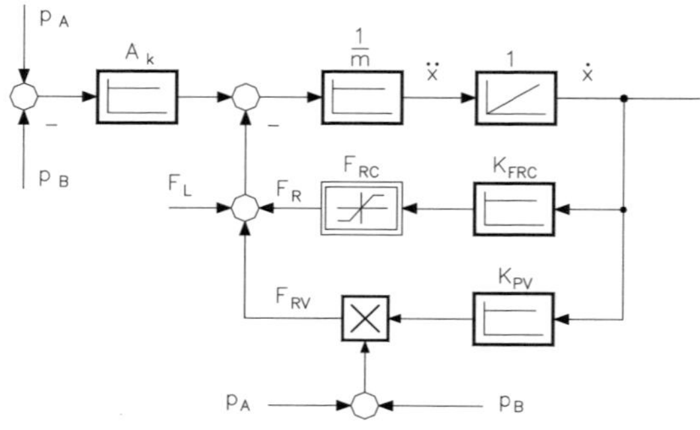

Bild 11.12 Regelungstechnisches Teilmodell

Die Reibung besteht aus zwei Anteilen; der **trockenen Reibung** F_R und der **geschwindigkeitsproportionalen Reibung** F_{RV}. Die geschwindigkeitsproportionale Reibung ist proportional zur Geschwindigkeit $v = \dot{x}$ und der Drucksumme der Drücke $p_A + p_B$ in den beiden Zylinderkammern. Es gilt:

$$F_{RV} = v \cdot \left(p_A + p_A\right) \cdot K_{PV}$$

Aus den Teilmodellen Massenstrom $\dot{m}$, Druck p (Bild 11.13) und dem Teilmodell Mechanik (Bild 11.12) kann der **Wirkungsplan für das Gesamtmodell** eines pneumatischen Zylinders aufgestellt werden (Bild 11.14). Als Regler kann ein Zustandsregler mit den Zustandsgrößen Weg s, Geschwindigkeit v und Beschleunigung a gewählt werden.

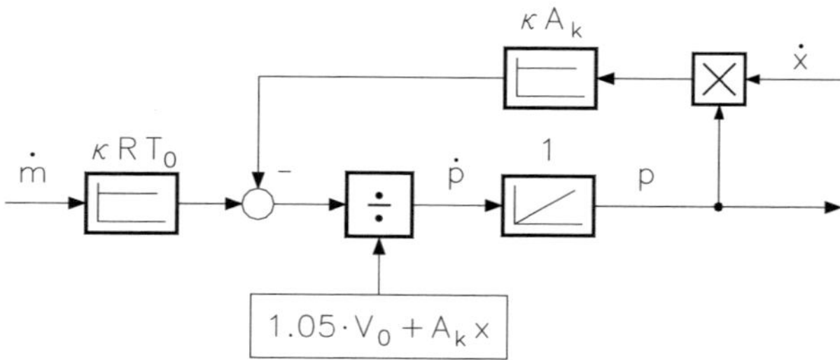

Bild 11.13 Teilmodell Mechanik

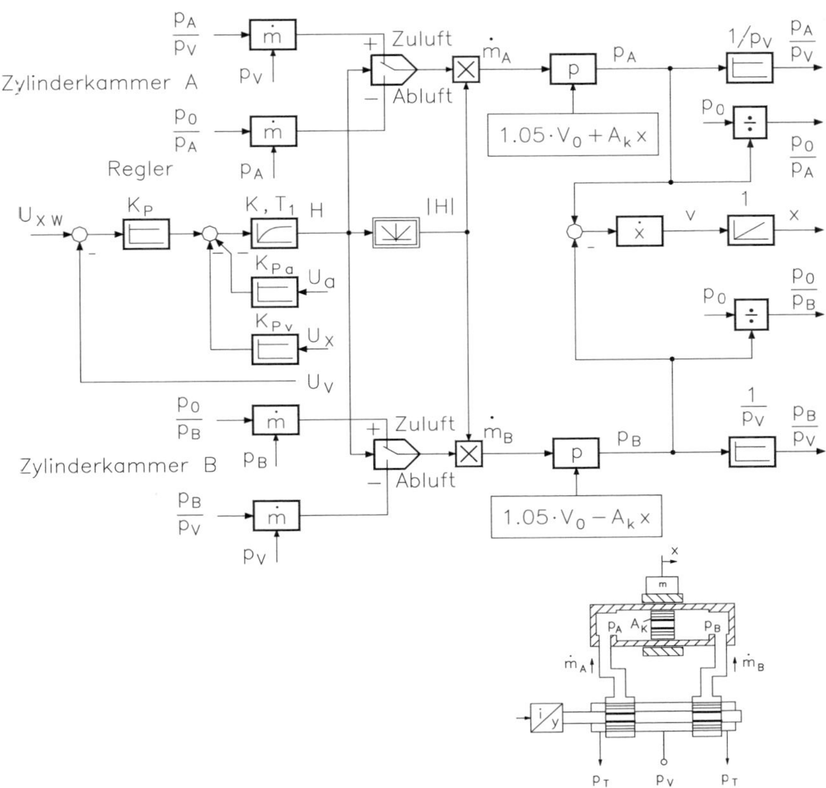

Bild 11.14 Gesamt-Wirkungplan eines Pneumatik-Zylinders mit einem Zustands-Regler

11.5 Steuerung und Regelung

Für die Steuerung und Regelung pneumatischer Systeme gilt weitgehend das gleiche wie für hydraulische Systeme.

11.5.1 Analoge Wegerfassung

Der Weg kann über ein **Leitplastik-Potenziometer** erfasst werden (Bild 11.15). Ein Schleifer gleitet auf einer Widerstandsbahn. Das Potenziometer wird als Spannungsteiler geschaltet; die Spannung am Schleifer U_2 ist dem Weg proportional. Trotz des mechanischen Kontaktes von Schleifer und Widerstandsbahn liegt die Lebensdauer bei mehreren Millionen Hüben.

Bei einem **Differenzial-Transformator** (Bild 11.15) wird die Primärwicklung mit einer Wechselspannung im kHz-Bereich gespeist. Durch Verschieben des Tauchankers wird die magnetische Kopplung zwischen der Primärspule und den beiden Sekundärspulen verändert. Die beiden Sekundärspulen sind gegenphasig in Reihe geschaltet. Die Spannung U_2 wird phasenrichtig gleichgerichtet. Die gleichgerichtete Spannung ist der Position des Tauchankers proportional.

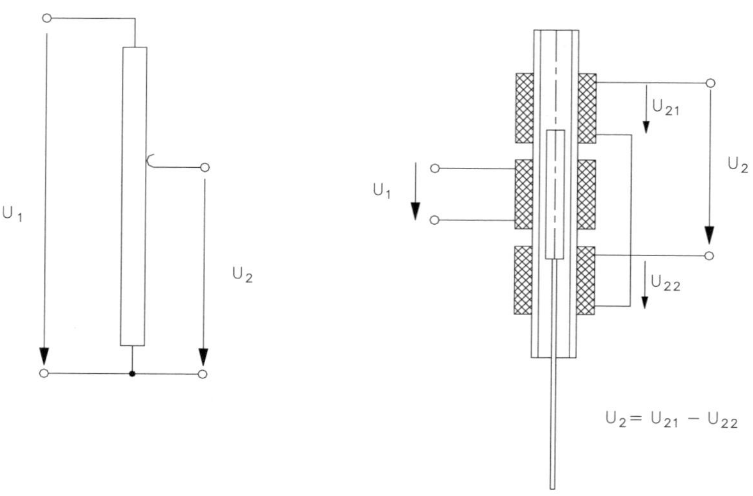

Bild 11.15 Leitplastik-Potenziometer und Differenzial-Transformator

Bei einem **induktiven Weggeber** werden durch Verschieben des Tauchenankers die Induktivitäten der Spulen L_1 und L_2 verändert (Bild 11.16). Die beiden Spulen werden mit den Widerständen R_1 und R_2 zu einer Wheatstonschen Brücke verschaltet. Die Brücke wird mit einer Wechselspannung im kHz-Bereich gespeist. Die phasenrichtig gleichgerichtete Diagonalspannung U_2 ist dem Weg proportional.

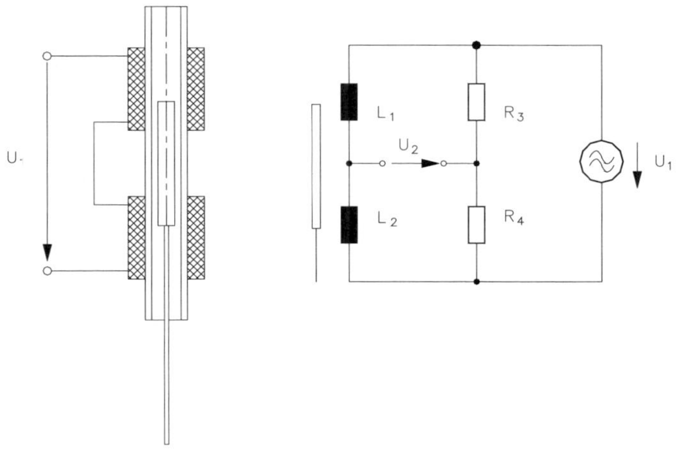

Bild 11.16 Induktiver Wegaufnehmer

11.5.2 Digitale Wegerfassung

Bei einem **inkrementalen Weggeber** wird optisch ein **Glasstab** oder induktiv eine **Zahnstange** abgetastet. Die Impulse werden mit einem **Zähler gezählt**. Der Zähler wird beim Überfahren einer Referenzmarke auf null gesetzt. Der Zählerstand ist ein Maß für die Position.

Durch Auswerten der Signale von zwei um eine halbe Teilung versetzten Aufnehmer kann die Richtung bestimmt werden.

Bei einem Absolut-Weggeber (Bild 11.17) werden kodierte Maßstäbe abgetastet. Beim Absolut-Weggeber ist keine Referenzfahrt erforderlich. Das ausgegebene digitale Signal entspricht einer festen Position.

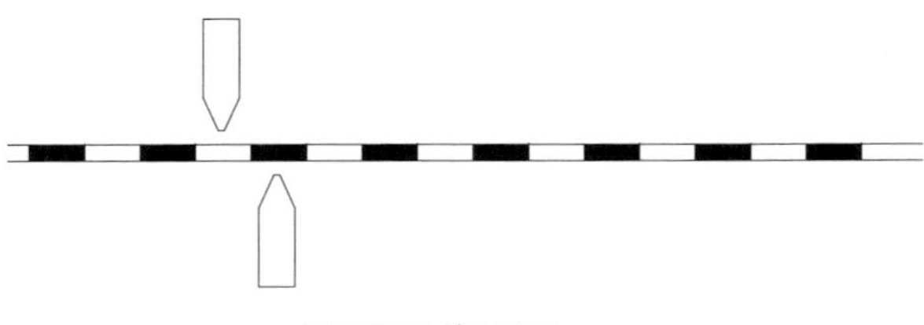

Bild 11.17 Inkrementaler und absoluter Weggeber

11.6 Steuerung

Für Steuerungen werden **schaltende Ventile** eingesetzt. Die Ansteuerung der Ventile erfolgt über eine speicherprogrammierbare Steuerung (SPS).

11.7 Regelung

Für Regelungen werden **Proporzional-Wegeventile** verwendet. Als Regler werden **Kaskaden-** und **Zustands-Regler** eingesetzt.

Durch die niedrige Eigenfrequenz und die geringe Dämpfung pneumatischer Systeme bringen reine Proportional-Regler kein befriedigendes Systemverhalten.

11.8 Pneumatisches Handhabungsgerät

Im Bild 11.18 ist als Beispiel ein pneumatisches Handhabungsgerät zur Aufnahme von Simmerringen dargestellt. Die Simmerringe werden von einem pneumatisch angetriebenen Greifer aufgenommen und auf Aufnahmedornen abgelegt. Der Greifer wird von einer **pneumatischen Lineareinheit** (PLE) in z- und y-Richtung bewegt. Eine weitere pneumatische Lineareinheit verschiebt die Aufnahmedorne in x-Richtung. Die Lineareinheiten werden lagegeregelt betrieben.

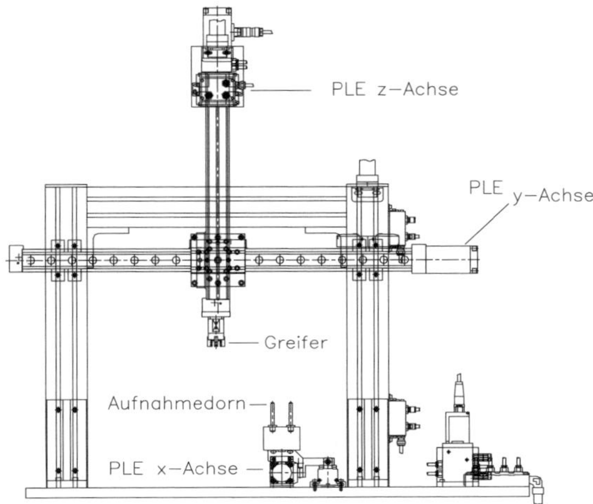

Bild 11.18 Pneumatisches Handhabungsgerät

In Bild 11.19 ist der zugehörige Pneumatik-Schaltplan für eine Lineareinheit und den Greifer dargestellt.

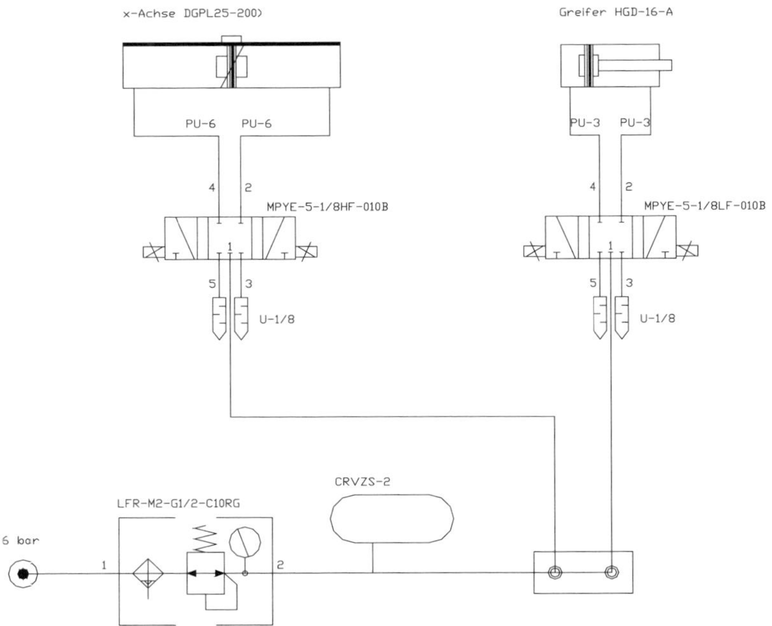

Bild 11.19 Pneumatik-Schaltplan für eine Lineareinheit und des Greifers des Handhabungsgerätes

11.9 Auslegung eines pneumatischen Antriebs

Eine Masse m wird von einem kolbenstangenlosen Pneumatikzylinder bewegt. Die Eigenfrequenz des ungedämpften Systems soll bestimmt werden.

Gegeben sind:

Masse m = 10 kg, Kolbendurchmesser D_k = 25 mm und Hub H = 0.1 m

Für eine polytrope Zustandsänderung mit dem Polytropenexponenten κ gilt:

$$p \cdot V^{\kappa} = \text{const.} = C\,; \quad p = \frac{C}{V^{\kappa}}; \quad \frac{\mathrm{d}p}{\mathrm{d}V} = \frac{\kappa \cdot C}{V^{\chi+1}} = -\frac{\kappa}{V} \cdot \frac{C}{V^{\chi+1}}$$

$$\frac{\mathrm{d}p}{\mathrm{d}V} = -\frac{\kappa \cdot p}{V}; \quad V = V_0 - A_k \cdot x\,; \quad \frac{\mathrm{d}V}{\mathrm{d}x} = -A_k\,;$$

$$\mathrm{d}V = -A_k \cdot \mathrm{d}x\,; \quad \mathrm{d}F = A_k \cdot \mathrm{d}p$$

$$c = \frac{\mathrm{d}F}{\mathrm{d}x} = \frac{\kappa \cdot p}{V} \cdot A_k^2$$

Die beiden Luftkammern sind parallel geschaltet.

$$\omega_E = \sqrt{\frac{2 \cdot \kappa \cdot p \cdot A_k^2}{k \cdot m \cdot V_0}}$$

$$A_k = \frac{D_k^2 \cdot \pi}{4} = \frac{\left(25 \cdot 10^{-3}\right)^2 \cdot \pi}{4} = 4.9 \cdot 10^{-4}\,\mathrm{m}^2$$

$$V_0 = A_k \cdot H = 4.9 \cdot 10^{-5}\,\mathrm{m}^3$$

$$\omega_E = \sqrt{\frac{2 \cdot 1.4 \cdot 6 \cdot 10^5\,\mathrm{kgm}^{-1}s^{-2}\left(4.9 \cdot 10^4\,\mathrm{m}^2\right)^2}{k \cdot 10\ \ \mathrm{kg} \cdot 4.9 \cdot 10^{-5}\,\mathrm{m}^3}} = 28.7\mathrm{s}^{-1}$$

$$f_E = 4.57\mathrm{s}^{-1}$$

Die Kolbengeschwindigkeit v_k ergibt sich aus dem Massenstrom $\dot{m}$ zu:

$$V_k = \frac{\dot{m}_2}{\rho_2 \cdot A_k}$$

Literatur

Backé, W.: Grundlagen der Pneumatik, Umdruck zur Vorlesung
Unterlagen der Firma Festo AG & Co. D-73726 Esslingen

Leufgen, M.: Pneumatische Positionierantriebe – Komponenten und Systemverhalten, Dissertation Aachen, 1992

Murrenhoff, H.: Grundlagen der Fluidtechnik, Teil 2: Pneumatik, Umdruck zur Vorlesung, Aachen, 1999

Nguyen H.-T.: Verhalten servopneumatischer Zylindernantriebe im Lageregelkreis, Dissertation Aachen, 1987

Schilling, K.: Servopneumatische Antriebssysteme und Handhabungsgeräte, Dissertation, Shaker Verlag 2000

12 Informatik (Computer Science)

12.1 Gegenstand

Informatik: Wissenschaft von der systematischen Verarbeitung von Informationen, insbesondere unter Einsatz von Computersystemen.

Computersysteme bestehen aus einer Vielzahl sehr unterschiedlicher Komponenten:

1. **Hardware:** die materiellen, physikalischen Komponenten des technischen Systems (Gegenstand der Technischen Informatik),
2. **Software:** seine immateriellen Komponenten:
   - **Systemsoftware:** die zum Betrieb des technischen Systems notwendigen Programme (Gegenstand der Praktischen Informatik),
   - **Anwendungsprogramme** (Gegenstand der Angewandten Informatik),
   - **Firmware:** die fest in die Hardware eingeschriebenen und für deren Betrieb unabdingbaren Programme (z. B. Mikroprogramme im Prozessor oder Systemsoftware im Festwertspeicher)

Informationsverarbeitung: Erfassung und Übermittlung, Aufbereitung und Auswertung, Speicherung und Wiedergewinnung von Informationen.

Der Begriff der **Information** umfasst:

1. **Wissen:** Kenntnisse über Zustände und Ereignisse der realen Welt,
2. **Kommunikation:** Weitergabe oder Vermittlung von Wissen.

Informationsverarbeitung auf einem Computersystem erfordert die Darstellung der Information in **digitaler Form** als Folge binärer Zeichen, d. h.

- vor der Verarbeitung wird sie durch den Sender verschlüsselt (oder kodiert) und
- nach der Verarbeitung wird sie durch den Empfänger entschlüsselt (oder dekodiert), so dass der Informationsverlust (z. B. durch Übertragungsfehler) minimiert wird.

Die **Struktur** der Darstellung umfasst aufeinander aufbauende Stufen:

- **Signal:** der physikalische Träger der Information,
- **Datum:** das mit digitalen Zeichen dargestellte Signal,
- **Nachricht:** die räumliche Anordnung und zeitliche Abfolge von Signalen.

Informationstechnische Komponenten (Hard- und Software) sind

1. **integraler Bestandteil** eines mechatronischen Systems:
   - als „Maschinenelement" bilden sie funktionelle Bausteine des technischen Systems,
   - durch die Austauschbarkeit und Konfigurierbarkeit der Softwarekomponenten können die Eigenschaften und Funktionen des Systems modifiziert werden;
2. **wesentliche Entwicklungswerkzeuge** mechatronischer Systeme während des Entwurfs, der Konstruktion, der Berechnung, der Simulation, des Rapid Prototyping, der Inbetriebnahme und des Tests.

12.2 Grundlagen der Informationsverarbeitung

12.2.1 Daten, Zeichen, Maschinenwort

Daten sind Informationen, die nach einer eindeutigen Vorschrift in ein computergerechtes Format überführt wurden.

Nach ihrer Bedeutung werden drei Klassen von Daten unterschieden:

- **Verarbeitungsdaten:** die zu verarbeitenden Informationen und die Ergebnisse der Informationsverarbeitung,
- **Programmdaten:** die Art und Reihenfolge der Verarbeitungsschritte,
- **Steuerungsdaten:** steuern und registrieren Arbeitsmodi, den Programmablauf sowie die Verbindung zwischen Programmen.

Daten bestehen aus **Zeichenfolgen**, die nach definierten Regeln aus einem vorgegebenen **Zeichensatz** (Alphabet) gebildet werden. Man unterscheidet:

- **numerische Daten:** bestehen aus numerischen **Zeichen** (Ziffern),
- **alphabetische Daten:** bestehen aus alphabetischen Zeichen (Buchstaben),
- **alphanumerische Daten:** bestehen aus beliebigen alphanumerischen Zeichen (Ziffern, Buchstaben und Sonderzeichen wie +,–,*,/).

Ein **Alphabet** (Zeichensatz) ist eine endliche, nichtleere Menge von N unterschiedlichen, vollständig geordneten Zeichen.

Beispiele sind:

- **Binärer Zeichensatz (N=2):** enthält genau zwei Zeichen 1 und 0, die für zwei mögliche Zustände stehen (wahr/falsch, on/off, lang/kurz),
- **Dezimaler Zeichensatz (N=10):** enthält die Ziffern 0, 1, …, 9,

- **Hexadezimaler Zeichensatz (N=16):** enthält die alphanumerischen Zeichen 0, 1, …, 9,A,B,…F
- **Alphabetischer Zeichensatz (N=26):** enthält die Zeichen A,B,C,…,Z.

Ein **Wort** ist eine endliche geordnete Folge von Zeichen. Die **Wortlänge** *n* ist gleich der Anzahl seiner Zeichen.

Die Menge aller Worte (**Zeichenvorrat**) der Länge *n* über einem Alphabet aus *N* Zeichen besitzt $Z_N(n)$ Elemente mit

$$Z_N(n) = N^n \tag{12.1}$$

Im Computer werden Daten durch physikalischen Größen repräsentiert, die zwei unterschiedliche Zustände (0/1) annehmen können, z. B.:

- höhere/niedrigere Spannung auf einer Leitung,
- elektrische Ladung/keine elektrische Ladung in Speicherzellen.

Ein **Maschinenwort** (Binärwort) ist eine endliche geordnete Folge von Binärzeichen. Es wird im Computer als Einheit be- und verarbeitet. Die **Wortlänge** *m* eines Binärworts wird in **Bit** (binary digit) gemessen. (Tabelle 12.1)

Tabelle 12.1 Maschinenwörter und ihre Eigenschaften

Wortlänge in Bit	Wortlänge in Byte	Bezeichnung	Zeichenvorrat	Anwendung (Beispiele)
1	1	Bit	2	logische Werte
2	1		4	
3	1	Triade	8	Oktalziffer
4	1	Tetrade, Halbbyte	16	Dezimal-, Hexadezimalziffer
8	1	Oktett, Byte	256	Erweiterter alphanumerischer Zeichensatz (ASCII)
10	2	kByte	1024	Speichereinheit
16	2	Wort	65536	Ganze Zahlen (short)
20	3	MByte	1048576	Speichereinheit
30	4	GByte	1073741824	Speichereinheit
32	4	Doppelwort	4294967296	Ganze Zahlen (int)
64	8	Vierfachwort	1,84467E+19	Ganze Zahlen (long)
128	16	Achtfachwort	3,40282E+38	Sicherheitsschlüssel

8 Bits werden zu einem **Byte** zusammengefasst. Ein Byte ist die kleinste direkt adressierbare Speichereinheit.

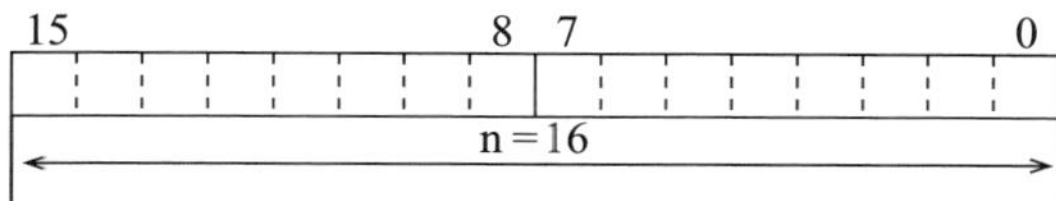

Bild 12.1 Darstellung eines Maschinenworts der Länge n = 16

Ein Maschinenwort der Länge n wird als Folge von Bits veranschaulicht, die von rechts nach links mit aufsteigender Wertigkeit von 0 bis n-1 durchnummeriert werden (Bild 12.1).

12.2.2 Zahlensysteme

In **Stellenwertsystemen** wird eine beliebige reelle Zahl z als geordnete Folge der Ziffern z_k dargestellt, der ein Vorzeichen ± vorangestellt ist:

$$z = \pm z_n z_{n-1} \dots\dots\dots z_1 z_0 , z_{-1} \dots\dots\dots z_{-m} \qquad (12.2)$$

Den Ziffern z_k ist in Abhängigkeit von ihrer Position zum Komma, das den ganzzahligen Teil der Zahl vom gebrochenzahligen Teil trennt, der Stellenwert B^k der Zahlenbasis B zugeordnet:

$$z = \pm \sum_{k=-m}^{n} z_k B^k \qquad (12.3)$$

Für die Darstellung von Zahlen im Computer sowie die Ein- und Ausgabe werden das Dual-, Oktal-, Dezimal- und Hexadezimalsystem mit den Zahlenbasen B = 2, 8, 10, 16 verwendet.

Beispiel:

$$568{,}93_{10} = 5 \cdot 10^2 + 6 \cdot 10^1 + 8 \cdot 10^0 + 9 \cdot 10^{-1} + 3 \cdot 10^{-2}$$

$$\mathrm{A58{,}F3_H} = 10 \cdot 16^2 + 5 \cdot 16^1 + 8 \cdot 16^0 + 15 \cdot 16^{-1} + 3 \cdot 16^{-2}$$

Die Algorithmen zur Konvertierung von Zahlen aus einem Zahlensystem in ein anderes Zahlensystem ergeben sich aus einer alternativen Formulierung von (12.3):

$$z = \left(\dots\left(z_n B + z_{n-1}\right)B + \dots + z_1\right)B + z_0 + \left(z_{-1} + \dots + \left(z_{-m+1} + z_m / B\right)\dots\right) / B \,,$$

wobei beachtet werden muss, dass die Berechnungen im Dezimalsystem ausgeführt werden. Die Konvertierung zwischen den Zahlensystemen führt im Allgemeinen zu Rundungsfehlern in den Nachkommastellen (s. Bild 12.2 und Bild 12.3).

In den Bild 12.2 und Bild 12.3 sind beispielhaft die anzuwendenden Schemata dargestellt:

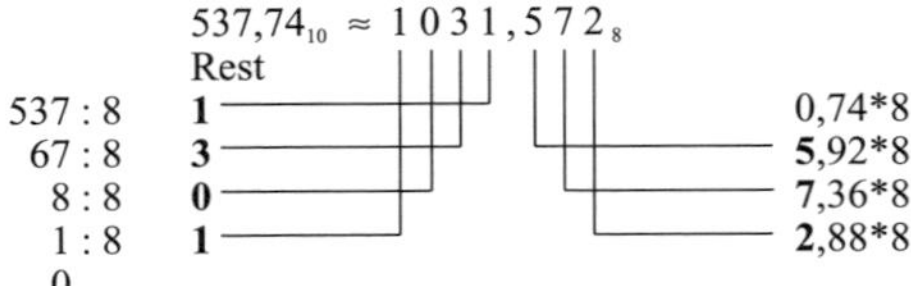

Bild 12.2 Schema zur Konvertierung von Dezimalzahlen in ein anderes Zahlensystem am Beispiel von $B = 8$

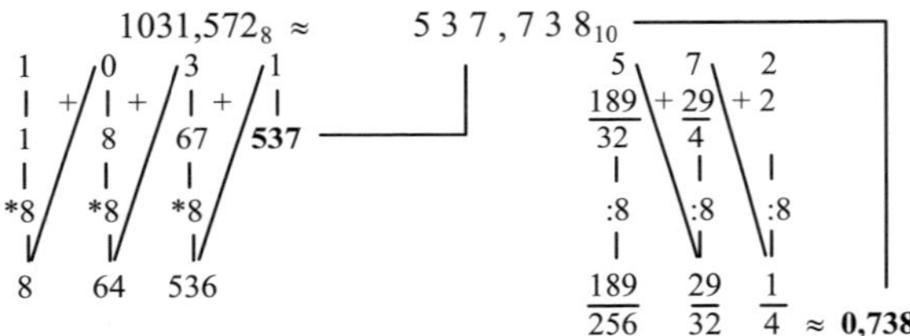

Bild 12.3 Horner-Schema zur Konvertierung von Zahlen aus einem Zahlensystem am Beispiel von $B = 8$ in das Dezimalsystem

Die Konvertierung zwischen den Zahlensystemen mit den Zahlenbasen 2, 8 und 16 wird auf ein Umkodieren von Ziffern bzw. Zifferngruppen (Triaden und Tetraden) zurückgeführt:

	1	0	3	1,	5	7	2
=	1	00	011	001,	101	111	010
=		10	0001	1001,	1011	1101	0
=		2	1	9,	B	D	

Bild 12.4 Schema zur Konvertierung von Oktalzahlen in Dualzahlen und Dualzahlen in Hexadezimalzahlen und umgekehrt (die Binärziffern werden beginnend vom Komma nach links und rechts gruppiert)

12.2.3 Darstellung von Zeichen, Ziffern und Zahlen

Daten werden im Computer nach einer eindeutigen **Zuordnungsvorschrift** binär kodiert, bei denen im Allgemeinen der verfügbare Zeichenvorrat vollständig ausgeschöpft wird. Die binäre Kodierung wird auch für die digitale Datenübertragung genutzt.

Die Zuordnungsvorschrift für Zeichen, Ziffern und Zahlen oder für Befehle und Adressen wird in standardisierten Codetafeln oder Datenformaten definiert.

Tabelle 12.2 7 Bit ASCII Codetafel (Kodierung z. B. für $B = 42_H$)

<table>
<tr><th></th><th></th><th colspan="8">1. Halbbyte</th></tr>
<tr><th></th><th>Hex</th><th>0</th><th>1</th><th>2</th><th>3</th><th>4</th><th>5</th><th>6</th><th>7</th></tr>
<tr><td rowspan="16">2. Halbbyte</td><td>0</td><td>NUL</td><td>DLE</td><td>SP</td><td>0</td><td>@</td><td>P</td><td>`</td><td>p</td></tr>
<tr><td>1</td><td>SOH</td><td>DC1</td><td>!</td><td>1</td><td>A</td><td>Q</td><td>a</td><td>q</td></tr>
<tr><td>2</td><td>STX</td><td>DC2</td><td>„</td><td>2</td><td>B</td><td>R</td><td>b</td><td>r</td></tr>
<tr><td>3</td><td>ETX</td><td>DC3</td><td>#</td><td>3</td><td>C</td><td>S</td><td>c</td><td>s</td></tr>
<tr><td>4</td><td>EOT</td><td>DC4</td><td>$</td><td>4</td><td>D</td><td>T</td><td>d</td><td>t</td></tr>
<tr><td>5</td><td>ENQ</td><td>NAK</td><td>%</td><td>5</td><td>E</td><td>U</td><td>e</td><td>u</td></tr>
<tr><td>6</td><td>ACK</td><td>SYN</td><td>&</td><td>6</td><td>F</td><td>V</td><td>f</td><td>v</td></tr>
<tr><td>7</td><td>BEL</td><td>ETB</td><td>'</td><td>7</td><td>G</td><td>W</td><td>g</td><td>w</td></tr>
<tr><td>8</td><td>BS</td><td>CAN</td><td>(</td><td>8</td><td>H</td><td>X</td><td>h</td><td>x</td></tr>
<tr><td>9</td><td>HAT</td><td>EM</td><td>)</td><td>9</td><td>I</td><td>Y</td><td>i</td><td>y</td></tr>
<tr><td>a</td><td>LF</td><td>SUB</td><td>*</td><td>:</td><td>J</td><td>Z</td><td>j</td><td>z</td></tr>
<tr><td>b</td><td>VT</td><td>ESC</td><td>+</td><td>;</td><td>K</td><td>[</td><td>k</td><td>{</td></tr>
<tr><td>c</td><td>FF</td><td>FS</td><td>,</td><td><</td><td>L</td><td>\</td><td>l</td><td>|</td></tr>
<tr><td>d</td><td>CR</td><td>GS</td><td>-</td><td>=</td><td>M</td><td>]</td><td>m</td><td>}</td></tr>
<tr><td>e</td><td>SO</td><td>RS</td><td>.</td><td>></td><td>N</td><td>^</td><td>n</td><td>~</td></tr>
<tr><td>f</td><td>SI</td><td>US</td><td>/</td><td>?</td><td>O</td><td>_</td><td>o</td><td>DEL</td></tr>
</table>

12.2.3.1 Darstellung von alphanumerischen Zeichen

In Abhängigkeit von der Menge der darzustellenden Symbole – dem Alphabet – werden Zeichen mit einer Wortlänge von 7 Bit (ASCII/ISO-7-Bit-Code), von 8 Bit (erweiterter ASCII/ISO-8-bit-Code) oder von 16 Bit (UNICODE) codiert.

In der ASCII-Codetafel (American Standard Code for Information Interchange), die in der ISO/IEC 646 und DIN 66003 genormt wurde, sind alle alphanumerischen und Steuerzeichen, wie sie von Schreibmaschinen und Fernschreibern bekannt waren, zusammengestellt (s. Tabelle 12.2).

Durch die weltweite Kommunikation im Internet wurde es notwendig, die Codetafeln für alle Sprachen und Schriften zu erweitern und zu standardisieren. Der Datenaustausch über das Internet basiert auf dem 16-bit-Unicode (s. http://unicode.org), dessen Zeichen auf jedem Browser dargestellt werden können.

12.2.3.2 Darstellung von Ziffern

Zahlen werden als Folge binär kodierter Ziffern (12.2) dargestellt. Für Dualziffern werden 1 Bit, für Oktalziffern 3 Bit ($8 = 2^3$), für Dezimal- und Hexadezimalziffern 4 Bit ($16 = 2^4$) benötigt (s. Tabelle 12.1).

BCD-Code (Binary Coded Decimals): Binärer Code für Dezimalziffern, Binärzahldarstellung der Ziffern (s. Tabelle 12.3).

Gray-Code: Zahlencode; beim Inkrementieren/Dekrementieren ändert genau ein Bit seinen Wert (Tabelle 12.3). Dieser Code wird deshalb in inkrementellen Zählwerken eingesetzt.

Tabelle 12.3 Gray-Code und Codes für Oktal-, Dezimal- und Hexadezimalziffern

Ziffern-wert	Gray-Code	Oktal-ziffer	Binär-Code	Dezimal-ziffer	BCD-Code	Hexadezi-malziffer	Binär-Code
0	0000	0	000	0	0000	0	0000
1	0001	1	001	1	0001	1	0001
2	0011	2	010	2	0010	2	0010
3	0010	3	011	3	0011	3	0011
4	0110	4	100	4	0100	4	0100
5	0111	5	101	5	0101	5	0101
6	0101	6	110	6	0110	6	0110
7	0100	7	111	7	0111	7	0111
8	1100			8	1000	8	1000
9	1101			9	1001	9	1001
10	1111					A	1010
11	1110					B	1011
12	1010					C	1100
13	1011					D	1101
14	1001					E	1110
15	1000					F	1111

12.2.3.3 Darstellung von Zahlen

Für die **Darstellung ganzer Zahlen (Festpunktzahlen)** werden wahlweise 1, 2, 4 oder 8 Byte breite Bitmuster verwendet. Der Zeichenvorrat $Z_2(n)$ wird auf einen Ausschnitt des Zahlenstrahls (Bild 12.5) abgebildet. Für vorzeichenfreie Zahlen steht der Wertebereich von 0 bis 2^n-1, für vorzeichenbehaftete Zahlen der Wertebereich von -2^{n-1} bis $2^{n-1}-1$ zur Verfügung.

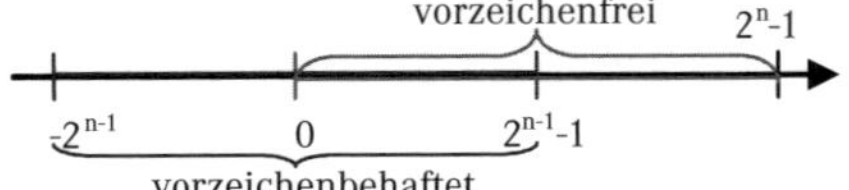

Bild 12.5
Abbildung des Zeichenvorrats auf den Zahlenstrahl

Für die Darstellung ganzer Zahlen gilt:

- Der Betrag der Zahl wird in das **Dualsystem konvertiert**. Die Ziffernfolge wird von rechts beginnend in das Bitmuster eingetragen (*n* Bit für vorzeichenfreie, *n*-1 Bit für vorzeichenbehaftete Zahlen). Ist die Anzahl der Ziffern größer als die Zahl der zur Verfügung stehenden Bits, fallen die überzähligen Ziffern weg (**Überlauf**!) (Bild 12.6).
- Für negative Zahlen wird das **Zweierkomplement** durch bitweise Negation und anschließendes einmaliges Inkrementieren gebildet.
- Das höchstwertige Bit *s* codiert das Vorzeichen. Der Wert 0 steht für positive, 1 für negative Zahlen.

$537_{10} =$ 1 0 3 $1_8 =$ 10 0001 1001_2 | **0**000 0010 0001 1001 | 0219_H

$-537_{10} = -1$ 0 3 $1_8 = -10$ 0001 1001_2 | **1**111 1101 1110 0111 | $FDE7_H$

Bild 12.6 Bitmuster mit der Länge n=16 für z = +537 und z = −537.

Für die **Darstellung von Gleitpunktzahlen** werden wahlweise 4 oder 8 Byte breite Bitmuster verwendet. Das computer- und sprachübergreifende Datenformat wurde im Standard IEEE 754 festgelegt (Bild 12.7).

Für die Darstellung beliebiger Gleitpunktzahlen gilt:

- Die Zahl z wird in das Dualsystem konvertiert und normalisiert

$$z = \pm 1,m * 2^e = \pm 1,z_{n-1}..........z_1 z_0 z_{-1}...........z_{-m} * 2^n \tag{12.4}$$

- Die Charakteristik c wird aus dem Exponenten $e = n$ berechnet und in das Dualsystem konvertiert (K_V = 127 bzw. K_V = 1023)

$$c = (e + K_V)_{10} = c_{n-1}..........c_1 c_0 \tag{12.5}$$

- Das höchstwertige Bit wird durch das Vorzeichenbit *s*, die nächsten 8 bzw. 11 Bit werden durch die Charakteristik *c* belegt. Die Mantisse *m* wird von links beginnend ab dem 23. bzw. 52. Bit eingetragen.
- Für die Werte ±0, ±∞ und NaN (not a number) sind spezielle Darstellungen reserviert, z. B.:
  +0.0 = 0000 0000_H, −0.0 = 8000 0000_H
- Mit diesen Datenformaten können reelle Zahlen mit einer begrenzten Genauigkeit kodiert werden. Der Wertebereich wird mit 10^{-38} bis 10^{38} mit mindestens 6 signifikanten Dezimalstellen für 32 Bit Darstellungen bzw. 10^{-308} bis 10^{308} mit mindestens 14 signifikanten Dezimalstellen für 64 Bit Darstellungen angegeben.

$537{,}74_{10}$ = 10 0001 1001, 1011 1101 0 = 1, 0000 1100 1101 1110 10 * 2^9

m = 0000 1100 1101 1110 1000 000

e = 9_{10} = 1001 c = e + (0111 1111 = 127_{10}) = 1000 1000

| **0100 0100 0**000 0110 0110 1111 0100 0000 | 44 06 6F 40_H

Bild 12.7 Bitmuster mit der Länge n = 32 für z = +537.74

12.3 Programmierung und Softwareentwicklung

12.3.1 Algorithmen und Notationen

Algorithmus: eine maschinell ausführbare Vorschrift zur Lösung eines Problems.

Ein Algorithmus muss allgemeingültig und endlich sein, d.h. er funktioniert unabhängig von der zu verarbeitenden Datenmenge und terminiert nach einer endlichen Anzahl von Schritten in endlicher Zeit.

Algorithmen können auf vielfältige Art dargestellt werden, z.B. als

- Pseudocode,
- Programmablaufplan (Flow-Chart-Program, DIN 66001),
- Struktogramm (Nassi-Shneiderman-Diagramm, DIN 66261).

Mit **Pseudocode** können komplexe Algorithmen in einer Programmiersprachen ähnlicher Notation dargestellt werden.

Elemente eines Pseudocodes sind z.B.:
program, begin, end, if ... then ... else, f := f + 1, input, output

Ein **Programmablaufplan** (PAP) veranschaulicht die Abfolge der Verarbeitungsschritte und mögliche Verzweigungen in Abhängigkeit vom Wahrheitswert formulierter Bedingungen. Er enthält keinerlei Information über die Struktur eines Programms oder die Schnittstellen zwischen Modulen und Objekten (Bild 12.8).

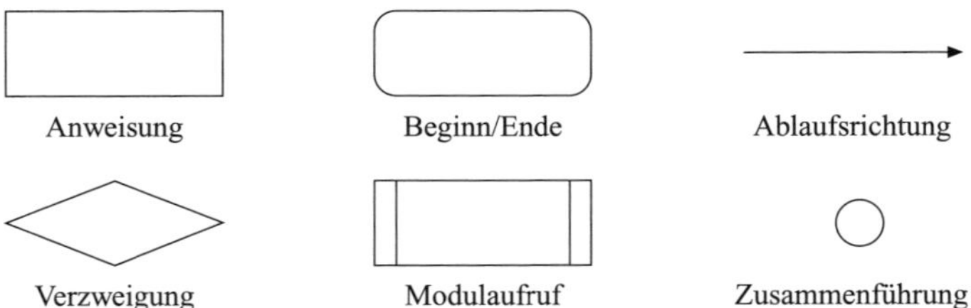

Bild 12.8 Elemente eines Programmablaufplans

Ein **Struktogramm** ist eine graphische Notation, die die Struktur eines Programms darstellt. Es besteht aus Strukturblöcken, die Anweisungen zu Kontrollstrukturen zusammenfassen und die von oben nach unten abgearbeitet werden (Bild 12.9).

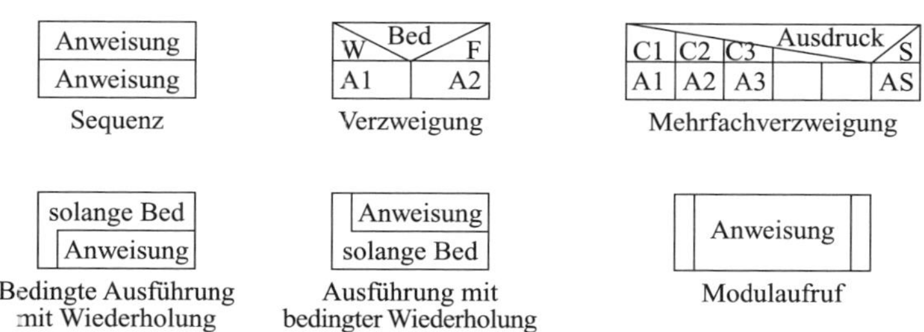

Bild 12.9 Strukturblöcke für Kontrollstrukturen
(Bed – Bedingung, W – wahr, F – falsch, A – Anweisung, C – Fall, S – sonst).

12.3.2 Variable, Ausdrücke und Zuweisungen

Variable bezeichnen Speicherplätze, in denen die Werte eines bestimmten Datentyps binär codiert abgelegt werden können (Bild 12.10). Der Wert der Variablen kann während des Programmablaufs verändert werden. **Konstanten** repräsentieren unveränderliche Werte (schreibgeschützt).

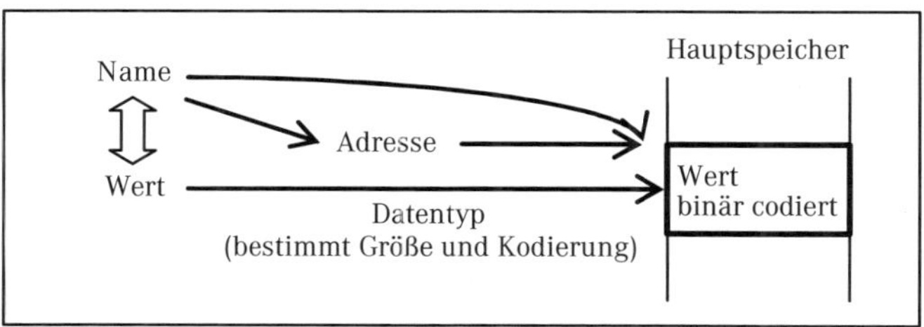

Bild 12.10 Modell einer Variablen

Variable besitzen einen Namen und einen Datentyp, durch den die Größe des benötigten Speicherbereichs und die Kodierungsvorschrift festgelegt sind. Über den Namen der Variablen und der zugeordneten Adresse des Speicherbereichs kann lesend und schreibend auf ihren Wert zugegriffen werden.

Ein **Ausdruck** besteht aus einem Operanden, einer oder mehrerer Operationen. Eine **Operation** wird durch einen **Operator**, der auf eine oder mehrere Operanden angewendet wird, realisiert. Ein **Operand** kann eine Konstante, eine Variable oder wiederum ein Ausdruck sein.

Ein Ausdruck besitzt einen Wert und einen Datentyp, der durch seine Operanden bestimmt ist.

Nach ihrer Bedeutung werden arithmetische, logische, relationale und bitweise Operatoren und nach der Anzahl der Operanden **unäre** (präfix, postfix) und **binäre Operatoren** unterschieden. Die Auswertungsreihenfolge der Operationen wird durch **Priorität** und **Assoziativität** der Operatoren bestimmt.

Eine **Zuweisung** weist einer Variablen den Wert eines Ausdrucks des gleichen Datentyps zu.

12.3.3 Zusammengesetzte Datentypen

In zusammengesetzten oder komplexen Datentypen werden mehrere Datenobjekte verwaltet.

Eine **Reihung** (Feld Array, Vektor) ist eine Zusammenfassung von Datenobjekten des gleichen Datentyps. Die Datenobjekte werden fortlaufend mit aufsteigendem Index im Arbeitsspeicher abgelegt (Bild 12.11). Der Zugriff erfolgt über den Indexoperator [ ] in der Form:

`variablenname[index].`

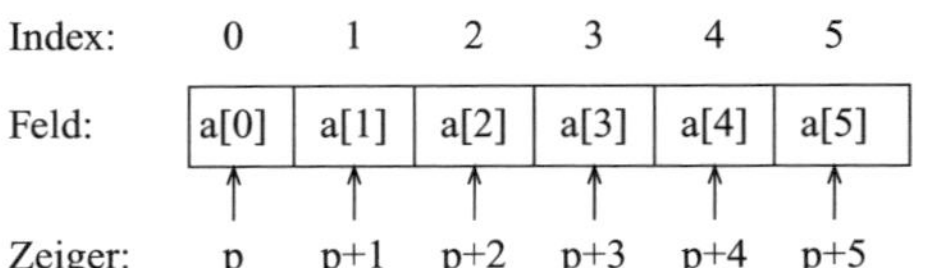

Bild 12.11
Zusammenhang zwischen Reihungen und Zeigervariablen

Beispiel: Die Koordinaten *x, y, z* eines Punkts im dreidimensionalen Raum können in einem Feld der Länge 3 gespeichert werden. *x, y* und *z* werden entsprechend die Indexe 0, 1 und 2 zugeordnet.

Ein **Verbund** (Struktur, Rekord) fasst Datenobjekte unterschiedlichen Datentyps zusammen, deren Komponenten über einen Bezeichner identifiziert werden. Die Komponenten werden fortlaufend im Arbeitsspeicher abgelegt. Der Zugriff erfolgt z.B. über den Punktoperator in der Form:

`variablenname.bezeichner.`

Beispiel: Die Koordinaten eines Punkts im dreidimensionalen Raum können als Komponenten *x, y, z* in einem Verbund gespeichert werden.

12.3.4 Zeigervariablen

Der Wert einer **Zeigervariable** (Pointer) ist eine Adresse, die auf ein Datenobjekt verweisen kann (Bild 12.12). Hat sie den Wert **null,** besteht keine Verbindung zu einem Datenobjekt.

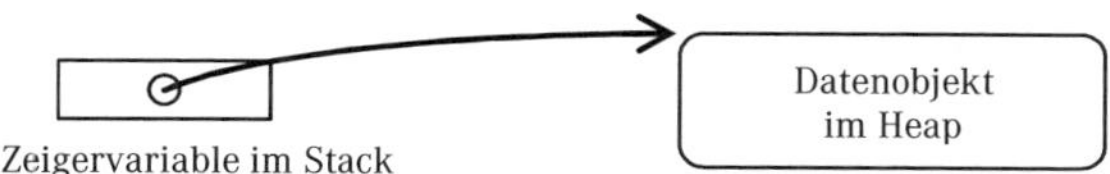

Bild 12.12 Zusammenhang zwischen Datenobjekten und Zeigervariablen

12.3.5 Datenstrukturen

Datenstrukturen dienen der effizienten Speicherung von Daten und der schnellen Suche innerhalb großer Datenbestände.

Datenstrukturen sind nach verschiedenen Prinzipien (Ordnungs- oder Zugehörigkeitsrelationen) organisiert.

Beispiele sind:

- **Stack** (Stapel): Die Daten sind nach dem LIFO-Prinzip (Last In First Out) organisiert. (Bild 12.12)
- **Queue** (Warteschlange): Die Daten sind nach dem FIFO-Prinzip (First In First Out) linear oder in Ringspeichern organisiert (Bild 12.13).

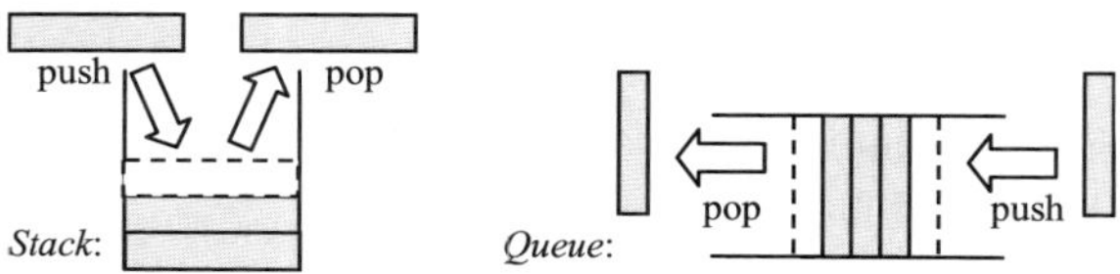

Bild 12.13 Organisationsprinzip der Datenstrukturen Stack und Queue

- **Verkettete Listen:** Die Daten sind linear angeordnet, wobei die einzelnen Elemente durch Kanten (Zeiger) miteinander verbunden sind. Sie sind dynamisch erweiterbar.
- **Graf:** Die Menge der Knoten (Daten) sind durch eine Menge von Kanten miteinander verbunden, wobei jeder Kante ein Anfangs- und ein Endknoten zugeordnet sind.
- **Baum:** In diesem gerichteten Grafen kann jeder Knoten über genau einen Weg, ausgehend von einem Wurzelknoten, aus erreicht werden.

- **Datei:** Logisch zusammenhängende Daten werden als Einheit sequentiell auf einem physikalischen Datenträger gespeichert.

12.3.6 Programmierung und Softwareentwicklung

Große und komplexe Anwendungssysteme sind das Ergebnis eines Software-Entwicklungsprozesses, an dem ein Projektteam beteiligt ist.

Die **Software-Entwicklung** besteht aus vier Hauptaktivitäten:

- **Definition** der Anforderungen (Systemanalyse)
- **Entwurf** des Software-Systems (Programmieren im Großen)
- **Implementierung** der Software-Komponenten (Programmieren im Kleinen)
- **Test** oder **Verifikation**

Beim **Programmieren** (im Kleinen) werden:

- die Datenstrukturen und Algorithmen konzipiert,
- das Programm durch geeignete Verfeinerungsebenen strukturiert,
- die Problemlösung und die Implementierungsentscheidungen dokumentiert,
- die Konzepte in die verwendete Programmiersprache umgesetzt,
- der Quellcode und das ausführbare Programm erzeugt und getestet.

Ein **Programm** verbindet einen Algorithmus mit den dazugehörigen, auf eine bestimmte Art und Weise organisierten Daten. Es ist in einer Programmiersprache formuliert und auf einem Rechner ausführbar.

Der Software-Entwicklungsprozess wird in vielfältigen Modellen beschrieben (z. B. Wasserfall- und V-Modell).

Die **Softwaretechnik** beschäftigt sich mit der Bereitstellung und systematischen Verwendung von Methoden, Techniken und Werkzeugen für die Herstellung, den Betrieb und Wartung von Software.

12.3.7 Programmiersprachen

Programmiersprachen dienen dem Programmierer als Werkzeug, um Daten in Datenstrukturen zu organisieren und Algorithmen in einen auf den Computer ausführbaren Maschinencode zu übertragen.

Die **Syntax** beschreibt die Menge aller in der Programmiersprache erlaubten Zeichenketten und die **Semantik** definiert die Bedeutung der einzelnen Sprachkonstrukte.

Um aus einem Quellcode ein ausführbares Programm zu erstellen, werden im Allgemeinen mehrere Schritte durchlaufen (Bild 12.14):

- Im **Präprozessor** wird das Quellprogramm textuell vorverarbeitet, z. B. werden Texte ersetzt oder Deklarationsdateien eingefügt.
- Der **Compiler** übersetzt eine Programmkomponente aus einem in einer höheren Programmiersprache formulierten Quellcode in eine äquivalente Komponente einer anderen Sprache, z. B. einen Zwischencode. Dabei wird das Programm lexikalisch, syntaktisch und semantisch analysiert, Fehler und Fehlerquellen (Warnungen) identifiziert und dem Benutzer mitgeteilt, der Zwischencode erzeugt und eventuell optimiert.
- Mit dem **Binder** werden verschiedene, getrennt kompilierte Komponenten und vom System oder dem Benutzer bereitgestellte Bibliotheksmodule zu einem Programm verbunden. Dabei werden Fehler, z. B. nicht aufgelöste Symbole und Schnittstellen, identifiziert und dem Benutzer mitgeteilt.
- Der **Lader** wandelt die verschiebbaren Adressen des Programms in Absolutadressen um, lädt es in den Speicher und startet dessen Abarbeitung.
- Ein **Interpreter** analysiert den Quell- oder Zwischencode ähnlich wie ein Compiler und führt den Programmtext unmittelbar zeilenweise aus.

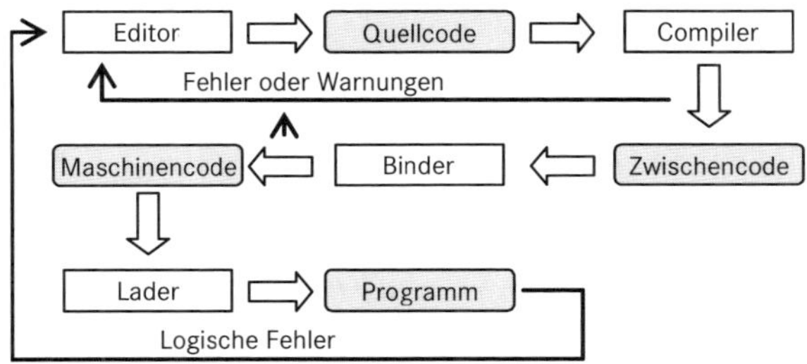

Bild 12.14 Von der Quellcode-Erstellung bis zum ausführbaren Programm

Programmiersprachen lassen sich nach Abstraktionsgrad und Struktur klassifizieren:

- **Maschinensprache**: der Befehlssatz, der durch die Hardware des Prozessors festgelegt ist. Einzelne Befehle verbinden in einem Bitmuster den Befehlscode mit bis zu zwei Parametern (meist Adressen der Operanden).
- **Assembler-Sprachen** ersetzen den Befehlscode durch Befehlswörter und die Parameter durch symbolische Bezeichner, die in Direktiven deklariert sein können.
- **Höhere Programmiersprachen** enthalten Beschreibungsmittel für Datenstrukturen und Algorithmen. In Abhängigkeit von ihrer Ausprägung unterstützen sie strukturierte, prozedurale, modulare, deklarative, funktionale oder objektorientierte Programmierparadigmen.
- **Anwendungsorientierte Sprachen** enthalten auf ein Anwendungsgebiet zugeschnittene Sprachkonstrukte, z. B. für Datenbank-, Simulations- oder CA-Systeme.

12.3.8 Programmierparadigmen

Prozedurale Programmierung: Entwicklung von Prozeduren und Funktionen, die die gewünschten Aufgaben realisieren und in einer beliebigen Umgebung eingesetzt werden können. Sie werden nach inhaltlichen und logischen Kriterien zu Funktionsbibliotheken zusammengefasst (z. B. mathematische Funktionen, Zeichenkettenverarbeitung oder Ein-/Ausgabeoperationen).

Beispiele prozeduraler Programmiersprachen sind FORTRAN (1956), Cobol (1960), Algol (1960), PL/1 (1967), Basic (1967), Pascal (1970) und C (1973).

Beispiel: Implementierung eines Stacks in C (Ausschnitt)

```
/* Prototypendatei stack.h:*/
    /* Selbstdefinierter Datentyp STACK */
    typedef struct stack {
        int anz;        /*aktuelle Anzahl von Objekten*/
        int max;        /*maximale Anzahl von Objekten*/
        int * data;     /*Anfangsadresse des Speichers*/
    } STACK;
    /* Deklaration der Funktionsprototypen */
    void createStack( int, STACK *);
    int out( STACK *);
    void in( int, STACK *);
    int isEmpty(STACK *);
    int isFull(STACK *);

/* Implementierungsdatei stack.c:*/
    /* Baut einen Stack für maximal max Objekte auf*/
    void createStack( int max, STACK * pStack) {
    if(pStack->data=(int*) malloc(max * sizeof(int)) {
        pStack->max = max;
        pStack->anz = 0;
    }
    }
    /* Holt ein Objekt aus dem Stack */
    int out( STACK * pStack) {
    return pStack->data[--pStack->anz];
    }
    /* Bringt ein Objekt in den Stack */
    void in( int w, STACK * pStack){
        pStack->data[pStack->anz++] = w;
    }
    /* Ist der Stack leer? */
    int isEmpty(STACK *) {
        if (pStack->anz > 0)        return 0;
        else                        return 1;
    }
```

```
/* Ist der Stack voll? */
int isFull(STACK *){
    if (pStack->anz < max)      return 0;
    else                        return 1;
}
```

Prozedurale Programmiersprachen enthalten im Allgemeinen (**Beispiele aus C**):

- **Elementare Datentypen** zur Speicherung von logischen Werten, alphanumerischen Zeichen (`char`), ganze Zahlen (`short, int, long`) und Fließkommawerte (`float, double`). Der Wertebereich hängt von der Größe des zugeordneten Speichers und der Notwendigkeit einer Kodierung des Vorzeichens (`signed/unsigned`) ab.
- **Unäre und binäre Operatoren** zur Verknüpfung und Veränderung von Operanden: arithmetische (`+, -, * /, %, ++, --`), logische (`!, &&, ||`), relationale (`==, !=, >, <, >=, <=`), bitweise (`~, ^, &, |`), Verschiebe- (`<<, >>`) und Zuweisungsoperatoren (`=, op=`), deren Auswertungsreihenfolge durch Priorität und Assoziativität bestimmt sind.
- **Kontrollstrukturen**: Sequenz, Block (`{...}`), einfache (`if ()...else...`) und Mehrfachverzweigung (`switch() case...default...`), kopfgesteuerte (`while ()...`), fußgesteuerte (`do...while()`) und Zählschleife (`for (.;.;.)...`), Funktionsdeklaration und -aufruf (`typ name(parameterliste)`).
- **Zusammengesetzte Datentypen** zur Speicherung zusammengehörender Daten wie Reihung (`typ name[größe]`) und Verbund (`struct name {komponenten}`),
- **Zeigervariablen** zur Speicherung von Adressen oder Referenzen auf Datenobjekte (`typ * name`).

Objektorientierte Programmierung: Entwicklung von strukturierten Datentypen (Klassen), in denen Daten sowie ein vollständiger Satz von auf ihnen operierenden Funktionen und Operatoren gekapselt sind. Eine Wiederverwendbarkeit wird durch **Vererbung** explizit umgesetzt. Klassen werden nach inhaltlichen und logischen Kriterien zu Klassenbibliotheken, Paketen bzw. Namensräumen zusammengefasst (z. B. GUI-Elemente, Netzkomponenten, Ein-/Ausgabeströme).

Beispiele objektorientierter Programmiersprachen, in denen auch immer prozedural programmiert werden kann, sind Simula (1967), Smalltalk (1980), Ada (1980), C++ (1986), Pascal (1970), Java (1995), Visual Basic.net und C# (2001).

Objektorientierte Programmiersprachen enthalten im Allgemeinen zusätzlich (Beispiele aus Java):

- **Klassen (class)** zur Kapselung von Daten und Methoden (Komponenten): Komponenten können unmittelbar mit dem Datentyp (Klassenkomponente mit **static**) oder mit einer Ausprägung der Klasse (Instanzkomponente) verbunden sein. Die Sichtbarkeit bzw. der Zugriff auf die Komponenten kann nach dem Geheimhaltungsprinzip eingeschränkt werden (öffentlich - **public**, privat - **private**, geschützt - **protected**).

- **Instanzen** sind Ausprägungen einer Klasse, die mit dem **new**-Operator erzeugt und über Referenzen verwaltet werden.
- Durch die **Vererbung (class B extends A)** werden die in der vererbenden Klasse (Oberklasse) implementierten Komponenten in die erbende Klasse (Unterklasse) übernommen. Die erbende Klasse kann durch weitere Komponenten erweitert werden. Geerbte Methoden können durch Überschreiben modifiziert werden.
- Der Aufruf der Methoden eines Objekts kann an den Typ der Referenz (frühe Bindung) oder an den Typ des Objekts (späte Bindung) gebunden sein.
- **Schnittstellen (interface)** besitzen lediglich Methodenschnittstellen und eventuell Klassenkonstanten, die in eine Klasse implementiert und dort ausgeprägt werden (**class B implements S**).
- Die **Ausnahmebehandlung (Exception handling)** ermöglicht, zur Laufzeit auftretende Fehler wie die ganzzahlige Division durch 0 oder Indexüberlauf bei Feldern innerhalb des Programms abzufangen und so sichere Blöcke und Programme zu entwickeln.

Beispiel: Implementierung eines Stacks in Java (Ausschnitt)

```
/* Implementierungsdatei Stack.java:*/
/** Selbstdefinerter Datentyp (Klasse) Stack */
public class Stack {
    private int [] data;   // Feld zur Speicherung der Daten
    private int anz;       // aktuelle Anzahl von Objekten
    /* Baut einen Stack für maximal max Objekte auf*/
    public Stack(int max) {
        anz = 0;
        data = new int[max];
    }
    /** Holt ein Objekt aus dem Stack */
    public int out() {
        return data[--anz];
    }
    /** Bringt ein Objekt in den Stack */
    public void in( int w) {
        data[anz++]    = w;
    }
    /* Ist der Stack leer? */
    boolean isEmpty() {
         if (anz > 0)       return false;
         else               return true;
   }
    /* Ist der Stack voll? */
    boolean isFull() {
         if (anz < max)     return false;
         else               return true;
   }
}
```

12.3.9 Entwicklungswerkzeuge

Programme können prinzipiell mit jedem Texteditor geschrieben, durch Kommandozeilenaufruf des Compilers übersetzt, des Binders verbunden und gestartet werden. Mit **javac Stack.java** wird die Java-Klasse kompiliert und mit **java Stack** ausgeführt.

Integrierte Entwicklungsumgebungen verfügen über eine Vielzahl von Eigenschaften, die die Softwareentwicklung unterstützen, vereinfachen und beschleunigen. Dazu zählen:

- **Kontextsensitiver Editor:** Zeichenketten werden entsprechend ihrer Zugehörigkeit zu Sprachkonstrukten unterschiedlich formatiert angezeigt.
- **Kontextsensitive Hilfe:** Die markierten Sprachelementen entsprechenden Hilfetexte werden auf Tastendruck (F1) aufgerufen.
- **Kontextsensitive Eingabeunterstützung:** Während der Eingabe von Sprachelementen wie Funktions- oder Instanznamen werden Informationen zu überladenen Methoden, Parameterlisten oder Komponenten der Klasse angegeben.
- **Projektverwaltung:** Projekte (Programme) verwalten sowohl die dazugehörigen Quelldateien und Bibliotheken als auch vielfältige Projekteinstellungen, die das Kompilieren, Binden und Ausführen des Programms steuern.
- **Integrierter Compiler und Binder:** Über Menü, Toolbar oder Tastendruck wird der Aufbau einer aktuellen Programmversion angestoßen. Dabei werden nur die Programmkomponenten neu erzeugt, die sich seit dem letzten Aufbau verändert haben.
- **Integrierter Debugger:** Für die Suche von logischen Fehlern stehen Debugger zur Verfügung, die die schrittweise Ausführung von Programmsegmenten, deren Startpunkte durch Haltepunkte markiert werden, bei gleichzeitiger Überwachung von Variablen oder Ausdrücken ermöglichen.
- **Online-Dokumentation:** Die online-Dokumentation kann direkt aufgerufen werden. Sie stellt ein Inhaltsverzeichnis, einen Index und Suchwerkzeuge zur Verfügung.
- **Ressourcen-Editoren:** Aus vorgefertigten Komponenten werden grafische Oberflächen zusammengebaut. Der entsprechende Programmcode wird automatisch generiert. Notwendige Implementierungen werden durch Sprünge zu den korrespondierenden Stellen im Quellcode unterstützt.

Das **Visual Studio** von Microsoft und oder **Eclipse** sind Beispiele für integrierte Entwicklungsumgebungen.

12.4 Struktur und Organisation von Rechnern

12.4.1 Von-Neumann-Rechnerkonzept

Das Von-Neumann-Rechnerkonzept ist das am meisten verbreitete Organisationsprinzip von Computern (Bild 12.15). Es beinhaltet folgende Punkte:

- Die **zentrale Recheneinheit** (CPU), bestehend aus dem **Rechenwerk** (ALU) und **Steuerwerk** (CU), der **Hauptspeicher** (M), die **Ein-/Ausgabeeinheit** (I/O) und die **Verbindungen** zwischen ihnen (Bus) bilden die Hauptkomponenten des Rechners.
- Die Verarbeitung der in Wörtern bestimmter Länge, binär kodierten Daten erfolgt nach dem Start des Rechners **automatisch**, **parallel** und **taktgesteuert**.
- Der Hauptspeicher enthält **Daten** und **Befehle** ohne besondere Kennzeichnung und besteht aus **fortlaufend adressierten** Speicherworten, deren Inhalte nur über eine Adresse lesend oder schreibend angesprochen werden können.
- Programmbefehle und Daten werden extern eingegeben. Die Befehle werden **sequentiell** in der Reihenfolge ihrer Abspeicherung verarbeitet. Die sequentielle Verarbeitung kann durch Sprünge oder bedingte Verzweigungen unterbrochen werden.

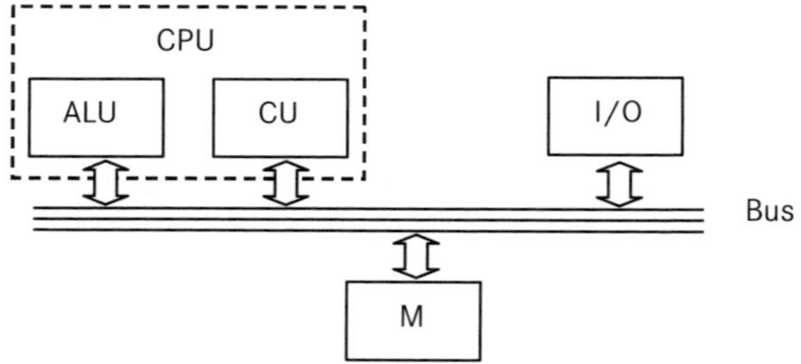

Bild 12.15 Komponenten der Von-Neumann-Architektur

Die Abarbeitung von Programmen erfolgt in einem ständig sich wiederholendem Wechsel zwischen

- dem **Befehlszustand**, in dem ein Befehl aus dem Speicher geholt und der Befehlszähler erhöht, der Befehl im Steuerwerk decodiert und die Adresse des Operanden berechnet wird,
- dem **Datenzustand**, in dem das Datum (der Operand) aus dem Speicher geholt, der Befehl ausgeführt und ein Datum in den Speicher zurück geschrieben wird.

12.4.2 Komponenten

Das **Rechenwerk** (Arithmetisch-logische Einheit ALU) führt die Verknüpfungen auf in seinen Registern aus dem Speicher bereitgestellten Operanden aus.

Zum Operationsumfang gehören:

- **arithmetische** Operationen (Fest- und Gleitkommaarithmetik): Addition, Subtraktion, Multiplikation, Division,
- **logische Operationen:** Negation, Konjunktion, Disjunktion,
- **Bitmanipulationen:** Verschiebungen und Rotationen,
- **Bitverknüpfungen:** logische Operationen und Vergleiche.

Das **Steuerwerk** (CU) steuert anhand von Befehlen und Statussignalen den Verarbeitungsfluss und stellt dem Rechenwerk die Daten zur Verfügung (Operation und Operanden).

Das Steuerwerk besitzt eine Reihe spezieller Register wie den **Befehlszähler**, den **Stapelzeiger**, das Befehls- und Statusregister.

Das **Bussystem** ermöglicht die Kommunikation mehrerer Komponenten eines Rechners untereinander.

Der **Systembus** wird aus dem Adress-, Daten- und Steuerbus gebildet, über die Daten, Adressen und Steuersignale übertragen werden. Die Anzahl der parallel auf einem Bus übertragenen Signale nennt man **Busbreite** (aktuell: 32). Periphere Komponenten werden über zusätzliche E/A-Busse mit speziellen Controllern angebunden.

Verbreitete Bussysteme sind: ISA-Bus, PCI-Bus, VESA-Bus AGB-Bus, USB, IDE, SCSI-Bus.

Der **Hauptspeicher** (Memory M) dient der physikalischen Repräsentation der binär codierten Daten und Befehle und stellt sie während des Rechenvorgangs dauerhaft zur Verfügung.

Die Dateneinheiten (1 Byte) des Hauptspeichers sind fortlaufend adressiert und zeitlich stabil. Sie können jederzeit gelesen und einmalig (ROM), mehrmalig (PROM, EPROM) oder beliebig oft (RAM) verändert werden.

Der Hauptspeicher umfasst das Betriebssystem und Bereiche, die den auszuführenden Programmen zur Verfügung gestellt werden. Diese Bereiche sind wiederum das

Programm- und das Datensegment sowie den Heap und den Stack untergliedert (Bild 12.16).

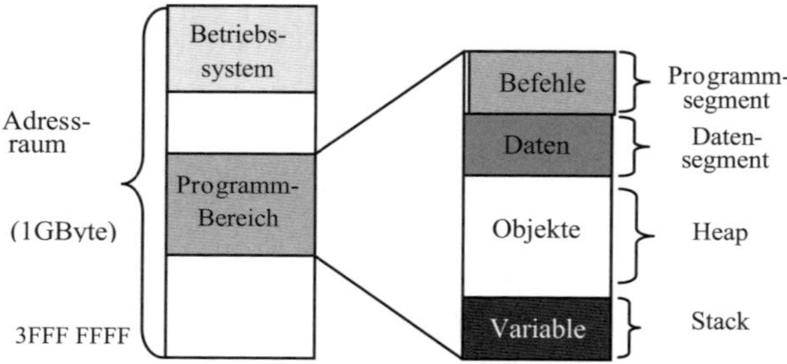

Bild 12.16 Aufteilung des 1 GByte Arbeitsspeichers und des Adressbereichs eines Programms (Modell)

Zu den **Ein-/Ausgabekomponenten** zählen **Konsole** (Tastatur und Monitor), Maus und Scanner sowie Bildschirm und Drucker.

Die Ein-/Ausgabevorgänge werden durch einen separaten Controller gesteuert:

- **Befehlssteuerung:** Der Prozessor kommuniziert mit der peripheren Einheit über in den Programmablauf eingebundene Befehle.
- **Interruptsteuerung:** Über spezielle Datenleitung kann die periphere Einheit den normalen Programmablauf unterbrechen (**interrupt**). In Abhängigkeit von der Art des Interrupts wird eine Interrupt-Funktion aufgerufen und abgearbeitet, bevor der Programmablauf fortgesetzt wird.
- **Polling-Steuerung:** Die periphere Einheit wird vom Prozessor über eine zugeordnete Schnittstelle regelmäßig abgefragt.

12.4.3 Schnittstellen

Über eine **Schnittstelle** (interface) erfolgt der Datenaustausch zwischen dem Systembus und externen Geräten, der durch einen speziellen Baustein mit integrierten Leitungstreibern gesteuert wird.

Schnittstellennormen beinhalten:

- das Übertragungsprotokoll,
- die Zahl der anschließbaren Geräte,
- die Zuordnung der Signale zu den Kontakten,
- den mechanischen Aufbau der Steckverbindungen,
- die Werte der elektrischen Signale (statisch und dynamisch),
- die Eigenschaften der Sender, Empfänger und Kabel.

Über **serielle Schnittstellen** (z. B. V.24/RS 232, RS-485) werden die Daten bitseriell, synchron oder asynchron, in nur eine Richtung, abwechselnd in beide Richtungen oder auf getrennten Leitungspaaren unabhängig voneinander in beide Richtungen übertragen.

Über **parallele Schnittstellen** (Centronics, EPP, ECP) werden in jedem Takt alle Bits einer Speichereinheit (z. B. 1 Byte) gleichzeitig (plus weitere Steuersignale) übertragen.

Weitere standardisierte Schnittstellen sind der EIDE-(ATA-)Bus zum Anschluss von Festplatten, der PCMCIA zur Speichererweiterung, VGA, SCART oder DVI zur Übertragung von Videosignalen, der SCSI-Bus zum Betreiben von bis zu 7 sowie USB von bis zu 127 externen Geräten, der IEC-(IEEE-488-)Bus zur Steuerung von Messgeräten, FireWire zur Hochgeschwindigkeitsübertragung, Bluetooth für Funkverbindungen, LAN für lokale Netzwerke und WLAN für drahtlose lokale Netzwerke.

Mikrocontroller sind vollständige Computersysteme auf einem Chip. Neben der CPU sind Speicher, Peripheriekomponenten und Schnittstellen mit auf dem Chip integriert (s. Abschn. 13).

Literatur

Bruns K., Klimsa P.: Informatik für Ingenieure kompakt. Braunschweig Wiesbaden: Vieweg + Teubner, 2012.

Hering E., Gutekunst J., Dyllong U.: Informatik für Ingenieure. Düsseldorf: VDI-Verlag, 1995.

Hering E., Modler K.-H.: Grundwissen des Ingenieurs. Leipzig: Fachbuchverlag Leipzig im Carl Hanser Verlag, 2007.

Horn C., Kerner I. O., Forbrig P.: Lehr- und Übungsbuch Informatik, Band 1–4. Wien: Carl Hanser Verlag, 2003.

Levi P., Rembold U.: Einführung in die Informatik für Naturwissenschaftler und Techniker. München Wien: Carl Hanser Verlag, 2003.

Schneider U., Werner D.: Taschenbuch der Informatik. Leipzig: Hanser Fachbuchverlag, Fachbuchverlag Leipzig, 2012.

13 Mikrorechentechnik

Elektronische Datenverarbeitungsanlagen auf der Grundlage digitaler Schaltungen (**Digitalrechner, Computer**) waren in ihrer Anfangszeit lediglich als Großrechner (**Mainframes**) verfügbar. Sie benötigten große Räume für ihre Unterbringung und waren wenigen Spezialisten vorbehalten. Inzwischen verfügen die meisten Anwender über mehrere Computer unterschiedlichster Ausprägung (z. B. **Personal Computer**, Laptop oder Tablet). Die nächste Phase der Computernutzung liegt im **„Ubiquitous Computing"**, auch „Netz der Dinge" genannt, bei dem sich elektronische Geräte automatisch miteinander verbinden und kommunizieren können.

Herzstück eines Digitalrechners ist sein **Prozessor**. Er ermöglicht die Verarbeitung von Daten anhand einer programmierbaren Rechenvorschrift (**Computerprogramm**) und wird daher auch als **Zentrale Verarbeitungseinheit** (engl. CPU = central processing unit) bezeichnet.

> **Prozessor:** Kern einer **elektronischen Datenverarbeitungsanlage**, in der unter anderem **arithmetische** und **logische Verknüpfungen von Daten programmgesteuert** durchgeführt werden.

Im Jahr 1971 gelang die serienmäßige Herstellung eines Prozessors mit einer noch geringen 4 Bit Verarbeitungsbreite auf einem einzigen Halbleiterchip (Intel 4004). Der erste Mikroprozessor war entstanden.

> **Mikroprozessor:** Auf einem einzigen Halbleiterchip realisierte CPU eines Digitalrechners.

Bereits ein Jahr später begann mit dem 8-Bit-Mikroprozessor i8008 und danach mit den 8-Bit-Prozessoren i8080 und i8085 (Intel) sowie Z80 (Zilog) die massenhafte Verbreitung dieser neuen Technik.

Durch den Anschluss von Speicherchips zur Aufnahme von Programmcode und Daten, sowie den für die jeweilige Anwendung benötigten System- und Peripheriebausteinen wird daraus ein Mikrorechner.

> **Mikrorechner:** Ein Digitalrechner auf Basis eines Mikroprozessors mit daran angeschlossenen Peripheriebausteinen und Speicher.

Der Einsatz von Mikrorechnern ist keinesfalls auf **Arbeitsplatzrechner** und **Server** (stellen anderen Rechnern Dienste zur Verfügung) begrenzt. Die zahlenmäßig größten und vielfältigsten Anwendungen von Mikrorechnern geschehen meistens völlig unauffällig, eingebettet in Geräten unterschiedlichster technischer Ausprägung. Die Funktionalität des Gerätes entsteht durch ein Programm, das die Zusammenarbeit des Mikroprozessors mit den Ein- und Ausgabebausteinen und den daran angeschlossenen Sensoren, Aktoren sowie Bedien- und Anzeigeelementen bestimmt. Die Ausführungsvariationen solcher Geräte sind sehr groß und reichen von intelligenten Sensoren, einfachen Reglern oder Steuergeräten bis hin zu hochmodernen Messgeräten oder Fahrerassistenzsystemen. So werden heute selbst in einem Mittelklasse-PKW bereits eine dreistellige Anzahl unterschiedlichster Mikrorechner als sogenannte **Eingebettete Systeme (embedded systems)** verwendet. Solche Systeme werden in der Regel vom Anwender nicht mehr als Mikrorechner wahrgenommen.

Eingebettetes System: In einem technischen Kontext, meist einem Gerät, eingebundener Mikrorechner, der nicht mehr als Digitalrechner erkennbar ist, sondern über ein vorgegebenes Programm eine technische Funktionalität bereitstellt.

Gerade dieser Anwendungsbereich verlangt nach ganz unterschiedlichen Mikrorechnern beispielsweise bezüglich Rechenleistung, Programm- und Datenspeichergröße, Anzahl und Gestalt der integrierten Peripheriebausteine sowie Stromverbrauch und Echtzeitfähigkeit.

Echtzeitfähigkeit: Eigenschaft der Hardware und Software einer Mikrorechner-Anwendung, die garantiert, dass innerhalb einer vorgegebenen oberen zeitlichen Schranke das zu einem Ereignis (z. B. ein aktives Sensorsignal) zugeordnete Programm abgearbeitet wird.

Mikrocontroller sind die am häufigsten eingesetzten Bausteine für die Entwicklung Eingebetteter Systeme. Sie entstehen durch die Integration eines kompletten Mikrorechners auf einem Halbleiterchip. Es gibt sie inzwischen in einer sehr großen Variationsbreite und Vielfalt bezüglich der oben genannten Eigenschaften, sodass der passende Baustein für eine Anwendung leicht ausgewählt werden kann.

Mikrocontroller: Auf einem Halbleiterchip integrierter Mikrorechner mit CPU, Programmspeicher (ROM), Datenspeicher (RAM), Ein- und Ausgabeports und weiteren Teilen, wie beispielsweise Zeitgeber/Zähler-Baustein (Timer/Counter) und Unterbrechungseinheit (Interrupt-Unit).

Der TMS1000 (1974) von Texas Instruments und der 8048 (1976) sowie der 8051 (1980) von Intel gehörten zu den ersten Mikrocontrollern.

13.1 Aufbau und Organisation von Mikrorechnern

Rechnerarchitektur

Ein noch immer in vielen Bereichen genutztes Grundkonzept eines universellen Computers stellte John von Neumann schon im Jahre 1946 vor. Bei der nach ihm benannten *von-Neumann*-**Architektur** wird der Prozessor über ein Bussystem mit den Peripheriegeräten und einem Speicher verbunden (Bild 13.1).

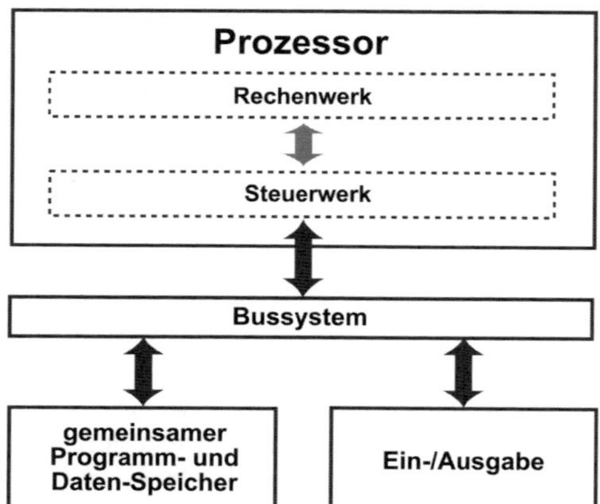

Bild 13.1
Von-Neumann-Architektur

Der Speicher wird in gleichgroße Zellen unterteilt, welche fortlaufend nummeriert sind. Programme und Daten befinden sich im selben Speicher. Dies führt neben dem Vorteil des relativ einfachen Aufbaus der Hardware zu erheblichen Einschränkungen. Beispielsweise sind deshalb gleichzeitige Zugriffe auf Programm- und Datenspeicher nicht möglich. Auch kann durch die fehlende Trennung von Programmcode und Daten ein fehlerhaftes Programm ungewollt seinen eigenen Programmcode überschreiben.

***Von-Neumann*-Architektur:** Organisationsprinzip von Computern, bestehend aus Prozessor, Speicher und einer Ein-/Ausgabe-Einheit, welche über ein gemeinsames Bussystem verbunden sind.

Bei der *Harvard*-**Architektur** (Bild 13.2) handelt es sich um eine Erweiterung der von-Neumann-Struktur. Durch die Aufteilung des Speichers in **zwei separate Bereiche** für **Programme** und **Daten** umgeht sie aber deren Einschränkungen. So kann durch diese Trennung bei Softwarefehlern der Programmcode nicht mehr unbeabsichtigt überschrieben werden. Darüber hinaus werden durch den Einsatz von zwei separaten Bussystemen zeitgleiche Zugriffe auf Befehls- und Datenspeicher möglich und damit die Befehlsabarbeitung beschleunigt.

Außerdem sind durch diese Zweiteilung des Speichers die Breiten von Daten- und Befehlsworten voneinander unabhängig.

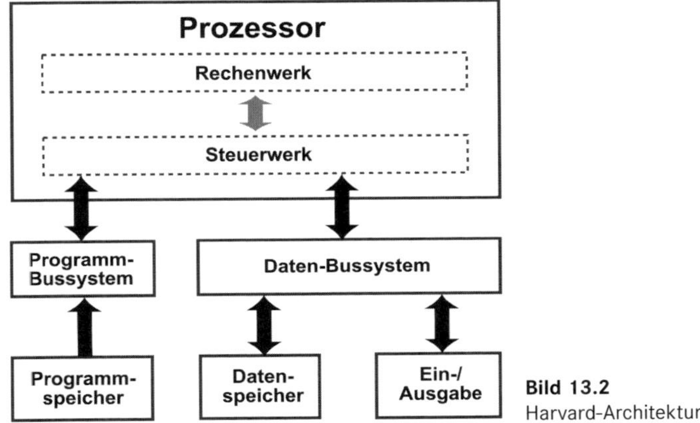

Bild 13.2
Harvard-Architektur

Der offensichtliche Nachteil der Harvard-Architektur gegenüber der von-Neumann-Architektur besteht in dem wesentlich höheren Hardwareaufwand.

***Harvard*-Architektur:** Organisationsprinzip von Computern, bei dem Programm- und Datenpeicher über zwei getrennnte Bussysteme mit einem Prozessor verbunden sind.

Die meisten aktuellen Universalprozessoren verwenden eine Mischform beider Architekturen, bei der nur innerhalb des Prozessors die Daten- und Programmspeicher getrennt verwaltet werden. Möglich machen dies **zwei separate Speicherverwaltungseinheiten** und **Cache-Speicher** mit vollständig voneinander getrennten internen Bussen. Extern kommt weiterhin ein gemeinsamer Speicher zum Einsatz.

13.2 Arbeitsweise eines Mikrorechners

Die Abarbeitung eines Befehls unterteilt sich bei einem Mikrorechner in mehrere Teilschritte:

Im **ersten Schritt** wird der **aktuelle Befehl** aus dem Programmspeicher geholt und in einem internen Speicher des Prozessors, dem sogenannten Befehlsregister, abgelegt. Die Auswahl der dazu auszulesenden Programmspeicherzelle erfolgt über den Inhalt des Befehlsadressregisters (oft auch als **Befehlszeiger** bzw. **Instruction Pointer** oder **Befehlszähler** bezeichnet). Nach dem Einlesen des Befehls wird der Inhalt dieses Registers automatisch erhöht, sodass er nun auf den danach im Programmspeicher liegenden Befehl zeigt.

Daran schließt sich die **Dekodierung** des im Befehlsregister abgelegten Befehls an. Im Befehlscode sind in der Regel neben der im sogenannten Operationscode kodierten auszuführenden Operation zusätzlich noch Informationen über die verwendeten Quell- und Zieloperanden abgelegt. Das Steuerwerk analysiert diese Angaben und bereitet das (optionale) Laden der Operanden und die Abarbeitung des Befehls vor.

Operationscode (auch OpCode): Bitfeld im Maschinenbefehl, welches die auszuführende Operation auswählt. Jeder Befehl eines Prozessors hat eine eigene „Nummer".

Im nächsten Schritt erfolgt die eigentliche **Befehlsausführung**. Deren Ablauf und die dafür benötigte Anzahl von Taktzyklen können sich, gerade bei einfachen Prozessoren, von Befehl zu Befehl sehr stark unterscheiden. So kann es beispielsweise Befehle geben, welche während ihrer Abarbeitung die benötigten Operanden aus dem Datenspeicher laden, diese entsprechend der ausgewählten Operation miteinander verknüpfen und das Ergebnis ebenfalls im Datenspeicher ablegen. Solche komplexe Operationen werden insbesondere bei älteren Prozessoren wiederum in Teilschritte zerlegt und durch einen im Steuerwerk implementierten Automaten abgearbeitet. Dabei werden Schritt für Schritt die internen Signale zur Steuerung der Komponenten des Prozessors (z. B. Rechenwerk oder Register) entsprechend des abzuarbeitenden Befehls gesetzt und so der Datenpfad innerhalb der Befehlsabarbeitung schrittweise festgelegt.

Viele moderne Prozessoren unterteilen die Befehlsabarbeitung in wesentlich mehr Schritte. Das Ziel dieser Vorgehensweise liegt in der Erhöhung der Taktfrequenz. Umso kleiner solch ein Teilabschnitt ist, desto geringer ist die Tiefe des dazu benötigten Schaltnetzes und damit auch die dafür benötigte Durchlaufzeit.

13.2.1 Befehlssatzarchitektur

Die Sicht eines Programmierers auf einen Prozessor wird als dessen Programmiermodell bzw. Befehlssatzarchitektur (**ISA, Instruction Set Architecture**) bezeichnet. Die Mikroarchitektur, also die Details der Implementierung eines Prozessors, werden von der Befehlssatz-architektur nicht beschrieben.

Mikroarchitektur: Beschreibt die konkrete Implementierung eines Prozessors auf der Logikebene bzw. über die Register-Transfer-Ebene. Die verwendete Fertigungstechnologie wird dadurch nicht spezifiziert.

Dafür enthält die Befehlssatzarchitektur detaillierte Angaben zum Aufbau des Befehlssatzes, über die Art und Anzahl der Register des Prozessors, der Verarbeitungsbreite, die unterstützten Adressierungsarten, wie der Stack aufgebaut ist und die Vorgehensweise bei der Behandlung von Unterbrechungsanforderungen über Interrupts oder Exceptions (Reaktion auf Ausnahmesituationen im Programmablauf).

Programmiermodell: Beschreibt die Sicht des Programmierers auf einen Prozessor. Wird auch als Makroarchitektur bezeichnet.

Im Kontext der Befehlssatzarchitektur wird in der Regel auch die Assemblersprache des Prozessors definiert, insbesondere die Umsetzung der einzelnen Maschinenbefehle in ihre mnemonischen Beschreibungen.

13.2.2 Adressierungsarten

Die verschiedenen Möglichkeiten zur Auswahl der Operanden für einen beliebigen Maschinenbefehl werden Adressierungsarten genannt. Anzahl und Art der Adressierungsarten, welche ein Prozessor unterstützt, nehmen maßgeblichen Einfluss auf die mögliche Effizienz bei der Implementierung von Algorithmen. Mögliche Orte zur Ablage und/oder Übergabe von Operanden können im Befehlswort selbst, in einem Register oder im Speicher sein.

Die einfachste Möglichkeit zur Übergabe eines Quelloperanden liegt in der **unmittelbaren Adressierung**. Bei dieser wird der Operand direkt im Befehl abgelegt. Dementsprechend können durch diese Adressierungsart nur Konstanten übergeben werden. Die maximale Anzahl an Bits zur Ablage eines Operanden im Befehlswort ergibt sich bei der unmittelbaren Adressierung aus der Differenz zwischen der Breite des Befehlswortes und der Anzahl der für den Operationscode verwendeten Bits:

```
mov R1,#57     ; R1 := 57
```

Eine **Registeradressierung** liegt vor, wenn im Befehlswort die Nummer eines Registers übergeben wird. Handelt es sich um einen Zieloperanden, befindet sich nach der Ausführung des Befehls das Ergebnis der Operation in diesem Register. Bei der Adressierung eines Quelloperanden wird der Inhalt dieses Registers zur Berechnung herangezogen:

```
xor R1,R1      ; R1 := R1 XOR R1 = 0
```

Befindet sich der Operand im Datenspeicher, kommt in der Regel eine **indirekte Adressierung** zum Einsatz. In diesem Fall erfolgt im Befehlswort, ähnlich der Registeradressierung, die Übergabe der Nummer eines Registers. Im Gegensatz zur Registeradressierung enthält dieses Register aber nicht den Operanden, sondern dessen Adresse im Datenspeicher:

```
mov R1,[R2]    ; R1 := MEM[R2]
```

Viele Prozessoren unterstützen auch eine **direkte Adressierung**. Die Übergabe der Adresse erfolgt bei dieser Adressierungsart direkt im Befehlswort:

```
mov R1,Adresse ; R1 := MEM[Adresse]
```

Neben den hier vorgestellten vier einfachen Adressierungsarten ist auch eine Vielzahl von daraus abgeleiteten oder um zusätzliche Optionen wie z. B. einer Basisadresse und/oder einem Indexregister erweiterten Varianten davon möglich. Darüber hinaus verfügen viele Prozessoren über die Möglichkeit, den Inhalt eines Indexregisters um eine einstellbare Schrittweite zu erhöhen (**Inkrementieren**) oder zu verringern (**Dekrementieren**). Außerdem kann noch gewählt werden, ob diese Operation vor (**Pre**) oder nach (**Post**) der Ausführung der Operation des Maschinenbefehls erfolgen soll. Hilfreich sind solche Erweiterungen bei der Bearbeitung von Datenstrukturen einer festen Größe in Programmschleifen.

Fast alle Prozessoren besitzen einen **Stapelspeicher** (**Stack**). Dieser spezielle Speicher wird beispielsweise zur Aufnahme von Rücksprungadressen und zum Zwischenspeichern von Werten verwendet. Er arbeitet nach dem LIFO-Prinzip (**Last In First Out**) und wird über ein spezielles Register (**SP, Stack Pointer**) adressiert. Es ist kein wahlfreier Zugriff auf den Stapelspeicher möglich. Vielmehr sind dafür die Stack-Operationen `push` (Datum ablegen) und `pop` (Datum entnehmen) vorgesehen.

13.2.3 Befehlsformat

Der Befehlssatz eines Prozessors beschreibt die Menge der von ihm unterstützten Maschinenbefehle anhand der dadurch möglichen Operationen und Adressierungsarten.

Ein Befehlssatz wird als **orthogonal** bezeichnet, wenn jeder seiner Befehle über denselben Satz von Adressierungsarten verfügt. Er heißt **symmetrisch**, wenn bei allen Befehlen für deren Quell- und Zieloperanden dieselben Adressierungsarten möglich sind.

Ein wichtiges Kriterium für die Leistungsfähigkeit eines Maschinenbefehls ist die **Anzahl der Operanden**, die durch ihn adressiert werden. Viele Prozessoren verfügen lediglich über ein Zwei-Adress-Format, bei welchem zwei Operanden adressiert werden können. Beide werden als Quelloperanden genutzt. Eine der beiden Adressen wird außerdem für den Zieloperanden verwendet, so dass nach der Ausführung des Befehls dessen Inhalt mit dem Ergebnis der Operation überschrieben ist:

```
mul R1,R2       ; R1 := R1 * R2
```

Wird der Wert des überschriebenen Operanden weiteren Programmverlauf noch benötigt, muss dieser durch einen zusätzlichen Kopierbefehl an einer anderen Stelle gesichert werden.

Eine wesentlich effektivere Methode ermöglicht das **Drei-Adress-Format**. Es erlaubt die separate Adressierung von zwei Quell- und einem Zieloperanden in einem Befehl:

```
mul R1,R2,R3    ; R1 := R2 * R3
```

Außerdem entspricht dies der aus der Mathematik bekannten Syntax für Gleichungen. Daher lassen sich durch die Verwendung des Drei-Adress-Formats sehr effizient in einer höheren Programmiersprache formulierte Algorithmen in die Maschinensprache des Prozessors überführen.

13.2.4 Komplexität von Befehlssätzen

In der Anfangszeit der Computertechnik gab es vorrangig Prozessoren, welche eine Vielzahl von teilweise sehr komplexen Maschinenbefehlen unterstützten. Möglich machten dies mikroprogrammierte Steuerwerke. Innerhalb eines derartigen Steuerwerks wird die in einem Maschinenbefehl ausgewählte Operation Schritt für Schritt durch die Abarbeitung eines Mikroprogramms realisiert.

Grund für diese **CISC (Complex Instruction Set Computer)** genannte Architektur war der sehr kleine Speicher der damaligen Computer. Das führte zu der Notwendigkeit, Programme mit möglichst wenigen, dafür aber besonders mächtigen Maschinenbefehlen zu realisieren. Diese Prozessoren verfügten über eine sehr große Anzahl von Befehlen und boten ein großes Spektrum an Adressierungsarten. Das alles führte zu sehr verschiedenen Ausführungszeiten und Befehlslängen.

CISC-Architektur: Komplexe Mikroprozessoren mit einer Vielzahl an Befehlen und Adressierungsarten. Meist mit einem mikroprogrammierten Steuerwerk.

Einer dazu genau entgegengesetzten Designphilosophie folgt die **RISC-Architektur (Reduced Instruction Set Computer)**. Entsprechend dem Motto „Weniger ist mehr“ verzichtet diese ganz bewusst auf eine große Anzahl und/oder komplexe Maschinenbefehle sowie vielfältige Adressierungsarten. Das Steuerwerk solcher Prozessoren ist in der Regel über eine festverdrahtete Logik (Schaltnetz) realisiert. Zusätzlich sind alle Maschinenbefehle gleich lang und werden in einem einzigen Taktzyklus abgearbeitet. Dies vereinfacht die Befehlsdekodierung und den Aufbau einer Befehlspipeline. Aufgrund der geringeren Gesamtkomplexität benötigen solche Pipelines nur wenige Stufen. Darüber hinaus sind sie „kürzer” als Pipelines von CISC-Prozessoren und lassen sich dementsprechend auch schneller takten.

RISC-Architektur: Mikroprozessoren mit wenigen, dafür aber sehr effizient implementierten Maschinenbefehlen.

Außerdem verfügen RISC-Prozesoren über einen großen Registersatz, um die Anzahl der Zugriffe auf den im Verhältnis zur internen Verarbeitungsgeschwindigkeit sehr langsamen Arbeitsspeicher (externes RAM) zu minimieren. Bis auf wenige Ausnahmen sind die darin liegenden Register frei verwendbar.

Durch den Verzicht auf vielfältige Adressierungsmöglichkeiten können die Arithmetik- und Logikbefehle nicht auf den Arbeitsspeicher, sondern nur auf Registerinhalte, zugreifen. Speicherzugriffe erfolgen über spezielle Befehle, meist als Load- und Store-Befehle bezeichnet.

Da in der Regel ein Drei-Adress-Format zum Einsatz kommt, bietet die RISC-Architektur eine sehr gute Basis für die effiziente Umsetzung beliebiger Algorithmen durch einen Assemblerprogrammierer oder den Compiler einer Hochsprache.

13.2.5 Optimierungstechniken

Die Forschungs- und Entwicklungsabteilungen aller Prozessorhersteller sind ständig bemüht, die Rechenleistung ihrer Prozessoren zu erhöhen und überdies deren Stromverbrauch zu senken. Mögliche Ansätze dazu liegen neben der Optimierung der verwendeten Fertigungstechnologien in der Verbesserung der Prozessorarchitektur. Bei etablierten Befehlssatzarchitekturen werden solche Verbesserungen (zur Wahrung der Kompatibilität) vorrangig innerhalb der Mikroarchitektur vorgenommen.

Große Registerbänke

Zum lokalen Zwischenspeichern von Operanden direkt im Prozessor dienen **Register**. Dabei handelt es sich um prozessorinterne Speicherzellen in der Verarbeitungsbreite des Prozessors. Zugriffe auf diesen internen Speicher erfolgen in der vollen Prozessorgeschwindigkeit. Durch die Bereitstellung von möglichst vielen Registern kann die Anzahl der relativ langsamen Zugriffe auf den Arbeitsspeicher enorm verringert werden. Typischerweise verfügen moderne Prozessoren über mindestens 32 Register, organisiert in einer zentralen Registerbank.

Schnelle Zwischenspeicher

Selbst sehr große Registerbänke eignen sich nur zur Ablage kleiner bis mittlerer Datenstrukturen. Bei der Verarbeitung größere Datenmengen ist daher die Verwendung des Arbeitsspeichers unumgänglich. Zur Beschleunigung der Zugriffe auf den wesentlich langsameren externen Speicher werden bei modernen Prozessoren **schnelle Pufferspeicher**, sogenannte **Caches**, eingesetzt (Bild 13.3). Ein schon eingelesenes Datum verbleibt in diesem Zwischenspeicher und steht daher bei einem erneuten Zugriff wesentlich schneller zur Verfügung.

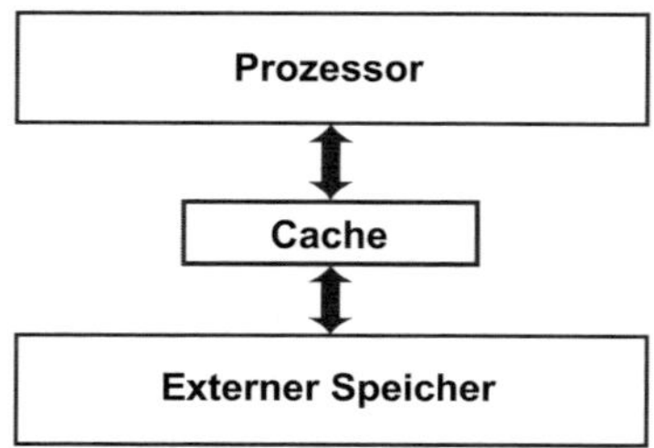

Bild 13.3
Anordnung eines Caches zwischen Prozessor und Speicher

Während der Datenspeicher aus Kostengründen meist mit **dynamischen RAM (DRAM)** realisiert wird, kommt bei einem Cache **statisches RAM (SRAM)** zum Einsatz. Die langsamere Speicherzelle eines DRAMs ist relativ einfach aufgebaut und besteht aus der Kombination eines Kondensators mit einem Transistor. Bei einer SRAM-Speicherzelle hingegen kommen sechs Transistoren zum Einsatz (Realisierung eines Flip-Flops über eine 6T-SRAM-Zelle). Dies ist zwar wesentlich teurer in der Implementierung, ermöglicht aber wesentlich kürzere Zugriffszeiten.

Pipelining

Die Optimierung der Mikroarchitektur eines Prozessors kann dessen maximale Taktfrequenz maßgeblich erhöhen. Eine Möglichkeit dazu besteht im Einsatz von Pipelining. Bei dieser Technik wird die Befehlsabarbeitung, ähnlich der Verarbeitung an einem Fließband (**Pipeline**), in mehrere Phasen mit möglichst gleicher Ausführungsdauer aufgeteilt.

Durch die **parallele Bearbeitung** dieser Phasen, hier Stufen genannt, werden eine bessere Ausnutzung der internen Funktionseinheiten und damit auch eine weitere Erhöhung der Abarbeitungsgeschwindigkeit erreicht. Aufgrund der überlappenden Verarbeitung der einzelnen Stufen befinden sich in einer Pipeline immer mehrere Befehle.

In Bild 13.4 ist ein Beispiel für eine vierstufige Pipeline eines RISC-Prozessors abgebildet. Die Pipeline besteht aus vier Stufen. **Fetch** zum Laden des Befehls, **Decode** zum Dekodieren des eingelesenen Befehlswortes, **Execute** für die Ausführung der im Opcode des Befehls ausgewählten Operation und **Write Back** zum Schreiben des Ergebnisses im Zielregister.

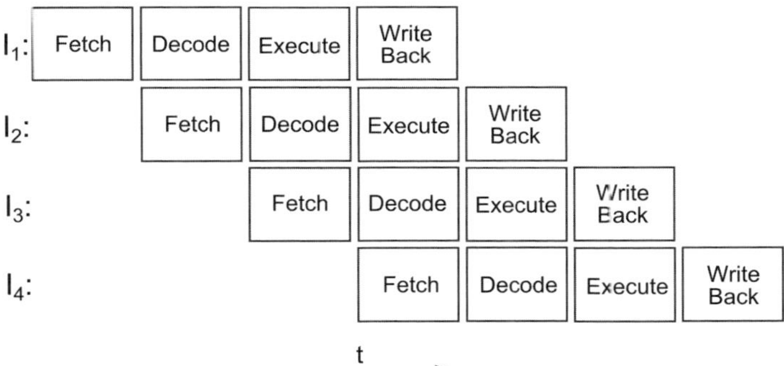

Bild 13.4 Beispiel für eine vierstufige Pipeline

In dieser Pipeline befinden sich, jeweils um einen Taktzyklus versetzt, vier Befehle. Erreicht wird dies durch die Verkettung der vier Stufen.

Im einfachsten Fall besteht jede Stufen einer Pipeline aus einem **Schaltnetz**. Gekoppelt werden die einzelnen Stufen über dazwischen platzierte Phasenregister.

> **Pipelining:** Befehlsabarbeitung wird in mehrere Stufen unterteilt, welche überlappend ausgeführt werden. Es ermöglicht eine zeitliche Parallelität.

Durch die überlappende Ausführung in den einzelnen Stufen können zwischen den sich in der Pipeline befindenden Befehlen Abhängigkeiten und damit Hemmnisse (**Hazards**) entstehen. Je nach Ursache handelt es sich dabei um Betriebsmittel-, Daten- oder Kontrollflussabhängigkeiten. Der einfachste Weg zum Verhindern solcher

Abhängigkeiten besteht im Einfügen von Leerbefehlen durch den Compiler bzw. den Assemblerprogrammierer. Spezielle **Optimierungen** in der Mikroarchitektur des Prozessors (z. B. Forwarding oder Sprungvorhersagen) können diesen Abhängigkeiten ebenfalls entgegen wirken.

Der Einsatz von Pipelining ermöglicht Architekturen, welche in jedem Taktzyklus einen Befehl abarbeiten können. Solche Prozessoren werden aus diesem Grunde auch als **Skalar-Prozessoren** bezeichnet.

Superskalarer Aufbau

Ein weiterer wichtiger Schritt zur Beschleunigung der Abläufe in einem Prozessor ist die Einführung von räumlicher Parallelität. Das Ziel dieser Technik besteht darin, mehrere Befehle gleichzeitig ausführen zu können.

Superskalar: Mehrere Ausführungseinheiten ermöglichen die parallele Abarbeitung mehrerer Befehle. Es kann in einem Taktzyklus die Abarbeitung von mehr als einem Befehl abgeschlossen werden.

Erreicht wird diese Form der Parallelität durch die Platzierung von mindestens zwei parallel arbeitenden Ausführungseinheiten in der Pipeline des Prozessors (Bild 13.5). Diese Erweiterung des Pipeline-Prinzips ermöglicht es, die Abarbeitung von mehr als einen Befehl in einem Taktzyklus zu beenden. Daher auch die Bezeichnung **Superskalar-Prozessor**.

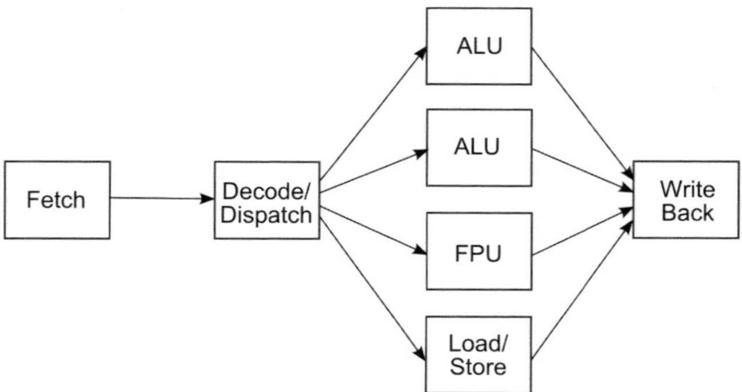

Bild 13.5 Beispiel für einen vierfach superskalaren Prozesor

Als Ausführungseinheiten können die unterschiedlichsten Rechenwerke zum Einsatz kommen. Neben der klassischen **ALU** (**Arithmetic Logic Unit**) zur Berechnung von arithmetischen und logischen Operationen auf ganzen Zahlen sind insbesondere spezialisierte Rechenwerke zur Verarbeitung von Gleitpunktzahlen (**FPU**, **Floating Point Unit**) sehr oft zu finden. Aber auch die Vorbereitung von Speicherzugriffen kann durch spezielle Ausführungseinheiten, wie beispielsweise den **Load/Store-Units** bei vielen modernen Intel-Prozessoren, unterstützt werden.

Gerade in den letzten Jahren sind insbesondere sogenannten Multimediaerweiterungen wie zum Beispiel **MMX** (**Multi Media Extension**) oder **SSE** (**Streaming SIMD Extensions**) als Ausführungseinheiten hinzugekommen. Diese sind in der Lage, **SIMD**-Operationen (**Single Instruction, Multiple Data**) auszuführen. Bei dieser von Supercomputern abgeleiteten Technik wird die mit dem jeweiligen Maschinenbefehl ausgewählte Operation auf mehrere Daten gleichzeitig angewandt. Dadurch können **große Datenmengen** besonders **schnell** verarbeitet werden. Da solche Operationen vorrangig im Umfeld der Verarbeitung von Datenströmen mit Audio- oder Videodaten zum Einsatz kommen, hat sich hier die Bezeichnung Multimediaerweiterung etabliert.

Multikernprozessoren

Neben der räumlichen Parallelität auf Befehlsebene ist auch die Unterbringung von mehr als einem Prozessorkern in einem Mikroprozessor möglich. Jeder dieser Kerne enthält einen vollständigen und von den anderen Kernen weitestgehend unabhängigen Prozessor. Gekoppelt werden die einzelnen Kerne eines solchen Prozessors in der Regel über ein gemeinsames Bussystem bzw. übergeordnete Caches. Durch Multikernprozessoren können in einem Mikrorechner **mehrere Prozesse gleichzeitig** im Vordergrund abgearbeitet werden. Dazu ist es aber erforderlich, dass das verwendete Betriebssystem diese Form der Parallelität unterstützt.

13.3 Peripheriebausteine

Die Verbindung eines Mikroprozessors mit seiner Umwelt erfolgt im Allgemeinen über daran angeschlossene Peripheriebausteine. Sie ermöglichen den Austausch von Daten mit darüber verbundenen Komponenten oder Geräten. Aber auch Zusatzfunktionen, wie **Zeitgeber** oder **Zähler** (**Timer/Counter**), werden durch solche Bausteine realisiert.

Peripheriebausteine sind in der Regel programmierbar und besitzen eine Unterteilung in **Steuer**- und **Ausführungseinheit** (Bild 13.6). Die Steuereinheit dient dabei als Interface des Bausteins zum Prozessor. Sie enthält die Busschnittstelle und stellt Register zur Konfiguration und/oder zur Statusabfrage des Bausteins bereit. Die eigentliche Funktionalität des Peripherieschaltkreises befindet sich in der Ausführungseinheit.

Peripheriebausteine werden überwiegend direkt mit dem Bussystem des Mikroprozessors verbunden. Zur Adressierung solcher Bausteine wird von einem Adressdekoder das **Enable-Signal** (oft auch als **Chip-Select** bezeichnet) für den Peripheriebaustein generiert. Die Unterscheidung der einzelnen Register des Bausteins erfolgt üblicherweise über die unteren Adressbits.

Bei Mikrocontrollern kommt überwiegend eine speicherbezogene Adressierung (**Memory-Mapped-IO**) zum Einsatz. Die Adressen der Peripheriebausteine befinden sich bei dieser Herangehensweise im selben Adressraum wie der Arbeitsspeicher. Demgegenüber verwenden Universalprozessoren meist eine isolierte Adressierung (**Isolated-IO**). Hier verfügen die Peripheriebausteine über einen eigenen IO-Adressraum. Dazu wird in der Regel mit einem Steuersignal signalisiert, ob die auf den Adressbus angelegte Adresse zur Adressierung eines Peripheriebausteins oder des Arbeitsspeichers gehört.

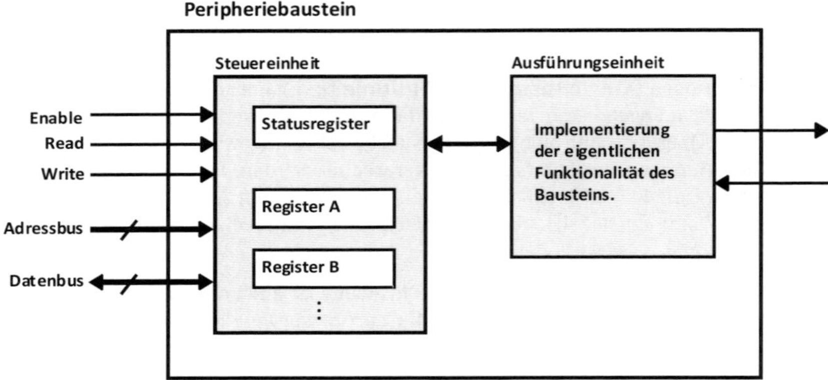

Bild 13.6 Allgemeiner Aufbau eines Peripheriebausteins

Die größte Gruppe der Peripheriebausteine umfasst die der **Ein-/Ausgabe-Bausteine.** Über sie können beispielsweise vom Mikrorechner zu verarbeitende Daten eingespeist und Verarbeitungsergebnisse ausgegeben, aber auch Kommandos zur Steuerung des Programmablaufs übergeben werden. Sie nehmen dazu diverse Anpassungen zwischen den rechnerinternen und externen Signalen vor:

- **Übertragungsprotokoll:** Vereinbarung, wie eine Datenübertragung zwischen zwei oder mehr Peripheriebausteinen abläuft.
- **Datenbreite:** Anzahl der Datenleitungen. Grundlegende Unterscheidung in serielle und parallele Übertragung.
- **Datenübertragungsrichtung:** uni-, bidirektional und quasi-bidirektional.
- **Zeitlicher Ablauf:** synchrone, asynchrone Übertragung.
- **Art des Übertragungsmediums:** verwendetes Medium und dessen Wertebereich.

Gerade die seriellen Schnittstellen (z. B. CAN, USB) haben in den letzten Jahren stark an Bedeutung gewonnen. Die einzelnen Bits eines zu sendenden Datums werden bei diesem Verfahren nacheinander über eine einzelne Datenleitung übertragen. Der Verzicht auf zusätzliche Datenleitungen vereinfacht das Design und reduziert somit erheblich die Kosten. Mit der Verwendung von differenziellen Signalen kann darüber hinaus auch eine **besonders störsichere Übertragung** realisiert werden.

Gerade im technischen Umfeld ist es oft nötig, analoge Signale auszuwerten bzw. als Stellgröße auszugeben. Möglich machen das spezielle Peripheriebausteine, welche einen Analog-Digital-Wandler (**ADC, Analog Digital Converter**) bzw. Digital-Analog-Wandler (**DAC, Digital Analog Converter**) in ihrer Ausführungseinheit enthalten.

13.4 Eingebettete Systeme

Die Anforderungen an einen im technischen Umfeld eingesetzten Mikrorechner, also einem Eingebetteten System, können sich (je nach Anwendung) sehr stark von denen unterscheiden, welche an einen Arbeitsplatzrechner gestellt werden.

Hervorzuheben sind hier die Forderungen nach **hoher Ausfallsicherheit**, großer **elektrischer** und **mechanischer Belastbarkeit** sowie einem möglichst **geringen Stromverbrauch**. Auch die **Verfügbarkeit** der verwendeten Bauelemente über einen langen Zeitraum stellt ein entscheidendes Kriterium für ein Eingebettes System dar. Des Weiteren bedingen viele Anwendungen die **Echtzeitfähigkeit** des Systems.

Die Auswahl der in einem Eingebetten System verwendeten Prozessoren wird in der Regel direkt aus dem jeweiligen Anwendungsziel abgeleitet. Zur Auswahl stehen insbesondere Universalprozessoren, Mikrocontroller und Digitale Signalprozessoren.

13.4.1 Universalprozessoren

Universalprozessoren werden zwar überwiegend in Arbeitsplatzrechnern eingesetzt, sind aber auch im technischen Umfeld in speziellen Industrie-PCs (auch **Embedded PC** genannt) zu finden. Diese sind in aller Regel genau so modular aufgebaut wie Standard-PCs, aber meist in ihrer Bauform kompakter und speziell auf die Bedürfnisse von industriellen Anwendern zugeschnitten.

Verwendet werden solche PCs zum Beispiel in der Gebäudeautomation, in der Verkehrstechnik, zur Steuerung von Maschinen oder als Entwurfs- und Testplattform für Rapid Control Prototyping und Hardware-in-the-Loop-Simulationen.

Ein besonderer Vorteil für den Software-Entwickler liegt beim Einsatz von Embedded PCs in der Möglichkeit, Standardsoftware (z. B. beliebige Anwendungsprogramme und/oder Entwicklungsumgebungen) auch auf solchen Systemen nutzen zu können. Das reduziert die Einarbeitungszeit des Programmierers beträchtlich, kann dazu beitragen, typische Programmierfehler zu vermeiden und verkürzt somit auch die Produkteinführungszeit (**time to market**).

Die Leistungsaufnahme von Industrie-PCs ist zwar bei den meisten Modellen geringer als die herkömmlicher Arbeitsplatzrechner, aber in der Regel trotzdem nicht für den mobilen Einsatz geeignet.

Als Betriebssysteme kommen vorrangig dafür spezialisierte Systeme (z. B. **VxWorks, QNX, RTEMS**) oder an die jeweiligen Befürfnisse der Anwendung angepasste eingebettete Versionen von Standard-Betriebssystemen (z. B. **Windows CE, Embedded LINUX**) zum Einsatz. Wichtigstes Ziel solcher Eingebetteter Systeme ist zumeist die Einhaltung der vorher definierten Echtzeitanforderungen.

13.4.2 Mikrocontroller (µC)

Befinden sich alle Komponenten eines Mikrorechners (z. B. CPU, Speicher, Peripheriebausteine) auf einem einzigen Schaltkreis, spricht man von einem **Mikrocontroller** (µC). Aufgrund seines hohen Integrationsgrades lässt er sich direkt in das zu steuernde Gerät integrieren. Zusätzliche Schaltkreise sind meist nicht erforderlich. Das spart Kosten, erhöht die Betriebssicherheit, minimiert den Platzbedarf des Eingebetteten Systems und reduziert dessen Stromverbrauch.

Die Einsatzgebiete von Mikrocontrollern sind inzwischen in allen Lebensbereichen zu finden:

- Computertechnik (z. B. Drucker, Maus-, Festplatten-Controller),
- Industrieautomation (z. B. Steuerungen, Regler),
- KFZ-Elektronik (z. B. ABS, Airbag, Steuergeräte),
- Telekommunikation (z. B. Mobiltelefone, Modems),
- Medizintechnik (z. B. EKG, EEG, Herzschrittmacher) und
- Konsumelektronik (z. B. Fernseher, Videorekorder, Mikrowellen).

Die Variationsbreite reicht von einfachen Mikrocontrollern mit lediglich 4 Bit Verarbeitungsbreite und nur wenigen integrierten Peripheriebausteinen bis hin zu 32-Bit-Controllern mit großen internen Speichern und sehr vielen Peripheriebausteinen.

Die Auswahl eines geeigneten Mikrocontrollers hängt vorrangig von der zu realisierenden Anwendung ab. Insbesondere müssen dabei folgende Punkte berücksichtigt werden:

- **Rechenleistung** der CPU (Echtzeitanforderungen),
- Vorhandene **On-Chip-Peripherie** entspricht dem Bedarf,
- **Größe von Programm- und Datenspeicher**,
- Erforderliche **Entwicklungswerkzeuge**,
- Anforderungen an die **Betriebsspannung**, den **Leistungsbedarf** und die **elektromagnetische Verträglichkeit** (EMV) sowie
- **Kosten** und **Verfügbarkeit.**

Für den Software-Entwurf ist es zudem noch wichtig, ob Programme schnell und unkompliziert im internen Speicher des Mikrocontrollers abgelegt werden können und ob spezielle Debug-Schnittstellen (unterstützen die Fehlersuche) vorhanden sind.

Die Software für einen Mikrocontroller wird speziell für das zu entwickelnde Gerät erstellt. Sie ist so hardwarenah, dass sie auf einer anderen Hardware nicht laufen würde. Diese Verbindung ist so fest (engl. **firm**), dass sich für solche Software die in diesem Zusammenhang oft zu findende Bezeichnung **Firmware** etabliert hat.

Firmware: In elektronischen Geräten „eingebettete" Software. Wird in der Regel direkt für ein Gerät entwickelt und dauerhaft in einem Festwertspeicher abgelegt.

Im Allgemeinen gilt bei für einen Mikrocontroller entwickelter Software der Grundsatz „Ein festes Programm für eine Anwendung“. Auf ein Betriebssystem wird wegen des höheren Ressourcenverbrauchs meist verzichtet. Betriebssysteme kommen lediglich bei sehr komplexen Anwendungen mit Echtzeitanforderungen und/oder zur Nutzung der dazugehörenden Funktionsbibliotheken zum Einsatz. Dabei handelt es sich meist um spezielle Echtzeit-Betriebssysteme für Mikrocontroller. In den letzten Jahren hat sich aber auch immer mehr **LINUX** als ein Betriebssystem für Mikrocontroller etablieren können. Notwendig dafür ist jedoch ein leistungsfähiger Mikrocontroller mit 32 Bit Verarbeitungsbreite und ein möglichst großer Speicher.

Anbieter von Mikrocontrollern bieten meist ganze **Familien** von ähnlichen Modellen an. Alle dazugehörenden Mikrocontroller besitzen den selben CPU-Kern und die für die Familie definierte Standard-Peripherie. Die Unterscheidung wird meist bei der Größe von Programm- und Datenspeicher, den zusätzlichen Peripheriebausteinen und dem verwendeten Schaltkreisgehäuse vorgenommen. Die Mitglieder einer solchen Familie werden als **Derivate** bezeichnet.

Derivat (lat. derivare, ableiten): Mitglied einer Familie von Mikrocontrollern. Die Grundmenge der Derivate ist zueinander kompatibel.

Dieses Ordnungsprinzip erlaubt die zielgerichtete Auswahl eines Mikrocontrollers anhand der benötigten Rechenleitung und der Art und Anzahl der integrierten Peripheriebausteine.

Bei der überwiegenden Mehrheit der in der Praxis eingesetzten Mikrocontroller handelt es sich um Typen mit einer Verarbeitungsbreite von 8 Bit. Deren Rechenleistung ist für die meisten Anwendungen in Eingebetteten Systemen ausreichend. Außerdem sind sie unkompliziert im Aufbau und können demzufolge sehr preiswert produziert werden. Da sie darüber hinaus oft schon über viele Jahre erhältlich sind, gibt es zumeist auch eine Fülle an damit vertrauten Entwicklern und leistungsfähigen Funktionsbibliotheken für diese Mikrocontroller.

Aufgrund neuer Fertigungstechnologien und innovativer stromsparender Designs gewinnen aber immer mehr Mikrocontroller mit 32 Bit Verarbeitungsbreite Marktanteile. Deren Verwendung führt zu einem erheblichen Zugewinn an Rechenleitung und macht in vielen Fällen erst den Einsatz eines Echtzeitbetriebssystems oder die Implementierung moderner Bedienkonzepte möglich. Der Stromverbrauch ist dabei mit dem der teilweise noch aus den 1970er Jahren stammenden Mikrocontroller mit integrierter 8-Bit-CPU vergleichbar.

Gänzlich neu entwickelte oder entsprechend überarbeitete Derivate von Mikrocontrollern mit 8 Bit oder 16 Bit Verarbeitungsbreite weisen aber aufgrund der geringeren Anzahl der benötigten Transistoren einen noch **geringeren Stromverbrauch** auf.

13.4.3 Digitale Signalprozessoren (DSP)

Für die kontinuierliche Verarbeitung von Signalen in komplexen Algorithmen der Signalverarbeitung wurde eine spezielle Klasse von Prozessoren entwickelt, die Digitalen Signalprozessoren.

Digitale Signalprozessoren (DSP) sind Spezialprozessoren, welche für die digitale Verarbeitung analoger Signale optimiert sind.

Solche Prozessoren können bestimmte mathematische Operationen der digitalen Signalverarbeitung sehr schnell ausführen. Besonders hervorzuheben ist hier die beispielsweise bei der Berechnung digitaler Filter benötigte **MAC-Operation** (**Multiply-Accumulate**):

$$S_n = a_n * b_n + S_{n-1}$$

Bei dieser Operation werden zwei Operanden a_n und b_n aus dem Datenspeicher eingelesen, beide Werte miteinander multipliziert, das Ergebnis zum vorhergehenden Wert S_{n-1} hinzuaddiert und diese Summe in S_n abgelegt. Für die Ablage der Summe S_n wird in der Regel der Akkumulator verwendet.

Da es sich hier um die zentrale Operation eines DSPs handelt, muss sie möglichst in einem einzigen Taktzyklus abgearbeitet werden können. Möglich wird dies durch das Platzieren eines sehr schnellen Parallel-Multiplizierers und eines nachgeschalteten Paralleladdierers mit Übertragsvorausberechnung im Datenpfad des Digitalen Signalprozessors.

Ebenfalls dafür notwendig ist die Verwendung der Harvard-Architektur mit drei separaten Adresswerken, da im selben Taktzyklus der nächste Befehl aus dem Programmspeicher und zwei Operanden aus dem Datenspeicher gelesen werden müssen. Deshalb ist bei vielen DSPs der Datenspeicher in mehrere Blöcke unterteilt. Diese Blöcke können entweder separat angesprochen werden (**Dual-Ported-RAM**) oder es sind zwei aufeinander folgende Zugriffe auf den Speicher in einem einzigen Taktzyklus möglich.

Das Steuerwerk eines modernen DSPs ist fest verdrahtet (**RISC**) und hat zur Vermeidung von Kontrollflussabhängigkeiten eine möglichst kurze Pipeline von maximal zwei bis drei Stufen.

Zur Reduzierung von Speicherzugriffen befindet sich der Stapelspeicher zur Aufnahme von Zwischenwerten und Rücksprungadressen innerhalb des DSPs. Auch verfügen die meisten Digitalen Signalprozessoren über besondere Mechanismen zum Aufbau von Programmschleifen. Die Adressierung der bei Signalverarbeitungsaufgaben sehr oft benötigten Ringpuffer wird durch konfigurierbare Adressgeneratoren unterstützt.

Bei Digitalen Signalprozessoren kann je nach verwendeten Zahlenformat zwischen **zwei verschiedenen Arten** unterschieden werden. **Festpunkt-DSPs** beherrschen lediglich Festpunkt-Arithmetik im `m.n`-Format. Demgegenüber können **Gleitpunkt-DSPs** auch Rechenoperationen mit Gleitpunktzahlen ausführen.

Zur Verarbeitung von analogen Signalen wird vor dem Digitalen Signalprozessor ein Analog-Digital-Wandler (ADC) platziert. Analoge Ausgaben erfolgen über einen nachgeschaltenen Digital-Analog-Wandler (DAC). Beide Wandler sind oft in einem kombinierten Baustein untergebracht. Die direkte Integration in den DSP ist nur selten zu finden, da somit keine freie Auswahl des Wandlers mehr möglich ist.

Mit einem DSP realisierte Filter sind temperaturstabil und besitzen keine Drift. Sie sind frei programmierbar und somit universell einsetzbar. Die mögliche Bandbreite reicht von besonders niedrigen bis zu sehr hohen Frequenzen. Auch lassen sich mit einem Digitalen Signalprozessor Filter realisieren, welche als analoge Filter nicht möglich wären.

Andere Einsatzgebiete von DSPs sind beispielsweise die Spracherkennung und -synthese, Bild- und Audiobearbeitung, Datenkomprimierung, Encoder, Decoder und die aktive Unterdückung von Umgebungsgeräuschen.

13.5 Beispiele für Prozessoren

13.5.1 32-Bit-Mikrocontroller mit Cortex-M3-Kern

Die Prozessoren der britischen Firma **ARM Ltd.** dominieren zurzeit den Markt der mobilen Eingebetteten Systeme. Der Grund dafür liegt in ihrem sehr effizienten Design begründet. Es ermöglicht hohe Rechenleistungen trotz eines geringen Stromverbrauchs.

Eine wichtige Besonderheit liegt im Vertriebsmodell von ARM. Anstatt die Prozessoren selbst herzustellen, vergibt die Firma ausschließlich Lizenzen zur Nutzung ihrer Designs (**IP, Intellectual Property**) an Halbleiterhersteller, welche diese mit eigenen Komponenten wie Festwertspeichern, SRAM oder Peripheriebausteinen kombinieren können. Damit können die Lizenznehmer den für einen Prozessorentwurf benötigten sehr großen Aufwand umgehen und erhalten darüber hinaus einen etablierten Prozessorkern für den schon eine Vielzahl von Entwicklungswerkzeugen zur Verfügung steht.

Die Spannbreite der von ARM angebotenen RISC-Prozessoren reicht von kleinen effizienten Prozessorkernen für den Einsatz in Mikrocontrollern bis hin zu leistungsfähigen Mehrkernprozessoren.

Effizienter Prozessorkern für Mikrocontroller

Ein aktueller Vertreter für den Einsatz in Mikrocontrollern ist der **Cortex-M3**. Die Architektur dieses Prozessorkerns wurde speziell für den Einsatz in Eingebetteten Systemen optimiert. ARM Ltd. hat sich dabei das Ziel gesetzt, mit diesem Kern langfristig 8-Bit- und 16-Bit-Mikrocontroller abzulösen. Trotz einer Verarbeitungsbreite von 32 Bit und der verwendeten Harvard-Architektur werden für die Realisierung dieses Prozessorkerns gerade einmal 33 000 Gatter benötigt. Eine geringe Gatteranzahl verringert die Chipgröße, macht das Design robuster gegen Störungen und senkt darüber hinaus den Stromverbrauch im Betrieb. Laut ARM beträgt bei einer 90 nm-Implementierung des Cortex-M3 dessen Stromverbrauch bei gerade einmal 32 µW je MHz. Die Chipgröße liegt in diesem Fall bei lediglich 0.12 mm^2.

Lizenznehmer des Cortex M3 sind unter anderem die Firmen ATMEL, Fujitsu, Luminary Micro, NXP, ST Microelectronics, Texas Instruments und Toshiba. Die Eigenschaften einiger ausgewählter Mikrocontroller mit einem Cortex-M3 als Prozessorkern sind in Tabelle 13.1 zusammengestellt.

Tabelle 13.1 Eigenschaften ausgewählter Derivate des Cortex-M3

Eigenschaft	LPC1751	ATSAM3U4C	STM32F105RC
Hersteller	NXP	Atmel	ST
Max. Taktfrequenz	100 MHz	96 MHz	72 MHz
Größe Flash	32 KByte	2*128 KByte	256 KByte
Größe SRAM	8 KByte	52 KByte	64 KByte
USB 2.0-Kanäle	1	1	1
CAN-Kanäle	1	-	2
SPI-Kanäle	1	4	3
I2C-Kanäle	2	1	2
AD-Kanäle	8	8	16
Anzahl GPIOs	52	57	51
Timer	4	3	4
Gehäuse	LQFP-80	LQFP-100	LQFP-64

Befehlssatz

ARM verzichtete beim Cortex-M3 auf die Kompatibilität zu der in diesem Umfeld bisher verwendeten Architektur namens ARM7. Diese verfügt beispielsweise über die Besonderheit, dass im laufenden Betrieb zwischen zwei verschiedenen Befehlssätzen (ARM und Thumb) umgeschaltet werden kann. Der 32 Bit breite ARM-Befehlssatz enthält zwar sehr leistungsfähige Befehle, durch die Umschaltung in den lediglich 16 Bit breiten Thumb-Befehlssatz wird aber eine wesentlich höhere Codedichte und somit eine bessere Speicherauslastung möglich. Erkauft wird dies durch eine geringere Ausführungsgeschwindigkeit, da viele Befehle des ARM-Befehlssatzes durch Programmsequenzen mehrerer Thumb-Befehle ersetzt werden müssen.

Die **ARMv7-M** genannte Architektur des **Cortex-M3** verfügt mit **Thumb-2** über lediglich einen Befehlssatz. Dabei handelt es sich um einen 16-Bit-Befehlssatz mit 32-Bit-Erweiterungen. Durch diesen Kompromiss konnte der interne Aufbau des Prozessors ohne große Einschränkungen enorm vereinfacht werden.

Der Cortex-M3 verfügt über sehr leistungsfähige Rechenoperationen. So wird zum Beispiel eine 32-Bit-Multiplikation in einem einzigen Taktzyklus ausgeführt. Eine Division benötigt zwischen zwei und zwölf Zyklen. Zusätzlich stellen Thumb-2-Operationen zur Bitmanipulation zur Verfügung. Bei den zwei älteren Befehlssätzen war hierzu noch eine Verkettung von mindestens drei Befehlen nötig (Lesen des Worts, logische Verknüpfung des Worts, Zurückschreiben des Worts).

Über einen Coprozessor zur Verarbeitung von Fließkommazahlen oder von Multimediadaten verfügt der ARM Cortex-M3 nicht.

Pipeline

Zur Beschleunigung der Befehlsausführung besitzt der Cortex-M3 eine **dreistufige Pipeline**:

1. Fetch,
2. Decode und
3. Execute.

In der ersten Phase **(Fetch)** der Befehlsabarbeitung wird der auszuführende Befehl aus dem Programmspeicher gelesen. Danach folgt in der Phase **Decode** das Dekodieren des Befehls. In der abschließenden dritten Phase **(Execute)** erfolgt die eigentliche Ausführung des Befehls. Je nach Befehl werden dazu die Quelloperanden gelesen, eine in der vorherigen Phase festgelegte Operation darüber ausgeführt und das Ergebnis dieser Operation im angegebenen Zieloperanden abgelegt.

Für eine bessere Auslastung der Pipeline kommt im Cortex-M3 eine statische Sprungvorhersage zum Einsatz. Diese identifiziert Sprungbefehle und versucht das Sprungziel schon frühzeitig zu ermitteln. Dadurch kann die Anzahl der Fälle, bei denen die Pipeline geleert werden muss minimiert werden, da sich in ihr die dem Sprungbefehl nachfolgenden Befehle statt der Befehle ab dem angegeben Sprungziel befinden.

Programmiermodell

Der Prozessor verfügt über einen Registersatz mit 16 Registern (`r0` bis `r15`) in Verarbeitungsbreite (Bild 13.7). Während es sich bei den Registern `r0` bis `r12` um allgemeine Arbeitsregister handelt, sind den drei restlichen Registern (`r13`, `r14` und `r15`) spezielle Funktionen zugewiesen. Dabei handelt es sich um den Stackpointer **SP** (`r13`), den Befehlszeiger **PC** (`r15`) und ein mit **Link Return** (**LR**) bezeichnetes Register zur Aufnahme einer Rücksprungadresse (`r14`).

Zusätzlich verfügt der Cortex M3 noch über fünf Spezialregister zur Aufnahme von Statusinformationen und zur Konfiguration des Verhaltens bei einer Unterbrechungsanforderung. Das sonst bei Prozessoren von ARM Ltd. verwendete Status-Register `CSPR` (**Current Program Status Register**) ist im Cortex-M3 nicht vorhanden.

Die Angabe von Quell- und Zieloperanden erfolgt beim Cortex-M3 im Drei-Adress-Format:

```
MUL R5, R4, R2        ; R5 := R4 * R2
```

Diese Adressierungsart führt zu sehr effizienten Programmen. Bei der Ausführung eines einzigen Befehls können dadurch die Inhalte zweier Register ausgelesen werden, die im Befehlswort adressierte Operation auf diese Werte angewandt und das Ergebnis der Berechnung in einem dritten Register abgelegt werden.

Ein zusätzliches Feature ist ein **Barrel-Shifter** im B-Pfad der ALU. Dabei handelt es sich um ein Schaltnetz zur Realisierung **schneller Schiebeoperationen** über mehrere Bitpositionen. Dadurch können alle Befehle, welche mit einem zweiten Quelloperanden arbeiten, mit einer Schiebe- bzw. Rotationsoperation dieses Operanden kombiniert werden:

```
ADD r5,r4,r3,lsl #3  ; r5 := r4 + (r3 << 3).
```

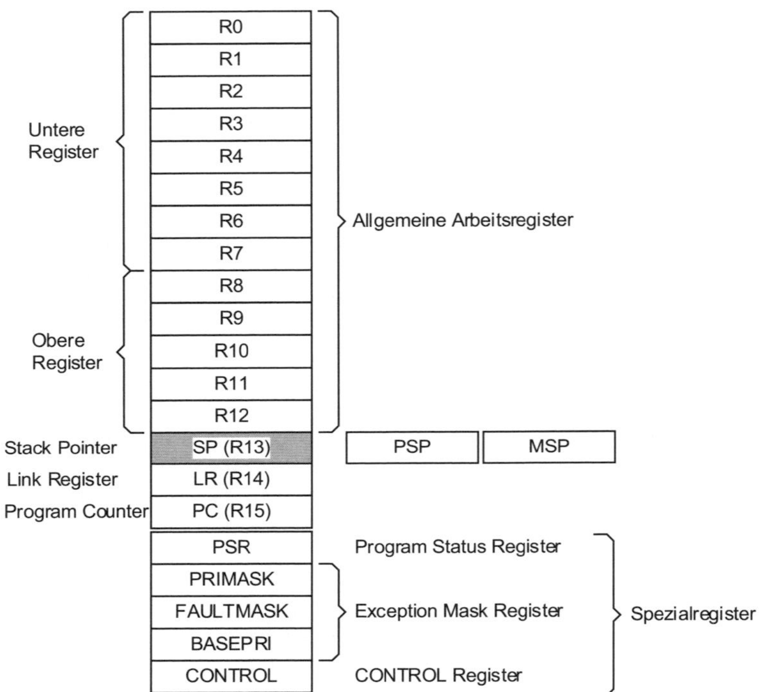

Bild 13.7 Registersatz des ARM Cortex-M3

Bedingte Ausführung von Befehlen

Ein besonderes Merkmal des Befehlssatzes Thumb-2 ist die Möglichkeit zur bedingten Ausführung von Befehlen (**conditional execution**). Durch diese Erweiterung können Programmverzweigungen vermieden werden. Das dient der Leistungssteigerung, da somit das Leeren der Pipeline bei Sprüngen vermieden werden kann. In der Assemblermnemonik des Cortex-M3 werden solche Befehle durch einen Postfix (`GE`: greater then or equal, `LT`: if less then, ...) gekennzeichnet. Die nachfolgenden drei Befehle zeigen den Einsatz der bedingten Ausführung in einer if-else-Abfrage:

```
; if (r5 >= r6) Befehle
;   r7 := r7 + 3
; else
;   r7 := 0
CMP    r5, r6       ; Bedingungsbit setzen
ADDGE  r7, r7, #3   ; if (r5>=r6) then r7:=r7+3
MOVLT  r7, #0       ;             else r7:=0
```

Prozessor-Modi

Während ARM-Prozessoren sonst über sieben verschiedene Prozessor-Modi verfügen, gibt es beim Cortex-M3 lediglich zwei. Im Modus **Thread** laufen die Anwendungsprozesse, hingegen im Modus **Handler** die Behandlung von Ausnahmebedingungen erfolgt (z. B. Interrupts oder Exceptions).

Der Cortex-M3 verfügt, atypisch für einen ARM-Prozessor, über einen integrierten Interrupt-Controller (**NIC**, **Nested Vectored Interrupt Controller**). Dieser greift auf eine Vektortabelle zu, in der die Sprungadressen der einzelnen Routinen hinterlegt sind. Das Sichern bzw. Restaurieren am Beginn bzw. am Ende einer **Interrupt-Service-Routine** (**ISR**) wird automatisch ausgeführt. Die sonst benötigten Sequenzen aus `PUSH`- bzw. `POP`-Befehlen können so eingespart werden. Das verkürzt die Verweildauer in den Interrupt-Service-Routinen und erhöht somit auch die Reaktionszeit des Gesamtsystems.

13.5.2 8086-kompatible Prozessoren

Der PC-Markt, und damit auch der der eingebetteten PCs, wird noch immer von Rechnern mit x86-kompatiblen Prozessoren dominiert. Während es sich bei dem ursprünglichen Intel 8086 aus dem Jahre 1978 um einen reinen CISC-Prozessor handelt, kommen heutzutage hybride Architekturen mit einem internen RISC-Kern zum Einsatz. x86-Befehle werden dazu automatisch in einer Befehlsvorverarbeitung innerhalb des Prozessors in Mikrooperationen (**μOPs**) des RISC-Kerns übersetzt.

Nachfolgend soll dies am Beispiel der Architektur des **Intel Core i7** der vierten Generation (Codename Haswell) betrachtet werden. Dabei handelt es sich um einen Mehrkernprozessor mit derzeit und je nach Typ zwei bis vier Prozessorkernen. Jeder dieser Kerne enthält einen vollständigen Prozessor, der weitestgehend unabhängig von den anderen Kernen ist. Darüber hinaus ist im Intel Core i7 noch ein leistungsfähiger Grafikprozessor (GPU, Graphics Processing Unit) integriert (Bild 13.8). Dieser kann eine Grafikkarte ersetzen, soll aber in den nachfolgenden Erläuterungen zum eigentlichen Prozessor nicht weiter betrachtet werden.

Befehlssatzarchitektur

Als Befehlssatzarchitektur kommt **Intel 64** zum Einsatz. Sie erweitert die vorangegangene 32 Bit breite Architektur **IA-32** um 64-Bit-Befehle und verdoppelt die Registergröße auf ebenfalls 64 Bit.

Operationen auf 64 Bit breiten Datentypen, wie zum Beispiel `long` oder `double`, werden dadurch massiv beschleunigt. Auch entfällt die Beschränkung auf einen maximal 4 GByte großen linearen Adressraum (2^{32} Byte = 4 GByte) für jeden Prozess. Zusätzlich wurde die Anzahl der Arbeitsregister verdoppelt. Sind es bei **IA-32** noch acht Register, stehen unter **Intel 64** insgesamt 16 Register zur Verfügung (Tabelle 13.2).

Der Prozessor kann auch in einem 32-Bit-Kompatibilitätsmodus betrieben werden. In diesem Fall werden die oberen 32 Bit aller Register automatisch auf Null gesetzt. Außerdem stehen die 8 bei der ISA **Intel 64** neu hinzugekommenen Register `R8` bis `R15` nicht zur Verfügung.

Tabelle 13.2 Arbeitsregister eines x86-Prozessors im 64-Bit-Modus

Register	Name	Ursprüngliche Bedeutung
RAX	Accumulator	Akkumulator
RBX	Base	Basisregister
RCX	Counter	Zählregister
RDX	Data	Datenregister
RBP	Base Pointer	Basisregister
RSI	Source Index	Indexregister für Quelloperanden
RDI	Destination Index	Indexregister für Zieloperanden
RSP	Stack Pointer	Zeiger auf den Kellerspeicher
R8..R15		Register 8 bis 15

Neben den 16 allgemeinen Arbeitsregistern stehen in jedem Prozessorkern des Intel Core i7 auch noch die Register der Multimediaerweiterungen MMX (acht jeweils 64 Bit breite Register) und SSE (16 jeweils 128 Bit breite Register) zur Verfügung.

Mikroarchitektur

Ein Intel Core i7 besitzt eine dreistufige Cache-Organisation (Bild 13.8) Allen Prozessorkernen gemeinsam steht ein 8 MByte großer L3-Cache zur Verfügung. Jeder Prozessorkern besitzt zusätzlich noch einen lokalen 256 kByte großen L2-Cache. Dieser wiederum ist über zwei 32 kByte große L1-Caches zur separaten Ablage von Befehlen und Daten mit dem jeweiligen Prozessorkern verbunden.

Um den Zugriff auf den Programmspeicher noch weiter zu optimieren, werden parallel zur Dekodierung und Ausführung des aktuellen Befehls schon weitere Befehle in einen 16 Byte großen Prefetch Buffer geladen. Zur Auswahl der dafür in Frage kommenden Speicherbereiche kommt eine Heuristik zum Einsatz.

CISC-typisch variieren die Maschinenbefehle des x86 in ihrem Speicherbedarf. Je nach Befehl kann dieser ein bis zu fünfzehn Bytes betragen. Daher wird noch vor der eigentlichen Dekodierung der Befehle in einem Vordekodierer der Anfang und das Ende jedes Befehls markiert und so die jeweilige Befehlslänge ermittelt. Handelt es sich um einen Sprung- oder Verzweigungsbefehl, kommt zusätzlich noch die Einheit zur Sprungvorhersage zum Einsatz. Sie ermöglicht das spekulative Nachladen von Programmcode.

Im nächsten Schritt werden die zu einem Maschinenbefehl gehörenden Bytes zusammengeführt und in einer Befehlswarteschlange abgelegt. Jeder der 20 Einträge des nach dem **FIFO-Prinzip** (First In First Out) arbeitenden Puffers enthält genau einen x86-Befehl.

Zusätzlich werden in der Befehlswarteschlange Paare von x86-Befehle, welche aus Sicht des RISC-Kerns zusammengefasst werden können, zu einem einzigen Befehl verschmolzen (**MacroOp-Fusion**). Dabei handelt es sich vorrangig um Verkettungen von Vergleichs- mit Verzweigungsbefehlen (z. B.: `cmp ax,[mem]` mit `jnz M1`).

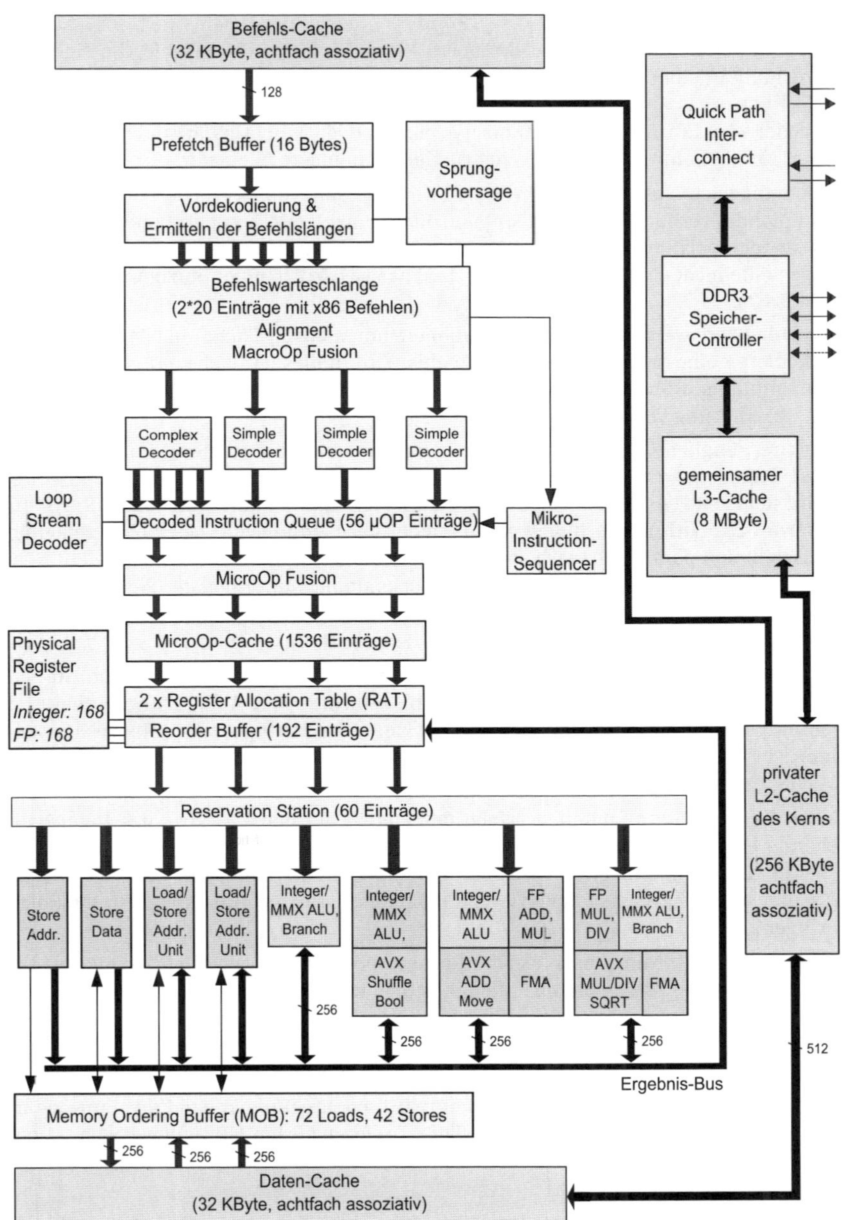

Bild 13.8 Architektur des Intel Core i7 (Haswell)

Erst danach erfolgt das Übersetzen/Dekodieren der in der Befehlswarteschlange abgelegten x86-Befehle in RISC-Mikrooperationen. Einfache x86-Befehle, die eine Entsprechung in einer einzigen µOp haben, können über einen der drei Simple-Decoder sofort übersetzt werden. Bei Ersetzungen mit bis zu vier µOps kommt der Complex-Decoder zum Einsatz. Bei einem noch größeren Bedarf an µOps, wird der x86-Befehl unter Zuhilfenahme eines Mikro-Instruction-Sequencers übersetzt.

Durch die nachfolgende MicroOp-Fusion werden Paare von Mikrooperationen, welche miteinander verbunden werden können, durch einzelne Mikrooperationen ersetzt. So lassen sich beispielsweise die Mikrooperationen für Befehlskombinationen mit vorangestelltem Ladebefehl (z. B.: `mov ax,[mem]; add ax,bx`) zu einer einzigen µOp zusammenfassen.

Anschließend werden die Mikroperationen im MicroOp-Cache abgelegt. Vor dem Dekodieren eines neu eingelesenen Befehls wird in diesem Cache auf etwaige Übereinstimmungen überprüft. Befindet sich ein passender Eintrag im Cache, kann auf die Dekodierung verzichtet werden.

Der ursprüngliche 8086 verfügt über lediglich acht GPRs (General Purpose Registers). Trotzdem besitzt der RISC-Kern des Haswell jeweils 168 Integer- und Floating-Point-Register. Dies ist dem superskalaren Design mit dynamischen Scheduling (**Out of Order Execution**) geschuldet und dient der Vermeidung von Datenabhängigkeiten zwischen den parallel abzuarbeitenden µOps. Dazu werden die in einem Befehl referenzierten GPRs in Register des Registerblocks umbenannt (Register-Renaming) und die vorgenommenen Zuordnungen in der Register Allocation Table (RAT) notiert. Die µOps sind nun vollständig und werden im Reorder Buffer abgelegt.

Ausführungsbereite µOps werden von dort in den Puffer der Reservation Station übernommen. Hier verbleiben diese µOps, bis eine passende Ausführungseinheit frei ist und alle von der Operation benötigten Operanden verfügbar sind. Insgesamt stehen acht Anschlüsse (Ports) zur Übergabe der µOps an die Ausführungseinheiten zur Verfügung. Vier Anschlüsse für Load/Store-Einheiten und vier für Rechenwerke.

Über die Load/Store-Einheiten erfolgt der Zugriff auf den L1-Cache des Datenspeichers. Der dazwischen angebrachte Memory Order Buffer soll Kollisionen mit vorab spekulativ vorgenommenen Ladeoperationen verhindern und die Zugriffe in eine für den angeschlossenen Speichertyp möglichst günstige Ausführungsreihenfolge bringen.

An den vier Ports zum Anschluss der Rechenwerke ist die Anzahl und Art der daran angeschlossenen Ausführungseinheiten sehr unterschiedlich. Es befinden sich darunter Rechenwerke für Integer-Berechnungen, zur Verarbeitung von Gleitpunktzahlen (FP), Vektoreinheiten (AVX, Advanced Vector Extensions) und sogar für MAC-Operationen auf Gleitpunktzahlen (FMA, Fused Multiply-Add).

Ist das Ziel einer Operation ein Register, wird das Ergebnis anhand der Einträge in der Register Allocation Table den im Befehl referenzierten GPR zugewiesen. Dabei wird insbesondere die im Reorder Buffer vermerkte ursprüngliche Reihenfolge der µOps berücksichtigt.

Einige Komponenten des Prozessorkerns, wie beispielsweise die Befehlswarteschlange oder die Register Allocation Table, sind doppelt vorhanden. Die Ursache dafür liegt im implementierten **Hyper-Threading**. Mit Hilfe dieser Technik ist es möglich, dass die µOps von zwei Threads (Ausführungssträngen) gleichzeitig von den Ausführungseinheiten auf einem einzigen physikalischen Prozessor ausgeführt werden. Dadurch stehen auf jedem Prozessorkern des Intel Core i7 zwei logische Prozessoren zur Verfügung.

Literatur

Bähring H.: Anwendungsorientierte Mikroprozessoren. Berlin: Springer Verlag, 2010.

Beierlein T., Hagenbruch O.: Taschenbuch Mikroprozessortechnik. Leipzig: Fachbuchverlag Leipzig im Carl Hanser Verlag, 2010.

Patterson D., Hennessy J.: Computer Organization and Design. San Fransisco: Morgan Kaufmann Publishers, 2011.

Wüst K.: Mikroprozessortechnik. Wiesbaden: Vieweg + Teubner Verlag, 2010.

Yiu J.: The Definitive Guide to the ARM Cortex-M3. Burlington: Newnes, 2009.

14 Mechatronische Systeme

14.1 Elektronischer Zündstartschalter

Der elektronische Zündstartschalter ersetzt den klassischen Zündschalter. Er ist von der Lenkungsverriegelung entkoppelt und nicht mehr für die mechanische Diebstahlsicherheit zuständig. Er kann somit in ein Kunststoffgehäuse verbaut werden. Durch die Integration mechanischer, elektronischer und informationsverarbeitender Funktionen stellt er ein komplexes mechatronisches System mit folgenden Funktionen dar:

- Verriegelung des Lenkrades
- Mechanische Schlüsselaufnahme und Erfassen des Signals: „Schlüssel steckt"
- Erfassen der Drehposition (aus, Radio-Stellung, Zündung ein, Motorstart)
- Energieversorgung des elektronischen Schlüssels durch induktive Leistungsübertragung
- Bidirektionale Datenkommunikation zwischen Schlüssel und Fahrzeug
- Austausch von Informationen über den CAN-Bus über „Botschaften".

14.1.1 Funktionen

Verriegelung der Drehbewegung

Die Drehbewegung des Schlüssels wird durch die Ansteuerung eines Magneten freigegeben. Der Anker des Magneten ist mit einer Sperreinheit verbunden, die über einen Kniehebel in den Rotor eingreift und die Drehbewegung sperrt oder freigibt. Durch ein elektrisches Signal, das über eine Treiberstufe den Magnet ansteuert, wird der Anker angezogen und die Drehbewegung freigegeben. Die Rückstellung in den Sperrzustand erfolgt mechanisch über eine Feder, die den Anker aus dem Magneten herausbewegt.

Mechanische Schlüsselaufnahme und Erfassen des Signals: „Schlüssel steckt"

Die Schlüsselaufnahme bildet das Gegenstück zur Schlüsselform. Der gesteckte Schlüssel wird durch einen Schieber gehalten. Beim Stecken des Schlüssels wird über die Kontur des Schlüssels ein Schalter betätigt, der ein elektrisches Schaltsignal erzeugt. Dadurch wird die Elektronik aus einem stromsparenden **Sleep-Mode** in den **Activ-Mode** versetzt. Gleichzeitig wird über das Schaltsignal das Abziehen des Schlüssels überwacht. Der Schalter ist direkt auf der Leiterplatte platziert, weshalb die Abtastung der Kontur vom Schlüssel durch eine mechanische Umsetzung zum Schalter geleitet wird. Dies kann über die Schieber und einen zusätzlichen Hebel oder die Lichtleiterhülse und eine Betätigungsscheibe erfolgen (Bild 14.1).

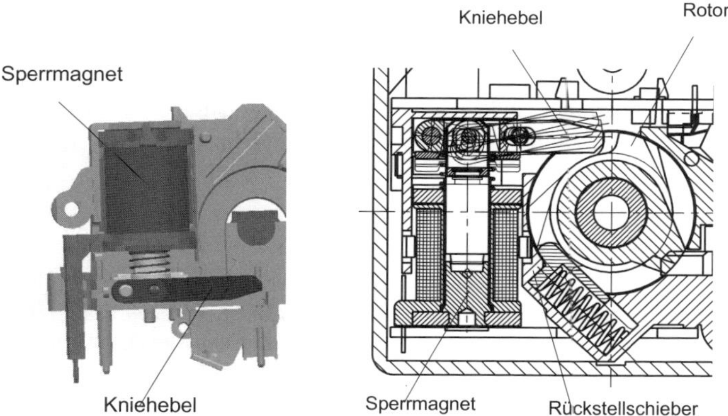

Bild 14.1 Drehverriegelung (Schaubild: Marquardt)

Erfassen der Drehposition

Verschiedene Positionen der Drehbewegung werden durch Sensoren erfasst, um in Abhängigkeit der Drehpositionen verschiedene Botschaften für die Klemmenschaltung zu erzeugen. Die Erfassung der Drehpositionen durch mechanische Schalter ermöglicht eine gleichzeitige Generierung von Schaltersignalen zum unabhängigen Schalten der Klemmensignale. Die Schalter werden durch Nocken auf dem Rotor betätigt. Eine weitere Möglichkeit stellen Reflexlichtschranken dar. Wird eine weiße Fläche auf die Lichtschranke gedreht, wird das reflektierte Licht im Fototransistor empfangen und von der Elektronik ausgewertet.

Energieversorgung des Schlüssels durch induktive Leistungskopplung

Die Funktion des elektronischen Schlüssels muss im Zündschloss auch ohne Primärbatterie im Schlüssel möglich sein. Deshalb wird die notwendige Energie induktiv, wie bei einem Transponder, an den Schlüssel übertragen. Auf der Schlossseite ist eine Spule in der Schlüsselaufnahme angeordnet, die mit einem 125 kHz-Wechselfeld durchflutet wird. Im Schlüssel ist eine weitere Spule untergebracht, die über das Feld erregt wird und nach der Gleichrichtung den Schlüssel mit der notwendigen Energie aus dem induktiven Feld versorgt.

Bidirektionale Datenkommunikation zum Schlüssel

Der Schlüssel tauscht mit dem elektronischen Zündstartschalter Daten aus, um die Freigabe für die Fahrberechtigung zu erwirken. Dafür ist ein Kommunikationskanal zwischen Schlüssel und Zündschloss notwendig. Im vorliegenden Beispiel werden die Daten bidirektional über IR-Signale (IR = Infrarot) ausgetauscht. Es wird im Schlüssel und im Zündschloss ein IR-Sender und ein IR-Empfänger benötigt. Über die Mechanik werden die IR-Signale in einem Lichtleiter geführt, um sicher auf den gegenüber liegenden Empfänger zu gelangen.

Ausgabe der Komfort-CAN- und Motor-CAN-Botschaften

Der elektronische Zündstartschalter kommuniziert mit dem Rest der Fahrzeugelektronik über den CAN-Bus. Dabei führt der elektronische Zündstartschalter auch eine Gateway-Funktion zwischen den beiden CAN-Bussen aus. Es handelt sich dabei um den Motor-CAN-Bus und den Innenraum-CAN-Bus, auch Body-CAN genannt.

14.1.2 Mechanische Komponenten

Drehverriegelung

Die Drehverriegelung wird mit einen Kniehebel realisiert. Der Kniehebel besteht aus zwei festen und einem beweglichen Lager, das mit dem Anker des Magneten verbunden ist (Bild 14.1). Das Ende des Kniehebels sperrt an einer Nocke am Rotor (nicht dargestellt).

Die Feder am beweglichen Lager stellt den Kniehebel in die Sperrlage zurück. Das Zwischenstück zwischen Feder und Kniehebel dient zur Anlage der Feder am Kniehebel. Wird der Magnet angesteuert, wird der Anker angezogen. Die Winkel am Rotor und Kniehebel sind so gestaltet, dass die Drehbewegung nach einer kleinen Bewegung des Ankers das Öffnen des Kniehebels unterstützt. Im Haltezustand wird der Ankerstrom reduziert.

Schlüsselaufnahme

Der Schlüssel wird mit seiner Außenkontur in die Schlüsselaufnahme gesteckt und durch ein Schieberpaar gehalten. Ein zweites Schieberpaar verhindert, dass die Schüsselaufnahme gedreht werden kann, bevor der Schlüssel vollständig steckt (Bild 14.2).

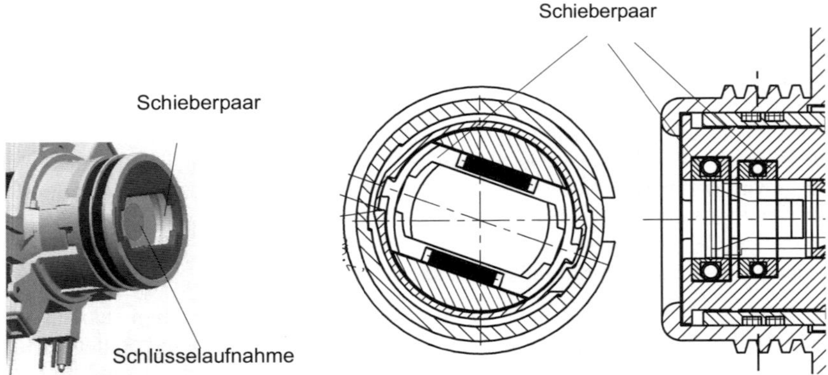

Bild 14.2 Schlüsselaufnahme (Schaubild: Marquardt)

Schalter zur Drehpositionserkennung

Die Erkennung der Drehwinkel wird durch mehrere Schlater in einem Gehäuse (Schaltermodul) realisiert, die durch Nocken auf der Schaltwalze angesteuert werden (Bild 14.3).

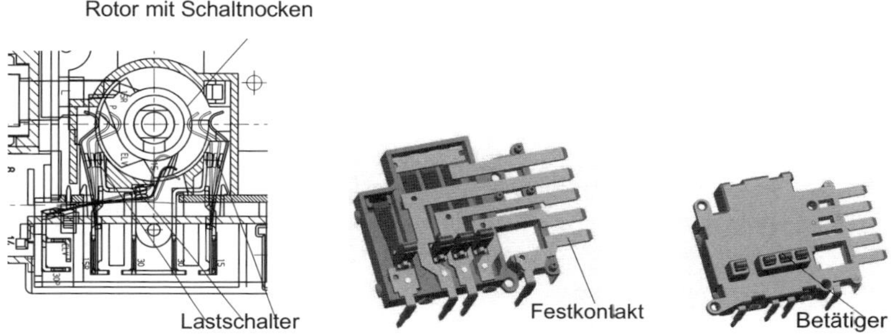

Bild 14.3 Schalter zur Erkennung der Drehposition (Schaubild: Marquardt)

Reflexlichtschranken zur Drehpositionserkennung

Auf der Leiterplatte ist in einem Bauteil ein IR-Sender und -Empfänger untergebracht. Auf der Mechanikseite existiert eine weiße Fläche, welche die IR-Strahlen vom Sender reflektiert und bei Überdeckung vom Empfänger empfangen wird (Bild 14.4). Eine schwarze Fläche reflektiert keine IR-Strahlen.

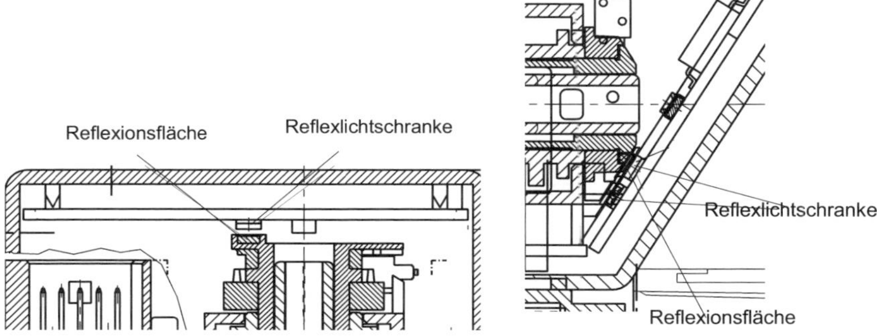

Bild 14.4 Reflexlichtschranke zur Drehpositionserkennung (Schaubild: Marquardt)

Energieübertragungsspule

Auf das Zylindervorderteil ist eine Spule so aufgebracht, dass sie den gesteckten Schlüssel umschließt. Die Spulendrähte werden an runde Stifte angewickelt, verlötet und über diese mit der Leiterplatte verbunden, um die Verbindung zur Elektronik zu schaffen (Bild 14.5).

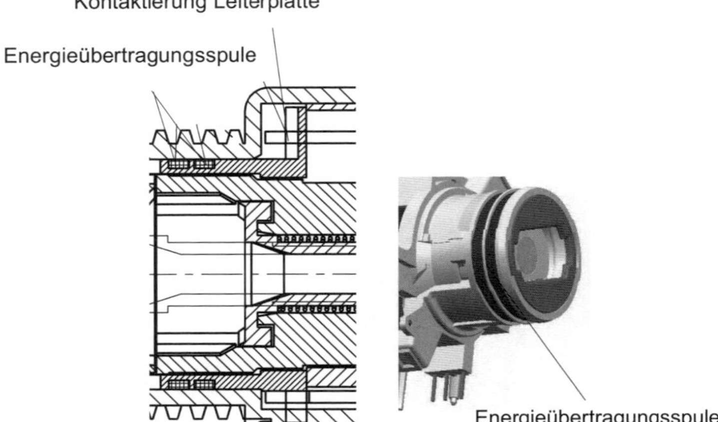

Bild 14.5 Spule zur Energieübertragung (Schaubild: Marquardt)

Lichtleiter

Die Übertragung der IR-Daten vom Schlüssel zur Elektronik wird über einen Lichtleiter realisiert, der in der Mitte des Rotors eingebracht ist. Am Ende des Rotors wird das IR-Signal um 90° umgeleitet und somit auf die Leiterplatte zum Sender und Empfänger geführt (Bild 14.6).

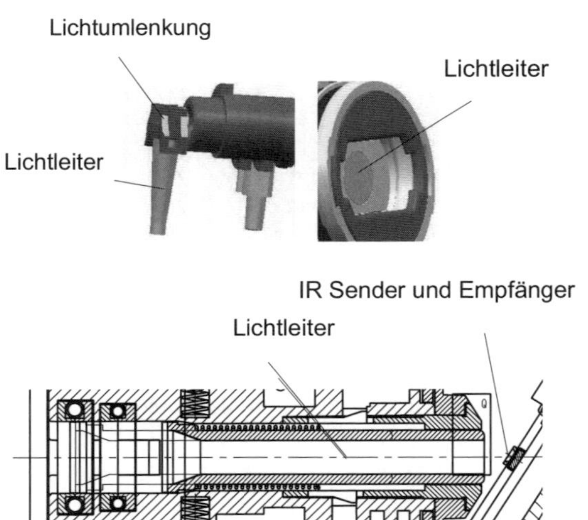

Bild 14.6 Übertragung der IR-Daten vom Schlüssel zur Elektronik (Schaubild: Marquardt)

14.1.3 Hardware-Komponente

Blockschaltbild

Als Prozessor werden zwei 8 Bit-Controller mit internem EEPROM und CAN-Interface oder ein Controller mit zwei CAN-Schnittstellen verwendet. Die Spannungsversorgung kann abgeschaltet werden und wird durch eine Botschaft auf dem CAN oder durch eine Betätigung eines internen Schalters zugeschaltet. Extern wird noch das physikalische Interface zum CAN beschaltet. Zur Ansteuerung der Drehverriegelung ist eine Treiberschaltung notwendig. Um höhere Losreißkräfte zu erhalten, wird der Treiber für einen kurzen Zeitraum mit 100 % Energie angesteuert. Danach wird der Treiber je nach Kräftebedarf getaktet. Die Energieübertragung wird durch einen 125 kHz-Oszillator angesteuert. Zur Datenübertragung zum Schlüssel sind in der Hardware ein IR-Sender und ein IR-Empfänger (IR = Infrarot) vorgesehen. Schaltungen im Automobilbau werden in der Regel mit einem **Fensterwatchdog** ausgestattet, der die Funktion des Controllers überwacht und bei nicht regelmäßiger Triggerung den Prozessor zurücksetzt (reset). Das Einlesen der Schaltereingänge erfolgt über digitale Eingänge. Bei einem Zwei-Prozessor-System werden die Gateway-Daten über eine Rechnerkopplung übertragen. Dies entfällt jedoch bei einem System mit einem Rechner und zwei CAN-Schnittstellen. Die Kommunikation mit der Elektronischen Lenkungsverriegelung (ELV) erfolgt über eine serielle Datenschnittstelle. Leitungen auf der Leiterplatte, die mit dem Stecker direkt verbunden sind, müssen kurzschlussfest gegen Masse und Bordnetz sein (Bild 14.7).

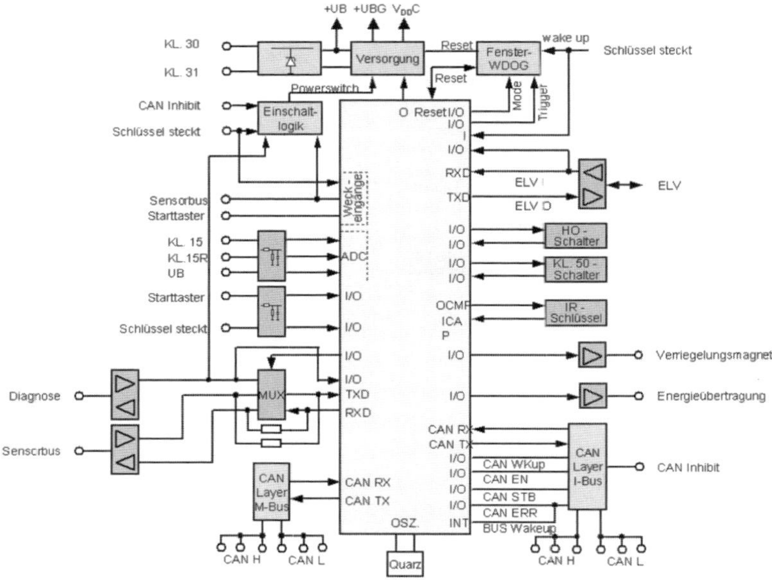

Bild 14.7 Blockschaltbild für die Hardware (Schaubild: Marquardt)

14.1.4 Software-Komponente

Allgemeine Vorgehensweise

Die Software wird nach dem V-Modell in einem TOP-DOWN-Entwurf entwickelt. Am Anfang steht das **Lastenheft**, in dem die Systemanforderungen beschrieben werden. Daraus werden parallel die Testfälle des Systems generiert und beschrieben. Nach der Systemtestspezifikation wird zum Schluss das System getestet und freigegeben. Aus dieser Systemspezifikation entsteht das **Software-Pflichtenheft**. Zu Beginn der Entwicklung wird aus dem Pflichtenheft die **Software-Anforderungs-Analyse** abgeleitet. Diese Analyse ist die Ausgangsbasis für die Komponententestspezifikation. In der nächsten Stufe wird aus der Softwareanforderungs-Analyse das **Software-Design** abgeleitet. Die **Modultestspezifikation** ergibt sich aus dem Software-Design. Dies ist die Grundlage der **Codierung**. Das Softwareprodukt wird zum Schluss mit den zuvor festgelegten Testfällen geprüft (Bild 14.8). Es ist wichtig, dass die Software nicht nur auf die reine Funktionsprüfung beschränkt wird, sondern auch das Verhalten bei falschen Eingangsparametern testet.

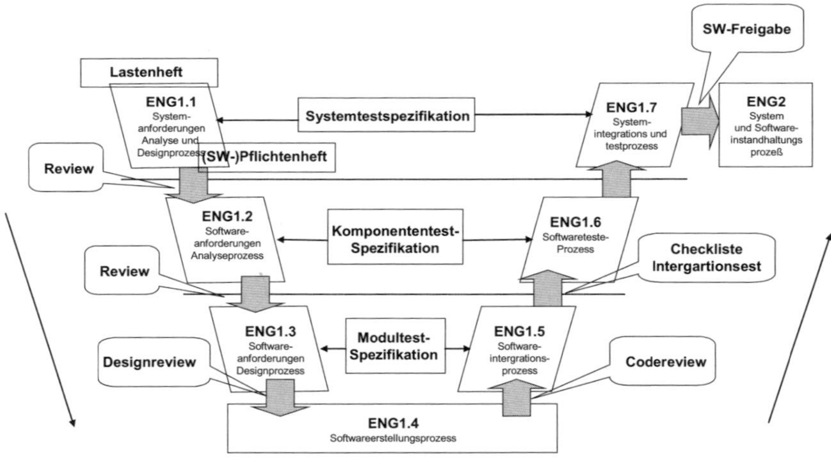

Bild 14.8 Entwicklung der Software (Schaubild: Marquardt)

Softwareanalyse

Bei der Softwareanalyse wird die Software in **Funktionen** und **Daten** aufgeteilt. In der ersten Ebene wird die Komponente mit allen ihren Schnittstellen zur Umgebung dargestellt (Bild 14.9). In den Kreisen werden die Funktionen und an den Linien die Daten beschrieben.

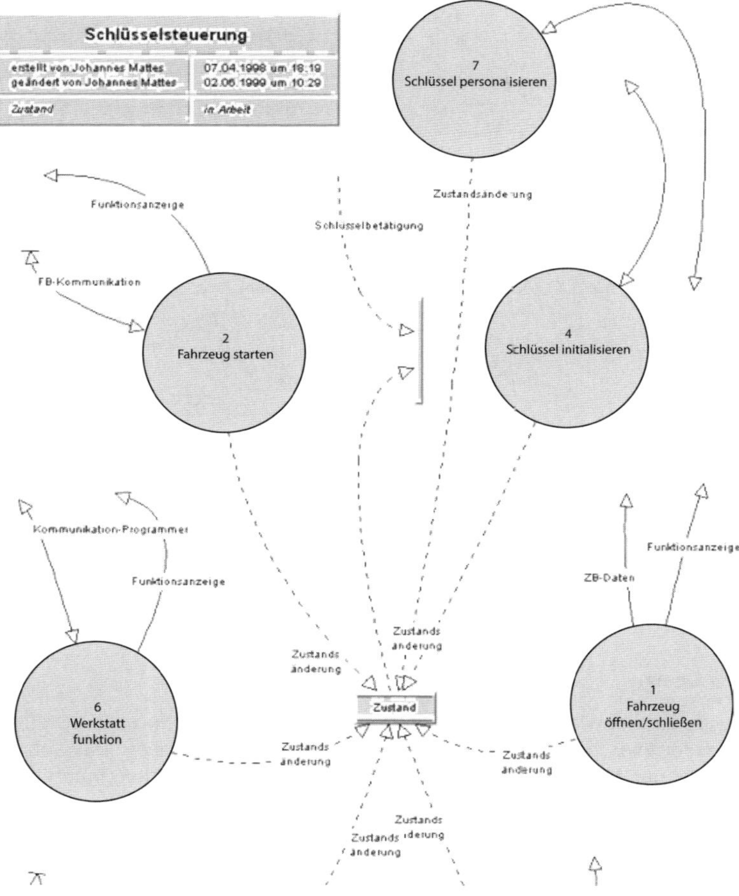

Bild 14.9 Beschreibung der Software (Schaubild: Marquardt)

Die zeitliche Abfolge der Ereignisse wird in **Zustandsgrafen** dargestellt und beschrieben. Aus diesen Zustandsgrafen werden die Zeitbedingungen definiert (Bild 14.10) In den Rechtecken wird die Funktion beschrieben. Der Text an der Linie beschreibt die Bedingungen, um in die nächste Funktion zu gelangen.

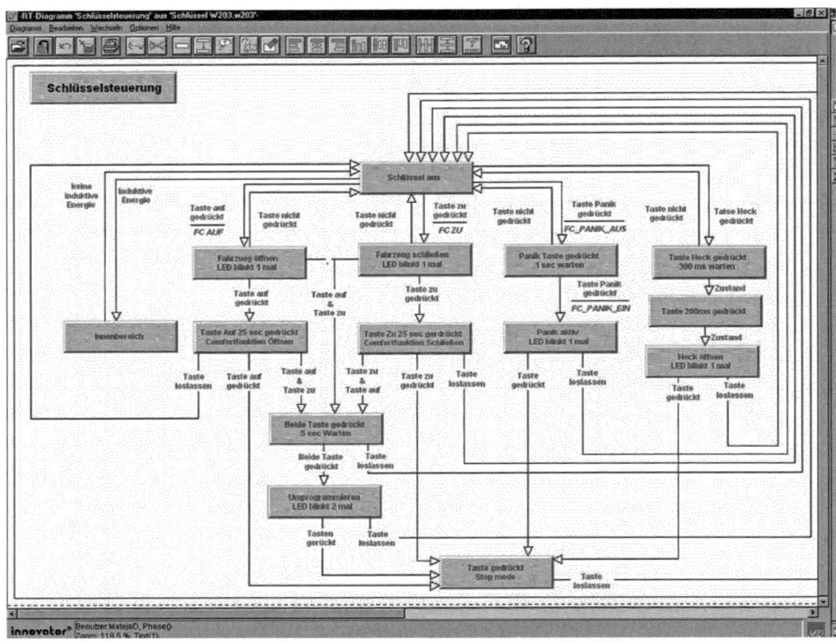

Bild 14.10 Zustandsgrafen der Software (Schaubild: Marquardt)

Software-Design

Im Software-Design wird die Software in ihre Module und Prozeduren aufgeteilt und die Parameter zwischen den Modulen und Prozeduren beschrieben. Das Software-Design bildet den Rahmen der Implementierung und legt die Abläufe innerhalb der Prozedur fest. Es ist wichtig, jede Prozedur so zu beschreiben, dass die Software von einem unabhängigen Programmierer codiert werden kann (Bild 14.11).

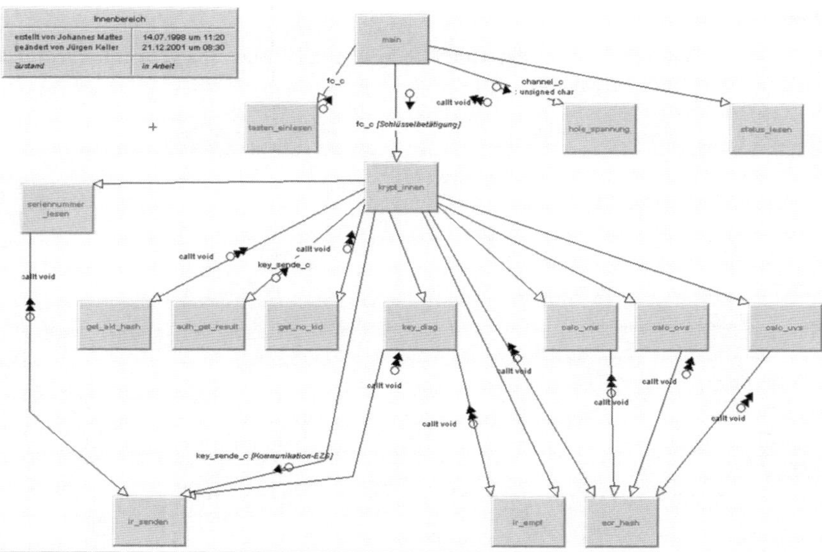

Bild 14.11 Software-Design (Schaubild: Marquardt)

Codierung

Das Software-Design durch ein Struktogramm festgelegt (Bild 14.12). Der Programmierer muss lediglich die Codierung vornehmen (meist in C). Dann entsteht der **Quell-Code** (Source-Code).

```
void pruefe_batterie(void)

Belastung einschalten, Bandgapspannung am ASIC messen und Belastung ausschalten
led_p = an;                          /* Belastung einschalten */

ADMC = 0x80;                         /* Conversion ein, conversion time 28,8 us       */
hole_spannung (0);                   /* erster Wert verwerfen (Wanndler liefert Schrott) */
hole_spannung (0);                   /* Bandgap-Spannungsmessung 1,24 V               */
ADMC = 0x00;                          /* Conversion aus */

led_p = aus;                          /* Belastung ausschalten */

Bildung des Zweierkomplements
key_sende_c[3] = 0xFF - key_sende_c[3];

   War die Batteriespg. beim letzten Messen unterhalb der Referenz (also schlecht)?
if (ee_c[BATT_LOW] == 0x00)

--- then ---
Hysteresemaximum, das überschritten werden muß, berechnen
key_sende_c[2] = ee_c[ENDDATEN] + ee_c[ENDDATEN+1];

   Ist das Maximum überschritten (neue Batterie) ?
if (key_sende_c[3] > key_sende_c[2])

   --- then ---
   Blinken und BATT_LOW 0xFF = gut setzen
   wert_ee_c = 0xFF;
   adr_ee_c = BATT_LOW;
   eeprom_schreiben ();

   Rückgabeparameter löschen
   nc_c = 0;

   --- else ---
      Auf 0x00 = schlecht stehen lassen
   if (keyless_go_b)
      --- then ---
      weiter...
      --- else ---
      Nicht blinken
      timer_counter_i=71;
      delay ();

      /* Bei IR: 40 ms Verzögerung,
      dann Comfortimpulse*/

   Rückgabeparameter setzen
   nc_c = key_sende_c[3];

--- else ---
   Liegt die Messung oberhalb der Referenz?
if (key_sende_c[3] > ee_c[ENDDATEN])

   --- then ---
   Blinken und BATT_LOW löschen
   wert_ee_c = 0xFF;
   adr_ee_c = BATT_LOW;
   eeprom_schreiben ();

   Rückgabeparameter löschen
   nc_c = 0;

   --- else ---
   Nicht blinken, BATT_LOW setzen
   wert_ee_c = 0x00;
   adr_ee_c = BATT_LOW;
   eeprom_schreiben ();

   if (keyless_go_b)
      --- then ---
      weiter...
      --- else ---
      Nicht blinken
      timer_counter_i=71;
      delay ();

      /* Bei IR: 40 ms Verzögerung,
      dann Comfortimpulse*/

   Rückgabeparameter setzen
   nc_c = key_sende_c[3];
```

Bild 14.12 Struktogramm zur Festlegung der Programmstruktur (Schaubild: Marquardt)

Dokumentation

Die Entwurfsdokumente und der Quell-Code werden in der Regel rechnergestützt dokumentiert (Bild 14.13).

```
-> SDO@pruefe_batterie@

Historie
--------
erstellt von Wolfgang Stehle 28.04.2000 um 06:14 GMT
geändert von Wolfgang Stehle 28.04.2000 um 06:14 GMT

Label
-----
Zustand : in Arbeit

SA-Text
-------
Der Prozeß Öffnen und Schließen enthält die Funktionen:

1.    Comfort-Funktion
2.    Zugang sichern / Zugang entsichern
      Start_Auth_ZB
      Start_Auth_ZB_first
3.    Programmierung Global / Programmierung selektiv
4.    Panik-Funktion
5.    Variantencodierte Heckfunktion
      a)    Heckdeckel öffnen
      b)    Heckscheibe öffnen


SD-Text
-------
Prüft die vorhandene Batteriespannung unter der Belastung der roten LED und vergleicht diesen Wert mit den in den Endprüfungsdaten abgelegten
Batterieschwellwert. Hierbei wird auch der Parameter BATT-LOW im E²PROM gepeichert, der besagt ob die Batteriespannung unterhalb oder oberhalb der
Referenz liegt.

Für das Blinktelegramm wird entweder eine 0 (gut) oder eine die gewandelte 8-bit Batteriespannung in nc_c abgelegt.

Aufgerufen von
--------------
krypt_aussen :
   void pruefe_batterie()
krypt_innen :
   void pruefe_batterie()

Ruft auf
--------
ruft nichts auf
```

Bild 14.13 Dokumentation des Quell-Codes (Schaubild: Marquardt)

Test

Nach der Codierung wird zuerst der Modul- und Komponententest und zum Schluss der Systemtest durchgeführt. Bei einer Änderung muss das ganze V-Modell durchlaufen werden. Zuerst wird wieder die Systemebene, die Analyseebene, die Designebene und schließlich die Codeebene angepasst. Parallel dazu werden auch die Testspezifikation verändert.

■ 14.2 Bedienfelder mit CAN-Elektronik

Über die Bedienschalter werden die Bedienerwünsche an das Fahrzeug gemeldet. Ein Tastendruck löst ein elektrisches Schaltsignal aus. Die Elektronik des Bedienfeldes erfasst dieses Schaltsignal und gibt die gewünschte Funktion auf dem CAN-Bus mit einer speziellen Botschaft aus. Das ausführende Steuergerät meldet die Funktion an das Bedienfeld zurück. Dieses empfängt die Botschaft und gibt dem Bediener über die Funktions-LED das Signal aus. Bei der Warnblinkfunktion schreibt der Gesetzgeber ein synchrones Blinken mit dem Fahrzeugblinker vor. Daher müssen die verschiedenen Teilnehmer durch die CAN-Botschaften synchronisiert werden. Die Schaltsignalerfassung kann durch mechanische Schalter, Schaltmatten, Lichtschranken oder Hallsensoren erfolgen (Bild 14.14).

Folgende Funktionen sind in einem Bedienfeld realisiert:

- Beleuchtung der Schaltersymbole.
- Funktionsbeleuchtung über Lichtleiter.
- Toleranzausgleich über Schieberahmen und Blende.
- Schaltsignaleingabe.
- Haptische Rückmeldung.

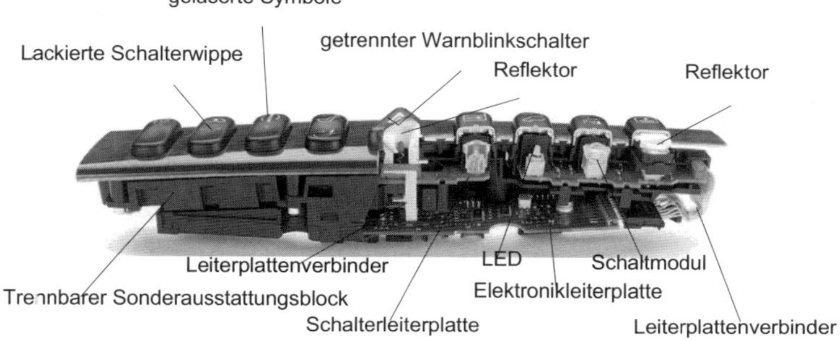

Bild 14.14 Funktionen eines Bedienfeldes (Schaubild: Marquardt)

14.3 Einzelvernetzter Schalter „MAXIS“

In LKWs gibt es sehr viele Ausstattungsvarianten bezüglich der Funktionen und somit auch sehr unterschiedliche Zusammenstellungen von Schaltern. Deshalb wurde ein eigener Schalterbus entwickelt, der es ermöglicht, 126 Schalter zu vernetzen und dabei eine Reaktionszeit des Einzelschalters kleiner als 50 ms zu garantieren. Es muss auch gewährleistet sein, dass die Beleuchtung der Schalter quasi gleichzeitig erfolgt und auch gleichzeitig gedimmt werden kann. Der größte Teil der Schalterstellungen wird als Signal auf dem zentralen CAN-Bus benötigt. Daher werden die Schaltsignale vom Busmaster auf CAN umgesetzt. Der Busmaster überwacht den Schalterbus und synchronisiert die Kommunikation. Es gibt einzelne Schalter, die direkt die Schaltlasten bis 20 Ampere zur Verfügung stellen müssen. Deshalb ist das Schaltsystem auch als Lastschalter ausgeführt.

14.3.1 Mechanischer Aufbau

Der mechanische Aufbau unterscheidet sich sehr wenig von einem konventionellen Schalter. An dem Gehäuse ist eine Betätigungswippe drehbar gelagert. Die Wippe ist aus weißem und transparentem Kunststoff hergestellt. Sie wird anschließend schwarz lackiert. Die Schaltersymbole werden frei gelasert, so dass der weiße Kunststoff wieder sichtbar wird. Unter der Wippe ist ein Betätiger drehbar eingebaut, der das Schaltsystem betätigt. Gleichzeitig wird mit diesem Betätiger die Rastung realisiert

(Bild 14.15). Im Sockel sind zwei Schnappschaltersysteme untergebracht. Mit diesen Schaltsystemen werden die Schaltsignale für die Elektronik erzeugt. Ebenso können mit dem Schaltsystem Lasten bis 20 A direkt geschaltet werden. Das Außengehäuse bildet gleichzeitig den Steckerkragen. Über dem Sockel ist die Leiterplatte montiert. Auf ihr befinden sich alle elektronischen Bauelemente. Es ist eine flexible Leitung in die Leiterplatte laminiert, an welche ein Stecker gecrimpt ist. Der Stecker ist seitlich im Sockel befestigt, so dass er sich an den Steckerpins vom Gegenstecker ausrichten kann.

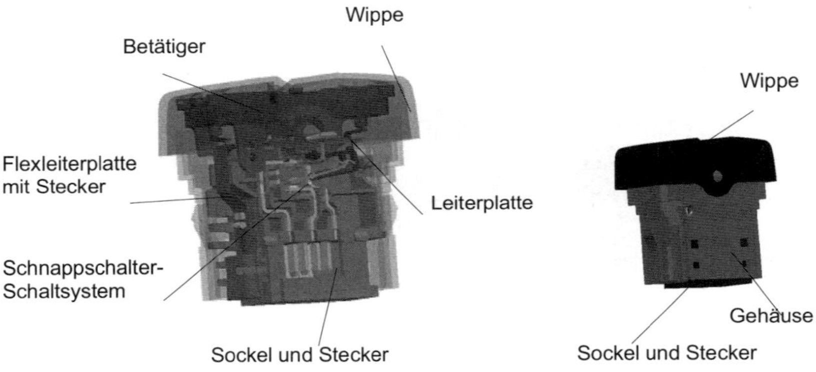

Bild 14.15 Mechanischer Aufbau des LKW-Steckers „MAXIS“ (Schaubild: Marquardt)

Die folgenden Bilder zeigen das Schaltsystem (Bild 14.16), die Leiterplatte mit dem Betätiger (Bild 14.17) und die verschiedenen Stecker (Bild 14.18) des LKW-Schalters „MAXIS“.

14.3.2 Schaltsystem

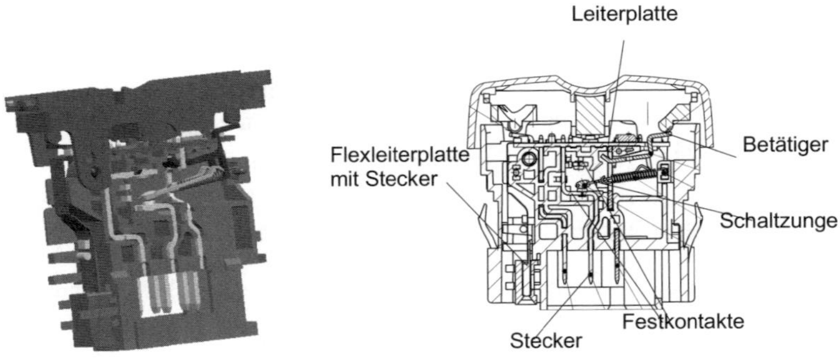

Bild 14.16 Übersicht über das Schaltsystem (Schaubild: Marquardt)

14.3.3 Leiterplatte und Betätiger

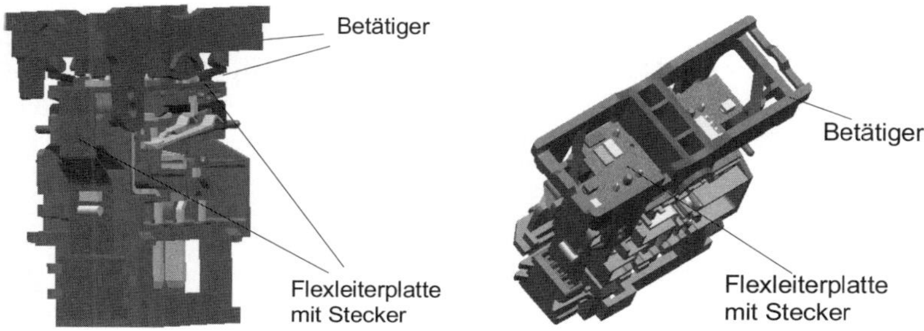

Bild 14.17 Funktionen der Leiterplatte und des Betätigers (Schaubild: Marquardt)

14.3.4 Stecker

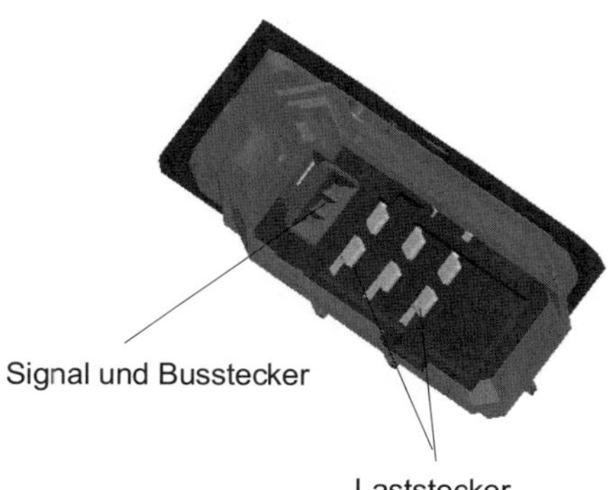

Bild 14.18 Ansicht der Stecker (Schaubild: Marquardt)

14.3.5 Elektronik

In den folgenden Bildern wird die Slave-Beschaltung (Bild 14.19) und das Blockschaltbild für den ASIC-Entwurf (Bild 14.20) gezeigt.

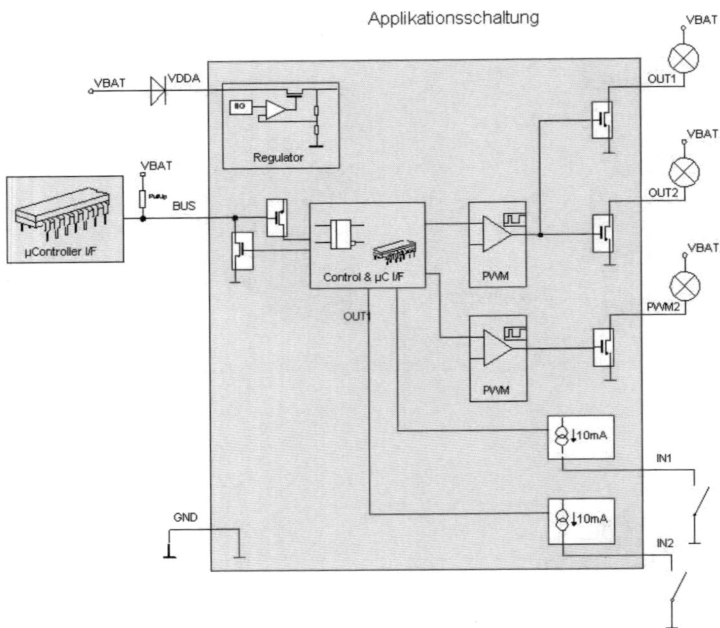

Bild 14.19 Slave-Beschaltung (Schaubild: Marquardt)

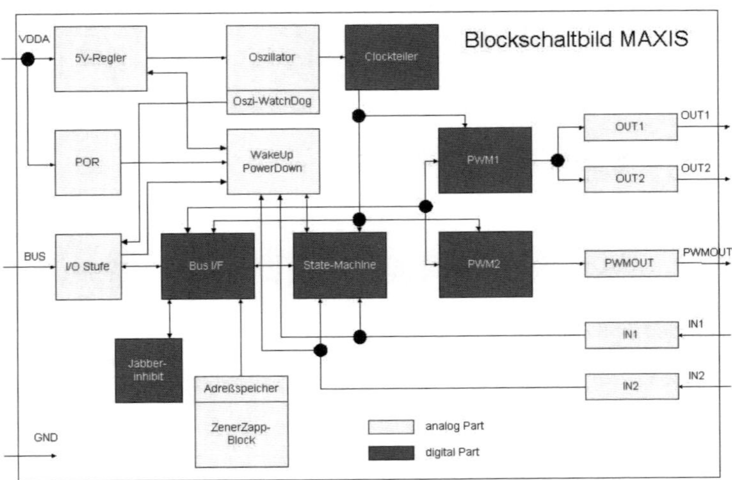

Bild 14.20 Blockschaltbild für das ASIC (Schaubild: Marquardt)

14.4 Piezo-Inline-Injektor

Mit der dritten Generation von **Common Rail** (CR) werden statt Magnetventilen **piezogesteuerte Injektoren** eingesetzt (Bild 14.21). Diese Injektoren werden mit einem **Piezo-Aktormodul** gesteuert, der ein **Kopplermodul** aktiviert, welches das **Schaltventil** betätigt, mit dem die Düse bewegt wird.

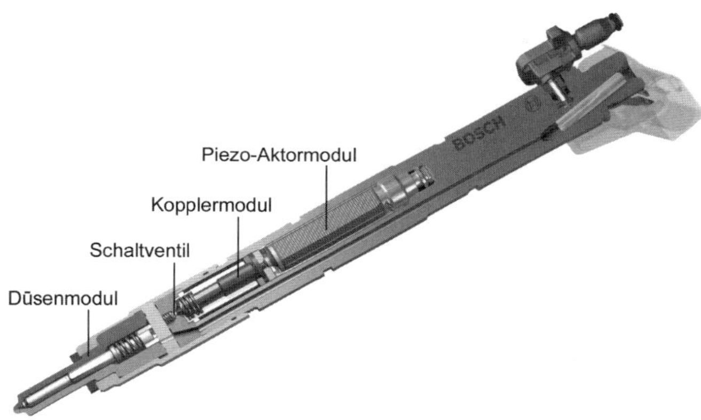

Bild 14.21 Piezo-Inline-Injektor (Schaubild: BOSCH)

Durch **kleine bewegte Massen** (m = 4 g statt früher m = 16 g), eine **Verkürzung der hydraulischen Strecke** (Länge von der Düsenspitze bis zum Ende des Kopplermoduls in Bild 4.21: 42 mm statt früher 152 mm), den hohen Systemdruck (1800 bar) und die **hohe Integration** der mechatronischen Bauteile ist das System sehr schnell (1,3 m/s). Die Einspritzung wird noch genauer und besser dosierbar (kleinste Menge 0,5 mm^3 bei einer Toleranz von 0,2 mm^3). Es wird möglich, die Emissionswerte von Kohlenwasserstoffen (HC) und Stickoxiden (NO_2) um 15 % bis 20 % zu senken. Damit können die Abgasgrenzwerte der Abgasnorm EU 5 ohne Partikelfilter erreicht werden. Zusätzlich wird es durch den Einsatz dieser piezogesteuerten Injektoren möglich, die Motorleistung um 5 % bis 7 % zu steigern und das Motorengeräusch um 3 dB(A) zu verringern.

14.5 Getriebeautomatisierung am Beispiel Durashift EST

14.5.1 Systembeschreibung

Gesamtaufbau

Das Ford iB5-Getriebe für Motormomente bis etwa 170 Nm wird optional mit Durashift EST ausgeliefert. Durashift EST (Electronic Shift Technology) ist ein **automatisiertes Schaltgetriebe** (ASG), das die Funktionen **Kuppeln**, **Gassenwahl** und **Schal-**

ten für den Fahrer **übernimmt** (Bild 14.22). Im Gegensatz zu hydraulischen Lösungen wird im Durashift EST jede dieser Funktionen mit einem eigenen Elektromotor direkt ausgeführt.

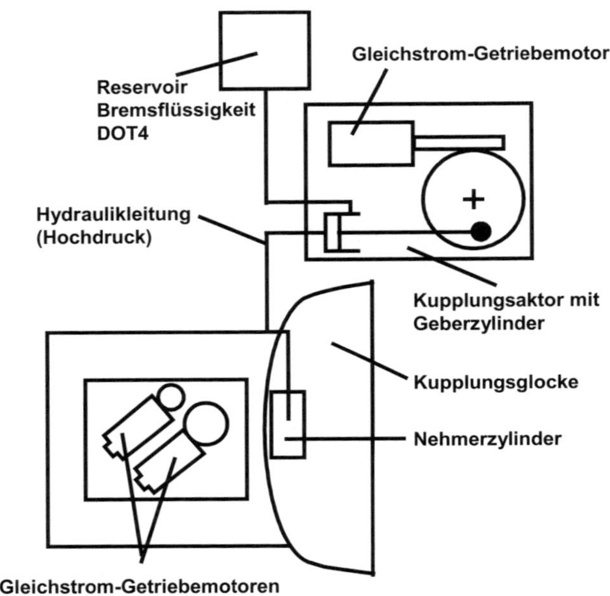

Bild 14.22 Systemaufbau des Automatisierten Schaltgetriebes (ASG)

Kupplung

In trockenen Kupplungen wird eine Anpressplatte durch eine große Tellerfeder gegen die Beläge der Kupplungsscheibe gepresst. Bei zunehmendem Verschleiß der Beläge verändert sich bei konventionellen Kupplungen der Betriebspunkt der Tellerfeder, was zu höheren Betätigungskräften führt.

Die damit verbundene größere mechanische Arbeit zum Öffnen der Kupplung erschwert die Automatisierung der Kupplung. Abhilfe schafft eine **selbstnachstellende Kupplung** (LuK SAC: Self adjusting cluch). Durch eine mechanische Nachstellung der Kupplung bleibt der **Betriebspunkt erhalten** und damit die **Betätigungskraft gering**.

Die LuK SAC lässt sich darüber hinaus für den Betrieb im ASG noch weiter optimieren (Bild 14.23).

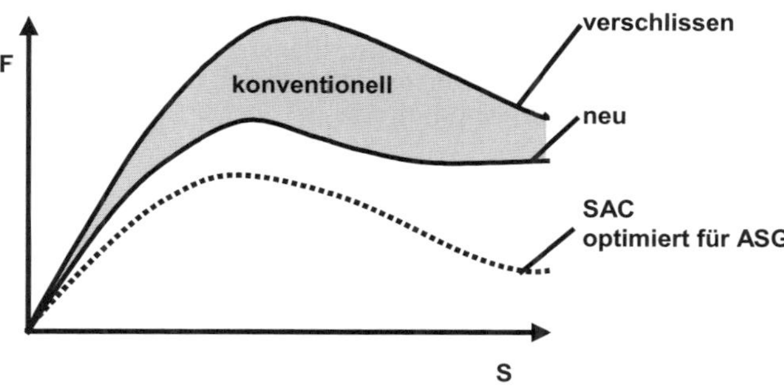

Bild 14.23 Betätigungskraftverlauf von Kupplungen (Quelle: Marquardt)

Hydraulische Strecke

Die **Übertragung der Kraft** zum Betätigen der Kupplung erfolgt immer häufiger durch eine **hydraulische Strecke** anstelle eines Seilzuges. Die hydraulische Strecke besteht aus einem Reservoir, einem Geberzylinder, der hydraulischen Leitung und einem Nehmerzylinder (Bild 14.22).

Das ASG nutzt diese Technik und **integriert** den **Geberzylinder** in das **Steuergerät**. Wenn im Fahrbetrieb die Kupplung komplett geschlossen ist, wird der Geberzylinder regelmäßig in die Endposition gefahren. In dieser Stellung wird durch eine Öffnung der Zylinderwand die Verbindung zum Reservoir hergestellt. Das System kann dadurch temperaturbedingte **Druckunterschiede ausgleichen**.

Kupplungsaktor

Die Betätigung der Kupplung erfolgt durch einen Elektromotor, der in einem **gemeinsamen Gehäuse** mit der **Elektronik** und dem **hydraulischen Geberzylinder** sitzt.

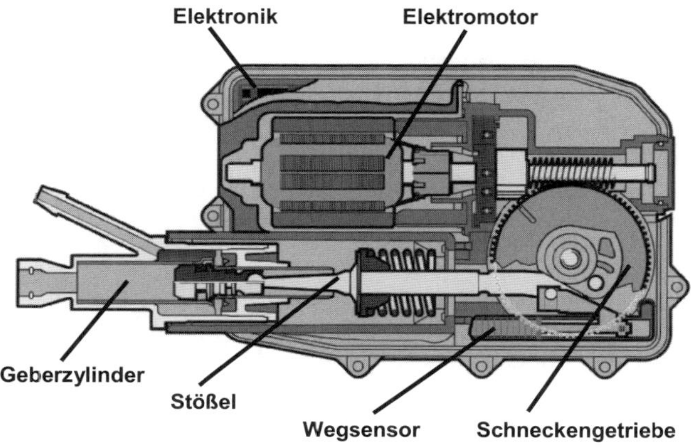

Bild 14.24 Aufbau des Kupplungsaktors (Schaubild: LUK)

Der Elektromotor wirkt über ein selbsthemmendes Schneckengetriebe auf einen Stößel, der über eine Kugel mit dem Kolben des Geberzylinders verbunden ist. Am Stößel erfolgt die Wegmessung über einen **Tauchspulensensor**, der über Federn direkt auf die Elektronik durchkontaktiert ist (Bild 14.24).

Getriebeaktor

Die Betätigung des Getriebes erfolgt durch **zwei Elektromotoren**, die voneinander unabhängig die zwei Koordinaten des **H-Schaltbildes** abbilden (Bild 14.25).

Diese Anordnung ermöglicht die **freie Wahl des Ganges**, erlaubt also auch Gangsprünge ohne zusätzliche Wege. Diese Fähigkeit ist nicht nur für sportliche Fahrzeuge wichtig. Auch eine ökonomische Fahrweise verlangt **Gangsprünge**, damit zum Beispiel für ein Überholmanöver aus niedriger Drehzahl heraus die **volle Leistung schnell abgerufen** werden kann.

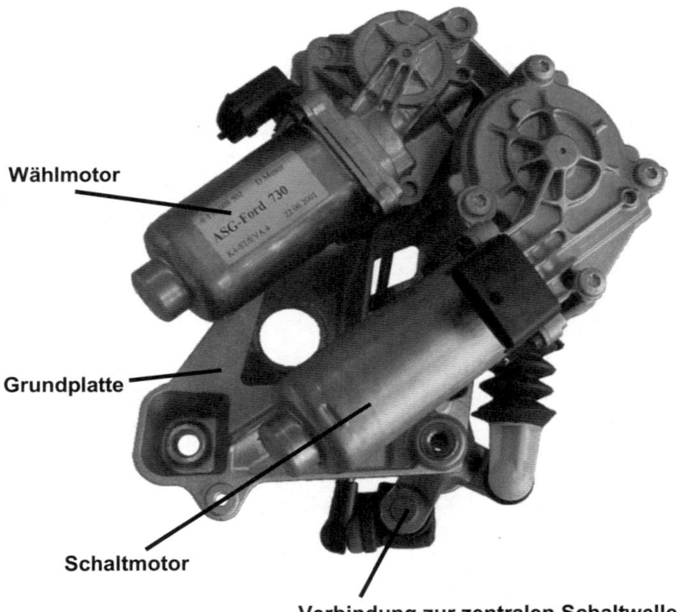

Bild 14.25 Aufbau des Getriebeaktors (Schaubild: LUK)

Beim Durashift EST sind **Hallsensoren** in die Elektromotoren integriert. Die Motoren selbst sind jedoch aus Bauraumgründen außerhalb des Kupplungsaktors angebracht. Die Verbindung zur der im Kupplungsaktor integrierten Elektronik erfolgt durch einen kurzen, separaten Kabelbaum.

14.5.2 Software

Durch den Einsatz intelligenter Softwarealgorithmen ist ein **Wegsensor** an der Kupplung **nicht erforderlich**. Der Einfluss der hydraulischen Strecke auf den Verstellweg an der Kupplung wird von der **Software kompensiert**.

Für diese Kompensation wird der Einfluss von Systemparametern wie Elastizität und Temperatur auf die hydraulische Strecke ermittelt. Das Softwaremodell kann Veränderungen im Betrieb damit abschätzen.

Änderungen im Systemverhalten der Kupplung sind allerdings nur zum Teil durch die hydraulische Strecke bedingt. Weit mehr hängt das Verhalten von der Kupplung selbst ab, da sich der Reibwert der Beläge und auch die geometrische Lage der Tellerfeder über der Temperatur ändert. Daher werden im Betrieb zwei charakteristische Werte ständig aufgrund der Rückwirkungen auf das Fahrzeugverhalten bestimmt:

- **Tastpunkt**
  Der Punkt, an dem die **Kupplung beginnt, Moment zu übertragen**. Im Fahrzeugstillstand und bei getretener Bremse wird die Kupplung leicht angelegt. Durch die Reaktion des Leerlaufreglers kann diese Position bestimmt werden (Bild 14.26).
- **Reibwert**
  Über den Reibwert kann das übertragbare Moment an der Kupplung ermittelt werden. Er wird verwendet, um den **Übergang zwischen Haften und Gleiten** am Belag zu steuern. Die Gleitreibungsphasen werden als Schlupfphasen bezeichnet und können zur Bestimmung des Reibwerts genutzt werden, da dann das Moment an den Rädern ausschließlich von der Kupplung bestimmt wird.

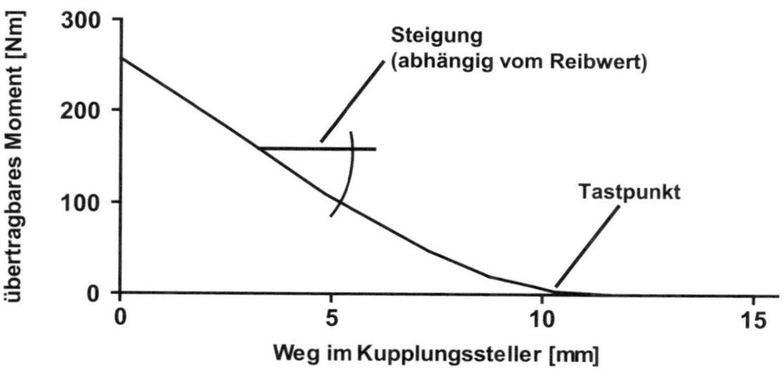

Bild 14.26 Kennlinie der nominellen Übertragungsfunktion vom übertragbaren Kupplungsmoment über dem Kupplungsstellerweg

Die Kennwerte für Tastpunkt und Reibwert werden mit anderen Parametern in einem latenten Speicherbereich abgelegt. Sie werden laufend von der Betriebssoftware überprüft und angepasst. Einige Parameter, darunter der Tastpunkt, werden auf verschiedene Weise ausgewertet:

- **Kurzfristige Änderung**
  Durch ein einzelnes Ereignis wird zum Beispiel die Temperatur stark erhöht, bei-

spielsweise eine Anfahrt mit voller Zuladung am Berg. Dann wird sich die resultierende Änderung des Tastpunkts nach Abkühlung wieder in den Ausgangszustand zurückbewegen.

- **Langfristige Änderung**
  Durch **Verschleiß** und **Änderung der Geometrien** ergeben sich dauerhafte Verschiebungen von Parametern, die detektiert und in der Steuerung berücksichtigt werden.

14.5.3 Vorteile des mechatronischen Konzepts

Montage

Das Durashift EST Getriebe hat gegenüber dem Handschalter **lediglich vier zusätzliche elektrische Steckverbinder**. Da der Wählhebel rein elektronisch arbeitet, entfallen die mechanischen Schaltzüge komplett.

Die Montage des Getriebeaktors kann bereits im Getriebewerk erfolgen, der komplette Prüfablauf wird dann elektronisch gesteuert. **Fehler** des Getriebes können mit dieser Methode **zuverlässiger erkannt werden** als bei der üblichen manuellen Betätigung über den Wählhebel.

Im Fahrzeugwerk wird das komplett verkabelte Getriebe initialisiert. Dabei werden über eine Diagnoseschnittstelle bestimmte Betriebspunkte angefahren und ausgewertet. Die gleichen Routinen werden im Service eingesetzt, wenn Komponenten ausgetauscht werden.

Durch die **geringe Anzahl von Steckverbindungen** (vier elektrische Stecker und zwei hydraulische Kupplungen) ist das System nicht nur **einfach montierbar**, sondern auch **robust im Betrieb**.

Flexibilität

Durch die Integration von Elektronik, Mechanik und Hydraulik wird in der Summe **Gewicht** und **Bauraum** am Kupplungsaktor **eingespart**. Allerdings sind alle Funktionen nun so eng gekoppelt, dass eine Änderung der Anordnung nur mit hohem Aufwand möglich ist.

Flexibilität entsteht aber dadurch, dass die kompakte mechatronische Einheit an **verschiedenen Stellen** des Fahrzeugs **montiert** werden kann. Im Falle des Durashift EST wird die Einheit im Motorraum angebracht. In anderen Anwendungen wird die Einheit bei identischem internem Aufbau im Bereich der Kotflügel oder auch direkt am Getriebe montiert.

Robustheit der Wegsensorik

Direkt am Stößel erfolgt die Wegmessung über einen **Tauchspulensensor**, der über Federn direkt auf die Elektronik durchkontaktiert ist. Im Gegensatz zur Erfassung in der Kupplungsglocke sind **keine Steckverbinder** nötig. Eine Auflösung des Sensors von 0,01mm ist dadurch möglich.

14.6 Antiblockiersystem (ABS)

Wenn Räder blockieren, dann wird ein Fahrzeug unlenkbar, gerät aus der Spur oder überschlägt sich. ABS verhindert dies indem es rechtzeitig erkennt, ob die Räder blockieren und entsprechend die Räder freigibt oder bremst.

Bild 14.27 zeigt den ABS-Regelkreis, der aus folgenden Teilen besteht:

- **Regelstrecke**
  Dazu zählt das Fahrzeug mit Radbremse, Rad und Reibungspaarung von Reifen und Fahrbahn.
- **Störgrößen**
  Das sind die Fahrbahnverhältnisse und der Zustand des Fahrzeugs (Qualität der Bremsen und der Reifen).
- **Regler**
  Er ist implementiert im ABS-Steuergerät.
- **Regelgrößen**
  Die Hauptregelgröße ist die Drehzahl. Aus ihr werden die Verzögerung bzw. die Beschleunigung des Radumfanges ermittelt und der Bremsschlupf.
- **Führungsgröße**
  Dies ist der Druck auf das Bremspedal.
- **Stellgröße**
  Dies ist der Bremsdruck.

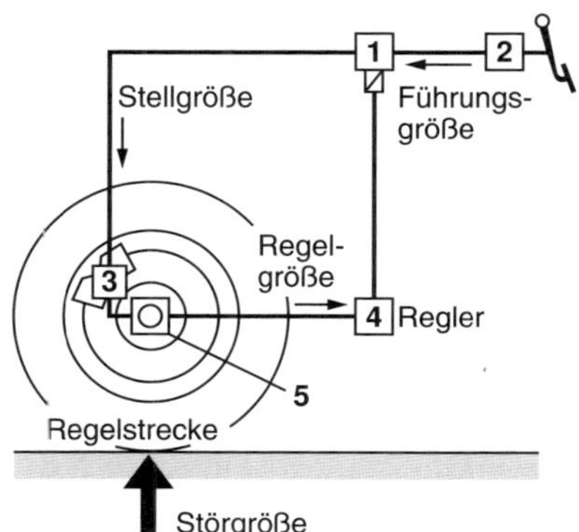

Bild 14.27 Regelkreis des ABS. 1: Hydroaggregat mit Magnetventilen, 2: Hauptzylinder, 3: Radzylinder, 4: Steuergerät, 5: Drehzahlsensor (Schaubild: BOSCH Fahrsicherheitssysteme)

In Bild 14.28 ist dargestellt, an welchen Stellen im Fahrzeug ABS wirksam wird. An allen vier Rädern werden während der Fahrt über Drehzahlsensoren die Radumfangsgeschwindigkeiten gemessen. Das Steuergerät kann eine Blockiergefahr erkennen. In diesem Falle steuert es mit dem Hydroaggregat die Magnetventile, welche die optimale Bremskraft vorgeben. Dies geschieht durch Trennung bzw. Verbindung von

Haupt- und Radzylinder, indem in kurzen Zyklen (4 bis 8 mal pro Sekunde) gebremst oder gelöst wird.

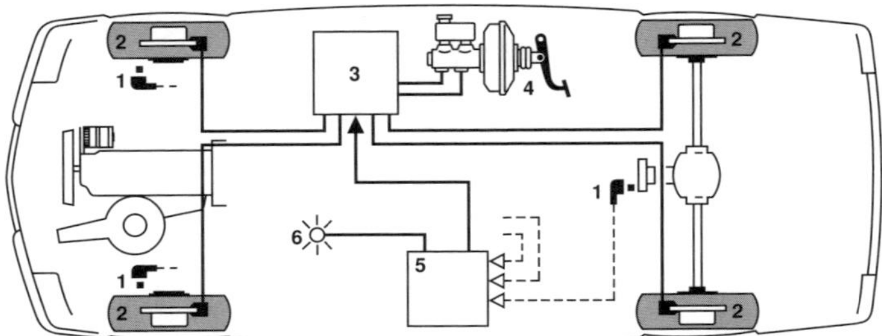

Bild 14.28 ABS im Fahrzeug. 1: Drehzahlsensoren, 2: Radzylinder, 3: Hydroaggregat, 4: Hauptzylinder, 5: Steuergerät, 6: Kontroll-Leuchte (Schaubild: BOSCH Fahrsicherheitssysteme)

14.7 Antriebsschlupfregelung (ASR)

Mit ASR wird ein Durchdrehen der Räder verhindert, wie es beispielsweise bei glatten Fahrbahnen, beim Anfahren am Berg oder beim Beschleunigen in einer Kurve vorkommen kann. ASR ist eine Erweiterung von ABS. Bild 14.29 zeigt den dazugehörigen Motorregler. Das Steuergerät erkennt aus den Geschwindigkeiten der Antriebsräder (Messung mit Drehzahlsensoren wie beim ABS), ob diese durchdrehen. Beim Durchdrehen wird das Antriebsmoment des Motors so verringert, dass ein Durchdrehen verhindert wird.

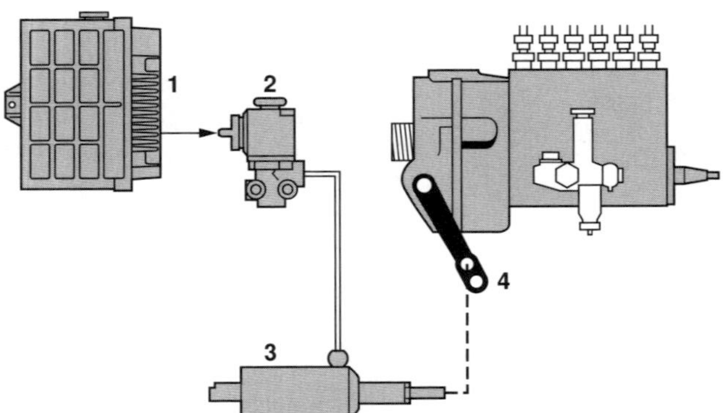

Bild 14.29 Motorregelkreis bei ARS. 1: ABS/ASR-Steuergerät, 2: Proportionalventil, 3: Stellzylinder, 4: Einspritzpumpenhebel, 5: Steuergerät, 6: Kontroll-Leuchte (Schaubild: BOSCH Fahrsicherheitssysteme)

Die einzelnen Kennlinien zeigt Bild Bild 14.30.

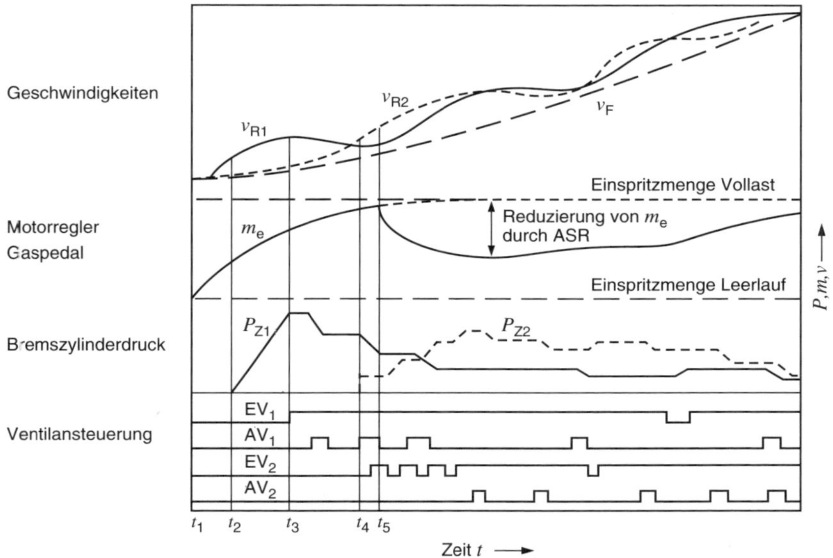

Bild 14.30 Kennlinien bei ASR (Schaubild: BOSCH Fahrsicherheitssysteme)

14.8 Regelung der Fahrdynamik (ESP)

Die Fahrdynamikregelung stellt sicher, dass das Fahrzeug die **Spur hält**. Dies wird dadurch erreicht, dass einzelne Räder **gezielt gebremst** oder die Antriebsräder **individuell beschleunigt** werden. Das **ESP (Elektronisches Stabilitäts-Programm)** stellt sicher, dass die Gefahr einer Kollision, eines Überschlags oder eines Abkommens von der Fahrbahn innerhalb der physikalischen Grenzen vermieden werden kann. Dazu müssen die **Längsgeschwindigkeit**, die **Quergeschwindigkeit** und die **Drehgeschwindigkeit** (Giergeschwindigkeit) um die Hochachse geregelt werden. Dabei muss der **Fahrerwunsch** (Sollverhalten) mit dem tatsächlichen **Verhalten des Fahrzeuges** (Istverhalten) in Einklang gebracht werden. Ziel des ESP ist es, die Abweichungen des Ist- vom Sollverhalten möglichst gering zu halten. Der Fahrerwunsch wird durch Betätigen des Gaspedals (Motormanagement), durch Treten auf die Bremse (Vordrucksensor) und durch Einschlagen des Lenkrades (Lenkradsensor) vorgegeben. Zusätzlich müssen die Haftreibungszahlen und die Fahrgeschwindigkeit bestimmt werden. Dies geschieht durch **Sensoren** für die **Raddrehzahl**, die **Querbeschleunigung**, die **Bremsdrücke** und die **Giergeschwindigkeit**. Bild 14.31 zeigt das Schema der Fahrdynamikregelung, die aus folgenden drei Teilen besteht:

- **Sensoren**
  Sie bestimmen die Regelgrößen.
- **ESP-Steuergerät**
  Es beinhaltet den ESP-Fahrdynamikregler. Dieser hat prinzipiell Vorrang vor den ABS/ASR-Schlupfreglern und dem Motorschleppmomentregler (MSR).
- **Stellglieder (Aktoren)**
  Sie beeinflussen die Brems-, Antriebs- und Seitenkräfte.

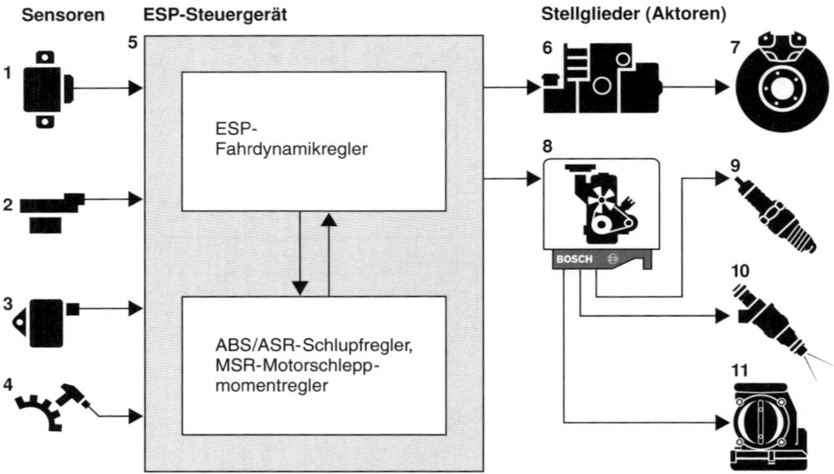

Bild 14.31 Regelung der Fahrdynamik. 1: Drehratensensor mit Querbeschleunigungssensor, 2: Lenkradwinkelsensor, 3: Vordrucksensor, 4: Drehzahlsensoren, 5: Steuergerät der ESP, 6: Hydroaggregat, 7: Radbremsen, 8: Steuergerät des Motormanagements, 9: Zündwinkel, 10: Kraftstoffeinspritzung, 11: Drosselklappe (Schaubild: BOSCH Fahrsicherheitssysteme)

Bild 14.32 zeigt, an welchen Stellen im Fahrzeug die entsprechenden Komponenten eingebaut sind.

Als Beispiel einer solchen Komponente wird als mechatronisches System ein Lenkradwinkelsensor (LWS) besprochen (Bild 14.33). Der LWS besteht aus zwei AMR-Elementen (Anisotrop Magneto Resistiv: Kristall zeigt in verschiedenen Richtungen je nach Magnetfeld einen unterschiedlichen Widerstand). Diese Elemente registrieren die Drehbewegung der zwei Zahnräder, auf denen sich jeweils ein Magnet befindet. Ein Zahnkranz an der Lenksäule, angetrieben durch ein Zwischenzahnrad, dreht sich bei jeder Lenkradbewegung mit. Die Ausgangssignale werden in sehr hoher Auflösung empfangen.

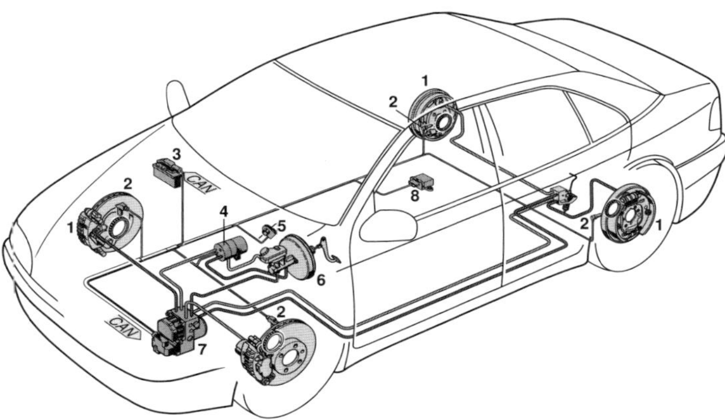

Bild 14.32 Einbauort der ESP-Komponenten. 1: Radbremsen, 2: Drehzahlsensoren, 3: Steuergerät, 4: Drosselklappensteller, 5: Vorladepumpe mit Vordrucksensor, 6: Lenkradwinkelsensor, 7: Bremskraftverstärker mit Hauptzylinder, 8: Hydroaggregat, 9: Drehratensensor mit Querbeschleunigungssensor (Schaubild: BOSCH Fahrsicherheitssysteme)

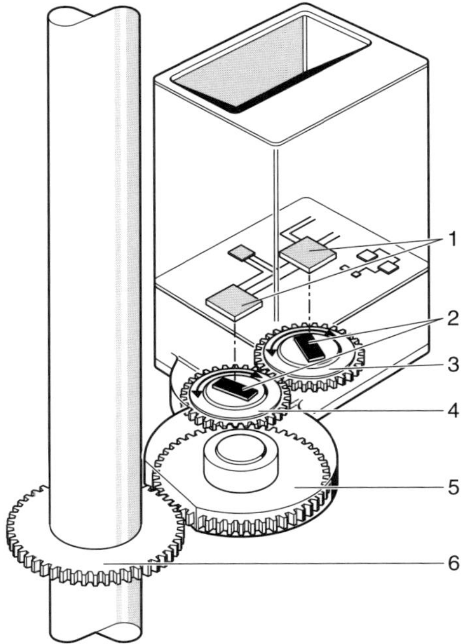

Bild 14.33 Aufbau eines Lenkradwinkelsensors (LWS) mit zwei AMR-Elementen. 1: AMR-Elemente, 2: Magnete, 3: Zahnrad 1, 4: Zahnrad 2, 5: Zwischenzahnrad, 6: Antriebsrad auf der Lenksäule (Schaubild: BOSCH Fahrsicherheitssysteme)

14.9 Kompensation mechanischer Fehler

Einzelantriebe werden immer häufiger bei Druckmaschinen eingesetzt. Bild 14.34 zeigt den prinzipiellen Aufbau eines Druckwerkes, bei dem Walzen und Zylinder mit elektrischen Antrieben ausgerüstet sind.

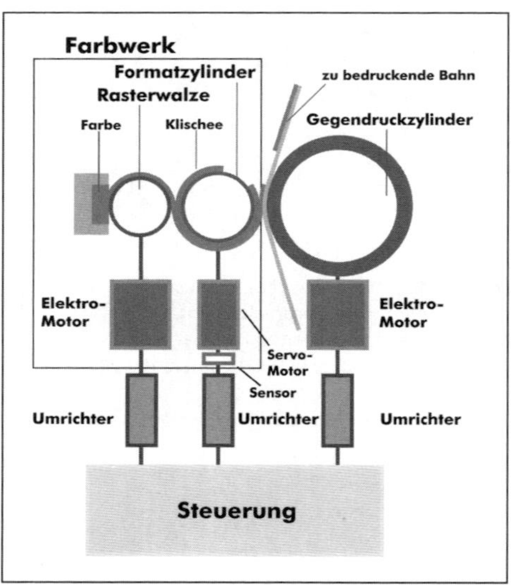

Bild 14.34 Prinzipieller Aufbau einer Korrektur für ein Druckwerk (Schaubild: ARADEX AG)

Das zu bedruckende Material wird über einen Gegendruckzylinder geführt. Dabei können für mehrere Farben entsprechend viele Druckwerke hintereinander in Reihe betrieben werden, oder auch mehrere Farbwerke an einem großen Gegendruckzylinder installiert werden. Jedes Farbwerk besitzt einen eigenen Antrieb, welcher der Position des Gegendruckzylinders exakt folgt. Dazu befindet sich ein hochauflösender Inkrementalgeber in der Mitte des Gegendruckzylinders, dessen Winkelinformation an jedes Farbwerk geleitet wird. Trotz sehr hoher Anforderungen an die Fertigungstoleranzen des Gegendruckzylinders, der Übertragungselemente und an die Geberjustage entstehen mehr oder weniger große Exzentrizitätsfehler, die zu periodisch schwankenden Abweichungen (**Passerfehlern**) zwischen den Druckfarben führen. Die Periodenlänge der Störung entspricht hier dem Umfang des Gegendruckzylinders. Die Abweichungen können messtechnisch erfasst und zur Berechnung einer Kompensationsfunktion phasenrichtig für jedes einzelne Druckwerk herangezogen werden. Das Druckbild kann damit rechentechnisch verbessert werden. Durch den Einsatz PC-basierter Steuerungstechnik können mit neuen Kompensationsverfahren zusätzliche Verbesserungen der Produktgenauigkeiten bei hohen Produktionsgeschwindigkeiten erreicht werden. Bild 14.35 zeigt die Ermittlung der Geschwindigkeit der Walze v_{Walze} und des Synchronmotors v_{Motor}.

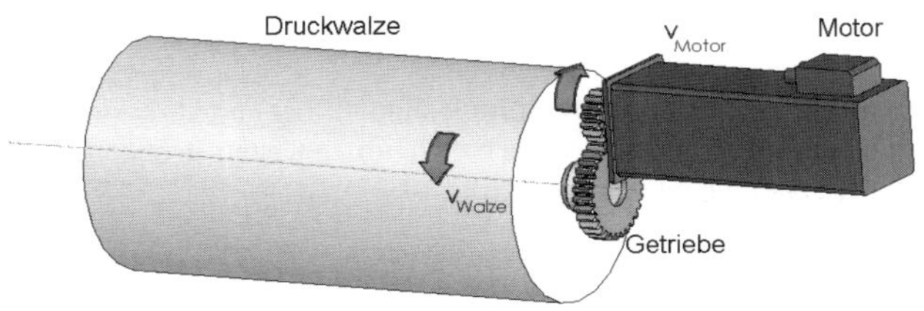

Bild 14.35 Messung der Geschwindigkeiten von Walze und Motor (Schaubild: ARADEX AG)

Bild 14.36 (linke Seite) zeigt die konstante Geschwindigkeit des Motors und die periodisch schwankenden Abweichungen der Walzengeschwindigkeit. Durch entsprechende periodische Modulation der Geschwindigkeit des Synchronmotors kann eine konstante Walzengeschwindigkeit erreicht werden.

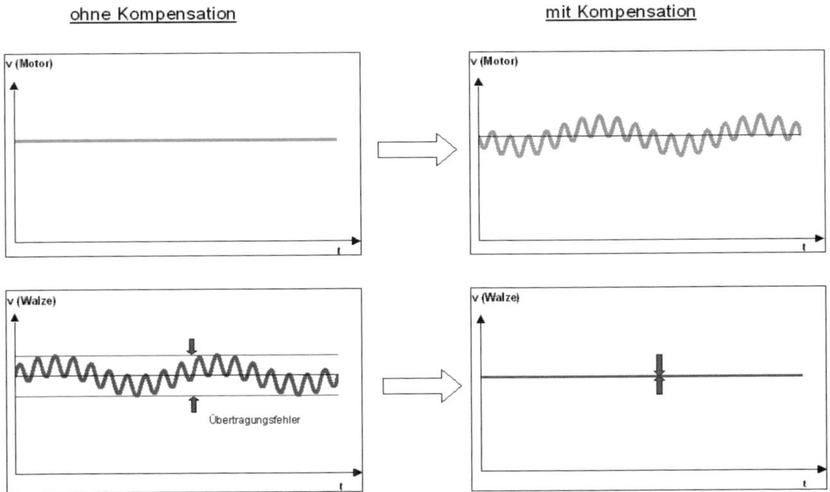

Bild 14.36 Kompensation der Walzengeschwindigkeit (Schaubild: ARADEX AG)

Auf ähnliche Art und Weise können auch Getriebefehler (z.B. Zahnteilungsfehler) oder ein exzentrischer Lauf wegen nicht fluchtender Wellen der einzelnen Druckwerke ausgeglichen werden. Ein radialer Fehler hat eine etwa sechs mal so große Abweichung in Druckrichtung zur Folge. Durch die elektronische Kompensation mechanischer Fehler kann ein nahezu ideales Druckbild erreicht werden. Selbst für direkt angetriebene Druckwalzen ohne Getriebe ist dieses Verfahren geeignet. Ein Fluchtungsfehler der Wellen zwischen Motor und Druckwalze von nur 0,010 mm bewirkt am Walzenumfang bereits einen Fehler von mehr als 0,06 mm. Dies ist beim Drucken feiner Strukturen deutlich zu erkennen. Eine elektronische Kompensation der Exzentrizität beseitigt diesen Fehler fast vollständig.

14.10 Bewegen großer Lasten

Ein **Doppelmeister-Schalter** gestattet eine bequeme Bedienung, ein ergonomisch abgestimmtes Gerät und gewährleistet die Sicherheit beim Bewegen großer Lasten (z. B. bei Planierraupen, Bagger oder Mobilkrane; Bild 14.37).

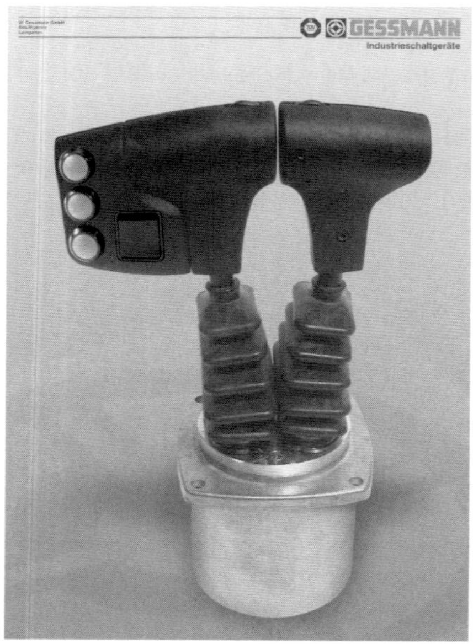

Bild 14.37 Doppelmeister-Schalter (Schaubild: W. Gessmann GmbH)

Mit einem Präzisions-Leitplastik-Potenziometer wird die Bewegung gesteuert. Beispielsweise: Beide Bedienhebel nach vorne: Beide Raupen der Planierraupe laufen vorwärts. Ein Hebel vor, der andere zurück: Raupe dreht sich. Im Hebel sind auch noch andere Funktionen implementiert, wie Auf- und Abschwenken der Schaufel oder eine Hupe. Die Signale des Greifers werden in einer CAN-Bus-Elektronik verarbeitet. Die Kunden spielen ihre Software in das System ein und ordnen den Befehlsgeräten oder Sollwertgebern unterschiedliche Funktionen zu. Damit werden diese Universal-Geräte an die jeweiligen Kundenspezifikationen individuell angepasst.

Sachwortverzeichnis

C

D

N

O

P

Q

R

S

T

HANSER

Konstruktion im Prozess

Conrad (Hrsg.)

Taschenbuch der Konstruktionstechnik

2., aktualisierte Auflage

652 Seiten

€ 24,90. ISBN 978-3-446-41510-2

Auch als E-Book erhältlich

€ 19,99. E-Book-ISBN 978-3-446-43764-7

Das Taschenbuch der Konstruktionstechnik enthält eine praxisgerechte Darstellung des Konstruktionsprozesses in übersichtlicher, strukturierter Form. Behandelt werden zwölf Fachgebiete aus drei Bereichen:

- Grundlagenwissen (Konstruktionsausarbeitung, Konstruktionselemente, Konstruktionsberechnung und Wissensmanagement)
- Fachwissen (Konstruktionsmethodik, Konstruktionstechnik, Kosten in der Konstruktion und Gestaltung)
- Anwenderwissen (Innovation, Produktentstehung, Rechnereinsatz und Schutzrechte)

Mehr Informationen finden Sie unter **www.hanser-fachbuch.de**

HANSER

Was uns antreibt

Haberhauer, Kaczmarek

Taschenbuch der Antriebstechnik

429 Seiten. 359 Abb. 47 Tab.

€ 29,99. ISBN 978-3-446-42770-9

Auch als E-Book erhältlich

€ 23,99. E-Book-ISBN 978-3-446-43426-4

Das »Taschenbuch der Antriebstechnik« beschreibt die wichtigsten antriebstechnischen Komponenten und ihr Verhalten beim Anfahren und im Betrieb einer Anlage. Da es eine Vielzahl von verschiedenen Maschinen und Anlagen gibt, sind auch deren Antriebssysteme unterschiedlich aufgebaut und kombiniert. Außer den »klassischen« Maschinen und Anlagen werden auch spezielle Themen der Antriebstechnik behandelt. Des Weiteren werden Berechnungen und eine umfangreiche Beispielsammlung von antriebstechnischen Situationen erläutert. Berechnungen und Beispiele werden durch Skizzen und Bilder ergänzt.

Mehr Informationen finden Sie unter **www.hanser-fachbuch.de**

HANSER

Analog war gestern

Siemers, Sikora

Taschenbuch Digitaltechnik

3., neu bearbeitete Auflage

495 Seiten. 291 Abb. 42 Tab.

€ 29,99. ISBN 978-3-446-43263-5

Auch als E-Book erhältlich

€ 23,99. E-Book-ISBN 978-3-446-43990-0

Das Taschenbuch Digitaltechnik

- wendet sich an Studierende und Schüler in der Ausbildung sowie an Wissenschaftler und Ingenieure in der Praxis
- gibt einen Überblick über Grundlagen und Details der Digitaltechnik sowie ausgewählte Anwendungen
- dient zum schnellen Nachschlagen von Fachbegriffen und Abkürzungen
- bietet ein umfangreiches, fachlich gegliedertes Literaturverzeichnis für weiterführende Studien
- ist unentbehrlich bei Prüfungsvorbereitungen und Klausuren

Mehr Informationen finden Sie unter **www.hanser-fachbuch.de**